JN417940

기후과학자가 쓴

기후역학 교과서

CLIMATE DYNAMICS

서경환 안순일 예상욱 정 철 민승기 이준이 국종성
김백민 권민호 최용상 정지훈 함유근 김형석 공 저

 도서출판 동화기술

시작하는 글

한국의 대기과학 · 기상학은 한국기상학회의 공식적인 설립을 기준으로 현시점에서 50년 이상의 역사를 가지고 발전해 오고 있다. 그간 중규모 기상학, 종관규모 기상학, 미기상학, 수치 모델링, 대기역학, 기후역학, 관측, 위성 및 원격탐사, 환경대기학 등 대기과학 관련 여러 많은 부분이 물적 · 인적 인프라의 확충과 더불어 급속도로 발전하였다. 특히 20세기 말에서 현재 21세기 초반에 가장 괄목할 정도로 광범위하고 깊이 있게 발전한 부분이 있다면 전지구적 대기 · 해양의 변동성을 연구하는 기후과학 분야일 것이다. 지구규모 · 대규모 역학 또는 물리를 기반으로 한 기후역학 · 기후물리 분야의 발달이 가장 현저하다.

하지만 이러한 발전에 맞추어 기후역학 · 기후물리 관련 분야의 전문가가 작성한 기후과학 전문 서적이 필요함을 직시하고 있었지만 관련 분야의 발달이 매우 빠르고 연구할 부분이 산재한 관계로 이 분야 전문가들이 기후과학 서적의 편찬을 할 엄두가 나지 않았다. 그러다 2014년 여름 국내외 15인의 대기과학자가 흔쾌히 본인 세부 전공 분야 부분을 정리하여 전공 서적을 편찬하는데 동의하였다. 그 해 11월 드디어 의기투합하여 최초로 한글로 된 기후역학 서적을 편찬키 위한 첫 일보를 내디뎠다. 마침내 2016년 가을 13인의 기후과학자들이 본인 분야의 집필을 마치고 최초의 기후역학 전공서적을 출판하게 되었다.

집필진은 각 대기과학 분야 최고의 전문가로 열대 역학, 태평양 및 대서양의 기후역학, 중위도 대규모역학, 기후강제력, 기후변화 탐지와 원인규명, 기후민감도, 지면-대기 상호작용, 기후통계 등의 분야에서 리더십을 펼치고 있다. 또한 집필진은 Nature와 같은 최상의 저널지를 비롯한 Nature-Geoscience, Proceedings of the National Academy of Sciences of the United States of America, Journal of Climate, Journal of the Atmospheric Sciences, Climate Dynamics 등과 같은 대기과학 및 기후과학 분야 최고의 저널에 많은 연구 논문을 출판하고 있고 이에 실린 연구 내용을 본 저서에서 소개하고 있기도 하다. 본 서적은 기후과학 연구를 위한 여러 기본 및 고급 통계분석 방법에 대한 내용도 포함하고 있어 연구의 실용적인 측면에서도 상당히 유용하게 사용될 수 있을 것이다.

본 저서를 완성하기까지 대기역학 및 기후역학, 대기물리, 통계분야 등 여러분야의 기초에서부터 심오한 연구부분까지 지도해 주시고 토의해 주신 여러 교수님들과 동료 교수님에게 감사의 말씀을 전하고 싶다.

많은 시간을 할애해준 각 대학 및 연구소의 여러 대학원생 및 연구원에게 감사의 마음을 전하고 싶다. 특히 교정작업에 큰 도움을 준 부산대학교 손준혁, 이상헌, 송은지, 최진호, 김진용, 김고운, 이현주, 김한경, 임원일, 박해리, 박정인 석박사 대학원생에게 고마움을 전한다.

본 기후역학 저서를 통하여 한국의 기후과학 분야의 발달에 이바지하기를 바라는 바이다. 독자는 본 서적을 바탕으로 기후과학의 구체적인 내용을 습득하는데 있어 많은 도움을 받을 것이고 전공자에게는 더 쉽게 이해되며 더 깊은 내용의 연구를 위한 좋은 기본지식서로 활용 될 것이다.

우리나라 대기과학 · 기후과학의 발달에 일조하는 지속 가능한 기후과학 지침서가 되길 바란다.

2017년을 즈음하여

대표저자 **서경환**

차 례

CHAPTER 01

MJO의 역학, 예측 및 원격상관

The Madden-Julian Oscillation (MJO): Dynamics, Prediction and Teleconnection

부산대: **서 경 환**

학습목차

프롤로그

MJO(Madden-Julian Oscillation)는 열대지역에서 발생되는 계절내 변동 중 20~30 %를 차지하는 가장 뚜렷한 물리 진동이다. 시간적으로는 30~70일 주기를 지니며 동서 파수 1~3으로 대규모의 공간 스케일을 가지고 약 5 m/s로 느리게 동진하는 전파 특성을 보인다. 주로 인도양에서 발생하여 중앙 태평양까지 이동하는데 심층 대류의 위치를 기준으로 위상(phase) 1부터 8까지로 구분한다. 위상 2와 3은 심층 대류가 인도양에 있을 때, 위상 4와 5는 해양성 대륙(Maritime continent), 위상 6과 7은 서태평양, 위상 8과 1은 서쪽 반구와 아프리카 대륙에 있을 때를 의미한다. 1970년대 Madden과 Julian이 처음으로 MJO 현상을 제시하였고, 이는 대규모 대기순환과 심층 대류가 결합된 시스템을 특징으로 낮은 해면기압이 발생됨에 따라 대류 아노말리가 유도됨을 보여주었다 (Figure 1.1). MJO를 나타내는 심층 대류(deep convection)는 OLR(outgoing longwave radiation, 상향 장파복사) 변수를 주로 이용한다. 심층 대류가 있으면 구름의 상층이 매우 높은 고도(대류권 상부 또는 성층권 하부)에 위치하며 이곳의 온도가 낮기 때문에 온도의 함수인 장파복사가 적게 방출된다. 이를 아노말리 관점에서 보면 OLR은 음의 값을 지니게 된다. 반대로 OLR이 크거나 또는 양의 아노말리 값을 가진다면 대류가 없거나 약하다는 것을 의미한다.

MJO를 대표하는 심층 대류인 OLR 아노말리를 통하여 여름철과 겨울철의 MJO 전파 특징을 간략히 비교해보면 (Figure 1.2), 여름철 MJO (Figure 1.2a)는 서인도양에서 발생하여 적도를 따라 동진하면서 중앙 인도양에서 북진 또는 서태평양에서 북진 또는 북서진하기 때문에 겨울철에 비해 복잡한 전파 형태를 보인다. 기본적으로 대류 시스템은 에너지가 많은 곳을 향해 북진하는데 북반구 여름철 열적도가 10°N 근처에 위치하기 때문에 여름철 MJO는 북진하는 특징을 가진다. 반면 겨울철 MJO는 여름철에 비해 파수 1의 형태와

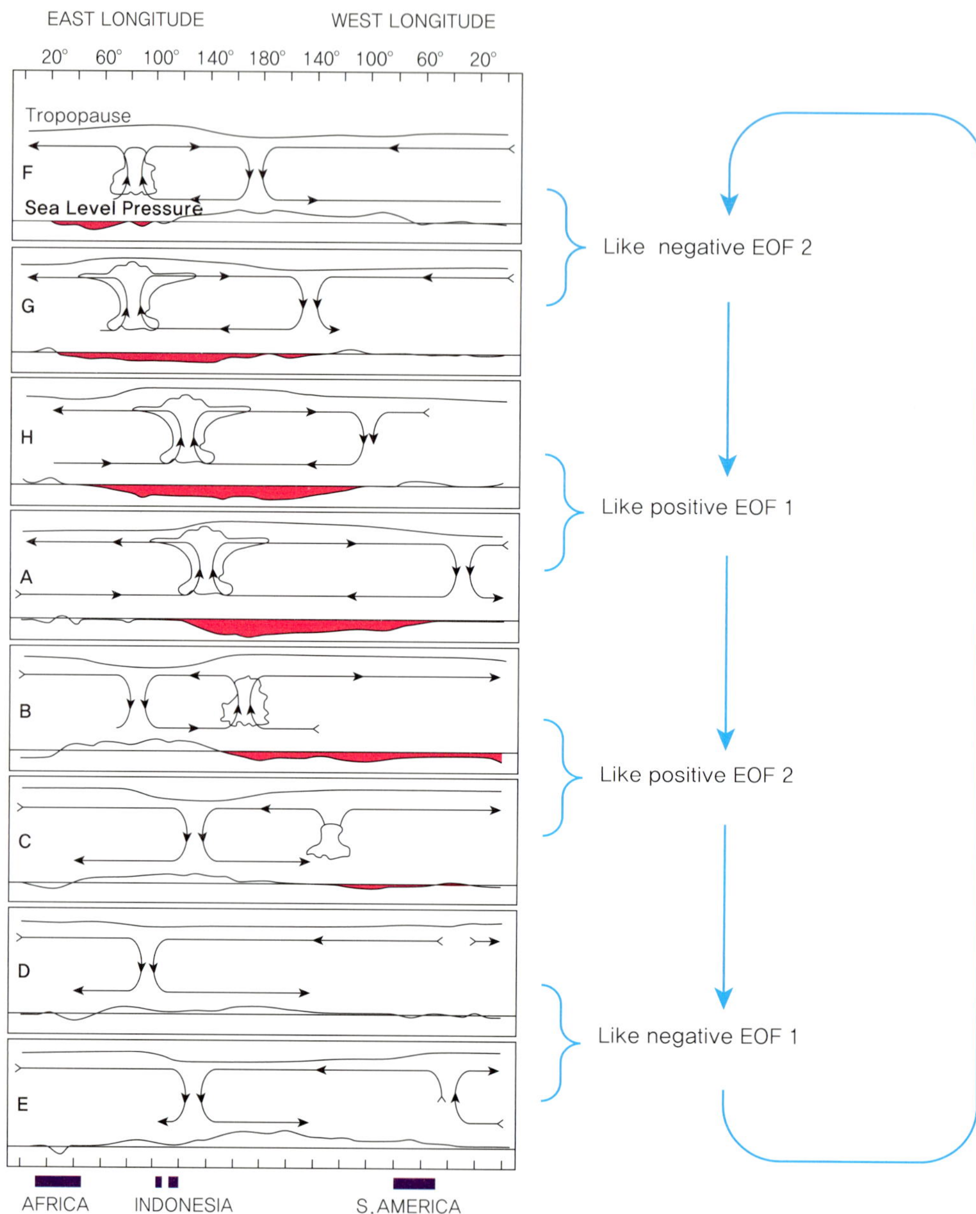

Figure 1.1 Schematic depiction of the time and space (zonal plane) variations of the disturbance associated with the 40-50day oscillation. Dates are indicated symbolically by the letters at the left of each chart and correspond to dates associated with the oscillation in Canton's station pressure. The mean pressure disturbance is plotted at the bottom of each chart with negative anomalies shaded. Regions of enhanced large-scale convection are indicated schematically by the cumulus and cumulonimbus clouds. The relative tropopause height is indicated at the top of each chart (Madden and Julian 1972).

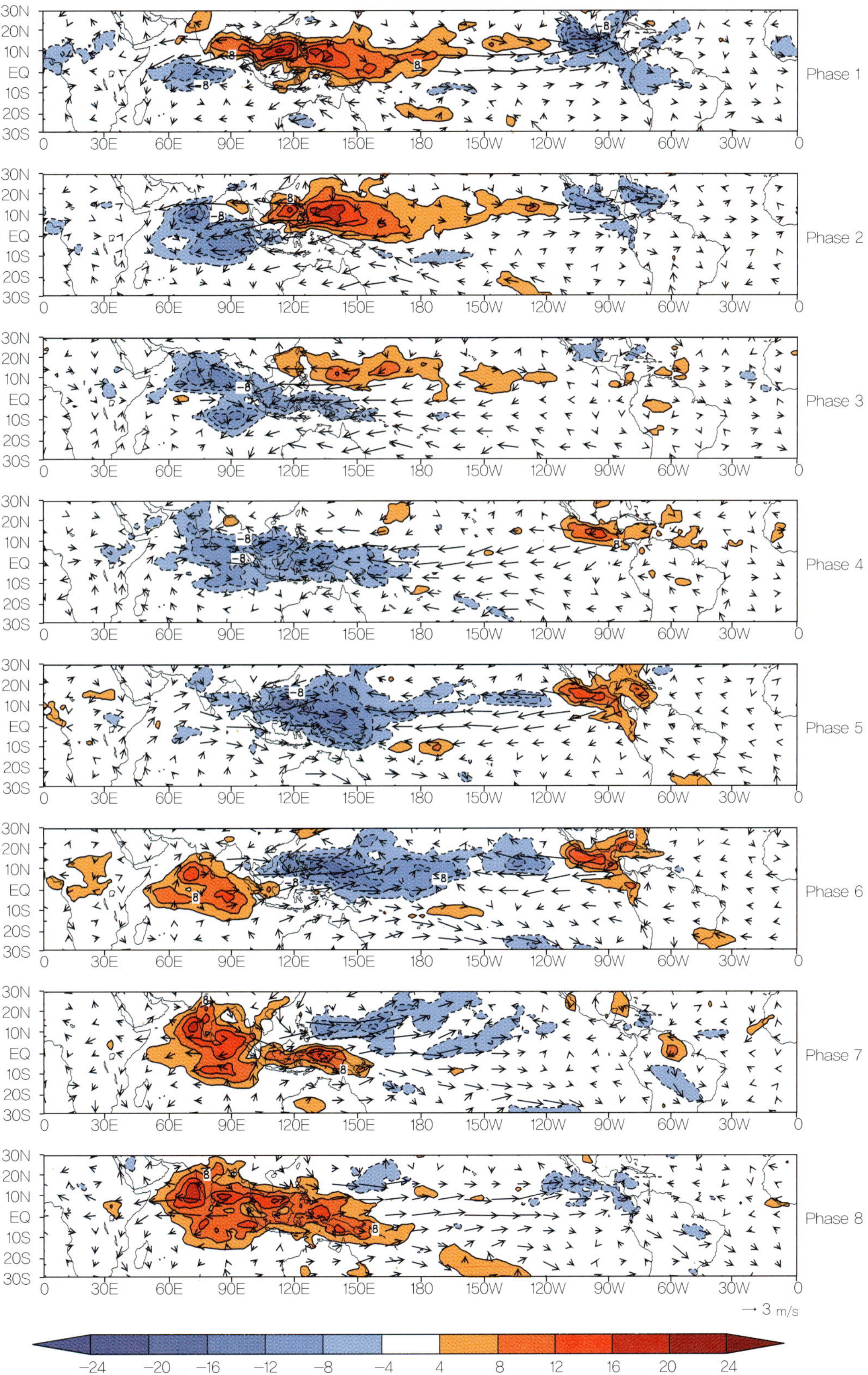

Figure 1.2(a) Composite OLR anomaly fields during summer(JJAS) from 1982 to 2004 for eight phases.

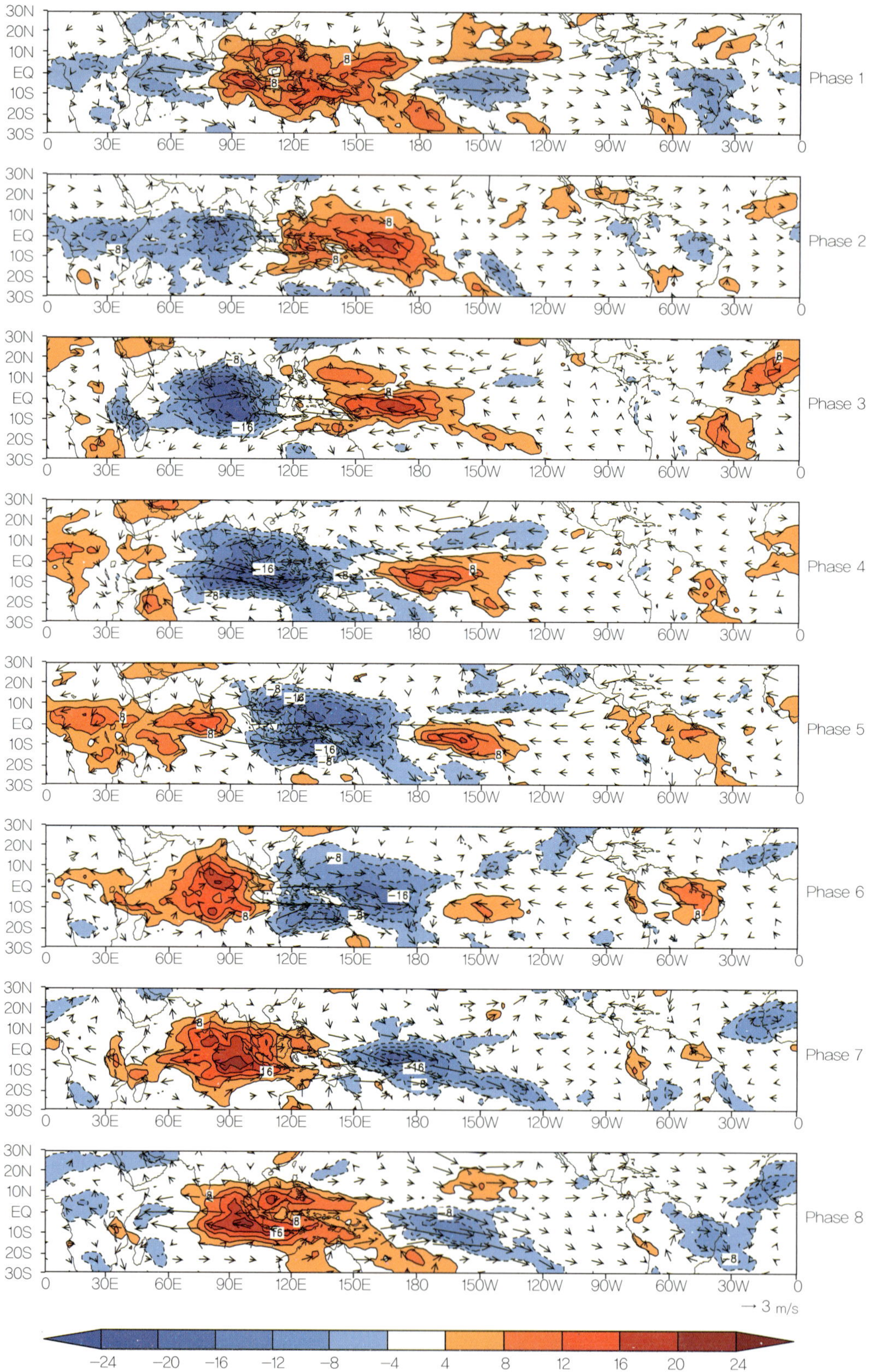

Figure 1.2(b) Composite OLR anomaly fields during winter(NDJF) from 1982 to 2004 for eight phases.

동진하는 경향이 뚜렷하다 (Figure 1.2b). 여름철과 겨울철 공통적으로 서인도양에서 대류가 발생되어 인도양과 서태평양에 걸친 따뜻한 해수역(warm pool)을 지나면서 심층 대류가 강화되고, 강화된 대류의 앞 또는 뒤에서는 약화된 대류(suppressed convection)가 나타난다. 더불어 바람도 심층 대류가 있는 지역에서는 수렴되며, 약화된 대류 지역에서는 발산되는 모습을 보인다. 그리고 수분을 동반하는 수렴은 MJO의 발생 또는 유지에 중요한 에너지원이 된다. 여기서 주목할 점은 심층 대류의 중심 또는 중심의 서쪽에서 서풍이 부는 것이다.

그리고 EOF(Empirical Orthogonal Function, 경험적 직교함수)는 MJO를 분석하는 데 있어 가장 중요한 분석 방법이다. 이 방법은 어떤 현상의 변동성을 보여주기 위해 직교하는 공간 패턴을 순차적으로 뽑는다. 가장 큰 변동성을 지닌 지배적인 모드를 EOF 첫 번째 모드(EOF1)라 부르며 이와 직교적인 공간 분포를 지닌 EOF 두 번째 모드(EOF2)는 두 번째로 큰 변동성을 나타낸다 (Figure 1.3). 공간 패턴과 더불어 시간에 대한 시계열도 산출 되는데, 이를 PC(Principal Component, 주성분)라 하며 또한 서로 직교하는 특징을 보인다. 동진하는 특징을 지닌 MJO는 엘니뇨 또는 북극진동(Arctic Oscillation, AO)처럼 하나의 EOF 모드로 설명할 수 없다. 따라서 90° 위상 차이가 나는 EOF1과 EOF2를 연결시켜 하나의 MJO라 한다 (Figure 1.3). 이는 Figure 1.1의 도식화 된 그림에서도 보여준다. 또한, 주성분 시계열의 파워스펙트럼 분석을 통해 그 현상의 주기와 파워를 알 수 있다. 만약 자연 변동성(Red noise) 보다 큰 강도를 보이면 이 현상은 통계적으로 자연

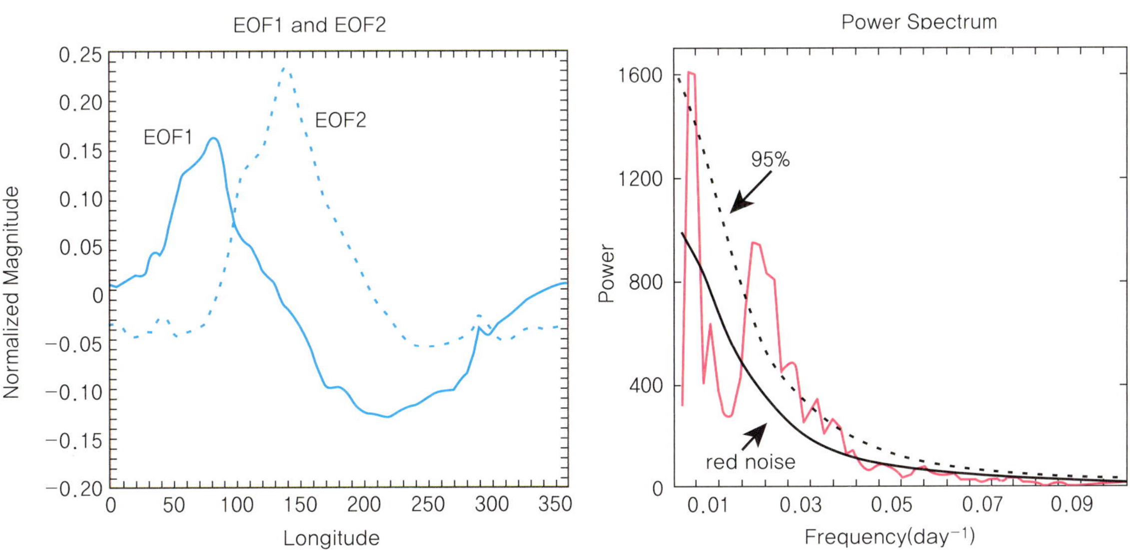

Figure 1.3 EOF1 (solid) and EOF2 (dashed) of 850-mb zonal wind as a function of longitude. Magnitudes were normalized in the computation of the EOFs (left panel), and Power spectrum of the index obtained by projecting the first two EOFs onto the unfiltered equatorial time series of 850-mb zonal wind for 1979-95. The red noise (black solid) spectrum is displayed along with the a priori 95% confidence limit (black dotted) (right panel) (Maloney and Hartmann 1998).

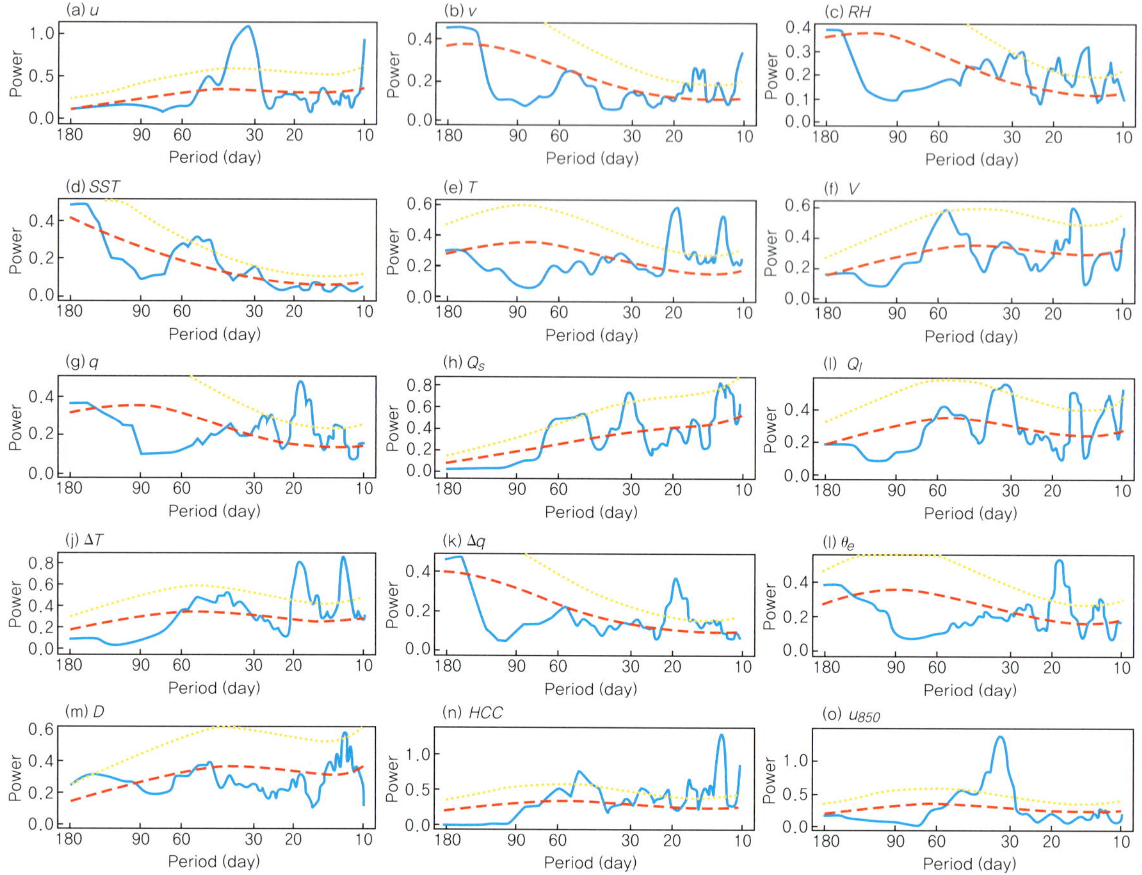

Figure 1.4 Power spectra plotted with $\nu P(\nu)$ as the ordinate and $\ln(\nu)$ as the abscissa labeled in the period (d), where ν is frequency and $P(\nu)$ is power. Dashed lines are red noise spectra, and dotted lines mark the significance level of 95% confidence (Zhang 1996).

의 변동성 보다 뚜렷한 현상으로 간주할 수 있다. Zhang (1996)은 OLR 뿐 아니라 다양한 변수들로 파워스펙트럼 분석을 하였고, 이 중에서 동서바람장, 해수면온도(Sea Surface Temperature, SST), 상대습도(Relative Humidity, RH), 바람 속도 등에서 계절내 진동 현상이 나타남을 보였다 (Figure 1.4). 이 외에도 지표 잠열플럭스, 지표 하향 단파복사 등에서도 유효한 계절내 진동 현상 보이며 성층권 및 해양 심층에서도 MJO와 관련된 켈빈 파동(Kelvin wave)의 영향이 나타남을 보인다.

적도에서 발생하는 MJO는 엄청난 에너지를 가지고 동진하기 때문에 가까운 적도 지역에는 직접적으로 날씨에 영향을 미치고, 중·고위도는 로스비 파동을 통한 원격상관(teleconnection)으로 세계 전 지역 날씨와 기후에 영향을 끼친다 (Figure 1.5). 예를 들면, 인도 몬순의 시작과 휴식, 종료, 북서태평양과 오스트레일리아 몬순, 태풍의 발달 및 전파에 영향을 미친다. 또한 파인애플 익스프레스(pineapple express) 또는 대기의 강(atmospheric river)과 같은 현상을 통해 많은 수증기를 북아메리카의 서부로 수송하여 집중호우를 야

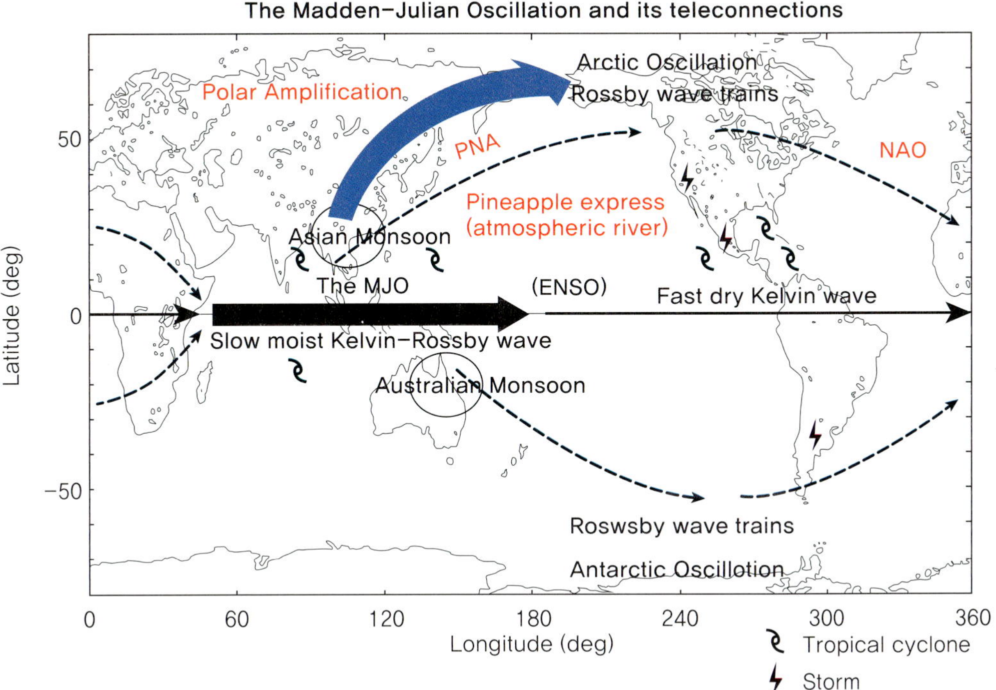

Figure 1.5 Schematic depiction of the MJO and its teleconnections (Lin et al. 2006).

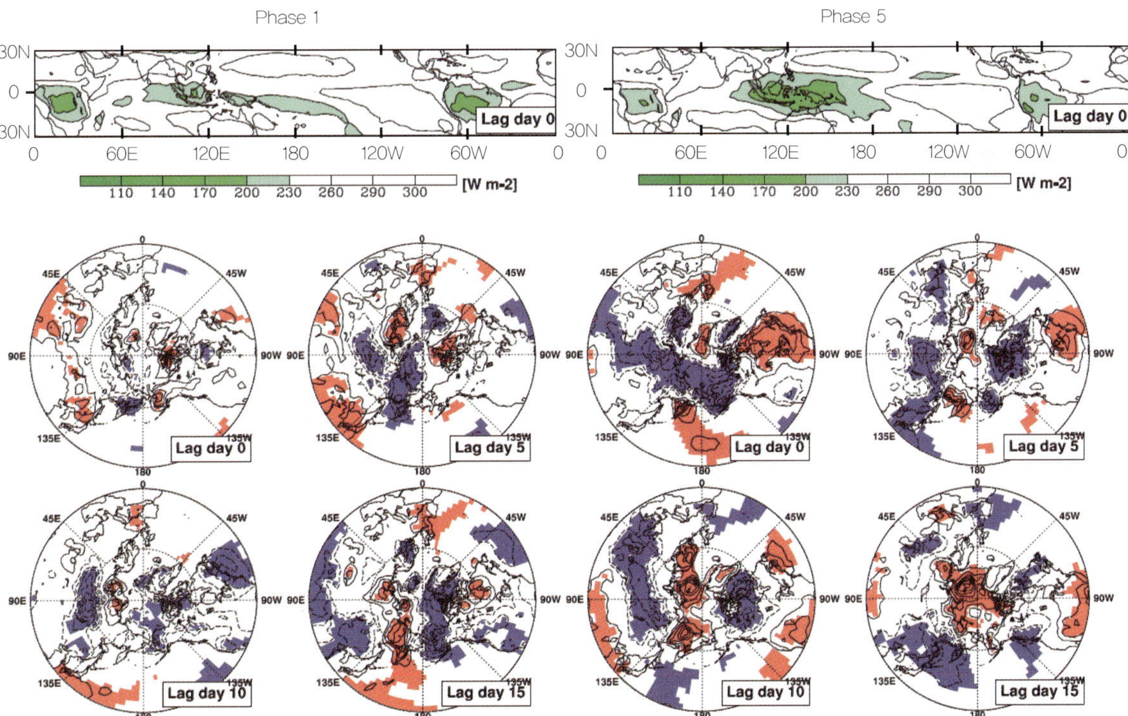

Figure 1.6 (top) Total OLR composite on lad day 0 with (bottom) lagged composites of SAT on lag days 0, 5, 10, and 15 for MJO (left) phase 1 and (right) phase 5. Solid contours are positive, dashed contours negative, and the zero contours are omitted; positive (negative) values above the 95% confidence level for a Student's *t* test are shaded in red (blue) (Yoo et al. 2012).

기시키기도 한다. MJO 강제력에 의해 발생한 로스비 파동(Rossby wave)을 통해 북극진동, 태평양-북아메리카 패턴(Pacific-North America pattern, PNA), 북대서양진동(North Atlantic Oscillation, NAO) 등과도 연관이 있다. 최근 연구는 MJO 위상 5(1)에서 발생된 로스비 파동 에너지가 에디 열 플럭스의 형태로 전파되며 북극에서의 양의 장파복사에 의해 10~15일 후에 극 지역의 온도를 증가(감소) 시킨다고 한다 (Figure 1.6).

1.1 관측된 MJO의 특성

관측된 MJO의 특성은 크게 6가지로 나눌 수 있다.

1. 30~70일 주기를 가지며 5 m/s의 속도로 느리게 동진 (Madden and Julian 1972; Weickmann and Knutson 1986)
파워-주기 스펙트럼을 통해서 MJO 특징 중 가장 기본적인 시공간 특징을 알 수 있다. MJO는 30~70일 주기를 가지며 파수가 1에서 3정도의 대규모 현상으로 적도를 따라가는 성분이 크므로 남북으로 대칭인 성분에서 가장 두드러지게 나타난다 (Figure 1.7의 오른쪽).

2. 행성규모 대기순환과 대규모의 복잡한 대류 구조 (Madden and Julian 1972)

3. 켈빈 파동과 로스비 파동의 혼합된 구조 (Rui and Wang 1990)
위의 두 번째와 세 번째 특징은 MJO 구조에 관련된 특징이다. MJO 대류가 있을 때, OLR과 상하층의 바람장을 살펴보면 (Figure 1.8), OLR을 중심으로 하층에서 북서와

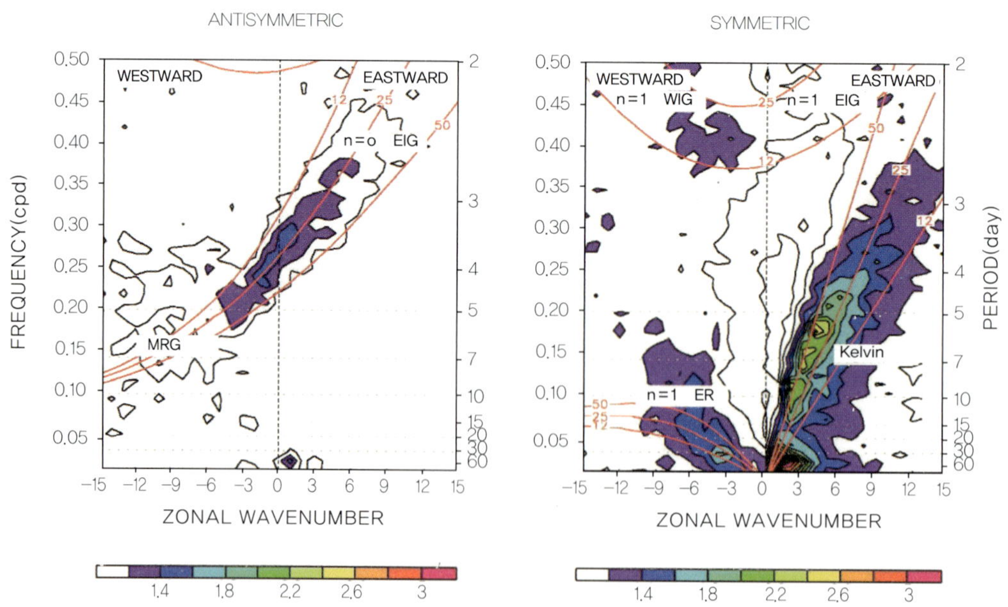

Figure 1.7 Wheeler and Kiladis (1999), re-drawn in Seo et al (2012): Factors for the simulation of convectively coupled Kelvin waves (Seo et al. 2012).

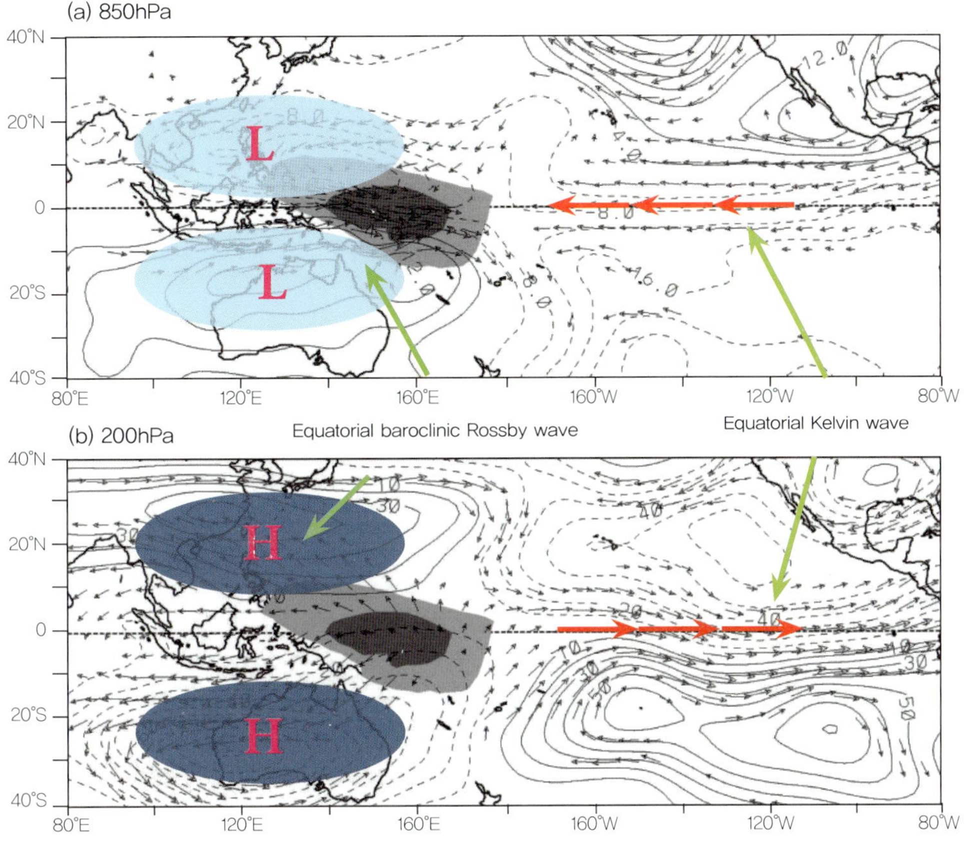

Figure 1.8 Anomalous OLR and circulation from ERA-15 reanalysis on day 0 associated with a -40 W m^{-2} perturbation in MJO-filtered OLR at the equator, 155°E for the period 1979-93, all seasons included; (a) 850 and (b) 200 hPa. Dark (light) shading denotes OLR anomalies less than -32 W m^{-2} (-16 W m^{-2}). Streamfunction contour interval is (a) 4×10^5 m^2 s^{-1} and (b) 10×10^5 m^2 s^{-1}. Locally statistically significant wind vectors at the 95% level are shown. The largest vectors are about 2 m s^{-1} in (a) and around 5 m^2 s^{-1} in (b) (Kiladis et al. 2005).

남서 방향으로 저기압 순환이 발생되고, 상층에서 북서와 남서 방향으로 고기압 순환이 발생된다. 이러한 상하층의 고·저기압 순환을 적도의 경압성 로스비 파동이라 부른다. 또 심층 대류의 동쪽 방향에는 하층 동풍과 상층 서풍이 존재하는데, 이는 적도의 켈빈 파동이다. 즉, 하층의 바람이 대류를 중심으로 수렴되고, 상층의 바람은 대류를 중심으로 발산된다. 따라서 MJO 상하층의 수평구조는 적도에 갇혀진(trapped) 로스비 파동과 켈빈 파동의 복합체이며, 연직구조는 경압적인 구조로 하층과 상층은 반대의 순환이 나타난다 (Figure 1.9).

4. 대류 아노말리를 유도하는 행성경계층(Planetary Boundary Layer, PBL)에서 수분 수렴과 상층으로 가면서 서쪽으로 기울어진 구조 (Madden and Julian 1972; Wang 1988; Hendon and Salby 1994)

연직-시간에 대한 비습과 OLR 아노말리의 시간적 변화를 보면, 대류가 가장 최대인

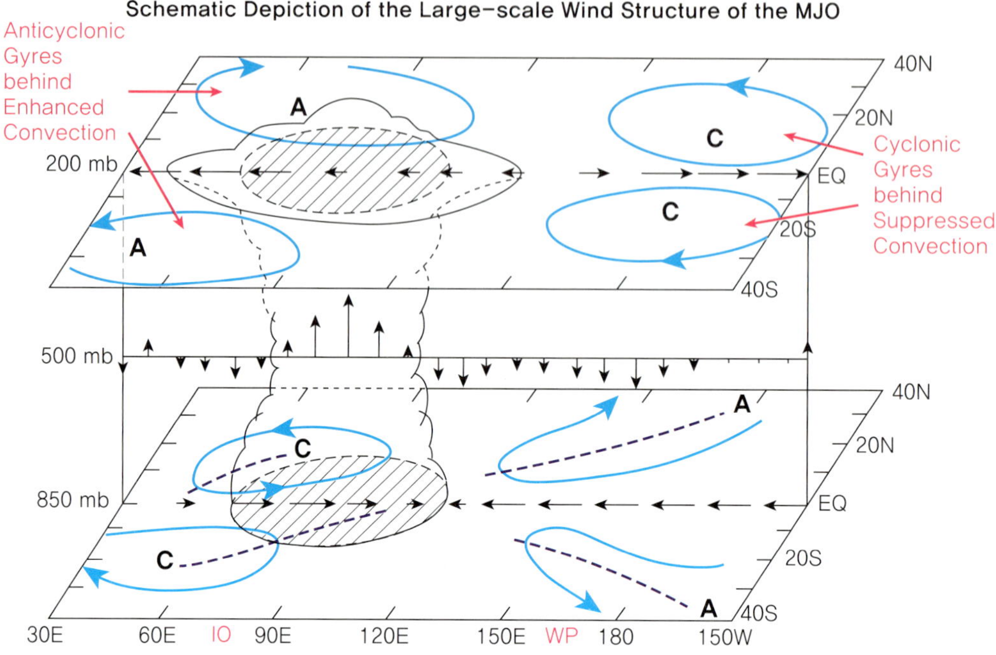

Figure 1.9 Schematic depiction of the characteristic structure of the intraseasonal low-frequency waves at (a) phase 3. The shaded regions correspond to areas where OLR anomalies are less than −7.5 W m^{-2} Bold letters A and C represent anticyclonic and cyclonic circulation centers. The circulation cells highlight characteristic wind anomalies associated with the convection anomalies (Rui and Wang 1990).

28일을 기점으로 약 20일 전부터 하층에 수증기가 발생되고 약 10일 전에는 중하층 대기까지 습윤해진다 (Figure 1.10). MJO 대류 동쪽의 행성경계층이 습윤해 짐에 따라 불안정해지는데, 이는 상당온위를 이용하여 습윤 불안정도를 계산해 보면 알 수 있다 (Figure 1.11). 이와 더불어 행성경계층에서 수분 수렴이 발생하여 대류계를 발달시키고 동진시킨다. 남북바람에 의한 수분 수렴 (Figure 1.12d)이 풍하측 먼 동쪽에서 발달하고 (대체로 130°-150°E), 그 서쪽인 120°E에서는 동서바람에 의한 수분 수렴 (Figure 1.12c)이 나타나는 구조를 보인다. 이러한 풍하측에서의 남북바람에 의한 수분 수렴의 발달은 MJO의 발달 기제 중의 하나인 Frictional convergence 메커니즘이 지배적으로 작동되고 있음을 시사한다. 한편 대류의 소멸과정을 보면 대류 발생 5일 후부터 행성경계층의 수분 수렴이 약해지고, 상하층의 기울어진 구조가 점점 약화된다. 즉, 대류가 성장하기 위해 필요한 에너지원들이 없기 때문에 대류는 소멸된다. 위에서 말한 MJO 일생과정을 도식화 하면 Figure 1.13과 같은 구조를 가진다.

5. 뚜렷한 계절성(Yasunari 1980; Madden 1986)

기후학적인 해수면온도 분포에 따라 MJO의 계절별 특성이 달라진다. 겨울철과 봄철에는 적도를 기준으로 대칭적인 해수면온도가 분포하고 배경바람장(즉, 연직시어)이

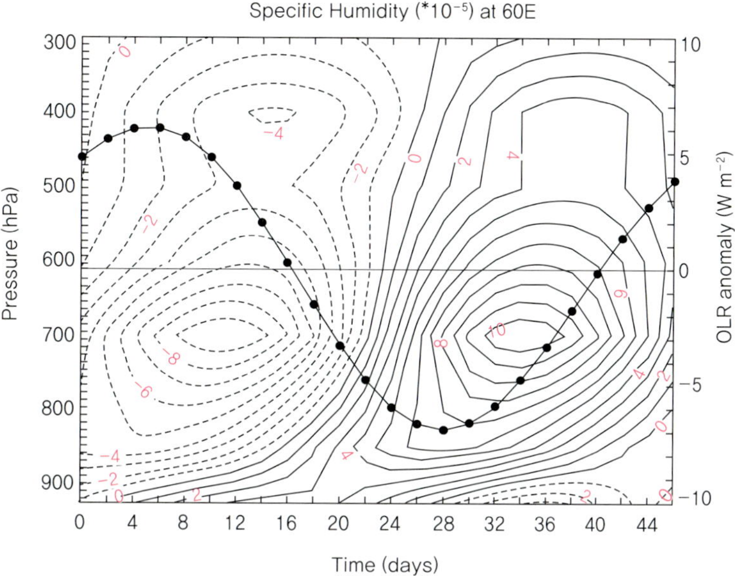

Figure 1.10 Time-pressure plot of specific humidity anomaly (10^{-5} kg kg^{-1}) at 60°E averaged from 5°S to 5°N. Thick line denotes corresponding OLR anomaly time series. The lowest level is 925 hPa (Seo and Kim 2003).

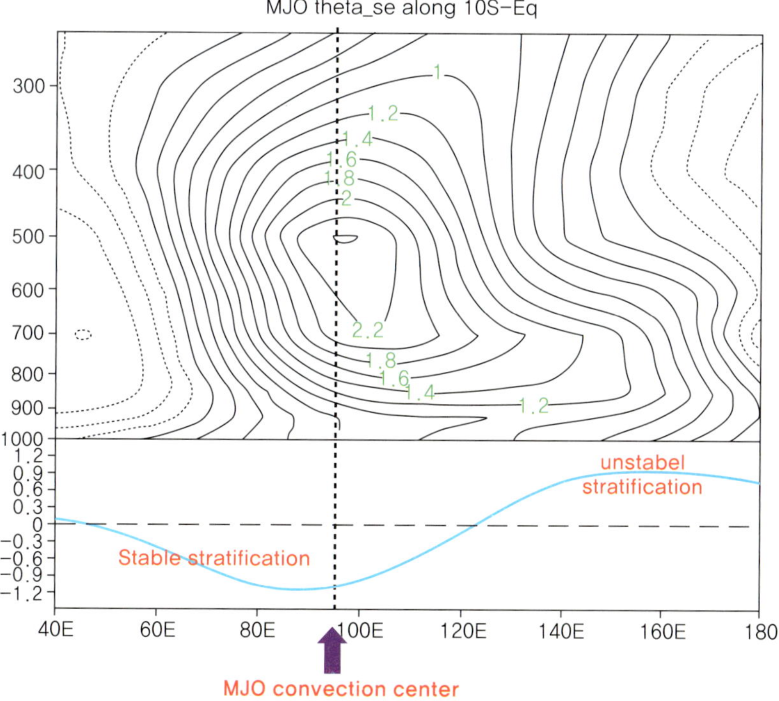

Figure 1.11 MJO equivalent potential temperature averaged over 10°S and the equator. Bottom panel shows the convective instability index measured by θe[1000~850 hPa] − θe[500~400 hPa]. PBL moistening creates convectively unstable stratification ahead of MJO convection (Hsu and Li 2012).

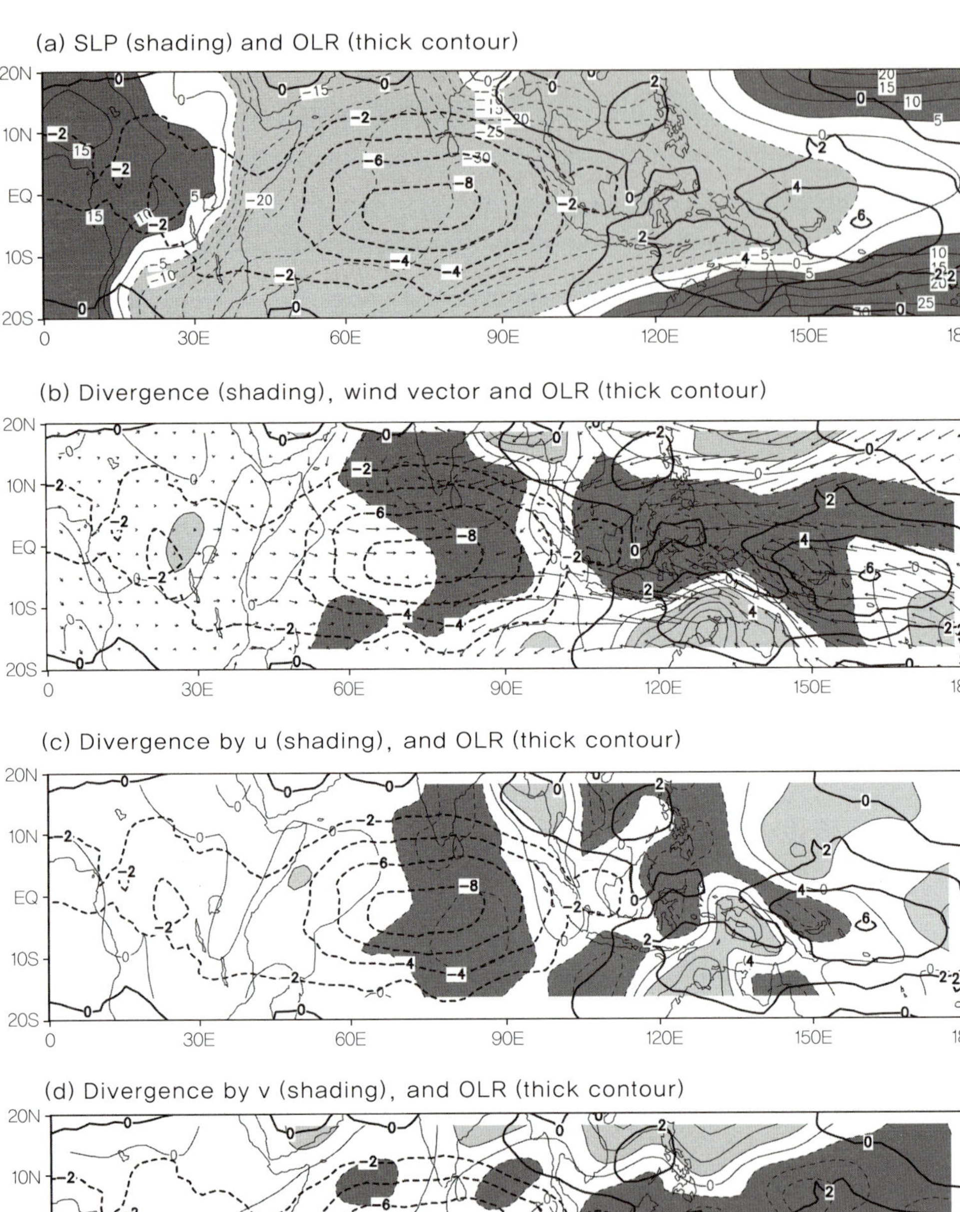

Figure 1.12 (a) Sea level pressure (thin lines and shading), (b) horizontal wind vectors and divergence at 10 m, (c) zonal wind divergence at 10 m, and (d) meridional wind convergence at 10 m at t=34 day. OLR anomalies are superimposed as thick solid and dotted lines. Convergence (divergence) is shaded heavily (lightly). Contour intervals of SLP, divergence, and OLR anomalies are 5 Pa, 0.5×10^{-7} s^{-1}, and 2 W m^{-2}, respectively (Seo and Kim 2003).

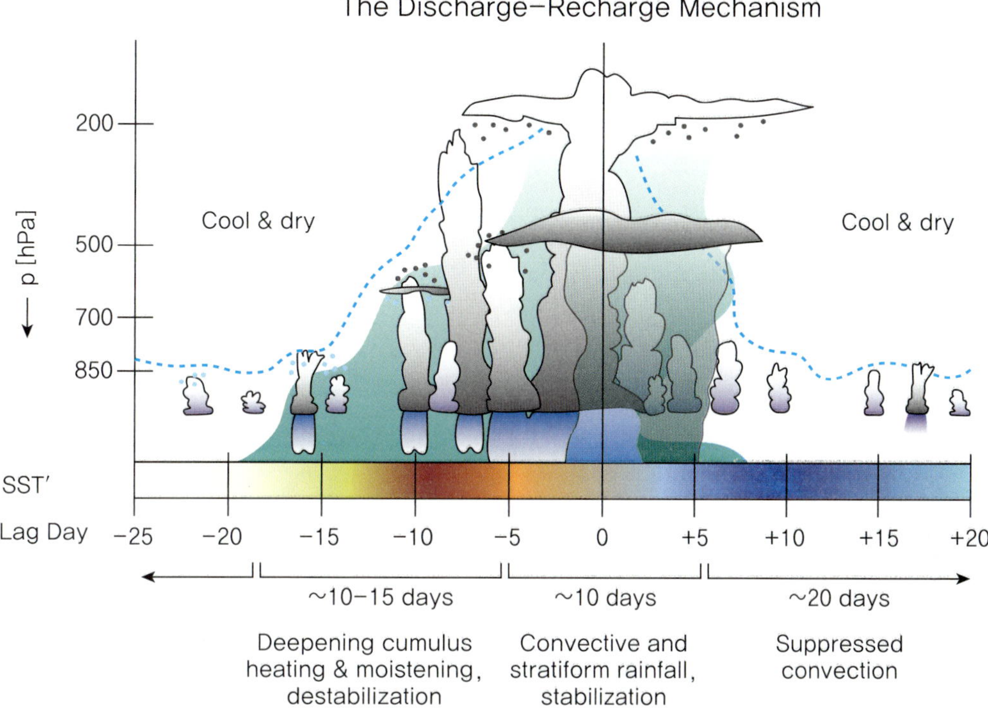

Figure 1.13 Schematic diagram of the discharge-recharge mechanism associated with the MJO. Along the horizontal axis appears SST' [red(blue) indicates warmest (coolest) anomalies] and the lag days relative to the day of maximum rainfall (day 0). Stages of the discharge-recharge process, as seen in ERA-40 data, are listed below the lag days. The approximate top level of convective cloud processes is indicated by the dashed blue line, while green shading represents the general area of $q' > 0$. Light blue dots above shallower convective clouds represent moistening via detrainment, while gray dots below stratiform cloud types represent ice crystal fallout and moistening. Convective precipitation is indicated by darker blue rain shafts, and stratiform precipitation is light blue and slightly transparent (Benedict and Randall 2007).

중요한 역할을 하지 않기 때문에 MJO가 적도를 따라 동진하는 모습이 두드러진다. 해수면온도 (Wang and Rui 1990)와 대기의 열 (Salby et al. 1994)이 적도에서 강할 때 적도의 켈빈 파동과 아열대의 로스비환류가 가장 최대로 증폭됨을 보였다.

6. 다양한 규모의 복합적인 대류 구조

Figure 1.7을 보면 MJO를 포함한 다양한 파동들이 적도에 존재하는데, 실제로 MJO 내에서도 다양한 규모의 파동이 존재한다. 하나의 MJO는 여러 개의 동진하는 SCC(super cloud cluster)로 이루어져 있으며 (Figure 1.14), 이 SCC 안에서도 이 보다 훨씬 짧은 2~3일 주기로 서쪽으로 전파하는 관성 중력 파동(Westward Inertial Gravity wave, WIG)이 존재함을 알 수 있다 (Figure 1.15). 서쪽으로 전파하는 관성 중력 파동도 대류와 결합한 파동의 형태로 파워스펙트럼에서 두드러지게 나타나며 MJO 역학에 중요한 역할을 한다 (Figure 1.7).

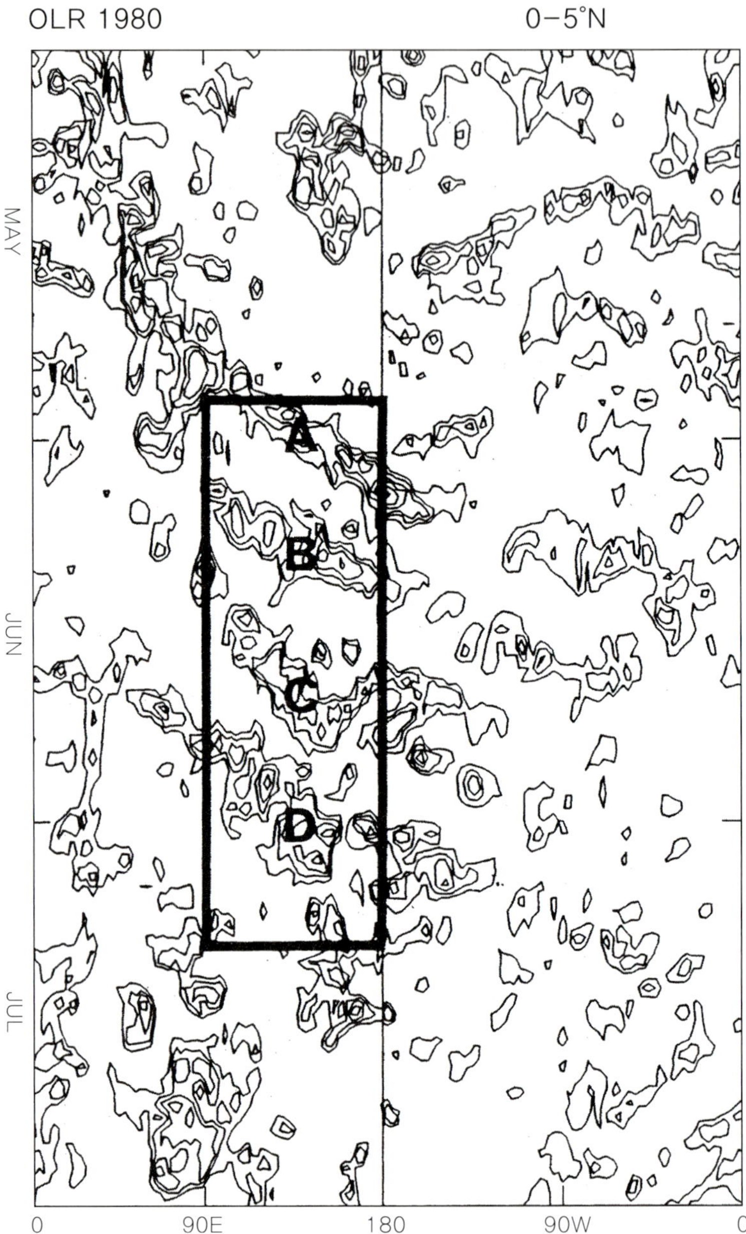

Figure 1.14 Time-longitude section of transient (seasonal trend removed) OLR averaged between the equator and 5°N from May to July in 1980. Negative (active convective) regions are contoured, Contour interval decrements of 30 W m^{-2} starting at -15 W m^{-2}. Symbols A to D indicate super clusters (Nakazawa 1988).

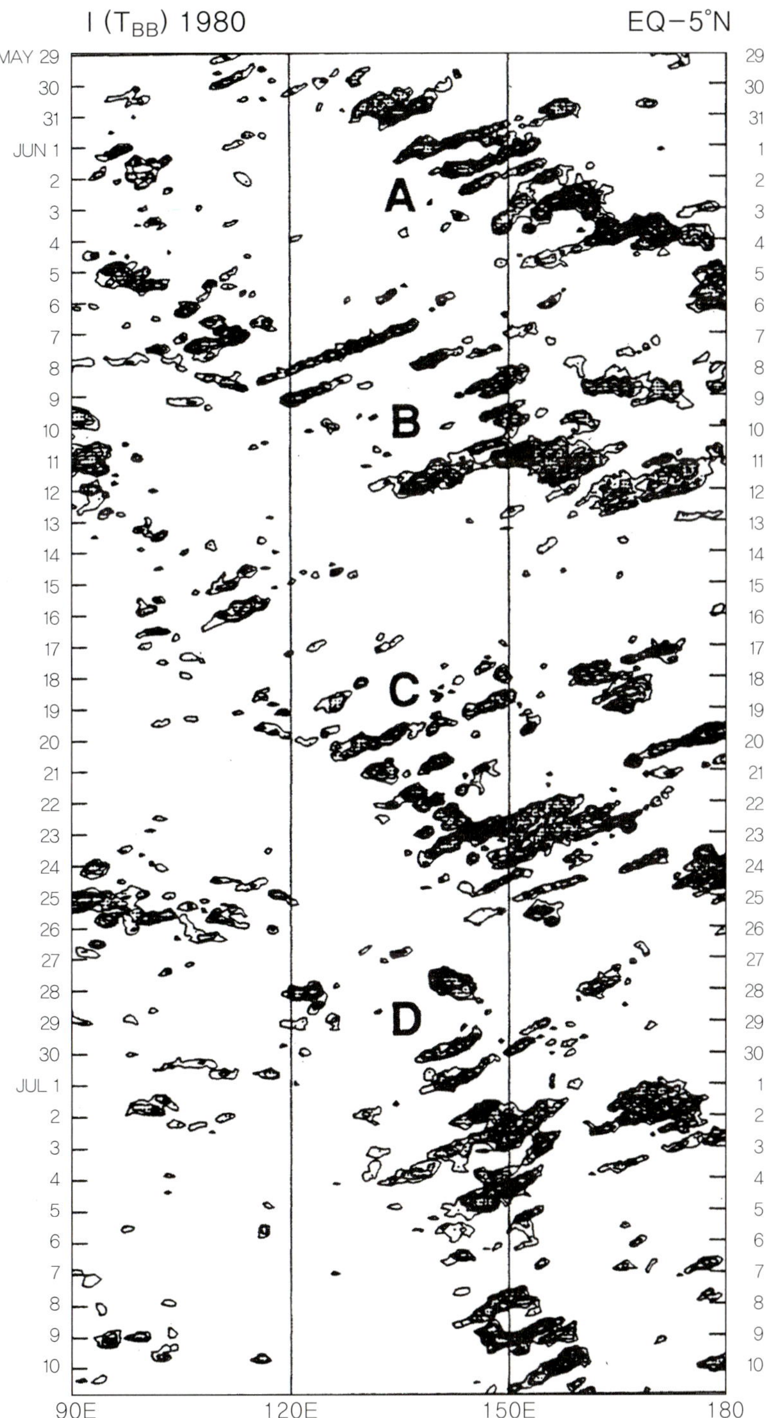

Figure 1.15 Time-longitude section of T_{BB} index (I_{TBB}) integrated between the equator and 5°N obtained from the 3-hourly GMS IR data from 29 May 00Z to 10 July 21Z, 1980. Symbols A to D denote the super cluster. Contour interval is 10, shading denotes the region where values are greater than 20 (Nakazawa 1988).

1.2 MJO 이론

MJO 이론은 크게 7가지로 나눌 수 있다. 아래의 7가지 이론 중 어느 한가지 이론만으로는 MJO를 완벽하게 설명할 수 없다. 여러 가지 이론들이 결합되어야 실제적인 MJO를 설명할 수 있다.

1. Equatorial Wave-CISK (Lau and Peng 1987; Hendon 1988)
2. Evaporation-wind feedback (Emanuel 1987; Neelin et al 1987; Wang 1988)
3. Frictional coupled moist Kelvin-Rossby waves (Wang 1988; Wang and Rui 1990; Wang and Li 1994)
4. Radiation-convection feedback (Hu and Randall 1994)
5. Atmosphere-ocean interaction (Flatau et al. 1997; Wang and Xie 1998; Waliser et. al. 1999)
6. Multi-scale interaction and skeleton model (Majda and Stechmann 2009; Wang and Liu 2011; Liu and Wang 2012a, 2012b)
7. Moisture mode (Sobel and Maloney 2012, 2013)

첫 번째 Equatorial Wave-CISK(Conditional Instability of the Second Kind) 이론은 대류(convection)와 대규모 수렴(large-scale convergence)의 상호 작용을 통하여 발달한다는 CISK 이론에 열대 파동인 켈빈 파동에 의해 하층 수렴이 형성된다는 점을 합한 가설이다. 즉, 잠열 방출에 의해 켈빈 파동이 생성되고 이 파동에 의해 하층 수렴이 발달하여 MJO가 생성, 전파된다는 가정이다. 이러한 가정에 의해 MJO가 동진하는 것은 설명되지만 여러가지 면에서 MJO와 상이하다. 가령 실제와는 다르게 켈빈 파동이 너무 빠르고 (20

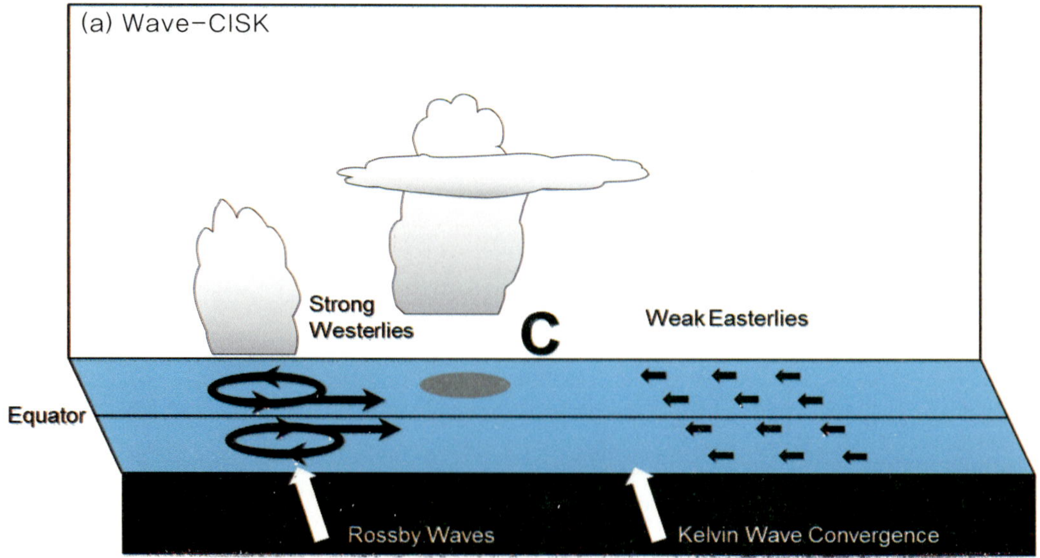

Figure 1.16 Schematic diagram of Wave-CISK theory (Flatau et al. 1997).

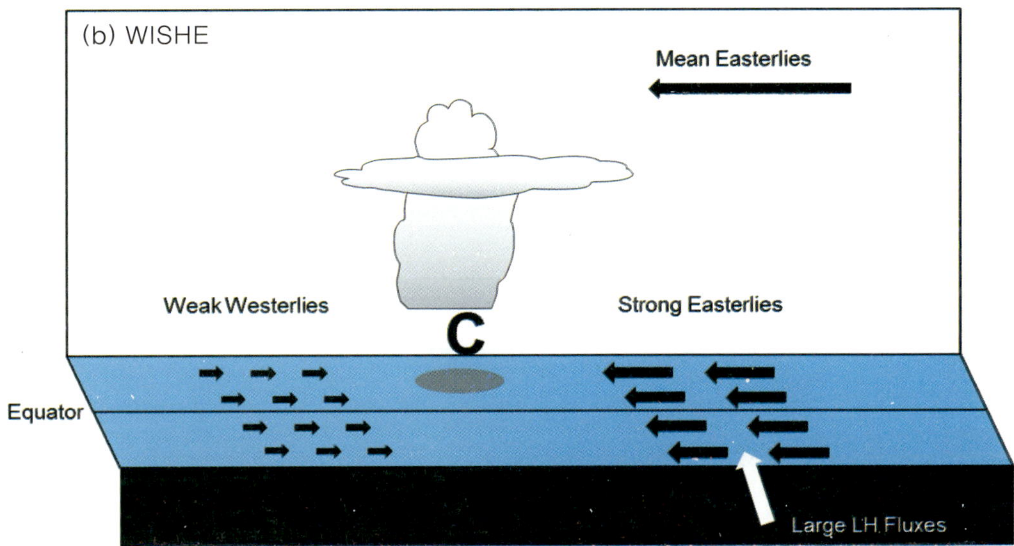

Figure 1.17 Schematic diagram of WISHE theory (Flatau et al. 1997).

m/s), 강도가 약하며, 장파가 아닌 단파(shortwave)에서 불안정한 특징을 보이는 한계를 가진다 (Figure 1.16).

두 번째 Evaporation-wind feedback 이론은 해수면에서의 모이스트 엔트로피 플럭스(moist entropy flux)에 의해 불안정한 파동이 생성된다는 가설로서 해수면의 바람이 강해지면, 바다에서 대기로 향하는 열 플럭스가 증가되는 WISHE(Wind-Induced Surface Heat Exchange)의 원리와 비슷하다. 해수면에서 평균풍이 동풍이면 심층 대류 오른쪽의 동풍 아노말리와 같은 방향이기 때문에 평균류가 강화되므로써 해수면에서의 잠열플럭스를 증가시킨다. 이렇게 증가된 에너지를 대기로 이동시켜 MJO를 유지 발달시킨다는 가설이다 (Figure 1.17). 하지만 실제로는 인도양과 서태평양에서의 평균류가 서풍이므로 이 가설을 바로 적용하기는 어렵다. 이 가설도 첫 번째의 가설인 Wave-CISK처럼 장파가 아닌 단파(shortwave)에서 파동이 발달한다는 오류를 가진다.

세 번째 Frictional coupled moist Kelvin-Rossby waves 이론을 설명하기 위해서 간단한 대기의 연직 구조를 통해 마찰이 있는 행성경계층에서의 수분 수렴에 대한 역할을 살펴보자. 행성경계층 위에 있는 자유대기의 연직부분을 하층 대류권과 상층 대류권으로 나누면 2층 대기 구조의 도식화는 다음과 같다 (Figure 1.18). 여기서 배경장은 존재하며 남북방향 바람은 0으로 간주한다.

$$\frac{\partial u}{\partial t} + \frac{\partial \phi}{\partial x} = 0 \tag{1.1}$$

$$\frac{\partial}{\partial t}\frac{\partial \phi}{\partial p} + \sigma\omega = -\frac{R}{C_p P}Q \quad \text{where } \sigma = -\frac{R\overline{T}}{P}\frac{d\ln\overline{\theta}}{dp} \tag{1.2}$$

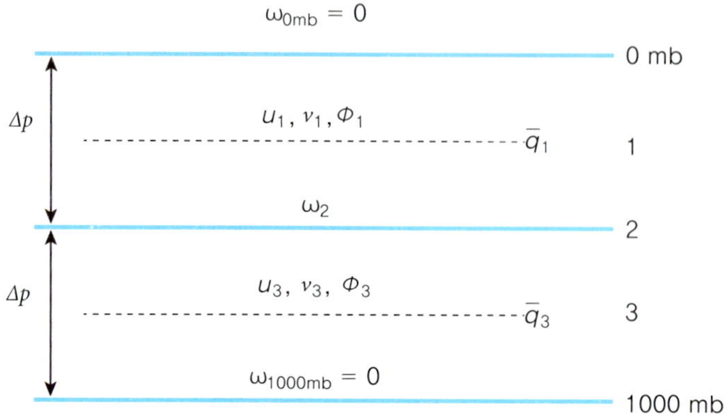

Figure 1.18 Schematic diagram of two-layer free atmosphere.

$$\frac{\partial u}{\partial x} + \frac{\partial \omega}{\partial p} = 0 \tag{1.3}$$

이 모델에서 필요한 운동량 방정식, 열역학 방정식, 연속 방정식은 식 (1.1)~(1.3)이다. 식에 사용된 매개변수들은 일반적으로 기상학에서 사용되는 의미와 동일하다 (R 기체상수, C_p 수증기의 정압 비열, Q 단위질량당 가열률, σ 정적 안정도). 위의 식을 이용하여 위상 속도를 구해보자. 먼저, 첫 번째 레벨과 세 번째 레벨에서의 운동량 방정식을 빼면 식 (1.1c)와 같고 동일한 방법을 연속 방정식에도 적용하면 식 (1.3b-1.3a)는 식 (1.3c)와 같다.

$$\frac{\partial u_1}{\partial t} + \frac{\partial \phi_1}{\partial x} = 0 \tag{1.1a}$$

$$\frac{\partial u_3}{\partial t} + \frac{\partial \phi_3}{\partial x} = 0 \tag{1.1b}$$

$$\frac{\partial (u_3 - u_1)}{\partial t} + \frac{\partial (\phi_3 - \phi_1)}{\partial x} = 0 \tag{1.1c}$$

$$\frac{\partial u_1}{\partial x} + \frac{\omega_2 - \omega_{0\text{mb}}}{\Delta p} = 0 \tag{1.3a}$$

$$\frac{\partial u_3}{\partial x} + \frac{\omega_{1000\text{mb}} - \omega_2}{\Delta p} = 0 \tag{1.3b}$$

$$\frac{\partial (u_3 - u_1)}{\partial x} + \frac{2\omega_2}{\Delta p} = 0 \tag{1.3c}$$

이 때, $\frac{u_3 - u_1}{2} = \hat{u}$, $\frac{\phi_3 - \phi_1}{2} = \hat{\phi}$ 이고, 이를 식 (1.1c)와 (1.3c)에 적용하면 다음과 같다.

$$\frac{\partial \hat{u}}{\partial t} + \frac{\partial \hat{\phi}}{\partial x} = 0 \tag{1.4a}$$

$$\omega_2 = \frac{\partial \hat{u}}{\partial x}\Delta p \tag{1.4b}$$

다음으로 두 번째 레벨에서의 열역학방정식을 쓰면 다음과 같다.

$$\frac{\partial}{\partial t}\frac{\partial(\phi_3 - \phi_1)}{\partial p} + \sigma_2\omega_2 = -\frac{R}{C_p P_2}Q_2 \tag{1.2a}$$

식 (1.2a)에 (1.4b)를 대입하고 양변에 Δp를 곱하면,

$$\frac{\partial \hat{\phi}}{\partial t} + \frac{\sigma_2 \partial \hat{u}}{2\partial x}\Delta p \Delta p = -\frac{R\Delta p}{2C_p P_2}Q_2 \tag{1.2b}$$

여기서 $C_0 = \sqrt{\frac{\sigma_2(\Delta p)^2}{2}}$는 비단열과정이 고려되지 않았을 때의 경압모드의 위상 속도이다. 따라서, 식 (1.2b)는 다음과 같다.

$$\frac{\partial \hat{\phi}}{\partial t} + C_0^2\frac{\partial \hat{u}}{\partial x} = -\frac{R\Delta p}{2C_p P_2}Q_2 \tag{1.5}$$

$\hat{\phi}$ 에 대한 미분방정식을 풀기 위해 식 (1.5)의 각 항에 $\frac{\partial}{\partial t}$ 를 곱하면,

$$\frac{\partial^2 \hat{\phi}}{\partial t^2} + C_0^2\frac{\partial}{\partial t}\frac{\partial \hat{u}}{\partial x} = -\frac{R\Delta p}{2C_p P_2}\frac{\partial Q_2}{\partial t} \tag{1.5a}$$

그리고 식 (1.5a)의 $Q_2 = -\varepsilon L q_3 \frac{\partial \hat{u}}{\partial x}$이고, 여기에 식 (1.4a)를 적용하면 식 (1.5b)이다.

$$\frac{\partial^2 \hat{\phi}}{\partial t^2} - C_0^2\frac{\partial^2 \hat{\phi}}{\partial x^2} = -\frac{R\Delta p}{2C_p P_2}\frac{\partial}{\partial t}\left(-\varepsilon L q_3 \frac{\partial \hat{u}}{\partial x}\right) \tag{1.5b}$$

$$\frac{\partial^2 \hat{\phi}}{\partial t^2} - C_0^2\frac{\partial^2 \hat{\phi}}{\partial x^2} = -\frac{R\Delta p}{2C_p P_2}\left(-\varepsilon L q_3\left(-\frac{\partial^2 \hat{\phi}}{\partial x^2}\right)\right) \tag{1.5c}$$

식 (1.5c)을 정리하면 다음과 같고,

$$\frac{\partial^2 \hat{\phi}}{\partial t^2} - \left(C_0^2 - \frac{\varepsilon L q_3 R\Delta p}{2C_p P_2}\right)\frac{\partial^2 \hat{\phi}}{\partial x^2} = 0 \tag{1.6}$$

따라서 켈빈 파동의 위상속도는

$$C = \sqrt{C_0^2 - \frac{\varepsilon L q_3 R \Delta p}{2C_p P_2}} = \sqrt{C_0^2 - K}, \quad \text{여기서 } K = \frac{\varepsilon L q_3 R\Delta p}{2C_p P_2}$$

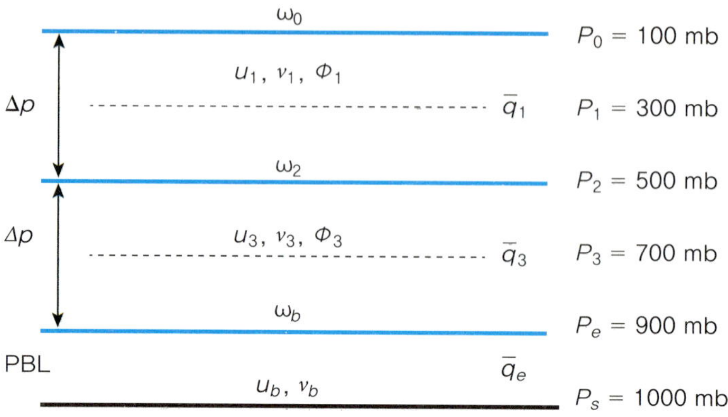

Figure 1.19 Schematic diagram of Two-layer free atmosphere with a PBL.

다시 정리하면, 경압성 켈빈 파동의 위상 속도는 다음과 같다.

$$C = \sqrt{C_0^2 - K} = \sqrt{\frac{\sigma_2(\Delta p)^2}{2} - K} = \sqrt{\sigma_2\left(1 - \frac{2K}{\sigma_2(\Delta p)^2}\right)\frac{(\Delta p)^2}{2}} = \sqrt{\sigma^*\frac{(\Delta p)^2}{2}}$$

여기서 $\sigma^* = \sigma_2\left(1 - \dfrac{2K}{\sigma_2(\Delta p)^2}\right)$는 effective static stability이다.

위의 식을 통해 드라이 켈빈 파동은 $C_0 \sim 49$ m/s 속도를 지니며, 모이스트 켈빈 파동은 $C_0\sqrt{(1-I)} \sim 49 \times 0.3 = 17$ m/s로 드라이 켈빈 파동의 약 1/3값을 지님을 알 수 있다. 여기서 I는 자유대기열로 파동수렴으로 인한 열 계수이다. 한편 마찰(friction)을 고려하면 결합된 켈빈과 로스비 파동은 5~10 m/s의 속도로 동진하게 된다. 즉, 마찰은 결합된 켈빈과 로스비 파동이 동진하는데 브레이크 역할을 한다. 따라서 현실적인 대기 구조로 최하층의 마찰 수렴을 고려했을 때 관측과 유사한 전파 속도를 얻게 된다.

행성경계층이 포함된 2층 반 모델의 도식화와 행성경계층에 대한 식은 아래와 같다(Figure 1.19와 식 (1.7)~(1.9)).

$$-yv_b = -\phi_{bx} - Eu_b \tag{1.7}$$

$$yu_b = -\phi_{by} - Ev_b \tag{1.8}$$

$$\frac{H_b}{H_T}(u_{bx} + v_{by}) + w_b = 0 \tag{1.9}$$

여기서 u_b와 v_b는 행성경계층의 연직 평균바람이고, Φ_b는 행성경계층의 지오포텐셜, w_b는 행성경계층의 에크만 펌핑, E는 행성경계층의 마찰계수, H_b는 행성경계층의 깊이, H_T는 대류권 깊이이다. 또한 2층 반 모델의 지배방정식들에 대해 적도 베타 평면(Wang 1988)과 장파 근사(Longwave approximation; Gill 1980)를 적용하였다.

$$u_t - yv + \phi_x = -\varepsilon u + M(u) + F^U \tag{1.10}$$

$$yu + \phi_y = 0 \tag{1.11}$$

$$\phi_t + u_x + v_y = -\mu\phi - P + M(\phi) + F^\phi \tag{1.12}$$

$$q_t + \tilde{Q}(u_x + v_y) = +\tilde{Q}_s W_b - P + E + M(q) + F^q \tag{1.13}$$

$$W_b = \frac{H_b}{H_T}(d_1\nabla^2\phi + d_2\phi_x + d_3\phi_y) \tag{1.14}$$

위 식 (1.10)은 운동량 방정식, 식 (1.11)은 연속 방정식, 식 (1.12)는 열역학 방정식이다. 식 (1.13)은 모이스트 식이고, 식 (1.14)는 행성경계층 에크만 펌핑으로 Wang and Rui (1990)의 논문에서 정의되었다. 각 식에서 ε는 프루드 수, μ는 뉴턴 쿨링 계수이고, $\tilde{Q}$는 연직 평균 수분 경도, $\tilde{Q}s$는 행성경계층 계수, d_1는 $E/(E^2 + y^2)$, d_2는 $-(E^2 - y^2)/(E^2 + y^2)^2$, d_3는 $-2Ey/(E^2 + y^2)^2$ 이다. 그리고 $M(u)$, $M(\phi)$, $M(q)$는 평균 흐름의 효과 항이고, F^U, F^ϕ, F^q는 스케일 상호작용 항이다 (Majda and Klein 2003). 앞으로 사용될 기본적인 MJO 모델은 스케일 상호작용과 평균 흐름의 효과를 무시한다. 따라서 식 (1.10)~(1.14)는 식 (1.15)~(1.19)로 바뀌고, 이를 필수적인 MJO 역학을 보기 위한 MJO 이론모델 틀로 부른다.

$$u_t - yv + \phi_x = 0 \tag{1.15}$$

$$yu + \phi_y = 0 \tag{1.16}$$

$$\phi_t + u_x + v_y = -P \tag{1.17}$$

$$q_t + \tilde{Q}(u_x + v_y) = -P + E + \tilde{Q}_s W_b \tag{1.18}$$

$$W_b = \frac{H_b}{H_T}(d_1\nabla^2\phi + d_2\phi_x + d_3\phi_y) \tag{1.19}$$

이 Frictional coupled moist Kelvin-Rossby waves 이론에서 모이스트 켈빈 파동은 약 17 m/s로 동진한다. 반면 로스비 파동은 서진하는데, 두 파동이 결합되면 약 5~10 m/s로 동진하게 된다. 이 두 파동이 결합되는 이유는 마찰로 일어나는 수렴(frictional convergence) 때문이다. 만약 경계층에서 마찰로 일어나는 수렴이 없다면 두 파동은 분리된 채 각자 반대 방향으로 나아가게 된다. 또한, 경계층 수렴은 대류의 동쪽에 위치하며 연직적으로 보았을 때 후방쪽 (왼쪽)으로 기울어져 있다. 이러한 경계층 수렴은 MJO 대류에 에너지를 공급하는 역할을 하기 때문에 대류가 생성되고 유지되는데 중요한 조건이라 할 수 있다. 이를 MJO 이론 모델 틀인 식 (1.18)에서 $\partial q/\partial t << \tilde{Q}(\partial u/\partial x + \partial v/\partial y)$라 가정하여 $\partial q/\partial t$를 제거하면 (Kuo 타입 모수화), Frictional coupled moist Kelvin-Rossby waves 모델이 만들어진다.

이렇게 만든 모델의 결과는 실제 관측에서 보이는 특징과 비슷하다. Hendon and Salby (1994)의 논문에서는 관측된 인도양 위의 바람 수렴이 대류의 동쪽에서 발달하는 특징을 보여주는데 (Figure 1.20d), 자세히 살펴보면 행성경계층 상부에서 에크만 펌핑에 의한 상승 운동이 대류 중심보다 동쪽에 존재한다는 것을 알 수 있다 (Figure 1.20c). 해수면

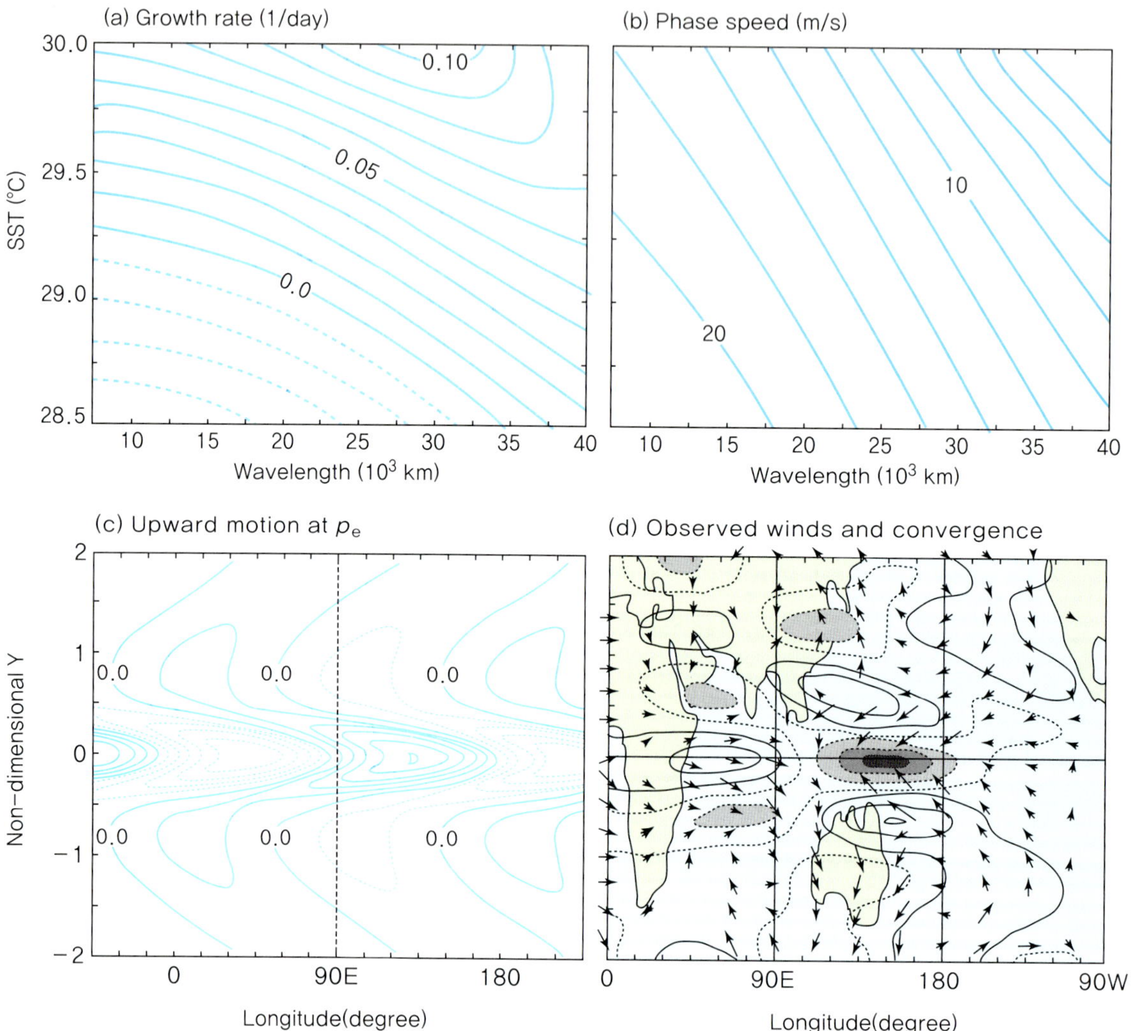

Figure 1.20 Behavior of Frictional Convergence Instability (FCI) mode associated with the model MJO. (a) Growth rate and (b) zonal phase speed as functions of wavelength and maximum SST at the equator. (c) Normalized upward motion at the top of the boundary layer computed for the growing FCI mode under SST = 29.5°C. (d) Observed surface winds and convergence (dashed contours). The meridional scale in (c) is the Rossby radius of deformation (about 1,500 km). We can see that long wave grows faster in (a) and slow eastward movement in (b). Coupled Kelvin-Rossby wave structure is shown in (c), which demonstrates that BL upward motion leads convection center. ((a)~(c) adapted from Wang and Rui (1990) and (d) from fig. 3 of Hendon and Salby 1994).

온도가 약 29.2°C 또는 29.3°C 이상이면 파장 길이에 상관없이 항상 양의 성장률을 보이며, 파장이 길수록 성장률이 크게 나타났다 (Figure 1.20a). 따라서 장파가 가장 발달하기 좋음을 알 수 있다. 또한 장파일수록 위상 속도가 작아졌고 가장 긴 장파에서 관측과 유사한 약 5 m/s의 속도가 나타났다 (Figure 1.20b). 그리고 결합된 켈빈-로스비 파동 구조도 관측과 유사하다 (Figure 1.20c).

네 번째 Radiation-convection feedback 이론은 복사 냉각과 지표면 수분 플럭스가 모델 내 대기를 불안정화 시키는 경향이 있지만 대류는 경계층 수분과 기온 감률의 감소에 의해 자연적인 상태를 유지하려는 경향이 있기 때문에 발생되는 되먹임이다.

다섯 번째 Atmosphere-ocean interaction 이론은 과거부터 현재까지 계속 연구되고 있지만 아직까지도 완벽하게 해결되지 못한 부분이다. 대류의 동쪽에 해수면온도가 높으면 수분 수렴과 모이스트 정적에너지를 증가시켜 대기층을 불안정하게 만들어 MJO에 영향을 주게 된다 (Waliser et al. 1999).

여섯 번째 Multi-scale interaction(MSI)과 skeleton model에 관해 살펴보자. MSI는 중간규모 대류 시스템(Mesoscale convective systems, MCSs), 대류성으로 결합된 파동(Convectively coupled waves, CCWs), MJO의 여러 규모의 현상과 다양한 구름 종류간에 상호 작용을 한다는 이론이다. 중간규모 대류 시스템(MCSs)은 ~200 km에 0.4일 정도 중간규모이며, 대류성으로 결합된 파동(CCWs)은 ~2,000 km에 4일 (2~10일) 정도 종관규모이다. MJO는 ~20,000 km에 40일 정도 행성규모를 지니는데, 이러한 세 규모는 매우 비슷한 구조를 보이는 자기유사성이 있다. 예를 들면 작은 규모 활동인 에디 운동량 전달(eddy momentum transter, EMT)이 큰 규모인 배경바람을 강화시키는 서풍 측발(westerly wind burst) 현상이 있다. 그리고 연직 바람 시어가 중간규모 대류 시스템의 전파 방향과 형태를 결정하는데 도와 준다. 이를 바탕으로 Wang and Liu (2001)는 MSI 모

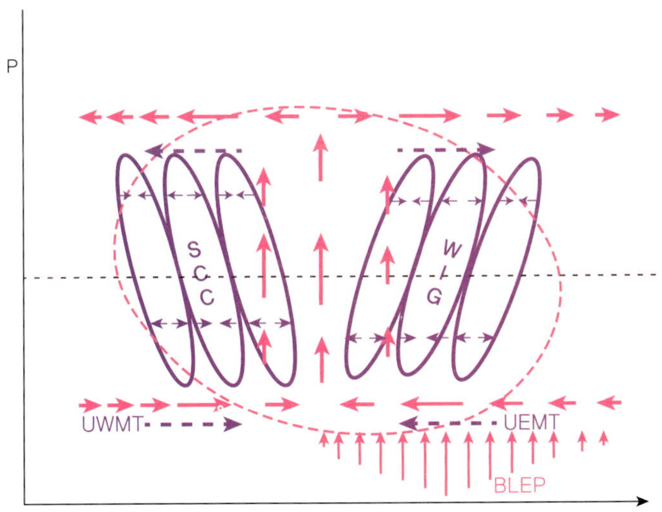

Figure 1.21 Schematic diagram describing multiscale structure associated with the model MJO. The red ellipse and thick arrows represent, respectively, the convective complex and planetary-scale zonal circulations associated with the MJO. The blue ellipses and thin arrows denote vertically tilted mesosynoptic disturbances (SCCs and WIG waves) and associated convergence/divergence, respectively. The thick blue arrows represent eddy-induced upscale easterly/westerly momentum transfer (UEMT/UWMT). The red thin arrows represent the boundary layer Ekman pumping (BLEP) (Wang and Liu 2011).

델을 제시하였다. MJO 엔벨로프(envelope)를 중심으로 동쪽으로 진행하는 SCC(super cloud cluster)는 서쪽에 위치하며 상층으로 갈수록 서쪽으로 기울어져 있는 구조이고, 이 엔벨로프의 동쪽에 위치하는 관성 중력 파동은 2~3일 정도 주기를 가지며 상층으로 갈수록 동쪽으로 기울어진 연직 구조이다 (Figure 1.21). 하층 경계층에서의 에크만 펌핑은 MJO 엔벨로프의 동쪽에서 생성된다. 더불어 SCC는 하층 서풍 운동량 플럭스를 만들고, 서쪽으로 전파하는 관성 중력 파동은 하층 동풍 운동량 플럭스를 만들어 깊은 MJO 대류에 의한 수렴 바람장과 같은 위상을 지니므로써 수렴을 강화시켜 MJO를 더 발달시키는 역할을 한다.

MSI 모드는 경계층에서의 frictional convergence instability(FCI)와 EMT의 상호 결합적인 모드이다. 이 MSI 모델은 전체 가열에 대한 대류 가열의 비 값을 표현한 α를 유일한 매개변수로 가진다. α의 값에 따라 FCI, EMT, MSI 모드의 성장률(growth rate)과 위상속도(phase speed)는 변하게 된다 (Figure 1.22). 그리고 α의 분모부분을 이루는 전체 가열은 층상 가열(stratiform heating), 웅대 가열(congestus heating)과 대류 가열(convective heating)을 합한 것으로 값이 1이면 대류 가열만 존재하여 FCI 모드만 발달하게 되고, 0.5이면 층상/웅대 가열이 증가하여 대류 가열 만큼 있다는 것을 의미하므로 EMT 모드가 많이 활성화된다. 이를 바탕으로 Figure 1.22를 살펴보면, x축의 값인 α가 작아질수록 (층상/웅대 가열이 차지하는 비율이 커질수록) FCI 모드의 성장률은 감소하지만

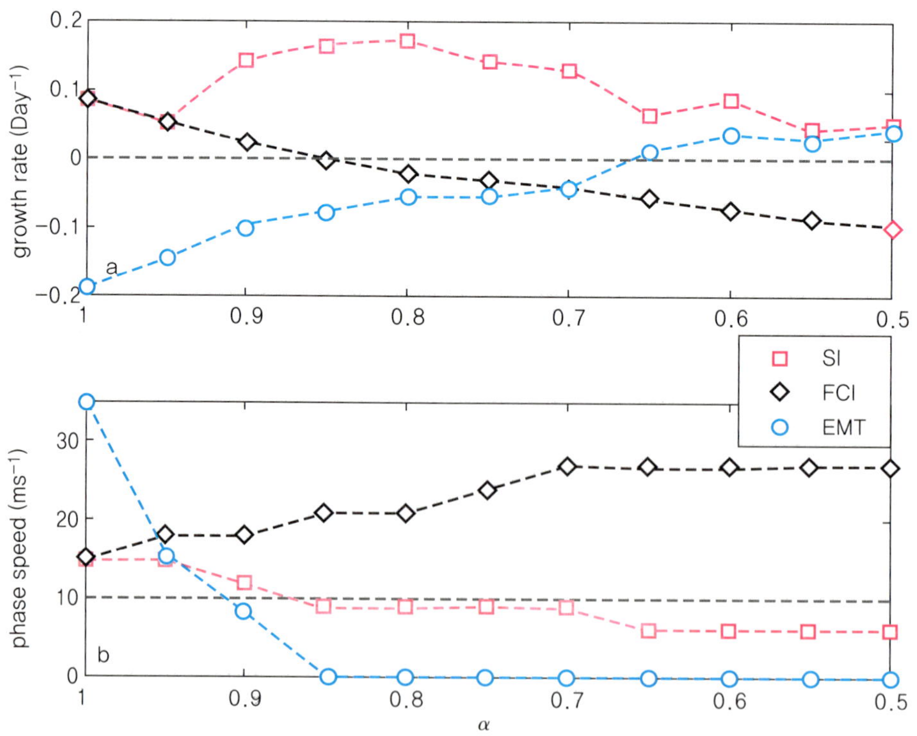

Figure 1.22 Properties of the FCI, EMT, and SI modes for wavenumber 1. (a) Growth rate and (b) phase speed as functions of α (Wang and Liu 2011).

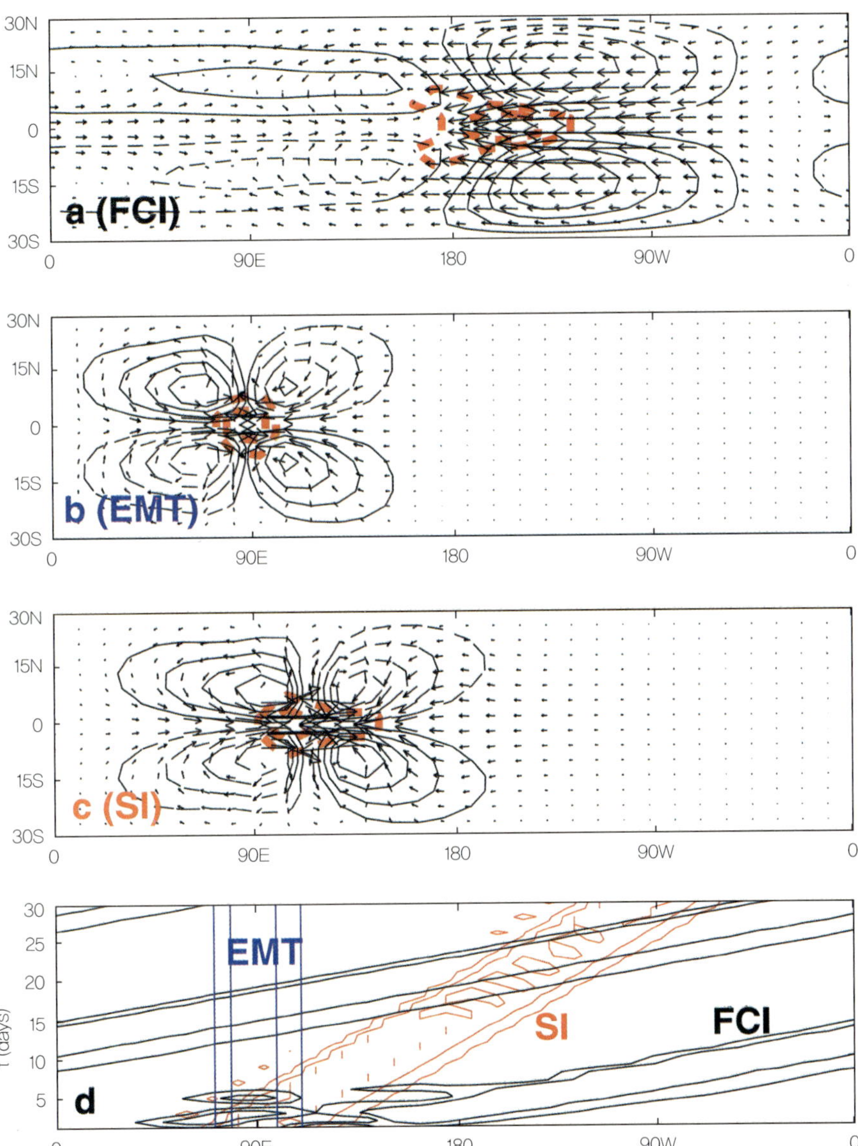

Figure 1.23 Horizontal structures of the (a) FCI, (b) EMT, and (c) SI modes for a α = 0.6 at the seventh day. Shown are planetary-scale winds (vectors) and areas of heating rate (red dashed contour), as well as the streamfunctions (black contours). The vectors and heating rate contours are scaled to their respective maximum magnitudes: (a) 1.5 m s^{-1}, 0.2 K day^{-1}; (b) 3.7 m s^{-1}, 0.45 K day^{-1}; and (c) 4.0 m s^{-1}, 0.6 K day^{-1}. (d) Time – longitude diagram of the simulated heating core regions associated with the FCI, EMT, and SI modes. Contour interval is 0.4 for the heating rate and 0.2 for the streamfunctions. Zero contours are not drawn and negative streamfunctions are dashed. The amplitude is a growing function of time (Wang and Liu 2011).

EMT 모드의 성장률은 증가함을 알 수 있다. 또한 α가 작아질수록 대류 가열 부분이 작아지고 (또는 층상 가열이 증가되어) 안정도가 증가하므로 FCI 모드의 위상속도가 빨라진다. 반면 α의 값에 관계없이 MSI 모드는 자란다. 다시말해 FCI 모드와 EMT 모드가 서로 협동하여 MSI 모드는 가열의 비율과 관계없이 발달한다.

FCI 모드는 동진하려는 경향이 있고 EMT 모드는 정지(stationary)하려는 경향이 있다. α가 0.9보다 큰 경우 EMT 모드의 위상속도가 굉장히 빨라지는데 이는 층상 가열이 작으므로 드라이 켈빈 파동이 지배적이기 때문이다. 만약 α가 0.5에 가까울수록 FCI 모드의 위상속도는 증가하지만 EMT 모드는 이동하지 않고 정지한 상태가 된다. 관측 결과를 보면 MJO의 발달 시 층상 구름이 잘 생성되어 있는데, 이 구름이 MSI 모드의 전파 속도를 느리게 하는 제동 역할을 하고 있다. 실제 기후 모델에서도 층상 구름 및 가열항이 잘 모사되어야 MJO를 잘 모의한다는 연구 결과가 제시된 바 있다.

Figure 1.23은 α가 0.6일 때 90°에서 가열을 주고 적분 6일 후에 대한 각 모드들의 수평분포를 그린 그림이다. FCI 모드는 Gill 형태와 유사한 수평장을 보이고 동쪽으로 빨리 이동하는 특징을 보이므로 켈빈 파동과 비슷하다. 하지만 EMT 모드는 4중극 구조를 지니며 정체되어 있는 로스비 파동과 비슷하다. 따라서 MSI는 빠르게 동진하는 FCI 모드와 정체된 EMT 모드가 결합하여 느리게 동쪽으로 이동하고, 4중극의 수평구조를 지닌다. 수평구조의 모식도는 Figure 1.24에 제시되어져 있다. 한편 열대의 해수면온도를 실제와 비슷하게 따뜻한 해수역에 해수면온도 강제력을 크게 주었을 때 그 지역에서 MSI의 에너지가 증가하는 것을 알 수 있다 (Figure 1.25). 또한 해수면온도가 상대적으로 차가운 서반구 쪽은 MSI의 강도가 약해지고 전파 속도가 빨라졌다.

이 연구와 별도로 실제 여러 기후 모델에서 보이는 결과로 켈빈파, 혼합 로스비 중력파, 서쪽으로 전파하는 관성 중력파 등의 대류성으로 결합된 파동(CCWs)을 잘 모의하는

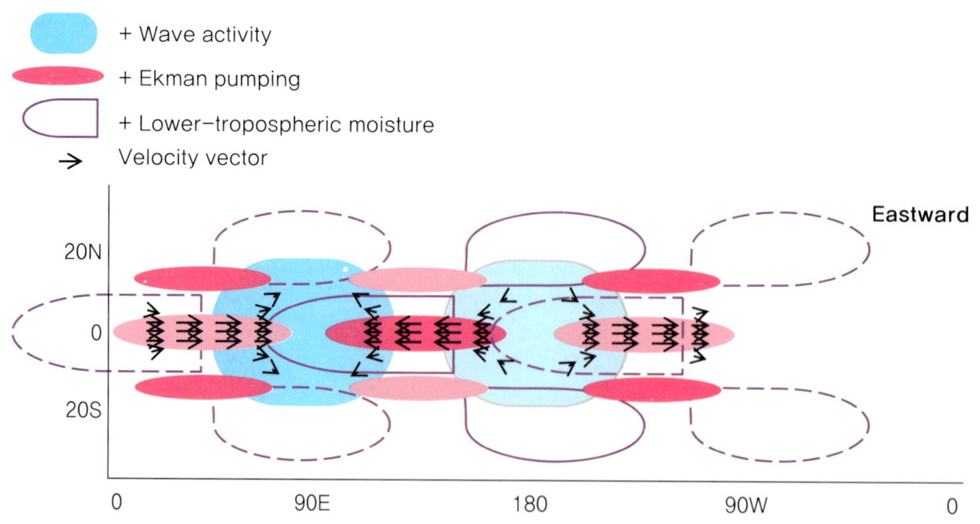

Figure 1.24 Frictional coupled moist Kelvin-Rossby wave instability (Liu and Wang 2012b).

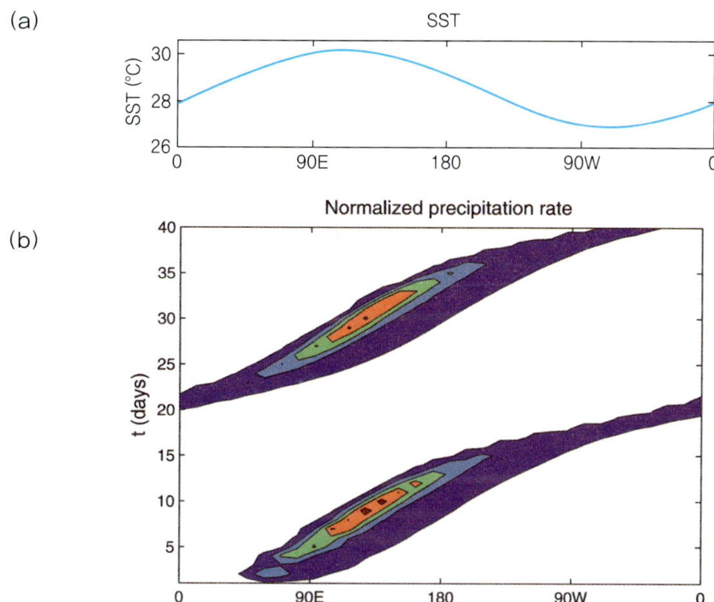

Figure 1.25 Evolution of the model SI mode in a longitude-dependent SST setting. (b) A contour plot of normalized heating rate of SI mode calculated from (a) an idealized sinusoidal SST. The maximum heating rate is 0.8 K day^{-1} and contour interval is 0.2 K day^{-1}. Here a $\alpha = 0.6$ and initial heating are located at 60°N (Wang and Liu 2011).

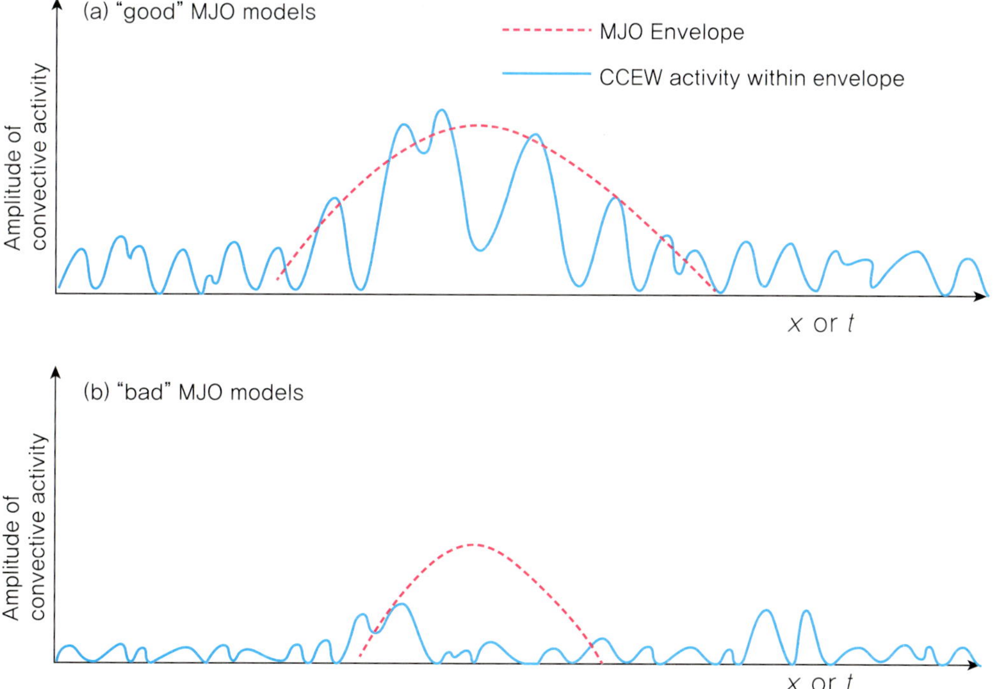

Figure 1.26 Schematic illustration of the multiscale structure of the MJO and the embedded higher-frequency CCEWs (i.e., namely Kelvin, MRG, WIG, and EIG) simulated in the (a) good and (b) bad MJO models (Guo et al. 2015).

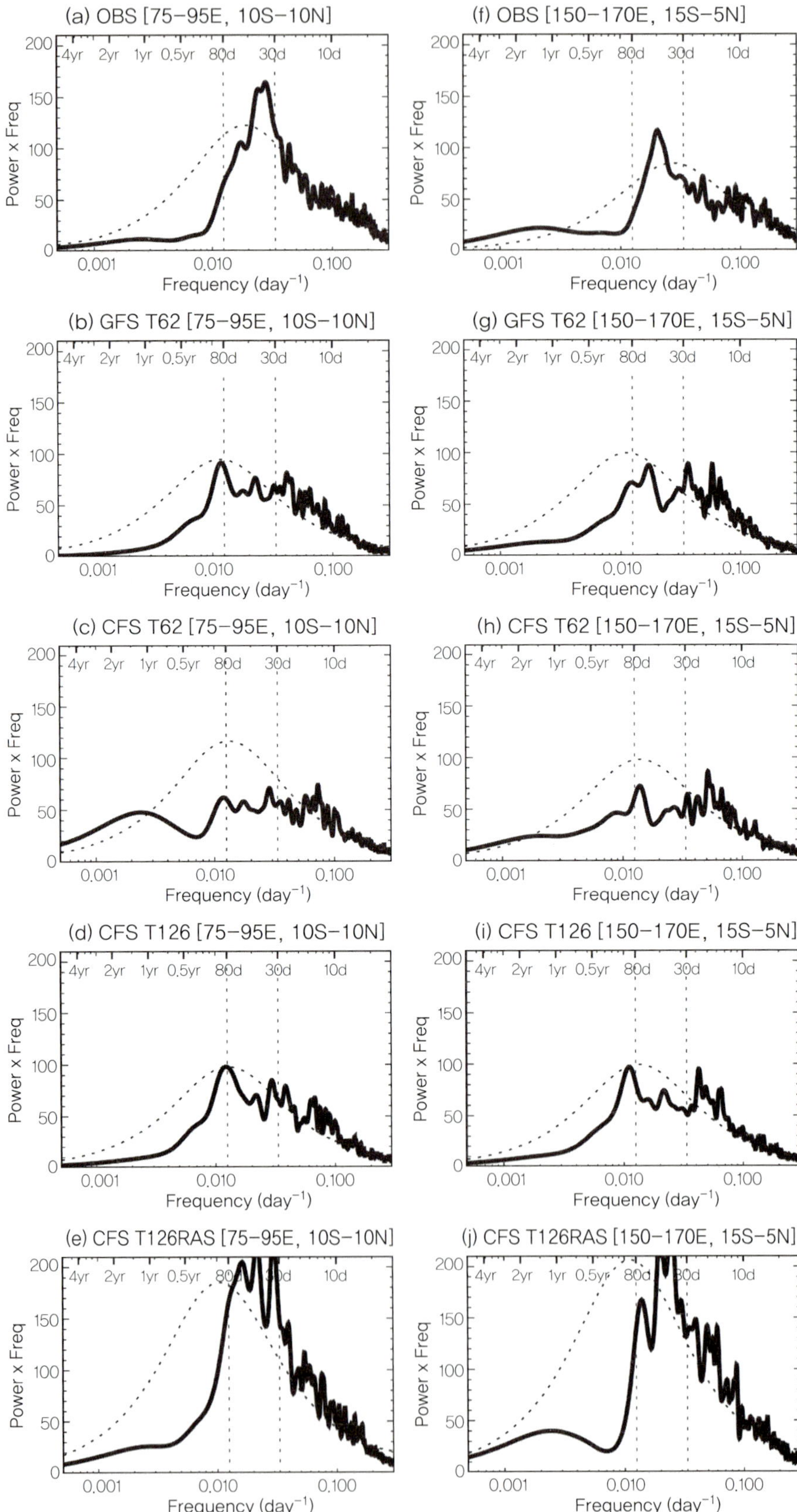

Figure 1.27 Power spectra of OLR anomalies averaged over (left) the tropical Indian Ocean area (10°S-10°N, 75°-95°E) and (right) the western Pacific region (15°S-5°N, 150°-170°E) for (a),(f) observations, (b),(g) GFS T62, (c),(h) CFS T62, (d), (i) CFS T126, and (e),(j) CFS T126RAS. The thick lines represent the smoothed power. The dashed curve is the upper 95% confidence limit of the red noise spectrum calculated from a lag-1 autocorrelation. The smoothed spectra are calculated from the Parzen window having an effective bandwidth of 2.5×10^{-3} cycles per day (cpd). For clarity, 30- and 80-day period lines are denoted by dotted vertical lines (Seo and Wang 2010).

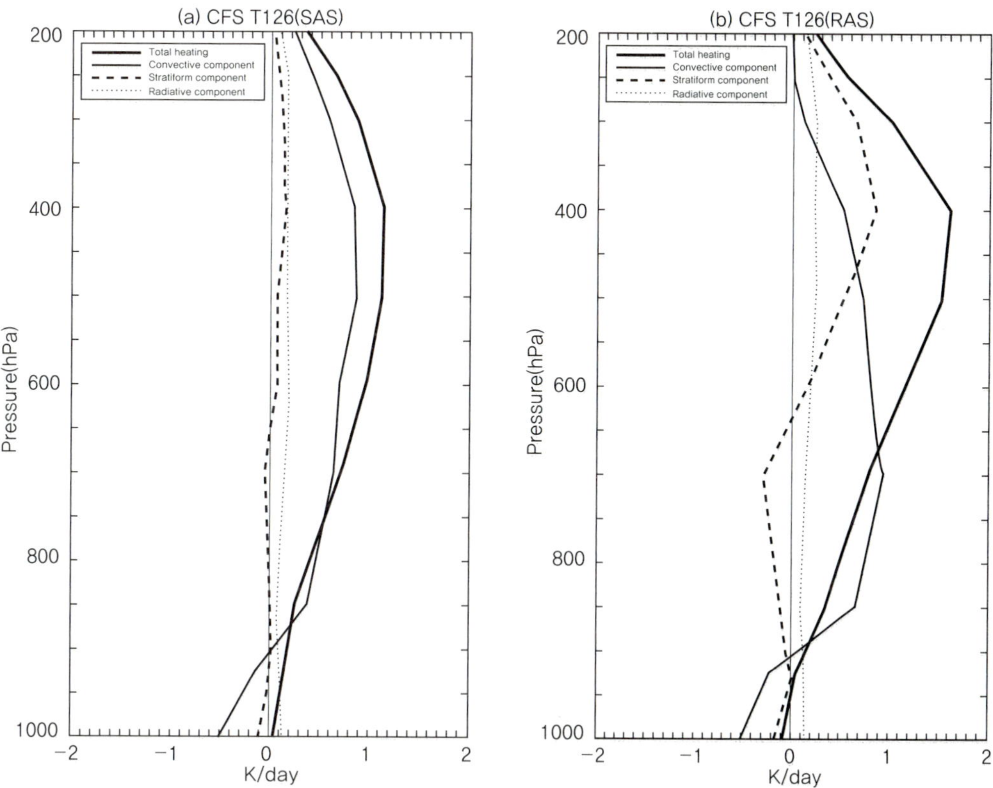

Figure 1.28 The partition of the total vertical heating profile (thick solid line) into the convective component (thin solid line), the stratiform component (dashed line), and the radiative component (dotted line) for (a) CFS T126(SAS) and (b) CFS T126(RAS) (Seo and Wang 2010).

모델이 MJO 또한 더 잘 모의한다는 결과를 보였다 (Figure 1.26). 따라서 규모가 작은 대류성으로 결합된 파동(CCWs)과의 스케일 상호 작용이 MJO의 발달 및 모의에 필수불가결한 요소임을 암시한다.

일곱 번째 Moisture mode는 열역학적인 관점에서만 설명하는 이론이다. MJO 이론 모델 틀에서 식 (1.18)만 사용하여 MJO 역학적인 부분을 전혀 생각하지 않고 오로지 수분만을 고려하기 때문에 실제적인 MJO를 설명하는 데는 한계가 있다.

더불어 더 나은 MJO 모의를 위해 대기-해양 상호작용, 모델 해상, 연직시어 배경장, 하층 서풍 배경장, 해수면온도, 깊은 대류 모수화, 하층 수분 수렴, 비단열 가열의 연직 프로파일 등 어떠한 변수가 중요한지에 대해 살펴보자. Figure 1.27을 보면, GFS T62, CFST62, CFST126에서는 30~80일에 유의한 값이 나타나지 않은 반면, CFST126RAS에서는 관측과 유사하게 크고 뚜렷한 값이 나타났다. 즉 대기와 해양이 결합되고, 모델 해상도가 높을수록 그리고 깊은 대류 모수화 RAS를 사용하였을 때 MJO가 더 잘 모의 되는 것을 알 수 있다. 그렇다면 왜 깊은 대류 모수화 중 RAS를 썼을 때 MJO 모의성능이 나아졌는지 살펴 보자. 깊은 대류 모수화 SAS 스킴에 비해 RAS 스킴 실험의 연직 가열 프로파일

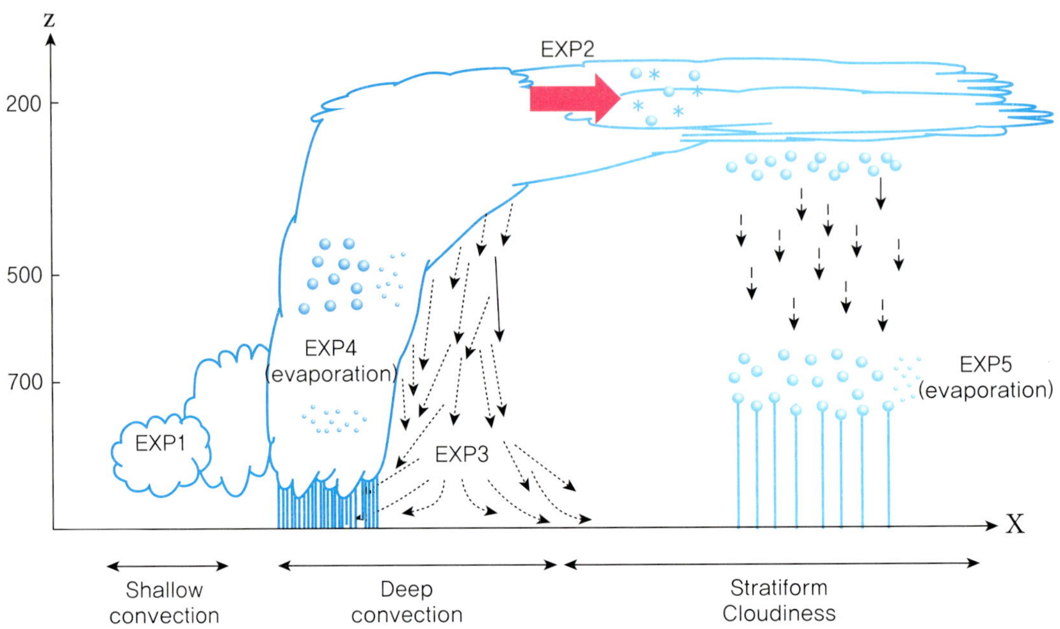

Figure 1.29 Schematic diagram of typical evolution associated with convectively coupled Kelvin waves (similar to mesoscale convective systems). A series of sensitivity experiments were conducted by turning off the following components in the NCEP CFS model: shallow convection (EXP1), cloud-top convective detrainment (EXP2), convective downdrafts (EXP3), convective rainfall evaporation (EXP4), and large-scale rainfall evaporation (EXP5) (Seo et al. 2012).

이 전체적으로 관측과 매우 유사하며, 특히 400 hPa에서 층상 가열 성분이 대류 가열 성분보다 크게 나타났다 (Figure 1.28). RAS 스킴의 가장 중요한 특징은 구름 꼭대기에서 대류 유출(detrainment) 과정으로 (EXP2 in Figure 1.29) 이를 통해 층상 구름의 형성에 필요한 수분을 제공하며 동시에 응결을 통한 잠열의 방출로 상층의 대기 온도를 올리는 역할을 하게 된다. 얕은 대류(shallow convection)도 대기내에서 심층 대류가 발생할 수 있는 환경을 조정하기 때문에 중요한 요소로 보여진다 (EXP1 in Figure 1.29) (Figure 1.13도 참조). 그 외의 실험인 심층 구름으로부터의 하강기류(downdraft) 및 심층 대류에서의 강수입자의 증발, 격자무늬 규모에서 떨어지는 강수입자에서의 증발등의 과정은 MJO (Seo and Wang 2010)나 열대 켈빈 파동 (Seo et al. 2012)의 발달에 크게 영향을 미치지 않음을 알 수 있다. 반면 여름철 MJO인 BSISO(Boreal Summer IntraSeasonal Oscillation)의 유지 발달에는 얕은 대류나 심층 구름으로부터 하강기류와 심층 대류에서의 강수입자의 증발이 중요한 역할을 하는 것으로 분석되었다 (Sooraj and Seo 2013).

MJO의 생성 이론

MJO의 시작(initiation)에 대한 과정은 크게 내부적인(Internal) 역학, 외부적인(Exte-

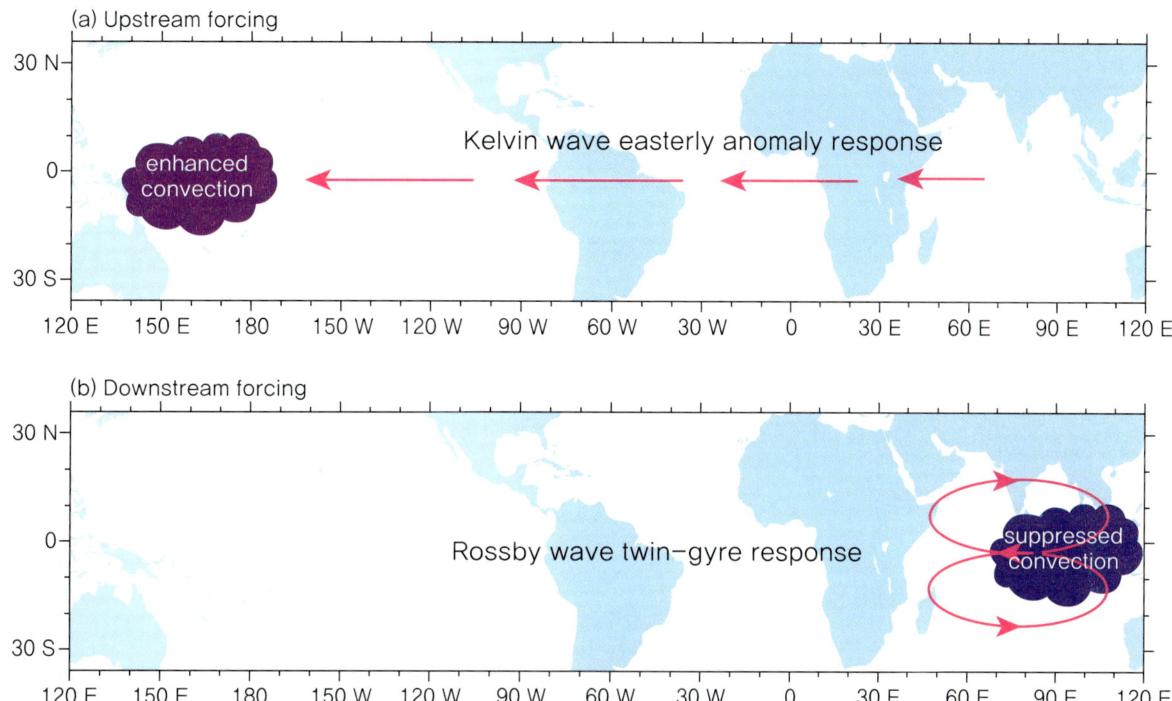

Figure 1.30 Schematic diagrams illustrating (a) an upstream forcing scenario in which a positive MJO heating in the western Pacific may induce an anomalous easterly over the WIO through Kelvin wave response and (b) a downstream forcing scenario in which over a negative heating anomaly associated with suppressed-phase MJO may induce twin-gyre circulation in the tropical Indian Ocean through Rossby wave response (Zhao et al. 2013).

rnal) 역학, 그리고 확률적인 강제력(Stochastic forcing)에 대한 메커니즘으로 분류된다. 이 중 내부적인 메커니즘이 가장 중요하기 때문에 다른 두 메커니즘은 생략하겠다. 내부적인 메커니즘은 풍상(upstream) 켈빈 파동 강제력 (Hendon 1988; Blade and Hartmann 1993)과 풍하(downstream) 로스비 파동 강제력 (Matthews 2000; Seo and Kim 2003; Hsu and Lee 2005; Jiang and Li 2005), 방전-재충전 과정 (Blade and Hartmann 1993; Kemball-Cook and Weare 2001; Benedict and Randall 2007; Thayer-Calder and Randall 2009; Seo and Wang 2010)으로 각기 다른 관점에서 설명된다.

풍상 켈빈 파동 강제력 가설은 서태평양에 있는 이전 MJO 대류에 의해 생긴 동풍의 켈빈 파동이 계속해서 동쪽(upstream)으로 전파되어 인도양에서 발달하는 것이다. 동풍 아노말리가 180° 이상을 동진하여 아프리카 대륙을 거쳐서 서인도양에 도달한다는 가설이지만 실제로 합성장을 분석하면 서풍의 아노말리가 관측된다 (Figure 1.30a). 반면 풍하 로스비 파동 강제력 가설은 동인도양에 감소 또는 억제된 대류에 의하여 만들어지는 쌍극자 형태의 로스비 파동 순환이 대류 아노말리의 서쪽(downstream)에 생기면서 적도에서 동풍의 아노말리를 형성하고 서인도양에서 수렴이 발생시켜 MJO 시작을 유도한다 (Figure 1.30b). 실제 MJO의 생성 모습과 가장 유사한 이론이다. 동인도양에 MJO 대류가 없는 맑은 날 Gill 형태의 대기반응에 의해 서인도양에 새로운 대류 시스템을 생성시켜 MJO가 시작되는 것이다.

1.3 BSISO 이론

여름철 MJO인 BSISO는 북반구 여름철 계절내 변동으로 겨울철 변동에 비해 복잡하다. 여름철(JJA)에 대한 20~90일의 OLR 변동성이 아라비아해, 벵갈만, 북서태평양, 남중국해, 적도 인도양의 총 5지역에서 정점을 보이며 이 중 네지역이 아열대에 위치한다 (Figure 1.31). 계절별 태양활동의 변화로 열적도가 겨울철에 비해 여름철에 더 북쪽에 위치하기 때문에 여름철 MJO는 동진할 뿐 아니라 북진한다 (Figure 1.2). 따라서 강수밴드가 북서쪽으로 기울어진 패턴을 보이며 (Figure 1.32), 겨울철에 비해 복잡한 메커니즘을 가진

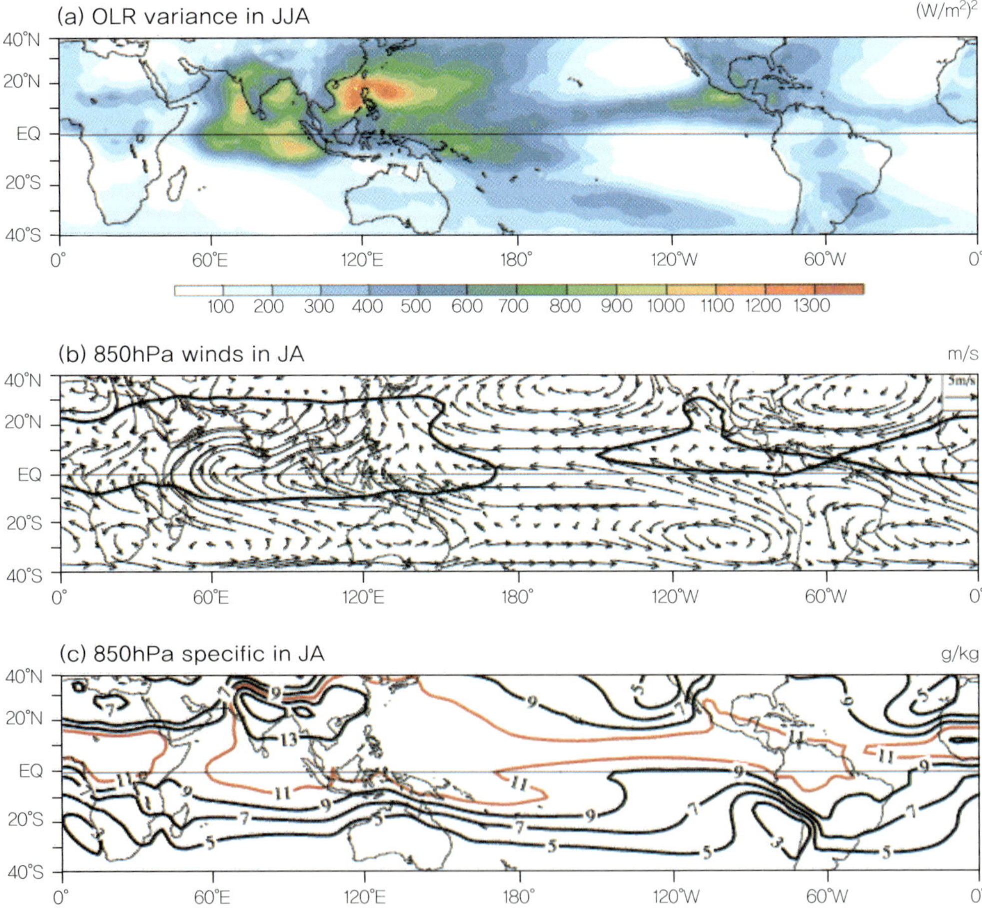

Figure 1.31 (a) 여름철(JJA)의 OLR 변동성(색칠), (b) JA기간의 850 hPa 바람장(벡터), (c) JA기간의 850 hPa의 비습(선)이다. (b)의 검은 실선은 연직바람 시어로 열대지역이 동풍 시어임을 보이고 있다 (Courtesy of B. Wang).

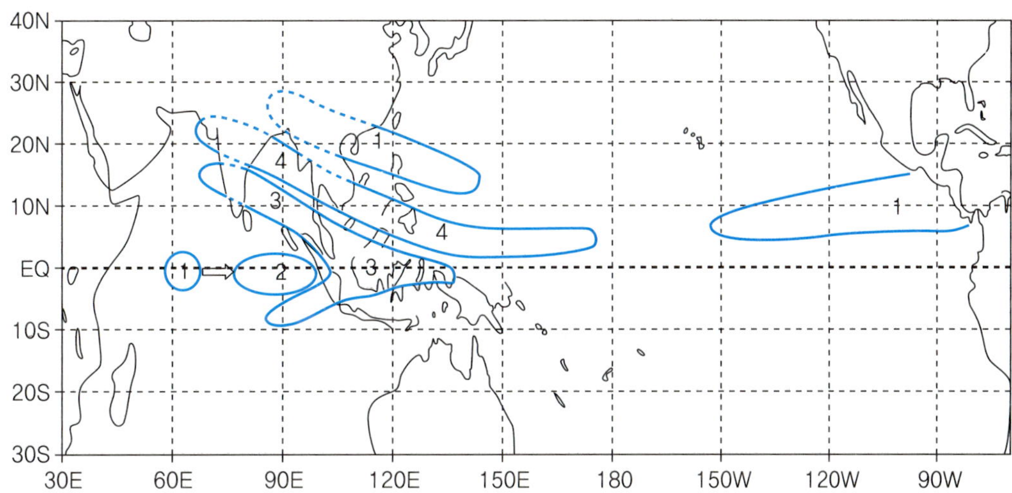

Figure 1.32 Schematic diagram showing four stages of the BSISO wet and dry anomalies: (1) initiation, (2) maturity, (3) formation of the slanted precipitation band, and (4) northeastward propagation. Each stage lasts about 8 days (Wang et al. 2006).

다. 또 다른 특징은 상층에서 동풍이 강하게 불고, 하층에서 소말리아 제트인 횡단 적도의(cross-equatorial) 바람이 강하여 서풍이 발달한다. 상하층의 바람이 다른 방향으로 불기 때문에 연직적으로 강한 동풍 시어가 발생된다 (Figure 1.33).

BSISO 이론은 4가지로 나뉜다.

1. Air-Sea interaction mechanism

2. Frictional moisture Kelvin-Rossby wave mechanism

3. Vertical shear mechanism

4. Moisture-convection feedback mechanism

a) moisture advection by the mean southerly flow in the PBL

b) moisture advection due to the mean meridional moisture gradient

먼저 첫 번째와 두 번째 메커니즘은 연관되어 있으므로 두 이론을 합쳐 BSISO의 북진 전파 과정에 대해 살펴보자. Figure 1.34의 x축인 시간에 대한 흐름은 공간적으로 보면 서에서 동으로의 이동과 일맥상통하다. BSISO 강수 아노말리 지역 −10일을 보면 서풍 아노말리가 있고 +10일 또는 동쪽 방향에는 동풍 아노말리가 형성된다 (Figure 1.34a). 한편 북쪽에는 억제된 대류에 의해 동풍의 아노말리가 형성되는데 인도양에서의 평균류가 서풍이므로 전체적으로 서풍이 약해지게 된다. 이 지역에서는 바람이 약해져서 잠열 방출이 약해지고 (Figure 1.34b, 하향 방향을 양의 방향으로 정의) 해수면 냉각이 줄어 들게 된다. 또한 억제된 대류지역이므로 하강하는 태양복사가 증가하고 결국 해수면온도가 상승하게 된다 (Figure 1.34c and d). 그리고 BSISO 대류의 북쪽에 양의 와도와 양의 수렴이 생성된다 (Figure 1.34e and f). 이러한 일련의 대기-해양 상호작용에 의해 (또는 Frictional

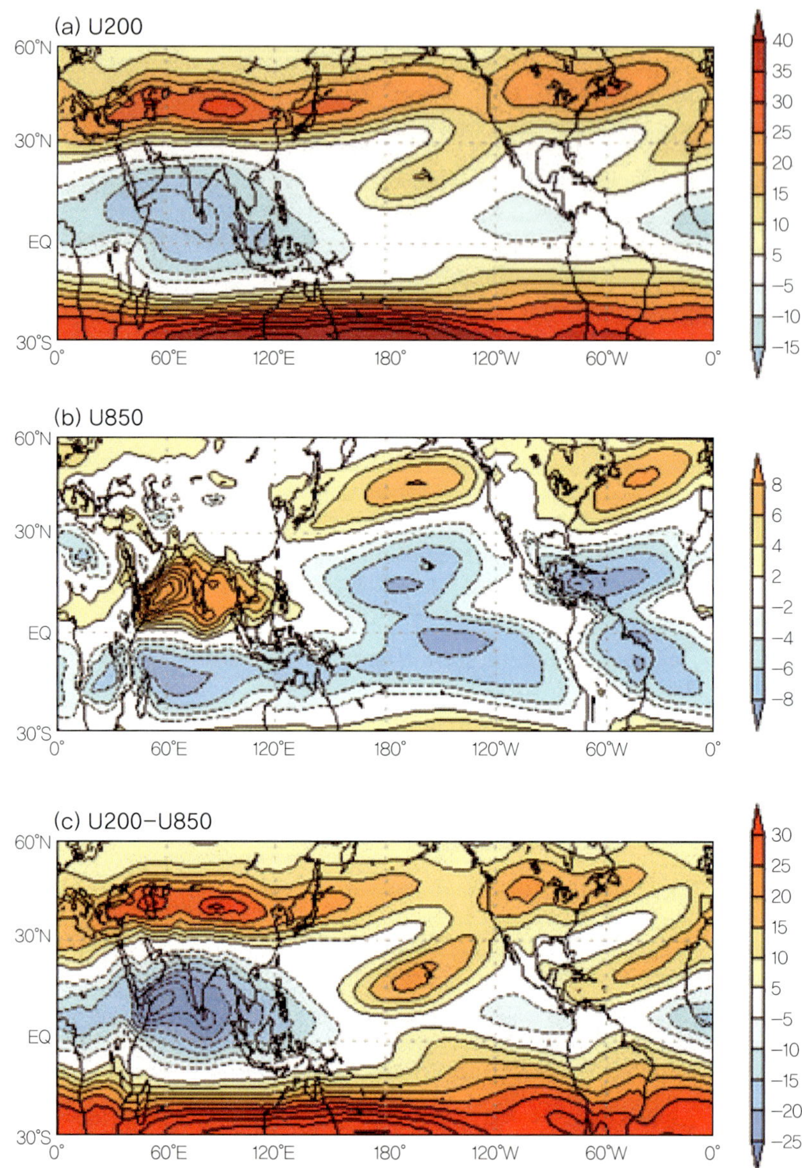

Figure 1.33 Climatological mean zonal wind (a) at 200 hPa, (b) 850 hPa and (c) its vertical shear in summer (JJA). The unit is m s^{-1}.

moisture Kelvin-Rossby wave 메커니즘과 같이) BSISO 대류가 북쪽으로 전파하게 된다. NCEP CFS 대기-해양 모델을 이용한 플럭스-조절(Flux-adjusted) 모의에서도 이와 비슷한 과정을 통해 북진하는 것으로 분석되었다 (Seo et al. 2007). 이를 도식화 하면 Figure 1.35와 같이 정리된다.

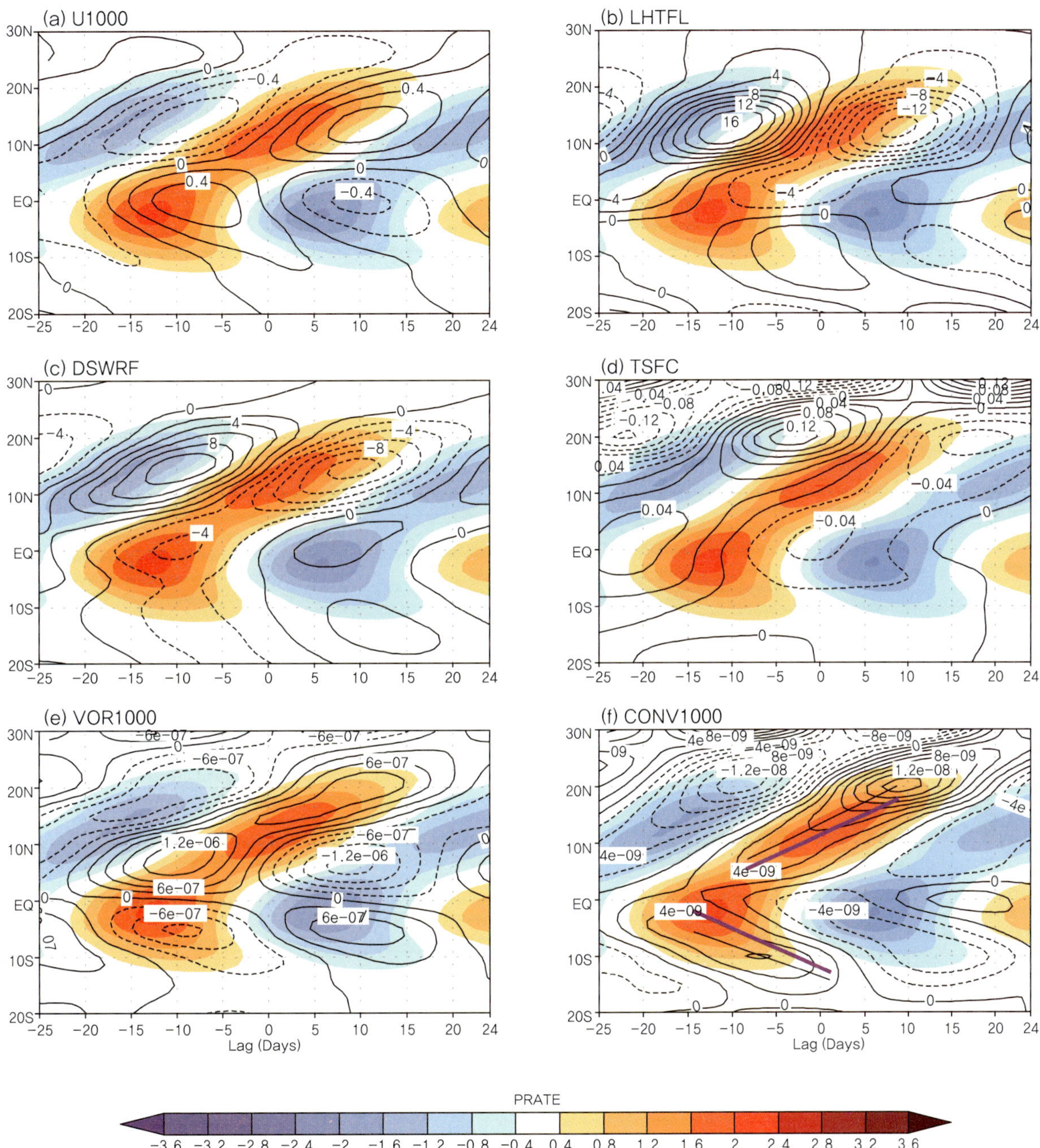

Figure 1.34 Time-latitude plots of observed precipitation anomalies (shaded) with (a) 1000-hPa zonal wind, (b) surface latent heat flux, (c) downward solar radiation flux, (d) skin temperature, (e) 1000-hPa vorticity, and (f) 1000-hPa moisture convergence, 3×10^{-7} s^{-1} for 1000-hPa vorticity, and 2×10^{-9} kg s^{-1} kg^{-1} for 1000-hPa moisture convergence. All variables are averaged over a longitudinal band of 65°-95°E. In (f), the thick solid line denotes the location of peak moisture convergence and the dashed line denotes the location of peak precipitation (Seo et al. 2007).

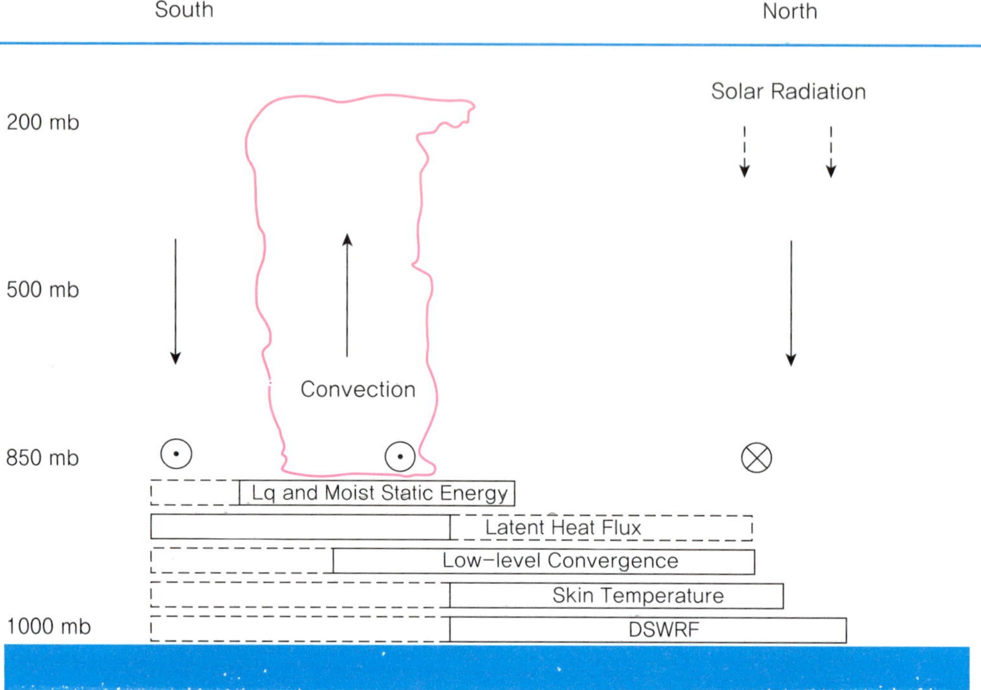

Figure 1.35 Schematic of air–sea interaction in the northward propagation of convective anomalies associated with the BSISO in the Indian and western Pacific Oceans. Dark vertical lines indicate the ω(500 mb) anomaly. The cloud indicates deep precipitating convection. The boxes represent the approximate locations of anomalies relative to the convection. Solid box indicates a positive anomaly, and dashed box indicates a negative anomaly. Circles indicate direction of 850-mb zonal wind anomaly with the ⊗(⊙) representing easterlies (westerlies).

특히 북서태평양 지역에서의 대기-해양 상호작용이 중요하기 때문에 이 지역의 BSISO 발달 역학은 구름-복사-해수면온도 되먹임 원리와 바람에 의한 증발-해수면온도 되먹임 과정으로 설명할 수 있다 (Figure 1.36). 여름철 북서태평양에서의 배경장은 몬순 기압골에 의해 저기압성 소용돌이도를 가지고 있으며 저기압성 ISO는 구름을 동반함으로 지표에서 하향 태양복사에너지가 음의 아노말리를 보인다. 따라서 구름-복사 상호작용이 발생되어 해수면온도는 음의 경향으로 변한다. 한편 ISO 바람도 저기압성이므로 전체 바람 속도가 증가하여 해수면으로부터의 잠열플럭스가 증가되는 작용에 의해서도 음의 해수면온도 경향을 만들 수 있다 (Wang and Zhang 2002). 즉, 구름-복사-해수면온도 되먹임 과정과 바람에 의한 증발-해수면온도 되먹임 과정을 통하여 해수면온도 아노말리가 음수가 되면 고기압성 ISO 상태로 바뀌고 위의 설명과 반대의 되먹임 과정을 통해 다시 해수면온도 아노말리가 양수가 되는 순환적인 일련의 과정을 거쳐 BSISO가 유지되는 것이다. 반면 겨울이 되면 몬순 순환이 바뀌게 되어 북동풍계열의 평균류를 보이며 고기압성 소용돌이도가 배경소용돌이로 된다. 가령 고기압 아노말리의 동쪽은 바람의 강해지므로 해수면온도 아

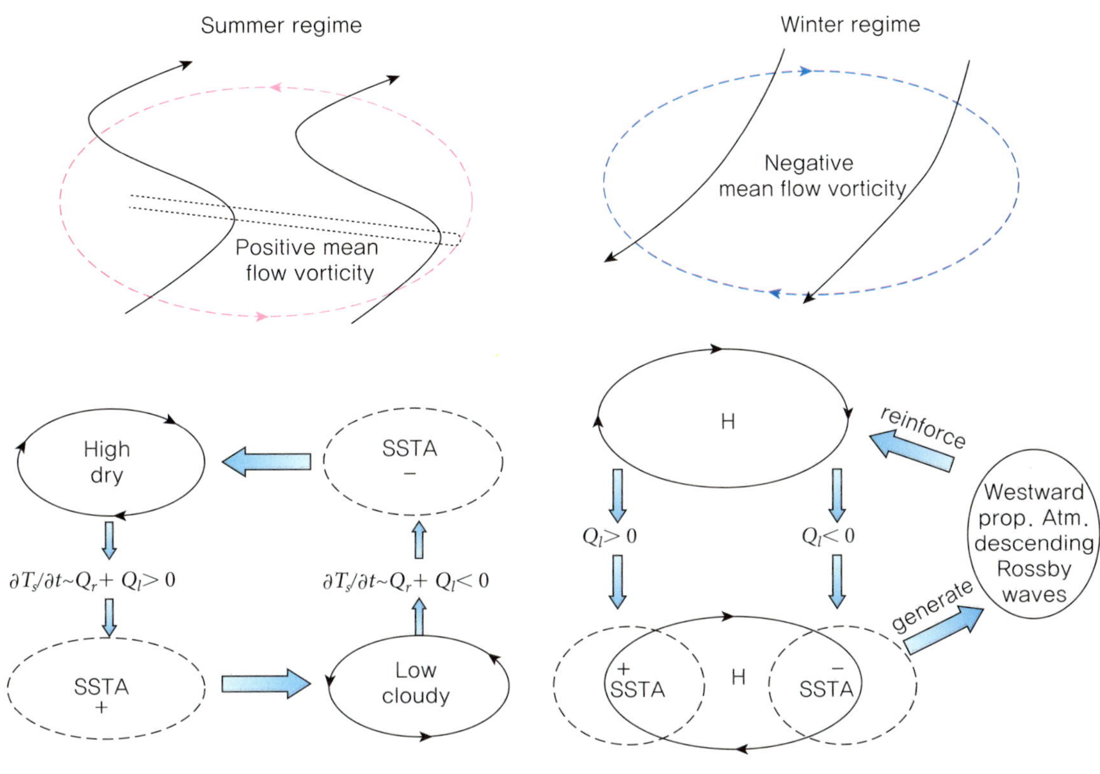

Figure 1.36 Schematic diagrams showing the air – sea feedback processes that (a) sustain and (b) damp the ISO depending on the background circulation. Symbols Q_r and Q_l denote, respectively, downward shortwave radiation flux and latent heat flux. The arrow dashed lines and the double dashed lines indicate, respectively, the mean flow and summer monsoon trough (Wang and Zhang 2002).

노말리가 음이 되고 서쪽은 바람이 약해져서 해수면온도 아노말리가 양이 된다. 동쪽에 생긴 음의 해수면온도 아노말리는 로스비 파동을 서쪽으로 발생시키며 기존의 고기압 아노말리를 강화시키는 역할을 하게 되어 저기압 아노말리로 위상의 전환이 되지 않기 때문에 BSISO를 유지시키지 못한다. 이렇게 배경장은 대기-해양과 상호작용을 함으로써 BSISO의 유지 발달에 중요한 역할을 하게 된다.

최근 이러한 메커니즘들과 관련하여 배경장의 남북 해수면온도 분포가 중요함을 제시하였다 (Figure 1.37). 2.5층 모델을 이용하여 겨울철과 여름철의 배경 남북 해수면온도 분포를 주고 파동의 전파와 성장률을 살펴보았다. 겨울철에는 로스비 파동은 감쇄하고 켈빈 파동이 활성화되어 발달되는 반면, 여름철에는 켈빈 파동이 쇠퇴되고 로스비 파동이 성장이 되는 것을 볼 수 있다.

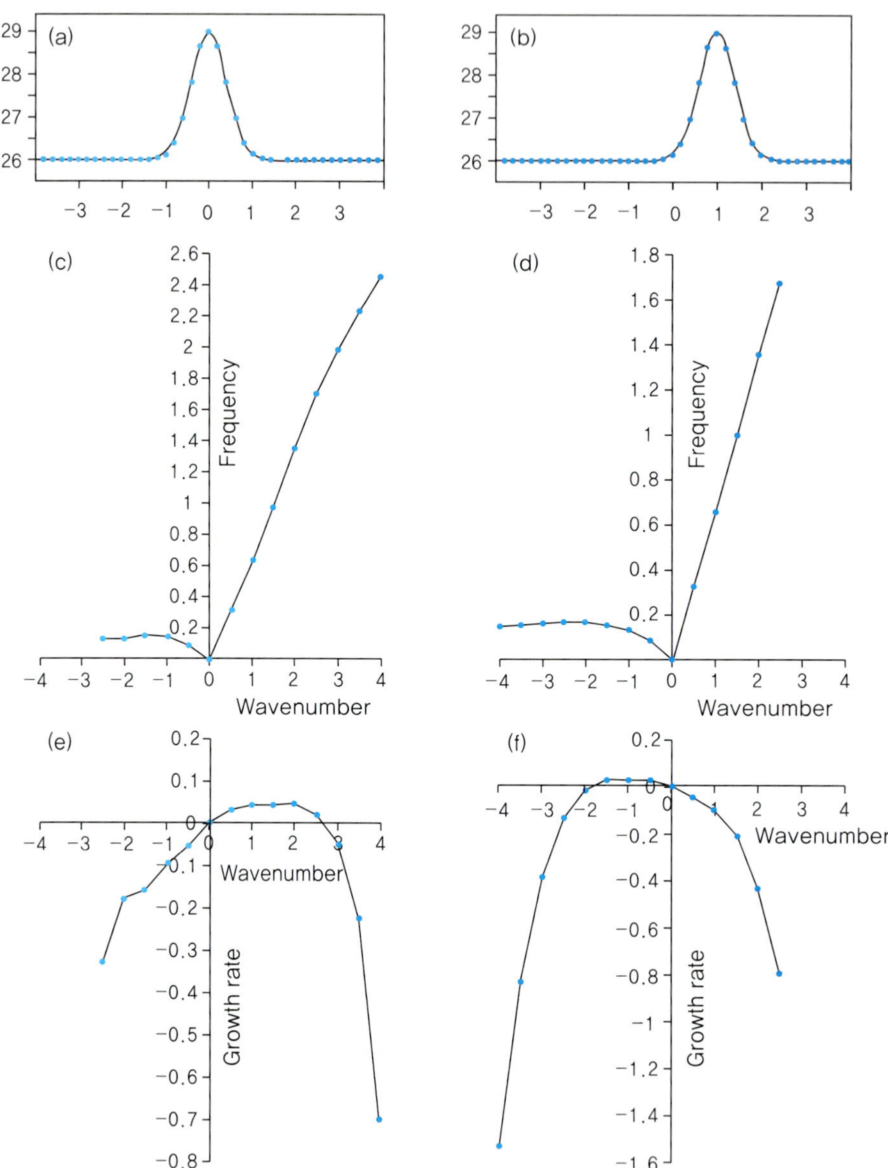

Figure 1.37 Idealized background meridional SST distributions as a function of non-dimensional y in boreal (a) winter and (b) summer specified in a theoretic 2.5-layer model. Background surface air specific humidity is calculated based on the SST according to Li and Wang (1994b). Also shown are (c, d) non-dimensional frequency and (e, f) non-dimensional growth rate as a function of non-dimensional zonal wavenumber derived from the 2.5-layer model for boreal (c, e) winter and (d, f) summer (Li 2014).

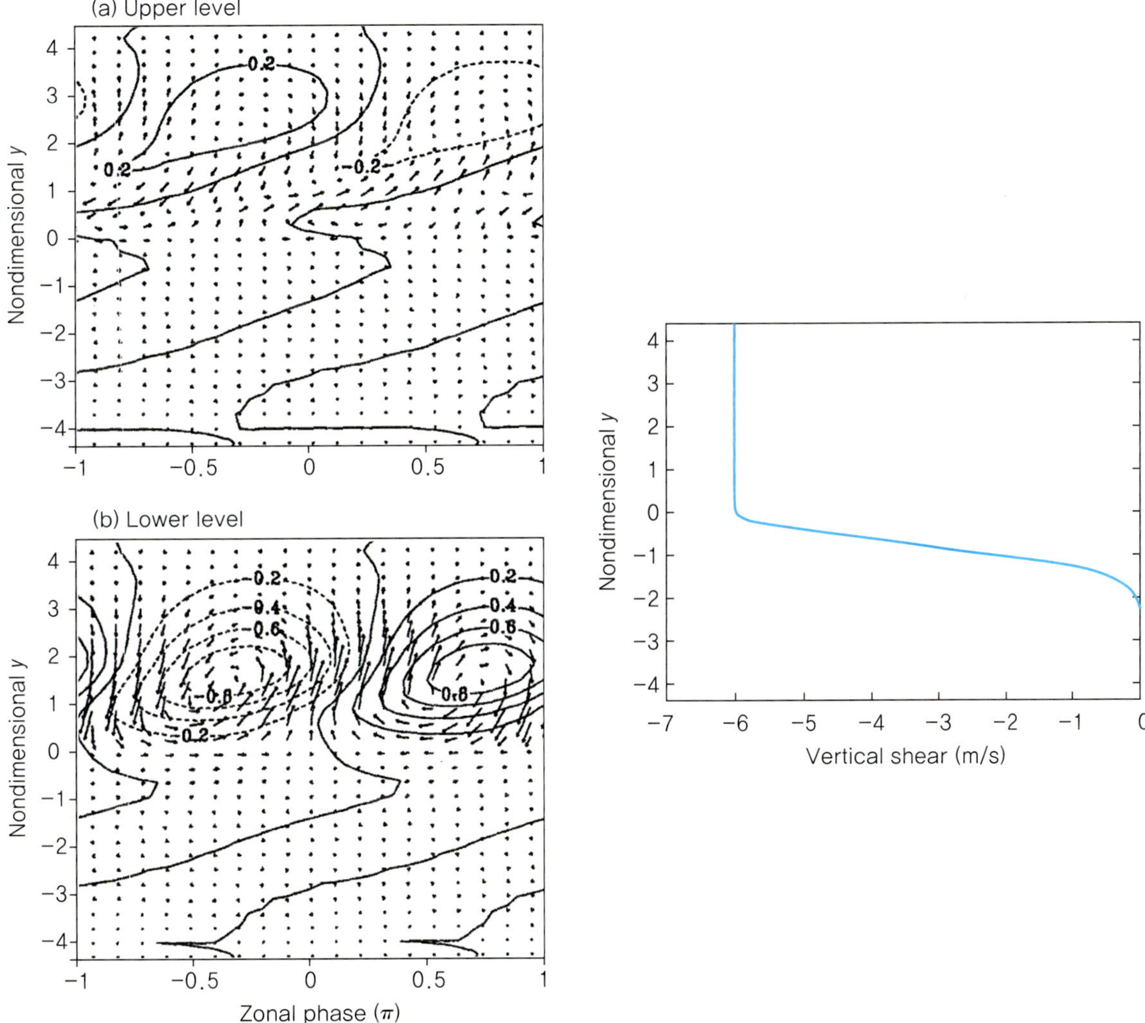

Figure 1.38 Vertical easterly shear forced in the model (right panel) and upper and lower troposphere geopotential and flow response (left panels). As can be seen, monsoon easterly vertical shear can dramatically change horizontal and vertical structure of the moist equatorial Rossby wave. Rossby waves will be enhanced in the vicinity of the latitudes where the vertical shear is strengthened. The equatorial symmetric Rossby waves can become highly asymmetric under the vertical shear and convective interaction (Xie and Wang 1996).

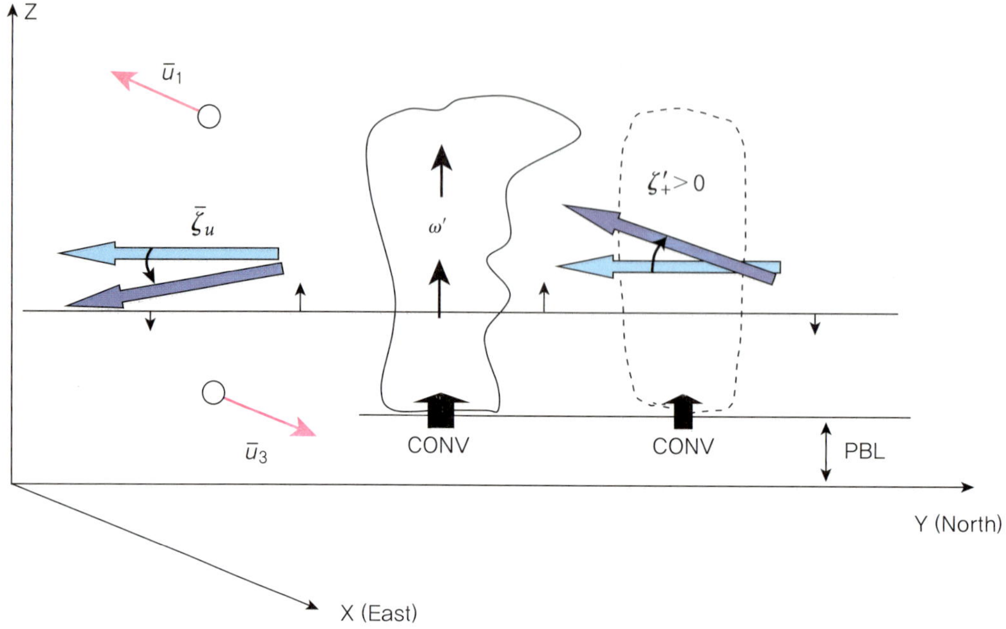

Figure 1.39 Schematic diagram showing the mechanism by which an easterly vertical shear of the mean flow generates a northward propagation component for moist Rossby waves (Wang 2005).

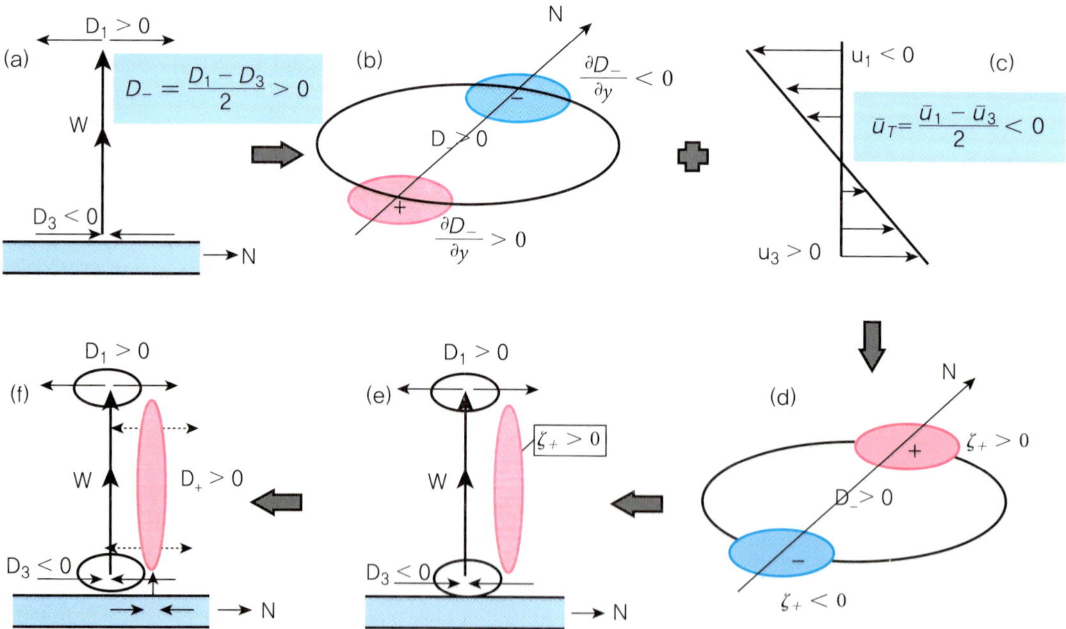

Figure 1.40 Schematic diagram for the vertical mechanism. (a) Consider initially an ISO convection with a baroclinic structure. (b) This leads $\frac{\partial D_-}{\partial y} < 0 \left(\frac{\partial D_-}{\partial y} > 0\right)$ north (south) of the convection center. (c) In the presence of the easterly shear of the mean flow, (d), (e) a positive barotropic vorticity is induced north of the convection, leading to (f) a barotropic divergence in situ. The latter further leads to a PBL convergence and thus a northward shift of convective heating (Jiang et al. 2004).

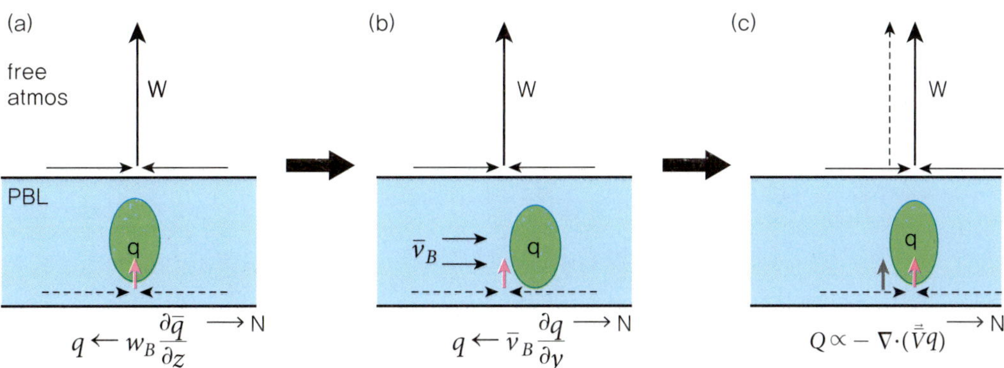

Figure 1.41 Schematic diagram for the mechanism of moisture advection by mean flow. (a) Then specific humidity perturbation caused by Ekman pumping is advected (b) by the mean northward meridional wind in the PBL, (c) which leads to the northward shift of moisture convergence and thus convective heating to the convection center (Jiang et al. 2004).

다음으로 BSISO가 북쪽으로 전파하는 원인을 두 개의 내부적인 메커니즘으로 살펴보자. 일반적으로 두 이론들은 북서태평양 보다 인도양에서의 ISO 북진 메커니즘을 더 잘 설명한다. 먼저, Vertical shear mechanism은 여름철 동풍의 배경장 연직시어에 의해 열대에서 대칭적으로 나타나는 로스비 파동이 비대칭적으로 북반구에서만 성장하고 남반구의 파동은 쇠퇴한다는 이론이다 (Figure 1.38). 순압와도 방정식을 이용하여 동풍 연직시어 메커니즘을 쉽게 설명할 수 있다 (식(1.20)과 Figure 1.39).

$$\frac{\partial \zeta_+}{\partial t} = -\beta v_+ - \left(U_T \frac{\partial \omega}{\partial y}\right) \quad \textbf{(1.20)}$$

여기서 ζ_+는 순압와도이고, ω는 연직 속도, U_T는 연직시어이다. 오른쪽 두 번째 항을 주목하면 U_T는 여름철 동풍이기 때문에 음수가 되므로 식 (1.20)에서 $\left(\frac{\partial \omega}{\partial y}\right)$가 양의 값을 지닐 때만 좌변의 $\frac{\partial \zeta_+}{\partial t}$ 항이 양의 값을 지니게 된다. 즉, 동풍 연직시어가 존재하는 배경장에서 대류가 발생되면 대류의 북쪽에서 ω의 절대치가 작아지므로 $\left(\frac{\partial \omega}{\partial y}\right)$는 양수가 되고 남쪽에서 $\left(\frac{\partial \omega}{\partial y}\right)$는 음수가 된다. 따라서 북쪽에서는 $\frac{\partial \zeta_+}{\partial t}$항이 양수가 되어 순압와도가 증가하게 되고 남쪽은 음수가 되어 순압와도가 감소하게 되므로 결국 대류가 북쪽으로 전파될 수 밖에 없다. 한편 이러한 북진 메커니즘을 와도의 기울임(tilting) 개념을 사용하여 직관적으로 이해할 수 있다. 배경바람 시어인 U_T가 음수이므로 오른손법칙을 사용하면 음의 y축 방향의 와도 벡터를 가진다. 이 와도 벡터는 BSISO 대류 중심의 남쪽에서 아래로 기울이는 힘을 받게 된다. 즉 대류의 북쪽에서는 연직으로 양의 방향의 와도 성분이 생기고 수평적으로 양의 (저기압성) 와도가 유도되므로 북쪽으로 BSISO가 이동하게 된다 (Figure

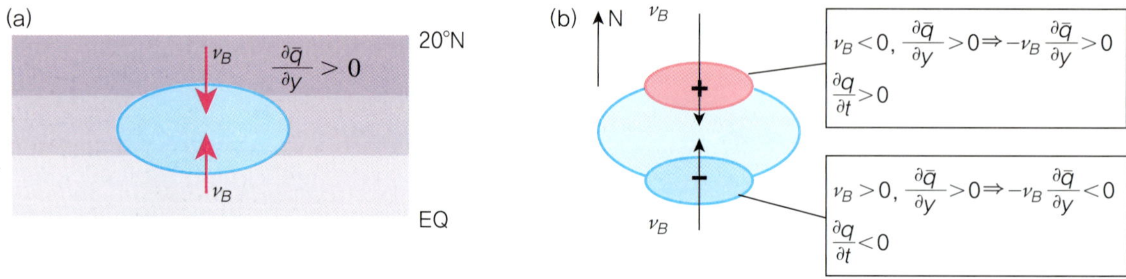

Figure 1.42 Schematic diagram for the mechanism of moisture advection by the ISO wind in the presence of the mean specific humidity gradient. The meridional asymmetric mean specific humidity field is advected by convection-induced perturbation wind, (a) southward to the north of a convection center and northward to the south, which leads to a (b) positive moisture perturbation to the north and negative to the south of the convection center. As a result, the convection tends to move northward (Jiang et al. 2004).

1.39). 경압성 발산(baroclinic divergence) 개념을 대류의 남쪽과 북쪽에 이용한 Jiang et al. (2004)의 이론도 위의 메커니즘과 비슷한 결과를 보인다 (Figure 1.40).

북진하는 또 다른 메커니즘은 Moisture-convection feedback으로 행성경계층 내에서 대류의 북쪽에 위치한 하층 수분이 증가하여 북진한다는 메커니즘이다. Figure 1.41에서 보이는 것처럼 수분 아노말리 방정식에서 수분 아노말리의 경향은 배경장의 남풍에 의해 수분 아노말리가 북쪽으로 이류 되는데 실제 여름철 인도양 근처의 행성 경계층에서의 배경장은 남풍(v_B)이므로 평균류에 의한 수분 이류가 중요한 물리 과정으로 작용한다. 또한 수분 아노말리의 경향은 남북방향의 수분 증감에 따라 이류 되기도 한다 (Figure 1.42). 실제 북쪽 인도양 지역의 기본적인 수분은 북쪽으로 갈수록 증가하는 구조를 가지고 있기 때문에 대류의 북쪽 (남쪽)의 행성 경계층에서는 북풍 (남풍)이 불게 된다. 따라서 북쪽은 양의 경향, 남쪽은 음의 경향을 가지므로 대류가 북쪽으로 이동한다.

1.4 MJO/BSISO와 ENSO의 관련성

MJO와 엘니뇨-남방진동(ENSO)은 서태평양의 서풍을 통해 역학적으로 연결되어 있다. Figure 1.43을 보면, 서태평양에서 동서바람 응력과 20°C의 수온약층 깊이가 같은 부호의 아노말리를 가진다. 이 의미는 서태평양에서 MJO에 의해 형성된 서풍의 응력이 해양에 가해지면 해양의 수온약층에서 침강하는 켈빈 파동(oceanic downwelling Kelvin wave)이 생성되어 동태평양으로 전파된다는 것이다. 이에 따라 동태평양의 혼합층이 깊어져 해수면온도가 더 따뜻해지게 되고 엘니뇨를 발달시킬 수 있다. 예를 들면 1997/98년 엘니뇨경우 1996년 겨울철부터 서태평양에서 서풍이 발생했고, 1997년 가을까지 점차 강화되면서 중태평양까지 지속적인 서풍이 발생되었다 (Figure 1.44). 이 기간 동안의 OLR은 태평양을 가로지르는 동진하는 경향을 보였고, 서태평양부터 동태평양까지 해수면온도 29°C 이

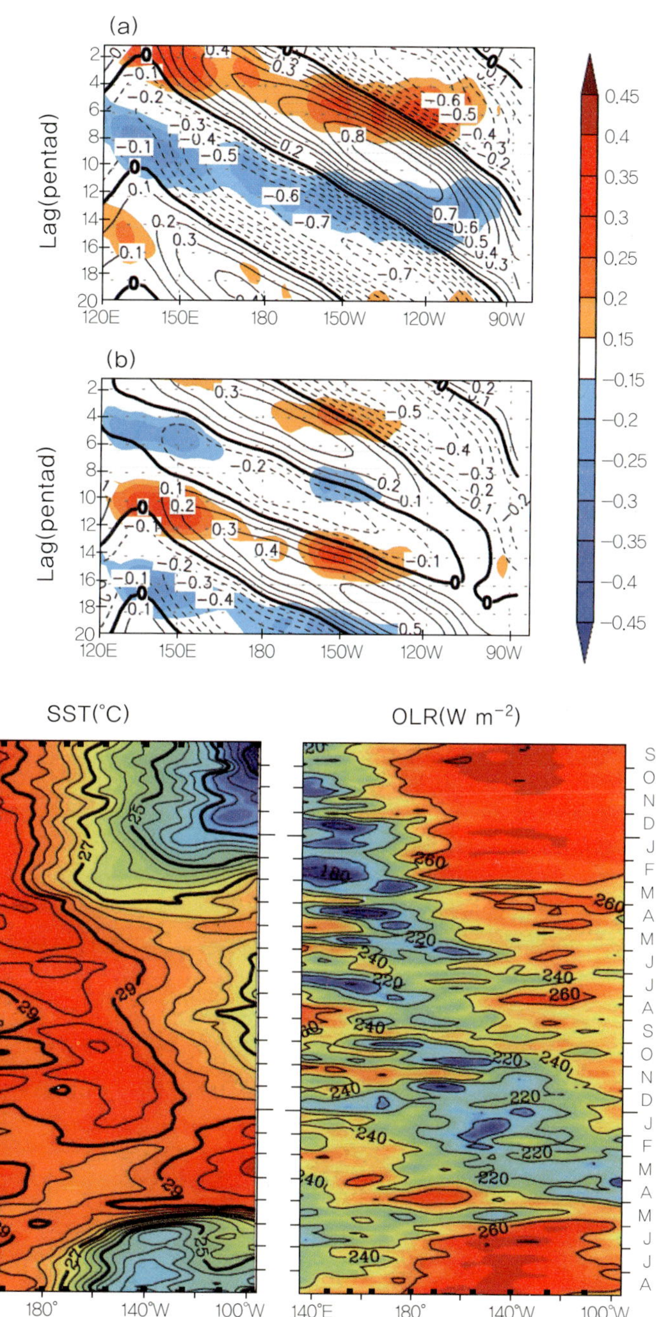

Figure 1.43 Lagged correlation of filtered D20 (contours) and zonal wind stress (shading) anomalies averaged from 2°S to 2°N for the (a) first and (b) third principal components of the EEOFs. The contour interval is 0.1 with the zero contour thickened (Seo and Xue 2005).

Figure 1.44 Time versus longitude sections of surface zonal wind (left), SST (middle), and outgoing longwave radiation (OLR) (right) from September 1996 to August 1998. Analyses are based on 5-day averages for between 2°N and 2°S for the TAO data, and between 2.5°N and 2.5°S for OLR. Black squares on the abscissas of the wind and SST plots indicate longitudes of data availability at the start (top) and end (bottom) of the time-series record. Positive winds are westerly, negative winds are easterly. OLR values below about 235 W m s^{-2} indicate an increased likelihood of deep cumulus cloudiness and heavy convective precipitation. OLR data are from the National Centers for Environmental Prediction (McPhaden 1999).

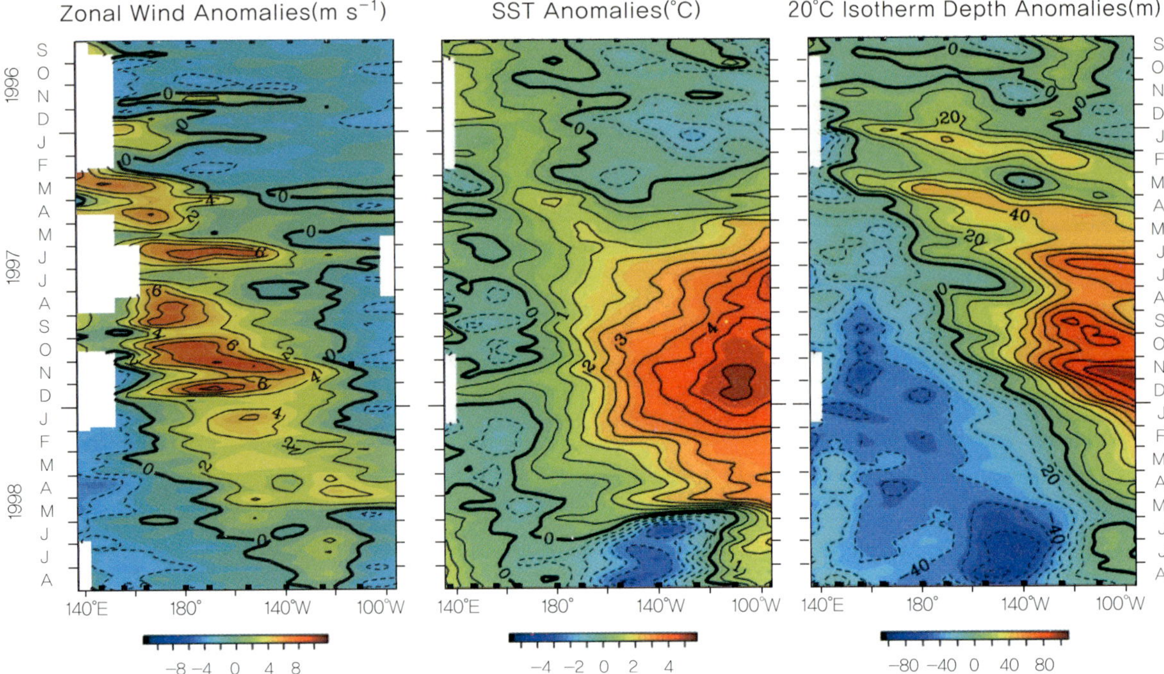

Figure 1.45 Time versus longitude sections of anomalies in surface zonal wind (left), SST (middle), and 20°C isotherm depth (right) from September 1996 to August 1998. Analysis is based on 5-day averages between 2°N and 2°S of moored time-series data from the TAO array. Anomalies are relative to monthly climatologies that were cubic spline-fitted to 5-day intervals. The monthly SST climatology is based on data from 1950-79. The monthly wind climatology is based on data from 1946-89. The monthly 20°C isotherm depth climatology is based on subsurface temperature data primarily from 1970-91. Positive winds are westerly, and positive 20°C isotherm depths indicate a deeper thermocline. Black squares on the abscissas indicate longitudes where data were available at the start (top) and end (bottom) of the time series (McPhaden 1999).

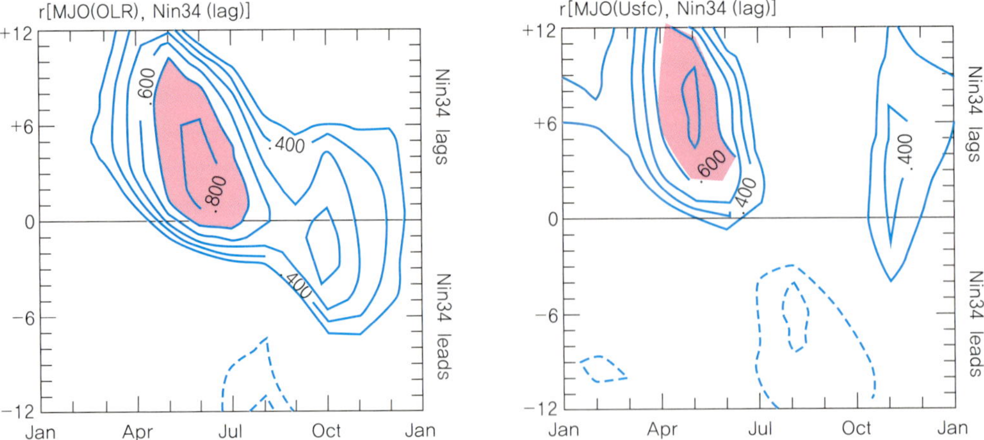

Figure 1.46 Lagged relation of Western Pacific MJO activity with ENSO. (left) Lagged correlation of Nino-3.4 with respect to $\mathrm{WPacMJO_{OLR}}$ as function of start month. The abscissa indicates the start month for $\mathrm{WPacMJO_{OLR}}$. The lag of Nino-3.4 is indicated in months on the ordinate. (right) Same as left, except for the partial correlation of Nino-3.4 with respect to $\mathrm{WPacMJO_{Usfc}}$, where the linear relationship with Niño-3.4 at zero lag is first removed (Hendon et al. 2007).

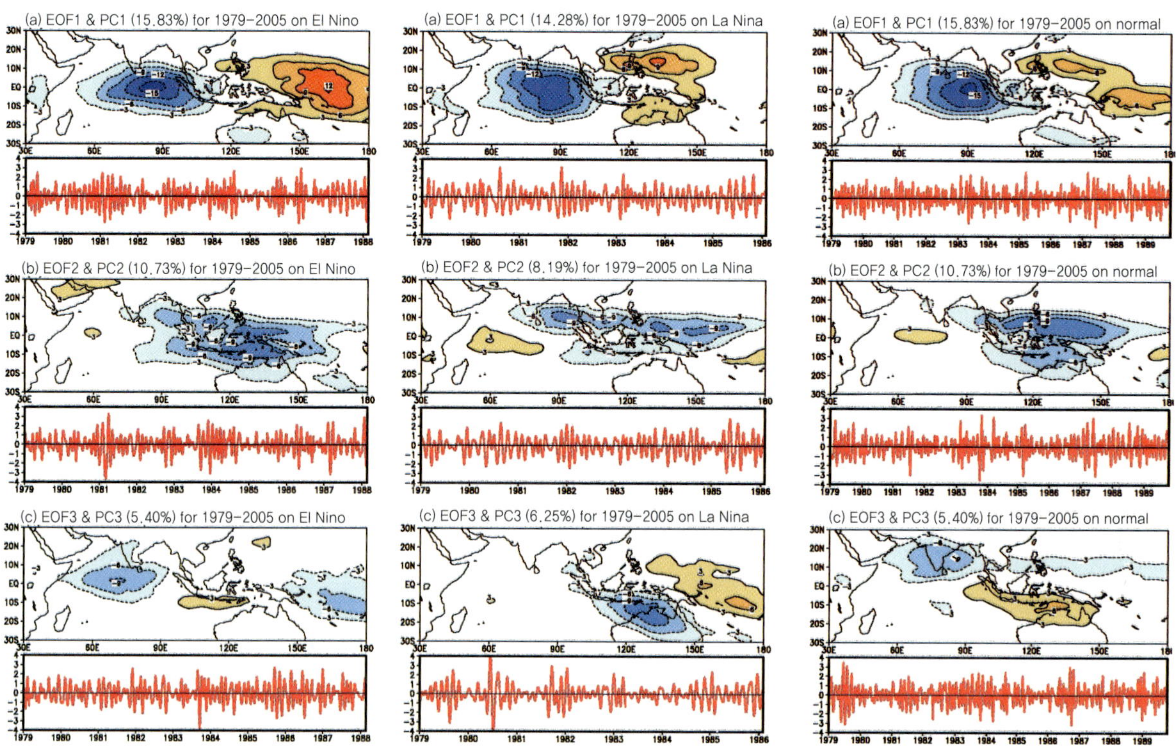

Figure 1.47 첫 번째 행은 El Nino, 두 번째 행은 La Nina, 세 번째 행은 normal일 때의 (a) EOF1, (b) EOF2, (c) EOF3.

상의 매우 따뜻한 물이 뒤덮고 있었다. 아노말리 관점에서 보면 이러한 특징이 더 두드러진다 (Figure 1.45). 두 변수의 상관관계를 시간적으로 살펴보면, MJO와 연관된 봄철의 지표면 바람과 늦봄 · 이른 여름의 OLR 활동이 발생하여 6개월 뒤에 엘니뇨 생성에 영향을 끼친다 (Figure 1.46).

그렇다면 반대로 엘니뇨-남방진동이 MJO에 어떤 영향을 끼칠 수 있는지 살펴보자. 엘니뇨해, 라니냐해, 평년에 대해 각각 OLR에 대해 EOF 분석을 하였다. 엘니뇨해, 라니냐해, 평년 모두 인도양 지역에서의 OLR EOF는 비슷하게 나타났지만, 엘니뇨해의 경우 평년보다 서태평양 지역의 OLR EOF 모드들이 동쪽으로 더 치우쳐 있음을 알 수 있었다 (Figure 1.47). 라니냐의 경우 이와 반대로 나타났다. 따라서 엘니뇨가 발생되면 MJO가 더 동진할 수 있는 배경을 만들어 주는 것으로 분석된다.

1.5 MJO의 장기적 변동

MJO는 뚜렷하지는 않지만 장기적인 변동성도 가지고 있다. 1948년부터 2005년까지의 MJO 활동(activity)을 나타내었다 (Figure 1.48). MJO 활동은 $PC1^2 + PC2^2$으로 정의되며, 이는 MJO의 진폭을 의미한다. 1970년 중반을 기준으로 1970년 중반 이후에 MJO 활동이 더 강화된 것을 알 수 있다. 이를 월별로 살펴보면 1970년 중반 이전에 비해 이후에 겨울철과 봄철(1~5월)의 MJO 활동이 50~70 % 증가하였다 (Figure 1.49). 또한, 1970년 중반 이전과 이후의 각각 표준편차 0.5, 1.0, 1.5, 2.0, 2.5를 넘는 MJO 일수를 계산해보면 1970년 중반 이후, 5개의 표준편차보다 큰 MJO 진폭의 발생 일수가 약 20~50일 정도 더 많았다 (Figure 1.50). 이렇게 MJO가 더 많이 강하게 발생하는 원인은 1970년 중반 이후 적도 인도양과 서태평양에서 해수면온도가 증가되었기 때문으로 보여진다 (Figure 1.51).

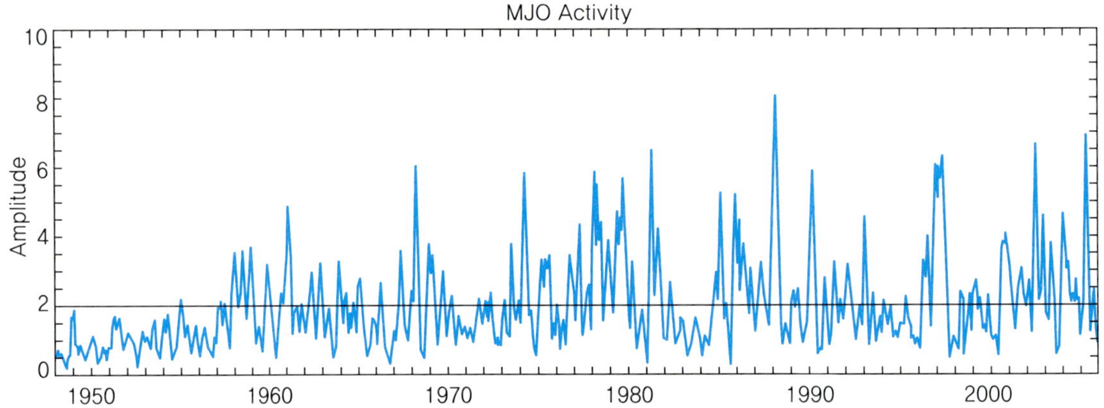

Figure 1.48 MJO activity computed by mean square and 91-day smoothing and then sampled monthly (Lee and Seo 2011).

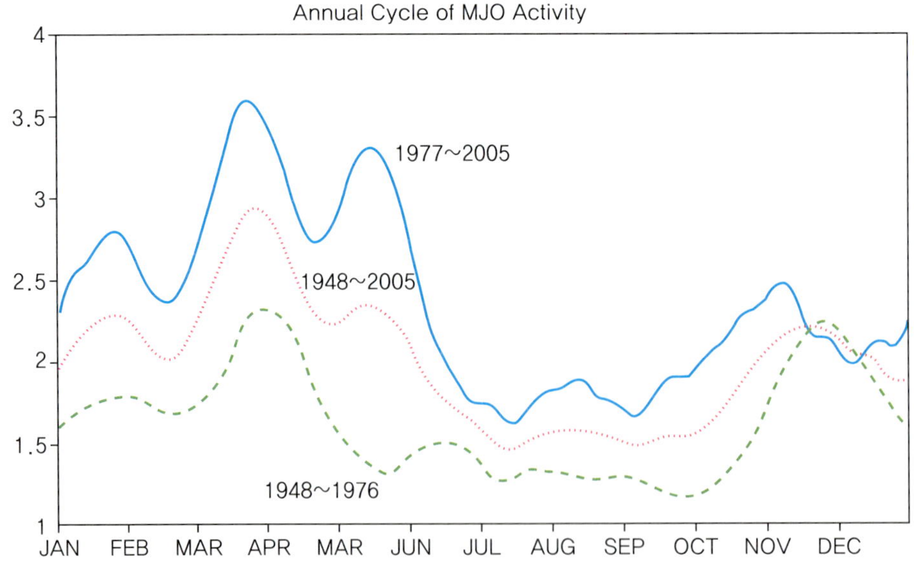

Figure 1.49 1948~2005년(점선), 1948~1976년(파선), 1977~2005년(실선)의 월별 MJO 활동.

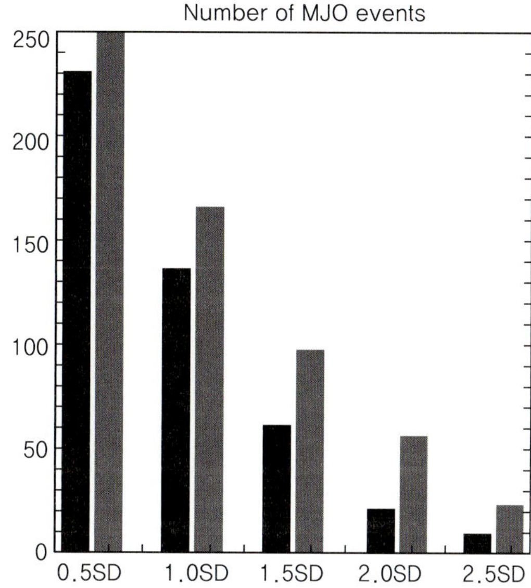

Figure 1.50 MJO event days for each standard deviation of the MJO activity. The black bar is the pre-1978 and the gray bar is the post-1978. MJO activity is based on the first two EOFs of the combined fields of 850 hPa and 200 hPa zonal winds (Lee and Seo 2011).

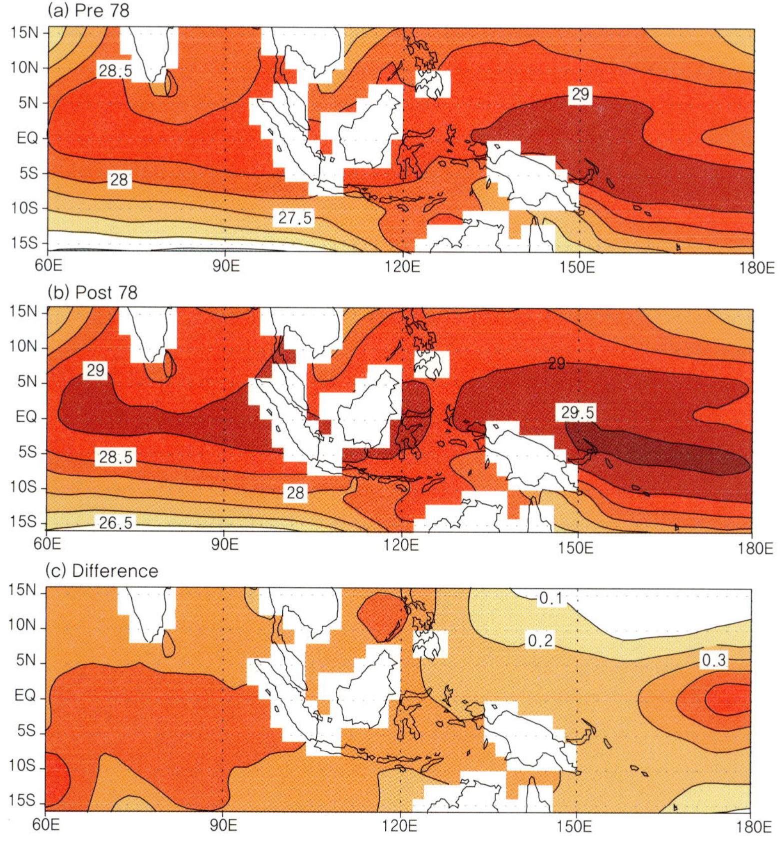

Figure 1.51 The spatial distributions of total sea surface temperature for (a) Pre 1978, (b) Post 1978, and (c) their difference (Post 1978-Pre 1978) (Lee and Seo 2011).

1.6 실시간 MJO 모니터링

계절내의 진동 성분인 MJO를 실시간으로 추적하기는 쉽지 않지만 간단하게 실시간 MJO 모니터링 기법을 살펴보고자 한다. MJO의 위치, 이동, 강도는 MJO 위상 그림(phase diagram)에서 연결된 점으로 표시된다. 이를 그리기 위해서는 먼저 관측자료 850 hPa과 200 hPa에서의 동서바람, OLR 자료가 필요하다. OLR 실시간 자료가 부족한 경우에는 NCEP 재분석자료의 상향 장파복사플럭스(upward longwave radiation flux, ulwrf)자료를 대체하여 사용한다. 둘째, 내삽법을 사용하여 144 × 73격자로 동일하게 맞춘다. 셋째, 20년치 또는 30년치 관측자료를 기후값으로 정하고 관측자료의 아노말리를 구한 후 경년변동성과 수십년 변동성을 제거하기 위해 이전 120일 자료를 평균한다. 현재 시점에서 과거자료는 있지만 미래자료는 없기 때문에 밴드패스 필터링을 실시할 수 없다. 따라서 밴드패스 필터를 대신해 이전 120일 평균을 제거하여 사용한다. 넷째, 위도 15°S-15°N을 평균한다. 다섯째, 이전의 20년치 또는 30년치 관측자료를 이용하여 미리 만들어져 있는 EOF 공간패턴 (Figure 1.52)을 각 데이터에 투영(projection) 시켜 PC 또는 계수(coefficient) 시계열을 구한다. 여섯째, 위에 나온 PC 또는 계수 시계열 자료를 이용하여 위상 그림을 그린다 (Figure 1.53).

PC 시계열을 사용하여 통계 예측 모델을 개발 하는데, 여기서는 크게 5가지의 경험적

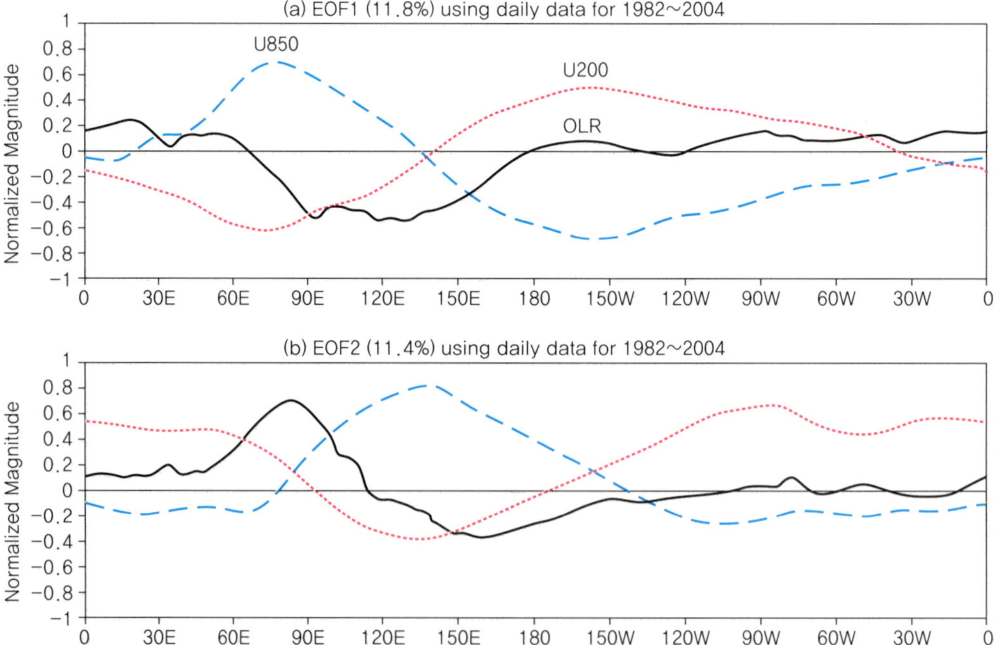

Figure 1.52 (a) EOF1 and (b) EOF2 spatial structures of the combined analysis of interannual variability-removed OLR, U850, and U200. The variables are averaged over (15°S, 15°N). All variables are normalized by the averaged value of global variance (15.0 W m^{-2} for OLR, 1.9 m s^{-1} for U850, and 4.9 m s^{-1} for U200) (Seo et al. 2009).

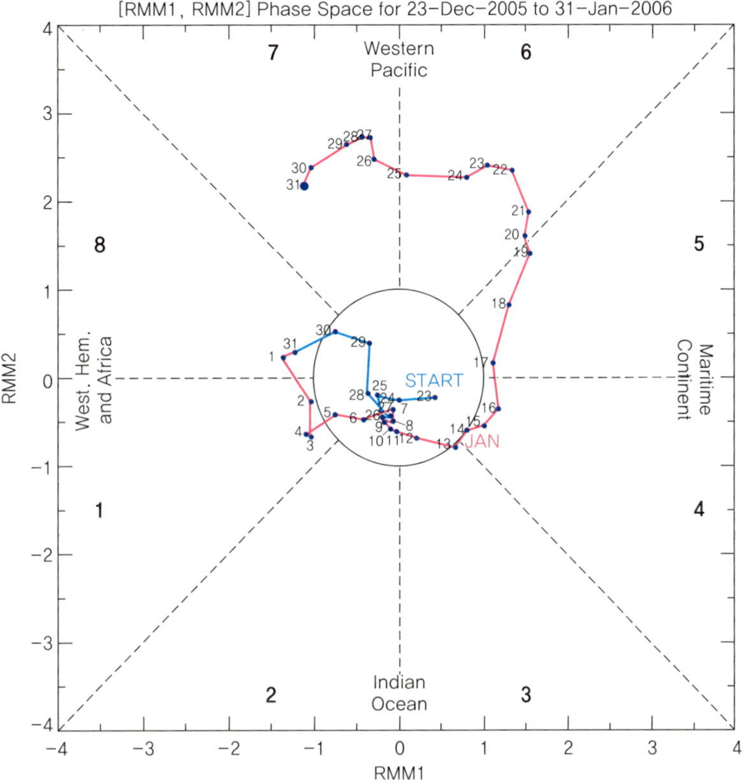

Figure 1.53 2005년 12월 23일부터 2006년 1월 31일에 대해 실제 모니터링된 MJO 위상 그림 (CPC /NCEP).

인 예측 스킴(Empirical Forecast Schemes)을 제시한다.

(1) PCRLAG(Lagged multiple linear regression)

$$\mathrm{PC}_K(t+h) = \sum_{j=1}^{J} \sum_{i=1}^{I=2} C_{ij}(h)\mathrm{PC}_i(t-j+1)$$

(2) PCR(Multiple linear regression) = PCRLAG ($J = 1$)

(3) AR(Autoregressive model)

$$\mathrm{PC}_K(t+1) = \sum_{j=1}^{J} C_j \mathrm{PC}_K(t-j+1) + \varepsilon_{t+1}$$

(4) EPP(Empirical phase propagation)

$$\theta(t+1) = \theta(t) + d\theta(t), \text{ where } \theta(t) = \tan^{-1}[^{\mathrm{PC}_2(t)}/_{\mathrm{PC}_1(t)}]$$

$$\mathrm{PC}_1(t+1) = \sqrt{\mathrm{PC}_1^2(t) + \mathrm{PC}_2^2(t)}\cos[\theta(t+1)]$$

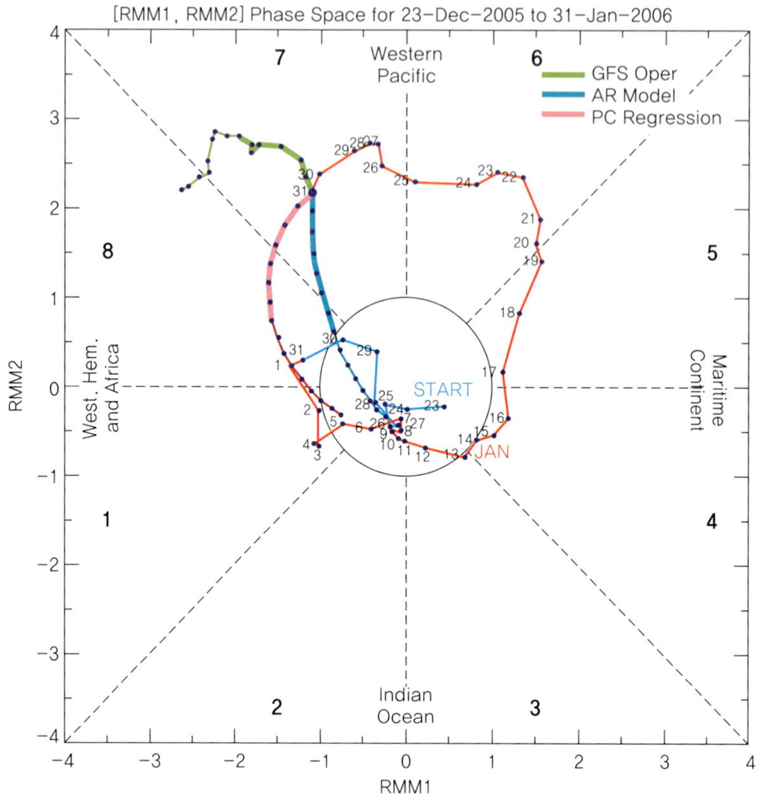

Figure 1.54 2005년 12월 23일부터 2006년 1월 31일에 대해 예보된 MJO 위상 그림 (CPC/NCEP).

$$PC_2(t+1) = \sqrt{PC_1^2(t) + PC_2^2(t)}\,\sin[\theta(t+1)]$$

(5) Analogue

위의 PC 회귀 모델이나 AR 모델과 같은 통계 예측모델의 특징은 모두 시간이 경과함에 따라 쇠퇴하는 시스템이기 때문에 시작점과 멀어질수록 소멸되려는 경향이 있는 퇴보가 발생하지만 실제 관측값은 이러한 특징이 없다 (Figure 1.54). 특히 PC 회귀 모델보다 AR 모델의 쇠퇴하는 시간이 더 짧게 나타난다. 위의 실시간 모니터링과 통계모델에서 예측된 MJO 위상 그림들은 CPC(Climate Prediction Center) 웹사이트에서 실시간으로 볼 수 있다 (http://www.cpc.ncep.noaa.gov/products/precip/CWlink/MJO/mjo.shtml). 또한 예측 성능의 기술 평가(skill evaluation)를 보여주는 검증 결과도 볼 수 있다.

1.7 예측 가능성과 예측 기술

현재의 MJO 예측 기술에 대해 유럽의 ECMWF(European Centre for Medium-Range Weather Forecasts)와 미국의 NCEP(National Centers for Environmental Prediction)의

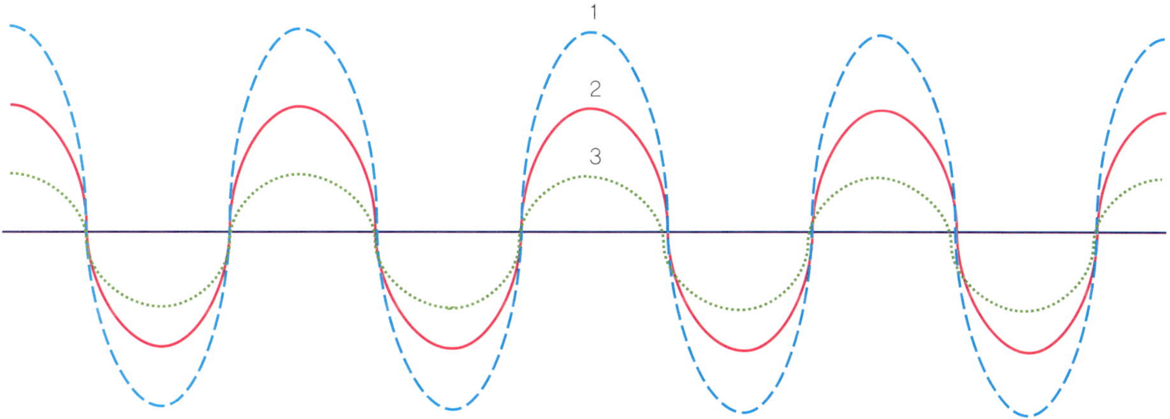

Figure 1.55 임의의 시계열에 대한 ACC와 RMSE의 비교. 파선은 1번, 실선은 2번, 점선은 3번 시계열이라 가정.

대기-해양 결합모델 결과를 비교하여 살펴보자.

MJO 예측 기술을 평가하는데 사용되는 ACC(Bivariate anomaly correlation coefficient; 이원 아노말리 상관계수)는 다음과 같다 (Lin et al. 2008).

$$ACC(\tau) = \frac{\Sigma_{t=1}^{N}[a_1(t)b_1(t, \tau) + a_2(t)b_2(t, \tau)]}{\sqrt{\Sigma_{t=1}^{N}[a_1^2(t) + a_2^2(t)]}\sqrt{\Sigma_{t=1}^{N}[b_1^2(t, \tau) + b_2^2(t, \tau)]}}$$

위의 식에서 $a_1(t)$와 $a_2(t)$는 관측된 그 시간(t)에 대한 RMM1과 RMM2이고, $b_1(t, \tau)$와 $b_2(t, \tau)$는 리드 또는 레그 일(τ)의 시간(t)에 대한 각각의 모델 예측이다. 이원 아노말리 상관계수(τ)는 이 모델에서 예측한 주성분 시계열이 관측값과 시간적으로 얼마나 비슷하게 변하는가를 측정하는 양이다. 대체로 유용한 예측 한계점은 이원 아노말리 상관계수(τ)가 0.5일 때로 약 25 %의 변동성 이상을 설명할 때 유용하다고 한다. 한편 이와 더불어 평균 제곱근 오차(Root-Mean-Square Error, RMSE)는 예측 시계열값과 관측 시계열값 사이의 절대적인 크기 차이를 측정하는 양이다. RMSE가 작을수록 오류가 작기 때문에 MJO를 더 잘 예측한다고 할 수 있다.

$$\text{RMSE} = \sqrt{\frac{1}{N}\Sigma_{t=1}^{N}\{[a_1(t)-b_1(t, \tau)]^2 + [a_2(t)-b_2(t, \tau)]^2\}}$$

만약 진폭이 다른 임의의 3개 시계열이 있다고 가정하자 (Figure 1.55). 파선 시계열이 관측자료이고, 실선과 점선 시계열은 2개의 서로 다른 모델자료이다. 실선과 점선 시계열의 이원 아노말리 상관계수는 관측 시계열의 이원 아노말리 상관계수와 동일하다. 하지만 평균 제곱근 오차를 계산해 보면 관측 시계열과 실선 모델 시계열의 평균 제곱근 오차보다 점선 모델 시계열의 평균 제곱근 오차가 더 크다. 이러한 평균 제곱근 오차를 사용하여 모델의 계통적 바이어스를 통계적으로 측정할 수 있고 이를 통해 간단하게 오류를 줄일 수도

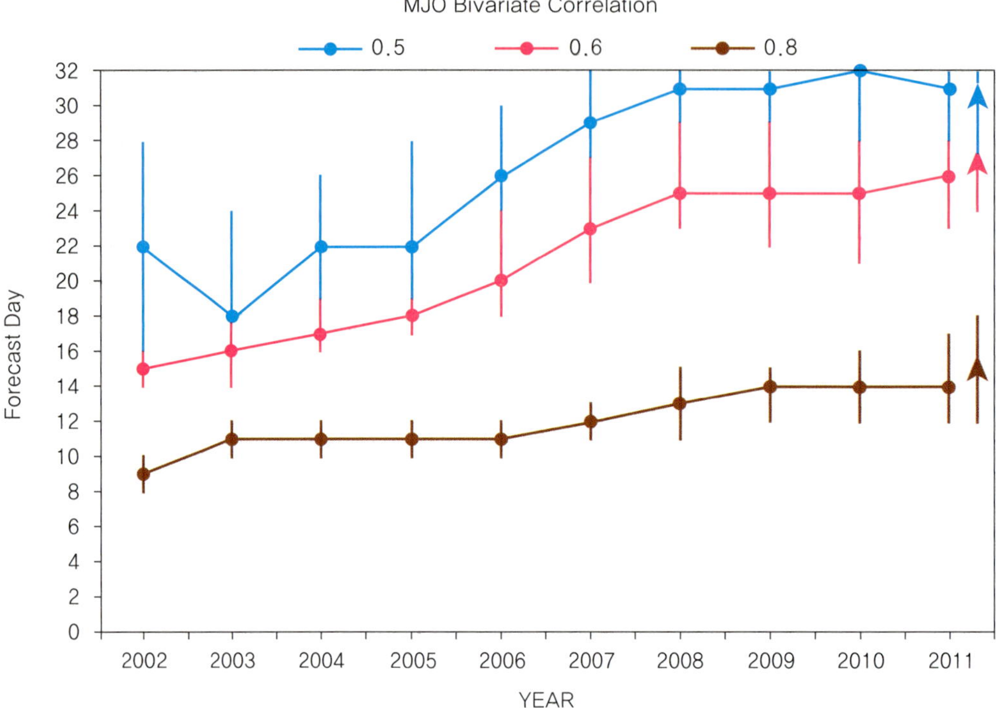

Figure 1.56 Evolution of the MJO skill scores (bivariate correlations applied to WHI) since 2002. The MJO skill scores have been computed on the ensemble mean of the ECMWF reforecasts produced during a complete year. The blue, red and brown lines indicate respectively the day when the MJO bivariate correlation reaches 0.5, 0.6, and 0.8. The triangles show the sill scores obtained when rerunning the 2011 reforecasts with the version of the IFS which was implemented operationally in June 2011 (cycle 38R1). The vertical bars represent the 95% confidence interval computed using a 10000 bootstrap resampling procedure (Vitart et al. 2014).

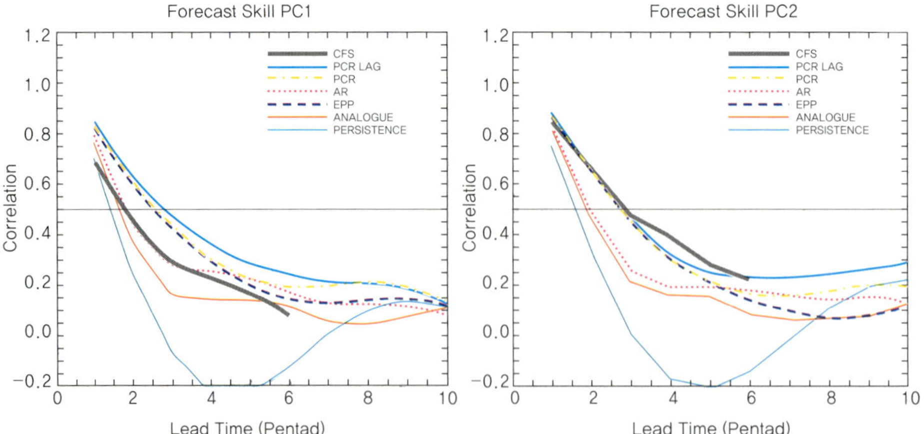

Figure 1.57 (top) Correlation skill as a function of forecast time (pentad) for (left) PC1 and (right) PC2. The calculation is based on the 10-yr (1995-2004) validation data (Seo et al. 2009).

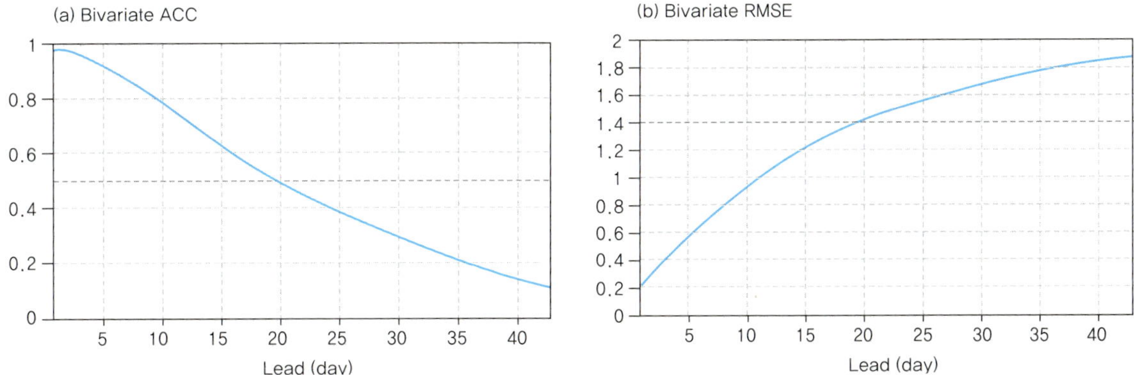

Figure 1.58 (a) Bivariate anomaly correlation coefficient (ACC) and (b) bivariate root-mean-square error (RMSE). The horizontal lines are 0.5 in (a) and 1.414 (Wang et al. 2014).

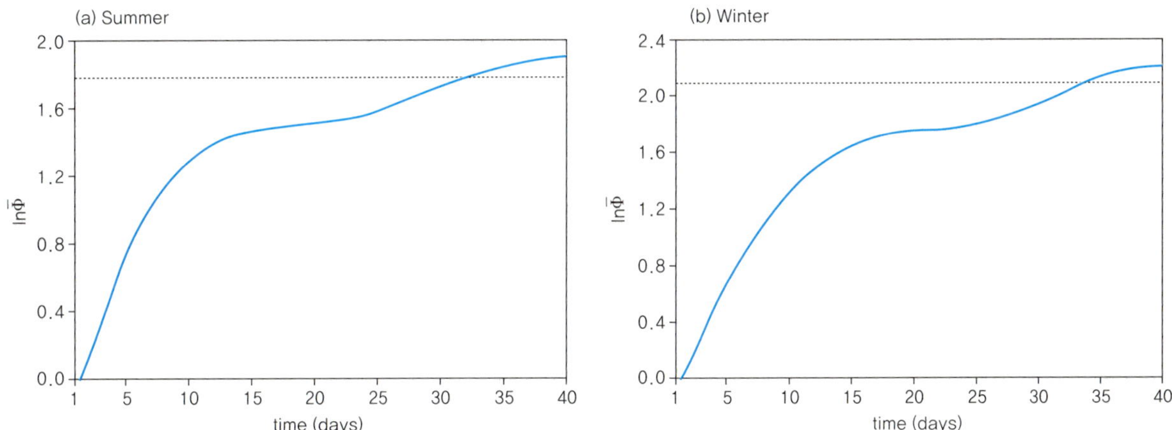

Figure 1.59 (a) Mean error growth of the vector Z in the two-dimensional phase space defined by the first two PCs of EOF analysis of the combined filtered OLR and 850-hPa winds during the extended summer (MJJAS). (b) As in (a), but for mean error growth of the vector Z during the extended winter (NDJFM). The dashed line represents the 95% level of the saturation value, as obtained by taking the average of the mean error growth after 35 days. The $\overline{\Phi}$denotes the mean error of the vector Z (Ding et al. 2010, 2011).

있다.

ECMWF의 VarEPS(Variable Resolution Ensemble Prediction System)의 예측 성능은 2007년 약 14일, 2010년 약 20일, 2012년 25일까지 증가하여 높은 MJO 예측 기술을 보였다 (Vitart et al. 2007; Vitart and Molteni, 2010; Vitart, 2014). Figure 1.56을 보면, 2002년부터 2011년까지 대략 1년마다 예측 기술이 1일씩 증가한 셈이다. 하지만 여전히 MJO 진폭이 관측보다는 약하다는 문제가 있다 (Kim et al. 2014).

NCEP의 CFSv1과 CFSv2(Climate Forecast System model version 1 and version 2)로 MJO 예측 기술을 평가한 결과, 2009년 CFSv1는 10~15일 정도 MJO를 예측할 수 있으며 (Figure 1.57), CFSv1의 해상도 2° × 2° 보다 높은 1° × 1°인 해상도를 지닌 CFSv2

는 약 20일까지 MJO를 예측할 수 있다 (Figure 1.58). 하지만 여전히 관측보다 CFSv2의 MJO 진폭이 빠르게 감소되며 전파 속도도 느리다 (Kim et al. 2014).

한편 관측자료에서 얻을 수 있는 잠재적인 예측 가능성(Potential Predictability)은 15~20일 보다 훨씬 크다. Ding et al (2010, 2011)의 논문에서는 여름철과 겨울철에 대해 각각 EOF 분석을 하여 얻은 처음 2개의 주성분 시계열에 대해 리아프노프 지수 및 에러성 장률을 사용한 방법으로 얻은 잠재적인 예측 가능성이 각각 약 32일, 34일 정도임을 보였다 (Figure 1.59). 이는 현재 상황에서 얻을 수 있는 가장 긴 잠재적인 예측 가능성 값 중의 하나이다.

1.8 MJO와 원격상관(teleconnection)

심층 대류의 발달 시 동반되는 비단열 가열은 적도의 대기 순환 뿐만 아니라 고위도의 대규모 순환에도 영향을 끼친다. 특히 고위도 대기 순환 아노말리는 비단열 가열의 북쪽에서 발생하여 북동쪽으로 전파되는 로스비 파동에 의해 생성된다. 이 로스비 파동 라인(Rossby wave train)은 포물선을 그리며 고위도에서 반사되어 적도 지역까지 파동에너지를 전달시킨다. 이로 인해 발생된 대기 순환 아노말리는 아시아, 북태평양, 북미대륙, 유럽, 열대 동태평양 및 대서양의 기온과 강수에도 영향을 미친다. 즉 MJO에 의해 상층대기 대순환 변동성의 많은 부분이 설명될 수 있다. Matthews et al. (2004)은 겨울철 200 hPa의 대기 대순환의 변동이 MJO의 강제력에 의해 적도에서는 70 %까지 설명 가능하며 북반구 중위도는 35 %에서 40 % 정도까지 설명된다고 하였다.

이러한 비단열 가열 강제력에 의해 발생한 상층 대기 대순환 아노말리의 형성을 전지구적으로 살펴보면 (Seo and Son 2012), MJO 위상 1에서 동아시아 및 북태평양에 반시계 방향의 저기압성 순환이 생성되어 있고 남반구에도 적도를 대칭으로 저기압성 순환이 배치되어 있다 (Figure 1.60a). 위상 2와 3일 때 MJO 대류가 인도양에서 발달하여 이에 대한 로스비 파동의 반응에 의해 대류 서쪽에는 고기압성 아노말리가 그 동쪽에는 켈빈 파동에 의해 저기압성 아노말리가 열대지역에 있음을 알 수 있다 (Figure 1.60b and c). 열대 서반구에도 인도양에서의 지속적인 대류 강제력에 의해 생성된 로스비 파동과 서태평양에 있는 음의 대류 아노말리에 의해 생성된 서풍의 적도 켈빈파동이 합쳐져서 서쪽 반구에 넓게 고기압성 순환 아노말리가 형성되어 있다 (Figure 1.62). 한편 중위도 지역은 북태평양에 고기압, 알래스카에 저기압, 북미 대륙 동쪽에 고기압성 아노말리가 성장하는 모습을 보이고 있다. 이러한 패턴은 음의 태평양-북아메리카 패턴과 비슷하다. 위상 4에서도 이러한 음의 태평양-북아메리카 패턴이 남아 있다. 한편 대기 하층인 850 hPa의 대기 순환 아노말리는 열대지역에서 경압성을 지니므로 상층과 반대의 위상을 가지지만, 30°~35° 이상의 고위도 지역에서는 순압성 구조를 이룬다 (Figure 1.61). 위상 5-8의 대기 순환 반응 패턴은 위상 1-4와 부호만 반대이고 동일한 분포를 보이기 때문에 따로 제시하지 않는다.

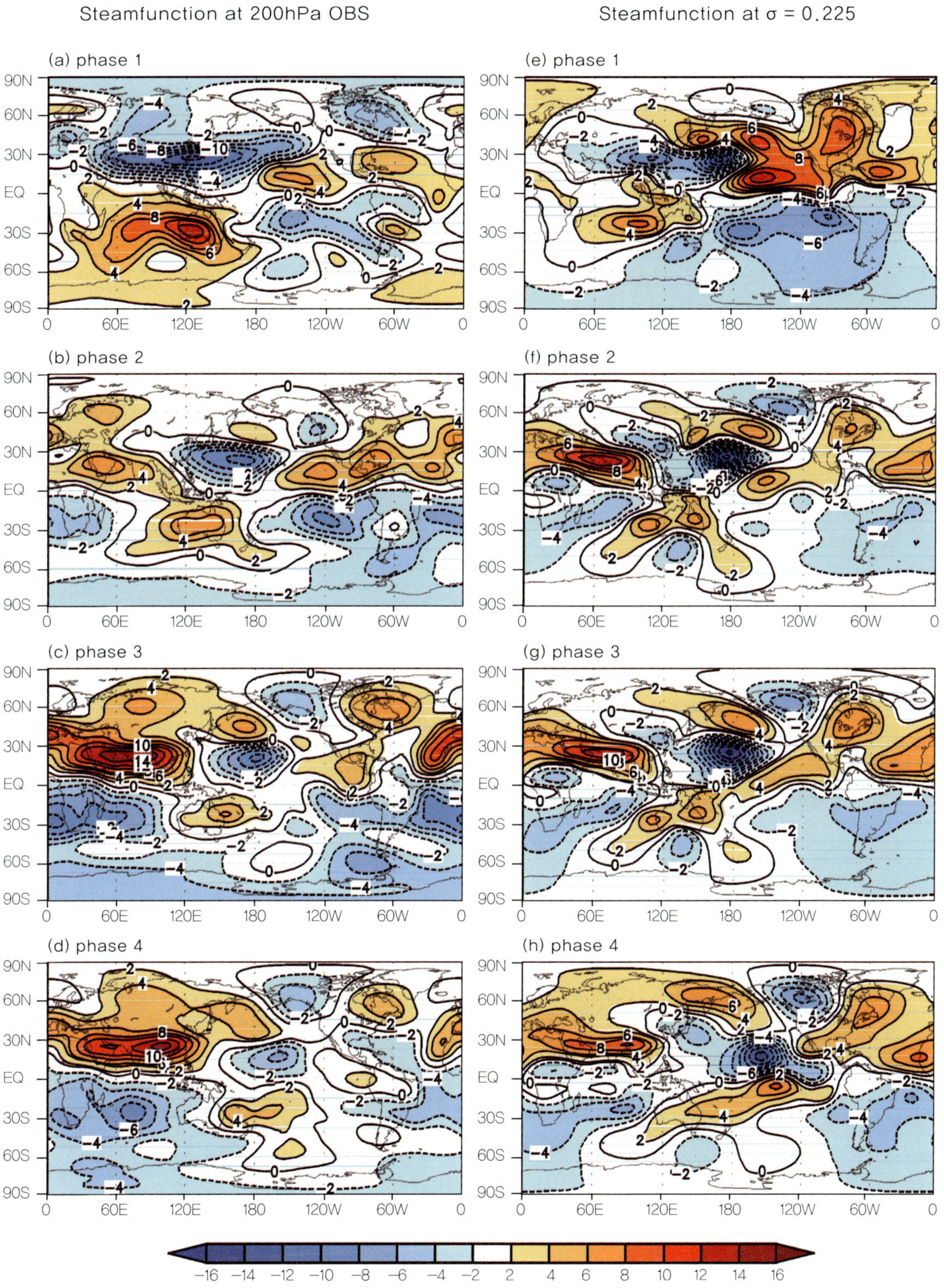

Figure 1.60 Observed DJF composite 200-hPa streamfunction anomaly fields for phases 1 through 4 (left panels). Right panels are the day 15 model upper-troposphere (σ = 0.225) streamfunction anomaly fields for phases 1 through 4. The contour interval is 2.0×10^6 m^2 s^{-1} (Seo and Son 2012).

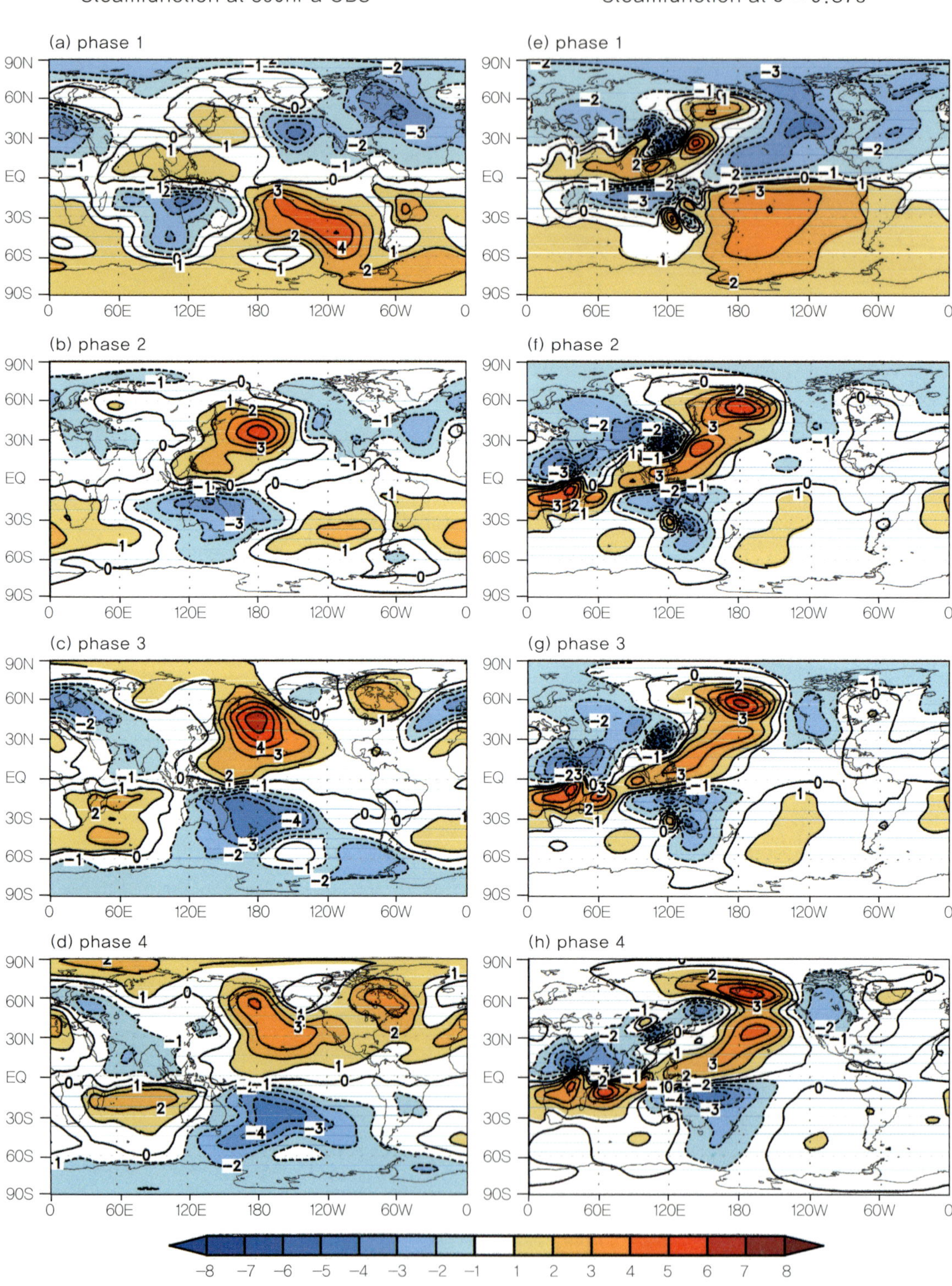

Figure 1.61 Observed DJF composite 850-hPa streamfunction anomaly fields for phases 1 through 4 (left panels). Right panels are the corresponding day 13 lower-troposphere (σ = 0.875) model streamfunction anomaly fields for phases 1 through 4. The contour interval is 1.0×10^6 m^2 s^{-1} (Seo and Son 2012).

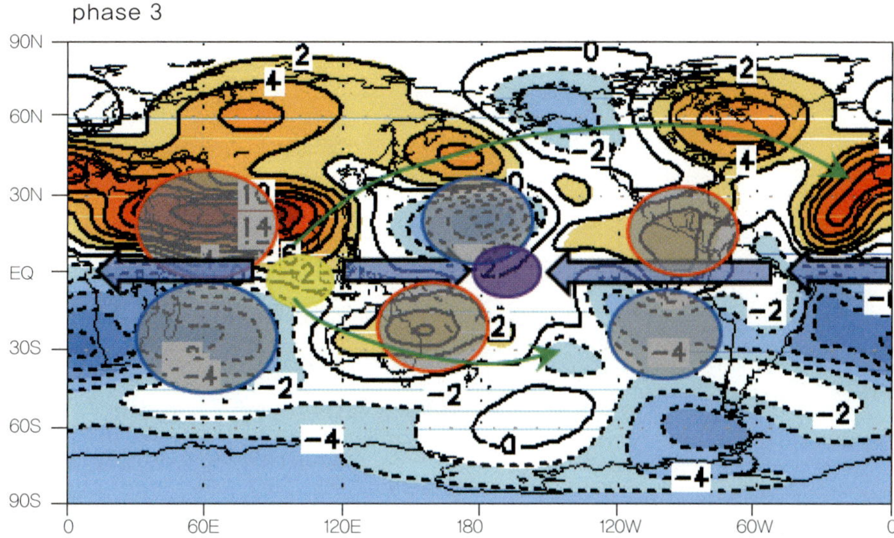

Figure 1.62 Observed DJF composite 200-hPa streamfunction anomaly fields for phases 1 through 4 (left panels). Right panels are the day 15 model upper-troposphere (σ = 0.225) streamfunction anomaly fields for phases 1 through 4. The contour interval is 2.0×10^6 m^2s^{-1} (Seo and Son 2012).

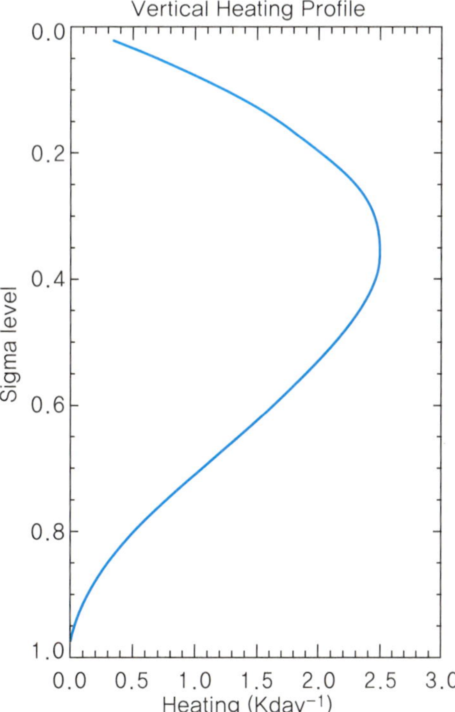

Figure 1.63 Vertical heating profile at the maximum heating location (Seo and Son 2012).

이러한 로스비 파동의 역학을 살펴보기 위하여 수치 실험을 실시하였다. GFDL (Geophysical Fluid Dynamics Laboratory) 역학 코어 GCM(Global Circulation Model)의 장사방형(rhomboidal) 30 해상도와 수평 20 해상도를 사용하였다. 오로지 역학적인 부분만을 고려하기 때문에 복사, 대류 물리의 모수화는 포함되어 있지 않다. 초기장은 온도, 지표 기압, 바람을 포함하는 겨울철(12월~2월)의 기후학적인 배경장이고, Figure 1.63과 같이 관측과 유사하게 400 hPa 근처에 2.5 K의 최대 가열항을 주었다. 연직 구조의 비단열 가열항을 온도 방정식의 우변에 넣어 적분하였다. Figure 1.60과 61의 우측 그림은 비단열 가열 강제력 적분 후 15일째의 상태를 보여준다. 두 그림에서의 관측과 모델 패턴이 상당히 유사함을 알 수 있다. 모델과 관측의 위상 3에서의 열대지역 순환 아노말리 패턴 상관관계는 0.78로 높게 나타나고 30°-90°N에서는 0.71로 큰 규모의 패턴이 상당히 유사함을 알 수 있다. 이 위상 3에서의 로스비 파동의 전파 역학에 비발산 순압 로스비 이론(Hoskins and Karoly 1981; Hoskins and Ambrizzi 1993)의 레이 트레이싱(ray tracing)을 사용하여 살펴보았다. 서풍의 기후학적 기본류($\bar{U}$)에 대한 로스비 파동 섭동의 분산 관계(dispersion relationship)는 $\omega = \bar{U}k - \frac{\beta^* k}{K^2}$이고, 여기서 $K^2 = k^2 + l^2$은 총 파수로 동서파수 k와 남북파수 l에 의해 결정되며, $\beta^* = \frac{\partial f}{\partial y} - \frac{\partial^2 \bar{U}}{\partial y^2}$이다. 동서와 남북 방향으로의 군속도(group velocity)는 $c_{gx} = \frac{\partial \omega}{\partial k} = c + \frac{2\beta^* k^2}{K^4}$과 $c_{gy} = \frac{\partial \omega}{\partial l} = \frac{2\beta^* kl}{K^4}$으로 표현된다. 따라서 파동의 활동에 대한 레이(ray)는 $\frac{dx}{dt} = c_{gx}$와 $\frac{dy}{dt} = c_{gy}$의 관계를 통하여 풀 수 있다.

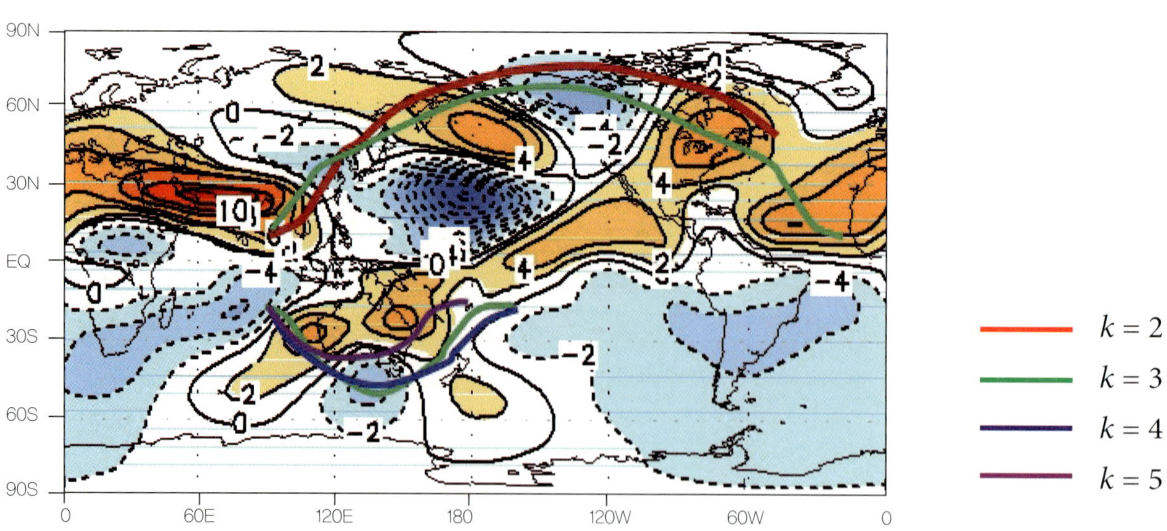

Figure 1.64 Rossby ray path calculated using the nondivergent barotropic Rossby wave theory for phase 3. Only the wave train starting from the Indian Ocean is given for the 15-day integrations. The ray paths for other zonal wavenumbers not shown in the figure are either very short or trapped in the vicinity of their starting points or critical latitudes (Seo and Son 2012).

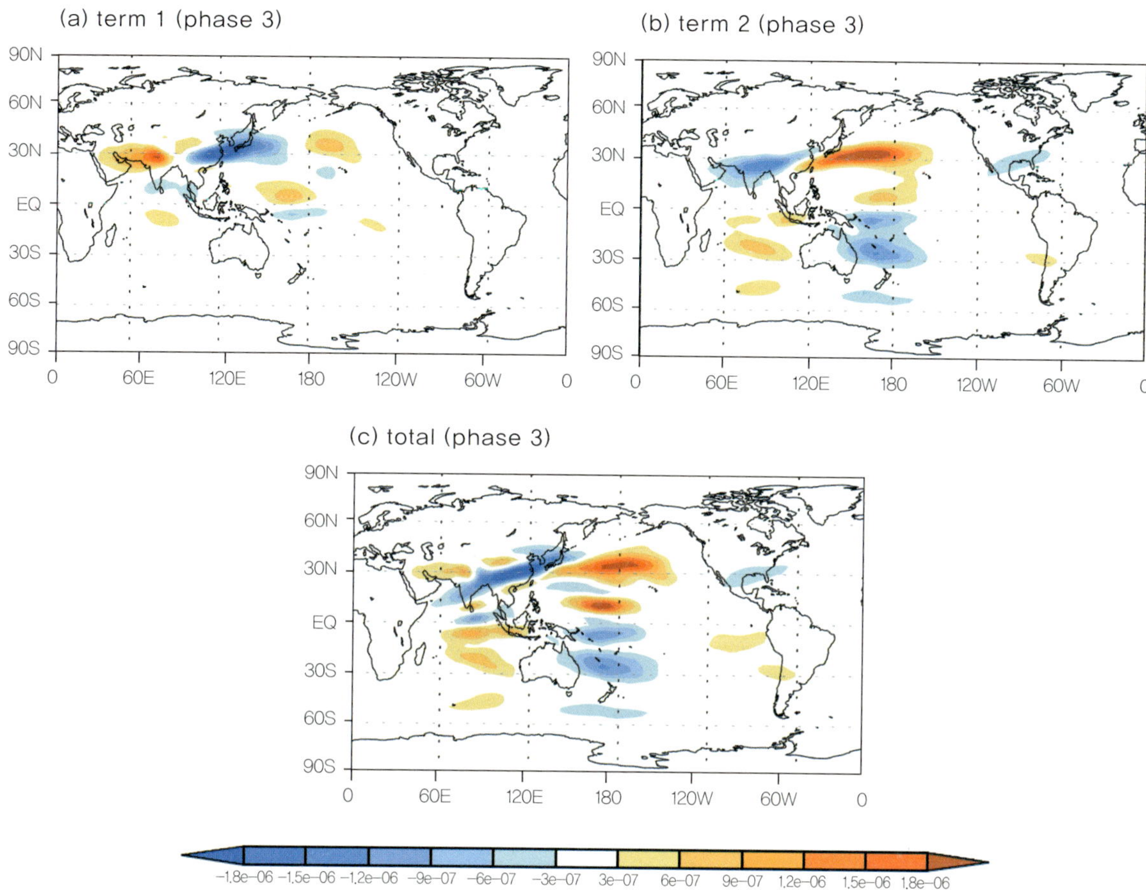

Figure 1.65 Perturbation Rossby wave source (S') at $\sigma=0.225$ at day 5 of the model simulation for MJO phase-3 forcing. (a) the first term, (b) the second term, and (c) the total term in Rossby wave source (revision of Figure 9 in Seo and Son 2012).

다시 정리하면, 주어진 동서파수 k에 대해 분산 관계를 이용하여 남북파수 l을 풀 수 있고 그 위치에서 기본류의 곡률로 계산되는 β^*를 풀어 군속도를 구하게 된다. 그 후 파의 위치를 나타내는 x와 y를 알 수 있다.

Figure 1.64에서 보이는 것처럼 레이 트레이싱을 통하여 북반구의 태평양-북아메리카 패턴을 형성하는 물리과정을 설명할 수 있다. 다양한 동서파수 중 동서파수가 2인 파와 3인 파에 의해 태평양-북아메리카 패턴이 만들어진다. 동서파수가 2인 파는 북쪽으로 더 높게 전파한 후 반사 위도(reflection latitude, 남북파수 l = 0)에서 남동쪽으로 전파하는 특성을 보인다. 표시되지 않은 동서파수 4 이상의 파들은 북쪽으로 전파하지 못하는데 이는 적도 근처에 있는 임계 위도(critical latitude) 밴드에서 파가 흡수되기 때문에 일련의 파동형태로 만들어 질 수 없다. 따라서 태평양-북아메리카 패턴 지역에서의 저기압성 및 고기압성 아노말리는 MJO 강제력에 의한 로스비 파동 라인에 의해 생긴 것으로 판단할 수 있다. 특이한 점은 열대 대서양지역의 아노말리에서 인도양의 심층 대류에 의해 생성된 열대지역

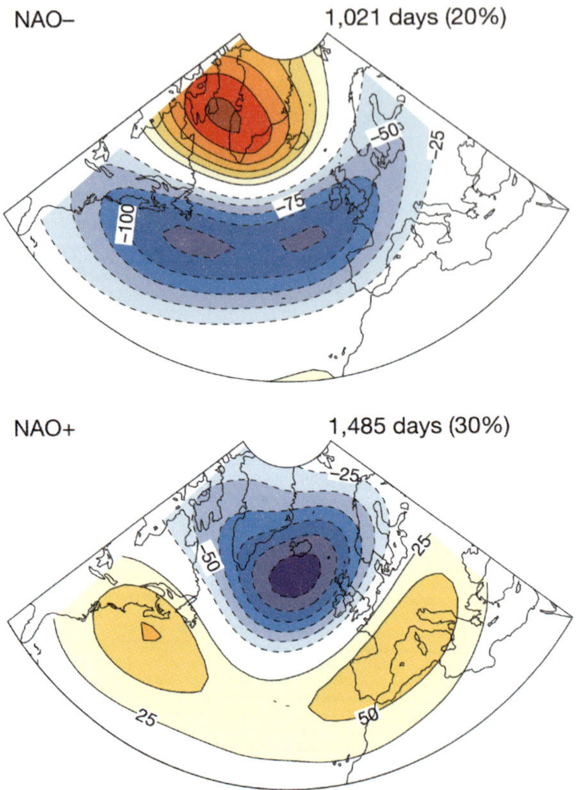

Figure 1.66 Wintertime North Atlantic weather regimes. Centroids of the four weather regimes obtained from daily anomalous geopotential height at the 500-hPa altitude (Z500, color) from the National Center for Environmental Prediction/National Center for Atmospheric Research (NCEP/NCAR) Reanalysis. Each percentage corresponds to the stated number of days and represents the mean frequency of occurrence of the regime computed over 1974~2007 from 1 November to 31 March. Contour intervals are 25 m (Cassou 2008).

에 갇혀진 로스비 파동의 서쪽으로 전파하는 에너지와 서태평양의 억제된 대류에 의해 생성된 열대지역에 갇혀진 켈빈 파동의 동쪽으로 전파하는 에너지가 합류한다는 점이다. 한편 남반구의 비교적 작은 고저기압 순환의 공간 패턴은 동서파수 3, 4, 5에 의해 형성된 것임을 알 수 있다. 이러한 열대 대류 강제력에 의해 남북으로 전파하는 로스비 파동은 아열대지역에서 로스비 파동 원천(Rossby Wave Source, RWS)에 의해 생성되는데 아래와 같이 표현된다 (Seo and Son 2012).

$$S' = -\bar{\zeta}\nabla\cdot\mathbf{v}'_{\chi} - \mathbf{v}'_{\chi}\cdot\nabla\bar{\zeta} - \zeta'\nabla\cdot\bar{\mathbf{v}}_{\chi} - \bar{\mathbf{v}}_{\chi}\cdot\nabla\zeta'$$

여기서 $\mathbf{v}_{\chi}$는 발산 속도 벡터이고 오버바(overbar)는 평균이고 프라임(prime)은 편차를 의미한다. Figure 1.65는 GFDL 역학 코어 적분 4일째의 로스비 파동 원천을 그린 그림으로 첫 번째 항인 남북류의 발산항 또는 스트레칭항과 두 번째항인 소용돌이도 이류항 또

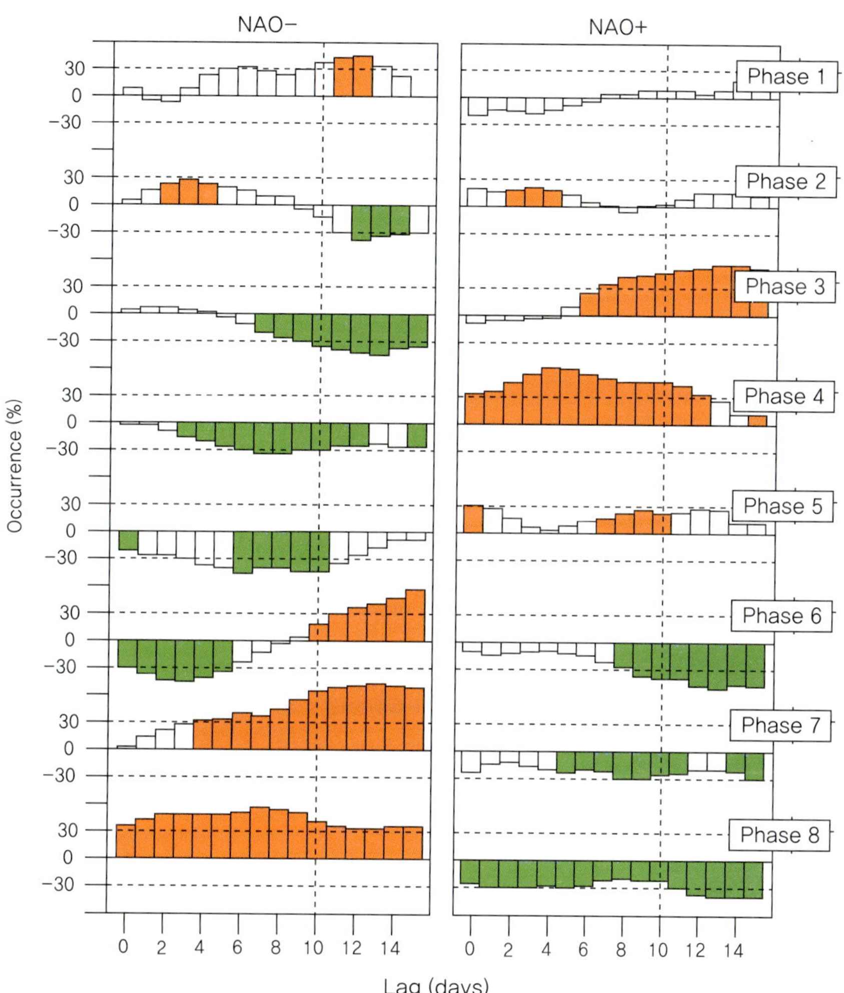

Figure 1.67 Lagged relationships between the eight phases of the MJO and the four North Atlantic weather regimes. Table of contingency between the MJO phases (rows) and the North Atlantic weather regimes (columns). For each MJO phase, I plot the anomalous percentage occurrence of a given regime as a function of lag in days (with regimes lagging MJO phases). The 0% value means that the MJO phase is not discriminative for the regime whose occurrence is climatological. A 100% value would mean that this regime occurs twice as frequently as its climatological mean; −100% means no occurrence of this regime. The presence of a slope as a function of lag is suggestive of the MJO forcing. For white bars, either the change in the distribution between the four regimes is not significant on the basis of χ^2 statistics at the 99% significance level, or the individual anomalous frequency of occurrence is lower than the minimum significant threshold tested at 95% using a Gaussian distribution (approximation for binomial distribution because of the sufficiently large sampling). For orange and green bars, the regimes occur significantly more or, respectively, less frequently than their climatological occurrences (Cassou 2008).

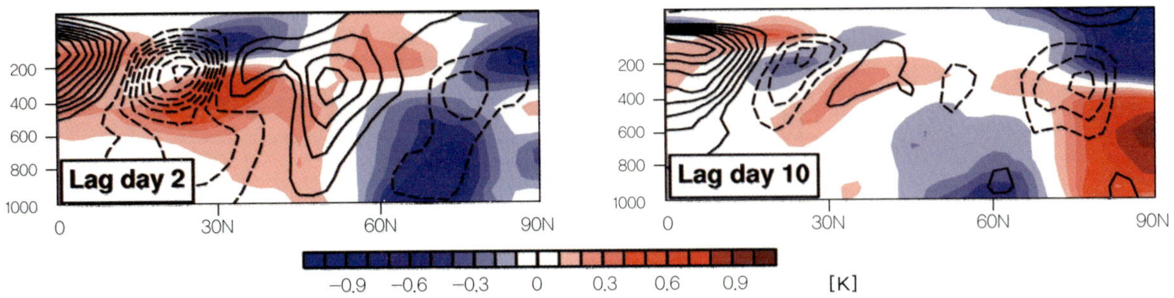

Figure 1.68 Lagged composites of zonal mean zonal wind (thin contours) and zonal mean temperature (shading) along with the climatological zonal-mean zonal wind (thick contours on the lag 14 day panels), for MJO phase 5. Lag days 2 and 10 are shown. Solid contours are positive, dashed contours negative, and the zero contours omitted. The contour interval is 0.3 m s^{-1} for thin contours and 10 m s^{-1} for thick contours (Yoo et al. 2012).

는 베타효과항이 가장 큰 에너지 원천으로 나타나며 두 번째항이 첫 번째항보다 약 20 % 정도 더 큰 에너지 원천임을 알 수 있다. 또한 남반구에서의 파동 전파는 두 번째항이 가장 큰 에너지 원천임을 보였다. 남반구 인도양에서 극쪽으로 전파하는 파동의 모습은 Figure 1.64에서 보이지만, 서태평양쪽 (호주 오른쪽)에서 남쪽으로 약하게 전파하는 파동 또한 존재함을 알 수 있다 (Figures 1.64 and 1.65).

이렇게 열대 대류 강제력에 의해 생성된 로스비 파동이 고위도까지 전파하는데 7~15일 정도의 시간이 소요된다 (Hoskins and Karoly 1981). 즉 중·고위도의 순환 아노말리는 MJO 강제력이 있은 뒤 7~15일 후의 지체된 반응(lagged response)이다. Figure 1.60의 위상 5나 6에서 나타나는 북동대서양의 양의 유선함수 아노말리는 양의 북대서양진동(NAO) 상태와 비슷하다 (Figure 1.66). 인도양에 대류가 있을 때인 위상 3에서 10~15일 후에 양의 북대서양진동이 나타나게 되며 역으로 위상 7에서 10일쯤 음의 북대서양진동이 나타날 확률이 더 크다고 할 수 있다 (Figure 1.67).

위에서 언급한 바와 같이 MJO는 로스비 파동을 통해 북반구의 태평양-북아메리카 패턴과 북대서양진동 또는 북극진동에 영향을 미치고 있다. 특히 최근 북극지역의 온도 상승이 다른 위도대 보다 더 급격히 일어나는 북극 증폭(Arctic amplification) 현상에도 MJO가 영향을 끼쳤다고 밝힌 바 있다 (Figure 1.6). 심층 대류가 따뜻한 해수역인 서태평양에 있을 때 (위상 5), 전체 대류영역이 국지적이여서 더 많은 로스비 파동을 북쪽으로 전파시킨다. 그리고 10~15일 이후에 에디 열 플럭스에 의해 극쪽의 온도가 상승하게 된다. 또한 이러한 로스비 파동에 의해 적도쪽에서는 에디 운동량 플럭스의 수렴이 일어나고 극쪽(70°~80°N)에서는 에디 운동량 플럭스의 발산이 있게 된다 (Figure 1.68). 더불어 동서방향 평균된 동서 에디 운동량 방정식을 통해서 동서 바람의 감속이 일어남을 알 수 있다 (동서방향 평균은 [ ]이다).

$$\frac{\partial [u]}{\partial t} = -\frac{\partial}{\partial y}[u'v'] + [uD] + f[v] + [X]$$

위 수식의 좌변항은 동서 평균 바람이고, 우변의 첫 번째 항은 운동량 플럭스 수렴항, 우변의 두 번째부터 네 번째 항은 마찰항들이다. 이러한 동서 바람의 감속은 연직 바람 시어를 약화시키고 온도풍 평형(thermal wind balance)에 의해 기존의 남북 온도 경도를 약화시키는 열적 직접 순환이 발생된다. 그러므로 극쪽에 하강운동이 유도되어 단열 승온이 발생한다. 또한 극쪽으로의 온난열 플럭스와 더불어 나타나는 수분 플럭스 때문에 더 많은 구름이 생성되고 이는 더 많은 하향 장파복사에너지를 지표로 방출시켜 결국 기온을 증폭시킨다. 따라서 로스비 파동은 에디 열 플럭스에 의한 온난 이류, 에디 운동량 플럭스에 의한 단열 상승, 하향 장파복사의 증가에 의한 물리 과정을 통하여 MJO가 극지방의 지표 온도를 증폭시키도록 매개체 역할을 한다.

참고문헌

Benedict, J. J. and D. A. Randall, 2007: Observed characteristics of the MJO relative to maximum rainfall. *J. Atmos. Sci.*, **64(7)**, 2332-2354.

Bladé, I., and D. L. Hartmann, 1993: Tropical intraseasonal oscillations in a simple nonlinear model. *J. Atmos. Sci.*, **50(17)**, 2922-2939.

Cassou, C., 2008: Intraseasonal interaction between the Madden-Julian oscillation and the North Atlantic Oscillation. *Nature*, **455**, 523-527, doi:10.1038/nature07286.

Ding, R., J. Li, and K.-H. Seo, 2010: Predictability of the Madden-Julian oscillation estimated using observational data. *Mon. Wea. Rev.*, **138(3)**, 1004-1013.

Ding, R., J. Li, and K.-H. Seo, 2011: Estimate of the predictability of boreal summer and winter intraseasonal oscillations from observations. *Mon. Wea. Rev.*, **139(8)**, 2421-2438.

Emanuel, K. A., 1987: An air-sea interaction model of intraseasonal oscillations in the tropics. *J. Atmos. Sci.*, **44(16)**, 2324-2340.

Flatau, M., P. Flatau, P. Phoebus, and P. Niiler, 1997: The feedback between equatorial convection and local radiative and evaporative processes: The implications for intraseasonal oscillations. *J. Atmos. Sci.*, **54**, 2373-2386.

Gill, A., 1980: Some simple solutions for heat-induced tropical circulation. *Q. J. R. Meteor. Soc.* **106(449)**, 447-462.

Guo Y., D. E. Waliser, and X. Jiang, 2015: A systematic relationship between the representations of convectively coupled equatorial wave activity and the Madden-Julian oscillation in climate model simulations. *J. Climate*, **28**, 1881-1904.

Hendon, H. H., 1988: A simple model of the 40-50 day oscillation. *J. Atmos. Sci.*, **45**, 569-584.

Hendon, H. H., and M. L. Salby, 1994: The life cycle of the Madden-Julian oscillation. *J. Atmos. Sci.*, **51(15)**, 2225-2237.

Hendon, H. H., M. C. Wheeler, and C. Zhang, 2007: Seasonal dependence of the MJO-ENSO relationship. *J. Climate*, **20**, 531-543.

Hoskins, B. J., and T. Ambrizzi, 1993: Rossby wave propagation on a realistic longitudinally varying flow. *J. Atmos. Sci.*, **50**, 1661-1671.

Hoskins, B. J., and D. J. Karoly, 1981: The steady linear response of a spherical atmosphere to thermal and orographic forcing. *J. Atmos. Sci.*, **38**, 1179-196.

Hsu, H. H., and M. Y. Lee, 2005: Topographic effects on the eastward propagation and initiation of the Madden-Julian Oscillation. *J. Climate*, **18(6)**, 795-809.

Hsu, P.-H., and T. Li, 2012: Role of the Boundary Layer Moisture Asymmetry in Causingthe Eastward Propagation of the Madden-Julian Oscillation. *J. Climate*, **25**, 4914-4931.

Hu, Q., and D. A. Randall, 1994: Low-Frequency Oscillations in Radiative-Convective Systems. *J. Atmos. Sci.*, **51**, 1089-1099.

Jiang, X. A., and T. Li, 2005: Reinitiation of the Boreal Summer Intraseasonal Oscillation in the Tropical Indian Ocean. *J. Climate*, **18(18)**, 3777-3795.

Jiang, X., T. Li, and B. Wang, 2004: Structures and mechanisms of the northward propagating boreal summer intraseasonal oscillation. *J. Climate*, **17**, 1022-1039.

Kemball-Cook, S. R., and B. C. Weare, 2001: The onset of convection in the Madden-Julian oscillation. *J. Climate*, **14(5)**, 780-793.

Kiladis, G. N., K. H. Straub, and P. T. Haertel, 2005: Zonal and vertical structure of the Madden-Julian oscillation. *J. Atmos. Sci.*, **62(8)**, 2790-2809.

Kim, H. M., P. J. Webster, V. E. Toma, and D. Kim, 2014: Predictability and prediction skill of the MJO in two operational forecasting systems. *J. Climate*, **27**, 5364-5378.

Knutson, T. R., K. M. Weickmann, and J. E. Kutzbach, 1986: Global-scale intraseasonal oscillations of outgoing longwave radiation and 250 mb zonal wind during Northern Hemisphere summer. *Mon. Wea. Rev.*, **114(3)**, 605-623.

Lau, K. M., and L. Peng, 1987: Origin of low-frequency (intraseasonal) oscillations in the tropical atmosphere. Part I: Basic theory. *J. Atmos. Sci.*, **44(6)**, 950-972.

Lau,W. K., and D. E. Waliser, 2005: Intraseasonal variability in the atmosphere-ocean climate system (pp. 3183-3193). Berlin: *Springer*.

Lee, S.-H., and K.-H. Seo, 2011: A multi-scale analysis of the interdecadal change in the Madden-Julian Oscillation. *Atmos. Kor. Meteor.* **21(2)**, 143-149.

Li, T., 2014: Recent advance in understanding the dynamics of the Madden-Julian oscillation. *J. Meteorolo. Research,* **28**, 1-33.

Lin, H., G. Brunet, and J. Derome, 2008: Forecast skill of the Madden-Julian Oscillation in two Canadian atmospheric models. *Mon. Wea. Rev.*, **136(11)**, 4130-4149.

Lin, J. L., G. N. Kiladis, B. E. Mapes, K. M. Weickmann, K. R. Sperber, W. Lin, and J. F. Scinocca, 2006: Tropical intraseasonal variability in 14 IPCC AR4 climate models. Part I:

Convective signals. *J. Climate*, **19(12)**, 2665-2690.

Liu, F., and B. Wang, 2012a: A model for the interaction between the 2-day waves and moist Kelvin waves, *J. Atmos. Sci.*, **69**, 611-625. doi: 10.1175/JAS-D-11-0116.

Liu, F., and B. Wang, 2012b: A frictional skeleton model for the Madden-Julian Oscillation. *J. Atmos. Sci.*, **69**, 2749-2758.

Nakazawa, T., 1988: Tropical super clusters within intraseasonal variations over the western Pacific. *J. Meteor. Soc. Japan*, **66**, 823-839.

Neelin, J. D., I. M. Held, and K. H. Cook, 1987: Evaporation-wind feedback and low-frequency variability in the tropical atmosphere. *J. Atmos. Sci.*, **44(16)**, 2341-2348.

Madden, R. A., and P. R. Julian, 1972: Description of global-scale circulation cells in the tropics with a 40-50 day period. *J. Atmos. Sci.*, **29(6)**, 1109-1123.

Majda, A. J., and R. Klein, 2003: Systematic multiscale models for the tropics. *J. Atmos. Sci.*, **60(2)**, 393-408.

Majda, A. J., and S. N. Stechmann, 2009: The skeleton of tropical intraseasonal oscillations. *Proceedings of the National Academy of Sciences*, **106(21)**, 8417-8422.

Maloney, E. D., and D. L. Hartmann, 1998: Frictional moisture convergence in a composite life cycle of the Madden-Julian oscillation. *J. Climate*, **11(9)**, 2387-2403.

Matthews, A. J., 2000: Propagation mechanisms for the Madden-Julian Oscillation. *Q. J. R. Meteor. Soc.*, **126(569)**, 2637-2651.

Matthews, A. J., B. J. Hoskins, and M. Masutani, 2004: The global response to tropical heating in the Madden-Julian oscillation during the northern winter. *Q. J. R. Meteor. Soc.*, **130**, 1911-2011.

McPhaden, M. J., 1999: Genesis and evolution of the 1997-98 El Niño. *Science*, **283(5404)**, 950-954.

Roland A. M., 1986: Seasonal Variations of the 40-50 Day Oscillation in the Tropics. *J. Atmos. Sci.*, **43**, 3138-3158.

Rui, H., and B. Wang, 1990: Development characteristics and dynamic structure of tropical intraseasonal convection anomalies. *J. Atmos. Sci.*, **47(3)**, 357-379.

Salby, M. L., R. R. Garcia, and H. H. Hendon, 1994: Planetary-scale circulations in the presence of climatological and wave-induced heating. *J. Atmos. Sci.*, **51(16)**, 2344-2367.

Sardeshmukh, P. D., and B. J. Hoskins, 1988: The generation of global rotational flow by steady idealized tropical divergence. *J. Atmos. Sci.*, **45(7)**, 1228-1251.

Sobel A., and E. Maloney, 2012: An idealized semi-empirical framework for modeling the Madden-Julian oscillation. *J. Atmos. Sci.*, **69**, 1691-1705.

Sobel A., and E. Maloney, 2013: Moisture modes and the eastward propagation of the MJO. *J. Atmos. Sci.*, **70**, 187-192.

Seo, K.-H., J. H. Choi, and S. D. Han, 2012: Factors for the simulation of convectively coupled Kelvin waves. *J. Climate*, **23**, 3495-3514.

Seo, K.-H., and K.-Y. Kim, 2003: Propagation and Initiation Mechanisms of the Madden-Julian Oscillation. *J. Geophys. Res.*, **108**, D13, 4384-4405.

Seo, K.-H., and W. Wang, 2010: The Madden-Julian oscillation simulated in the NCEP Climate Forecast System model: The importance of stratiform heating. *J. Climate*, **23**, 4770-4793.

Seo, K.-H., and S.-W. Son, 2012: The Global Atmospheric Circulation Response to Tropical Diabatic Heating Associated with the Madden-Julian Oscillation during Northern Winter. *J. Atmos. Sci.*, **69**, 79-96.

Seo, K.-H., J.-K. E. Schemm, W. Wang, and A. Kumar, 2007: The boreal summer intraseasonal oscillation simulated in the NCEP Climate Forecast System (CFS): The effect of sea surface temperature. *Mon. Wea. Rev.*, **135**, 1807-1827.

Seo, K.-H., and Y. Xue, 2005: MJO-related oceanic Kelvin waves and the ENSO cycle: A study with the NCEP Global Ocean Data Assimilation. *Geophys. Res. Lett.*, **32**, L07712, doi:10.1029/2005GL022511.

Seo, K.-H., 2009: Statistical-Dynamical Prediction of the Madden-Julian Oscillation Using NCEP Climate Forecast System (CFS). *Int. J. Climatol.*, **29**, 2146-2155, doi: 10.1002/joc.

Sooraj, K. P., and K.-H. Seo, 2013: Boreal summer intraseasonal variability simulated in the NCEP climate forecast system: insights from moist static energy budget and sensitivity to convective moistening. *Climate Dyn.*, **41**, 1569-1594.

Thayer-Calder, K., and D. A. Randall, 2009: The role of convective moistening in the Madden-Julian oscillation. *J. Atmos. Sci.*, **66(11)**, 3297-3312.

Vitart F., S. Woolnough, M. A. Balmaseda, and A. Tompkins, 2007: Monthly forecast of the Madden-Julian Oscillation using a coupled GCM. *Mon. Wea. Rev.*, **135**: 2700-2715.

Vitart, F., and F. Molteni, 2010: Simulation of the Madden-Julian Oscillation and its teleconnections in the ECMWF forecast system. *Q. J. R. Meteor. Soc*, **136(649)**, 842-855.

Vitart, F., (2014): Evolution of ECMWF sub-seasonal forecast skill scores. *Q. J. R. Meteor. Soc.*, **140(683)**, 1889-1899.

Waliser, D. E., K. M. Lau, and J. H. Kim, 1999: The influence of coupled sea surface temperatures on the Madden-Julian oscillation: A model perturbation experiment. *J. Atmos. Sci.*, **56(3)**, 333-358.

Wang, B., 1988: Dynamics of tropical low-frequency waves: An analysis of the moist Kelvin wave. *J. Atmos. Sci.*, **45(14)**, 2051-2065.

Wang, B., 2005: Theory in Intraseasonal variability in the atmosphere and ocean, ED W. Lau and D. Waliser, Praxis Publishing 307-360.

Wang, W., M. P. Hung, S. J. Weaver, A. Kumar, and X. Fu, 2014: MJO prediction in the NCEP climate forecast system version 2. *Climate Dyn.*, **42**(9-10), 2509-2520.

Wang, B., and T. Li, 1994: Convective interaction with boundary-layer dynamics in the development of a tropical intraseasonal system. *J. Atmos. Sci.*, **51**, 1386-1400.

Wang, B., and F. Liu, 2011: A model for scale interaction in the Madden-Julian oscillation. *J. Atmos. Sci.*, **68**, 2524-2536.

Wang, B., and H. Rui, 1990: Dynamics of coupled moist Kelvin-Rossby waves on an equatorial beta-plane. *J. Atmos. Sci.*, **47**, 397-413.

Wang, B., P. Webster, K. Kikuchi, T. Yasunari, and Y. Qi, 2006: Boreal summer quasi-monthly oscillation in the global tropics. *Climate Dyn.*, **27**, 661-675.

Wang, B., and X. Xie, 1996: Low-Frequency equatorial waves in vertically shear flow. Part I: Stable waves. *J. Atmos. Sci.*, **53**, 449-467.

Wang, B., and X. Xie, 1998: Coupled Modes of the Warm Pool Climate System Part I: The Role of Air-Sea Interaction in Maintaining Madden-Julian Oscillation. *J. Climate*, **11**, 2116-2135.

Wang, B., and Q. Zhang, 2002: Pacific-East Asian teleconnection. Part II: How the Philippine Sea anomalous anticyclone is established during El Nino development. *J. Climate*, **15**, 3252-3265.

Wheeler, M., and G. N., Kiladis, 1999: Convectively coupled equatorial waves: Analysis of clouds and temperature in the wavenumber-frequency domain. *J. Atmos. Sci.*, **56(3)**, 374-399.

Xie, X. and B. Wang, 1996: Low-frequency equatorial waves in vertically sheared zonal flows. Part II: unstable waves. *J. Atmos. Sci.*, **53**, 3589-3605.

Yasunari, T., 1980: A Quasi-Stationary Appearance of 30 to 40 Day Period in theCloudiness Fluctuations during the Summer Monsoon over India. *J. Meteor. Soc. Japan*, **58(3)**, 225-229.

Yoo, C., S. Lee, and S. Feldstein, 2011: The impact of the Madden–Julian oscillation trend on the Arctic amplification of surface air temperature during the 1979-2008 boreal winter. *Geophys. Res. Lett.*, **38**, L24804, doi:10.1029/2011gl049881.

Yoo, C., S. Lee, and S. Feldstein, 2012: Mechanisms of Arctic surface air temperature change in response to the Madden-Julian oscillation. *J. Climate*, **25**, 5777-5790.

Zhao, C., T. Li, and T. Zhou, 2013: Precursor signals and processes associated with MJO initiation over the tropical Indian Ocean. *J. Climate*, **26**, 291-307, doi:10.1175/JCLI-D-12-00113.1.

Zhang, C., 1996: Atmospheric intraseasonal variability at the surface in the tropical western Pacific Ocean. *J. Atmos. Sci.*, **53(5)**, 739-758.

CHAPTER 02

엘니뇨-남방진동: 해양-대기 접합 시스템

El Niño-Southern Oscillation: An Ocean-Atmosphere Coupled System

연세대: **안 순 일**

학습목차

프롤로그

초기 엘니뇨(El Niño)는 에콰도르와 페루의 해안을 따라 준주기적으로 나타나는 따뜻한 해류를 일컫는 현상으로 알려져 있었으며, 이는 이 지역 수산업을 황폐화시키는 원인으로 작용하였다. 이 현상은 인도양 (Darwin) 및 태평양 (Tahiti)에서 발생하는 해면기압의 남방진동(Southern Oscillation)과 밀접하게 연관되어 있으며, 이러한 대기-해양 접합 현상을 일컬어 엘니뇨-남방진동(El Niño-Southern Oscillation), 또는 줄여서 ENSO라고 부른다. 엘니뇨 발생 기간 중에는 열대 지역의 탁월한 무역풍은 약해지고, 적도 상에서 이와 반대로 흐르는 해류 (적도반류)는 강해져서, 인도네시아 지역의 따뜻한 표층수가 동쪽으로 이동하고, 동시에 페루를 비롯한 태평양 동쪽 지역의 용승 현상이 약화되면서 수온을 상승시킨다. 이 현상은 적도 태평양의 바람, 해수면 온도 및 강수 패턴에 변화를 유도하며, 열대 태평양 지역뿐만 아니라, 지구 상의 거의 모든 지역의 기후에 막대한 영향을 미치고 있다. 엘니뇨와 상반되는 해수면 온도의 하강 현상을 라니냐(La Niña)라고 부른다 (http://web.kma.go.kr/communication/encyclopedia/list.jsp?schText=엘리뇨).

2.1 What is El Niño?

엘니뇨는 열대 중앙태평양과 동태평양의 해수면 온도가 일정 기간 동안 높아지는 현상으로, 2~7년 주기의 다소 불규칙한 주기로 발생하고, 일반적으로 봄에 시작하며 겨울에 가장 크게 발달하고 이듬해 봄에 소멸한다. 그러나 각각의 엘니뇨는 조금씩 다른 형태로 발달 및 소멸 하는 다양한 모습을 보인다.

엘니뇨의 발생은 열대 태평양 지역을 지배하는 기후 상태에 기인하며, 이는 특히 해수

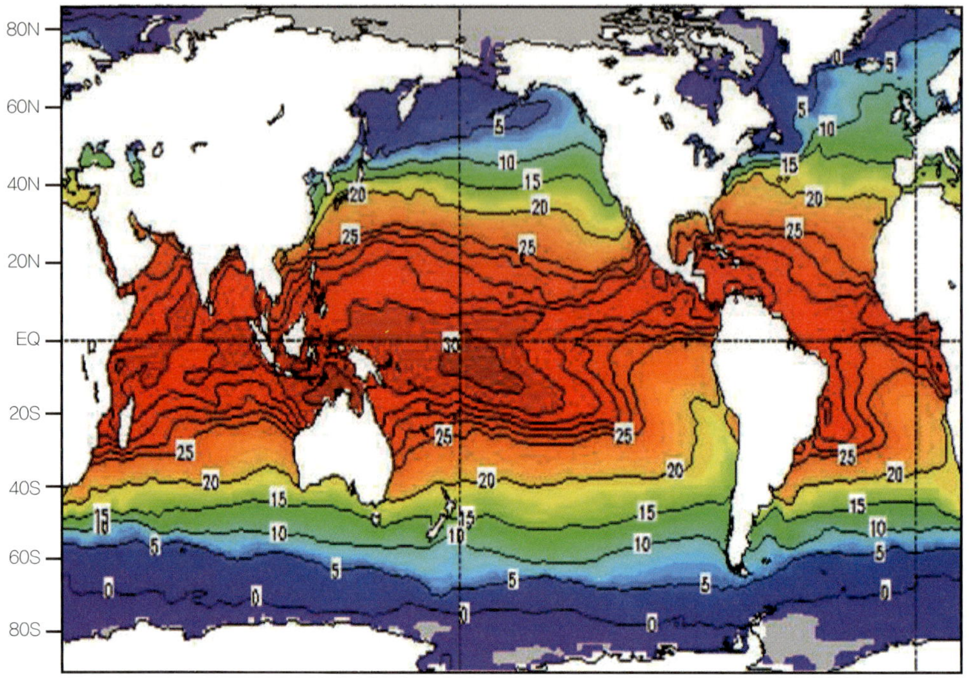

Figure 2.1 Sea Surface Temperature on December.

면 온도의 공간 분포와 밀접한 관련이 있다.

예를 들면, 평균 해수면 온도의 경우 태양 에너지의 유입이 일정한 동일 위도상이라 하더라도 동-서간에 차이가 존재하는데, 가장 따뜻한 해수면인 서태평양과 인도양을 warm pool이라고 하며, 동태평양의 찬 해수 지역을 마치 혀 모양 같다고 하여 cold tongue이라고 한다. Warm pool에서의 따뜻한 해수면 온도는 해양 표면의 지역적인 열역학적 균형(local thermodynamical surface energy balance)에 의해 유지되며, cold tongue에서의 해수면 온도는 열역학적 과정 이외에도 용승과 같은 열이류과정에 의해 유지된다 (Figure 2.1).

중위도 지역은 여름철과 겨울철 간의 태양복사량의 차이가 크기 때문에 계절변동이 아주 크게 나타나지만, 적도 지역은 강한 태양복사가 춘분과 추분 시기에 두 번 나타나므로 semi-annual cycle의 변동이 강하다. 그러나, 실제 관측자료를 통해 살펴보면, 해수면 온도와 혼합층 깊이는 서태평양에서는 semi-annual cycle이 뚜렷한 반면, 동태평양에서는 강한 annual cycle이 두드러지게 나타난다 (Figure 2.2). 즉, 열대 동태평양 해수면 온도의 계절변동에 있어서 annual cycle이 강하게 나타나는 것은, 이 지역의 해수면 온도가 단순히 태양 복사의 변화에 반응하는 것이 아니라 역학적 요인에 의하여 유도되고 있음을 암시한다.

이렇게 동태평양에서 나타나는 annual cycle의 원인을 간단한 모형 실험을 통하여 알아볼 수 있다. Figure 2.3에 보인 모형 실험 결과에서 알 수 있듯이, semi-annual cycle을 갖는 태양복사 forcing (Q_{solar})만 주어진 경우, semi-annual cycle의 해수면 온도 변동 (T_2

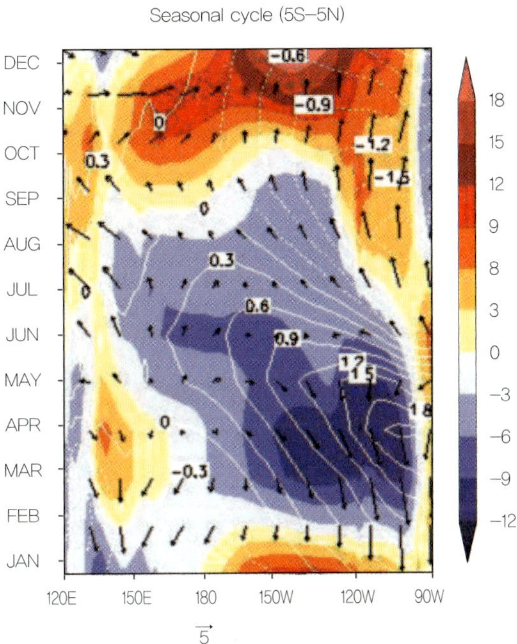

Figure 2.2 Time-longitude evolution along the equatorial band(5°S - 5°N) of the climatological SST(°C)(contour), surface zonal and meridional wind stresses(Nm^{-2})(vector) and the mixed layer depth(m)(shading). Annual mean values have been removed to highlight the annual cycle (An and Choi 2012).

의 분포)이 나타나지만, annual cycle을 가지는 해수면 잠열 ($-Q_{latent}$)만을 forcing으로 고려한 경우에 강한 annual cycle (T_1의 분포)의 해수면 온도 변화가 나타난다. 결국 두 성분을 함께 고려하면 annul cycle (T의 분포)이 지배적으로 나타난다. 여기서 annual cycle을 갖는 잠열의 변화는 바람의 계절 변화와 관련이 있다. 바람의 계절 변화는 열대수렴대(Intertropical Convergence Zone, ITCZ)의 계절적 이동으로부터 유추할 수 있다.

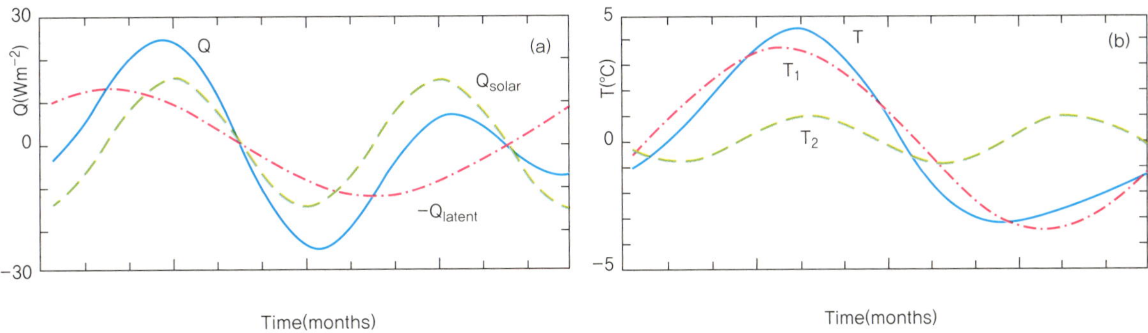

Figure 2.3 (a) Surface heat flux ($Q = Q_{solar} - Q_{latent}$) and (b) SST ($T = T_1 + T_2$) anomalies (solid line) at the eastern boundary as functions of time. The first (dash-dotted line) and second (dashed line) harmonics of surface heat flux and SST are also plotted (Xie 1994).

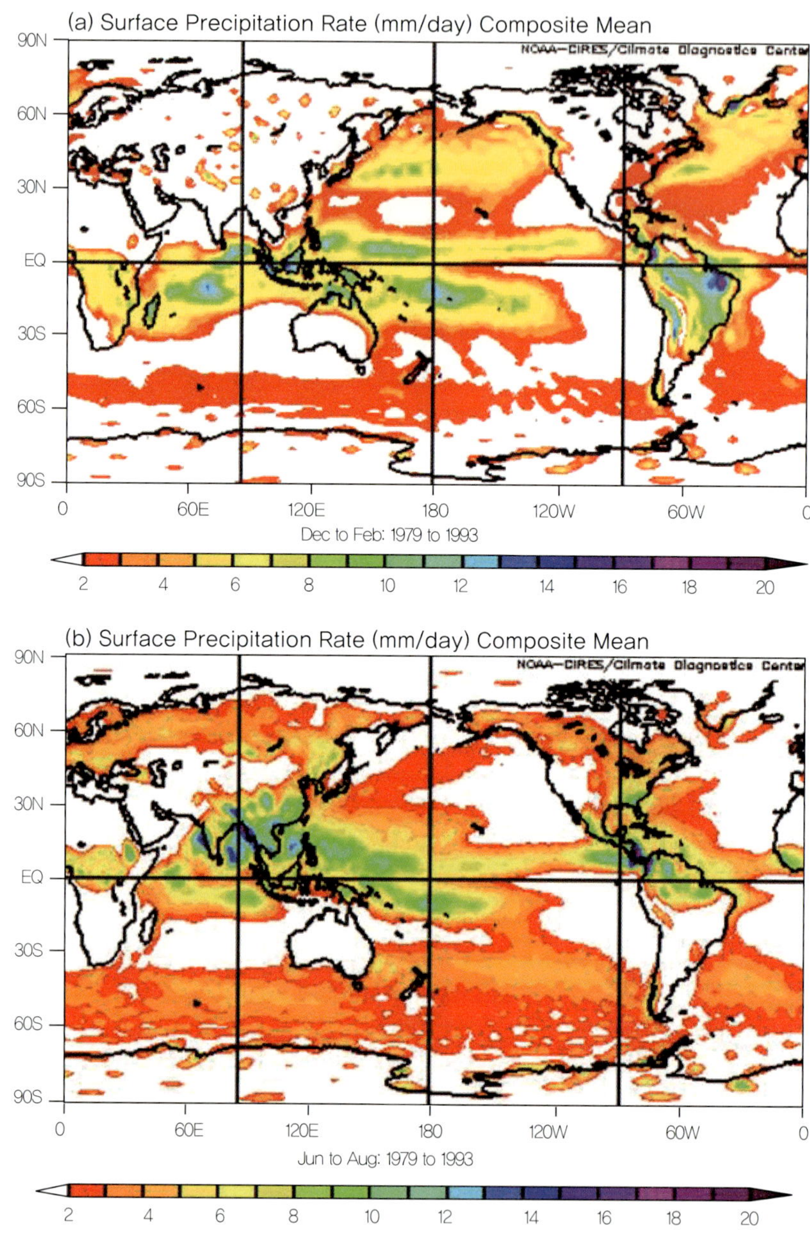

Figure 2.4 Surface Precipitation Rate (mm/day) in (a) winter and (b) summer.

Figure 2.4은 겨울과 여름의 평균 강수 분포를 나타낸다. 열대 지방의 경우 강한 강수대는 높은 해수면 온도 지역과 대체로 일치함을 알 수 있다. 계절적으로 차이는 있지만, 평균적인 열대수렴대의 위치는 남 · 북반구의 해양과 대륙 분포의 비대칭성으로 인해 약간 북반구 쪽으로 치우쳐서 나타난다. 동태평양 지역의 열대수렴대는 적도 지역의 해수면 온도가 증가하는 봄철에 적도에 가장 근접하고, 해수면 온도가 감소하는 가을철에는 적도로부터 가장 멀리 위치하게 된다. 즉 열대 수렴대의 이동에 따라서 열대 동태평양의 cross-equatorial flow의 세기는 뚜렷한 annual cycle을 보이게 되고, 이와 연관된 잠열의 변화 및 해양 혼합층의 변화는 해수면 온도의 계절 변화에 크게 영향을 미친다.

한편, 해수면 온도가 높은 지역일수록 대기의 대류 활동이 활발해지며, 하층에는 저기압이 형성되고, 대기의 상승운동에 대한 보상으로 해수면 온도가 낮은 지역은 침강이 나타나서, 고기압이 형성된다 (Figure 2.5). 즉, warm pool의 하층 저기압과 cold tongue의 하층 고기압에 의하여 유도된, 동서방향의 기압경도로 인해 동 · 서 자오면 순환인, 워커 순환(Walker Circulation, WC)이 나타나게 된다. 워커 순환은 무역풍을 강화시키는 역할을 한다.

엘니뇨를 과학적으로 발견한 사람은 길버트 워커(Gilbert Walker, 1868-1958)이며, 지구상에서 발생하는 대기 기압의 진동현상들을 기술하였다 (Walker, 1923) (Figure 2.6). 워커는 타히티(Tahiti)와 다윈(Darwin)에서의 해면 기압(Sea Level Pressure, SLP)의 변화가 역상관성(anti-correlated)을 보이는 시소 형태의 변동을 발견하였으며, 이러한 해면 기압의 두 지역간의 차이를 이용하여 Southern Oscillation Index(SOI)를 정의하였다. 평균적으로는 다윈의 해면 기압은 낮고 타히티의 해면 기압은 높다. SOI값이 양인 경우는 타히티와 다윈간의 기압경도가 강화되는 라니냐를 나타내며, SOI값이 음인 경우는 기압경도가 약화되는 엘니뇨를 나타낸다 (Figure 2.7).

한편 엘니뇨를 정의하는 ENSO 지수(index)는 NINO1+2, NINO3, NINO3.4, NINO4 등이 있으며, 해당되는 각 지역의 해수면 온도 아노말리(Sea Surface Temperature Anomaly, SSTa)를 공간 평균한 값으로 나타낸다 (Figure 2.8).

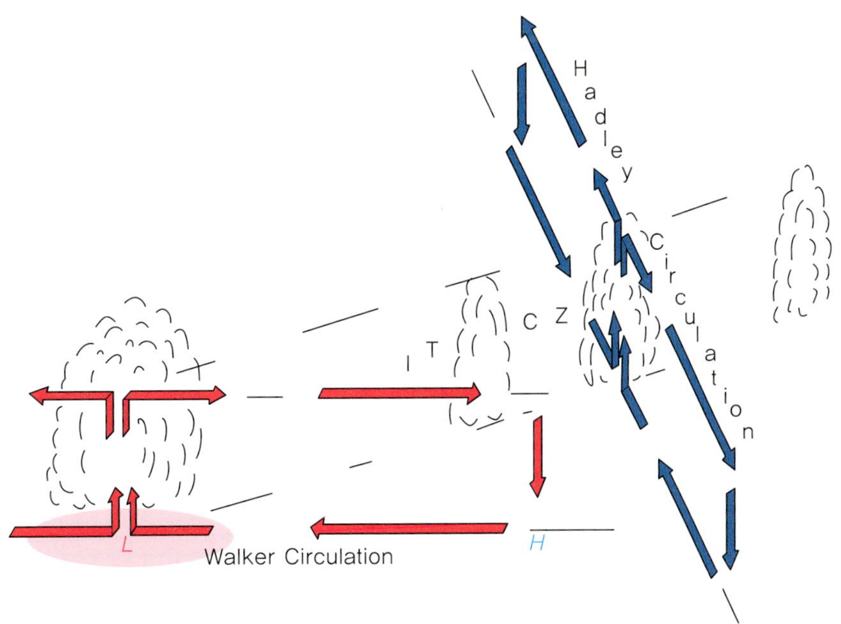

Figure 2.5 Schematic diagrams of the zonal Walker Circulation and meridional Hadley Circulation (Kousky et al. 1984).

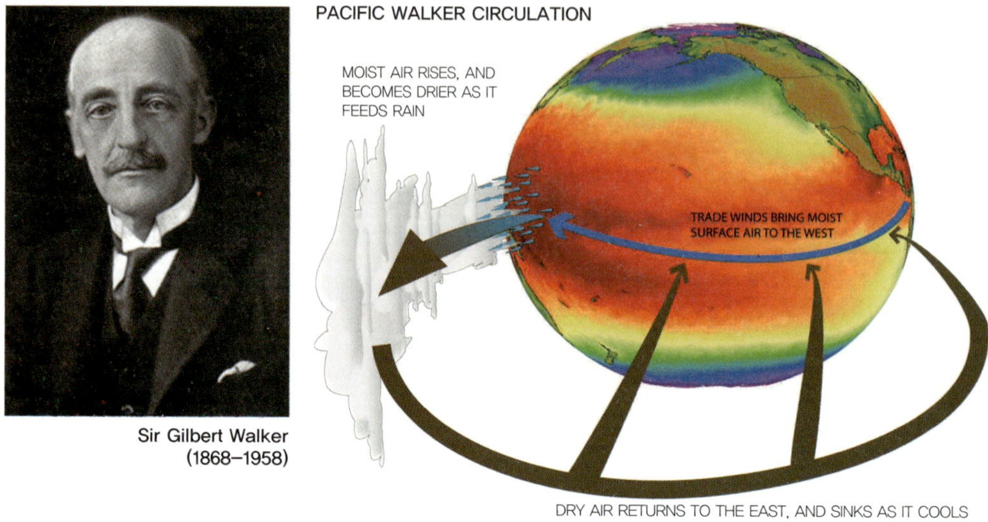

Figure 2.6 Picture of Walker (1868-1958) and Pacific Walker Circulation. Source Nature.

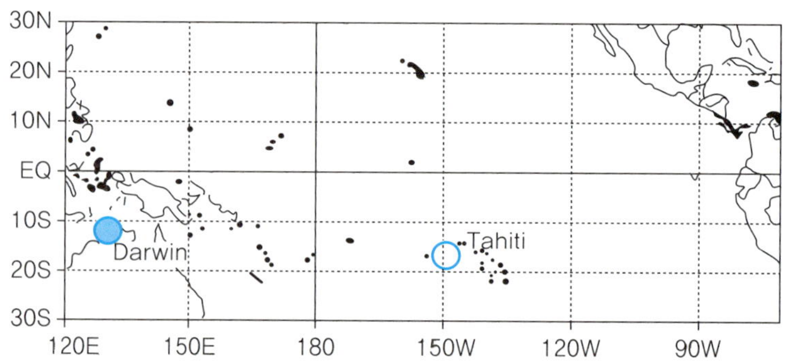

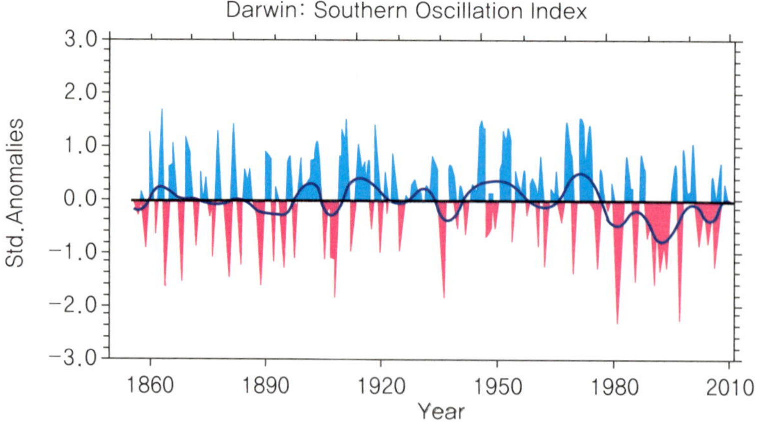

Figure 2.7 타히티(Tahiti)와 다윈(Darwin)의 지리적 위치와 Southern Oscillation Index(SOI).

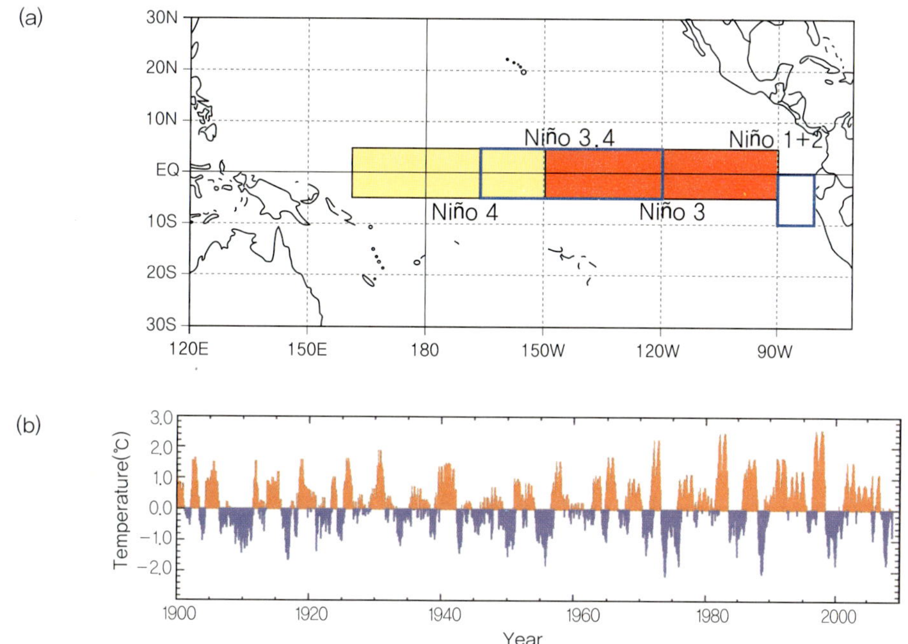

Figure 2.8 (a) Nino region description and (b) Monthly SST anomaly time series averaged over the NINO3.4 region (5°N-5°S, 170°-120°W) (Deser et al. 2010).

Figure 2.9는 Tropical Atmosphere Ocean(TAO)의 실제 관측 자료로부터 구한 엘니뇨 (1997년 12월)와 라니냐 (1998년 12월) 시기의 해수면 온도와 바람의 분포이다. 엘니뇨 시기에는 동태평양의 cold tongue이 거의 사라졌으며 (Figure 2.9a), 해수면 온도 아노말리가 4℃까지 크게 증가하였고, 그 중심은 아메리카 대륙 서안쪽에 위치해 있다 (Figure 2.9b). 라니냐 시기에는 cold tongue이 크게 발달하고 (Figure 2.9c), 해수면 온도 아노말리도 크게 음의 값을 보이며 (Figure 2.9d), 그 중심은 엘니뇨에 비하여 다소 서쪽으로 이동하였다.

워커가 대기의 관점에서 남방진동(Southern Oscillation)을 발견한 이후, 비야크네스 (Jacob Bjerknes, 1897-1975)는 대기와 해양이 서로 접합(coupling)되어 있음을 밝혔다. 이것은 훗날 엘니뇨의 발달 메커니즘을 설명하는 주요한 피드백으로 밝혀졌으며, 이를 비야크네스 피드백(Bjerknes feedback)이라 명명되었다. 비야크네스 피드백은 워커 순환의 강도와 warm pool과 cold tongue 간의 해수면 온도차이간에 존재하는 양의 피드백 관계를 의미한다. Warm pool에서 해수면 온도가 높아지면 더 강한 대류에 의해 저기압이 강화되고 상대적으로 낮은 해수면 온도 지역인 cold tongue에서는 하강 기류에 의해 고기압이 강화되어, 두 지역의 기압 경도가 증가된다. 이로 인해 무역풍이 더 강해지고, 강화된 무역풍은 해양의 용승을 더욱 증가시켜서 cold tongue이 더 차가워진다. 다시 정리하면, 동서간 해수면 온도의 차이가 커지면 대기압의 차이도 커지게 된다 (e.g., Lindzen-Nigam 모형). 이는 무역풍을 강하게 만들어 워커 순환을 강화시키는 양의 피드백으로 작용하게 된다 (Figure 2.10).

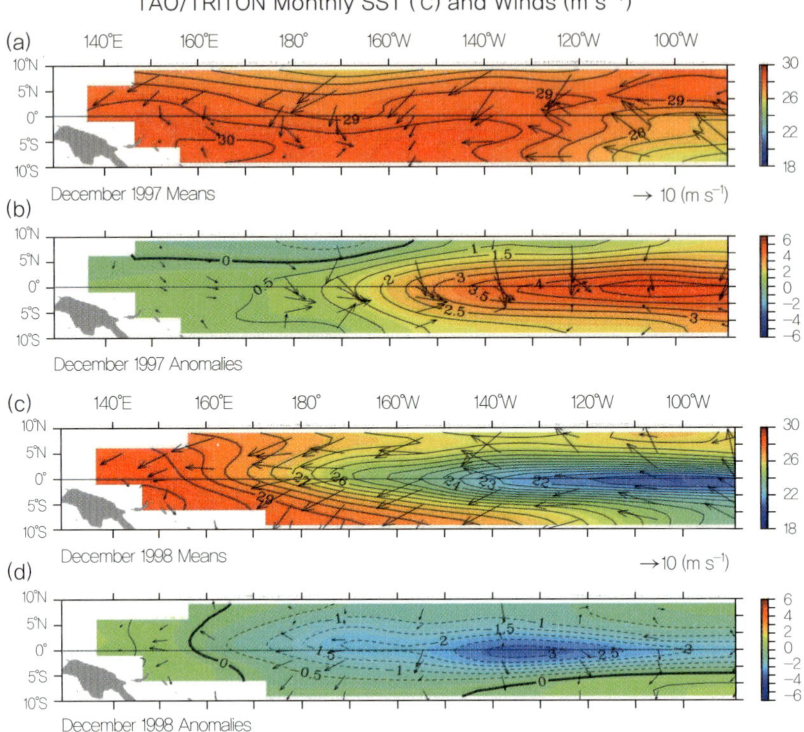

Figure 2.9 Spatial patterns of (a) SST(°C) and Winds(ms^{-1}) and (b) SST anomaly and wind anomaly at El Nino condition (Dec. 1997). Spatial patterns of (c) and (d) are the same as (a) and (b) except for La Nina condition (Dec. 1998) (http://www.pmel.noaa.gov/tao/).

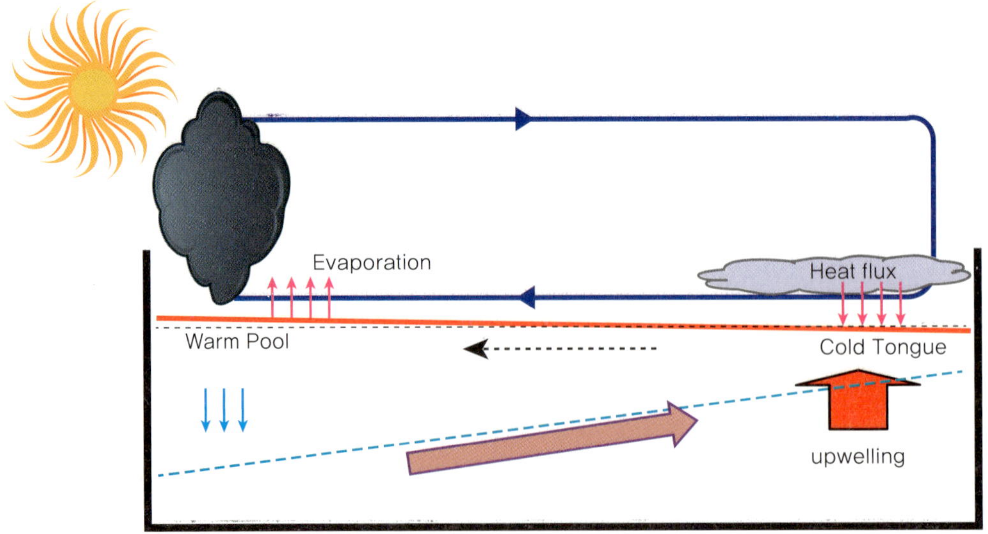

Figure 2.10 Schematic diagram of Bjerknes Feedback.

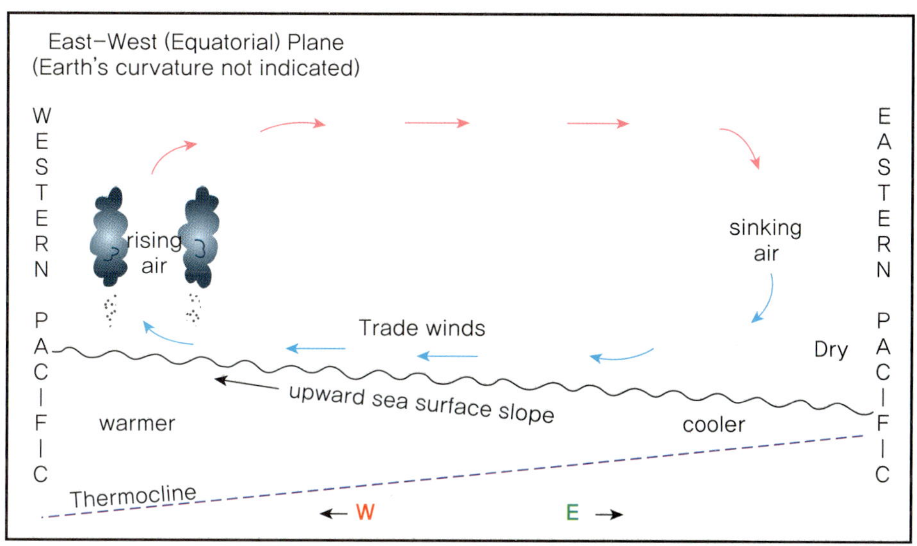

Figure 2.11 Schematic diagram of East-West (Equatorial) Plane (Wyrtki 1975, 1979).

Wytki (1975)는 비야크네스의 뒤를 이어 엘니뇨의 발생과 관련된 중요한 메커니즘을 발견하였다. 즉, 엘니뇨가 발생되기 전, 무역풍에 의해 warm pool에 따뜻한 물이 쌓이면서 많은 에너지가 축적되며, 이는 엘니뇨 발생의 에너지원 역할을 하게 된다. 이후 무역풍이 약해지면서, 수온약층 상부에 축적된 따뜻한 물이 켈빈 파 형태로 동쪽으로 이동하여, 열대 동태평양의 수온약층이 깊어지면, 해양 표층으로 유입되는 물의 온도가 상승하면서 cold tongue의 온도는 증가하게 된다 (Figure 2.11).

엘니뇨의 전형적인 특징을 알아보기 위하여, 강한 엘니뇨가 나타난 1997년 12월의 해양의 상태와 12월의 기후값을 비교해보자 (Figure 2.12). 먼저, 해수면 온도의 기후값 분포에서 서태평양의 warm pool과 동태평양의 cold tongue을 확인할 수 있다. Warm pool에서는 표층뿐만 아니라, 100m 이상의 깊이까지 따뜻한 물이 가득 차 있는 반면 cold tongue에서는 표층 약 30m 이하부터 연직으로 급격하게 온도가 감소한다. 이러한 수온약층은 서태평양에서 깊고, 동태평양에서 얕아서, 동서방향으로 기울어진 구조를 보인다. 반면, 300m 이하의 깊이에서는 동서간의 온도 차이가 거의 없다. Warm pool의 해면 고도는 cold tongue 보다 높기 때문에 동쪽으로 향하는 기압경도력이 나타나는데, 표층에서는 무역풍에 의한 응력과 기압경도력이 서로 균형을 이루지만, 수심이 깊어 질수록 바람의 응력에 의해 전달된 운동량이 약해져서 무역풍과는 반대로 흐르는 적도 잠류가 발생하게 된다. 그러나 엘니뇨가 발생하게 되면, 무역풍이 매우 약해지면서 평균장의 균형이 깨지고 동서간의 온도 차이가 붕괴된다. 결국 서태평양뿐만 아니라 동태평양까지 전 해역에 걸쳐서 수면 밑에까지 따뜻한 물이 나타난다. 또한 수온약층의 동-서 방향의 기울기가 완만해지고 해양의 기압경도력도 약해져서 적도잠류도 거의 사라진다.

엘니뇨가 발생할 때, 해수면 온도의 증가 한계를 밝히는 것은 매우 중요한 문제이다. 예를 들면, Figure 2.12e에 나타난 바와 같이, cold tongue의 온도는 항상 warm pool의 온

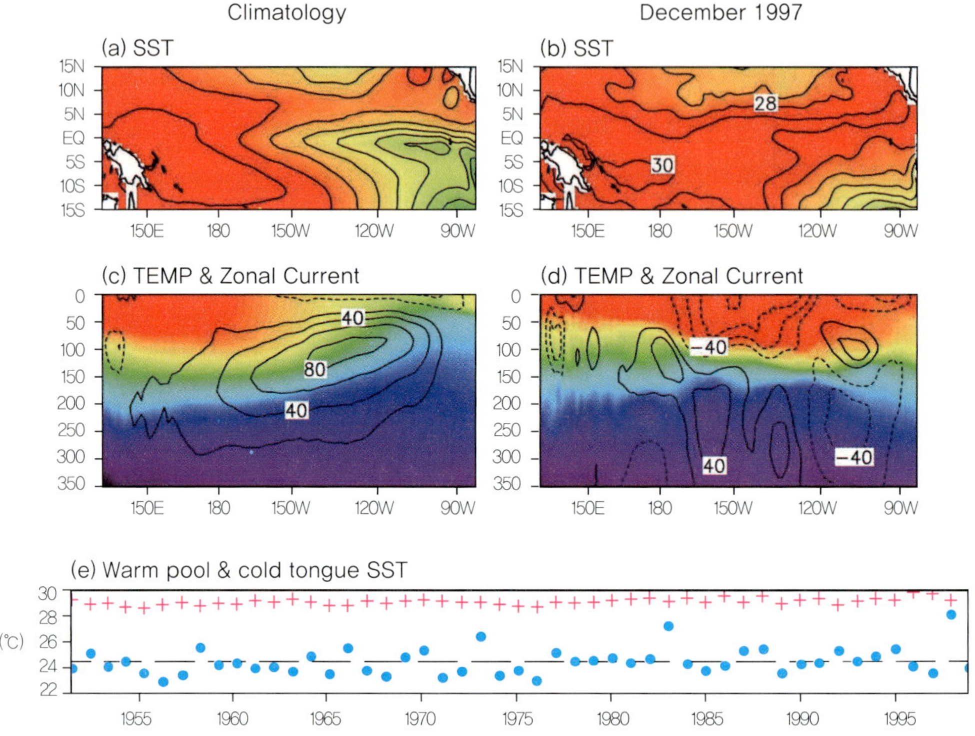

Figure 2.12 (a)-(d) Comparison mean ocean state with ocean state in December 1997, SST, temp, and Zonal current represent sea surface temperature, temperature, and zonal current, respectively. (e) Time series of warm pool SST (a red plus sign) and cold tongue SST (a blue closed circle) (Modified from Fig. 1 and 2 of An and Jin 2004).

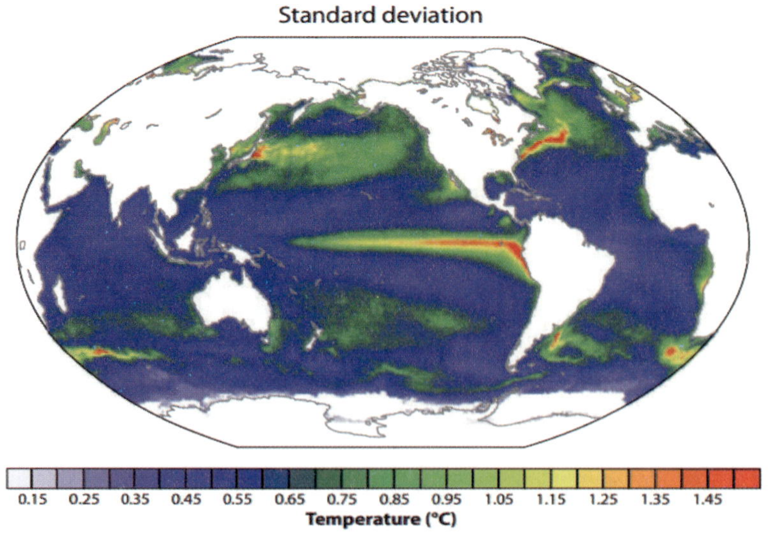

Figure 2.13 The standard deviation of monthly SST anomalies (deviations from the long-term monthly means) (Deser et al. 2010).

도 보다 낮다. 금세기 가장 강력했던 97/98 엘니뇨 때 조차도 cold tongue의 온도는 warm pool의 온도에 매우 근접했을 뿐 이보다 높지는 않았다. 이는 엘니뇨가 발생했을 때, cold tongue의 온도가 warm pool의 온도보다 높아지기 어렵다는 것을 의미하며, warm pool 온도가 엘니뇨의 한계 온도가 될 수 있음을 의미한다. 여기서 혼합층이 매우 깊은 warm pool의 온도는 역학적 열 이류의 영향 보다는 전적으로 열역학적 평형 과정인 radiative-convective equilibrium에 의하여 결정된다. 즉, 태양 복사에 의하여 해수면 온도가 증가하면, 해양으로부터의 증발이 증가하고 구름이 생겨 태양복사가 표면에 도달하는 것을 방해하는 알베도 효과와 구름에 의한 장파복사의 효과가 발생하는데, 이러한 과정의 반복 끝에 결국 평형 온도에 도달한다. 따라서 지구상에서 가장 높은 해수면 온도에 도달한다고 가정할 수 있으며, 결국 cold tongue의 온도는 warm pool보다 더 높게 올라갈 수는 없으며, 이를 maximum potential intensity라 부른다 (An and Jin 2004).

1982년부터 2008년 동안의 해수면 온도표준편차의 공간분포를 보면, 기후 변동성이 동태평양과 쿠로시오 해류와 그의 확장지역, 걸프 스트림과 그의 확장지역에서 크게 나타남을 알 수 있다 (Figure 2.13). 중위도 지역의 큰 변동성은 서안경계류의 영향 때문에 나타나고, 열대 동태평양 지역의 변동성은 엘니뇨와 관련이 있다.

2.2 Equatorial atmosphere-ocean dynamics

엘니뇨를 이해하기 위해서 아르고(ARGO, Array for Real-time Geostrophic Oceano graphy) 또는 부표(buoy) 자료 등 관측자료를 분석하여 실제로 발생한 엘니뇨의 특성을 알아보는 방법과 대기-해양의 변동에 관한 지배방정식에 기반한 수치 모델을 통해서 엘니뇨 역학을 이해하는 방법이 있다. 특히, 엘니뇨의 주요 특성만을 고려하여 만든 대기-해양 접합 모델을 이용하여 엘니뇨를 이해하는 방법이 1980년대 초반부터 현재까지 이용되고 있다. 그 중 대표적인 모델로는 Cane과 Zebiak의 중간단계 대기-해양 접합모형(intermediate ocean-atmosphere model; 1987)이 있으며, 이 모델은 수온약층을 모의하는 reduced-gravity type의 해양 모델과 대류가열에 의한 적도 대기의 순환을 모의하는 Gill-type 형태의 대기 모델 (1980)을 접합하여 설계되었다 (Figure 2.14).

Figure 2.14는 처음으로 엘니뇨 예측에 성공한 Cane-Zebiak 모델의 해양-대기 접합 시스템의 모식도를 나타낸다. 먼저, 1절에서 살펴본 엘니뇨 특성을 토대로 몇 가지 가설을 세울 수 있다. 대기는 해양과 비교하였을 때, 빠른 적응시간을 갖는 기후 성분이다. 그러므로 대기와 해양의 접합된 경우 대기의 변화의 시간 규모는 해양의 변화에 지배를 받게 된다. 이러한 이유로 대기는 해양의 변화에 대하여 정상상태로 가정할 수 있으며, 이 경우 대기의 운동은 진단적으로 풀 수 있게 된다. 또한 적도 지역의 대기 순환은 상하층 풍향이 서로 반대인 2층 경압구조가 매우 뚜렷하기 때문에, 첫번째 경압모드로 표현될 수 있다. 평년의 상태와 엘니뇨 시기의 해양에서는 Figure 2.12에 보인 바와 같이 수온약층 기울기가 달라진다. 수온약층의 변화는 혼합층으로 유입되는 물의 온도와 관련되어, 해수면 온도를 결

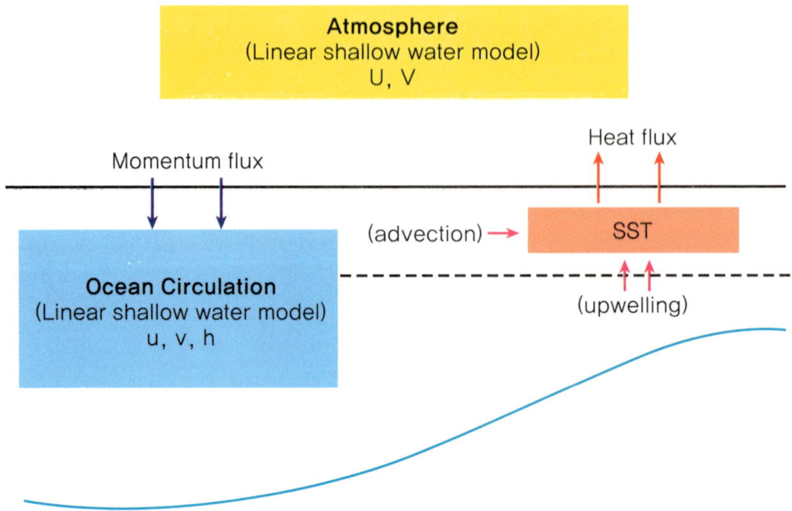

Figure 2.14 Cane-Zebiak model의 해양-대기 접합 시스템 모식도 (from S.-I. An).

정하는 주요한 요인이 된다. 간단한 모형에서는 수온약층의 변화와 이에 따른 용승류의 온도 변화를 모수화한다. 수온약층의 변동은 shallow water system을 이용하여 모의한다.

균질, 비압축성, 정역학의 가정하에서 shallow water equation은 식 (2.1)과 식 (2.2) 같이 나타낼 수 있다.

$$\frac{d\underset{\sim}{u}}{dt} + f\underset{\sim}{k} \times \underset{\sim}{u} = -g\nabla h + \underset{\sim}{F} \tag{2.1}$$

$$\frac{dh}{dt} = -\nabla \cdot (h\underset{\sim}{u}) \tag{2.2}$$

이 방정식을 선형화($h = h' + H(h' << H)$, $u = \overline{u} + u'$)를 통해서

$$\frac{du}{dt} - fv = -gh_x + F_x, \quad \frac{dv}{dt} + fu = -gh_y + F_y \tag{2.3}$$

$$\frac{dh}{dt} = -H\nabla \cdot \underset{\sim}{u} \tag{2.4}$$

식 (2.3)과 식 (2.4)를 얻는다.

Figure 2.15는 상 · 하층의 밀도변화가 있는 Two-layer Model의 모식도이며, 해양의 운동은 해양 표층에 주어진 바람의 응력에 의하여 유도된다. 수온약층을 중심으로 밀도가 다른 두 개의 층 (ρ_1, ρ_2)으로 나누어지게 되며, 이를 경계로 밀도의 변화가 크게 나타난다. u_1, u_2은 각 층의 해류, H_1, H_2는 각 층의 등가수심, 그리고 h_1, h_2은 층의 두께을 나타낸다. 또한 τ_s는 지표면에서의 바람 응력를 나타내며, τ_I는 수온약층 아래로 전달되는 운동량을 나타낸다. 식 (2.3)과 식 (2.4)를 이 모델에 적용시키면, 식 (2.5) ~ (2.8)을 얻을 수 있다.

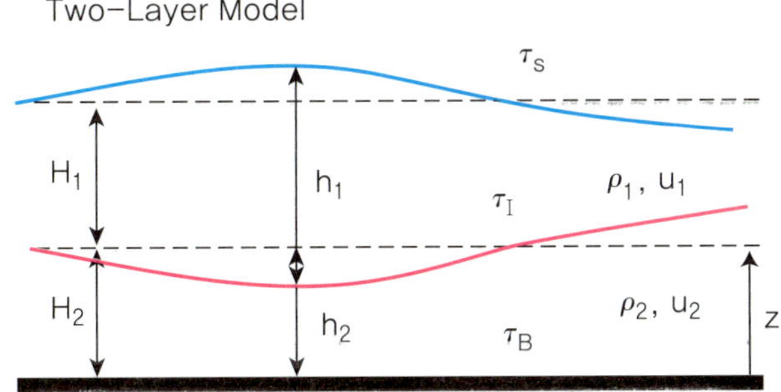

Figure 2.15 Two-Layer Model 모식도(해양).

$$\frac{\partial \underset{\sim}{u}_1}{\partial t} + f\underset{\sim}{k} \times \underset{\sim}{u}_1 + \frac{1}{\rho_1}\nabla P_1 = [\tau_s - \tau_I]/H_1 \tag{2.5}$$

$$\frac{\partial h_1}{\partial t} + H_1 \nabla \underset{\sim}{u}_1 = 0 \tag{2.6}$$

$$\frac{\partial \underset{\sim}{u}_2}{\partial t} + f\underset{\sim}{k} \times \underset{\sim}{u}_2 + \frac{1}{\rho_2}\nabla P_2 = [\tau_I - \tau_B]/H_2 \tag{2.7}$$

$$\frac{\partial h_2}{\partial t} + H_2 \nabla \underset{\sim}{u}_2 = 0 \tag{2.8}$$

정역학 방정식을 통해, z_1, z_2에서의 압력경도를 구할 수 있다.

$$p_1(z_1) = \rho_1 g(h_1 + h_2 - z_1)$$

$$p_2(z_2) = \rho_1 g h_1 + \rho_2 g(h_2 - z_2)$$

$$\frac{1}{\rho_1}\nabla p_1 = g\nabla(h_1 + h_2) \tag{2.9}$$

$$\frac{1}{\rho_1}\nabla p_2 = g\nabla(h_1 + h_2) - g\delta\nabla h_1, \quad \delta = \frac{\rho_2 - \rho_1}{\rho_2} << 1 \tag{2.10}$$

만약 H_2가 무한한 깊이를 갖고 있다고 가정한다면 (또는 $H_2 >> H_1$), $u_2 = 0$, $\nabla P_2 = 0$가 된다. 또한 식 (2.9) ~ (2.10)으로부터 $\nabla(h_1 + h_2) = \delta\nabla h_1$로 표현 할 수 있다. 여기서 $g\delta$는 두 층의 밀도 차에 비례하는 reduced gravity를 나타낸다.

최종적으로 식 (2.5) ~ (2.8)을 다시 정리하면 식 (2.11)과 식 (2.12)를 얻을 수 있다.

$$\frac{\partial \underset{\sim}{u}_1}{\partial t} + f\underset{\sim}{k} \times \underset{\sim}{u}_1 + g'\nabla h_1 = [\tau_s - \tau_I]/H_1 \tag{2.11}$$

$$\frac{\partial h_1}{\partial t} + H_1 \nabla \cdot \underset{\sim}{u}_1 = 0 \tag{2.12}$$

1절에서 보았듯이 평상시 수심에 따른 수온의 변화를 살펴보면, 수심 300m부터 동서 간의 수온 차가 거의 나타나지 않는다. 따라서 수온약층 아래로 운동량이 거의 전달되지 않는다고 가정할 수 있다. 따라서, $\tau_I = 0$이며, 이 시스템 내의 모든 운동은 상층에서의 운동으로 표현된다. $g'(=\delta g = \frac{\rho_2 - \rho_1}{\rho_2})$은 reduced gravity로 해양에서의 안정도와 관련 있다. 안정도는 운동량이 전달되었을 때, 반응이 얼마나 나타날 것인가, 또는 깊이에 따라서 해양이 어떤 반응을 보일 것인가에 대한 상대적인 비율을 정해주는 역할을 하며, 아울러 켈빈 파와 로스비 파의 전형적인 파속을 정해주는 역할을 한다. 따라서 해양의 안정도가 바뀌면 켈빈 파와 로스비 파의 속도도 달라진다.

적도의 시스템을 이해하기 위해서는 적도 파동 역학을 이해해야 한다. 즉, 열대 지역은 지구회전효과가 상대적으로 약하기 때문에, 운동 방정식에 β-plane 근사(β-plane approximation, 식 (2.13))를 적용하여 shallow water equation을 다시 식 (2.14)~(2.16)으로 정리할 수 있다.

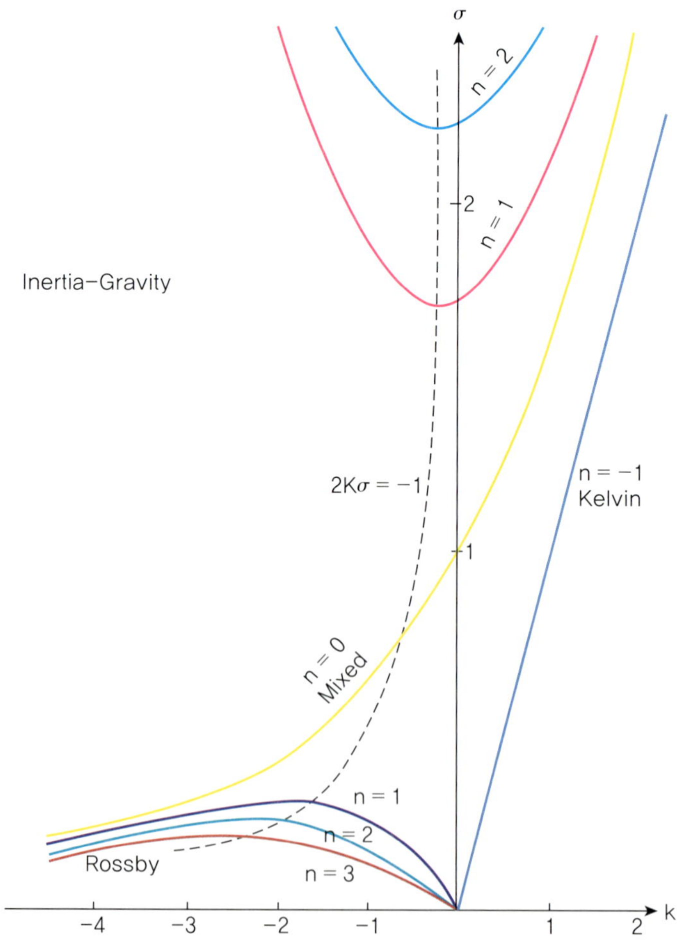

Figure 2.16 Dispersion relationship of equatorial wave (Cane and Sarachick 1976).

$$f = f_0 + \frac{\partial f}{\partial y}\Delta y + \frac{1}{2}\frac{\partial^2 f}{\partial y^2}(\Delta y)^2 + \cdots \cong f_0 + \beta y,$$

$$f_0 = 2\Omega\sin\theta_0, \quad \beta = \frac{2\Omega}{a}\cos\theta_0 \tag{2.13}$$

$$u_t - \beta y v + P_x = 0 \tag{2.14}$$

$$v_t + \beta y u + P_y = 0 \tag{2.15}$$

$$P_t + gH(u_x + v_y) = 0 \tag{2.16}$$

위 shallow water equation을 이용하여 dispersion relationship을 구할 수 있다. 모든 웨이브 특성은 주기($1/\sigma$, σ: frequency)와 파장($1/k$, k: zonal wavenumber)의 관계로 표현할 수 있으며, 이러한 관계를 dispersion relationship이라 한다. 엘니뇨는 시간과 공간 규모가 모두 큰 현상이기 때문에, 주기가 길고 규모가 큰 파동이 중요하다. 예를 들면, 관성중력파는 공간적으로 큰 규모일 수 있지만, 변동 주기가 짧기 때문에 빠르게 움직이면서 빠르게 댐핑(damping)하기 때문에 중요하지 않다. 따라서, 엘니뇨와 관련된 파동을 구하기 위하여, 식 (2.17)로부터 low frequency ($\sigma << 1$) and long wave ($k << 1$)를 가정하고, 로스비 파 (식 (2.18))와 켈빈 파 (식 (2.19))의 dispersion relationship을 구할 수 있으며, 이 두 파를 이용하여 엘니뇨 역학을 설명할 수 있다.

$$\sigma^2 - k^2 - k/\sigma = 2n + 1, \quad n = -1, 0, 1, 2, 3, \cdots \tag{2.17}$$

$$\sigma = -k/2n + 1 \tag{2.18}$$

$$\sigma = k, \quad n = -1 \tag{2.19}$$

Figure 2.16은 적도 파의 dispersion relationship를 나타낸 것이다. x축은 zonal wave number(k)를 나타내며, $k > 0$일 때, 동쪽으로, $k < 0$일 때, 서쪽으로 전파하는 파동을 나타내며, k가 작을수록 장파(long wave)를 나타낸다. y축은 frequency(σ)를 나타내며, σ가 작을수록 장주기(low frequency)를 나타내며, σ가 클수록 단주기(high frequency)를 나타낸다. 이 그림에 나타난 가장 큰 특징은 다른 파동들은 포물선의 형태인 반면, 켈빈 파($n = -1$)만 직선형태로 존재한다는 것이다. 켈빈 파는 동쪽으로만 진행하는 특징을 보이며, k와 σ가 비례하는 non-dispersive한 특징을 보인다. 로스비 파는 절대 와도 보존에 의해 서쪽으로만 진행하는 특징을 보이며, 전체적으로 dispersive한 특징을 보이나, 장파인 경우는 non-dispersive한 특징을 보이기도 한다. 또한 남-북 방향의 파동 구조(meridional mode, n)에 따라 남-북반구에 대하여 대칭(symmetric; $n = 1, 3, 5, 7, \cdots$), 또는 비대칭(antisymmetric; $n = 2, 4, 6, 8, \cdots$) 구조를 나타낸다. $n = 1$의 로스비 파는 그 전파속도가 켈빈 파보다 3배정도 느리다.

Figure 2.17에 보인 바와 같이, 켈빈 파의 저기압(Low, L) 중심에서는 동풍이 나타나고, 고기압(High, H)의 중심에서는 서풍이 나타나며, H와 L사이에서는 발산(divergence, DIV)과 수렴(convergence, CON)이 존재한다. 이러한 구조는 켈빈 파를 항상 동쪽으로 이동하게 한다. 켈빈 파와 달리 대칭 구조 ($n = 1$)의 로스비 파에서는 고기압에서 동풍이

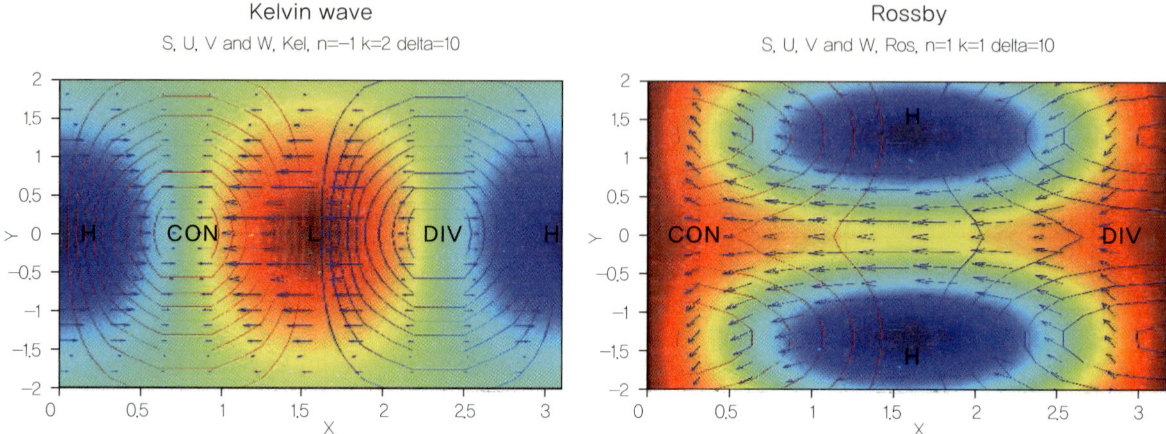

Figure 2.17 Structure of equatorial Kelvin wave and equatorial Rossby wave (from COMET).

강하고 저기압에서 서풍이 강하며, 로스비 파가 서쪽으로 이동하는 구조를 가지고 있다.

해양에서 켈빈 파는 동쪽으로, 로스비 파는 서쪽으로 이동한다. 만약, 서쪽으로 이동하던 로스비 파가 서쪽 경계에 부딪혔다고 가정해보자. 파동이 경계에 접근할수록, 동서 방향의 규모는 점점 줄어들게 되는데, 마찰이 없는 경우 이 파동의 에너지는 보존되어야 하기 때문에, 결국 남북 방향의 규모는 점점 커져야 한다. 따라서, 작은 동서 방향의 규모 ($k >> 1$)에 대한 이해가 필요하며, 방정식 (2.17) dispersion relationship으로부터, $\sigma = -k^{-1}$의 관계를 얻을 수 있다. 역시, 마찰 등에 의해 에너지를 잃지 않는다는 가정하에, 서쪽 경계에서 파동이 반사될 때는 주기와 에너지 플럭스(energy flux)는 보존되어야 한다. 예를 들어, 로스비 파(●)가 서쪽 경계에 반사되었다면 같은 주기를 가지는 켈빈 파(Ⓚ)와 상대적으로 작은 규모의 스케일을 가진 로스비 파(Ⓡ)로 반사될 것이다. 또한 켈빈 파(Ⓚ)가 동쪽 경계에 부딪히면, 같은 주기를 가지지만 파장이 다른 2개의 로스비 파(●, Ⓡ)로 반사될 것이다(Figure 2.18).

Figure 2.19에 나타난 바와 같이 로스비 파가 서쪽 경계에서 반사되면 일부는 켈빈 파가 되고 다른 일부는 단파장 로스비 파가 된다. 단파장 로스비 파는 규모가 작기 때문에 빠르게 댐핑(damping) 하지만 반사된 켈빈 파는 비교적 오랫동안 살아남게 된다. 켈빈 파가 동쪽 경계에 부딪치면 해안을 따라서 양극으로 질량수송을 하게 되며, 이러한 coastal 켈빈

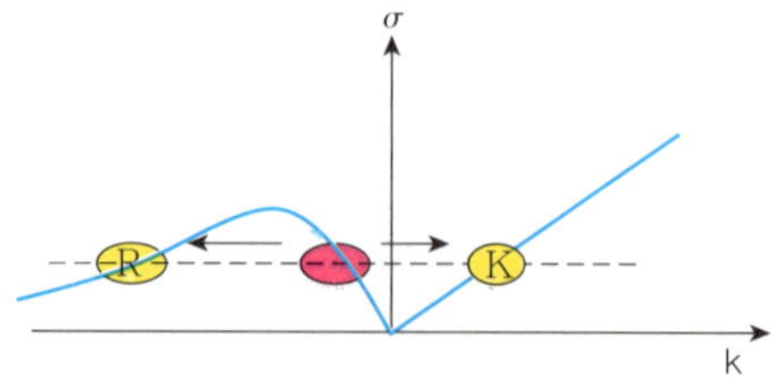

Figure 2.18 Conserved quantities on the reflection.

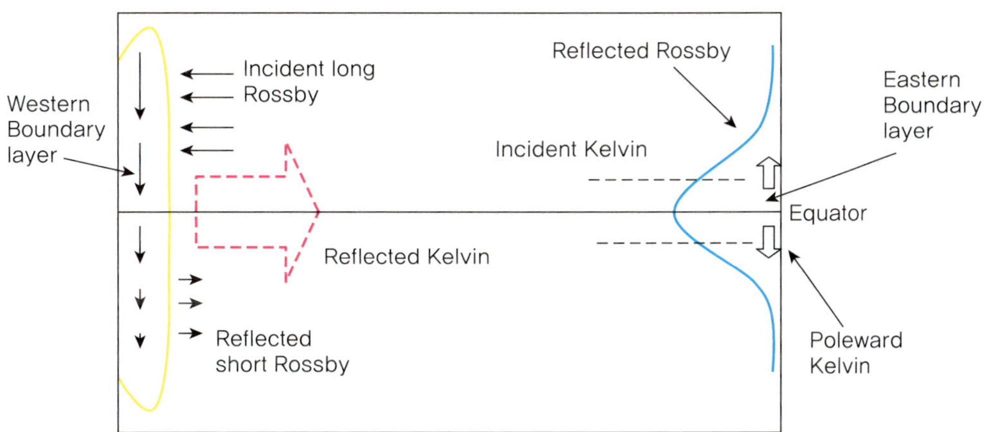

Figure 2.19 Boundary reflection of equatorial Kelvin wave and equatorial Rossby wave의 모식도.

파는 상대적으로 빠르게 극 쪽으로 이동한다. 또한 coastal 켈빈 파는 로스비 파로 반사되면서, Figure 2.19에 보인 바와 같은 파면의 형태를 이루는데 이는 로스비 파가 기본적으로 dispersive하고, 적도에 근접한 로스비 파일수록 빠르게 전파되는 특성 때문이다 (Figure 2.16 참조). 동쪽 경계에서 켈빈 파의 반사율은 파수가 증가할수록 감소하기 때문에, $n = 1$의 로스비 파가 가장 큰 진폭으로 반사되고, 이는 적도에 가장 근접한 모드에 해당한다. $n = 2, 3, \cdots$의 값이 증가할수록 해당 로스비 파는 그 중심이 보다 극 쪽으로 위치하며, 또한 전파 속도도 느리다.

앞에서는 해양의 모형과 적도 지역의 주요 파동에 관하여 알아보았다. 여기서는 대기 모델에 대해 살펴보자. Figure 2.20은 Gill 모델 (1980)에서 적도에 대칭적인 대기 heating이 주어졌을 때 나타나는 대기의 반응을 나타낸다. Heating이 주어진 지역에서는 이를 상쇄하기 위한 adiabatic cooling을 만드는 상승운동이 나타나며, 하층 수렴의 중심은 heating 지역에서 약간 동쪽에 나타난다. 또한 상승 운동을 상쇄하기 위하여, 이로부터 멀리 떨어진 지역에 하강운동이 발생한다 (Figure 2.20a). 아울러 수렴의 중심을 기준으로 서쪽에서는 off-equatorial지역에 적도를 중심으로 남-북 대칭 구조의 로스비 파가 유도되고, 동쪽에서는 적도를 따라 켈빈 파가 길게 나타난다. 켈빈 파가 로스비 파에 비해 속도가 3배 정도 빠르기 때문에 주어진 forcing에 적응할 때도 켈빈 파가 더 멀리 전파 될 수 있다 (Figure 2.20b). 남북방향으로 적분된 흐름의 연직적 구조를 살펴보면, 하층 수렴과 상층 발산의 경압의 상하층 구조가 나타나며, 워커 셀(cell)이 서쪽 (인도양)으로는 짧고 동쪽 (태평양)으로는 길게 나타난다. 이는 인도양의 워커 순환은 로스비 파와 관련이 있는 반면 태평양의 워커 순환은 켈빈 파와 관련이 있음을 의미한다 (Figure 2.20c).

Figure 2.21은 Figure 2.20의 동서방향으로 적분된 구조를 나타낸다. 하층에는 동풍, 상층에는 서풍이 나타나는 경압 구조를 보이며 (Figure 2.21a), 남북으로 두 개의 해들리 순환이 나타난다 (Figure 2.21b). 또한 저기압의 섭동 압력이 상당히 넓게 위치한다 (Figure 2.21c).

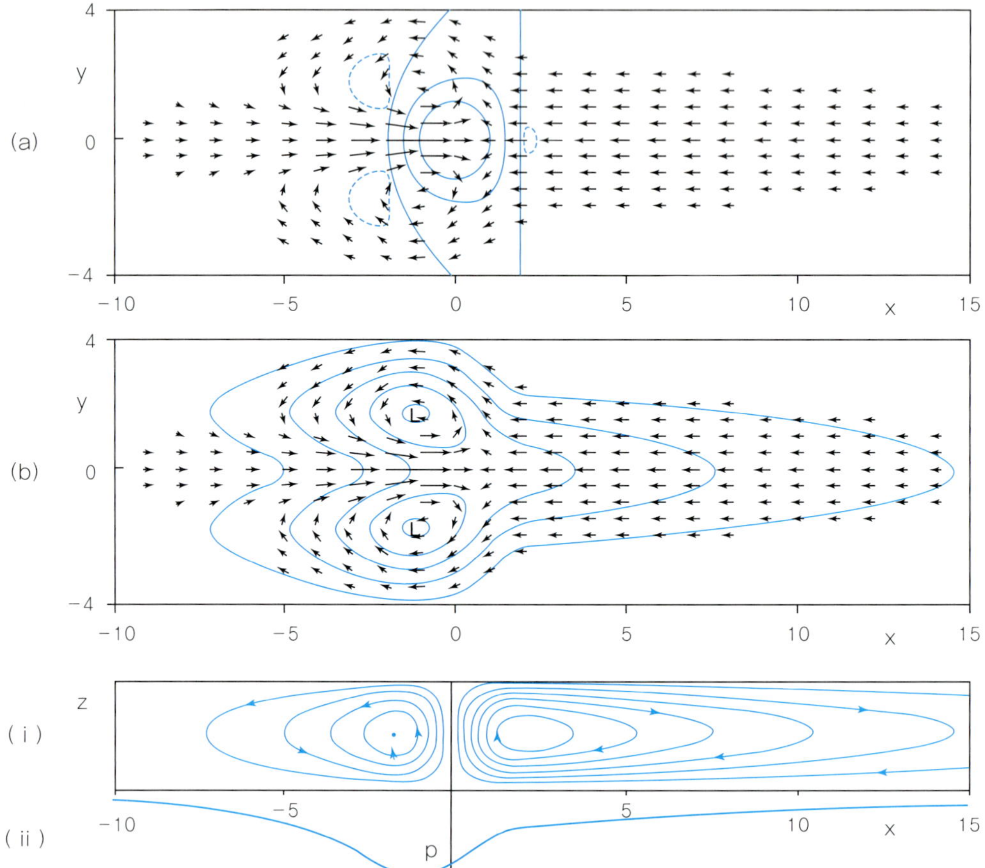

Figure 2.20 Solution for heating symmetric about the equator in the region $|x| < 2$ for decay factor $\varepsilon = 0.1$. (a) Contours of vertical velocity w (solid contours are 0, 0.3, 0.6, broken contour is -0.1) superimposed on the velocity field for the lower layer. The field is dominated by the upward motion in the heating region where it has approximately the same shape as the heating function. Elsewhere there is subsidence with the same pattern as the pressure field. (b) Contours of perturbation pressure p (contour interval 0.3) which is everywhere negative. There is a trough at the equator in the easterly regime to the east of the forcing region. On the other hand, the pressure in the westerlies to the west of the forcing region, though depressed, is high relative to its value off the equator. Two cyclones are found on the north-west and south-west flanks of the forcing region. (c) The meridionally integrated flow showing (i) stream function contours and (ii) perturbation pressure. Note the rising motion in the heating region (where there is a trough) and subsidence elsewhere. The circulation in the right-hand (Walker) cell is five times that in each of the Hadley cells shown in (c) (Gill 1980).

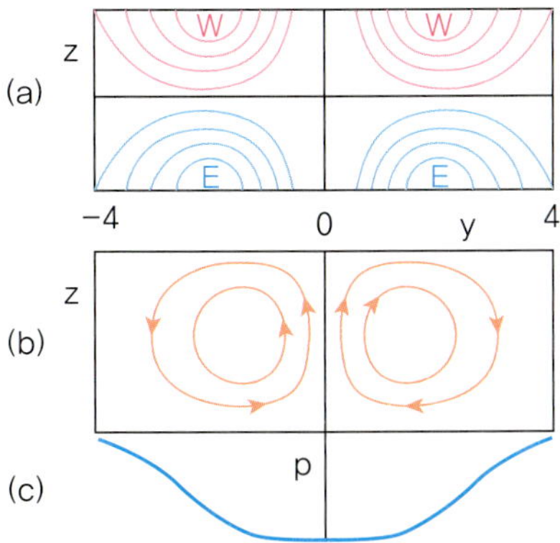

Figure 2.21 The zonally integrated solution show (a) contours of zonal velocity (E marks the core of the easterly flow and W of the westerly flow aloft), (b) stream function contours, and (c) perturbation pressure (Gill 1980).

앞서 언급한 바와 같이 열대 대기의 순환 구조는 강한 대류운동이 유도한 경압 구조가 뚜렷하다. 이러한 경압 구조의 대기 순환은 2층의 모형으로 쉽게 표현될 수 있다. Figure 2.22는 대기 중층에 forcing (Q_2)이 작용하는 대기의 Two-layer Model의 모식도이다. 각 레벨마다 역학 또는 열역학 방정식을 유도할 수 있으며, 특히 중층 대기에서 발현되는 대기 heating의 모수화가 매우 중요하다. 대기 heating을 모수화하기 위하여, 먼저 클라우시우스-크리페리온 방정식(Clausius Clapeyron equation)을 이용하여 온도 변화에 대한 포화수증기압의 반응을 살펴 볼 수 있다. 해수면 온도가 증가하면 증가된 만큼 포화수증기압이 증가하기 때문에, 대기는 보다 많은 수증기를 포함할 수 있게 되고, 이는 결국 해수면으로부터의 증발을 증가시킨다. 또한 증발된 수증기는 상승운동에 의하여 대기 상부로 이동하면서 응결하여, 잠열을 방출하여 대기 순환을 유도한다. 평균 온도와 포화수증기압의 관계는 지수 함수로 표현되기 때문에, 평균 온도가 낮은 상태에서의 온도 변화에 따른 포화수증기압과 평균 온도가 높은 상태에서의 온도 변화에 따른 포화수증기압의 변화는 확연

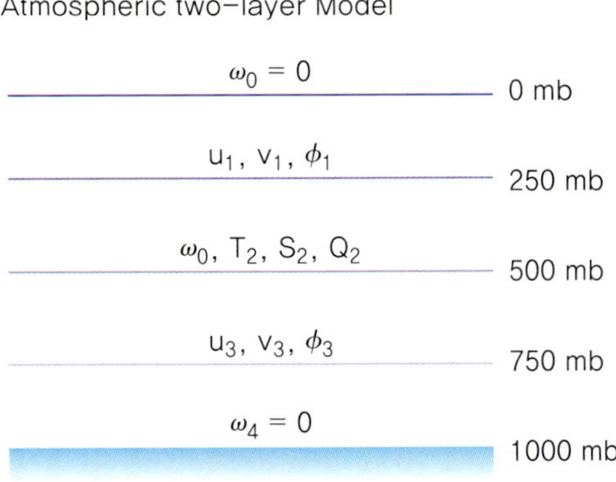

Figure 2.22 Two-Layer Model 모식도 (대기).

히 다르다. 또한 잠열은 대기 중층에서 주로 방출되며, 잠열이 방출되는데 소요되는 시간은 대류성 구름의 life time인 7시간 정도라 할 수 있다. 따라서 이러한 조건을 이용하여 계산하면, 해수면 온도의 변화에 대해서 heating이 얼마만큼 나타나는지를 모수화 할 수 있다. 해양 표층의 공기가 가열되면, 밀도가 낮아지면서 공기괴의 상승운동, 즉 대류가 발생하게 된다. 대류가 발생하면, 하층은 상대적으로 저기압이 되어, 주변 지역의 습기를 품은 공기가 대류 중심 방향으로 수렴하게 된다. 이 습기는 다시 상층으로 운반되어 더욱더 강한 잠열의 방출을 유도한다. 이를 low level moisture convergence feedback이라고 한다. 즉, 최초의 변화가 대류를 일으키게 되고, 이는 대류 주위의 하층의 수렴을 유도하여 주위에 있는 습기를 끌어와서 더욱 순환을 강화시키는 과정을 의미한다. 결국 총 대기 heating은 해양의 표층에서 증발한 잠열 플럭스와 주변 공기로부터 유입된 low level moisture convergence의 합이 된다.

모델에서 SST tendency방정식은 열역학 방정식에 포함되며, 이류 항 (zonal advection, meridional advection, vertical advection)과, 모든 열역학적 heat flux를 나타내는 선형 댐핑항으로 구성된다. 해양 표층의 온도가 올라가면, 상승온도에 해당하는 만큼의 장파에너지를 방출하게 된다. 이를 스테판-볼츠만 피드백(Stefan-Boltzmann Feedback)이라고 한다. 즉, 지표는 σT^4 만큼의 장파를 방출하며 대류가 발생하게 되면, 응결로 인해 구름이 나타나고 태양복사량이 줄어들며, 반대로 구름으로 인한 장파복사는 증가한다. 이러한 일련의 열역학적 피드백은 경험적으로, 해수면 온도와 선형관계식으로 표현이 가능하다.

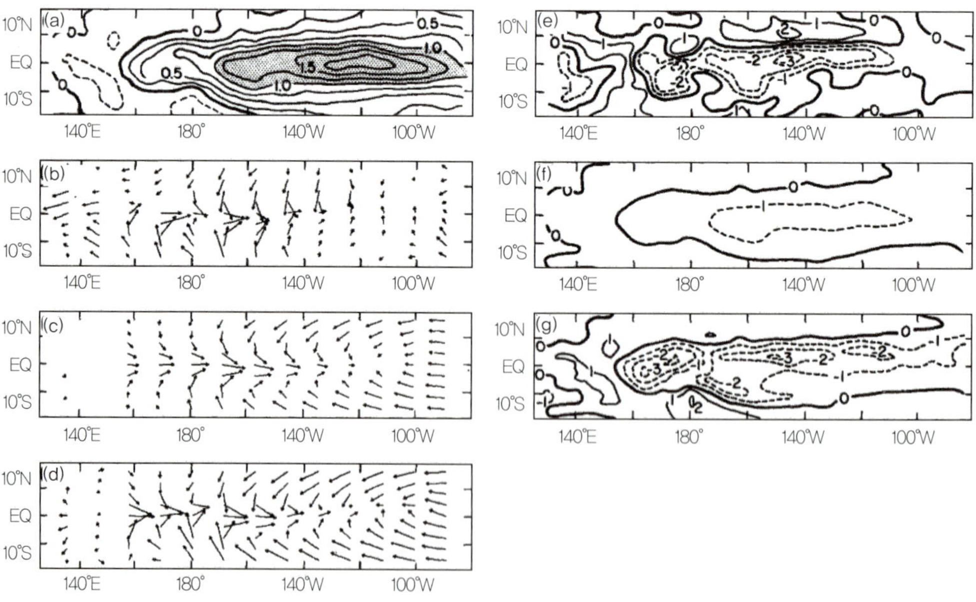

Figure 2.23 (a) Composite SST anomalies for Dec (0). (b) Composite wind anomalies. (c) Model 1 (no feedback) wind anomalies, and (d) model 2 (feedback) wind anomalies for Dec (0). (e) Composite divergence anomalies. (f) Model 1 divergence anomalies and (g) Model 2 divergence anomalies for the same time (Zebiak 1986).

즉 온도가 많이 올라가면 많이 cooling이 되고, 적게 올라가면 적게 cooling이 된다. 한편, 용승에 의한 cooling효과를 경험적으로 표현할 수 있다. 즉, 수온약층이 깊어지면 상대적으로 따뜻한 온도의 물이 용승되어 해수면 온도에 대한 cooling효과가 줄어들고, 수온약층이 얕아지면 상대적으로 낮은 온도의 물이 용승되어 해수면 온도에 대한 cooling효과는 증가한다. 이러한 관계는 관측자료를 통해 경험적으로 구할 수 있다.

Zebiak (1986)은 대기 하층에서 발생하는 convergence feedback효과를 보기 위한 실험을 수행하였다 (Figure.2.23). Model 1에서는 피드백 효과 없이 모형 적분을 하였고, Model 2 실험에서는 피드백을 포함하여 모형 적분을 수행하였다. Model 1과 Model 2에서 공통적으로 동태평양에 동풍이 과대 모의되었으며, Model 1에서는 서태평양에서의 동풍이 모의되지 않았다. 또한 Model 1에서는 단순한 형태의 수분수렴을 보이고 있고, Model 2가 관측과 유사한 형태를 보였다. 즉, 전체 heating에 있어서, 증발에 의한 지역적인 효과와 순환에 의한 수렴 효과가 모두 포함되어야 보다 정확한 대기의 바람장을 얻을 수 있다.

2.3 El Niño dynamics

엘니뇨 역학에서 양의 피드백 (예, 비야크네스 피드백)만 존재한다면, 엘니뇨는 무한정 증가하게 될 것이다. 하지만 실제 엘니뇨는 계속 증가하지 않으며, 이는 양의 피드백을 저지하는 음의 피드백이 존재함을 의미한다. 그러나 음의 피드백이 존재해도 양의 피드백과 동시에 일어난다면 단지 엘니뇨의 증가를 줄여주는 역할만 할 뿐 진동을 설명할 수 없기 때문에 시간 차이를 두고 일어나는 음의 피드백인 delayed negative feedback이 요구되었다 (Figure 2.24).

Delayed oscillatory이론이 등장하기 전에 많은 학자들이 equatorial coupled mode를 이용하여 oscillatory의 원리를 설명하고자 하였다. 그 중 Hirst (1986)는 Cane-Zebiak 모델과 같이 shallow water system의 대기와 해양을 접합시킨 모델을 제시하고, 이 모형에 존재하는 eigen solution을 구하였다. 특히, 해수면 온도의 변화를 유도하는 역학과정에 따라서 각기 다른 형태의 모드가 유도될 수 있음을 보였다. Model 1 (local thermal equilibrium)에서는 SST의 변화를 단순히 수온약층 깊이의 변화에 비례한다고 가정하였다. 이 때, 대기와 해양의 접합 계수(coupling coefficient, $K_Q K_s$)를 증가시킬수록 켈빈 파가 활성화되며 frequency가 조금씩 느려졌다. 이 때 로스비 파는 댐핑되었다. Model 2 (thermal advection limit)에서는 해수면 온도의 변화가 동서 방향의 온도 이류에 의해 유도된다고 가정하였다. Model 1과 달리 켈빈 파는 댐핑되고, 로스비 파가 활성화됐다. 결과적으로, 활성화되는 파는 해수면 온도가 어떠한 역학과정에 의하여 유도되는 가에 따라서 달라졌다 (Figure 2.25). Model 3 (general case)에서는 Model 1과 Model 2의 가정을 모두 고려하였다. 대기-해양 접합계수가 커지면서 새로운 모드가 만들어지는 데, 이것을 U모드라고 명명하였다. 반면, U모드를 제외한 나머지 모드들은 댐핑되었다. 이 모드는

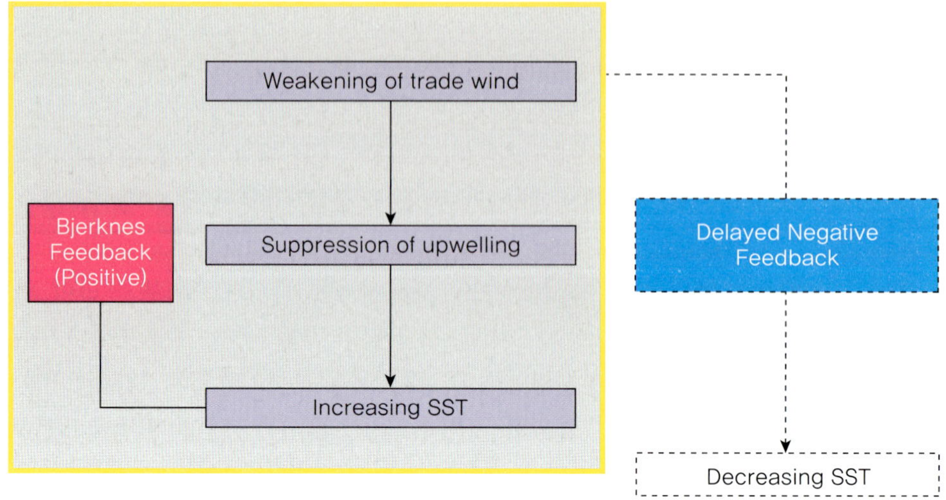

Figure 2.24 Oscillatory mechanism(Delayed Negative feedback) 모식도.

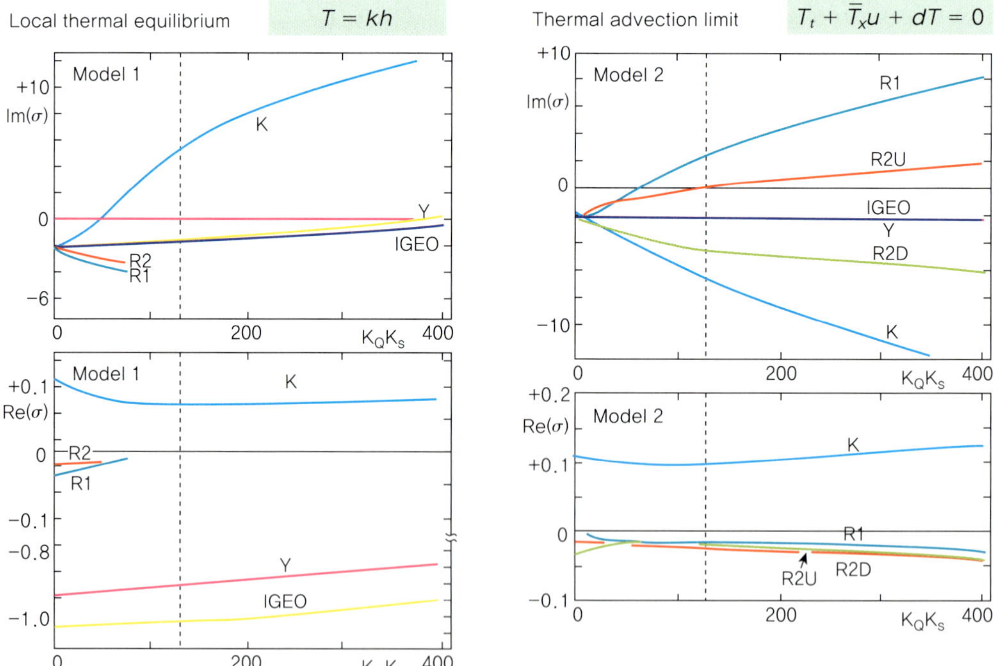

Figure 2.25 Growth rates [Im(σ)] and frequencies [Re(σ)] of modes in Model 1($T = kh$) and Model 2($T_t + \overline{T}_x u + dT = 0$) as functions of the product of coupling coefficients, $K_Q K_s$ Symbols refer to Kelvin (K), $n = 1$ Rossby (R1), $n = 2$ Rossby (R2), Yanai (Y) and $n = 0$ inertia-gravity (IGEO) waves. Im(σ) is in 10^{-2} non-dimensional units. $K_Q K_s$ and Re(σ) are in non-dimensional units. Im(σ) = $10^{-2} \equiv (208\text{day})^{-1}$. Dashed line indicates representative $K_Q K_s$ (Hirst 1986).

interannual 정도의 느린 주기를 가진다. 또한 U 모드에서는, zonal wave number가 0.1정도의 특정한 wave number를 가질 때 가장 큰 성장률를 보였다. 즉, 가장 크게 활성화 될 수 있는 특정한 파동의 규모가 존재함을 의미한다 (Figure 2.26).

엘니뇨의 진동메커니즘은 크게 5가지의 이론이 있다. 즉 Delayed oscillator (Battisti and Hirst 1989; Schopf and Suarez 1988), Recharge/discharge theory (Jin 1997), Western pacific oscillator (Weisberg and Wang 1997), Advective-reflective oscillator (Picaut 1997)가 있으며, 이 4가지를 통합하여 설명하는 Unified oscillator (Wang 2001)이 있다. 이론마다 각각 유사성과 차이점이 존재하며, 지금까지 가장 많이 인용되고 있는 것은 Delayed oscillator와 Recharge oscillator 이론이다.

Delayed oscillator는 앞서 설명했듯이, 적도 파동역학을 알고 있다면 훨씬 쉽게 이해할 수 있다. 서풍의 wind forcing이 해양에 주어지면, downwelling 켈빈 파와 upwelling 로스비 파가 발생한다 (Figure 2.27). 동풍의 wind forcing이 주어진다면 파동의 부호는 반대가 된다.

Figure 2.28은 적도 태평양에서의 켈빈 파와 로스비 파의 전파과정을 실제 관측 자료를 이용하여 구한 것이다. 엘니뇨 이전에 (예, 1995-96), 평균보다 더 강한 무역풍으로 인해

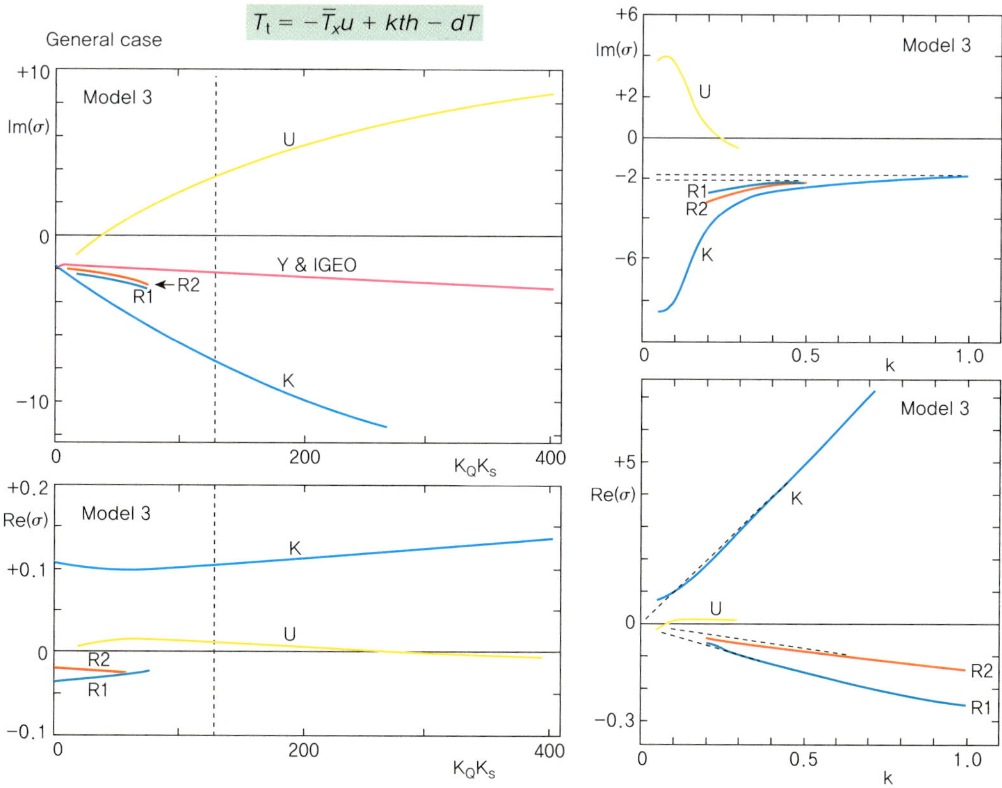

Figure 2.26 (Left) Growth rates [Im(σ)] and frequencies [Re(σ)] of modes in Model 3($T_t = -\overline{T}_x u + kh - dT$) as functions of $K_Q K_s$. The symbol U refers to the Model 3 unstable mode. Otherwise as for Figure 2.25. (Right) As the left side of figure but as functions of wave number k (Hirst 1986).

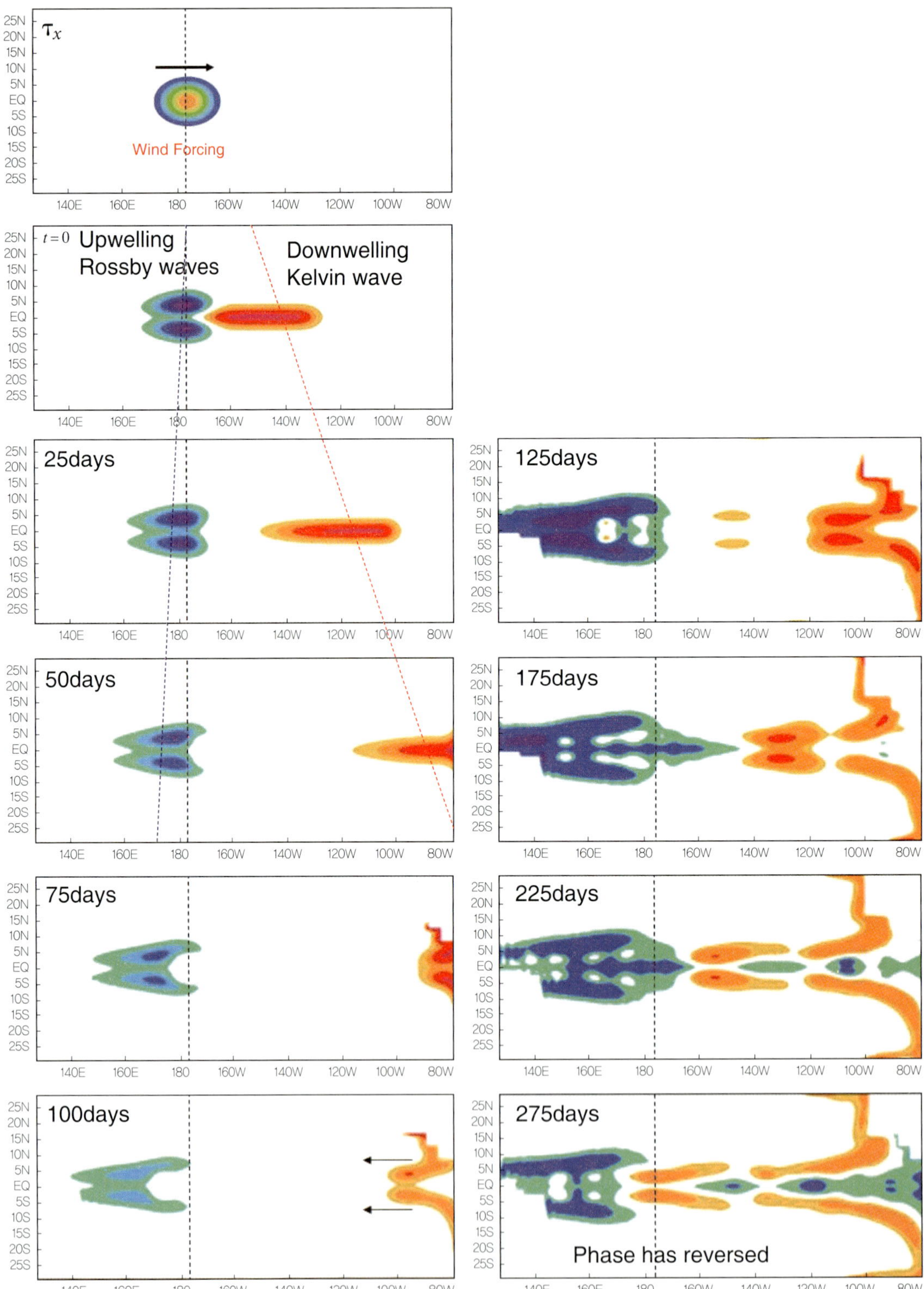

Figure 2.27 Propagation of the Kelvin and Rossby waves in the tropical Pacific. Pink arrows show reflected surface currents at the eastern and western boundaries after the Kelvin and Rossby waves impinge onto the eastern and western boundaries, respectively. Source IRI (http://iri.columbia.edu/climate/ENSO/theory).

downwelling 로스비 파와 upwelling 켈빈 파가 발생한다. 서태평양에서는 downwelling 로스비 파로 인해 해수면 고도와 열함량이 쌓이게 된다. 로스비 파가 서쪽 경계에 도달하면, downwelling 켈빈 파로 반사된다. 그러나 해수면 고도의 크기를 보면, 약 2cm (Figure 2.28 중간 그림)로 wind-forced 켈빈 파의 5~10cm의 크기 (Figure 2.28 오른쪽 그림)와

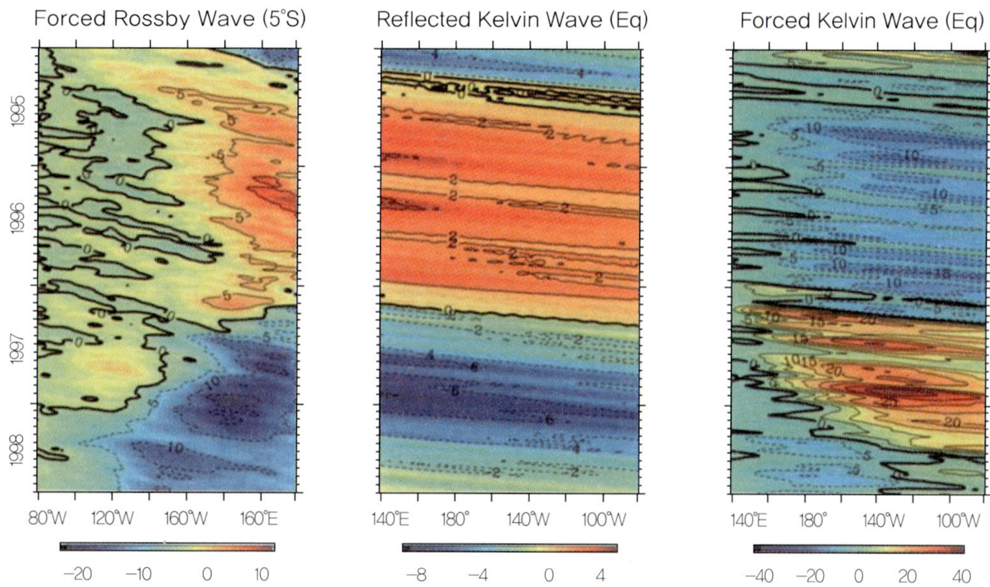

Figure 2.28 Simulated wind-forced Rossby wave sea level amplitude at 5°S (left), western boundary-generated Kelvin wave amplitude along the equator (middle), wind-forced Kelvin wave amplitude along the equator. The contour interval in the middle panel is 2 cm, whereas it is 5 cm for the two outer panels. Longitude axis for the Rossby wave panel has been flipped so that the interface between incident Rossby waves and reflected Kelvin waves at the western boundary is clear. Rossby wave amplitudes on the equator (for direct comparison with Kelvin wave amplitudes there) are about 50% of those at 5°S. In each case a mean seasonal cycle based on 1986-96 has been removed (McPhaden and Yu 1999).

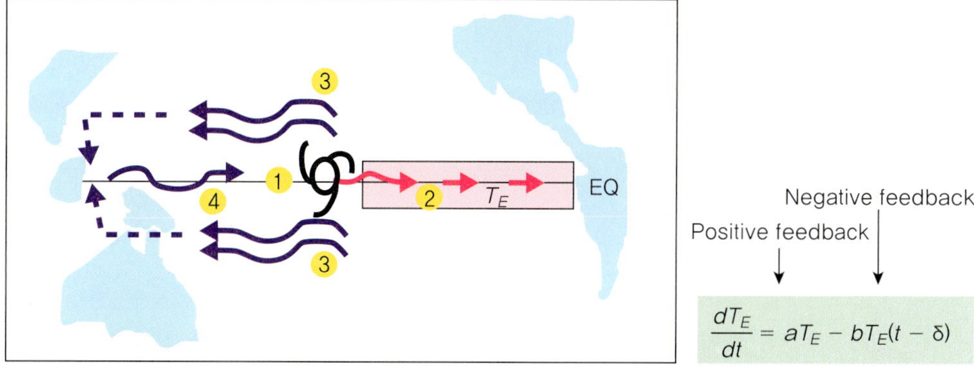

Figure 2.29 Delayed oscillator의 과정 모식도와 관계 방정식 (from Eli Tziperman).

비교해서 작은 수치를 보인다. 반대로 엘니뇨 시기 (1997~98)에 발생하는 파동들은 앞서와는 반대의 부호를 보인다.

앞서 언급한 열대 해양의 파동 역학을 기초로 지연 진동자 이론 (Delayed oscillator theory)을 설명할 수 있다 (Figure 2.29). 먼저 대기의 섭동(perturbation)이 발생하면(①), 켈빈 파가 동쪽으로 빠르게 전파하면서 동태평양을 warming시킨다(aT_E)(②). 이로 인해 무역풍이 약화되면서, 더 강한 downwelling 켈빈 파와 더 강한 upwelling 로스비 파를 유도하게 된다. 한편 켈빈 파와 동시에 발생한 로스비 파는 뒤쳐져서 전파되며(③), 어느 정도 시간이 지나서 서쪽 경계면에서 캘빈 파로 반사되어, 성장하고 있던 warm 아노말리를 점차적으로 소멸시킨다 ($-bT_E(t - \delta)$). 즉, 켈빈 파는 최초의 양의 피드백으로 작용하며, 이와는 반대의 부호로 발생한 로스비 파는 켈빈 파로 반사되어 음의 피드백으로 작용하게 된다. 만약 wind forcing이 없다면 파들은 결국 소멸하게 된다. 수온약층 섭동(thermocline depth perturbations)은 해수면 온도에 영향을 미치고 이 해수면 온도는 대기에 영향을 미친다. 결국 이러한 과정을 통해 self-sustaining oscillation을 만들 수 있다.

그 이후에 각각의 파를 쫓아가면서 진동메커니즘을 설명하는 것보다는 해양 전체의 적응과정(adjustment process)을 가지고 진동역학을 설명하려는 시도가 이루어졌다. 이것이 Recharge/discharge theory이다.

Recharge oscillator에서 엘니뇨 발생의 선행 조건은 해양 에너지의 축적이다. Figure 2.30은 NINO3지역의 해수면 온도 아노말리와 Warm Water Volume(WWV) 아노말리를 나타내었다. WWV은 서태평양의 따뜻한 물이 얼마나 축적되어 있는가를 나타내는 지표이다. 그림에 나타난 바와 같이, 엘니뇨 발생 전에 WWV이 축적된다. 그러나 축적된 WWV의 양과, 발생한 엘니뇨의 크기는 서로 비례하지는 않는다. 즉, 축적된 해양의 에너지가 전파되어 엘니뇨가 발생할 수는 있지만, 충분한 피드백이 작용하지 않는다면 엘니뇨는 크게 성장하기 어렵다.

앞서 언급한 해양의 역학과정을 이용하여 Recharge oscillator 방정식을 유도할 수 있다. 먼저, 적도 태평양에 존재하는 warm pool과 cold tongue이 해수면 온도의 뚜렷한 동-서 dipole 구조를 갖기 때문에, 이를 두 개의 박스로 근사할 수가 있다 (Figure 2.31). 이 두 지역은 해수면 온도뿐만 아니라, 수온약층의 분포도 큰 대조를 이룬다. 즉, 수온약층 역시 양쪽에 pole을 가지고 움직이는 것으로 표현될 수 있다. 따라서 2-box 모델은 적도 현상의 상당히 많은 부분을 설명할 수 있다. 왼쪽 박스(서태평양)에는 수온약층을 나타내는 성분을, 오른쪽 박스(동태평양)에는 해수면 온도의 변화가 큰 곳이기 때문에 수온약층을 나타내는 성분과 해수면 온도를 나타내는 성분을 모두 고려해야 한다. 또한 해수면 온도의 동-서 차이가 변하면, 무역풍이 바뀌기 때문에 두 box사이에 무역풍 성분을 넣는다. a-d는 이 2-box 모델의 근사를 나타낸다.

a. 동-서 방향의 수온약층의 차이와 바람의 균형을 나타내는 방정식
b. 해양의 adjustment process: 서태평양 수온약층의 깊이로 표현된 해양에서의 따뜻한 물의 축적은 바람에 의해서 유도되며, 바람의 방향과 반대이기 때문에 마이너스

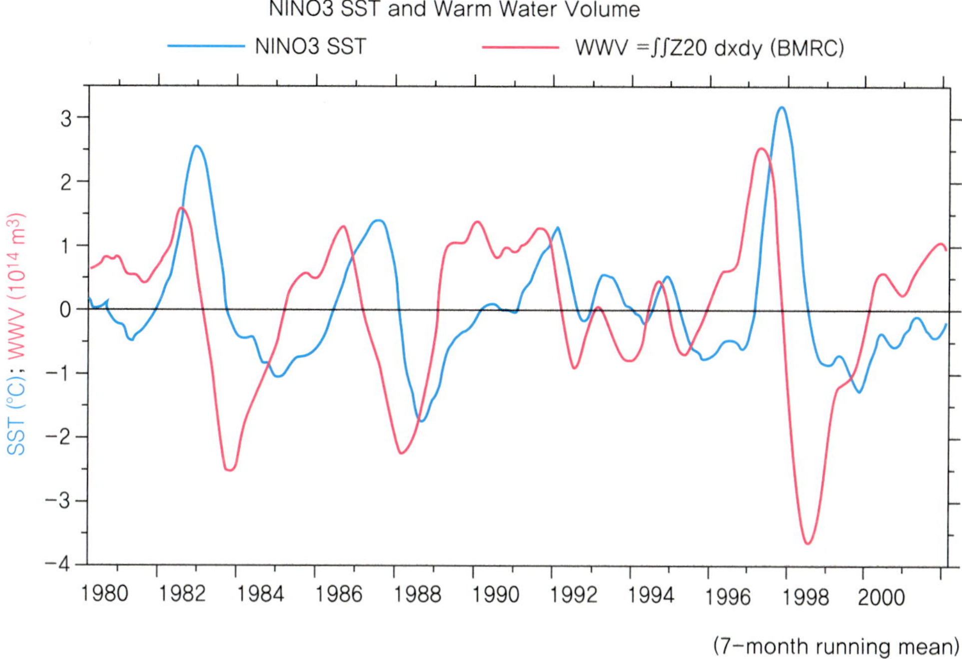

Figure 2.30 NINO3 index와 Warm water volume (from W. S. Kessler).

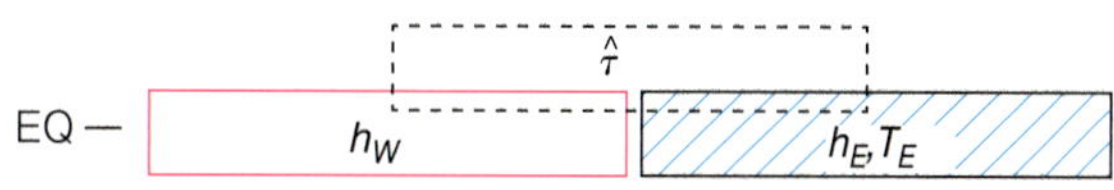

a. Pressure gradient force~wind stress over the equatorial region

$$h_E = h_W + \hat{\tau}$$

b. Oceanic adjustment (Wyrtki 1975, 1986)

$$\frac{dh_W}{dt} = -rh_W - \alpha\hat{\tau}$$

c. SST anomalv over the central/Eastern Pacific

$$\frac{dT_E}{dt} = -cT_E + \gamma h_E$$

d. Coupling

$$\hat{\tau} = bT_E$$

e. Simple coupled system

$$\frac{dT_E}{dt} = RT_E + \gamma h_W$$

$$\frac{dh_W}{dt} = -rh_W - \alpha bT_E$$

Figure 2.31 2-box approximation (Jin 1996, 1997a,b).

로 표현. 또한, 해양이 대기의 변화에 적응하는 것이기 때문에, 이를 긴 댐핑률로 표현함 (해양은 상대적으로 느린 응답시간(response time)을 갖기 때문에)

c. 해수면 온도의 변화는 수온약층의 깊이 변화와 연관된 upwelling/downwelling으로 표현 가능하며, 또한 온도가 많이 올라가면 그만큼 많이 에너지를 방출해야 하기 때문에 댐핑 항(damping term, $-cT_E$)으로 표현됨

d. 대기-해양접합: 바람은 온도에 정비례함. 즉, 동태평양의 해수면 온도의 증/감은 해수면 온도의 동-서간에 차이를 변화시키고, 결국 바람에 영향을 미침.

e. a-d의 식을 연결하면 최종적으로 얻은 관계식이다.

위의 식은 파동의 해를 가정하고, 근의 공식을 이용하여 풀 수 있으며, 아래의 식 (2.20)과 식 (2.21)의 eigen value를 얻을 수 있다.

$$\omega_r = (R - r)/2 \qquad \textbf{(2.20)}$$

$$\omega_i = \sqrt{ab\gamma - (r + R)^2/4} \qquad \textbf{(2.21)}$$

여기서 ω_r는 성장률을 나타내고, ω_i는 frequency를 나타낸다.

접합 강도가 0일 때, 즉 대기-해양이 접합되지 않은 상태에서, 성장률은 2개의 값을 가지며, frequency는 0이 된다. 이 때 두 개의 성장률 값은 Recharge oscillator식 b, c의 댐핑 계수이다. Figure 2.32를 보면 가로축인 μ를 증가시킬수록 성장률도 증가하며 하나의 값을 가지게 된다. 이 지점부터 frequency가 발생하기 시작하여 진동하기 시작한다. 이때는 frequency가 음의 값이 나오는데, 큰 의미는 없다. 특정한 μ를 가질 때, 경년 변동이 만들어진다. 그러나 μ를 너무 크게 할 경우 frequency가 다시 0의 값을 가지게 되며 성장률만 남게 된다. 따라서 적절한 접합 강도가 존재할 때, 엘니뇨가 발생할 수 있다 (Figure 2.32).

앞서 유도된 방정식이 의미하는 대기-해양의 운동을 Figure 2.33에 도식화하였다. 먼저 동태평양에 양의 해수면 온도 아노말리가 존재할 때, 중태평양과 서태평양에서는 서풍의 바람응력 아노말리가 발생한다. 이는 비야크네스 피드백을 유도하여 동태평양의 수온약층을 깊게 만들고, 서태평양의 수온약층을 얕게 만든다. 한편 서풍의 바람응력 아노말리에 대한 에크만 수송으로 해수가 적도 쪽으로 이동하고, 반대로 하층 수압 경도에 대한 지균류는 아열대 지역으로 발산하는 구조를 갖는다. 이러한 에크만 수송과 지균류에 의한 수송을 합하여 Sverdrup transport라 하며, 이 때 지균류에 의한 수송이 상대적으로 강하다(①). 즉 Sverdrup transport는 적도 지역의 전체 열함량 (또는 수온약층)을 감소시키면서, 음의 피드백으로 작용하여, 해수면 온도를 낮추는 역할을 한다. 이러한 과정을 통해 태평양 지역의 해수면 온도 아노말리와 바람응력 아노말리는 0이 되면서 동서간의 수온약층의 차이 또한 0이 된다. 그러나 적도 지역 수온약층의 동-서 평균은 음의 아노말리가 된다. 이는 warm phase 동안에 발생한 discharge과정이라 할 수 있다(②). 이렇게 얕아진 수온약층은 다시 해수면 온도 아노말리를 낮추는 역할을 한다. 이는 결국 비야크네스 피드백을 유도하여 음의 해수면 온도 아노말리를 강화시키고 동시에 동풍의 바람응력 아노말리를 발생시켜서 cold phase, 즉 라니냐를 유도하게 된다. Cold phase 동안에는 다시 Sverdrup transport를 통해

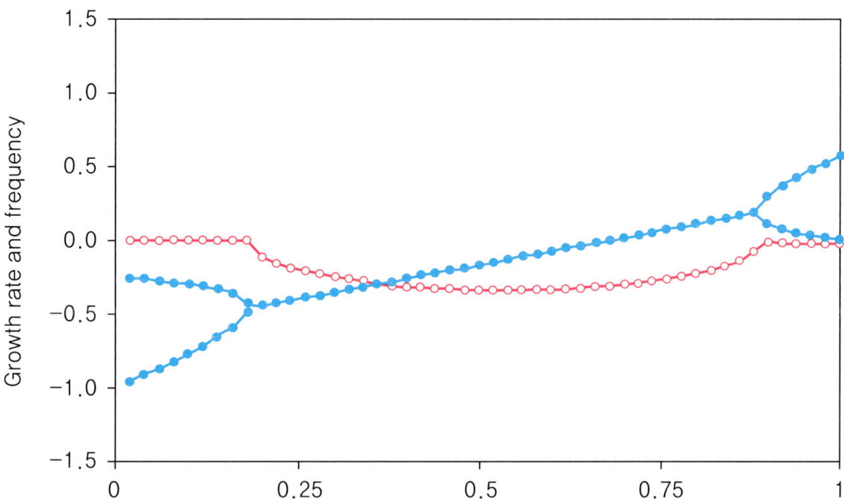

Figure 2.32 Dependence of the eigenvalues on the relative coupling coefficient. The curves with dots are for the growth rates, and the curve with circles is for the frequency when the real modes merge as a complex mode (corresponding periods in years equal p/3 divided by the frequencies) (Jin 1996).

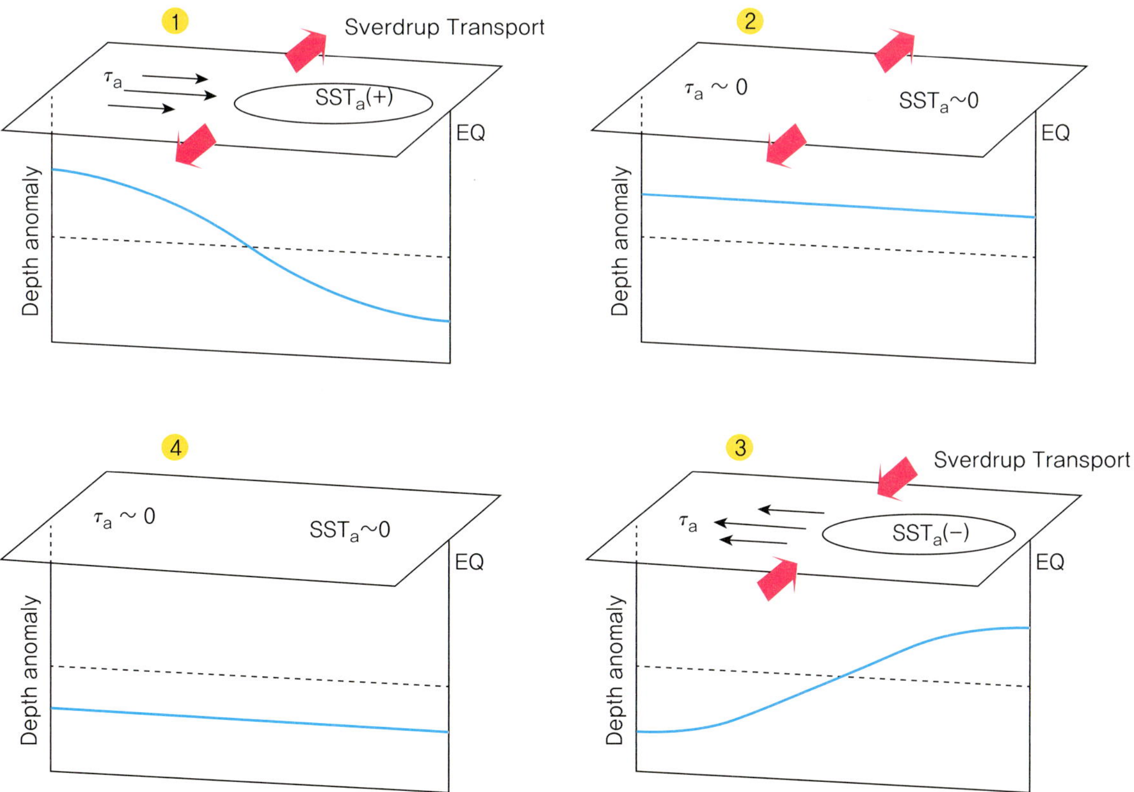

Figure 2.33 Schematic panels of the four phases of the recharge oscillation: 1 is the warm phase, 2 is the warm to cold transition phase, 3 is the cold phase, and 4 is the cold to warm transition phase (Jin 1997).

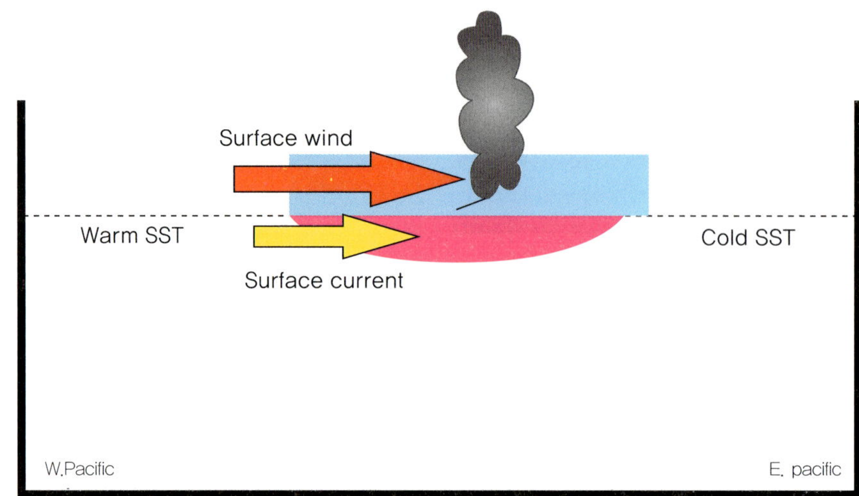

"SST, surface wind and zonal advection"

Figure 2.34 Zonal advection feedback 모식도.

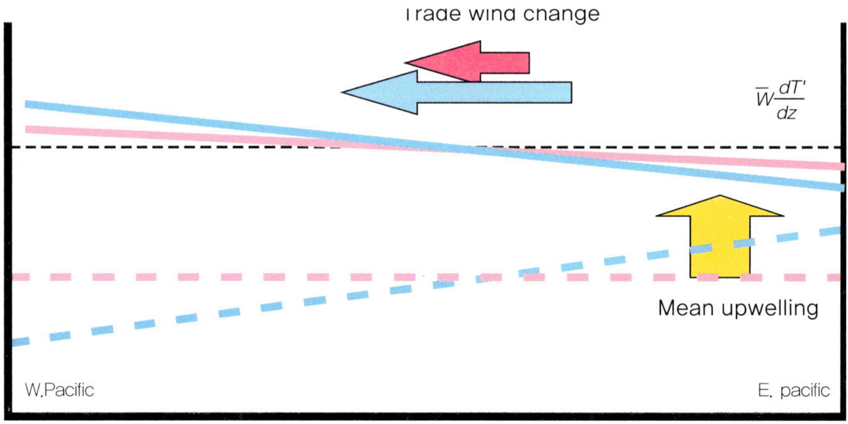

"Trade wind, upwelling and thermocline change"

Figure 2.35 Thermocline feedback모식도.

따뜻한 물은 적도지역으로 유입 시키는 recharge과정이 나타난다(③, 앞선 ①의 과정과 반대). 이를 통하여, 해수면 온도 아노말리와 바람응력 아노말리는 다시 0이 되며, 현상은 반복된다(④).

이러한 일련의 과정에는 여러가지 피드백이 존재한다.

$$\frac{\partial T'}{\partial t} = -u'\frac{d\overline{T}}{dx} + \overline{\gamma}\,h' + \cdots \tag{2.23}$$

특히 가장 중요한 역학적 피드백으로써, 식 (2.23)의 오른쪽 첫 번째 항은 zonal advection feedback을, 두 번째 항은 thermocline feedback을 나타난다.

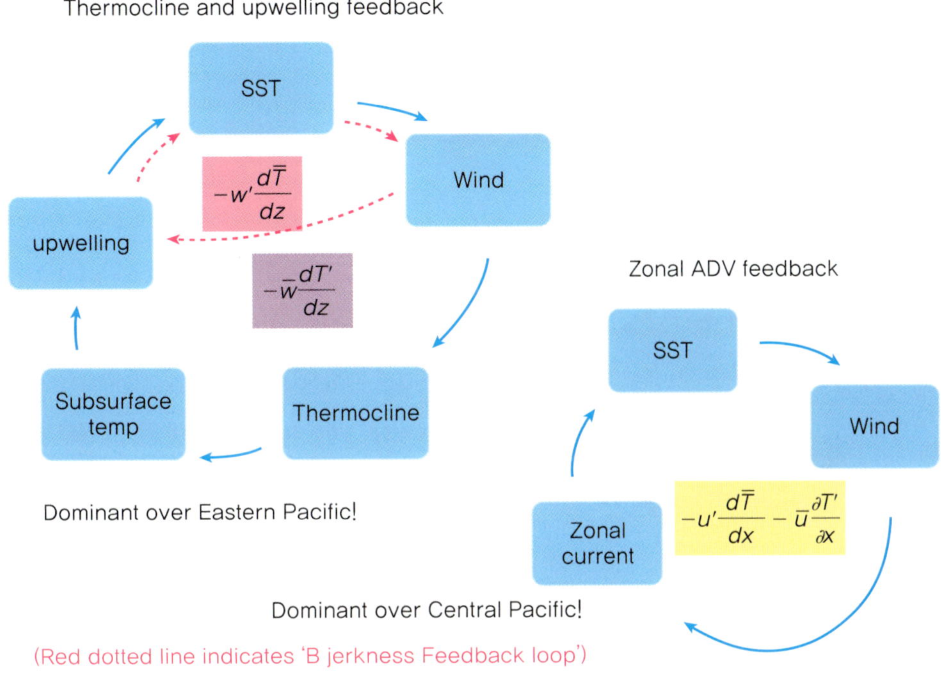

Figure 2.36 Thermocline feedback과 Zonal advection feedback의 알고리즘.

예를 들면, 따뜻한 해수면 온도 아노말리가 대기의 대류 및 하층 바람을 유도하고, 이 바람은 다시 해양의 동서 해류를 발생시켜, 열을 이류 시킴으로써 해수면 온도에 영향을 준다 (Figure 2.34). 이러한 과정이 zonal advection feedback이다. 또한 무역풍이 평소보다 약해질 때 (Figure 2.35, 빨간색으로 될 때), 수온약층의 기울기가 줄어들게 된다. 이로 인하여 용승되는 해수의 온도(dT'/dz)가 달라지면서, 평상시와 다른 해수면 온도 변화를 유도한다. 이러한 과정이 thermocline feedback이다. Figure 2.36은 thermocline feedback과 zonal advection feedback의 일련의 과정을 나타내는 모식도이다.

Warm event 동안, 비야크네스 피드백으로 인해 중앙태평양의 서풍 아노말리와 동태평양의 해수면 온도 아노말리가 증가한다. 서풍 아노말리는 지표근처에서 에크만 흐름을 유도하여 적도로 향하는 mass flux convergence를 야기하는 반면, 전체 상층 해양(entire upper layer)에서는 지배적인 Sverdrup transport로 인해 적도로부터 발산이 일어난다. 따라서, equatorial wave reflection에 의해 발생하는 mass fluxes (the mass fluxes at the eastern and western boundaries due to the equatorial wave reflection)와 Sverdrup transport에 의한 meridional mass flux는 동서 평균 수온약층을 감소시킨다. 즉, 적도의 수온약층은 얕아지며, off-equatorial지역의 수온약층은 깊어진다. 이로 인해 남북 수압경도가 발생한다. 이는 westward current (geostrophic zonal mean current)를 유도한다. 결과적으로 얕아진 수온약층에 의한 vertical thermal flux와 중 · 동태평양의 westward current로 인해 적도 중앙 · 동태평양에서의 해수면 온도는 점진적으로 음의 경향성을 나

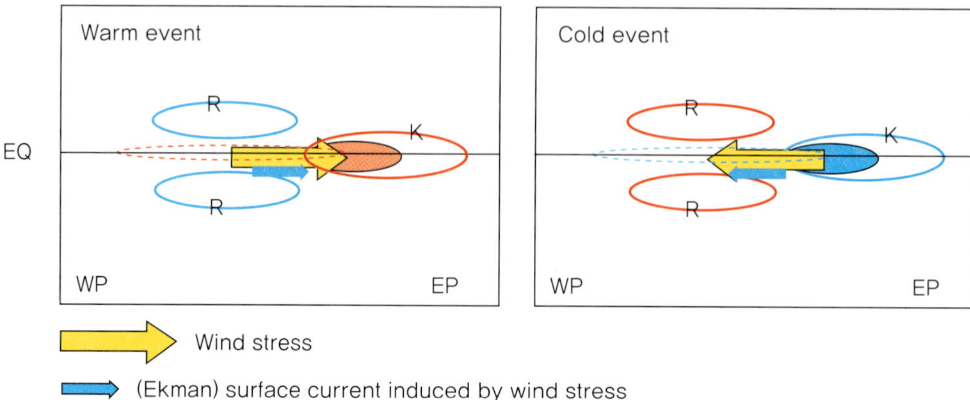

Figure 2.37 SSTa propagation associated with feedback process. Solid line is dynamic height associated with equatorial waves (R: Rossby, K: Kelvin), dotted line is current associated with equatorial waves, and blue and red are negative and positive perturbations.

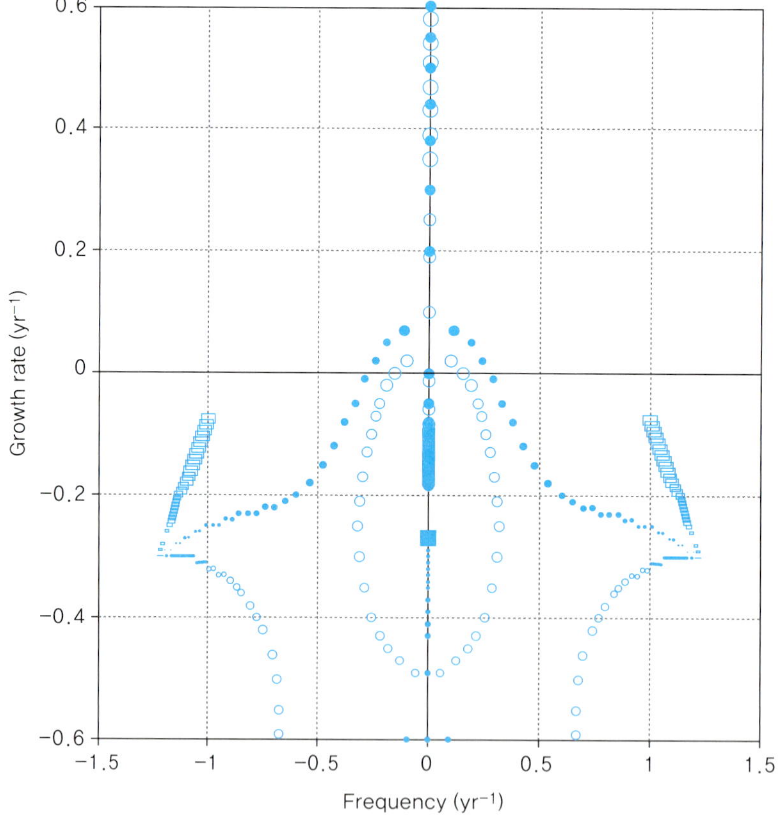

Figure 2.38 Collective plot of eigenvalues for the leading eigenmodes in the three different cases: a closed circle is for $\gamma(x) = 1.0$, $a(x) = 1.0$, an open circle is for $\gamma(x) = 1.0$, $a(x) = 0$, and an open square is for $\gamma(x) = 0$, $a(x) = 1.0$. Coupling values μ are represented by mark size (smallest mark is most weakly coupled case for each mode, m increment is 0.025). Axes are frequency and growth rate (yr^{-1}). Dividing $\pi/3$ by the frequencies yields period in years. The parameters are set as $\gamma_W = 0.65$, $\gamma_E = 0.75$, $\theta_m = 1/15$, $\theta = 1.2$, and $y_n = 2$ (An and Jin 2001).

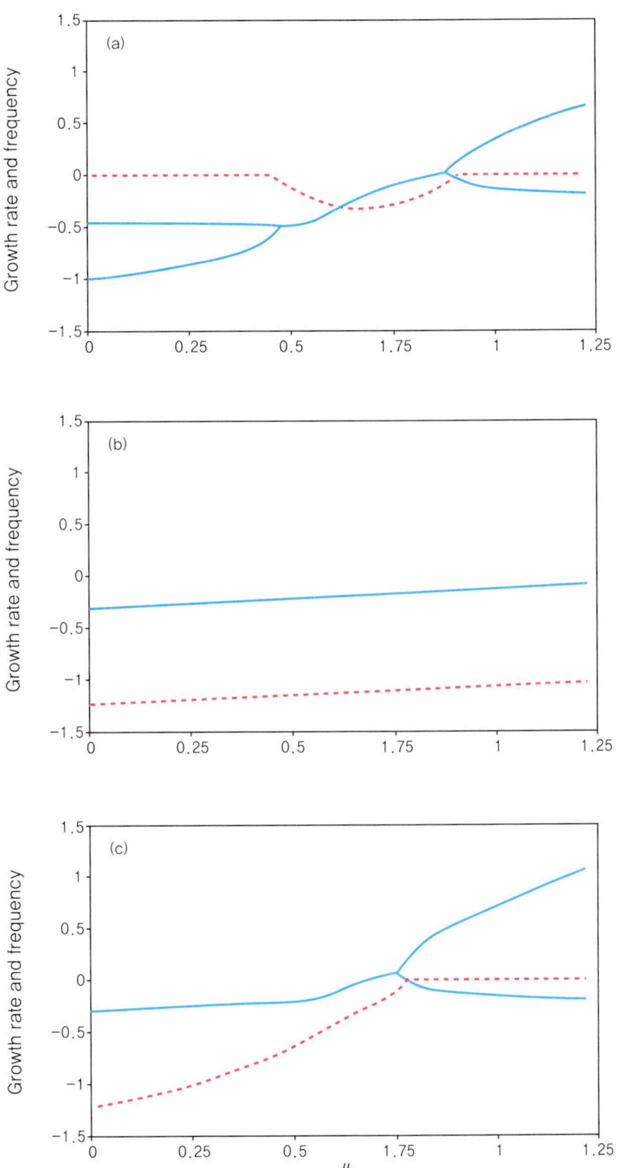

Figure 2.39 Dependence of the eigenvalues of the first leading mode on the relative coupling coefficient. The solid curve is for growth, and the dotted curve is for frequency: (a) only thermocline feedback considered: $\gamma(x) = 1.0$, $a(x) = 0$; (b) only zonal advection feedback considered: $\gamma(x) = 0$, $a(x) = 1.0$; (c) the two feedbacks considered: $a(x) = 1.0$. The parameters are the same as in Figure 2.38 (An and Jin 2001).

타낸다 (An et al. 1999).

앞서의 두 피드백 과정은 엘니뇨의 발달 과정과 관련하여 각기 다른 작용을 한다. Thermocline feedback은 주로 따뜻한 해수면 온도 아노말리의 동쪽에 발달하는 켈빈 파로 인해 유도되기 때문에 시스템이 동쪽으로 발달하도록 도와주고, 동서 해류의 최대값은 따뜻한 해수면 온도 아노말리보다 서쪽에 존재하기 때문에 zonal advection feedback은 해수면 온도 아노말리를 서쪽으로 발달하도록 도와준다. 따라서, Eastern-Pacific 엘니뇨의 발생에 있어서는 thermocline feedback의 역할이 중요하고, Central-Pacific 엘니뇨의 경우에는 zonal advection feedback의 역할이 중요하다 (Figure 2.37).

An and Jin (2001)에서는 좀 더 복잡한 시스템 안에서, zonal advection feedback 또는 thermocline feedback만 있을 때 나타나는 eigen mode를 구하였다. Figure 2.38에서 열린 원은 thermocline feedback을, 열린 사각형은 zonal advection feedback을, 닫힌 원은 두 피드백을 모두 포함했을 때의 eigen solution으로, mark의 크기가 커질수록 접합이 커짐을 의미한다. Thermocline feedback만 고려할 경우, 낮은 접합 강도에서는 non-oscillatory damped SST mode와 non-oscillatory damped oceanic adjustment mode가 함께 존재하지만, 접합 정도를 증가시킬수록 damped SST mode는 mixed oscillatory mode를 생성하기 위하여 damped oceanic adjustment mode와 합쳐진다. 반면, zonal advection feedback만 고려할 경우, ocean basin mode가 점차 발현된다. Ocean basin mode는 적도 지역의 켈빈 파와 로스비 파가 해양의 경계에서 반사되는 과정을 통하여 형성되는 모드로써, 파동의 전파 속도와 해양 basin의 크기로부터, 그 고유 주기가 결정된다. 두 피드백을 모두 고려할 경우 (닫힌 원), 접합 강도를 증가시킬수록 초기에는 ocean basin mode와 비슷하다가 mixed oscillatory mode로 변형된다 (Figures 2.38, 2.39).

2.4 Recent issues

엘니뇨를 이해하기 위한 노력이 계속되어 왔지만, 아직 엘니뇨와 관련된 많은 풀리지 않은 문제들이 존재한다. ENSO의 long-term modulation과 관련된 문제, phase/amplitude locking to annual cycle과 관한 문제, irregularity를 발생시키는 원인에 관한 문제가 있다. 또한 엘니뇨를 triggering하는 메커니즘이 무엇인가 [ex, Westerly Wind Burst (WWB), Madden-Julian Oscillation (MJO), Meridional Mode (MM), North Pacific Oscillation (NPO), Indian Ocean (IO), Atlantic Ocean (AO), Southern MM 등]에 대한 문제, 다른 시스템 [Annual Cycle(AC), Pacific decadal oscillation(PDO), MJO, AO 등]과의 상호작용에 관한 문제, ENSO의 다양성 (EP엘니뇨와 CP엘니뇨)과 관련한 문제 등 여러 사항에 대한 궁금증이 존재한다. 2014년 해양의 초기 조건으로부터 강한 엘니뇨가 발생할 것이라 예상하였지만 그 예상이 빗나갔다. 따라서 ENSO의 initiation과 amplitude의 예측에 관한 문제도 남아있다. 그 뿐만 아니라, 다른 지역 (대서양, 인도양, 몬순 지역, 중위도 등)과의 상호작용, 과거와 미래의 엘니뇨에 대한 문제 또한 아직 풀리지 않은 채 남아 있다.

참고문헌

An, S.-I., and F.-F. Jin, 2001: Collective Role of Thermocline and Zonal Advective Feedbacks in the ENSO Mode, *J. Climate*, **14**, 3421-3432.

——, and ——, 2004: Nonlinearity and asymmetry of ENSO, *J. Climate*, **15**, 2399-2412.

——, ——, and I.-S. Kang, 1999: The role of zonal advection feedback in phase transition and growth of ENSO in the Cane-Zebiak model. *J. Meteor. Soc. Japan*, **77**, 1151 – 1160.

Battisti, D. S., and A. C. Hirst, 1989: Interannual variability in the tropical atmosphere – ocean system: Influence of the basic state, ocean geometry, and nonlinearity. *J. Atmos. Sci.*, **46**, 1687 – 1712.

Bjerknes, J., 1969: Atmospheric teleconnections from the equatorial Pacific. *Mon. Wea. Rev.*, **97**, 163 – 172.

Cane, M. A., and E. S. Sarachik, 1976: Forced baroclinic ocean motions. I. The linear equatorial unbounded case. *J. Mar. Res.* **34(4)**, 629 – 665.

Deser, C.,M. A. Alexander, S.-P. Xie, and A. S. Philips, 2010: Sea Surface Temperature Variability: Patterns and mechanisms. *Annu. Rev. Mar. Sci*, **2010(2)**, 115-143.

Kousky, V. E., M. T. Kagano, and I. F. A. Cavalcanti, 1984: A review of the Southern Oscillation: Oceanic – atmospheric circulation changes and related rainfall anomalies. *Tellus*, **36A**, 490 – 504.

Gill, A. E., 1980: Some simple solutions for heat-induced tropical circulation. *Quart. J. Roy. Meteor. Soc.*, **106**, 447 – 462.

Hirst, A. C., 1986: Unstable and damped equatorial modes in simple coupled ocean-atmosphere models. *J. Atmos. Sci.*, **43**, 606 – 630.

Jin, F.-F., 1996: Tropical ocean – atmosphere interaction, the Pacific cold tongue, and the El Niñ o – Southern Oscillation. *Science*, **274**, 76 – 78.

——, 1997a: An equatorial ocean recharge paradigm for ENSO. Part I: Conceptual model. *J. Atmos. Sci.*, **54**, 811 – 829.

——, 1997b: An equatorial ocean recharge paradigm for ENSO. Part II: A stripped-down coupled model. *J. Atmos. Sci.*, **54**, 830 – 847.

——, 1998: A simple model for Pacific cold tongue and ENSO. *J. Atmos. Sci.*, **55**, 2458 – 2469.

McPhaden, M. J., 1999: Genesis and evolution of the 1997 – 98 El Niño. *Science*, **283**, 950 – 954.

Picaut, J., F. Masia, and Y. du Penhoat, 1997: An advective – reflective conceptual model for the oscillatory nature of the ENSO. *Science*, **277**, 663 – 666.

Schopf, P. S., and M. J. Suarez, 1988: Vacillations in a coupled ocean – atmosphere model. *J. Atmos. Sci.*, **45**, 549 – 566.

Walker, G. T., 1923: Correlation in seasonal variations of weather. VIII: A preliminary study of world weather. *Mem. Indian Meteor. Dep.*, **24**, 75 – 131.

Wang, C., 2001: A unified oscillator model of the El Niño – Southern Oscillation. *J. Climate*, **14**, 98 – 115.

Weisberg, R. H., and C. Wang, 1997a: A western Pacific oscillator paradigm for the El Niño-

Southern Oscillation. *Geophys. Res. Lett.*, **24**, 779 – 782.

——, and ——, 1997b: Slow variability in the equatorial west central Pacific in relation to ENSO. *J. Climate*, **10**, 1998 – 2017.

Wyrtki, K., 1975: El Niño – The dynamic response of the equatorial Pacific ocean to atmospheric forcing. *J. Phys. Oceanogr.*, **5**, 572 – 584.

——, 1979: Sea level variations: Monitoring the breath of the Pacific. *Eos, Trans. Amer. Geophys. Union*, **60**, 25 – 27.

Xie, S.-P., 1994: On the genesis of the equatorial annual cycle. *J. Climate*, **7**, 2008 – 2013.

Zebiak, S., 1986: Atmospheric convergence feedback in a simple model for El Nino. *Mon. Wea. Rev.*, **114**, 1263 – 1271.

CHAPTER 03

몬순

Monsoon

부산대: **이 준 이**

학습목차

프롤로그

대학생들에게 몬순이 무엇인지 물으면, '대륙과 해양 사이의 열용량(Heat Capacity) 차이에 의한 계절풍 현상' 혹은 '지구 자전 효과의 영향을 받는 거대한 해륙풍 현상'이라는 사전적 답변 외에 '인도에서 여름철에 비가 많이 내리는 현상' 혹은 '우리나라 장마와 비슷한 현상'이라는 비와 관련된 대답이 많이 나온다. 최근 우리나라에 소개되는 인도 영화들을 통해서 인도인의 삶과 밀접히 관련되어 있는 몬순이라는 현상을 처음으로 접하게 되는 학생들도 있는 것 같다 (Figure 3.1). 몬순은 인도의 유일한 수자원 공급원이며, 이 지역 문명의 발생 및 발달과 긴밀히 연관되어 있을뿐만 아니라, 지금까지의 문화 유산을 양산하고, 현재의 사회 · 경제적인 구조를 갖추는 데 결정적인 역할을 했다. 마찬가지로 우리나라에서 장마가 그에 상당하는 중요성을 가지고 있다. 수주에서 한달 정도 지속되는 첫 번째 장마 기간 동안 우리나라 연 강수량의 30 %에 달하는 비가 내리며, 이는 우리나라 수자원의 가장 중요한 공급원이 된다 (장마백서, 2011). 하지만 그 중요성에 비추어 몬순 혹은 장마의 과학적 이해를 도울 수 있는 자료나 서적이 충분하지 않다. 이번 장에서는 몬순의 기본 개념, 발생 역학, 그리고 변동 역학에 대한 기본적인 과학적 기초를 제공하고 과거 몬순 변화 및 최신 기술의 기후 모델링 결과들을 토대로 한 미래변화에 대한 최근 연구들을 소개하고자 한다. 특히 전통적인 몬순의 정의를 넘어 최근 과학계에서 서서히 받아들여지고 있는 전구 몬순(global monsoon)에 대한 개념과 전구 몬순 시스템에서 가장 독특한 특성을 보이는 동아시아 몬순에 대해 자세히 설명한다. 또한 몬순 시스템에서 가장 두드러지는 연변화의 특성뿐만 아니라 계절내, 경년 및 수십년 주기 변동 등 다양한 시간 규모의 변동 특성을 살펴보도록 한다.

Figure 3.1 2014년 캐나다 다큐멘터리 영화제에서 수상한 Sturla Gunnarsson 감독의 'Monsoon' 영화에 나온 장면들. 영화에서는 몬순을 인도의 유일한 수자원 공급원이며, '인도의 생명'이라고 표현.

3.1 몬순이란 무엇인가?

인류문명의 발생 · 발달과 함께 한 몬순 현상

'몬순(Monsoon)'이란 현상은 명명되기 훨씬 이전부터 인류의 삶과 밀접한 관련을 가지며, 그 중요성이 인식되어 왔다. 대략 4500년 전부터 아랍인들은 아라비아 해에서 바람의 방향이 계절에 따라 바뀐다는 것을 처음으로 발견하고, 이 현상을 '안전하게 항해할 수 있는 계절'이라는 뜻의 'Mawsim'이라고 부르며, 무역 항해에 이용했다. 인도양 일대의 예측 가능한 몬순 계절풍은 지중해 세계를 메소포타미아 및 인도와 연결했기 때문에 무역풍(trade wind)이라고도 불렸다. 중국에서도 약 3000년 전에 이미 여름철에는 남풍이 불고 비가 많이 내리며, 겨울철에는 북풍의 영향으로 춥고 건조하다는 것에 대한 인식이 있었고, 이와 같은 기후 현상이 그 시대 사람들의 생활에 매우 큰 영향을 미쳤다는 기록이 존재한다 (An et al. 2014). 초창기 'Mawsim'이란 단어는 여러 변형을 거쳐 현재의 'Monsoon'이라는 단어로 진화되었다는 것이 일반적인 견해이다 (Wang 2006). 몬순 현상을 중국, 일본, 우리나라에서는 각각 메이유(梅雨), 바이우(梅雨), 장마라 부른다. 중국과 일본은 '매실이 익어가는 무렵에 시작되는 비가 많이 내리는 기간'이라는 의미의 같은 한자를 사용하고 있다. 한편 우리나라 '장마'는 비가 오랫동안 지속되는 기간이라는 뜻을 가지고 있다. 몬순 현상이 가지고 있는 다양한 현상 중에서 초창기 인도지역은 해상 무역에 중요한 계절에 따른 바람 방향의 변화에 좀더 초점을 맞추었다면, 중국, 일본, 우리나라를 포함하는 동아시아는 계절에 따른 우기와 건기의 변화에 더 관심을 가졌다고 해석할 수 있다. 현대 사회로 와서는 사회 · 경제 및 농업 분야에 대한 중요도에 비추어 몬순 강수량이 순환의 측면 보다 좀더 강조되는 경향이 있다.

전통적인 몬순의 정의

몬순이라는 현상이 과학적으로 이해되기 시작한 것은 17세기 중반 이후이며 이는 열대 기상에 대한 과학적 규명의 역사와 함께 진행되었다. 몬순이라는 현상을 과학적 측면에서 처음으로 정의한 과학자는 '헬리 해성'의 주기를 규명한 것으로 더 유명한 에드먼드 헬리 (Edmund Halley, 1656~1742)이다. 북인도양에서는 여름철에 남서풍이 우세한 반면 겨울철에는 북동풍이 우세하다. 당시 무역상들은 바람의 방향을 따라서 한 방향으로 될 수 있는 한 멀리 이동했다가 바람의 방향이 바뀔 때까지 그곳에 머물렀다고 한다. 이 시기에 바람의 방향을 해상 무역에 이용하면서 열대 해양에서 부는 바람을 무역풍(trade wind)이라고 부르기 시작했다. 헬리는 무역풍(trade wind)의 계절에 따른 변화를 이해하는 연구를 하였고, 1686년 발표한 논문 (Figure 3.2)에서 몬순은 대륙과 해양의 열용량(heat capacity) 차이에 의해 발생하는 계절에 따른 바람 방향 (풍향)의 변화, 즉 계절풍 현상이라고 제시하였다. 헬리의 몬순 모형은 인도양과 인도 대륙에서 계절에 따른 남북 바람(meridional wind)의 변화를 잘 설명할 수가 있으나, 동서 바람(zonal wind)의 변화는 설명할 수가 없다. 이는 대륙이 상대적으로 해양의 북쪽에 위치하기 때문이다. 구체적으로 설명하면, 여름철에는 대륙 위의 대기가 해양 위의 대기 보다 상대적으로 더 많이 가열되고, 대륙에는 저기압이, 해양에는 고기압이 형성되어 해양에서 대륙으로 바람 (남풍)이 불게 된다. 반대로 겨울철에는 대륙에서 해양으로 바람 (북풍)이 불게 된다.

이후 변호사이면서 아마추어 기상학자였던 조지 해들리 (George Hadley, 1685~1768)에 의해서 1935년 지구 자전효과가 무역풍의 변화에 영향을 준다는 것이 제안 (Hadley 1935) 되면서 전통적인 몬순 모델이 완성된다. 당시 해들리의 연구는 또한 열대와 고위도의 열적인 차이, 지구 자전 효과 및 전지구 각운동량 보존을 통해 대기대순환의 기본적 메커니즘을 이해할 수 있는 단초를 제공하는 것이었다. 하지만 당시 그의 이론은 인정되지 않았고, 그의 사후 수십년이 지나서야 기념비적인 연구로 인정받게 된다 (Persson 2008). 정리하면, 전통적인 측면에서 몬순은 대륙과 해양의 열용량 차이와 지구 자전 효과에 의해

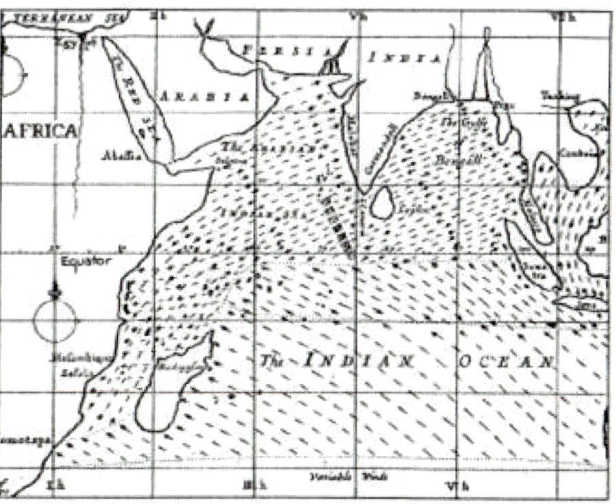

Figure 3.2 처음으로 몬순 개념 모델을 제안한 에드먼드 헬리 (사진출처: 위키)와 1686년 헬리 논문에 실린 몬순 바람방향 도식도 (Halley 1686).

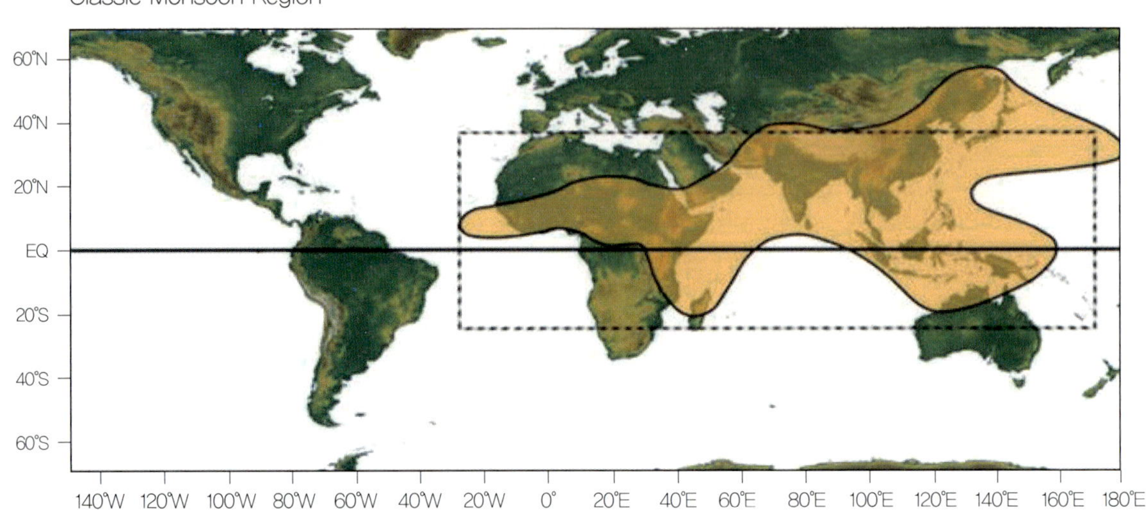

Figure 3.3 Ramage (1971)에서 인용한 전통적인 몬순 지역 (검정선 안에 표시된 영역). 인도뿐만 아니라 우리나라를 포함하는 동아시아, 호주 북부, 중앙아프리카 지역도 몬순 지역으로 정의됨.

서 계절에 따라 바람 방향이 바뀌는 현상으로 정의 내릴 수 있다. 일반적으로 몬순 지역은 여름철에 남서풍의 영향을 받으며 많은 양의 강수량(우기)을 기록한다. 반대로 겨울철에는 북동풍 혹은 북서풍의 영향을 받으며 춥고 건조한 기후 (건기)에 놓이게 된다.

콜린 래미지(Colin S. Ramage)는 1971년 몬순 기상학을 다룬 중요한 서적을 출판하며 전통적인 몬순 정의에 기반해 객관적으로 몬순 지역을 정의하였다 (Ramage 1971). 이에 따르면 몬순 지역은 (1) 1월에서 7월 사이에 지배적인 바람의 방향이 적어도 120° 차이가 나야 하며, (2) 지배적인 바람의 방향은 1월과 7월 동안 40 % 이상 지속되어야 하며, (3) 1월이나 7월 중 지배적인 바람의 속도 (풍속)는 3 m s^{-1} 이상이 되어야 하고, (4) 기압계가 종관 규모 보다 계절적인 시간 규모 변동에 더 크게 영향을 받아야 한다. 래미지의 기준에 따르면 인도, 남아시아, 동아시아 (한국, 중국, 일본 포함), 인도네시아, 호주 북부, 아프리카 대륙 일부 지역이 몬순 지역으로 정의 된다 (Figure 3.3). 즉, 우리나라 장마는 동아시아 몬순, 더 크게는 아시아 몬순의 지역 성분으로 규정된다. 대륙과 해양이 남북방향으로 배치된 인도 몬순 지역과 달리 동아시아 몬순은 남북 방향뿐만 아니라 동서 방향으로도 대륙과 해양이 배치되어 있다. 따라서 동아시아 몬순 지역에서는 여름철엔 남서풍이 우세하게 나타나고 겨울철엔 북서풍이 우세하게 나타나게 된다. 이는 겨울철에 북동풍이 우세하게 나타나는 인도 몬순과 동아시아 몬순 사이의 다른 점으로, 3.4절에서 동아시아 몬순과 인도 몬순의 차이를 자세하게 기술 하도록 하겠다.

전구 몬순 (Global Monsoon) 개념의 등장

핼리에 의해 1686년 기본적인 몬순 개념이 성립된 이후로 약 300년 동안 몬순의 정의는 크게 변하지 않았다. 하지만 최근 수십년 동안 전구 몬순(global monsoon)이라는 개념이 몬순의 광의적 해석으로써 대두되고 있다. 전구 몬순은 '태양 에너지의 연변동에 대한 대기-해양-지면 기후 시스템 상호작용의 반응' 혹은 '열대와 아열대에 걸쳐 나타나는 전지구 규모 자오면 순환(Meridonal Overturning Circulation)의 계절적 이동'으로 정의된다 (Sankar-Rao, 1970; Trenberth et al. 2000, 2006; Wang and Ding 2008; An et al. 2015). 전구 몬순은 전지구 대기 순환과 물수지를 조절하는 핵심 구동 엔진이라고 볼 수 있다.

전구 몬순이라는 단어는 산카르-라오(M. Sankar-Rao)에 의해서 1969년 논문에 처음으로 소개되었다 (Sankar-Rao and Saltzman 1969: Sankar-Rao 1970). 그는 전지구적인 대륙-해양의 열적 차이와 산맥의 융기에 의해 계절에 따라 전지구 몬순 순환이 변화한다고 설명하였다. 이후 기상 수치예보에 가장 큰 업적을 남긴 줄 그레고리 차니 (Jule Gregory Charney, 1917~1981)는 몬순이 열대 수렴대(Intertropical Convergence Zone) 위치의 계절에 따른 이동에 의해 결정된다고 제안하였다 (Charney 1963). 열대 수렴대는 전지구 규모 자오면 순환 (즉, 해들리 순환)을 구동하는 중심부 역할을 하며, 이 지역에 강한 상승운동이 많은 양의 비를 동반하며 일어난다. 참고로 여름철 열대 몬순 기압골은 열대 수렴대의 일부에 위치하는 것으로 알려져 있다. 차니 이후 피터 웹스터(Peter Webster), 케빈 트렌버스(Kevin Trenberth), 빈왕(Bin Wang) 등 몬순 연구의 세계적 권위자들에 의해 전구 몬순의 개념이 정립되었다 (Trenberth et al. 2000; Wang and Ding 2008).

빈왕은 바람 보다는 강수량의 측면으로 몬순을 정의하는 것이 더 적합하다고 제안하였다. 강수량의 계절적 변화는 대기-해양-지면 기후 시스템이 태양에너지의 연변동에 반응하면서 만들어내는 열대 남북방향 자오면 순환과 동서방향 순환 (즉, 워커 순환), 그리고 물순환의 총체적인 결과물로서 나타난다고 해석할 수 있다. 이와 같은 기본 개념을 바탕으로 빈왕은 전구 몬순 지역을 강수량의 연변동 진폭 (가장 비가 많이 온 시기와 적게 온 시기의 차이)이 300 mm 이상이며, 연변동 진폭이 연총강수량의 50 % 이상 되는 지역으로 정의하였다 (Wang and Ding 2008; Lee et al. 2010). 이에 의하면, 전구 몬순은 인도 몬순, 동아시아 몬순, 북서태평양 몬순, 호주 몬순, 북미 몬순, 남미 몬순, 서아프리카 몬순, 남아프리카 몬순으로 구성되는데, 각각의 몬순 지역은 주변의 사막 지역과 결합되어 나타나는 특징을 보인다 (Figure 3.4). 즉, 대기의 상승 운동이 활발하고 비가 많이 오는 영역 (몬순 지역)과 하강 운동이 우세하며 건조한 영역 (사막 지역)은 서로 연계되어 있는 것이다. 이를 몬순-사막 결합 시스템(Monsoon-Desert Coupled System)이라고 부른다 (Rodwell and Hoskins 1995; Webster et al. 1998). 전구 몬순 영역에는 기존 바람장을 이용한 정의에 포함되지 않았던 북미 몬순, 남미 몬순, 서아프리카 몬순이 포함된다. 일반적으로 인도 몬순, 동아시아 몬순, 북서태평양 몬순을 합쳐 아시아 몬순이라고 부르며, 아시아 몬순과 호주 몬순을 합쳐 아시아-호주 몬순(Asia-Australia Monsoon) 시스템이라고 부른다. 아시아 몬순은 전구 몬순에서 가장 강력한 지역 몬순 성분으로 열대 남북방향 자오면 순환 및 동서방향 순환을 구동하는 주요 엔진이라고 볼 수 있다. 전구 몬순 중 7개의 몬순 지역은 위도 30° 범위를 벗어나지 않으며 열대 몬순으로 정의될 수 있으나, 동아시아 몬순만 유일하게 30° 이상에 위치하며 열대 기후뿐만 아니라 중위도와 고위도 기상 및 기후 시스템에 많은

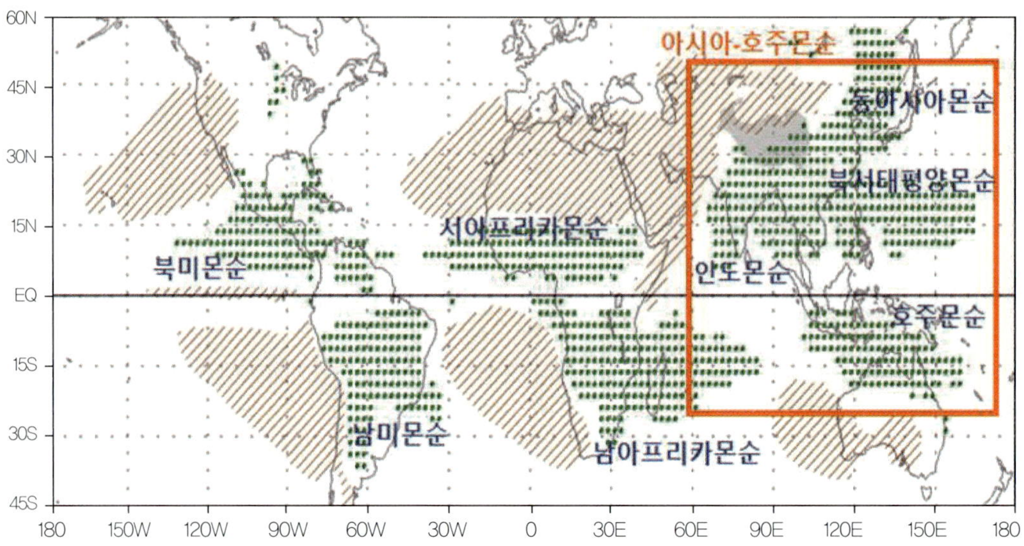

Figure 3.4 Wang and Ding (2008)에서 인용한 몬순지역(초록색 점)과 사막지역 혹은 지중해성 기후 지역 (갈색 선). 지중해성 기후 지역은 여름철에 상대적으로 건조하고 겨울철에 비가 많이 옴.

영향을 받으며 독특한 특성을 나타낸다.

전구 몬순의 개념은 지금도 계속 진화하고 있다. 넓은 의미에서 연변화가 큰 특징적인 기후 현상을 모두 몬순이라고 해석할 수 있기 때문이다. 실제로 열대와 아열대 지역뿐만 아니라 한대 지역 또는 지표뿐만 아니라 대류권과 성층권에서 나타나는 연변화가 큰 현상을 모두 몬순의 개념으로 확장하려는 움직임이 있다 (Li and Zeng 2002; Ellis et al. 2004; An et al. 2015 등). 또한 고기후 몬순 연구로 유명한 지셍 안(Zhisheng An)은 동료 연구자들과 함께 계절적 차이의 정도를 나타낼 수 있는 지수를 이용해서 열대 몬순, 아열대 몬순, 한대 몬순 지역을 정의 하였다 (An et al. 2015) (Figure 3.5). 열대 몬순은 차니가 제안한 것처럼 열대수렴대의 이동에 따라 그 위치가 결정되며, 열대수렴대의 남방 한계와 북방 한계 사이를 열대 몬순 지역이라고 정의할 수 있다. 일반적으로 열대수렴대는 적도를 가로지르는 기압경도력이 큰 지역으로, 이에 따라 적도를 가로지르는 바람이 매우 강하게 형성된다. 따라서 이 지역에 몬순 기압골이 강하게 발달하며 많은 양의 강수를 초래할 수 있다. 즉, 열대 몬순은 열대 기후의 영향을 직접적으로 받는 지역이라고 볼 수 있다. 전구 몬순 성분 중 인도몬순, 북서태평양 몬순, 남미 몬순, 서아프리카 몬순, 남아프리카 몬순, 호주 몬순 등이 열대 몬순에 해당한다.

우리나라 장마를 포함하는 동아시아 몬순은 아열대 몬순지역에 포함된다. 아열대 몬순은 아열대 고기압의 계절에 따른 이동과 대륙-해양의 분포에 의해 결정되며, 산맥의 위치, 대류권 상층 제트류, 로스비 파 등 중위도 시스템의 영향을 많이 받는다. 또한 북태평양과 북대서양의 폭풍 경로(storm track)에 속하며 같은 위도대의 다른 지역에 비해 많은 양의 연강수량을 나타낸다. 이에 따라 동아시아 몬순 외에도 빈왕에 의해 정의된 전구 몬순 지

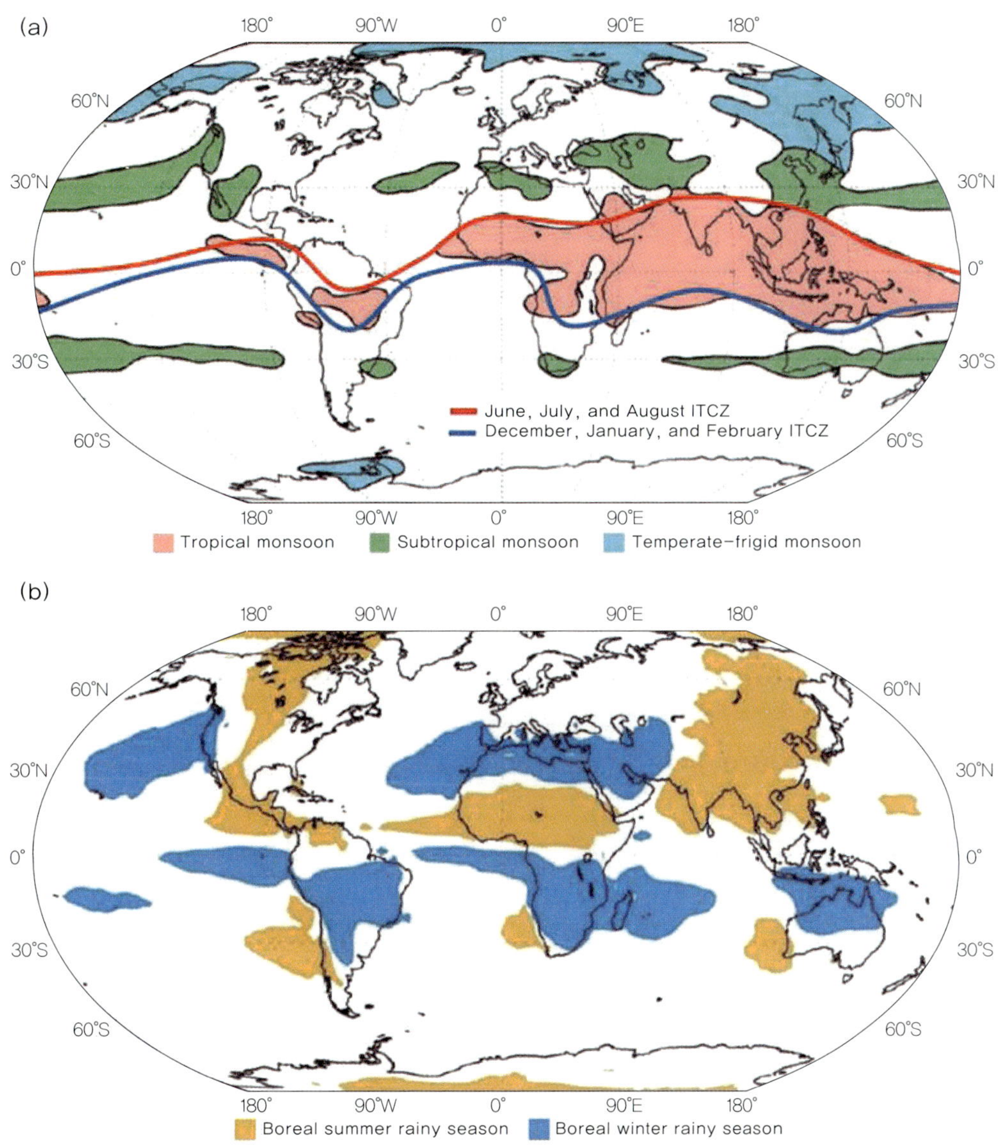

Figure 3.5 열대 몬순 (적색영역), 아열대 몬순 (녹색영역), 한대 몬순 (청색영역) 지역 (a)과 북반구 여름 강수 영역 (주황색영역) 및 북반구 겨울 강수 영역 (하늘색영역) (b). (a)에는 북반구 여름철 (6-8월 평균, 적색선)과 겨울철 (12-2월 평균, 청색선) 열대 수렴대의 위치도 함께 표시됨 (An et al. 2015).

역에 포함되지 않았던 북반구와 남반구 중위도의 여러 지역들이 아열대 몬순지역에 속하고 있다. 특히 겨울철이 상대적 우기인 지중해성 기후의 지역들이 이 분류에 의하면 아열대 몬순 지역으로 정의되고 있다.

확장된 전구 몬순 정의에서는 북반구 고위도와 북극의 많은 부분, 남극의 일부분이 한대 몬순으로 구분되고 있다. 러시아 북동부, 캄차카 반도, 오호츠크해 지역도 한대 몬순대에 포함된다. 한대 몬순 지역은 계절에 따른 강수량의 차이 보다는 극심한 기온의 차이가 나타나는 곳으로 볼 수 있다.

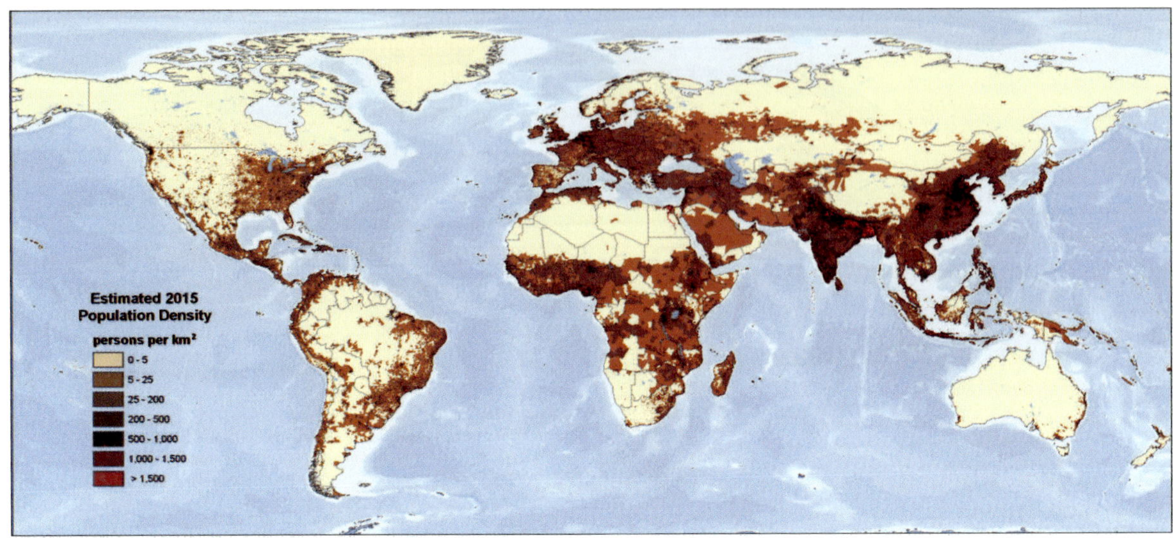

Figure 3.6 전세계 인구 밀도 분포 (2015년 추정치). 아시아 지역에 전지구 인구 2/3가 집중되어 있음. 출처: UNEP-GRID Sioux Falls, population data SEDAC.

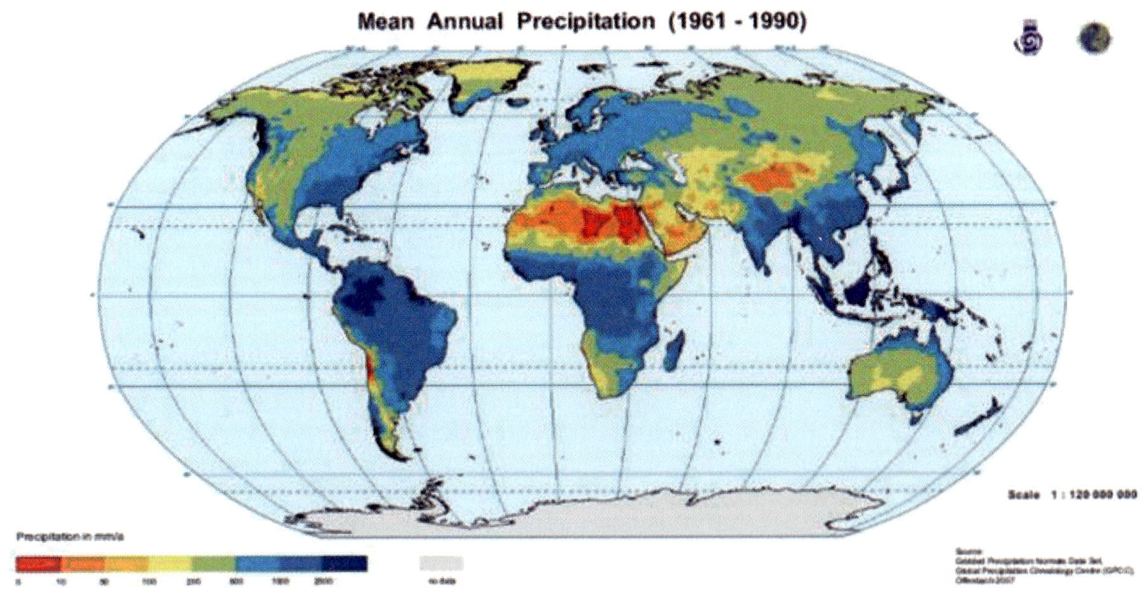

Figure 3.7 연총 강수량 분포 (1961~1990 평균). 출처: Global Precipitation Climatology Project (GPCP).

좀더 일반화한 전구 몬순의 정의 (An et al. 2015)를 정리하면 다음과 같다. 전구 몬순은 3차원 전지구 규모 대기 순환의 현저한 계절 변화 (연변화)로서 이는 태양에너지의 연변화와 대기-해양-지면 상호작용에 의해 형성된다. 이에 따라 지표면 기후는 계절 평균 바람의 방향이 계절에 따라 크게 변화하고 우기와 건기가 계절에 따라 뚜렷하게 차이가 나는 특성을 보인다.

대륙이 해양에 비해 더 큰 계절 변화를 경험하기 때문에 전반적으로 남반구에 비해 북반구에 더 많은 몬순 지역이 집중 되어 있으며, 특히 가장 거대한 유라시아 대륙, 그 중 아시아 지역이 주요한 몬순 지역으로 정의된다. 주지할 사실은 열대 몬순과 아열대 몬순으로 정의된 지역에 세계 인구가 집중되어 있다는 것이다 (Figure 3.6). 전세계 인구 밀도 분포를 보면 몬순 지역, 특히 연총강수량이 800 mm 이상인 지역 (Figure 3.7)이 인구 밀도가 큰 지역과 거의 일치한다. 우리나라의 경우 연총강수량은 1200~1600 mm 범위를 나타낸다. 전세계 인구의 2/3가 아시아 몬순 지역에 살고 있다. 따라서 인간의 삶과 밀접하게 관련되어 있는 몬순 현상을 이해하고 예측하며 미래 변화에 대한 전망을 하는 것은 과학적 측면뿐만 아니라 사회 · 경제적 측면에서도 매우 중요한 도전과제라고 할 수 있다.

3.2 몬순 순환의 특징

2차원 지표면 순환

전구 몬순의 일반적 개념을 바탕으로 몬순 순환의 특성을 살펴보자. 대륙과 해양의 전지구적 분포와 태양에너지 불균등 가열의 계절에 따른 변화, 그리고 지구 자전 효과에 의해 북반구 겨울철과 여름철 몬순 순환이 결정된다. Figure 3.8은 북반구 겨울철과 여름철에 지속적으로 나타나는 전지구적인 기압 패턴, 850 hPa 고도의 순환 패턴, 그리고 강수 영역을 나타낸다. 짙은 색으로 나타낸 순환장이 몬순 순환을, 나머지는 몬순 순환으로 정의되지 않는 영역을 의미한다. H는 고기압을 L은 저기압을 의미한다.

첫 번째로 두드러진 특징은 겨울 반구의 대륙에 고기압이, 해양에 저기압이 위치하는 반면 여름 반구의 대륙에 저기압이, 해양에 고기압이 주로 위치한다는 것이다. 이는 해양이 대륙보다 비열(specific humidity)이 약 4배 정도 크며, 열용량은 그 이상으로 크기 때문이다. 이에 따라 겨울 반구의 몬순 지역은 대륙성 고기압 중심에서 불어 나가는 바람장의 영향을 받게 되는데 이는 지면 마찰력이 커서 바람의 비지균 (Ageostrophic Wind Component)성분이 커지기 때문이다. 아시아 대륙의 경우 시베리아 고기압의 영향으로 인도 몬순 지역으로 북동풍이, 동아시아 몬순 지역으로는 북서풍이 우세하게 나타난다. 여름 반구의 몬순 지역은 해양성 고기압의 가장자리를 따라 대륙쪽으로 불어 들어오는 바람장의 영향을 받는다. 해양의 경우 마찰력이 상대적으로 작기 때문에 바람은 거의 지균평형(geostrophic balance)을 이루게 된다. 한편 몬순 기압골과 해양성 고기압 가장자리 사이에서는 강한 기압 경도가 형성되어 습윤한 공기가 강한 남서기류에 의해 몬순 지역으로 유입되어 많은 양의 비가 지속적으로 내릴 수 있는 환경이 조성된다. 거대한 유라시아 대륙과 인도양과 태평양의 상대적 위치에 의해 아시아 몬순이 다른 대륙의 몬순에 비해 거대한 규모로 나타나게 된다. 북미와 남미의 경우 상대적으로 규모가 적기는 하지만 북대서양 고기압과 남대서양 고기압의 영향으로 각각 북미 몬순 지역과 남미 몬순 지역에 몬순 순환이 형성되는 것을 볼 수 있다.

두 번째로 열대 몬순지역에서는 적도를 가로지르는 강한 적도 횡단류(cross-equatorial

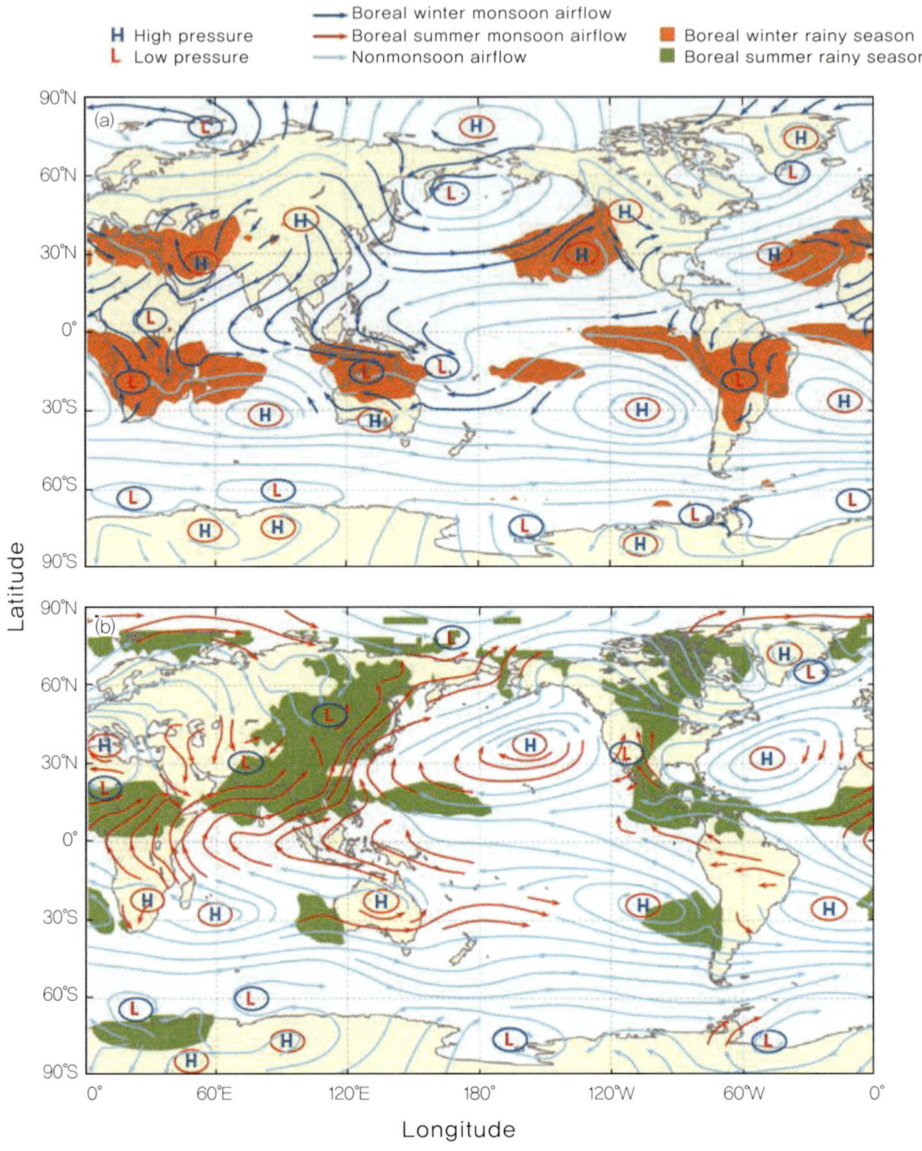

Figure 3.8 북반구 겨울(위쪽)과 여름(아래쪽) 지표 몬순 순환, 기압계, 강수영역. 청색선과 주황색 영역은 각각 북반구 겨울철 몬순 순환 및 강수 영역을, 적색선과 녹색 영역은 각각 북반구 여름철 몬순 순환과 강수 영역을 나타냄 (An et al. 2015).

flow)가 몬순 순환의 주요 성분인 것을 볼 수 있다. 기본적으로 태양에너지의 연변화에 의해 두 반구 사이의 열적 차이로 지표에서는 겨울 반구에서 여름 반구로, 상층에서는 여름 반구에서 겨울 반구로 공기괴(air mass)가 이동하며 강한 적도 횡단류를 만들어 낸다. 그리고 이와 같은 적도 횡단류는 열대 몬순 지역에 집중 되며 해들리 순환 (Hadley Circulation)의 뼈대 역할을 하게 된다. 적도 횡단류를 통한 수증기와 에너지 공급이 강력한 몬순 현상을 만들어 낸다고 볼 수 있다. 그리고 이와 같은 특징은 아시아-호주 몬순 지역에서 가장 두드러지게 나타나고 있다.

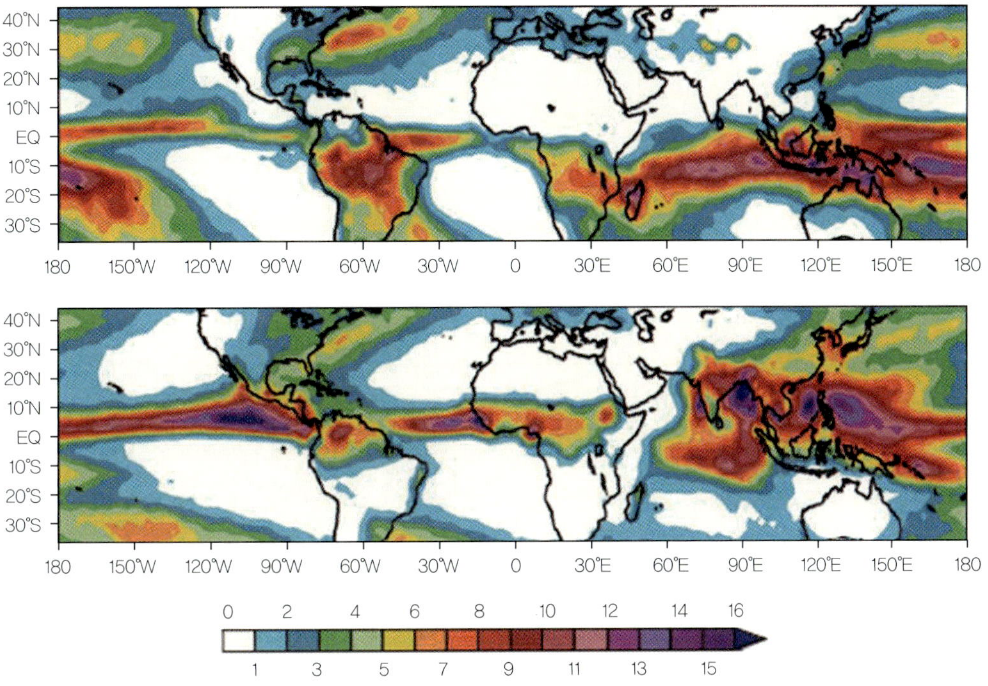

Figure 3.9 북반구 겨울철 (위쪽)과 여름철 (아래쪽) 평균 강수량 분포 (단위: mm day^{-1}) (Slingo 2003).

계절에 따른 기압계와 바람장의 변화에 의해 강수 지역도 확연히 달라지게 된다 (Figure 3.9). 주지할 사실은 많은 양의 강수가 실제적으로 해양에 위치하고 있다는 것이다. 열대 수렴대와 중위도 폭풍경로의 계절에 따른 위치에 따라 많은 양의 강수가 분포한다. 특히 웜풀(Warm Pool)이라고 불리는 해수면 온도가 상대적으로 높은 인도양과 서태평양 지역에 많은 강수가 집중되어 있으며, 상대적으로 해수면 온도가 낮은 적도 동태평양과 남동 태평양 지역에는 강수 활동이 제한된다. 참고로 해양에서 대류 및 강수활동이 활발한 지역은 해수면 온도가 대략 27°C 이상인 지역이며, 열대 수렴대의 남북 한계로 정의되는 열대 몬순 지역은 해수면 온도가 27°C 이상인 지역과 대략적으로 일치하는 것으로 알려져 있다.

3차원 몬순 순환

전 지구에서 가장 강력한 강수 현상과 대류 활동이 아시아-호주 몬순 지역에 집중되어 있고 (Figure 3.9), 이 지역의 대류 활동은 열대 자오면 순환과 동서방향 순환의 중심부가 된다. Figure 3.10은 아시아-호주 몬순과 열대 순환의 관련성을 도식화한 것이다 (Webster et al. 2008). 아시아-호주 몬순 중심부에서의 상승 운동은 남북방향으로 연결되어 중위도에서 하강 운동을 하는 측면 몬순(Lateral Monsoon), 서쪽으로 연결되는 횡단 몬순(transverse monsoon), 그리고 동쪽으로 연결되는 워커순환(Walker Circulation)으로 나눌 수 있다. 피터 웹스터는 측면 몬순 성분으로 이동하는 공기괴의 양이 횡단 몬순에 의한

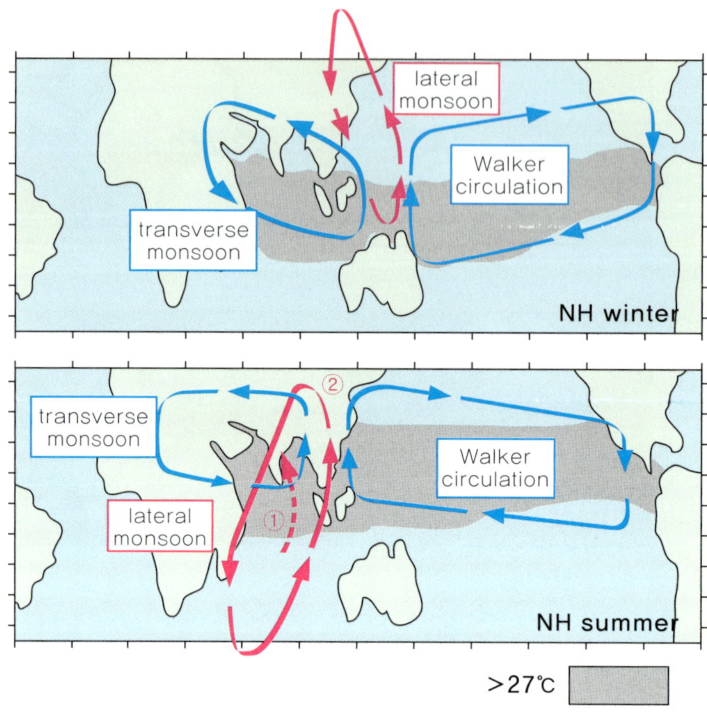

Figure 3.10 Webster et al. (1998)에서 제안한 아시아-호주 몬순의 3가지 순환 구조. 해수면 온도가 27°C 이상인 지역이 함께 표시됨.

의한 공기괴 이동양에 비해 2배 이상, 그리고 워커순환에 비해 1.25배 이상이라고 밝혔다. 앞에서 지적한 바와 같이 측면 몬순 순환은 결국 대기대순환의 열대 자오면 순환, 즉 해들리 순환, 의 중심부가 되며, Figure 3.9에 따르면 몬순 순환의 중심부는 계절에 따라 이동한다. 북반구 겨울철의 경우 중심부는 호주 몬순 영역 (해양성 대륙과 호주 북부)에 위치하며, 여름철의 경우 아시아 몬순 영역에 위치한다. 몬순 순환의 계절에 따른 남북방향 이동은 해수면 온도가 27°C 이상인 영역의 남북방향 이동과 일치한다. 3차원 순환 구조를 통해 결국 몬순 순환은 열대 대기 순환의 뼈대가 되기 때문에 몬순 역학의 이해는 근본적으로 열대 대기 대순환의 이해와 맞물려 있음을 알 수 있다. 따라서 몬순 역학 이해의 역사는 핼리와 해들리에서부터 시작된 열대 기상학 발달사와 함께 증진 되었음을 알 수 있다.

Figure 3.10에 의하면 활발한 대류 활동 지역은 몬순 순환의 세 성분과 관련된 대기 하강 운동에 의해 주변의 사막 지역과 맞물려 있음을 알 수 있다. 하지만 몬순 직접 순환(overturning circulation)만으로는 관측되는 사막들의 형성을 다 설명할 수 없다. 현존하는 가장 위대한 기상학자 중 한명인 브라이언 호스킨스경(Sir Brian Hoskins)과 그의 동료 마크로드웰은 여러 편의 논문을 통해 (예, Rodwell and Hoskins 1995) 몬순 직접 순환 외에 몬순 대류 활동으로 발현된 로스비 파(Rossby Wave)의 서쪽 전파와 해양-대기 상호 작용이 몬순-사막 결합 시스템의 주요 요소임을 제안하였다 (Figure 3.11). 겨울 반구의 사막 형성은 몬순 측면 순환, 즉 해들리 순환, 으로써 그 존재를 설명할 수 있으나, 여름 반구 대

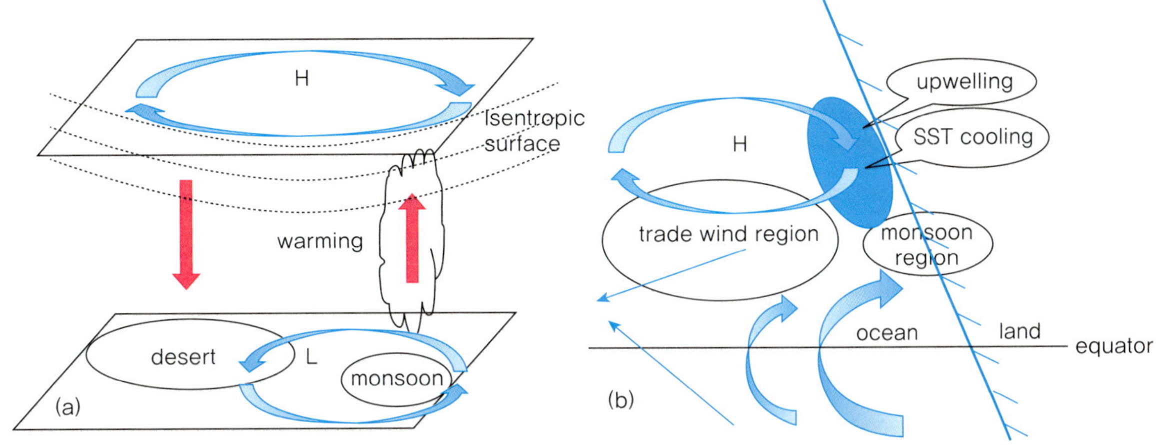

Figure 3.11 몬순-사막 결합 메커니즘(Monsoon-Desert Coupling Mechanism) 도식도. 몬순 대류 활동에 의한 로스비파의 서쪽 전파 (a)와 해양-대기 상호작용 (b)이 각각 대륙과 해양 몬순-사막 결합에 중요한 역할을 함 (Wang et al. 2012).

륙에 위치한 사막들에는 몬순 대류에 의해 발현된 로스비파가 더 중요한 역할을 한다.

몬순-사막 결합 시스템을 이해하기 위해서는 몬순 강수에 의한 대기 비단열가열(heating)에 대한 열역학적 평형(Thermodynamic Balance) 과정에 대해 이해할 필요가 있다. 다음은 열역학적 평형 방정식을 나타낸다.

$$\frac{Q}{c_p} = \mathbf{v} \cdot \nabla_p T + \left(\frac{p}{p_0}\right)^k \omega \frac{\partial \vartheta}{\partial p}$$

방정식에서 Q는 대기 가열, c_p는 일정 기압하의 비열 상수, $\mathbf{v}$는 바람장, $\nabla_p T$는 일정 기압하의 수평방향 온도 경도, p와 p_0는 각각 기압과 지표 기압, ω는 연직 방향 운동 (상승 운동이 음의 값), $\partial\vartheta/\partial p$는 온위(potential temperature)의 연직 경도를 의미한다. 즉 오른쪽 식에서 첫번째 항은 수평방향의 온도 이류를, 두번째 항은 연직 방향 운동과 관련한 단열(adiabetic) 온도 상승/하강을 나타낸다. 열대 지역에서는 수평방향 온도 이류값이 매우 작아서 만약 대기가 가열 되면 상승 운동에 의한 단열 하강에 의해, 대기가 냉각되면 하강 운동에 의한 단열 상승에 의해 에너지 평형이 이루어 진다. 하지만 중위도에서는 연직방향 단열 과정이 매우 약하기 때문에 대규모 로스비 파에 의한 수평방향 온도 이류에 의해서 에너지 평형이 이루어 진다. 반면 아열대 몬순 및 사막 지역에서는 수평방향 온도 이류와 연직방향 단열 과정이 비슷한 크기를 가지며 함께 작용하게 된다. 아열대 사막 지역의 경우 몬순 직접 순환에 의해 유도된 하강 운동에 의한 단열 온도 상승과 서쪽으로 전파되는 로스비파에 의해 유도된 온도 이류에 의해서 건조하고 높은 기온이 유지된다. 이와 같은 메커니즘에 의해서 지중해와 사하라 동부의 경우 아시아 몬순이 시작되는 시기에 사막 기후로의 전이가 급속도로 이루어 진다.

Figure 3.9에 의하면 남 · 북반구 모두 동태평양과 동대서양 지역에 해양성 사막이 발달해 있는 것을 알 수 있다 (아열대 고기압의 동쪽 지역). 이는 몬순 활동 및 그에 따른 대기 변화와 해양의 상호 작용으로서 설명할 수 있다 (Figure 3.11b). 북미 몬순과 북태평양 아열대 고기압 및 북태평양 해수면의 상호작용을 예를 들어 설명하면 다음과 같다. 북미 몬순 지역에 강수 및 대류활동이 활발해지면 이에 따라 북태평양 지역에 고기압 순환이 유도되어 북미 서해안 지역에서는 북풍이, 중태평양 지역에는 남풍이 유도된다. 그리고 북미 서해안 지역의 북풍에 의한 에크만 수송에 의해서 해안 주변에 용승이 발생해 해수면 온도가 낮아지게 된다. 이에 따라 대기권 하층에 층운이 발생해 입사하는 태양 에너지를 감소시켜 아열대 고기압을 더욱 강화시켜 해양성 사막이 발달하게 된다.

3.3 기본적인 몬순 발생 메커니즘

이 절에선 몬순 현상을 유발하는 기본적인 발생 혹은 구동 메커니즘(Basic Driving Mechanism)을 살펴본다. 기본적인 구동 요인은 태양 복사 입사량의 연변화, 지표와 해양의 부등가열, 습윤 과정, 지구의 자전, 지표와 해양의 배치 및 지형 등 5가지를 들 수 있다.

태양 복사 입사량의 연변화

첫 번째로 가장 기본적인 몬순 발생 메커니즘은 지구 자전축 기울기에 의한 태양 에너지 입사량의 연주기 변동 (연변동)이다. 지구 자전축의 기울기는 약 4만 1천년을 주기로 22.1°에서 24.5°의 범위에서 변하며 현재는 23.5°를 유지하고 있다. 자전축이 기울어져 있기 때문에 열적도가 남회귀선 (Tropic of Capricorn, 현재 23.5°S)과 북회귀선 (Tropic of Cancer, 현재 23.5°N)사이에서 계절에 따라 남북으로 이동하게 되며, 이에 따라 웜풀 지역 및 해수면 온도가 27°C 이상인 지역, 열대 수렴대, 그리고 강수량이 많은 지역이 이동하게 되고 (Figure 3.12), 또한 몬순 지역 및 열대 순환장이 변화하게 된다. 태양 복사 입사량의 연변화에 의해서 결국 몬순 현상의 지배적인 시간 규모는 연주기로 결정되는 것이다.

입사하는 태양복사 에너지의 연변화 때문에 이에 대한 해양-대기-지면 결합 시스템의 반응, 즉 전구 몬순, 역시 지배적인 연주기 변화를 나타낸다. Figure 3.13은 기후학적 월평균 강수량과 하층 바람장의 경험적 직교 함수(Empirical Orthogonal Function) 분석의 주요 모드를 나타낸다. 첫 번째 모드는 전체 변동성 대부분 (약 71 %)을 차지하며 전구 몬순의 주요 지역들에서 7~8월과 1~2월에 극 값을 가지는 연주기 변동을 나타낸다. 따라서 이 모드를 하지와 동지 비대칭 모드(Solstice Asymmetry Mode)라고 부른다. 주지할 사실은 태양이 6월 21일과 12월 22일 각각 북회귀선과 남회귀선을 지나지만 하지와 동지 비대칭 모드는 북반구의 경우 7~8월에 최대값을 1~2월에 최소값을 그리고 남반구는 그 반대를 나타낸다는 것이다. 즉, 대기-해양-지면 결합 기후 시스템은 시간 지연을 가지고 입사하는 태양 에너지의 연변동에 반응하게 된다. 이와 같은 연주기 모드는 남북방향의 열적 비대칭을 통해 대륙과 해양의 분포가 없이 물행성(Aqua Planet)만을 가정했을 때도 나타날 수 있다. 다만 현재와 같은 대륙과 해양의 분포는 열적 분포의 동서 방향 비대칭을 유도해 특정

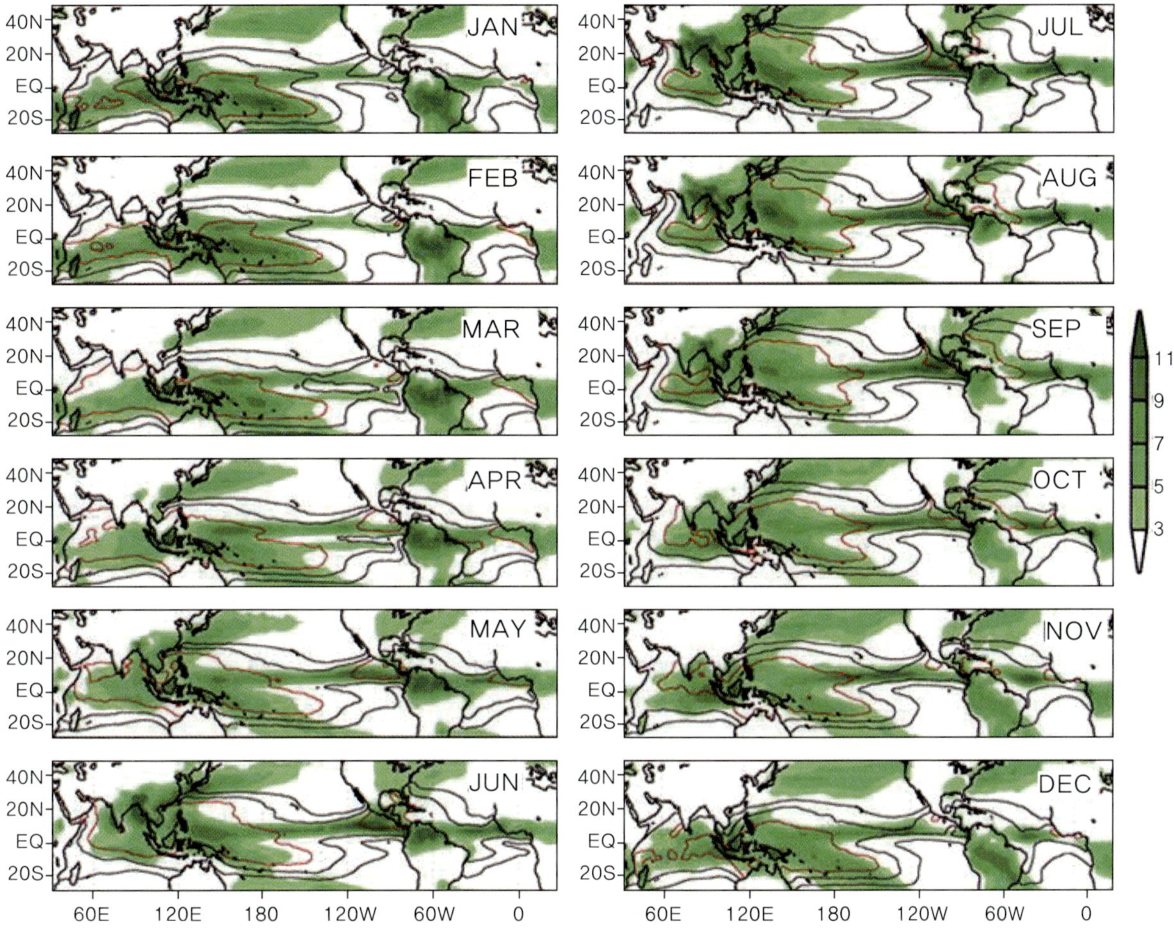

Figure 3.12 1월부터 12월까지 월평균 강수량 (색, 단위: mm day^{-1})과 해수면 온도 (선, 단위: °C). 해수면 온도는 25, 27 (검정선), 29 °C (적색선)만 표시됨.

한 지역, 즉 웜풀 지역과 아시아 몬순 지역, 에 강수량이 집중 될 수 있게 한다.

몬순의 기원(Origin of Monsoon)이 무엇인가에 대한 근원적인 질문에 대한 연구는 아직 진행 중이다. 대다수의 연구들은 다음에 기술할 대륙과 해양의 부등 가열이 몬순의 기원이라고 제시하고 있다. 하지만 윈스턴 차오(Winston Chao) 등은 대륙과 해양의 분포가 없이도 태양복사 에너지의 연변화와 그에 따른 열적도의 이동 만으로도 열대 수렴대와 몬순은 형성된다고 주장하고 있다 (Chao and Chen 2001). 윈스턴 차오는 더 나아가 열대 몬순만 몬순으로 정의하고 있다. 그는 동아시아 몬순은 몬순 시스템과 차별화된 중위도 전선 시스템(frontal system)이라고 정의해야 한다고 주장한다. 하지만 대다수 기후 과학자들은 동아시아 몬순을 전구 몬순의 중요한 성분으로써 받아들이고 있다. 이와 같은 몬순의 기원과 정의에 대한 문제는 아직도 논쟁 중이라고 할 수 있다.

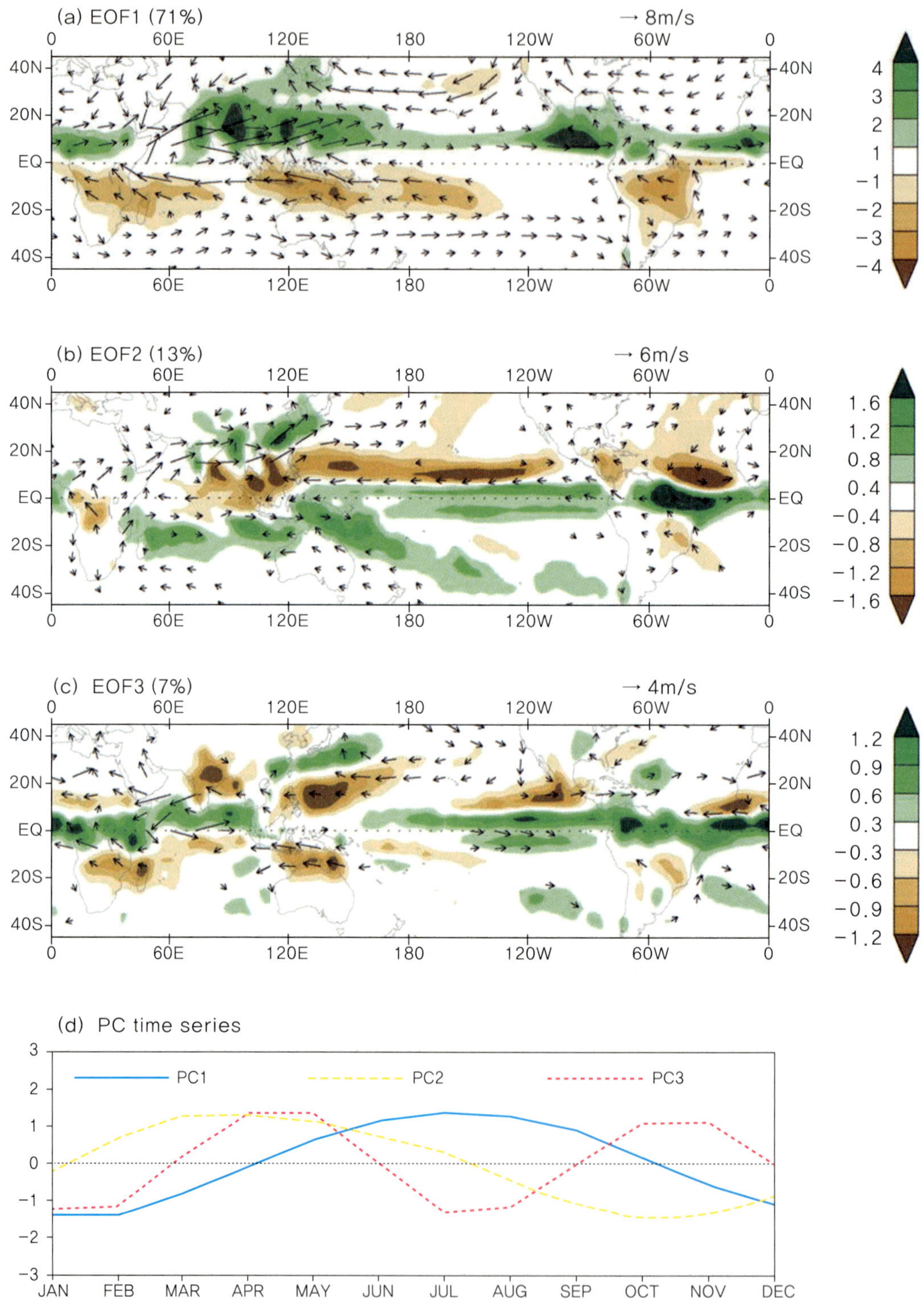

Figure 3.13 기후학적 월평균 강수량 (색, 단위: mm day^{-1})과 850-hPa 수평 바람장 (단위: m s^{-1})의 첫 번째부터 세 번째 경험적 직교함수 모드 공간 분포 (a~c) 및 시간 변동 (d). 바람장은 세기가 1 m s^{-1} 이상만 표시함 (Wang and Ding 2008).

대륙과 해양의 부등 가열

에드먼드 핼리 이후 대륙과 해양의 열용량(*Heat Capacity*) 차이에 의한 부등 가열 (*Differential Heating*)이 몬순을 발생 시키는 가장 중요한 요소로 받아 들여지고 있다 (전통적인 몬순에 대한 관점). 물 (4218 J kg^{-1} K^{-1})과 건조한 토양 (대략 1300 J $kg^{-1}K^{-1}$) 의 비열 (Specific Heat) 차이는 약 4배나 된다. 하지만 물과 토양의 열용량은 4배 이상의 차이를 나타낸다. 토양의 특성상 느린 분자 운동에 의한 열 전달만이 가능하기 때문에 태양복사 에너지는 지표 아래 몇 센티미터 밖에 전달 되지 않는다. 하지만 해양에서는 난류 혼합에 의해 해수면 아래 수 미터까지 열이 효과적으로 전달 된다. 따라서 대륙과 해양의 열용량 차이는 비열 차이보다 더 크게 되며, 이는 몬순 발생에 매우 중요한 역할을 한다. 대륙과 해양의 열용량 차이에 의한 부등 가열은 수평 방향의 기압 경도를 유도하며 이에 따라 몬순 순환이 만들어 지게 된다 (Figure 3.14). 이와 같은 관점에서 몬순 순환은 대규모의 해륙풍이라고 볼 수 있다. 한가지 더 고려할 사항은 습윤한 토양은 건조한 토양보다 비열이 더 높아서 토양 보다는 해양처럼 행동할 수 있다는 점이다. 이에 따라 일단 대륙 쪽에 강수가 시작되어 토양 수분이 증가하면 이 지역이 '해양'처럼 작용해 더 건조한 대륙 안쪽으로 강수대가 이동할 수 있도록 작용하게 된다.

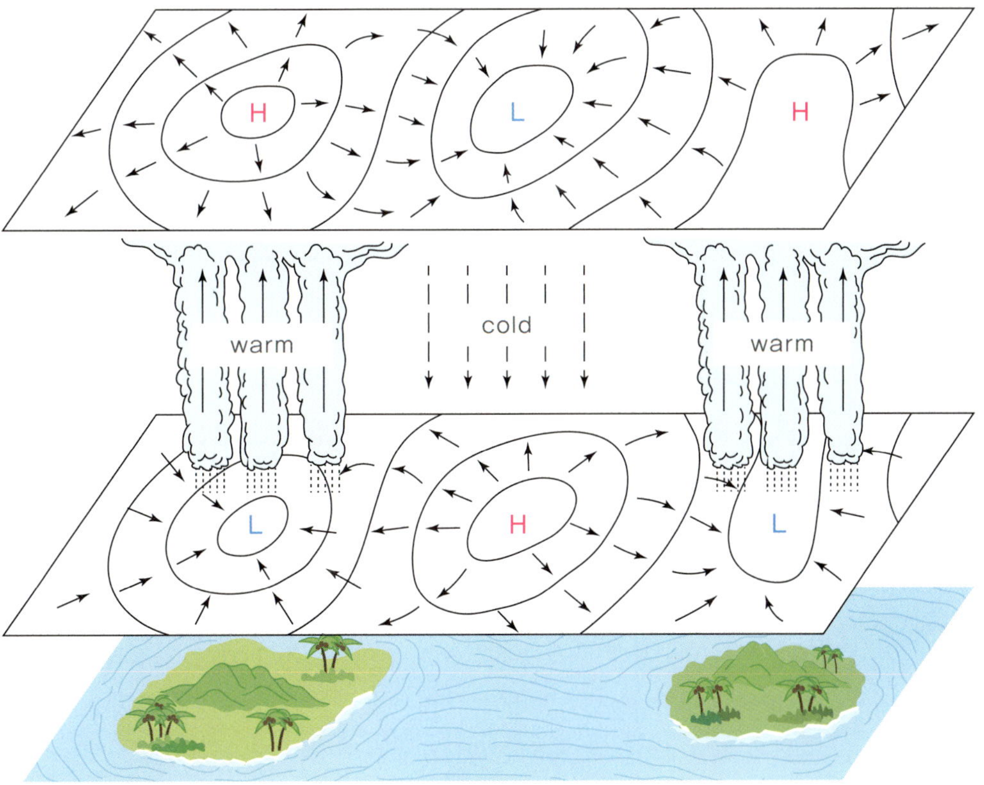

Figure 3.14 Wallace and Hobbs (1977)가 제시한 해양과 대륙의 분포에 따른 몬순 발생 메커니즘 모식도.

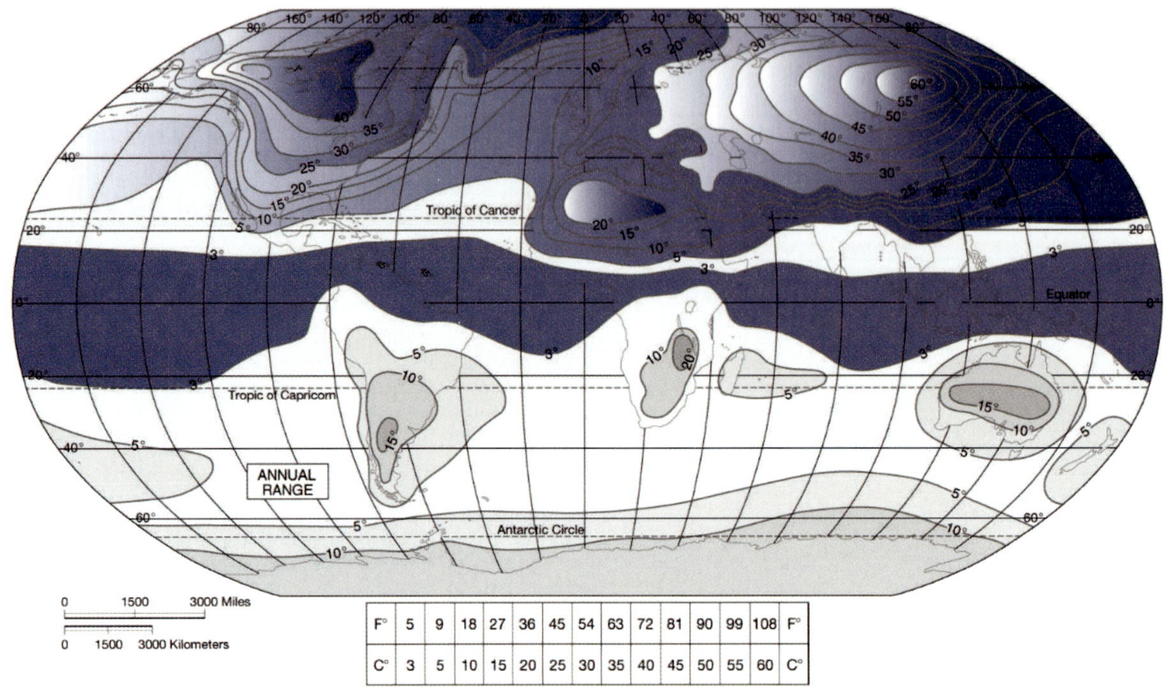

Figure 3.15 전지구 지표 기온의 연변화 진폭의 크기 (월평균 최고 온도와 최저 온도 차이) (Kump et al. 2004).

대륙과 해양의 부등가열 효과를 전지구적으로 살펴보자. Figure 3.15는 현재 대륙과 해양 분포 및 지형에 의한 지표 기온의 연변화 진폭 (가장 높은 온도와 낮은 온도의 차이)을 나타낸다. 비열 차이에 의해 대륙 지표 기온의 연변화 진폭이 해수면 온도의 연변화 진폭에 비해 상당히 크다는 것을 알 수 있다. 또한 대륙 내에서도 유라시아 대륙에서의 연변화 폭이 다른 대륙에 비해 더 크게 나타나는 데 이것은 대륙의 크기가 큰 것과 티베트 고원을 포함하는 지형 효과 때문이다. 이 부분은 차후 자세히 다루어 질 것이다. 대륙에서는 연변화 크기가 15°C 이상이 되며, 티베트 고원에서는 최대 60°C에 이르는 것을 볼 수 있다. 하지만 해수면 온도의 경우 특히 열대에서는 약 3~5°C의 변화만을 나타내고 있다. 이와 같은 대륙과 해양의 부등가열 효과는 남북 방향뿐만 아니라 동서 방향의 기압 경도를 만들어 몬순 순환을 형성할 수 있게 된다.

Figure 3.13b는 기후학적 월평균 강수와 하층 순환의 두 번째 경험적 직교함수 모드가 4~5월과 10~11월에 극 값을 가지는 또 다른 연주기 변동임을 나타내고 있다. 두 번째 모드는 전체 변동의 13 %를 설명할 수 있다. 첫 번째 모드에 비해 작은 변동성이긴 하지만 전구 몬순 연변동의 주요한 성분으로 받아들여지고 있다. 하지와 동지 비대칭을 나타내는 첫 번째 모드와 달리 두 번째 모드는 춘분과 추분 비대칭 (Equinoctial Asymmetry)을 반영하고 있다. 예를 들어 동아시아의 경우 봄철이 가을철에 비해 강수가 많으며 몬순 순환이 상대적으로 더 강하다. 첫 번째 모드는 대륙과 해양의 분포가 없이도 태양복사 에너지의 연변화에 의해 발생할 수 있으나, 두 번째 모드는 대륙과 해양의 분포와 이에 따른 부등

가열 때문에 발생할 수 있는 것으로 알려져 있다 (Chang et al. 2005).

이 지점에서 우리는 조지 심슨경(Sir George Simpson)이 지적한 중요한 문제를 생각해 보아야 한다. 심슨경은 1921년 기상학 역사에서 중요한 논문 중 하나를 발표하며 대륙과 해양의 부등 가열 이론 만으로는 몬순을 설명하는 데 한계가 있다고 문제를 제기한다 (Simpson, G. 1921). 첫째, 인도는 일년 중 5월에 가장 덥지만 인도 몬순은 6월 중순에 시작해 7월에 최고조를 이룬다. 둘째, 인도에서 가장 더운 지역인 북서부는 몬순 기간 동안 전혀 비가 내리지 않는 사막 지역이다. 셋째, 통계적으로 인도 몬순 순환이 약한 해의 인도 대륙의 기온은 몬순 순환이 강한 해 보다 더 높게 나타난다. 즉, 대륙과 해양의 부등 가열에 의해 몬순이 발생한다는 것에 의문점을 제시할 수 밖에 없다. 심슨경 이후 반세기 이상이 지난 후 피터 웹스터는 지표에서 대기로 물이 수송되는 과정에 그 해답을 찾을 수 있다고 제시하였다.

습윤 과정(Moist Processes)과 몬순 태양에너지 집전기(Monsoon Solar Collector)

앞서 설명한 바와 같이 대륙과 해양의 부등 가열만으로는 몬순 순환의 강도와 시작 및 종료 시점을 설명하는 데 한계가 있다. 피터 웹스터는 이와 같은 불일치가 수증기의 '열저장' 및 '열수송' 특성에 기인한다고 설명하고 있다. 물순환(Water Cycle)은 지구 표면의 약 70 %를 차지하는 해양에서 물이 증발하면서 시작된다. 지구 대기 상층에 도달하는 총 입사 태양복사량 (약 324 W m^{-2})의 약 23 %가 표층의 바닷물을 덥히는 데 사용되며, 이에 따라 평균 1.2 m정도 두께에 해당하는 양의 표층 바닷물이 대기 중으로 증발된다. 이때 액체에서 기체로 물이 상변화를 하면서 1 kg 당 539 kcal의 기화열을 흡수한다. 열을 저장한 수증기는 증발된 해양에서 응결해 비로 내리며 잠열을 방출하고 그 곳의 대기를 가열시키기도 하지만, 대륙으로 이동해 응결하기도 한다. 즉, 물순환 과정 혹은 습윤 과정은 한 곳의 에너지를 흡수해 다른 지역으로 수송해 방출시키는 역할을 하기 때문에 '태양에너지 집전기(Solar Collector)'라고 불리기도 한다. Figure 3.16은 북반구 여름철과 겨울철 수증기 수송을 나타낸다. 몬순 지역, 특히 인도 몬순, 북미 몬순, 그리고 호주 몬순 지역에 많은 양의 수증기가 수송되고 있음을 보여주고 있다.

수증기 증발부터 응결까지의 물순환에 의해서 부등가열이 강한 시기와 몬순 순환이 발생하는 시간적 차이를 설명할 수 있게 된다. 이와 더불어 몬순 강수 과정시 방출되는 잠열은 대기를 가열 시켜 몬순 순환과 적운 대류를 더욱 강화시키는 역할을 한다. 따라서 습윤 과정이 포함된 몬순 순환은 더욱 강렬하고 적운 대류가 대류 권계면까지 이르지만 습윤 과정이 포함되지 않은 건조한 몬순 순환 (우리나라에서는 마른 장마라고 부름)은 연직 성분이 중층 대류권까지만 도달하게 된다.

한가지 더 고려될 사항은 앞서 지적한 것처럼 물순환 과정에 의해 토양의 비열이 변할 수 있다는 것이다. 습윤한 토양은 건조한 토양보다 더 높은 비열을 가지며 '해양'처럼 행동할 수 있다. 먼저 해양과 근접한 육지에서는 여름철 부등가열에 의해 상승 운동이 해안가 주변

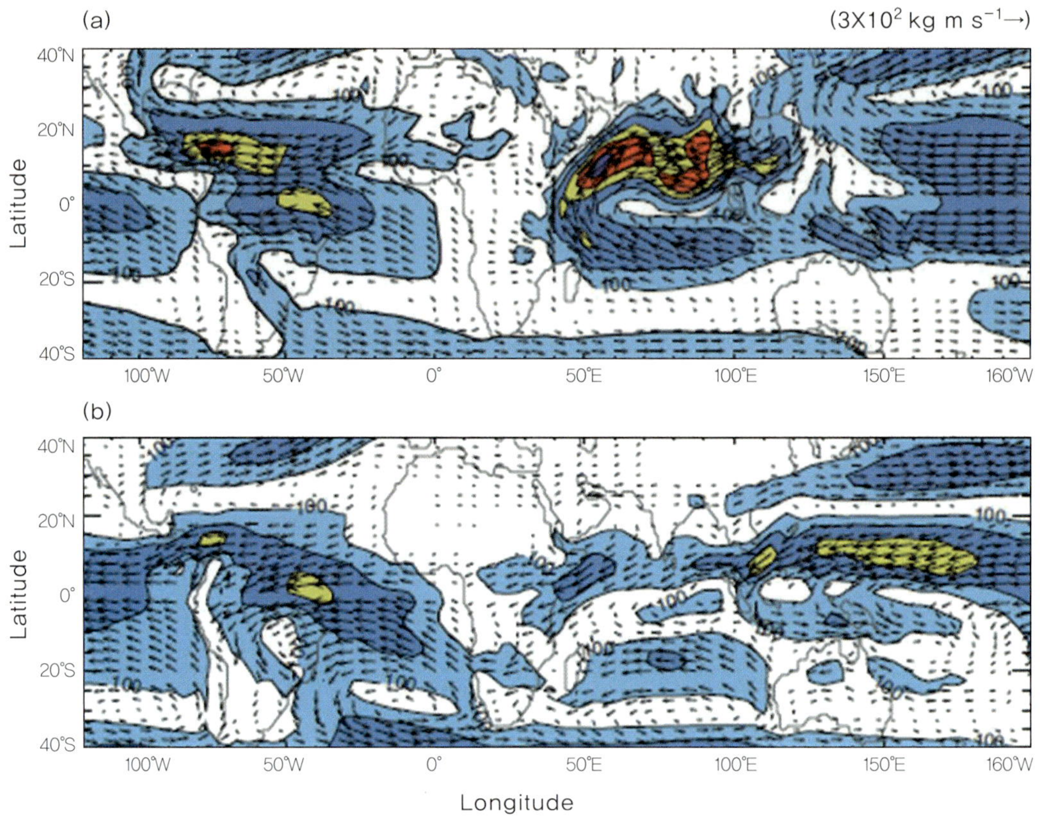

Figure 3.16 6~9월 (a), 12~2월 (b) 연직 적분된 수분 수송 (Webster and Fasullo 2003).

에 일어날 수 있고, 대류 활동과 그에 따른 강수로 인해 건조한 육지의 토양 수분이 증가하게 된다. 일단 토양 수분이 증가하면 이 지역이 '해양'처럼 행동해 부등가열에 의한 기압 경도가 더욱 건조한 내륙쪽으로 이동하게 되고 대류 활동이 해안가에서 내륙으로 이동하게 된다. 이때 해안가의 토양은 수증기 증발에 의해 다시 건조해진다. 따라서 다시 건조해진 해안가의 대륙과 해양 사이에 기압 경도가 발생하며 다시 몬순 순환이 형성되어 앞서 설명한 과정이 반복 된다. 이와 같은 반복 과정은 여름철 몬순 시기 내에서도 우기와 건기를 반복하게 하며 계절안 변동을 일으키게 된다. Figure 3.13c는 계절안 변동이 몬순 강수와 하층 순환의 총 변동의 약 7 %를 설명할 수 있음을 나타내고 있다. 비록 첫 번째와 두 번째 연주기 변동에 비해 매우 약하지만, 계절안 변동도 전구 몬순 시스템의 주요한 성분임을 반영하는 것이다. 결론적으로 수증기의 에너지 저장 및 수송은 몬순의 강도와 시작 및 종료 (연주기), 몬순 기간내의 우기와 건기 (계절안 변동)를 결정하는 데 주요한 역할을 한다.

지구 자전(Earth Rotation) 효과

몬순에 대한 핼리의 논문 발표 50년 후 해들리는 지구의 자전 효과를 고려해 무역풍과 몬순에 대한 이론을 다시 정립한다. 지구 자전 효과는 대기 몬순 순환뿐 아니라 몬순과 관련

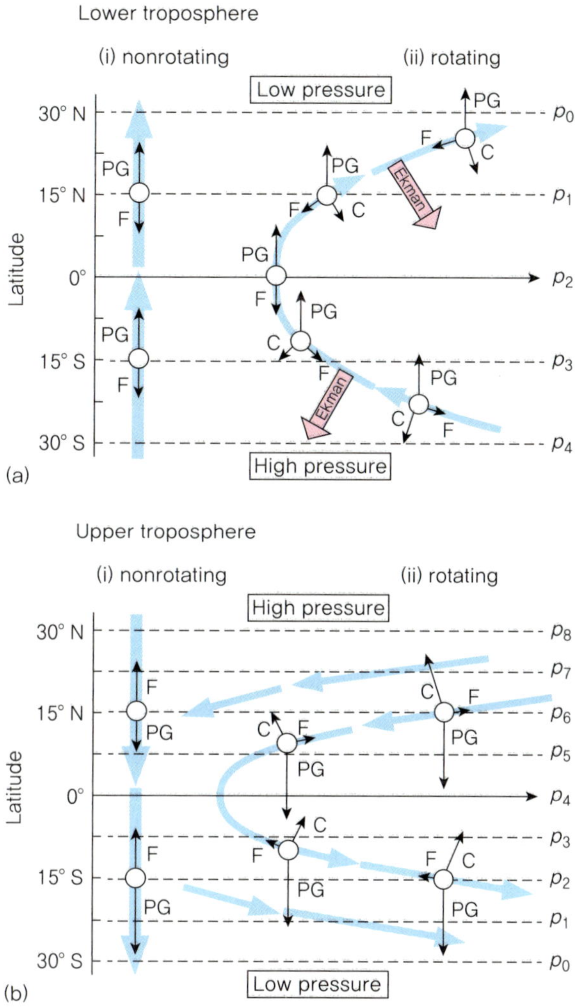

Figure 3.17 지구의 자전 효과가 없을 때 (i) 와 있을 때 (ii) 대류권 하층 (위쪽) 및 상층 (아래쪽) 적도 횡단 바람의 변화. PG는 기압경도력, C는 전향력 효과, F는 마찰력, Low Pressure는 저기압, High Pressure는 고기압, Ekman은 해양의 에크만 수송을 각각 나타냄. Webster and Fasullo (2003) 인용.

된 해양 수송에 큰 영향을 미친다.

먼저 지구 자전 효과가 대기에 미치는 영향을 살펴 보자 (Figure 3.17). 북반구 여름철의 경우 반구간 기압경도에 의해 대류권 하층에서는 북쪽으로, 상층에서는 남쪽으로 기압경도력이 작용한다. 이때 지구 자전 효과가 없을 경우 기압경도력과 이와 반대 방향으로 작용하는 마찰력 효과의 합으로 하층에서는 남반구에서 북반구로 상층에서는 북반구에서 남반구로 바람이 불게 된다. 하지만 지구 자전 효과가 있을 경우 적도를 제외하고 고위도로 갈수록 커지는 전향력(Coriolis effects)이 작용해 본래 방향의 오른쪽으로 바람이 전향하게 된다. 따라서 몬순 지역 대기권 하층에서는 남서 기류가 발생하게 된다. 대기권 상층에서는 마찰력이 하층에 비해 작고 공기의 밀도가 낮으며, 기압 경도력이 고도에 따라 증가하기 때문에 더 강한 바람이 형성되어 동서 방향으로 더 넓은 영역까지 영향을 주게 된다. 대기권 상층은 기압경도력이 전향력에 비해 상대적으로 커서 바람의 동서 방향 성분이 남북방향 성분보다 더 크게 된다. 인도 몬순 지역의 경우 대류권계면에서 약 40~50 m s^{-1} 세기의 동풍제트가 형성된다.

인도 몬순 지역 상층 강한 동풍 제트의 형성 이유를 좀더 들여다 보자. 유라시아 대륙의 크기와 티베트 고원의 존재로 북반구 여름철에는 인도 북부지역을 포함하는 남아시아와 티베트 고원 상층이 지구 상에서 가장 온도가 높은 지역이 된다 (Figure 3.15 참조). 이와 같은 온도 분포는 적도에서 극으로 갈수록 온도가 감소되는 일반적인 구조 (서풍 제트 형성)와 반대 방향의 온도 분포를 형성해 온도 경도가 역전된다. 극으로 갈수록 온도가 증가할 경우 온도풍 균형에 의해 동풍 바람이 불게 되고 대류권에서는 고도에 따라 바람이 증가해 대류권계면에서 강항 동풍 제트를 형성하게 된다. 상층 제트가 형성되면 제트의 입구와 출구 지역에 남북방향의 이차 순환이 형성된다. 동풍 제트 입구 지역의 이차 순환은 남아시아 몬순 순환과 같은 방향으로 형성되어 몬순 순환을 강화시키지만 출구 지역의 이차 순환은 몬순 순환과 반대 방향으로 형성되어 몬순 순환을 약화시킨다. 이에 따라 여름철 온도가 매우 높게 올라가는 인도 북서부 지역과 북아프리카 지역에서 몬순 순환이 매우 약화된다 (Webster and Fasullo 2003).

지구 자전 효과는 몬순 순환과 관련된 해양 수송에도 큰 영향을 미친다. Figure 3.17a에서 보이는 바와 같이 대류권 하층 남서 기류의 직각 방향으로 해양 에크만 수송(Ekman Mass Transport)이 이루어 진다. 따라서 대기에서는 남반구에서 북반구로 수송이 이루어지나 해양에서는 북반구에서 남반구로 수송이 나타나게 된다. 해양은 해수면을 통해 대기와 열 교환을 하며, 에크만 수송에 의해 남북방향으로 열을 전달한다. 북인도양의 경우 여름철에 해수면 온도가 증가하기 때문에 해양에서 대기로 열전달(Surface Heat Flux)이 이루어지고, 남반구에서 북반구로 대기가 이동하며 잠열이 수송된다 (Figure 3.16a 참조). 이와 같은 북쪽으로의 에너지 이동은 북반구에서 남반구로의 해양 에크만 수송과 열수지 균형을 이루게 된다. 이와 같은 대기와 해양의 열수지 균형에 지구 자전 효과가 중요한 역할을 하는 것을 알 수 있다.

대륙-해양 분포와 지형 효과

Figure 3.8, 9, 13에서 볼 수 있듯이 몬순 강수 및 순환은 남북 방향뿐만 아니라 동서 방향에 대해 매우 비대칭적이다. 이와 같은 비대칭을 야기하는 근원적 원인은 현재의 대륙-해양 분포와 지형의 효과라고 볼 수 있다.

약 2억 5천만년 전 판게아 대륙이 분열하기 시작하면서 약 6천 5백만년 전인 신생대 초기에 이르러 현재와 유사한 대륙-해양 분포가 이루어 졌다고 알려져 있다. 티베트 고원, 히말라야 산맥과 미국 서부 산맥 등 대부분의 전 세계 산맥들은 신생대 중 후반 (대략 5천만년 전부터 2천만년 전 사이)에 융기 되었으며 신생대 제4기에 들어서는 현재와 거의 유사한 해륙 분포 및 지형이 이루어 진 것으로 추정된다 (Ruddiman and Kutzbach 1989;

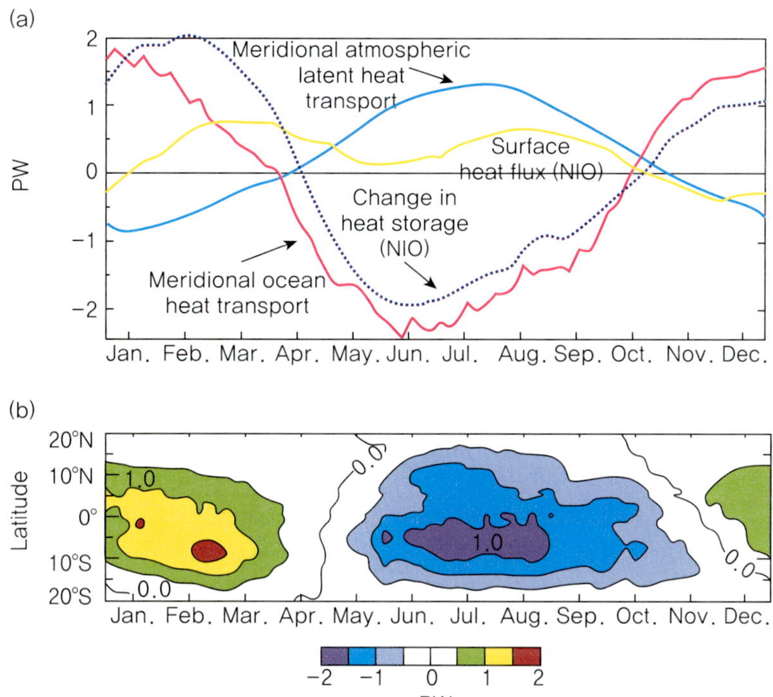

Figure 3.18 북인도양 기후평균 월별 (a) 해양 열 축적량 변화(점선), 지표면 열속, 남북방향 해양 열 수송량, 남북방향 대기 열 수송량과 (b) 해양 열속 (10^{15} W). Webster and Fasullo (2003) 인용.

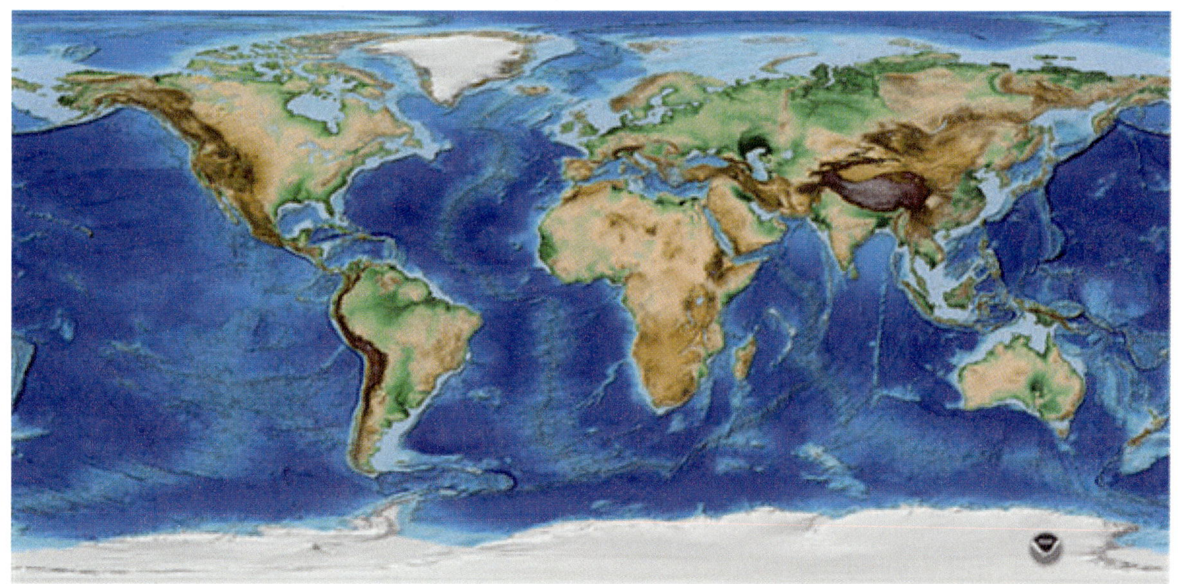

Figure 3.19 전지구 해륙 및 산맥의 분포. 티베트 고원의 최고 높이는 약 4,400m. 출처: 미국 해양기상청 (NOAA).

Sepulchre et al. 2006). 많은 연구들이 현재의 해륙 분포 및 지형이 동서 방향으로 비대칭적인 대기 순환을 만들어 내고 몬순-사막 결합 시스템을 더욱 강화 시켰으며, 대륙성 기후를 더욱 강화시키는 역할을 했음을 제시하고 있다 (Ruddiman and Kutzbach 1989; Kitoh 2004; Lee et al. 2013, 2015). 즉 하나의 초대륙이 존재했던 고생대와 산맥이 융기하기 전인 신생대 제3기의 기후 (특히 몬순 강수 및 순환의 분포)는 현재와 매우 달랐을 것이다. Figure 3.19는 현재 대륙-해양 분포 및 지형을 보여주고 있다.

아시아 몬순은 가장 큰 유라시아 대륙과 티베트 고원 (최고 높이: 4,400 m)의 효과로 전구 몬순 시스템 중 가장 강력한 성분이 될 수 있었다 (Kitoh 2004; Boo and Kuang 2010; Wu et al. 2012; Lee S.-S. et al. 2013, Lee et al. 2015). 티베트 고원은 거대한 아시아 몬순을 형성하는 열역학적 뿐만 아니라 역학적 메커니즘의 원천이 된다. 높게 융기된 티베트 고원과 히말라야는 남쪽으로부터 이동한 공기괴를 역학적으로 상승 시키는 역할을 하면서 북쪽에서 내려오는 차가운 공기를 막는 역할을 한다 (Boos and Kuang 2010). 또한 높게 융기된 지면에 의해 티베트 고원 위의 대기는 같은 고도의 주변 대기에 비해 상대적으로 높은 온도를 가지며 대류 활동에 의해 많은 양의 잠열이 대기 중으로 방출된다 (Wu et al. 2012). 따라서 티베트 고원을 열 펌프(heat pump)라고 표현하기도 한다. 2012년에는 윌리암 부스 (William Boos)와 고숑 우(Guoxiong Wu) 사이에 티베트 고원의 역할에 대한 논쟁이 붙기도 했다 (Qiu 2013). 윌리암 부스는 히말라야에 의한 역학적 효과를 고숑 우는 티베트 고원의 열적 효과를 더 강조하였다. 많은 과학자들이 이후 논쟁에 참여하였고, 현재는 두 효과가 모두 역할을 하고 있지만 열적 효과 (현열과 잠열 모두 포함)가 더 중요하다는 것으로 의견이 모아지고 있다.

전구 몬순의 대부분 성분들은 지형 효과 없이 현재의 대륙-해양 분포만으로도 어느 정도 형성될 수 있으나, 지형 효과에 의해 몬순 시작이 빨라지고 강도가 1.5배에서 2배 정도 강화됨으로써 몬순 총 강수량이 증가된 것으로 추정된다. 하지만 동아시아 몬순은 유일하게 티베트 고원 없이 현재의 대륙-해양 분포만으로는 형성 될 수 없을 것으로 평가 되고 있다 (Lee et al. 2015). Figure 3.13에서 동아시아 몬순 지역에서 다른 위도대의 몬순 지역에 비해 첫 번째와 두 번째 연주기 변동 진폭이 크게 나타나는 특징을 보이고 있다. 이와 같이 동아시아 몬순 지역에서 몬순 순환과 강수량이 북쪽과 대륙 쪽으로 더 많이 확장되고 총 강수량이 같은 위도 대의 다른 지역에 비해 많은 원인에 있어서 티베트 고원이 결정적인 역할을 하고 있을 가능성이 높다.

3.4 아시아 몬순의 특성

아시아 몬순이 강력한 이유

이 절에선 전구 몬순 시스템에서 가장 강력한 아시아 몬순의 특성에 대해 살펴보고자 한다. 아시아 몬순은 거대한 유라시아 대륙과 인도양 및 서태평양의 분포, 그리고 티베트 고원에 의해 가장 강력한 몬순 순환 및 대류 활동을 가진다. 앞에서 기술한 바와 같이 티베트

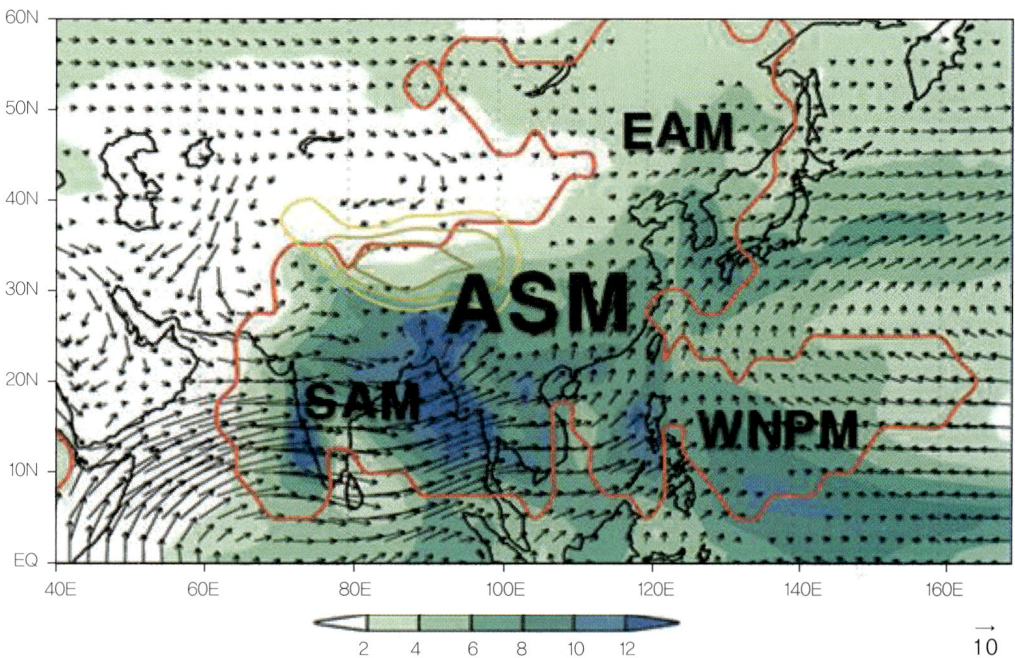

Figure 3.20 기후학적 여름평균 강수량 (색, 단위: mm day^{-1}) 및 850-hPa 바람장 (벡터, 단위: m s^{-1}) 및 아시아 몬순 영역 (적색선). 갈색 계열 선은 티베트 고원 위치를 나타냄. ASM, SAM, EAM, WNPM은 각각 아시아 몬순, 남아시아 몬순, 동아시아 몬순, 북서태평양 몬순을 나타냄.

고원의 최고 높이는 4,400 m로 대기권의 중층까지 이른다. 따라서 Figure 3.15에 보이는 바와 같이 티베트 고원을 중심으로 남북방향뿐만 아니라 동서방향으로 전지구적으로 가장 큰 온도 경도 및 기압경도가 형성되고 이에 따라 가장 강력한 몬순 순환이 만들어 진다. 여름철 티베트 고원의 강한 가열에 의해 대류권계면에서 약 40~50 m s^{-1} 세기의 강력한 동풍제트가 형성되는 것이다.

여름철에는 인도양과 태평양으로부터 숨은열을 포함한 많은 양의 수증기가 아시아 대륙으로 수송되어 남아시아와 동아시아 및 주변 해역에 많은 양의 비를 뿌리는 반면 고온건조한 공기괴가 아시아 몬순의 북서 지역에 하강하여 세계에서 가장 큰 사막 지역 (사하라부터 중동 및 몽골에 걸친 영역)을 형성하게 된다 (Figure 3.20). 반면 겨울철에는 시베리아의 매우 차가운 공기가 적도쪽으로 이동하며 인도네시아, 호주 북부와 남태평양 수렴대에 많은 양의 비가 내리게 된다.

아시아 몬순은 인도 대륙과 벵갈만을 포함하는 인도 몬순 (혹은 남아시아 몬순), 우리나라 장마를 포함하는 동아시아 몬순, 그리고 해양성 몬순인 북서태평양 몬순으로 구성되어 있다. 6월에서 7월까지는 인도 몬순이 가장 강력한 순환 및 강수량을 나타내지만 8월에서 9월까지는 북서태평양 아열대 고기압의 세력이 더 강해지면서 고기압 중심부의 남서쪽에 위치하는 북서태평양 몬순이 더 강력해진다.

각 몬순 성분의 특성 및 차이점

인도 몬순과 동아시아 몬순이 대륙성 몬순인 반면 북서태평양 몬순은 해양성 몬순이다. 한편 인도 몬순과 북서태평양 몬순이 열대 몬순인 반면 아시아 몬순은 아열대 몬순으로 열대와 중위도의 영향을 복합적으로 받는다. 따라서 동아시아 몬순의 구조, 주요 성분, 계절성은 인도 몬순과 상당히 독립적으로 나타난다. 하지만 각 몬순 성분들은 열역학적 에너지 교환, 로스비파 전파, 수증기 수송 등에 의해 상호작용을 함으로써 상호간의 연관성을 가지게 된다.

인도 몬순과 동아시아 몬순은 대륙-해양 분포에 의해 기본적으로 다른 영향을 받는다. 인도 몬순은 상대적으로 뜨거운 인도 및 남아시아 대륙과 차가운 인도양 사이의 상당한 남북방향 온도 경도에 의해 형성되며 티베트 고원의 역학적 및 열역학적 효과에 의해 더욱 강화된다. 반면 동아시아 몬순은 상대적으로 뜨거운 아시아 대륙과 차가운 태평양 사이의 동서방향뿐만 아니라 남북방향 온도 경도에 의해 형성된다. 상대적으로 높은 위도대에 위치하면서 동아시아 몬순 순환은 인도 몬순 순환에 비해 약하게 나타나며 중위도 전선 시스템(frontal system)의 영향을 받는다 (Wang et al. 2003).

Figure 3.21은 세 몬순 지역 강수량의 기후학적 5일 평균 시계열을 각각 그린 것이다. 북서태평양 몬순은 다른 몬순들보다 높은 연평균 강수량을 보이며 북반구 여름철에 가장 강력한 열원으로 작용한다. 인도몬순은 6월 중순쯤 시작되어 7월에 가장 많은 강수량을 보

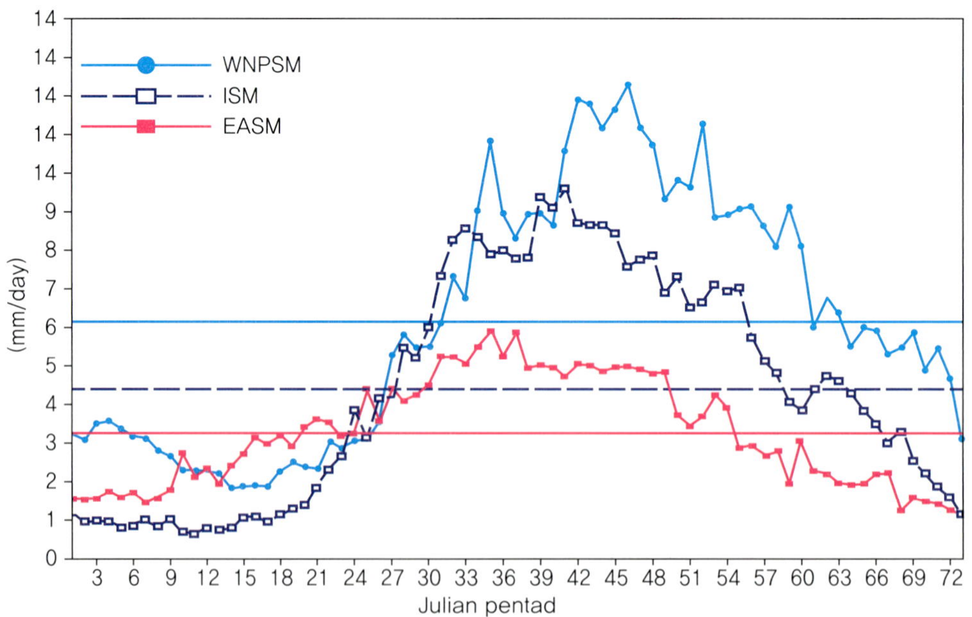

Figure 3.21 기후학적 5일 평균 (pentad) 강수량의 연변화. 인도 몬순 (ISM, 청색), 동아시아 몬순 (EASM, 적색), 북서태평양 몬순 (WNPSM, 파란색) 지역 평균 강수량임. 수평선들은 각 몬순 성분의 연평균 강수량을 나타냄 (Wang et al. 2003).

이며 점차 약해지는 반면 북서태평양 몬순은 비슷한 시기에 시작되나 8월과 9월에 가장 많은 강수량을 보인다. 동아시아 몬순은 6월 하순 경에 시작해 7월에 가장 많은 강수량을 보이며 약해지다 8월 말에서 9월 초에 약한 두 번째 우기를 나타낸다. 즉 세 몬순 성분은 서로 다른 연변화 특성을 보이고 있다.

세 몬순 지역에서 강수량의 남북방향 전파 과정도 각각 다르게 나타난다 (Figure 3.22). 강수량을 여러 경도별로 평균해 시간에 따른 위도 분포 변화를 살펴보면, 열대 수렴대와 몬순 기압골에 의한 강수의 전파 과정을 알수 있다. 먼저 인도 몬순 지역 (동경 70-90°영역 평균)에서는 5월 중순경 남위 약 5°에 위치하고 있는 열대 수렴대로부터 몬순 기압골이 발달해 점차 북상해서 6월 중순에 인도 대륙에 도달하는 것을 알 수 있다. 한편 몬순 기압골이 북상하는 과정에서 적도 남인도양에 위치한 열대 수렴대는 지속적으로 존재하는 것을 볼 수 있다. 하지만 티베트 고원의 존재로 몬순 기압골에 의한 강수는 북위 30° 이상으로는 확대되지 못한다. 인도차이나 반도 지역 (100~110°E)에서는 5월 중순에 남반구에 위치하던 열대 수렴대가 북위 10°로 갑작스럽게 북상하고 6월 초순에 북위 20° 부근에 또다른 열대 수렴대가 발달하는 것을 볼 수 있다. 인도 몬순 지역과는 달리 여름철 동안 남반구 열대 수렴대는 나타나지 않으며 북반구에 두 위도 대에서 열대 수렴대가 8월 말까지 공존하는 것을 볼 수 있다. 동아시아 몬순과 북서태평양 몬순 지역 (110~140°E)에서는 몬순 강수량 지역이 좀더 북쪽으로 확장되어 나타난다. 12월에서 3월까지 남위 10° 부근에 위치하던 열대 수렴대는 6월 초에 북위 5° 위치로 갑작스럽게 이동한 후 8월까지 점차 더 북쪽으로 북상한다 (북서태평양 몬순). 그리고 이보다 더 북쪽에서는 5월 초부터 약 북위 20°에서 40°까지 북상하는 강수대를 볼 수 있다 (동아시아 몬순). 동아시아 몬순의 강수대는 봄철에 존재하던 중위도 전선 시스템이 열대 몬순 기압골과 만나 더 강화되면서 좀 더 북쪽으로 전파되는 양상을 나타낸다.

아시아 몬순 시작 시기의 특성

Figure 3.22에서 나타난 바와 같이 아시아 몬순 지역에서 강수대가 북상하면서 각 지역 몬순의 시작(Monsoon Onset) 시점이 정해진다. 아시아 몬순의 대규모 시작 시기는 대략적으로 두 단계로 나누어 볼 수 있다 (Figure 3.23). 첫 번째 단계는 5월 중순에 남지나해(South China Sea)에서 시작해 대규모 몬순 강수대가 아라비아 해(Arabian Sea), 벵갈 만(Bay of Bengal)과 남지나해까지 확장된 후에 점차로 아열대 북서태평양 몬순 지역으로 8월 중순까지 동진하는 것이다. 두 번째 단계는 해양에 위치하던 몬순 강수대가 서서히 북상하여 대륙에서 몬순이 남쪽에서부터 북쪽으로 가며 순차적으로 시작되는 것이다. 인도 몬순은 대략적으로 6월 중순에 시작해 7월 초에 티베트 고원의 남쪽 경계에 이르게 된다. 동아시아에서는 6월 중순에 중국 메이유와 일본 바이우가 시작되고 강수대가 북상해 6월 말에 장마가 시작된다. 강수대는 더 북상해 7월 초에 몽골지역에 도달하게 된다. 기후평균적인 분포에서는 남쪽에서 북쪽으로 강수대가 점진적으로 북상하는 것으로 보이지만 매년 지역별 몬순은 갑작스런 몬순 순환장과 강수대의 이동으로 나타나기 때문에 최신 기술상

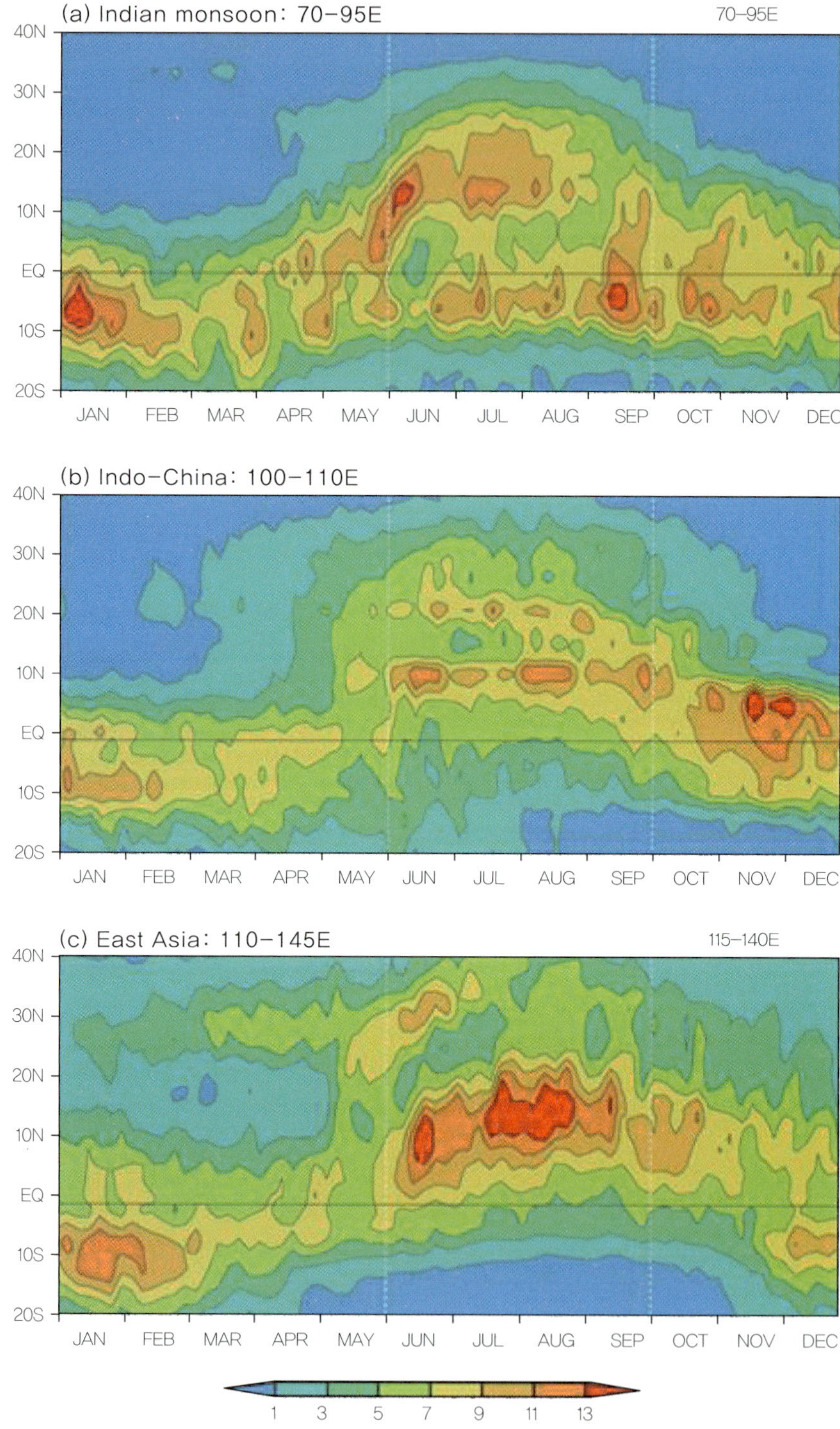

Figure 3.22 기후학적 5일 평균 강수 (단위: mm day^{-1})의 (a) 인도 몬순 영역, (b) 인도차이나 영역, 그리고 (c) 동아시아 영역 경도 평균 위도별 시간에 따른 분포 (Chang et al. 2005).

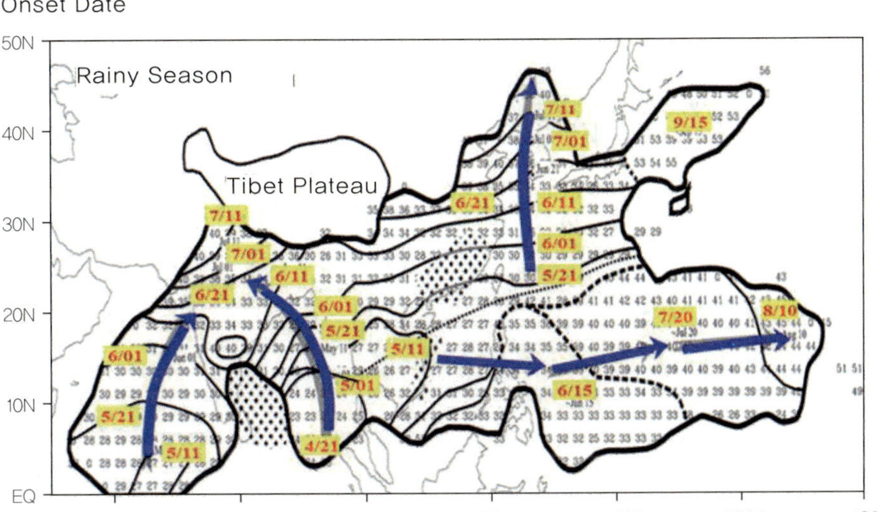

Figure 3.23 아시아 몬순 각 지역별 몬순 시작(Onset) 시기. 검정색 숫자는 1년을 73으로 나누어 나타낸 시기이며, 30이 대략적으로 6월 1일이 됨. 청색 화살표는 몬순 강수대의 전파 경로를 의미함 (Wang and LinHo 2002).

태의 기후 모델을 이용한다고 해도 그 시작을 예측하기가 매우 어렵다.

동아시아 몬순의 특성

마지막으로 장마를 포함하는 동아시아 몬순의 특성을 살펴보자. 앞에서 기술한 바와 같이 동아시아 몬순은 열대 몬순뿐만 아니라 아열대 고기압과 중위도 시스템의 영향을 복합적으로 받는 매우 복잡한 시스템이라고 볼 수 있다. Figure 3.24는 동아시아 몬순에 영향을 주는 기단 및 중위도 전선 시스템을 나타낸 것이다. 온도와 습도를 동시에 고려하는 상당온위(Equivalent Potential Temperature) 분석을 통해 주요 기단의 배치 및 그에 따른 동아시아 몬순의 기본 요소인 정체전선의 위치를 파악할 수 있다 (서경환 등 2011).

우선 동아시아 몬순의 남서부 지역에 고온 다습한 열대 몬순 기압골과 관련된 기단이 위치하며, 남동쪽에는 온난하고 열대 몬순 기단 보다 건조한 북태평양 고기압과 관련된 기단이 존재한다. 동아시아 몬순의 북서쪽에는 상대적으로 고온건조한 대륙성 기단이 위치하며, 북동쪽에는 한랭습윤한 오호츠크해 기단이 자리잡고 있다. 그리고 더 북쪽에 추가적으로 한대성 극기단이 위치한다. 이러한 총 5개의 기단의 상호작용으로 인해서 동아시아 몬순은 더욱 복잡한 특성을 가지게 되며, 동아시아 몬순의 각 세부 지역 강수 또한 서로 다른 특징을 보인다. 동아시아 몬순 정체 전선 및 강수대는 서로 다른 기단들의 경계에 발달하게 된다. 일반적으로 메이유는 열대몬순과 대륙성 기단 사이에 발달하며, 바이우는 열대 몬순 및 북태평양 고기압과 오호츠크해 기단 세력의 영향을 받는다. 하지만 장마는 모든 기단의 영향을 받아 더욱 복잡한 특성을 보인다 (서경환 등 2011).

정체전선은 상당온위의 남북경도가 음의 최소값을 나타내는 지역, 즉 기단들의 열역

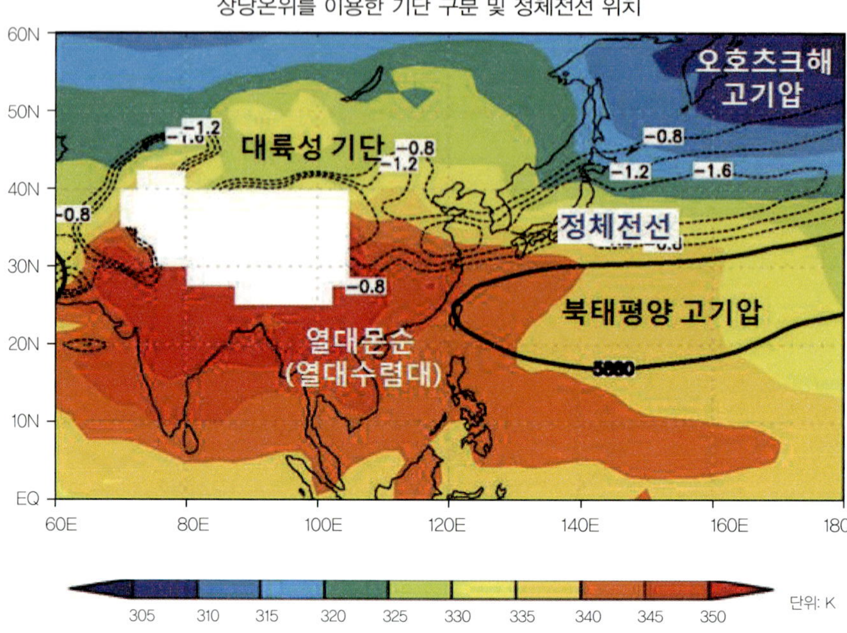

Figure 3.24 6월 하순에서 7월 중순 사이의 850-hPa 고도의 상당온위 (색, 단위: K) 및 상당온위 남북경도 (점선, 단위: 10^{-5} K m^{-1}), 그리고 500-hPa 고도의 5880 gpm (굵은 실선). 온도와 습도를 동시에 고려하는 상당온위 수치를 이용해 서로 다른 기단을 구분할 수 있음. 정체전선은 서로 다른 기단들의 경계에 위치 (서경환 등 2011).

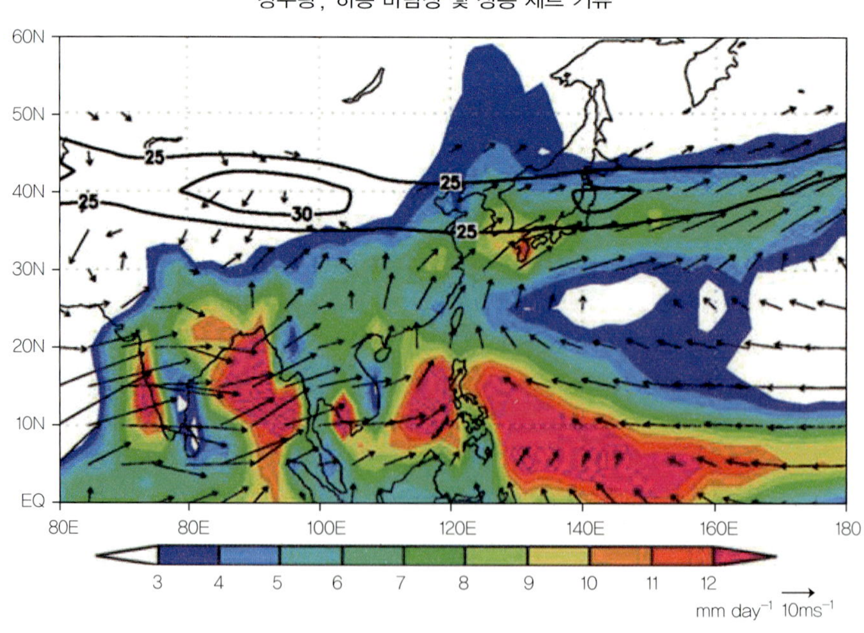

Figure 3.25 장마 기간 동안 (6월 하순~7월 중순) 평균 강수량 (색), 하층 바람장 (벡터), 그리고 상층 제트기류 (흑색선) (서경환 등 2011).

학적 차이가 가장 큰 지역에 위치한다. 따라서 정체전선은 주변에 비해 불안정한 지역으로 강한 대류활동이 발생할 수 있다. 메이유는 일반적으로 온난습윤한 열대 몬순과 온난건조한 대륙성 기단 사이에서 습도 차이가 크게 나타나는 반면, 바이우는 한랭습윤한 오호츠크해 고기압과 온난습윤한 북태평양 고기압 사이에서 온도 차이가 크게 나타난다. 장마는 기본적으로 4개의 기단 사이에서 온도와 습도 차가 모두 큰 특징을 보인다. 하지만 장마는 북태평양 고기압과 오호츠크해 기단 사이의 대치에 크게 영향을 받는 해가 있는 반면, 열대 몬순 기압골의 영향이 더 큰 해도 있다. 또한 강한 북극 진동과 연관된 한대 대륙성 기단의 영향이 더 강한 시기도 있다. 따라서 해마다 정체전선 (즉, 장마전선)의 위치 및 장마의 시작과 종료 시기, 기간 및 강도가 큰 폭으로 변화한다 (서경환 등 2011).

장마 기간 동안의 몬순 순환 및 강수량 분포를 좀더 살펴보자 (Figure 3.25). 이 기간 동안 우리나라는 하층에서 북태평양 고기압의 가장자리를 돌아 불어오는 남서 기류와 벵골만과 동남아시아를 거쳐 중국 동해안을 지나 불어오는 해양성 남서 기류의 영향을 동시에 받는다. 이와 같은 강한 하층 순환 (하층 제트라고도 부름)을 따라 습윤한 공기가 우리나라 쪽으로 상당히 많은 양이 유입된다. 따라서 장마 전선의 발달 및 북상에 북태평양 고기압은 결정적인 영향을 미친다. 고기압이 발달하며 고기압 가장자리가 우리나라 남쪽에 위치할 경우 장마 전선이 잘 발달하며, 고기압 가장자리의 확장에 따라 장마 전선이 북상하게 된다. 고기압 세력의 약화는 습윤 공기 유입을 약화시켜 장마 전선이 일시적으로 소멸하기도 한다. 그리고 이뿐만 아니라 상층 제트기류의 강화도 대기 불안정을 유발해 장마 전선을 유지하는 데 중요한 역할을 한다 (서경환 등 2011).

3.5 몬순의 변동성

주요 시간 변동 모드

몬순 변동의 주요 시간 규모는 연주기이지만 다양한 내 · 외적 원인에 의해 종관 규모 변동, 계절안 진동, 경년변동, 수십년 변동, 수백년 변동, 및 천문학적 시간 규모에 이르기까지 다양한 변동 특성을 나타낸다 (Figure 3.26). 대기-해양-지면 기후시스템의 상호작용에 의한 내부 역학(Internal Dynamics)에 의해 몬순 시스템은 다양한 변동성을 내재하게 된다. 대기 내부 역학에 의해 일주기, 종관규모부터 계절안 시간 규모에 이르는 변동성이, 대기-지면 상호작용에 의해 계절안 시간 규모에서 경년 변동 규모에 이르는 변동성이, 그리고 해양-대기 상호작용에 의해 계절안에서 수십년 시간 규모에 이르는 변동성이 나타날 수 있다. 이외에 인위적인 온실가스 방출에 의한 지구온난화에 의해 수십년에서 수백년에 이르는 몬순 변화가 나타날 수 있으며, 지구와 태양의 천문학적 위치 변화 (즉, 밀란코비치 주기)와 판 운동에 의해 천문학적 시간 규모의 변화가 초래될 수 있다.

Figure 3.27은 사회 · 경제적 영향을 크게 미칠 수 있는 계절내 시간규모에서 경년 및 수십년 시간규모에 이르는 고유한 몬순 변동 주기 및 그 변동성을 유도하는 다양한 기후 시스템 요인들을 보여준다. 이 중에서 특히 아시아 몬순 시스템과 인도양-태평양의 상호작

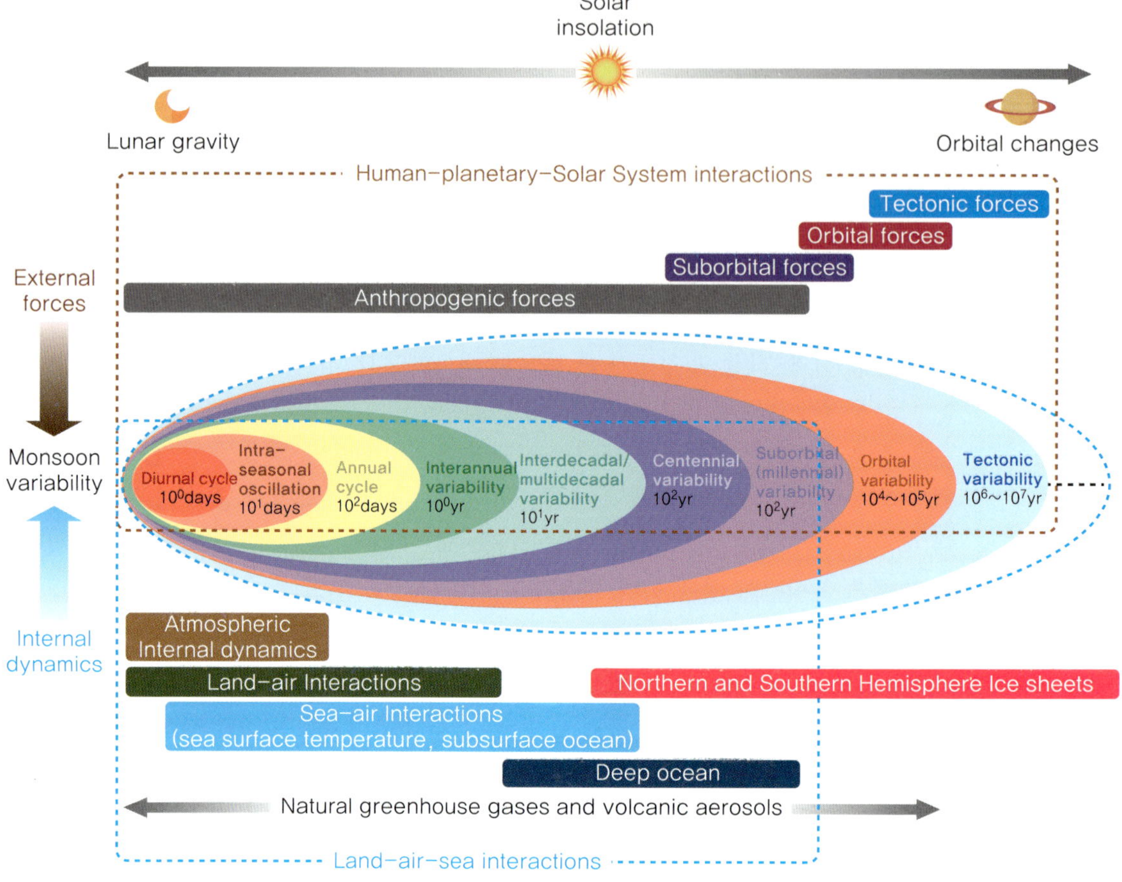

Figure 3.26 다양한 시간 규모에서의 몬순의 변동성 및 각 규모별 발생 원인들 (An et al. 2015).

용이 아시아 몬순의 2년에서 7년 주기의 특징적인 경년 변동을 만들어내는 핵심 요소라고 할 수 있다. 특히 몬순과 엘니뇨-남방진동(El-Nino and Southern Oscillation, 이후 ENSO로 표현)의 관련성이 경년 변동 시간 규모에서 몬순 변동성에 가장 중요한 역할을 한다. 일반적으로 엘니뇨가 발달하는 여름철에는 인도 몬순이 약화되고, 엘니뇨가 소멸하는 여름철에는 북서태평양 고기압의 강화로 동아시아 몬순이 강화되는 특징이 있다 (Wang et al. 2013). 그 예로, 금세기 가장 강했던 1997/1998년 엘니뇨가 소멸하면서 라니냐로 전이되던 1998년 여름에 중국과 우리나라가 집중호우에 의해 큰 홍수 피해를 입은 사례가 있다. ENSO 이외에도 대류권 이년진동(Tropospheric Biennial Oscillation), 인도양 해수면 변동, 북대서양진동(North Atlantic Oscillation), 극진동(Arctic Oscillation), 유라시아 눈 덮임 (Eurasian snow cover) 등이 몬순의 경년 변동에 영향을 미친다. 역사적으로 몬순의 경년 변동성이 많은 주목을 받아온 반면 최근에는 계절안진동(intraseasonal oscillation)과 수십년 주기 변동(interdecadal variability)에 대한 연구가 많이 이루어지고 있다.

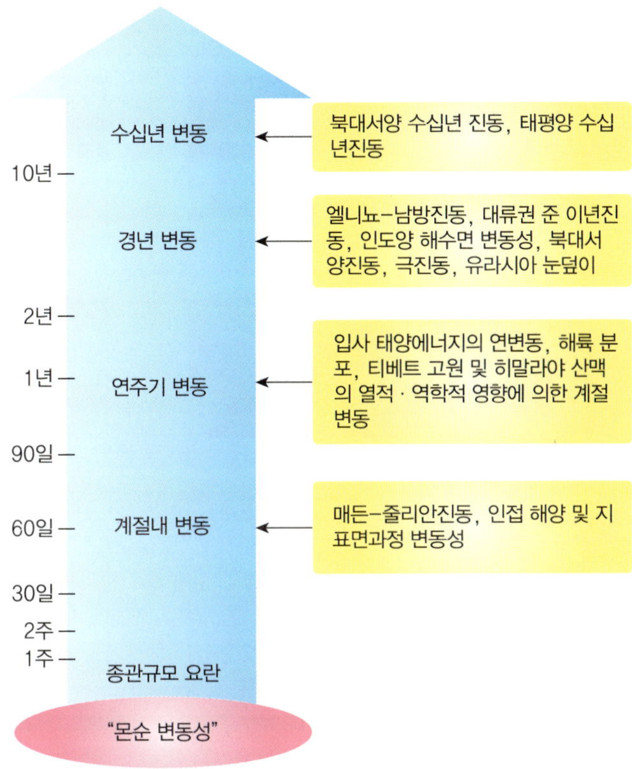

Figure 3.27 계절내 시간 규모에서 수십년 시간 규모의 몬순 변동성을 유도하는 다양한 외부 요인들. 장마백서 (2011) 인용 및 변형.

북반구 여름철 몬순 계절안진동

전지구 몬순, 특히 아시아-호주 몬순 시스템은 대기 순환 고유의 내부 역학 과정 및 인접 해양과의 상호작용, 지면-대기 상호작용 등을 통해 뚜렷한 계절안진동을 나타낸다. 계절안진동은 종관규모 날씨 현상과 계절기후 변동성의 사이에 위치하며 기상과 기후의 연결고리 역할을 하기 때문에 최근 그 중요성이 점차 증대되고 있다. 특히 아시아-호주 몬순 지역 (40°~160°E, 30°S~40°N)에서는 계절안진동이 경년 변동보다 더 큰 진폭으로 나타날 뿐만 아니라 (Kang et al. 1999), 여름철의 경우 종관규모 변동성에 상당하는 세기를 나타낸다 (Figure 3.28). 또한 계절안진동은 계절에 따라 공간적 · 시간적으로 큰 차이가 있으며, 전파 특성도 현저히 다르다 (CLIVAR MJO Working Group, 2009). 계절안진동은 크게 북반구 겨울철에 적도부근에서 뚜렷하게 나타나는 매든-줄리안 진동과 북반구 여름철 아시아 몬순 지역에서 특징적으로 나타나는 계절안진동 (boral summer intraseasonal oscillation, 앞으로 BSISO라고 표현)으로 구분된다.

북반구 겨울철 적도를 따라 동진하는 매든-줄리안 진동과 달리 BSISO는 변동 센터가

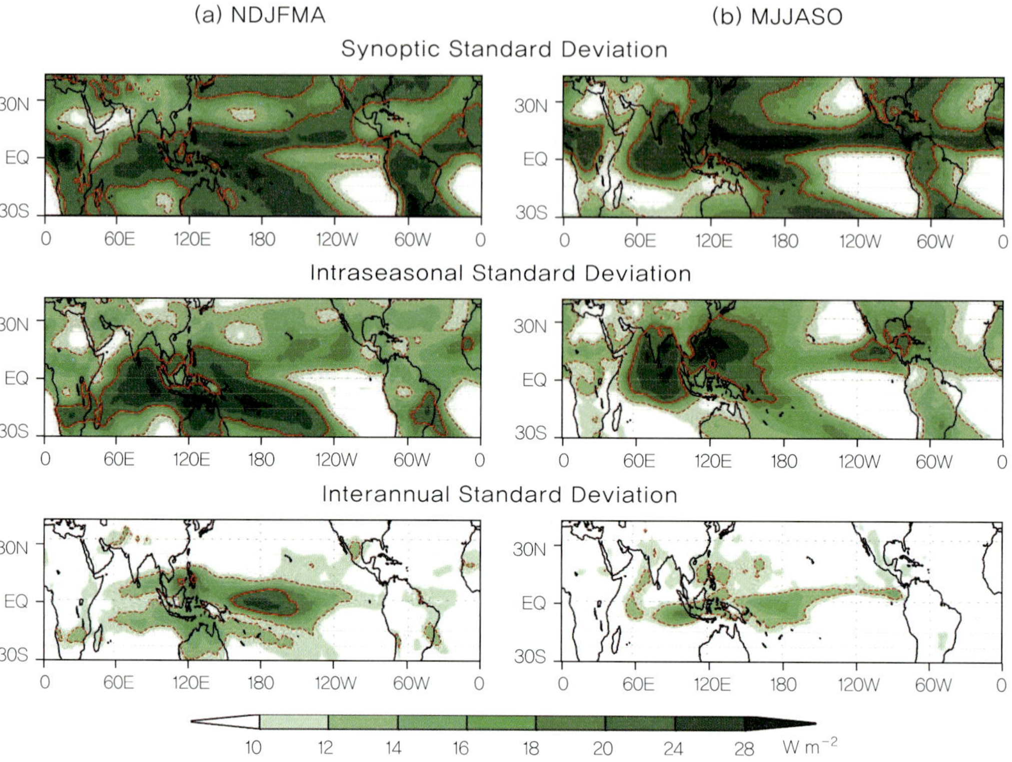

Figure 3.28 북반구 겨울철 (11월부터 4월)과 여름철 (5월부터 10월) 기간 동안 지구장파복사의 종관규모 변동 (10일 이내, 위), 계절안진동 (14~90일, 중간), 경년 변동 (90일 이상, 아래)의 표준편차.

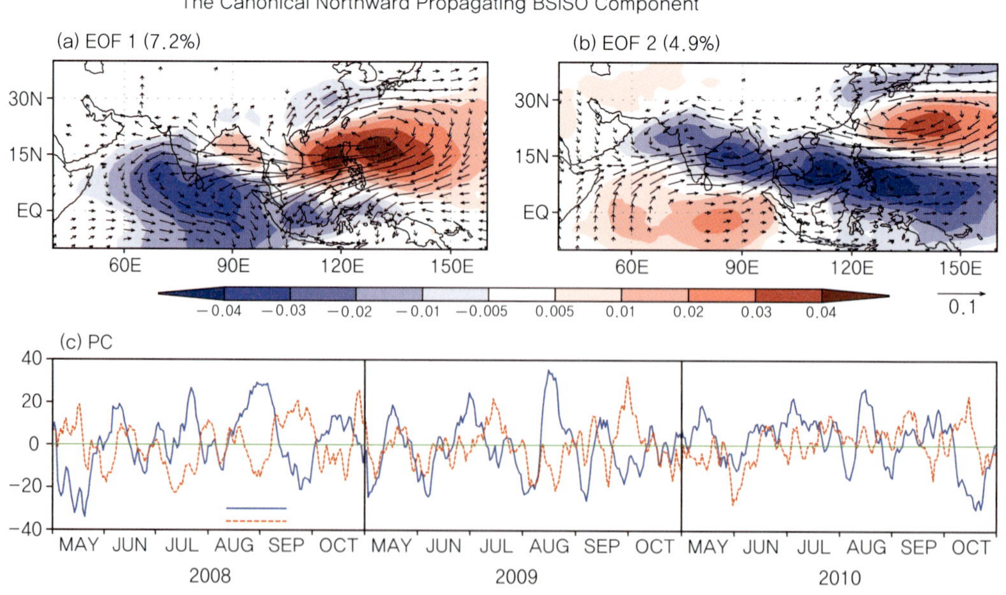

Figure 3.29 아시아 지역에서 전형적으로 북상하는 첫 번째 BSISO 고유 모드의 공간 패턴 (a, b) 및 시계열 (c). (a, b)에는 지구장파복사 (색)와 850-hPa 바람장 패턴을 나타낸다 (Lee et al. 2013a).

적도에서 아시아 몬순 지역으로 이동하며, 인도 지역과 북서태평양-동아시아 지역에서 북쪽으로 전파되는 특성을 보인다 (Lee et al. 2013a). 최근에는 BSISO라는 용어를 많이 사용하지만 MISO(monsoon intraseasonal oscillation)로 불리기도 한다. BSISO는 아시아 몬순의 시작과 종료, 몬순 강수 기간내의 변동성과 밀접하게 관련되어 있으며, BSISO에 따른 우기와 건기는 극한 수문 · 기상 현상에 상당한 영향을 미친다. BSISO는 30~60일 주기를 가지고 인도 몬순 지역과 북서태평양-동아시아 지역에서 대류활동이 반대의 위상을 나타내며 북진하는 전형적인 모드 (Figure 3.29)와 아시아 몬순 시작 전후에 10~30일 주기(주로 14일 주기)를 가지고 두 몬순 지역에서 대류활동이 같은 위상으로 북진하는 모드로 구분된다 (Lee et al. 2013a).

BSISO는 고유의 변동 특성뿐만 아니라 몬순 순환과 적도를 따라 동진하는 매든-줄리안 진동 사이의 상호작용에 의해 매든-줄리안 진동 보다 더 복잡한 특성을 나타낸다 (Lau and Waliser, 2005). 일반적으로 BSISO 발생 및 전파 메커니즘은 해수면 온도, 해양 혼합층, 구름-복사 상호작용, 적도 상층의 불안정 요란, 몬순 평균 순환장, 남북 자오면 순환(Hadley circulation), 적도 동서 순환(Walker circulation) 등이 유기적으로 결합된 복잡한 현상으로 알려져 있다 (Wang 2005). 북진하는 전파 메커니즘에 대한 이론은 경계층 내에서의 열교환 및 습윤속 수렴 (Webster, 1983), 몬순 평균장과 켈빈-로스비 파의 상호작용 (Wang, 2005), 대기-해양 상호작용으로 인한 열속 교환 (Sobel et al., 2008), 몬순 연직바람 차이에 의한 순압 모드 생성 (Drhobblav and Wang, 2005; 송은지와 서경환 2012) 등이 있다.

우리나라 장마의 경우도 뚜렷한 계절안진동을 나타낸다. 또한 장마의 시작과 종료, 2차 우기의 시작과 종료는 일반적으로 연주기와 계절안진동이 서로 맞물려 결정되는 경향이 있다. 특히 정체전선의 시간에 따른 남북 방향 이동은 BSISO와 연관된 계절내 시간규모 변동성에 의해 많은 부분 결정된다 (장마백서 2011 참조).

몬순-ENSO 관련성

1876~78년에 인도와 중국에 대가뭄이 발생해 대기근을 초래하였다 (Figure 3.30). 인도의 경우 이 기간 동안 약 550만명이 사망하고 중국 (청나라 말기)의 경우 약 1300만명이 사명한 것으로 추정된다 (출처: Wikipedia). 1876~78 대가뭄 직후 이를 연구하기 위해 현재 인도 기상청의 전신이 된 기상서비스가 만들어지게 된다. 이후 1920년경 길버트 워커경(Sir Gilbert Walker)이 기상서비스의 기상대장으로 활동하며 워커 순환과 남방진동을 발견하며 점차 인도의 대가뭄이 엘니뇨와 관련있다는 사실이 밝혀지게 된다. 20세기에 발생한 엘니뇨 중 가장 강력했던 1997/98 엘니뇨가 발달하던 97년 여름에도 몬순 순환의 약화로 인도와 중국 일부 지역이 폭염과 가뭄에 시달리고 엘니뇨가 소멸하던 1998년 여름에는 동아시아 몬순의 강화로 중국과 우리나라에 심각한 홍수가 발생한 바 있다.

경년 변동 시간규모에서 아시아-호주 몬순은 2년 주기(Tropical Biennial Oscillation)가 우세하며, 인도양과 태평양 열대 해양에서는 ENSO에 의한 3~7년 주기 변동이 우세하

Figure 3.30 1877년 10월 20일 런던 뉴스(London News)에 실린 인도 대기근 삽화. 방갈로 지역 영국 대사관 앞에서 보급품을 기다리는 굶주림에 지친 인도인들의 모습을 담고 있음.

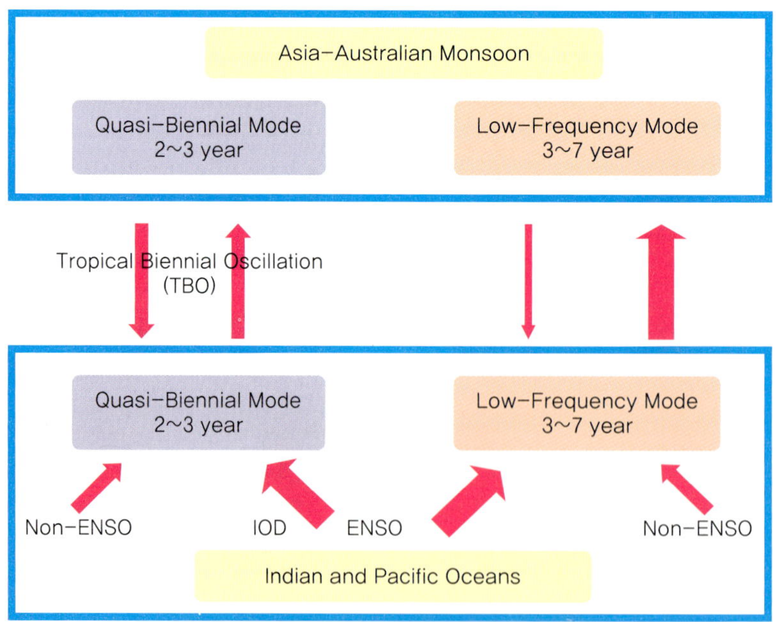

Figure 3.31 아시아-호주 몬순과 인도양 및 태평양 경년 변동의 상호 관련성 모식도. 아시아-호주 몬순은 2년 진동 모드(Tropical-Biennial Mode)가 우세하며 인도양과 태평양은 ENSO와 관련된 3~7년 주기의 저주파 진동 모드(Low-Frequency Mode)가 우세하고 상호작용을 통해 몬순 시스템과 해양 모두 2년과 3~7년 시간 규모의 변동 특성을 나타냄. IOD는 인도양 쌍극자 모드(Indian Dipole Mode)를 의미함.

다. 하지만 아시아-호주 몬순과 ENSO의 상호작용을 통해서 몬순과 열대 해양 모두 준 2년 주기와 3~7년 주기 변동 모드를 나타내게 된다 (Figure 3.31).

Figure 3.32은 엘니뇨가 발달하는 여름철부터 소멸하는 여름철 기간 동안 몬순 강수 및 순환장과 해수면 온도 편차의 합성도를 나타낸 것이다. 엘니뇨가 발달하는 여름철에는 중태평양에 대류 활동 및 강수량이 강화되면서 워커 순환의 약화로 인도 몬순 지역과 인도

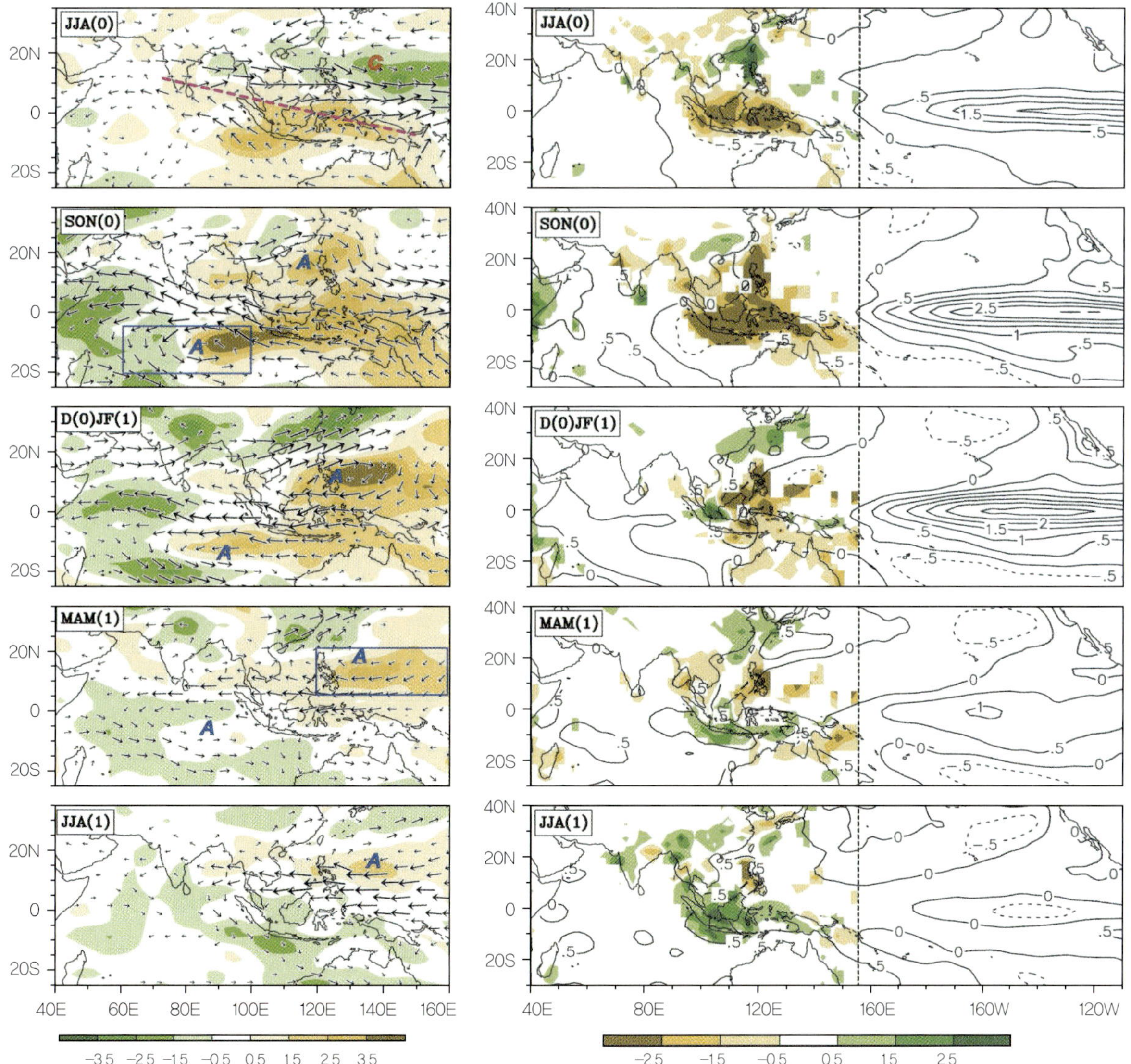

Figure 3.32 엘니뇨가 발달하는 여름철 [JJA(0)]부터 소멸하는 여름철 [(JJA(1)]까지 아시아-호주 몬순과 엘니뇨의 상호작용. (a) 500 hPa 연직 바람 (색, 음의 값이 상승운동)과 850 hPa 바람장 및 (b) 강수량 (색, 대륙만 표시)과 해수면 온도 (흑색선)의 56-04년 기후평균에 대한 편차 (Wang et al. 2008).

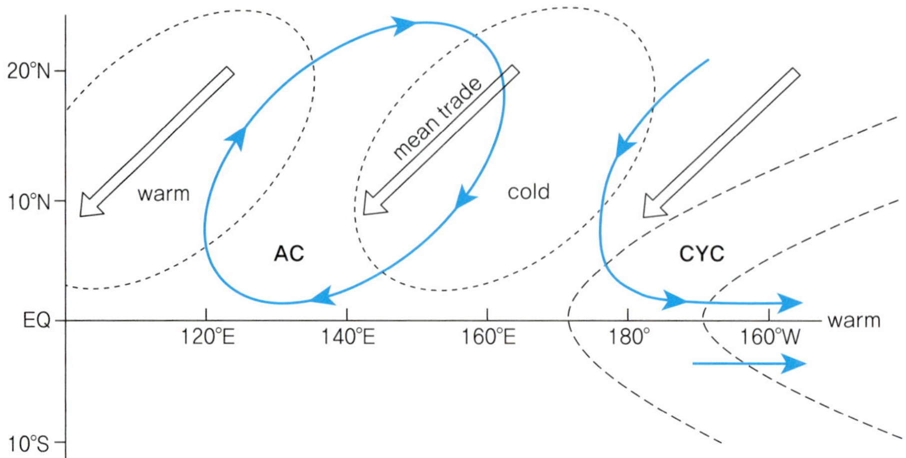

Figure 3.33 해양-대기 상호작용에 의한 아열대 고기압의 강화 과정 (Wang et al. 2000).

차이나 반도 지역 대류 활동이 억제되고 (가뭄 발생), 로스비 파 반응에 의해 적도 서태평양에 저기압이 형성된다. 최근 연구에 의하면 엘니뇨가 발달하는 봄철에는 서아시아와 중동에서 인도 지역으로 전달되는 에어로졸이 감소 되는데, 이에 의해 인도 몬순 지역의 강수량은 더욱 감소될 수 있다 (Kim et al. 2016). 엘니뇨가 가을철에 더욱 발달하면서 인도차이나 반도와 호주 북부의 대류 활동이 더욱 억제되며, 북서태평양과 적도 동인도양에 고기압 순환이 발생한다. 북서태평양과 적도 동인도양에서 해양-대기 상호작용에 의해 고기압순환은 겨울철에 더욱 발달하게 된다. 엘니뇨가 소멸하는 여름철에는 동인도양의 고기압 순환은 소멸하지만 북서태평양의 해양-대기 상호작용에 의해서 북서태평양 아열대 고기압 편차는 지속되고 이에 따라 동아시아 몬순 순환이 강화되며 강수량이 증가하게 된다.

Figure 3.33은 북서태평양에서 엘니뇨가 절정에 이른 후 소멸되는 봄철과 여름철에 해양-대기 상호작용에 의해서 아열대 고기압이 발달하고 그에 따라 동아시아 몬순이 강화되는 과정을 모식화 한 것이다. 엘니뇨가 발달하는 가을철에 북서태평양 지역에 유도된 아열대 고기압이 평균 무역풍을 강화시키면서 고기압 중심 동쪽의 해수면 온도는 내려가고 서쪽에서는 올라가게 된다. 해수면 온도의 변화는 추가적으로 아열대 고기압을 강화시키게 되고, 이와 같은 과정을 통해 엘니뇨가 소멸하는 여름까지 고기압 세력이 유지되어 동아시아 몬순에 영향을 주게 된다 (Wang et al. 2013). 하지만 아열대 고기압이 여름까지 유지되기 위한 메커니즘으로 그 지역의 대기-해양 상호작용만으로 충분하지 않으며 인도양의 해수면 온도 증가가 중요한 역할을 한다는 주장도 있다 (Xie et al. 2009). 최근에는 대기-해양 상호작용이나 인도양 해수면의 역할 보다는 ENSO의 경년 주기와 북서태평양 아열대 고기압의 연변동의 상호작용에 의해서 북서태평양 아열대 고기압이 엘니뇨가 절정에 이르며 소멸하는 시기에 발달하게 된다는 주장이 제기 되고 있다 (Stuecker et al. 2015).

경년 변동성 및 원격상관패턴

일반적으로 아시아-호주 몬순 시스템은 2년 주기 변동을 특징적으로 나타내며, ENSO 및 다른 외부 요인들과의 상호작용으로 3년에서 7년 주기의 다양한 경년변동성을 나타낸다. '몬순-ENSO 관련성'에서 다룬 바와 같이 아시아 몬순과 ENSO와의 상호작용이 아시아몬순의 2년에서 7년 주기의 특징적인 경년변동을 만들어내는 핵심 요소가 된다.

ENSO 이외에 대류권 2년진동, 인도양 해수면 변동, 북대서양진동, 유라시아 눈덮임 등 다양한 요소들이 몬순 시스템에 영향을 주는 것으로 알려져 있다. 인도양 전체에 걸친 해수면 온도 증가 (일반적으로 엘니뇨가 소멸하는 봄철과 가을철에 발생)는 북서태평양 고기압을 강화시켜 동아시아 몬순 강수를 증가시키는 반면 북서태평양 몬순을 약화시키는 것으로 알려져 있다 (Xie et al. 2009). 북대서양 진동과 연관된 북대서양 해수면 온도 변동성은 유라시아 대륙을 통과하는 중고위도의 로스비 파열을 변형시켜 동아시아 몬순을 변화시킬 수 있다 (Wu et al. 2009; Seo et al. 2015). 또한 봄철 유라시아 대륙 눈덮임 편차가 여름철 동아시아 몬순 강수 변동에 영향을 줄 수도 있다 (Yim et al. 2010).

몬순 시스템은 외부 기후 변동 요소들의 영향을 받기도 하지만, 몬순 대류 활동에 의한 잠열 방출은 북반구 중위도 전체에 영향을 줄 수 있는 원격상관 패턴을 발현시킬 수 있다. 인도 몬순 지역 (특히 인도 대륙)의 활발한 대류활동에 의해 유라시아 대륙부터 북미까지 연결되는 여름철 북반구 전체 원격상관 패턴(Circumglobal teleconnection, 앞으로 CGT라 명명)이 만들어 질 수 있다 (Ding and Wang 2005; Lee et al. 2011, 2014b; Lee and Ha 2015). 이 원격상관 패턴에 의해 인도 몬순과 동아시아 몬순은 음의 상관 관계를 나타내게 된다. 인도 몬순 지역에서 평년보다 더 활발한 대류 활동이 있을 경우 티베트 고원 서쪽에 강한 상층 고기압성 흐름이 만들어지며, 이에 따라 우리나라를 중심으로 한 동아시아 지역 상층에 강한 고기압성 흐름이 유도되고 북미 서부에는 고기압성 흐름이, 북미 중부에는 저기압성 흐름이 형성된다. 반대로 인도 몬순이 평년보다 약한 경우, 티베트 고원 서쪽에 저기압성 흐름이 발현되고, 동아시아 지역 상층에도 저기압성 흐름이 유도되어 동아시아 몬순 강수량이 증가하고 지표온도가 평년보다 감소하는 경향이 있다. 앞에서 살펴본 바와 같이 인도 몬순 강수량의 경년 변동은 ENSO와 밀접한 관련을 가진다. 일반적으로 엘니뇨가 발달하는 여름철에 인도 몬순 강수량이 감소되며, 라니냐가 발달하는 여름에는 인도 몬순 강수량이 증가된다. 이와 같은 관련성은 2009년과 2010년 여름철에 두드러지게 나타났다. 2009년 여름철의 경우 발달하는 엘니뇨와 더불어 인도 몬순이 약화되었고, 그에 따라 티베트 고원 서쪽과 한반도 주변 상층에 저기압성 흐름이 형성되었으며, 한반도 및 주변 해양 지표 기온이 낮아지고 강수가 증가되었다 (Ha et al. 2012). 그와 반면 2010년 여름철의 경우 발달하는 라니냐와 더불어 한반도를 포함하는 동아시아 지역은 높은 기온과 평년보다 적은 강수량을 기록한 바 있다.

북서태평양 고기압 및 대류활동의 변동성은 북서태평양-동아시아 몬순 원격상관 (Western Pacific-North America teleconnection, 앞으로 WPNA패턴으로 명명) 혹은 태평양-일본 패턴(Pacific-Japan pattern)으로 알려진 대기 변동성을 만들어 낼 수 있다 (Nitta 1987; Wang et al. 2001; Ding et al. 2011; Lee et al. 2011). WPNA 패턴은 북서태평양 지역의 활발한 대류 활동에 의해 발현되는 대기의 순압 불안정 모드이거나 로스비 파동의 전파 과정에 의해 형성되는 것으로 알려져 있다. 여름철 북서태평양 지역 고기압이 약화되고 대류활동이 강화되어 강수가 증가하면 (북서태평양 몬순의 강화), 로스비 파동이 발현되고, 그에 따라 동아시아 지역 상층에는 고기압 순환이, 오호츠크해 부근에는 저기압 순환이 만들어 질 수 있으며, 이와 같은 로스비파는 북미까지 전달된다 (Wang et al. 2001). 반대로 북서태평양 고기압이 강화되어 이 지역 몬순이 약화되면 동아시아 지역에는 저기압성 순환이 유도되고 강수량이 증가된다. 즉, WPNA 패턴 하에서 북서태평양 몬순과 동아시아 몬순은 음의 상관관계를 나타내게 된다. 일반적으로 ENSO가 소멸하는 여름철에 북태평양 고기압이 강화되고 WPNA 패턴이 잘 발현된다. 앞에서 예를 든 바와 같이 엘니뇨가 소멸하며 라니냐가 발달하던 1998년 여름철 북서태평양 고기압이 평년에 비해 강화되었고, 그에 따라 동아시아 지역에는 저기압이 발달하여 많은 양의 강수가 내렸다. 최근 연구에 의하면 1970년대 중반 이후로 북서태평양 몬순 변동성에 의한 WPNA 형성이 이전보다 강해진 반면, 인도 몬순 변동성에 의한 CGT의 발현이 약해지고 있다 (Lee and Ha 2015).

수십년 변동성

최근 약 15년 정도 지구온난화 중지기(global warming hiatus)가 나타나면서 수십년 주기를 가지는 지구 기후시스템의 자연적 장주기 변동에 대한 관심이 높아지고 있다. 몬순 시스템도 마찬가지로 15년에서 60년에 이르는 다양한 장주기 변동성을 나타낸다. 인도 몬순의 경우 대서양 수십년 주기진동(Atlantic Multidecadal Oscillation)의 영향으로 약 60년 주기의 변동을 하는 것으로 알려져 있다 (Goswami et al 2006). 일반적으로 인도 몬순은 ENSO와 밀접한 관련을 가지나 1970년대 후반 이후로 둘 사이의 관련성이 이전에 비해 약화되는 경향이 있는 반면, 북서태평양 몬순-ENSO 관련성은 증가하고 있는 것으로 보인다 (Kumar et al. 1999; Wang et al. 2008). 하지만 2009년과 2015년 여름철의 경우 엘니뇨가 발달하면서 인도 몬순이 상당히 약화된 것을 볼 때 2000년대 후반 이후로 인도 몬순-ENSO의 음의 상관관계가 다시 회복되고 있다는 가능성이 제기되고 있다.

동아시아 몬순의 경우 지난 60년대 중반, 70년대 후반, 90년대 초 중반을 기점으로 급격한 장주기 변화를 가진 것으로 알려져 있다. 이와 같은 변화는 태평양 수십년 주기 진동(Pacific Decadal Oscillation)의 영향을 받은 것으로 보인다 (Yoon and Yeh 2010). 최근에는 1993/94년도를 기점으로 한 북서태평양-동아시아 몬순의 변화에 많은 관심이 모이고 있다 (Kwon et al. 2005). 90년대 중반을 기점으로 북서태평양 몬순과 동아시아 몬순의 음의 상관성이 강화 되었지만, 최근에 그 상관성이 다시 조금씩 약화되고 있어서, 동아시아 몬순에 영향을 주는 주요 메커니즘이 계속 변화하고 있는 것으로 보인다 (Kwon et al.

2007). 이와 관련하여, 90년대 중반 이후로 최근까지 동아시아 몬순이 중태평양 엘니뇨의 영향을 더 많이 받았기 때문이라는 가능성이 제기되고 있다 (Lee et al. 2014a).

동아시아 몬순과 인도 몬순의 관련성도 장주기 변화를 나타낸다. 특히 최근 30년 동안 두 몬순 사이의 음의 관련성이 점차 강해지고 있는 것으로 보인다. 이는 열대 태평양의 수십년 장기 변동성에 의해 최근 적도 인도-서태평양-중태평양 사이의 해수면 온도 경도가 증가하고 있는 것에 기인하는 것으로 제시되고 있다 (Yun et al. 2014).

미래변화

많은 관측과 고기후 자료에서 나타나는 증거들, 지구시스템 모델링 결과들에 의해 산업혁명 이후 인위적 지구온난화가 진행되고 있다는 것에 대한 과학적 합의가 95 % 신뢰도를 가지고 이루어지고 있다 (기후변화에 관한 정부간 합의체 [IPCC] 5차 기후변화 평가보고서). 더불어 많은 지구시스템 모델링 결과들이 미래 온실기체 배출 경로에 따라 일관성 있는 지구온난화를 예측하고 있다. 하지만 지구온난화에 따른 미래 강수 전망은 여전히 높

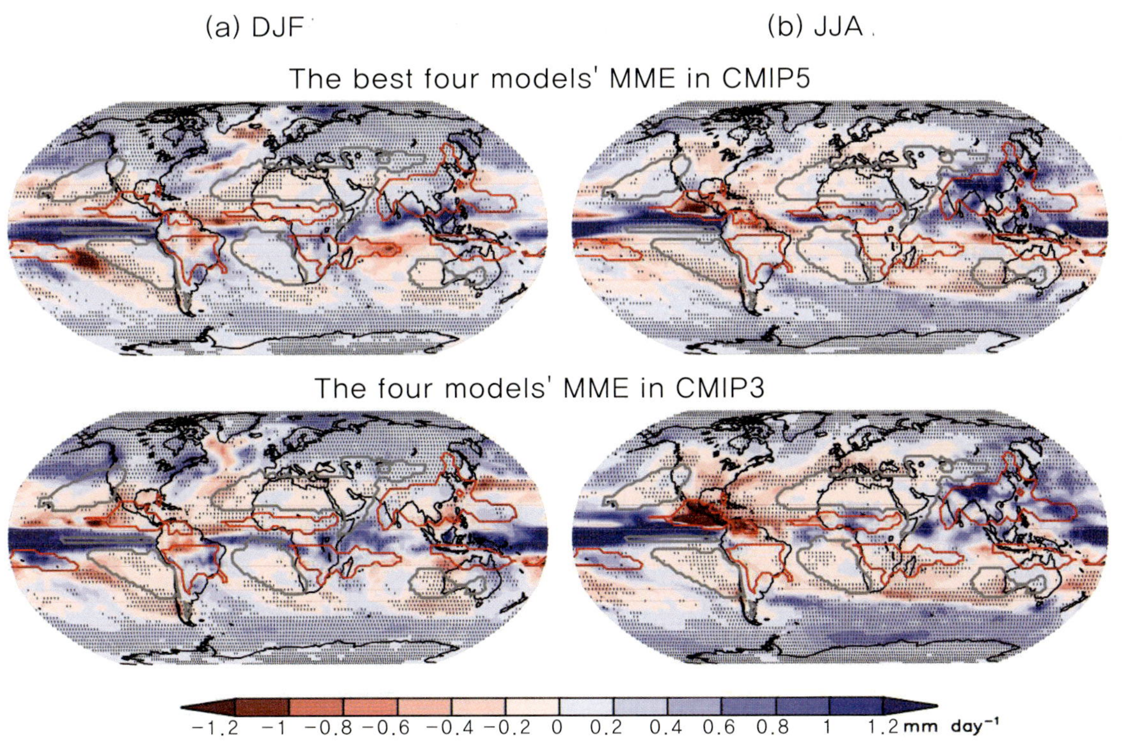

Figure 3.33 IPCC 5차 보고서(위)와 4차 보고서(아래)에 참여한 기후모델들을 이용한 겨울철과 여름철 평균 강수량의 미래 변화 전망. 미래변화는 2070~2095 평균 강수와 1980~2005년 평균 강수의 차이로 구함. 적색 실선은 현재 몬순 지역을 회색 실선은 사막지역, 혹은 지중해성 기후 지역을 나타냄. 점으로 표시한 곳은 통계적으로 신뢰도가 높은 변화가 나타나는 지역을 의미함 (Lee and Wang 2014).

은 불확실성을 보이고 있다. 특히 우리나라를 포함하는 동아시아 몬순 지역에서 기온의 증가는 상당히 확정적으로 예측되는 반면, 강수 변화 예측에 대한 모델간 편차는 매우 크다. 온도의 증가는 일차적으로 클라우지우스-클라페이론 관계에 따라 대기의 수증기 수용력을 증가시킨다. 하지만 최근 연구들에 의하면 전지구 지표 기온 1도 증가시 수증기는 7 % 증가하지만 강수량은 2~3 % 증가에 그칠 것으로 추정된다 (Held and Soden, 2006). 이는 강수의 증가가 지표면에서의 증발 외에 대기 순환에 의한 수증기 수송 등의 영향을 받기 때문이다 (Held and Soden 2006; Seo et al. 2013; Lee and Wang 2014; Wang et al. 2014).

비록 불확실성이 크지만, 최신 기술의 대다수 지구시스템 모델링 혹은 해양-대기-지면-빙권 결합 기후 모델링 결과들을 통해 지구온난화가 지속된다는 가정하에 몬순의 미래 변화를 다음과 같이 전망해볼 수 있다. 먼저 현재 비가 많이 오는 곳은 더욱 비가 많이 오고 비가 적게 오는 곳은 더 적게 내릴 가능성이 높으며, 해수면 온도가 많이 올라가는 지역에서 비가 더 많이 올 것으로 전망된다 (Lee and Wang 2014; Xie et al. 2015). 아시아 몬순 지역의 경우 인위적 지구온난화가 지속될 시에 현재보다 더 많은 양의 강수가 내릴 것으로 전망된다 (Figure 3.33). 일반적으로 몬순 지역에서 강수량이 증가하는 것은 지표 온도 증가에 의한 수증기 수렴이 증가하기 때문으로 보인다. 반면 대류권 상층의 온도 증가가 하층보다 강해 대기 안정도가 증가해 열대 대기 순환은 전반적으로 약해질 가능성이 높다 (Held and Soden 2006). 따라서 몬순 강수량은 증가하지만 몬순 순환 (특히 대기 하층 순환)은 일반적으로 약화될 것을 전망된다. 하지만 동아시아 몬순의 경우는 북서태평양 고기압의 강화로 몬순 순환 역시 증가해 다른 지역보다 더 극심하게 변화할 가능성이 높은 것으로 제시되고 있다 (Seo et al. 2013; Lee and Wang, 2014; Wang et al. 2014). 이외에도 아시아 몬순의 시작 시기가 빨라지나 종료가 지연되어 몬순 강수 기간이 늘어날 것이며, 연평균 강수량 대비 여름철 강수량 비율이 증가할 가능성도 제기되고 있다.

참고문헌

송은지, 서경환, 2012: 여름철 계절내 진동에 의한 대기 와도의 연직 구조: 순압성 또는 경압성? *한국기상학회지*, **22**, 259-265.

서경환, 손준혁, 이준이, 2011: 장마의 재조명. *한국기상학회지*, **21**, 109-121.

장마백서, 2011: 서경환, 이준이 책임 집필. 기상청 p266.

An, Zhisheng, Wu Guoxiong, Li Jianping, Sun Youbin, Liu Yimin, Zhou Weijian, Cai Yanjun, Duan Anmin, Li Li, Mao Jiangyu, Cheng Hai, Shi Zhengguo, Tan Liangcheng, Yan Hong, Ao Hong, Chang Hong, Feng Juan, 2015 : Global Monsoon Dynamics and Cliamte Change. *Annu Rev. Earth Planet. Sci.*, **43**, 29-77.

Boos, W. R., and Z. Kuang, 2010: Dominant control of the South Asian monsoon by orographic insulation versus plateau heating. *Nature*, **463**, 218-222.

Chang, C.-P., Z. Wang, J. McBride, and C. H. Liu, 2005: Annual cycle of Southeast Asia-Maritime Continent rainfall and the asymmetric monsoon transition. *J. Climate*, **18**, 287-301.

Chao, W. and B. Chen, 2001: The origin of monsoons. *J. Atmos. Sci.*, **58**, 3497-3507.

Charney, J. G., 1963: A note on large-scale motions in the tropics. *J. Atmos. Sci.*, **20**, 607 – 609.

CLIVAR Madden-Julian Oscillation Working Group, 2009: MJO simulation diagnostics. *J. Climate*, **22**, 3006-3030.

Ding, Q., and B. Wang, 2005: Circumglobal teleconnection in the Northern Hemisphere summer. *J. Climate*, **18**, 3483-3505.

Ding, Q., B. Wang, J. M. Wallace, and G. Branstator, 2011: Tropical-extratropical teleconnections in boreal summer: Observed interannual variability. *J. Climate*, **24**, 1878-1896.

Drbohlav, H., and B. Wang, 2005: Mechanism of the northward propagating intraseasonal oscillation: Insights from a zonally symmetric model. *J. Climate*, **18**, 952-972.

Ellis, A. W., E. M. Saffell, T. W. Hawkins, 2004: A method for defining monsoon onset and demise in the southwestern USA. *International journal of climatology*, **24(2)**, 247-265.

Fasullo J. and P. J. Webster, 2003: A Hydrological Definition of Indian Monsoon Onset and Withdrawal. *J. Climate*, **16**, 3200 – 3211.

Goswami, B. N., M. S. Madhusoodanan, C. P. Neema, D. Sengupta, 2006: A physical mechanism for North Atlantic SST influence on the Indian summer monsoon. Geophy. Res. Lett., **33**, L02706.

Ha, K.-J., J.-E. Chu, J.-Y. Lee, et al., 2012: What causes the cool summer over northern Central Asia, East Asia, and central North America during 2009? *Environ. Res. Lett.*, **7**. 044015

Hadley, G., 1735: On the cause of the general trade winds. *Phil. Trans. Roy. Soc.*, **34**, 58-62.

Halley, E., 1686: An historical account of the trade winds, and monsoons, observable in the seas between and near the tropics, with an attempt to assign the physical cause of said winds. *Phil. Trans. Roy. Soc.*, **16**, 153-168.

Held, I. M., and B. J. Soden, 2006: Rubust responses of the hydrological cycle to global warming. *J. Climate*, **19**:5686-5699.

Kang, I.-S., et al., 1999: Principal modes of climatological seasonal and intraseasonal variations of the Asian summer monsoon. *Mon. Weather Rev.*, **127**, 322-340.

Kim, M.-K., W. K. M. Lau, K.-M. Kim, J. Sang, Y.-H. Kim, and W.-S. Lee, 2016: Amplification of ENSO effects on Indian summer monsoon by absorbing aerosols. Climate Dyn., **46**, 2657-2671.

Kumar, K. K., B. Rajaqopalan, and M. A. Cane, 1999: On the weakening relationship between the Indian monsoon and ENSO. *Science*, **25**, 2156-2159.

Kump, L. R., J. F. Fasting, and R. G. Crane, 2004: The Earth system, 2nd edition, Pearson, Prentice-Hall. 419p.

Kwon, M., J.-G. Jhun, et al., 2005: Decadal change in relationship between east Asian and WNP summer monsoons. *Geophys. Res. Lett.*, **32**, L16709.

Kwon, M., J.-G. Jhun, and K.-J. Ha, 2007: Decadal change in east Asian summer monsoon circulation in the mid-1990s. *Geophys. Res. Lett.*, **34**, L21706.

Lau, W. K. M. and D. E. Waliser (eds) (2005) Intraseasonal variability of the atmosphere-ocean climate system. Springer, Heidelberg.

Lee, E.-J., K.-j. Ha, J.-G. Jhun, 2014a: Interdecadal changes in interannual variability of the global monsoon precipitation and interrelationships among its subcomponents. *Climate Dyn.*, **42**, 2585-2601.

Lee, J.-Y., B. Wang, I.-S. Kang et al., 2010: How are seasonal prediction skills related to models' performance on mean state and annual cycle? *Climate Dyn.*, **35**, 265-283.

Lee, J.-Y., B. Wang, Q. Ding, K.-J. Ha et al., 2011: How predictable is the Northern Hemisphere summer upper-tropospheric circulation? *Climate Dyn.*, **37**, 1189-1203.

Lee, J.-Y., and B. Wang, 2014: Future change of global monsoon in the CMIP5. *Climate Dyn.*, **42**, 101-119.

Lee, J.-Y., B. Wang, K.-H. Seo et al., 2014b: Future change of Northern Hemisphere summer tropical-extratropical teleconnection in CMIP5 models. *J. Climate*, **27**, 3643-3664.

Lee, J.-Y., B. Wang, K.-H. Seo, K.-J. Ha, A. Kitoh, and J. Liu, 2015: Effects of mountain uplift on global monsoon precipitation. Asia-Pac. *J Atmos. Sci.*, **51**, 275-290.

Lee, J.-Y., B. Wang, et al., 2013a: Real-time multivariate indices for the boreal summer intraseasonal oscillation over the Asian summer monsoon region. *Climate Dyn.*, **40**, 493-509.

Lee, J.-Y., S.-S. Lee, B. Wang, K.-J. Ha, and J.-G. Jhun, 2013b: Seasonal prediction and predictability of the Asian winter temperature variability. *Climate Dyn.*, **41**, 573-587.

Lee, J.-Y., and K.-J. Ha, 2015: Understanding of interdecadal changes in variability and predictability of the Northern Hemisphere summer tropical-extratropical teleconnection. *J. Climate*, **28**, 8634-8647.

Lee, S.-S., J.-Y. Lee, K.-J. Ha et al., 2013: Role of Tibetan Plateau on climatological annual variation of mean atmospheric circulation and storm track activity. *J. Climate*, **26**, 5270-5286.

Li, J., and Q. Zeng, 2002: A unified monsoon index. *Geophy. Res. Lett.*, **29(8)**, 115-1.

Li, H., Dai, A., Zhou, T., and Lu, J., 2010: Responses of East Asian summer monsoon to historical SST and atmospheric forcing during 1950 – 2000. *Clim. Dyn.*, **34(4)**, 501-514.

Nitta, T., 1987: Convective activities in the tropical western Pacific and their impact on the Northern Hemisphere summer circulation. *J. Meteor. Soc. Japan*, **64**, 373-390.

Persson, A., 2008: Hadley's Principle: Part I- A brainchild with many fathers. *Royal Meteorol. Soc.*, **63**, 335-338.

Qiu, J., 2013: Monsoon Melee, *Science*, **340**, 1400-1401.

Ramage, C., 1971: Definition of the Monsoons and Their Extent. *Monsoon Meteorology. Academic Press*, New York and London.

Rao, M. S., 1966: Equations for global monsoons and toroidal circulations in the σ-coordinate system. *pure and applied geophysics*, **65(1)**, 196-215.

Rao, M. S., 1970: On global monsoons—further results. *Tellus*, **22(6)**, 648-654.

Rodwell M. J., and B. J. Hoskins, 1995: Monsoons and the dynamics of deserts. *Q. J. R. Meteorol. Soc.*, **122**, 1385-1404.

Ruddiman, W. F., and J. E. Kutzbach, 1989: Forcing of late Cenozoic Northern Hemisphere climate by plateau uplift in southern Asia and the American West. *J. Geophys. Res.*, **94**, 18409-18427.

Sankar-Rao, M., and B. Saltzman, 1969: On a steady state theory of global monsoon. *Tellus*, **21**, 308-329.

Sankar-Rao, M., 1970: On global monsoons – further results. *Tellus*, **22**, 648-654.

Seo, K.-H., J. OK, J.-H. Son, and D.-H. Cha, 2013: Assessing future changes in the East Asian summer monsoon using CMIP5 coupled models. *J. Climate*, **26**, 7662-7675.

Seo, K.-H., J.-H. Son, J.-Y. Lee, and H.-S. Park, 2015: Northern East Asian monsoon precipitation revealed by air mass variability and its prediction. *J. Climate*, **28**, 6221-6233.

Sepulchre, P., G. Ramstein, F. Fluteau et al., 2006: Tectonic uplift and eastern Africa aridification. *Science*, **313**, 1419-1423.

Simpson, G., 1921: The south-west monsoon. *Q. J. R. Meteorol. Soc.*, **199**, 150-73.

Slingo, J. M., 2003: Monsoon Overview. Contribution to 'Encyclopedia of Atmospheric Sciences' Academic Press, 1365-1370.

Sobel, A. H., E. D. Maloney, G. Bellon, and D. M. Frierson, (2008). The role of surface heat fluxes in tropical intraseasonal oscillations. *Nature Geoscience*, **1(10)**, 653-657. Stuecker, M. R., F.-F. Jin, A. Timmermann, and S. McGregor, 2015: Combination mode dynamics of the anomalous Northwest Pacific Anticyclone. *J. Climate*, **28**, 1093-1111.

Trenberth, K. E., D. P., Stepaniak, D. P., and J. M. Caron, 2000: The global monsoon as seen through the divergent atmospheric circulation. *J. Climate*, **13(22)**, 3969-3993.

Trenberth, K. E., B. Moore, T. R. Karl, and C. Nobre, 2006: Monitoring and prediction of the Earth's climate: A future perspective. *J. Climate*, **19**, 5001-5008.

Wallace, J. M., and P. V. Hobbs, 1997: Atmospheric Sciences: An Introductory Survey,

Academic Press, 467pp.

Wang, B., 1994: Climatic regimes of tropical convection and rainfall. *J. Climate*, **7**, 1109-11118.

Wang, B., 2005: Theory. In: W. K. M. Lau and D. E. Waliser (eds), Tropical Intraseasonal Oscillation in the Atmosphere and Ocean. Praxis Publishing Ltd, Chichester, UK, 307-360.

Wang, B., 2006: *The Asian Monsoon*. Springer-Verlag, UK, 2006.

Wang, B., B. Xiang, and J.-Y. Lee, 2013: Subtropical high predictability establishes a promising way for monsoon and tropical storm predictions. *PNAS*, **110**, 2718-2722.

Wang, B., J. Yang, T. Zhou, and B. Wang, 2008: Interdecadal changes in the major modes of Asian-Australian monsoon variability: Strengthening relationship with ENSO since the late 1970s. *J. Climate*, **21**, 1771-1789.

Wang, B., J.-Y. Lee, and B. Xiang, 2015: Asian summer monsoon rainfall predictability: A predictable mode analysis. *Climate Dyn.*, **44**, 61-74.

Wang, B., J. Liu, H.-J. Kim, P. J. Webster, and S.-Y. Yim, 2012: Recent change of the global monsoon precipitation (1979-2008). *Climate Dyn.*, **39**, 1123-1135.

Wang, B., and LinHo, 2002: Rainy season of the Asian-Pacific summer monsoon. *J. Climate*, **15**, 386-398.

Wang, B., and Q. Ding., 2006, Changes in global monsoon precipitation over the past 56 years, *Geophys. Res. Lett.*, **33**, L06711, doi:10.1029/2005GL025347.

Wang, B., and Q. Ding, 2008: Global monsoon: Dominant mode of annual variation in the tropics. *Dynamics of Atmos. and Oceans*, **44**, 165-183.

Wang, B., R. Wu, and X. Fu, 2000: Pacific-East Asia teleconnection: How does ENSO affect East Asian climate? *J. Climate*, **13**, 1517-1536.

Wang, B., R. Wu, and K. M. Lau, 2001: Interannual variability of the Asian summer monsoon: contrasts between the Indian and the western North Pacific-east Asian monsoons. *J. Climate*, **14**, 4073-4090.

Wang, B., S. C. Clemons, and P. Liu, 2003: Contrasting the Indian and East Asian monsoons: Implications on geologic timescales. *Marine Geology*, **201**, 5-21.

Wang, B., S.-Y. Yim, J.-Y. Lee, J. Liu, and K.-J. Ha, 2014: Future change of Asian-Australian monsoon under RCP 4.5 Anthropogenic Warming Scenario. *Climate Dyn.*, **43**, 83-100.

Webster, P. J., 1987. *The elementary monsoon*. Monsoons, 3-32.

Webster, P., 1983: Mechanisms of monsoon low-frequency variability: Surface hydrological effects. *J. Atmos. Sci.*, **40**, 2110-2124.

Webster, P. J., and J. Fasulio, 2003: Monsoon Dynamical Theory. Contribution to 'Encyclopedia of Atmospheric Sciences' Academic Press, 1370-1386.

Webster, P. J., V. O. Magana, T. N. Palmer, J. Shukla, R. A. Tomas, M. U. Yanai, and T. Yasunari, 1998: Monsoons: Processes, predictability, and the prospects for prediction. *Journal of*

Geophysical Research: Oceans (1978–2012), **103(C7)**, 14451-14510.

Wu, G., Y. Liu, B. He et al., 2012: Thermal controls on the Asian summer monsoon. *Scientific Rep.*, **2**, 404

Wu, Z., B. Wang, J. Li, and F.-F. Jin, 2009: An empirical seasonal prediction models of the East Asian summer monsoon using ENSO and NAO. *J. Geophys. Res.*, **114**, D18120.

Xie, S.-P., K. Hu et al., 2009: Indian Ocean capacitor effect on Indo-western Pacific climate during the summer following El Nino. *J. Climate*, **22**, 730-742.

Xie, S.-P., et al., 2015: Towards predictive understanding of regional climate change, *Nature Climate Change*, **5**, 921-930.

Yim, S.-Y., J.-G. Jhun, R. Lu, and B. Wang, 2010: Two distinct patterns of spring Eurasian snow cover anomaly and their impacts on the East Asian summer monsoon. *J. Geophys. Res.*, **115**, D013996.

Yoon, J.-H., and S.-W. Yeh, 2010: Influence of the Pacific Decadal Oscillation on the relationship between El Nino and the Northeast Asian summer monsoon. *J. Climate*, **23**, 4525-4537.

Young, J. A., 1987: Physics of monsoons: The current view. Monsoons: *New York, John Wiley and Sons*, 211-243.

Yun, K.-S., J.-Y. Lee, and K.-J. Ha, 2014: Recent intensification of the South and East Asian monsoon contrast associated with an increase in the zonal tropical SST gradient. *J. Geophys. Res.*, **119**, 8104-8116.

CHAPTER 04

열대 저기압

Tropical Cyclone

한국해양대: **김 형 석**

학습목차

프롤로그

열대 저기압은 열대 지역에서 대기-해양 상호작용으로 발생하는 강력한 저기압 시스템이다. 열대 저기압은 세계 각 지역에서 다양한 이름으로 불리고 있는데, 북서태평양에서는 태풍(Typhoon), 북대서양 및 동태평양에서는 허리케인(Hurricane), 인도양 및 남태평양에서는 사이클론(Cyclone)으로 불린다. 오스트레일리아 근처에서 발생하는 열대 저기압은 윌리윌리(Wiley-Wiley)라고 불리기도 한다.

열대 저기압은 보통 강한 바람과 강수를 동반하고 있어, 열대 저기압이 연안 지역에 접근하게 되면 인접 지역에 막대한 피해를 유발한다. 우리나라도 열대 저기압으로 인해 막대한 피해를 입고 있는데, 이로 인해 발생한 재산 피해액은 자연재해 중 1위를 차지하고 있다. 특히 2002년 태풍 '루사'로 인해 246명의 인명 피해와 5조 1400여억 원의 재산 피해가 발생하였으며, 2003년 태풍 '매미'에 의해 132명의 인명 피해와 4조 7천억 원의 막대한 재산 피해가 발생하였다.

열대 저기압은 구름의 형성 및 대류셀의 활동과 같은 작은 규모의 물리과정에서부터 열대 수렴대, 엘니뇨, 몬순 등의 대규모 대기/해양 순환과 관련된 여러 역학-열역학적 과정들이 복합적으로 연관되어 있는 시스템으로, 다양한 관점으로 열대 저기압의 특징을 살펴볼 수 있다. 이 장에서는 주로 기후학적 관점으로 열대 저기압을 이해해 보고자 한다.

4.1 열대 저기압의 특징

열대 저기압은 남동태평양을 제외한 전체 열대 해상에서 발생한다. Figure 4.1은 전구에서 발생한 열대 저기압을 나타낸 그림이다. 열대 저기압이 가장 많이 발생하는 지역은 북서태

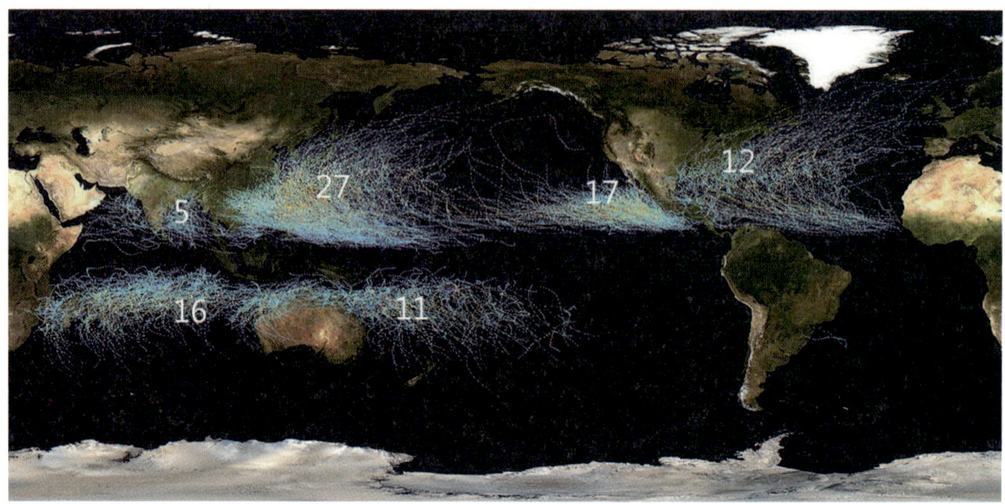

Figure 4.1 각 해양에서 발생하는 열대 저기압 및 평균 발생 빈도 (Wikipedia 웹페이지).

평양 지역으로, 전세계 열대 저기압의 1/3 이상이 이 지역에서 발생한다. 북서태평양은 높은 해수면 온도를 가지고 있는 지역이며 여름철 몬순 흐름과 무역풍이 만나 수렴이 일어나는 지역으로 열대 저기압이 발달할 수 있는 좋은 조건을 갖추고 있다. 두번째로 많은 열대 저기압이 발생하는 지역은 북동태평양이다. 이 지역에서 발생하는 열대 저기압은 상대적으로 좁은 지역에서 활동하고 있어, 단위 면적당 열대 저기압의 활동성이 가장 큰 지역이기도 하다. 남동태평양에서는 낮은 해수면 온도 때문에 열대 저기압이 발생하지 않으며, 같은 이유로 남대서양에서는 과거 열대 저기압의 발생이 없었으나 최근 해수면 온도의 상승으로 인해 열대 저기압이 발생하기 시작했다.

열대 저기압의 발달 단계

열대 저기압의 발달은 4단계로 나누어진다. 먼저 대류셀이 군집해 있으며 저기압성 흐름이 나타나는 시기를 '열대 섭동(tropical disturbance)'이라 부르며 중심 부근 최대 풍속이 12 m/s 이하이다. 이러한 열대 섭동이 성장하여 대기의 하층에 닫힌 소용돌이가 존재하게 되면 '열대 저압부(tropical depression, TD)'라 불리게 된다. 열대 저압부가 성장하여 대기 하층의 중심 부근 풍속이 17 m/s 이상으로 성장하게 되면 '열대 폭풍(tropical storm, TS)'이라 명명되며 각 지역에 할당된 세계기상기구의 지역특화기상센터에서 열대 저기압에 이름을 부여하게 된다. 이러한 열대 폭풍이 계속 성장하여 중심 부근 풍속이 33 m/s 이상이 되었을 때 '태풍(typhoon)' 또는 '허리케인(hurricane)'으로 불리게 된다.

일반적으로는 열대 저기압의 발생은 열대 섭동이 열대 저압부(TD)로 발달하는 시점으로 정의하며, 열대 저압부(TD)에서 열대 폭풍(TS)으로 변하는 과정은 열대 저기압의 성장 과정으로 이해한다. 그러나, 기후학적 분석에서는 열대 저압부(TD) 발생 시점에 대한 불확실성으로 인해 하층 중심 부근 풍속이 17 m/s 이상이 되는 열대 폭풍(TS) 시점을 열대 저기압의 발생 시점으로 간주하기도 한다.

열대 저기압의 발생에 미치는 기후학적 인자

열대 저기압은 해양으로부터 에너지를 공급받아 발생한다. 따뜻한 해양의 에너지는 물의 증발을 통해 잠열의 형태로 대기 중으로 전달되고, 대류에 의한 상승운동, 구름 생성으로 인한 수증기의 응결에 의해 잠열이 대기 중으로 방출되어 열대 저기압을 성장시키는 주 에너지원으로 작용하게 된다. 따라서 열대 저기압이 발생하기 위해서는 해양의 에너지원이 충분히 존재해야 하며 그 에너지가 대기 중으로 잘 전달될 수 있어야 한다. 이를 위해서는 아래와 같은 기본적인 배경장이 존재해야 한다 (Gray, 1979).

1. 섭씨 26.5도 이상의 해수면 온도 및 상대적으로 깊은 해양 혼합층이 필요하다. 이는 열대 저기압 발생에 필요한 기본적인 에너지 공급원으로 작용한다.

2. 연직 바람 시어(상층과 하층의 바람 벡터의 차이)가 작을 때, 열대 저기압 형성에 좋은 조건이 된다. 연직 바람 시어가 작으면, Figure 4.2와 같이 대류셀이 연직으로 성장할 수 있으며, 대류셀에서 발생하는 잠열이 좁은 지역에 집중되어 열대 저기압으로 성장할 수 있는 에너지를 충분히 공급받을 수 있다. 그러나 연직 바람 시어가 크면 대류셀이 크게 기울어지게 되고 잠열이 상대적으로 넓은 지역으로 퍼지게 되어 열대 저기압 발생에 도움을 주지 못한다.

3. 대기의 상태는 습한 공기 덩어리가 지속적으로 상승할 수 있는 조건부 불안정이어야 한다.

4. 공기 덩어리를 상승시키는데 도움을 주는 하층 수렴이 존재해야 하며 이와 함께 하층 와도가 존재해야 한다. 전향력이 존재하지 않는 적도에서는 하층 와도가 형성되기 힘들기 때문에 열대 저기압이 발생하지 못하며, 전향력이 어느 정도 존재하는 남/북위 5도 이상의 지역에서 열대 저기압이 발생할 수 있다.

5. 잠열 방출을 통해 에너지를 공급 받으며 상승운동을 도와주는 높은 중층 습도를 가지고 있어야 한다.

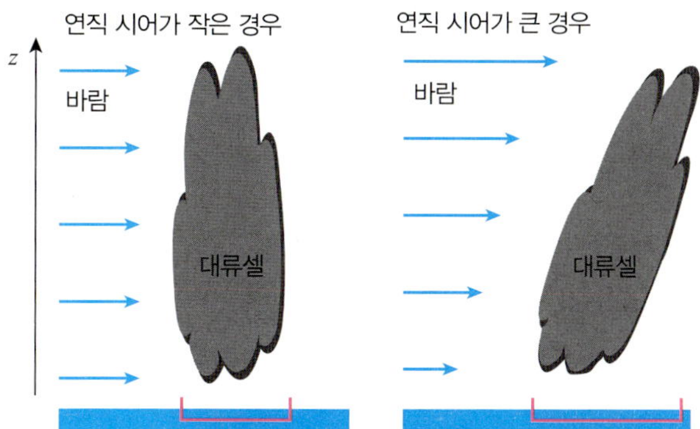

Figure 4.2 연직 바람 시어가 작을 때 (왼쪽)와 연직 바람 시어가 클 때 (오른쪽) 열대 저기압에 영향을 미치는 잠열 분포.

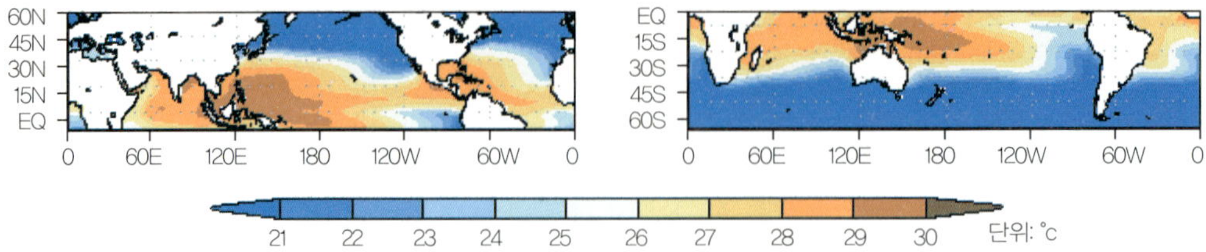

Figure 4.3 해수면 온도의 기후값 (왼쪽 북반구 여름, 오른쪽 남반구 여름).

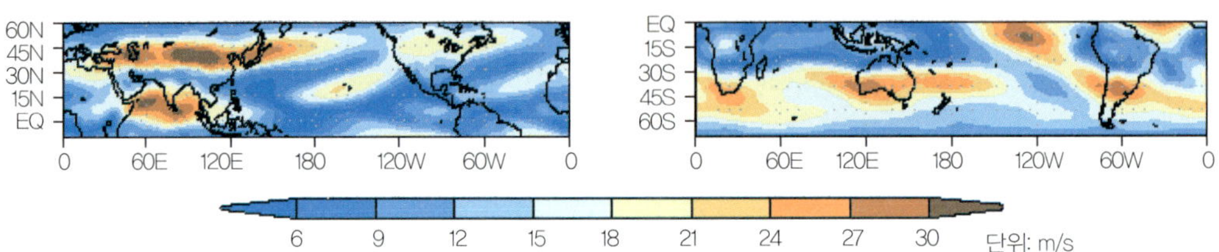

Figure 4.4 연직 바람 시어 기후값 (왼쪽 북반구 여름, 오른쪽 남반구 여름).

6. 열대 저기압으로 발달이 가능한 초기 섭동이 존재해야 한다. 초기 섭동은 열대 수렴대에서 발생하는 대류 활동, Easterly Wave, Mixed Rossby-Gravity Wave 등의 열대 지역의 여러 파동 등이 초기 섭동으로 작용할 수 있다.

앞서 열거한 열대 저기압 발생과 관련된 인자 중에 해수면 온도와 연직 바람 시어는 Figure 4.1에서 보이는 지역별 열대 저기압의 활동성과 밀접한 관련을 가지고 있다. Figure 4.3은 해수면 온도의 여름철 기후값을 나타낸다. 이 그림에서 평균 해수면 온도가 섭씨 26도 이상인 지역과 Figure 4.1의 열대 저기압 발생 지역이 일치하고 있는 것을 확인할 수 있다. 또한 북인도양을 제외하고 열대 저기압이 발생하는 대부분의 지역에서 연직 바람 시어가 작게 나타나는 것을 확인할 수 있다. 열대 저기압이 가장 많이 발생하는 북서태평양 지역은 넓은 지역에서 해수면 온도가 높게 나타나며 작은 연직 바람 시어를 가지고 있어 열대 저기압이 발생하는데 좋은 조건을 제공한다. 또한 여름철 북서태평양 지역은 인도양으로부터 불어오는 몬순에 의한 서풍계열의 바람과 중태평양으로부터 불어오는 동풍계열의 무역풍이 만나 수렴이 일어나는 지역으로서 앞서 열거한 열대 저기압 발생에 필요한 조건들을 만족하고 있다. 남동태평양 지역은 다른 지역보다 현저히 낮은 해수면 온도를 보이며 상대적으로 높은 연직 바람 시어를 가지고 있어 열대 저기압이 발생할 수 없다. 북인도양은 북서태평양과 비슷한 해수면 온도를 가지고 있으나, 강한 연직 바람 시어를 가지고 있다. 이 지역의 강한 연직 바람 시어는 열대 저기압 발생을 억제하는 역할을 한다. 실제 Figure 4.1에서 볼 수 있듯이, 북인도양에서는 다른 해양보다 열대 저기압이 매우 적게 발생한다. 이 지역은 여름철 몬순이 강한 지역으로 몬순 흐름에 의해 상층과 하층의 바람이 반대방향을 보이며 이는 연직 바람 시어를 크게 만든다. 따라서 북인도양에서는 몬순이 강한 여름철에는 열대 저기압의 발생이 적으며 주로 몬순 전/후 시기 (봄철, 가을철)에 열대 저기압이 발생하게 된다.

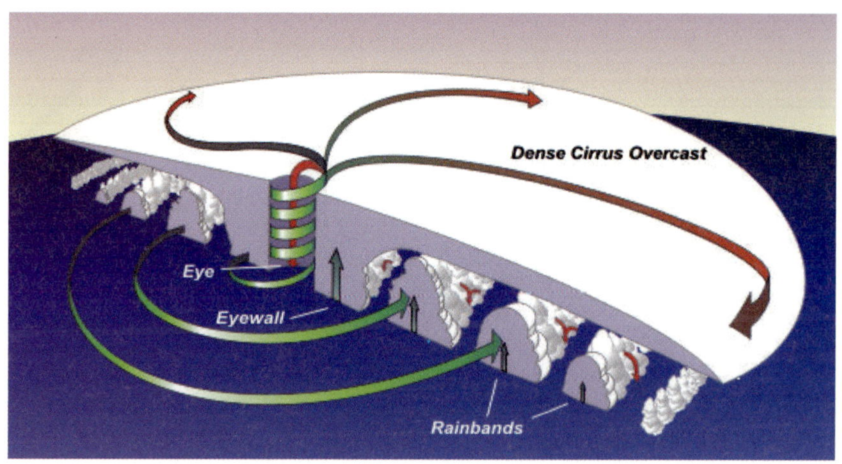

Figure 4.5 북반구에서 발달한 열대 저기압의 구조 (NOAA 웹사이트).

열대 저기압의 구조

열대 저기압은 대기 현상 중에서 낮은 기압을 갖는 현상으로, 하층 대기에서 나선형으로 회전 (북반구-반시계, 남반구-시계방향)하면서 중심으로 빠르게 수렴하는 구조를 갖는다 (Figure 4.5). 열대 저기압의 중심 주변은 기압경도력, 전향력, 회전하는 공기의 원심력이 평형을 이루게 되며, 이때 공기는 저기압의 중심으로 수렴하지 못하고 상승하게 된다. 습윤한 공기가 상승하면서 응결을 일으켜 중심 주변에서 높은 구름벽(Eyewall)이 형성되며 이 지점에서 최대 풍속 및 강수가 나타난다. 발달한 열대 저기압의 눈(eye)에는 바람이 없고, 구름벽에서 상승한 공기가 하강하게 되면서 구름도 존재하지 않는 맑은 날씨를 갖게 된다. 이러한 하강기류는 단열가열을 일으키고, 열대 저기압의 중심이 주변보다 온도가 높은 warm core를 만들어낸다. 따라서 warm core는 열대 저기압과 중위도 저기압을 구분하는 주요 특징 중 하나이다. 열대 저기압 눈의 크기는 약 8~200 km로 다양하며, 열대 저기압 중심 부근에서 상승한 공기는 고기압성 회전의 형태로 발산한다. 열대 저기압의 중심 주변에는 rainband라고 불리는 대류 지역이 존재하며 이 지역에서는 강한 강수가 내린다. Rainband는 열대 저기압의 중심 방향으로 천천히 이동하며 기존의 구름벽이 약화되었을 때 새로운 구름 벽을 만들어 열대 저기압의 강도를 유지시키는 역할을 하기도 한다.

열대 저기압의 이동

열대 저기압 이동에 영향을 미치는 요소로는 스스로 움직이려는 힘(beta-drift)과 주변 순환장 흐름(지향류, steering flow)이 존재한다. Beta-drift는 위도에 따른 전향력의 차이에 의해 발생하며, 절대와도 보존 법칙을 이용하여 설명할 수 있다. 절대와도 보존 법칙은 다음의 식으로 나타낼 수 있다.

$$\eta = f + \zeta = \text{constant}$$

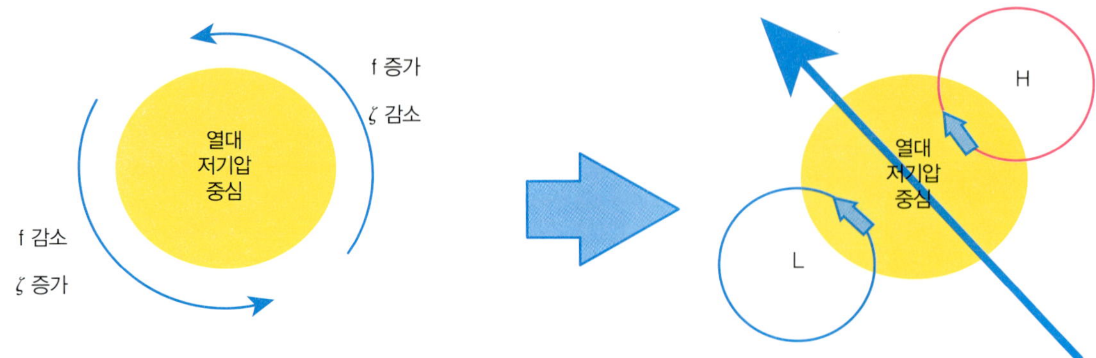

Figure 4.6 북반구에서 Beta-drift 의 의한 열대 저기압 이동 관련 메커니즘 모식도.

절대와도(η)는 행성와도(전향력, f)와 상대와도(ζ)의 합으로 정의되며, 절대와도는 외부에서 회전에 영향을 미치는 힘이 작용하지 않는다면 일정하게 유지된다. Figure 4.6은 북반구에서 열대 저기압 중심 부근의 대기 이동과 관련된 행성와도 및 상대와도의 변동을 나타낸다. 북반구 열대 저기압 중심의 동쪽에서는 대기가 북쪽으로 이동하게 되는데 행성와도(전향력)는 북반구에서 북쪽으로 갈수록 증가하게 된다. 따라서 절대와도 보존 법칙에 의해 상대와도는 감소하게 되어 이 지역에는 상대적인 고기압성 흐름이 나타나게 된다. 열대 저기압의 서쪽에서는 남쪽으로 대기가 움직이므로 행성와도는 감소하며 이에 따라 상대와도는 증가하게 된다. 그리하여 열대 저기압의 서쪽에서는 상대적인 저기압성 흐름이 나타나게 된다. 동쪽의 고기압성 흐름과 서쪽의 저기압성의 흐름은 열대 저기압이 회전함에 따라 그림과 같이 동북쪽과 서남쪽에 그 중심을 두게 되며, 열대 저기압 중심에서는 동북쪽의 고기압성 흐름과 서남쪽의 저기압성 흐름이 만나 열대 저기압을 북서쪽으로 움직이게 하는 흐름이 생성된다. 위의 과정을 통해 열대 저기압은 북반구에서 외력이 존재하지 않는 경우 스스로의 힘에 의해 북서쪽으로 이동하게 된다.

실제 열대 저기압 이동은 beta-drift 이외에 열대 저기압 주변의 대기의 흐름에 큰 영향을 받는다. 열대 저기압의 이동에 영향을 미치는 대기의 흐름을 지향류(steering flow)라 한다. 기후적인 분석에서는 보통 대류권 전 층에서 부는 바람을 평균한 바람을 지향류로 사용하는데 대기 중층인 500 hPa 부근의 바람을 지향류로 사용하기도 한다. Figure 4.7은 북서태평양 열대 저기압 진로 유형에 따른 평균 지향류의 특징을 보여준다. 북서태평양 고기압의 가장자리를 따라 열대 저기압이 이동하는 것을 확인할 수 있는데, 북서태평양 고기압과 같은 아열대 고기압은 지향류의 방향과 강도를 결정하는 중요한 역할을 한다. 열대 저기압이 발생한 직후에는 주로 아열대 고기압 남서쪽의 남동풍에 의해 북서쪽으로 움직이게 되고 중위도로 진입한 경우에는 서풍계열의 바람으로 인해 동쪽으로 전향하게 된다. 이러한 아열대 고기압과 그 주변의 지향류의 강도와 방향은 열대 저기압의 이동에 중요한 인자로 작용하고 있다. 사실 열대 저기압 스스로의 beta-drift에 의해 북진하려는 힘도 가지고 있기 때문에 열대 저기압의 이동 방향은 지향류의 방향과 정확히 일치하지는 않는다. 그러나 지향류가 강할수록 열대 저기압은 지향류를 따라가려는 경향성이 커진다.

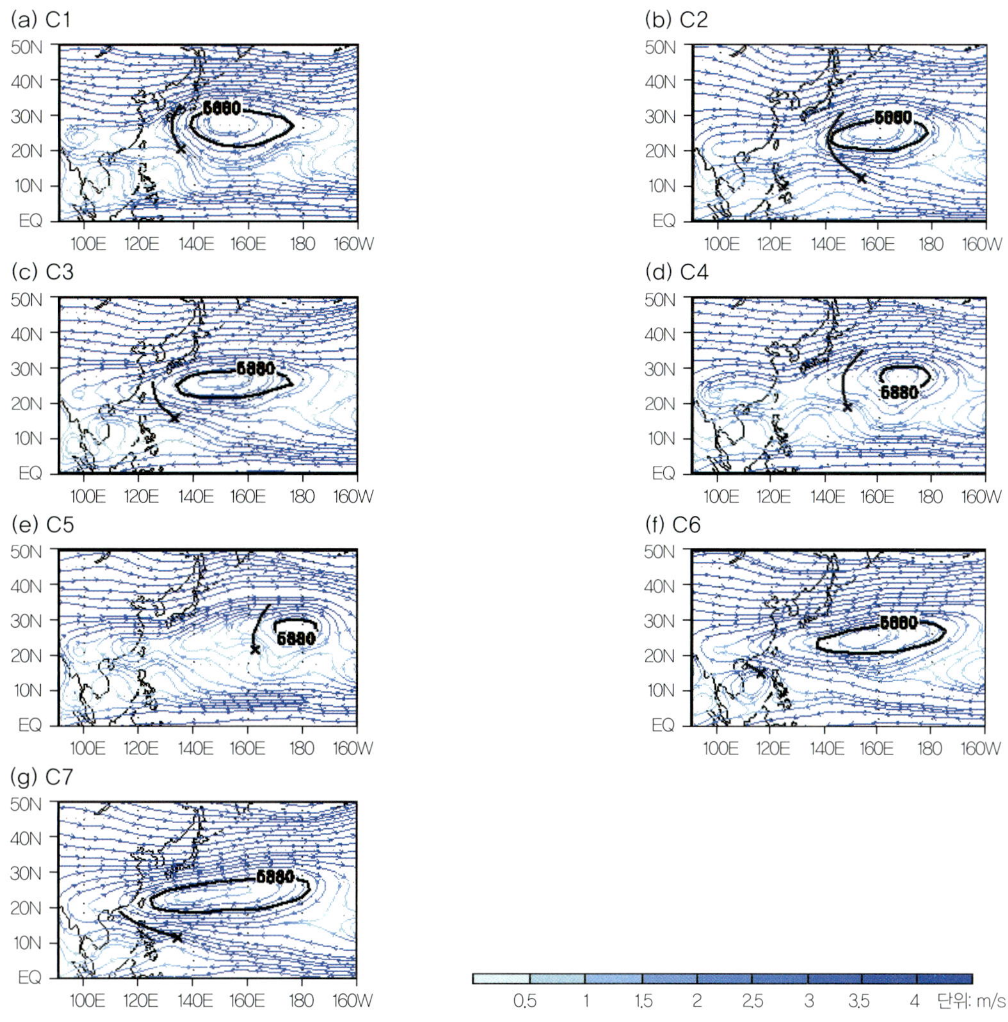

Figure 4.7 북서태평양 열대 저기압 진로 유형 (검정 실선)에 따른 평균적인 지향류 (파란색 화살표) 및 북서태평양 고기압 (500-hPa 5880gpm 지위고도) (Kim et al. 2011).

대기-해양 상호작용

열대 저기압은 대기에서 발생하는 현상이지만, 해양과 밀접한 상호작용을 한다. 열대 저기압은 해양으로부터 에너지를 공급받아 성장하며, 성장한 열대 저기압은 다시 해양에 영향을 미치게 된다. 해양 표층수는 에크만 수송(Ekman transport)에 의해 해양 상부의 바람 방향의 오른쪽 (남반구에서는 왼쪽) 방향으로 이동한다. 성장한 열대 저기압의 회전하는 바람에 의해 상층 해양은 에크만 수송에 따라 발산하게 되어, 해양 하부로부터 용승을 일으킨다. 용승으로 인해 해양 표층보다 차가운 바닷물이 표층으로 올라오면 해수면 온도가 하강하게 되는데, 이러한 현상을 cold wake라고 한다. 하강한 해수면 온도에 의해 열대 저기압에 공급되는 에너지가 줄어들게 되면 열대 저기압은 약화된다. 즉 강한 열대 저기압이 해수면 온도를 낮추어 스스로의 강도를 약화시키는 음의 피드백 과정을 보인다. Cold

Figure 4.8 혼합층의 두께에 따른 열대 저기압에 의한 cold wake의 형태 (NOAA GFDL 웹페이지).

wake에 의한 음의 피드백 과정은 열대 저기압의 강도와 이동속도에 영향을 미치며, 해양 혼합층의 두께에 따라 차이를 보인다. 우선 cold wake를 일으키기 위해서는 해양 표층에서 충분한 발산 및 하층으로부터의 용승이 필요한데, 열대 저기압의 강도가 강할수록 더 강한 cold wake를 발생시킬 수 있다. 또한, 혼합층의 두께가 얇은 경우, 하층의 차가운 해수가 쉽게 표층에 도달할 수 있어 열대 저기압에 의한 cold wake가 강하게 일어나며 열대 저기압의 강도에 대한 음의 피드백이 강해진다 (Figure 4.8). 하지만, 혼합층의 두께가 두꺼운 경우, 열대 저기압에 의한 cold wake가 발생하더라도 해수면 온도 하강의 정도가 작으므로 음의 피드백의 강도는 약하다. 또한, 열대 저기압의 이동속도가 빠른 경우에는 cold wake가 일어나더라도 해수면 온도가 낮은 지역을 빠르게 이탈할 수 있기 때문에, 음의 피드백에 의한 열대 저기압 강도의 약화가 이루어지지 않을 수도 있다. 우리나라의 주변의 경우, 서해는 혼합층의 두께가 얇고, 남해는 혼합층의 두께가 두껍다. 따라서 서해로 진입하는 열대 저기압은 남해로 진입하는 열대 저기압보다 강도가 더 빨리 약화되는 경향을 보인다.

4.2 열대 저기압의 기후 변동성

열대 저기압 자체는 중규모 시스템이지만 열대 저기압의 발생과 이동, 강도는 해수면 온도, 습도, 하층 와도, 연직 바람 시어와 같은 주변 환경 요소들의 영향을 받는다. 이러한 환경 요소들은 엘니뇨/남방진동(El Nino/Southern Oscillation, ENSO), Madden-Julian Oscillation(MJO)과 같은 대규모 기후 변동성에 의해 변화할 수 있으며 이는 지역적인 열대 저기압의 활동성에 영향을 미치게 된다.

ENSO와 관련된 열대 저기압의 변동성

열대 지역에서 가장 대표적인 변동성으로 ENSO가 존재한다. ENSO는 적도 동태평양의 해수면 온도가 변동하는 현상이다. ENSO시기에 해수면 온도 변동이 나타나는 지역은 적도를 중심으로 중태평양과 동태평양에 걸쳐 있는데, 열대 저기압이 주로 발생하는 지역은 ENSO에 따른 해수면 온도 변동이 일어나는 지역과는 다소 떨어져 있다. 따라서 ENSO에 의한 해수면 온도 변화가 열대 저기압에 열역학적으로 직접적인 영향을 미치기는 힘들다. 그러나 ENSO에 의한 적도 지역의 해수면 온도의 공간적인 변동은 열대 지역의 대기 순환에 영향을 미치게 되고, 이러한 대기 순환의 변동에 의해 열대 저기압에 영향을 미치는 하층 와도, 연직 바람 시어 등의 역학적인 요소들이 지역적으로 조절되어 열대 저기압의 활동에 영향을 미치게 된다.

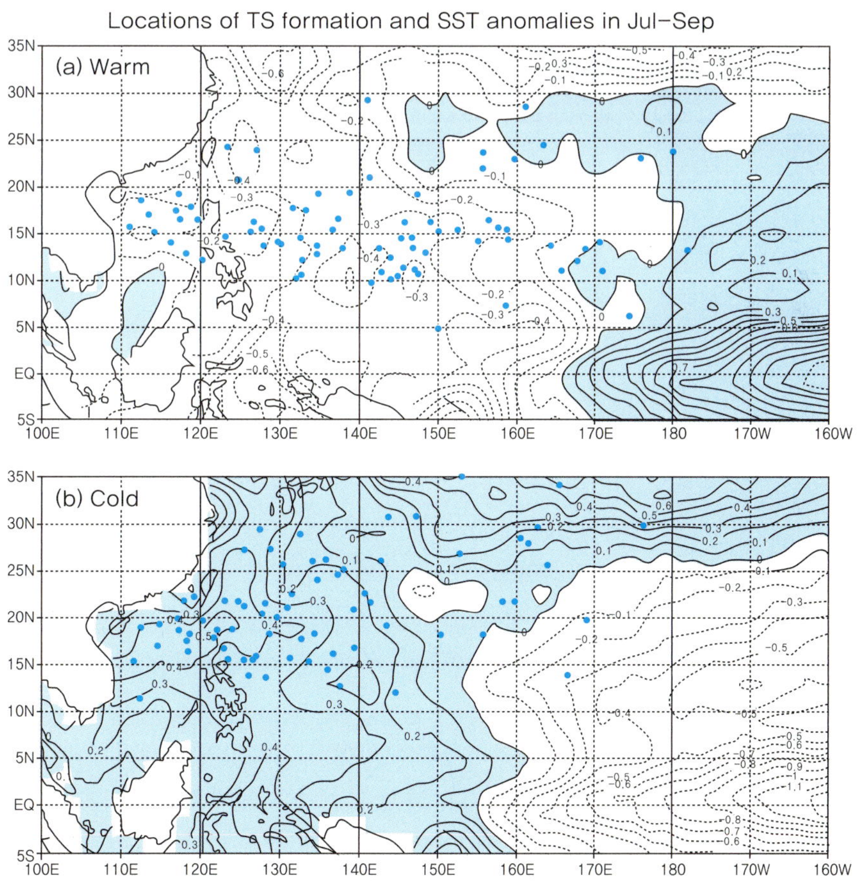

Figure 4.9 (a) 엘니뇨 시기와 (b) 라니냐 시기의 열대 저기압 발생위치 (dot)와 해수면 온도의 편차 (contour) (Wang and Chan 2002)

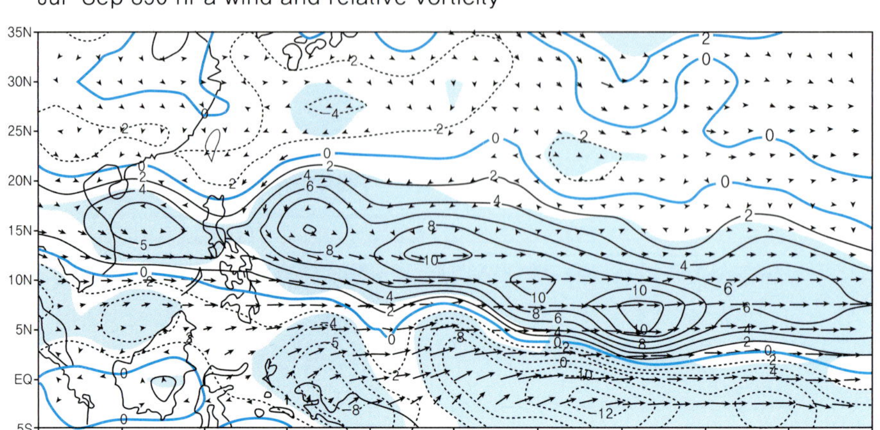

Figure 4.10 엘니뇨와 라니냐 시기의 850 hPa의 바람장과 상대와도의 합성장 차이 (Wang and Chan 2002).

열대 저기압이 가장 많이 발생하는 북서태평양 지역은 엘니뇨 시기에는 열대 저기압의 발생위치가 남동쪽으로 편향되어 나타나며 (Figure 4.9a) 라니냐 시기에는 열대 저기압의 발생위치가 북서쪽으로 편향된다 (Figure 4.9b). 엘리뇨와 라니냐 시기에 전체적인 북서태평양 지역의 열대 저기압의 발생 수는 뚜렷한 차이는 보이지 않는 것으로 알려져 있다 (Wang and Chan 2002, Kim and Seo 2016). ENSO에 의한 북서태평양 열대 저기압 발생위치 변동은 ENSO와 관련된 북서태평양 지역의 순환장의 변동과 관련이 있다. 동태평양에 따뜻한 해수면 온도가 존재하는 경우, 태평양 적도 부근 지역에서 서풍 아노말리가 발달하게 되고 Rossby wave response에 의해 북서태평양 남동쪽에 양의 와도(저기압성 회전)를 형성한다. 또한 적도 부근의 서풍 아노말리(무역풍의 약화)에 의해 몬순 기압골이 동쪽으로 크게 확장하여 북서태평양 남동쪽의 양의 와도를 크게 증가시키게 된다 (Figure 4.10). 즉, 엘니뇨 시기의 북서태평양 동남쪽의 강화된 양의 와도는 공기 수렴과 상승기류를 유도하여 이 지역에서의 열대 저기압 발생에 호조건을 제공한다. 라니냐의 경우, 위의 반응과 반대의 대기장을 유도하여 북서태평양 남동쪽에서는 고기압 아노말리가 형성되고 몬순 기압골은 서쪽으로 크게 위축된다. 이러한 배경장은 북서태평양 남동쪽에서의 열대 저기압 발생을 억제하며, 몬순 기압골이 존재하는 북서태평양 북서쪽 지역에서 열대 저기압 발상에 호조건을 제공한다.

ENSO에 의해 북서태평양 열대 저기압의 발생위치가 변동함에 따라서 열대 저기압의 강도 또한 변동하게 된다. 열대 저기압은 해양에서 에너지를 얻기 때문에 열대 해양에 오래 머물러 있을수록 더 많은 에너지를 공급 받아 강해 질 수 있다. 엘니뇨시기에 열대 저기압 발생위치가 남동쪽으로 편향되면 발생 이후 높은 해수면 온도를 갖는 북서태평양 지역을 오랫동안 이동하면서 해양으로부터 에너지를 전달받아 열대 저기압이 강해질 수 있다. 그러나 발생위치가 북서쪽으로 편향된 라니냐 시기에는 열대 저기압이 해양에 오래 머

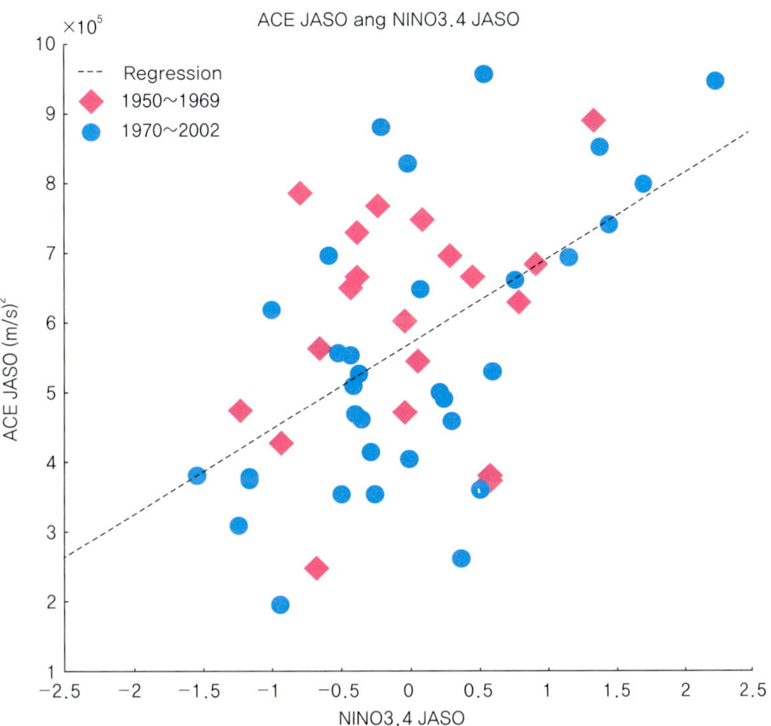

Figure 4.11 연별 여름철 NINO3.4 지수와 열대 저기압 강도(ACE 지수)의 산포도 (Camargo and Sobel 2005).

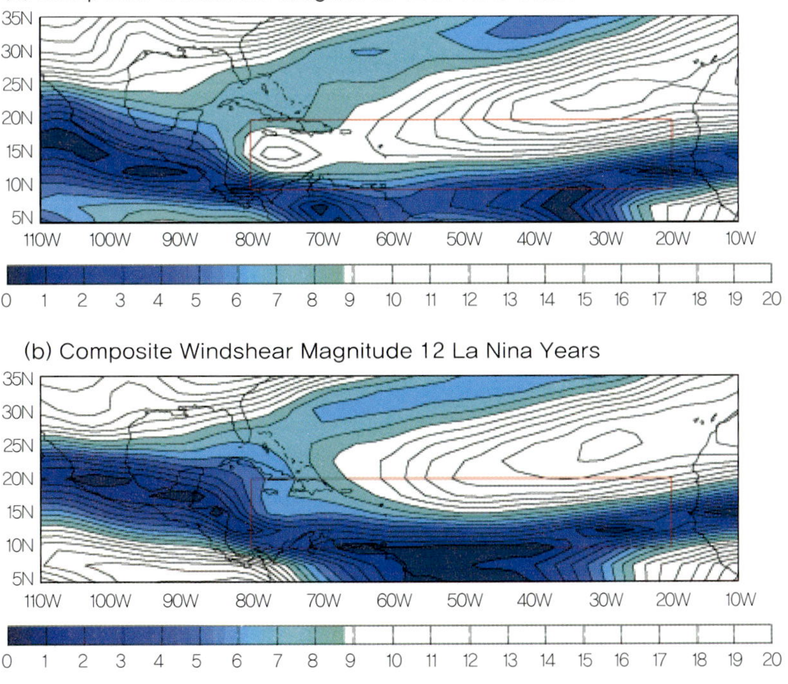

Figure 4.12 (a) 엘니뇨일 때 연직 바람 시어, (b) 라니냐일 때 연직 바람 시어. 짙은 파란색일 수록 작은 연직 바람 시어를 나타낸다 (**IRI 웹사이트**).

물지 못하고 아시아 대륙으로 상륙하거나 중위도로 북상하여 열대 저기압의 강도가 충분히 강화되지 못한 채 소멸하게 된다. 따라서 열대 저기압의 강도를 나타내는 북서태평양 ACE(Accumulated Cyclone Energy) 지수와 NINO3.4가 뚜렷한 양의 상관성을 보이게 된다 (Figure 4.11).

ENSO와 관련된 동태평양의 해수면 온도의 변화는 대서양 지역의 열대 저기압 활동에도 영향을 미친다. 엘니뇨 시기에 따뜻한 동태평양으로 향하는 대서양 지역의 대기 하층의 무역풍이 강화되어 대서양의 열대 저기압이 주로 발생하는 지역 (Main Developing Region; MDR, 80W-20W, 10N-20N)에서는 연직 바람 시어가 강해지게 된다. 이로 인해 엘니뇨 시기에는 대서양 지역의 열대 저기압의 발생이 크게 감소하게 된다. 반대로 라니냐 시기에는 동태평양의 차가운 해수면 온도가 무역풍을 약화시켜 연직 바람 시어의 강도를 약화시키고 이에 따라 열대 저기압의 발생을 크게 증가시킨다 (Figure 4.12).

ENSO는 북서태평양 및 대서양뿐만 아니라 남반구의 열대 저기압 활동에도 큰 영향을 미치는데, 북서태평양에서의 변동과 비슷하게 엘니뇨의 경우 하층 와도 변화에 따라 열대 저기압 발생위치가 오스트레일리아에서 먼 바다에서 증가하며, 라니냐의 경우 오스트레일리아에서 인접한 해역에서 열대 저기압의 발생이 증가한다.

Madden-Julian Oscillation과 관련된 열대 저기압의 변동성

Madden-Julian Oscillation(MJO)은 20일에서 90일 정도의 시간 규모를 갖는 변동으로 열대 지역 대기의 상태를 조절하는 중요한 기후 변동성 중 하나이다. MJO와 관련된 대류활동 지역의 위치에 따라 열대 지역의 대기 순환장의 변동이 나타나고 이에 따라 열대 지역에서 발생하는 열대 저기압 활동에 영향을 미치게 된다. Figure 4.13은 MJO와 관련된 여름철 상층 velocity potential과 태평양과 대서양에서 Typhoon/Hurricane으로 발달한 열대 저기압의 위치를 보여주고 있다. 초록색 지역은 상층 발산이 일어나는 지역으로 MJO와 관련된 상승운동이 활발한 지역이다. MJO와 관련된 대기의 상승운동이 강화되면 하층에서는 대기의 수렴에 의한 와도가 증가하게 되어 열대 저기압의 활동을 증가시키는 역할을 하게 된다.

북서태평양에서는 MJO가 열대 저기압의 발생 수, 발생위치 및 진로에 전체적으로 영향을 미치고 있다. Maloney and Hartmann (2001)의 연구에 따르면 MJO와 관련된 대류 활동이 증가하는 지역에서는 하층 수렴 및 몬순과 관련된 하층 와도가 증가하면서 순압 파동이 축적되고 에디 운동에너지(eddy kinetic energy)가 증가하여 열대 저기압의 발생이 증가하게 된다. 실제 북서태평양의 열대 저기압 발생 수는 MJO의 대류 지역이 북서태평양에 위치하고 있는 시기에 인도양에 위치하고 있는 시기 보다 약 2배 가량 많은 열대 저기압이 발생한다 (Kim et al. 2008, Kim and Seo 2016). 또한, MJO는 북서태평양 열대 저

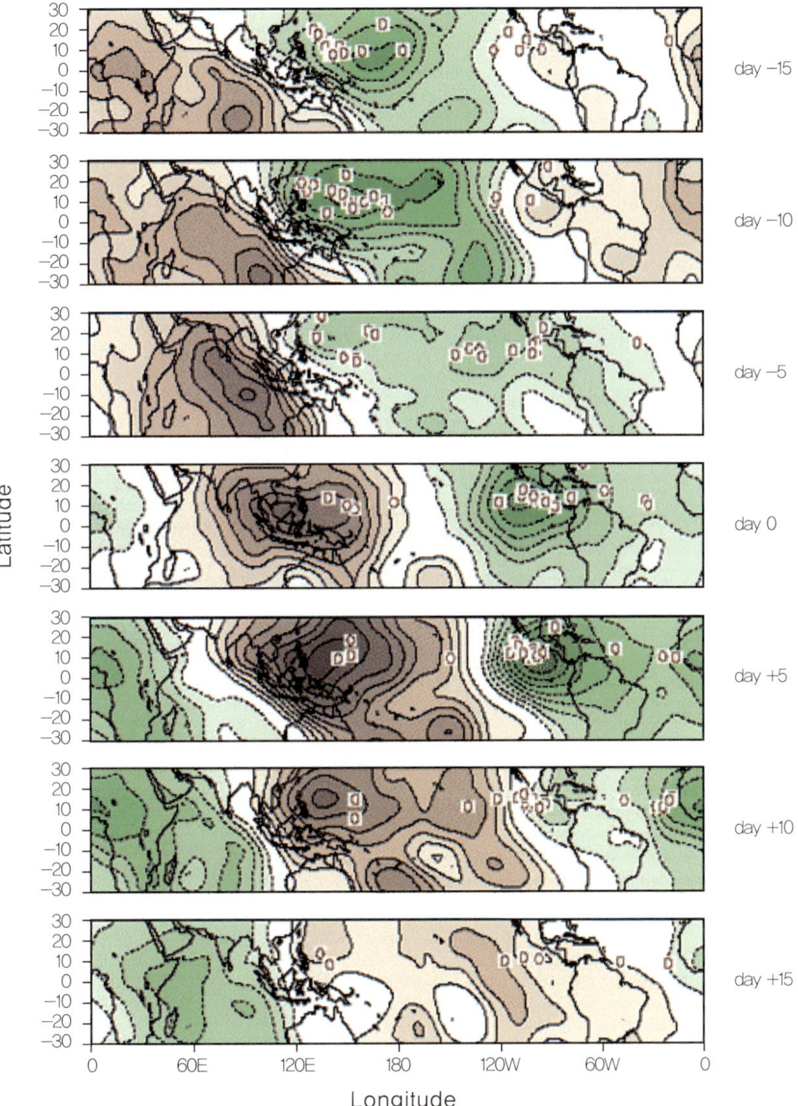

Figure 4.13 MJO와 관련된 200 hPa velocity potential 아노말리의 변동 (초록색은 음의 값, 갈색은 양의 값을 뜻함) 및 Typhoon/Hurricane으로 발달한 열대 저기압의 위치 (Higgins and Shi. 2001).

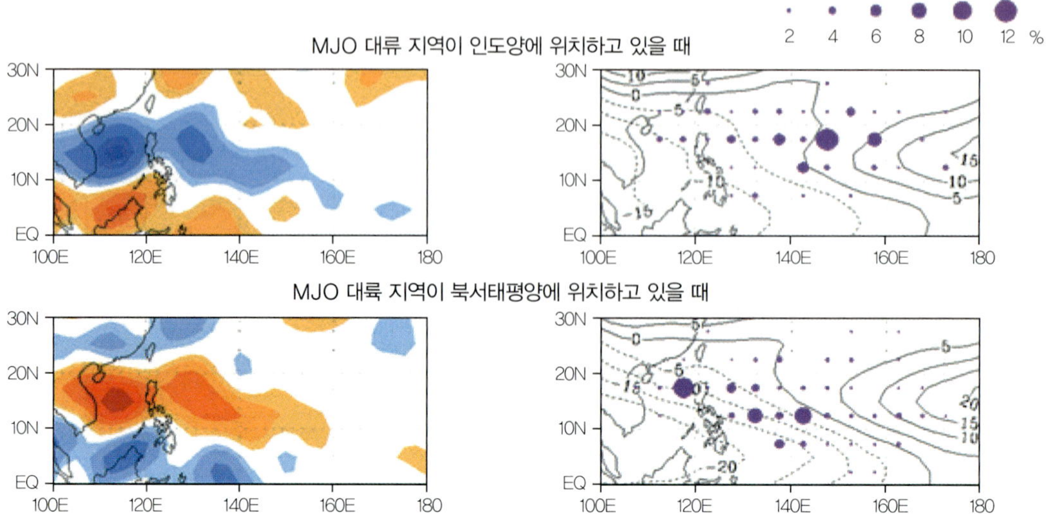

Figure 4.14 MJO 대류 지역의 위치에 따른 북서태평양 850 hPa 상대와도 아노말리 (왼쪽 그림), 수평 바람에 대한 연직 바람 시어 (오른쪽 그림에서 contour), 및 열대 저기압 발생 확률 (오른쪽 그림에서 동그라미) (Kim 2011).

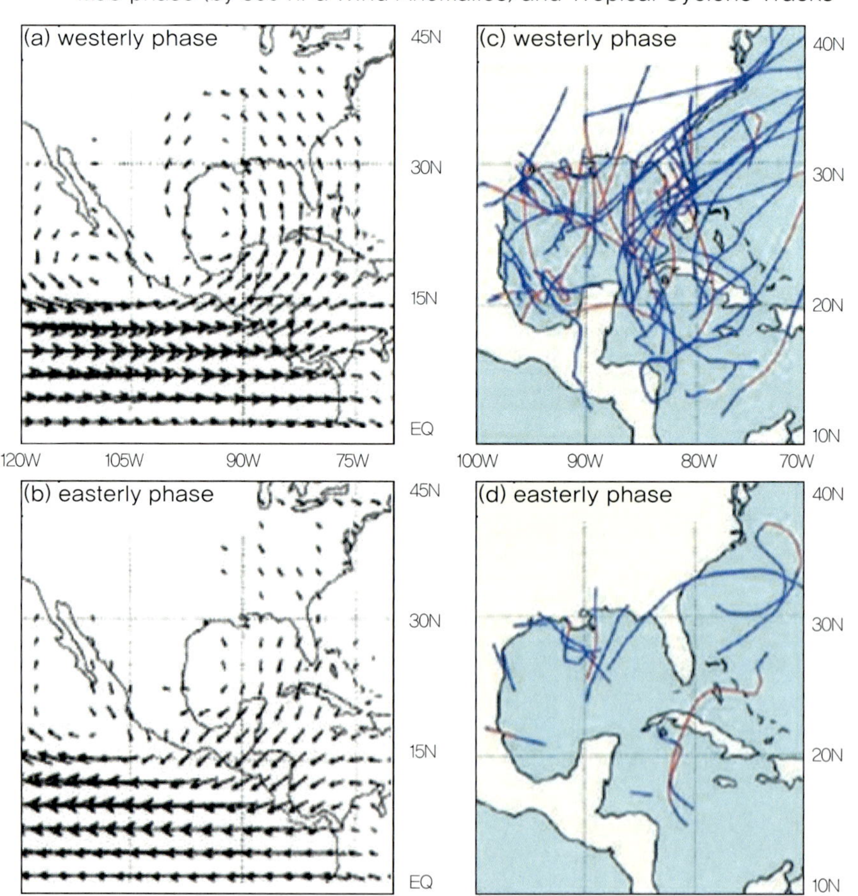

Figure 4.15 MJO가 유도한 대서양 지역의 하층 바람장 (왼쪽)과 열대 저기압의 발생 빈도 (오른쪽). (a), (c) westerly phase는 MJO 대류 지역이 인도양에 위치하며, (b), (d) easterly phase는 MJO 대류 지역이 북서태평양 위치할 때이다 (Maloney and Hartmann 2000).

기압 발생위치에도 영향을 미친다. MJO의 대류 지역이 인도양에 위치하고 있는 경우, 남중국해 및 필리핀해 지역에는 음의 하층 와도가 형성되어 열대 저기압의 발생위치는 연직 바람 시어가 약한 북서태평양 동쪽으로 치우치게 되고, 반면 MJO 대류 지역이 북서태평양 지역에 위치하고 있는 경우, 필리핀 및 남중국해에 양의 하층 와도가 형성되어 그 지역에서의 열대 저기압의 발생이 크게 증가하게 된다 (Figure 4.14).

MJO와 관련된 북서태평양 열대 저기압의 발생위치 변동과 더불어 북서태평양의 열대 저기압의 진로도 MJO에 의해 조절된다. 열대 지역의 대류활동이 활발하게 되면 중위도로 Rossby-wave가 전파되게 되는데, MJO 대류 지역 위치에 따른 Rossby-wave의 전파 형태가 달라짐으로써 북서태평양 지역의 지향류의 흐름이 바뀌게 되고 이것이 열대 저기압의 진로에 영향을 미치게 된다. 따라서 MJO 대류 지역이 인도양에 있는 경우에는 일본 동쪽으로 향하는 열대 저기압이 크게 증가하는 반면에 MJO 대류 지역이 북서태평양에 위치하고 있는 경우에는 남중국해 및 동중국해로 향하는 열대 저기압이 크게 증가하게 된다 (Kim et al. 2008).

대서양 또한 MJO에 의해 열대 저기압 발생이 조절될 수 있다. MJO 대류 지역의 위치가 인도양일 때, 대서양에 서풍계열의 바람장이 유도되고 이는 저기압성 순환을 야기시켜 열대 저기압 발생 빈도를 증가시킨다. 반면, MJO 대류 지역이 북서태평양에 존재할 때, 대서양은 동풍계열의 바람장이 유도되고 대서양 지역에 고기압성 순환을 야기시켜 열대 저기압 발생 빈도를 감소시킨다 (Figure 4.15).

4.3 기후변화와 열대 저기압

인간활동이 유발한 지구온난화에 의해 전구 해수면 온도는 상승하고 있다. 이러한 해수면 온도의 상승은 열대 저기압의 활동에 영향을 미치게 된다. 특히 해수면 온도의 상승은 열대 저기압의 에너지원이 증가하는 것으로 이해할 수 있으며, 열대 저기압의 강도와 밀접한 연관을 보인다. 실제로 현재 관측되는 열대 저기압의 강도와 해수면 온도는 밀접한 관련성을 가지고 있으며 해수면 온도가 높을수록 열대 저기압의 강도는 강해지게 된다. Emanuel (2005)의 연구에서는 과거 해수면 온도의 장기적인 상승과 연별 누적된 열대 저기압의 강도가 밀접한 상관성을 가지고 있으며, 해수면 온도 상승에 따라 열대 저기압의 누적 강도는 크게 증가하고 있다. Webster et al. (2005)의 연구에서는 과거 30년동안 초속 58m/s 이상의 바람을 갖는 강한 열대 저기압의 비율이 크게 증가하는 것을 보였으며, 이는 전지구적 해수면 온도 상승과 밀접한 관련이 있다고 제시하였다. 그러나 과거 관측 자료에서 나타나는 열대 저기압의 강도의 변화는 기후변화에 따른 장기 변동을 살펴보기에는 자료의 길이가 짧고, 자료의 정확도도 상대적으로 낮아 여러 연구자로부터 반박되기도 하였다. Landsea (2005) 및 Chan (2006)의 연구에서는 열대 저기압의 강도가 강해지는 것은 장기적인 열대 저기압 활동의 자연 변동성의 일부일 수 있으며, 실제 열대 저기압의 강도는 해수면 온도 뿐만 아니라 연직 바람 시어, 습도 와 같은 다른 대기 조건에 의해서도 크게 영

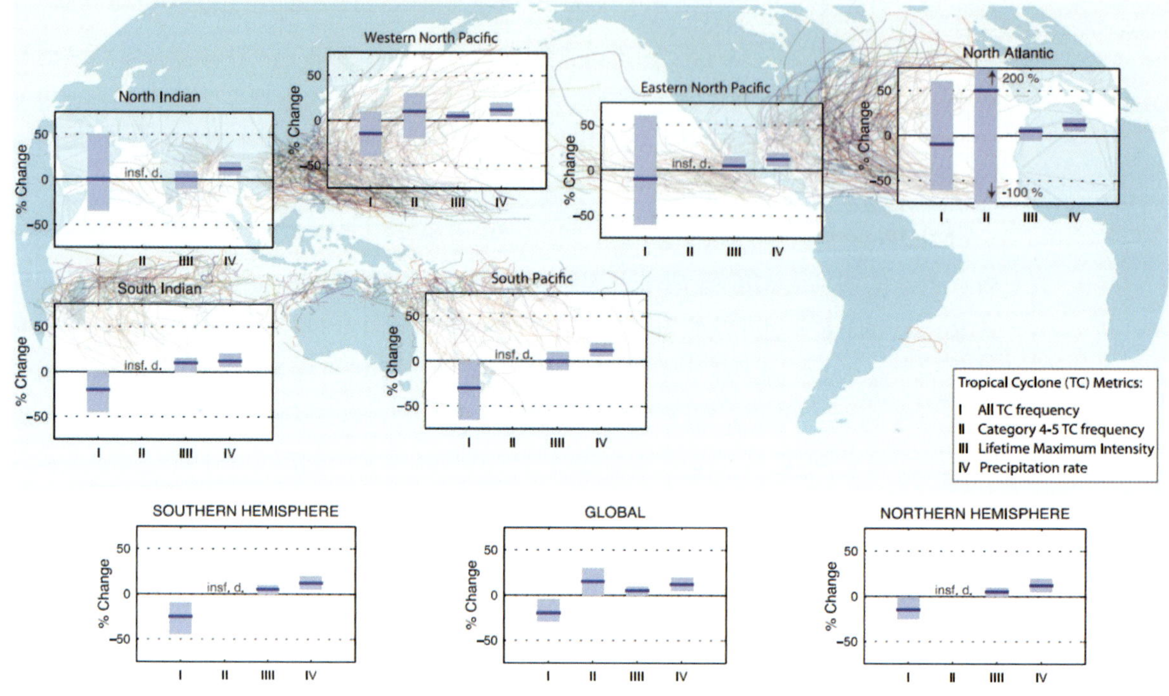

Figure 4.16 IPCC AR5에 참여한 모델에서 예측한 미래 열대 저기압의 변화 (IPCC 2013).

향을 받기 때문에 단순한 해수면 온도의 상승으로 인해 열대 저기압의 강도가 증가할 것으로 예단하는 것은 위험하다고 제시하였다.

미래 기후에서 열대 저기압의 활동성 변화를 알아보기 위해서는 기후모델을 활용한 연구가 필수적이다. 열대 저기압은 상대적으로 작은 규모의 현상이기 때문에 전구 기후모델에서 열대 저기압을 모의하기 위해서는 높은 공간 해상도가 필요하다. 일반적으로 수평 해상도가 50 km 이하인 모델에서는 열대 저기압이 모의될 수 있으나, 실제 열대 저기압의 강도보다 약하게 모의되는 경우가 많다. 특히 50 km 이상의 해상도를 갖는 기후모델에서는 중심 부근 최대 풍속이 50 m/s 이상이 넘는 강한 열대 저기압이 모의가 되지 않는 경우가 많다. 그러나 최근 컴퓨터 자원의 증가와 슈퍼 컴퓨터의 성능이 크게 증가하면서 25 km 이하의 기후모델을 이용한 열대 저기압의 모의가 이루어 지고 있다. 높은 해상도를 갖는 모델에서는 슈퍼 태풍이라고 불리는 58m/s 이상의 바람을 갖는 강한 열대 저기압 (Category 4-5)이 모의되고 있다. 2013년에 발표된 IPCC AR5 기후변화 보고서에 수록된 다양한 기후모델의 결과에 따르면, 해수면 온도 상승에 따른 미래 기후에서 열대 저기압의 발생 빈도는 감소하며, 슈퍼 태풍 급의 강한 열대 저기압 (Category 4-5)의 발생 빈도는 증가하고, 열대 저기압의 최대 강도 및 열대 저기압과 관련된 강수 또한 증가하는 것으로 예상하고 있다. 물론 위와 같은 예상에 대한 오차는 존재하지만, 현재 기후모델의 모의 결과를 고려할 때 전 지구 해양에서 나타나는 변화경향은 비슷하다 (Figure 4.16).

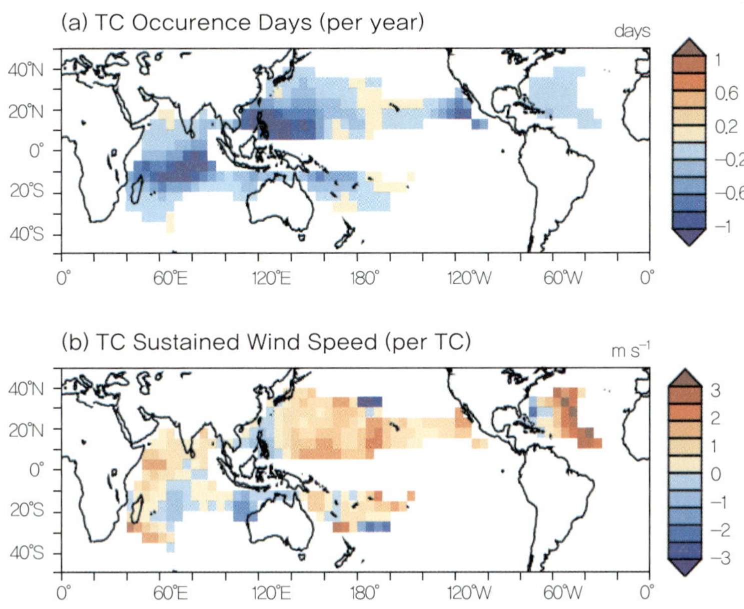

Figure 4.17 CM2.5 기후모델에서 모의된 지구온난화에 따른 열대 저기압 출현 빈도의 변화 (위) 및 강도의 변화 (아래) (Kim et al. 2014).

여러 기후모델에서 지구온난화에 따라 열대 저기압의 강도는 증가하지만 열대 저기압의 발생 빈도는 감소하는 것으로 모의하고 있다. 왜 그럴까? 미국 지구물리유체연구소의 기후모델인 CM2.5에서 모의된 기후변화에 따른 열대 저기압의 활동성의 변화를 살펴보면 (Figure 4.17) IPCC AR5에 수록된 결과와 비슷하게 거의 대부분의 해양에서 열대 저기압의 발생 빈도는 감소하지만 열대 저기압의 강도(중심 부근 풍속)는 증가하는 것으로 나타나고 있다. 이러한 열대 저기압의 발생 빈도와 강도의 상반된 변화는 지구온난화에 따른 해수면 온도 증가뿐만 아니라 대기 순환장의 변화도 열대 저기압 활동성에 영향을 미치고 있기 때문이다. Figure 4.18은 CM2.5 기후모델에서 모의된 온실가스 증가에 따른 해수면 온도 및 대기 상태의 변화를 보여주고 있다. 지구온난화에 따라 해수면 온도는 크게 증가하여 열대 저기압을 강화 시킬 수 있는 에너지는 크게 증가하게 된다. 이는 열대 저기압의 강도를 강화시키는데 기여를 하게 된다. 그러나 지구온난화에 따른 대기의 상태는 열대 저기압의 활동을 증가시키는 방향으로 변화하는 것은 아니다. 기후모델 결과에 따르면 지구온난화에 따라 열대 지역에서는 대기 하층의 기온 상승 보다 대기 상층의 기온 상승이 더 크게 나타나는 것으로 모의되고 있다. 이에 따라 열대 지역의 정적 안정도는 현재 보다 증가하게 된다. 4.1장에서 제시된 열대 저기압의 발생에 필요한 조건 중에 대기가 조건부 불안정하여 공기 덩어리가 상승할 수 있어야 한다는 조건이 있었다. 미래 기후에서는 열대 지역의 정적 안정도의 증가로 인해 이러한 열대 저기압의 발생에 필요한 조건이 나빠지게 된다. 이는 열대 저기압의 발생 빈도의 감소로 이어질 수 있는 것이다. 또한 미래 기후에서 해수면 온

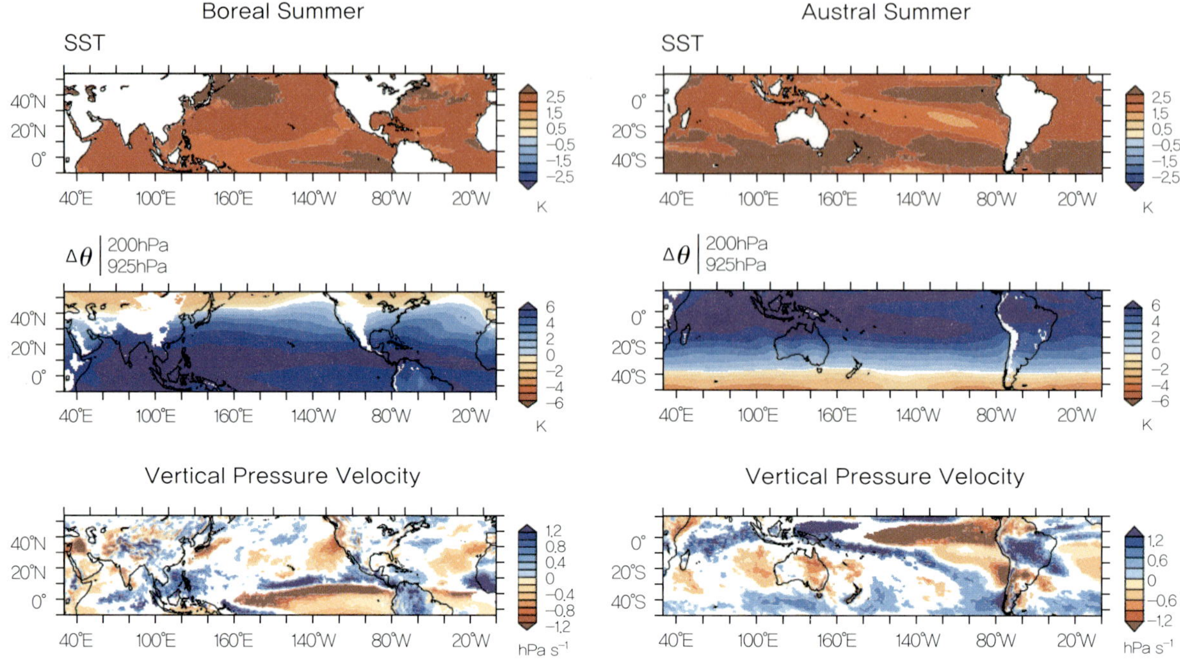

Figure 4.18 CM2.5 기후모델에서 모의된 지구온난화에 따른 해수면 온도의 변화 (위), 정적안정도의 변화 (중간), 500 hPa 연직 기압 속도의 변화 (아래). 왼쪽 그림들은 북반구 여름철, 오른쪽 그림들은 남반구 여름철의 변화를 나타내고 있으며, 붉은 계열의 색은 열대 저기압 활동을 증가시키는 방향으로의 변화를 의미하며 파란 계열의 색은 열대 저기압 활동을 감소시키는 방향으로의 변화를 나타내고 있다 (Kim et a.l 2014).

도의 상승은 균일하게 나타나는 것이 아니라 지역적으로 차이가 존재한다. CM2.5 기후모델에서는 열대 동태평양에서의 해수면 온도의 상승이 다른 지역에서의 해수면 온도 상승보다 더욱 높게 나타나고 있다. 대규모 순환의 관점에서 상대적으로 해수면 온도의 상승이 큰 지역에서는 미래 기후에서의 연직 상승운동이 증가하게 되고, 이에 따라 상대적으로 해수면 온도의 상승이 작은 지역에서 상승운동이 감소하게 된다. 열대 저기압의 발생 지역은 상대적으로 해수면 온도 상승이 작아, 상승운동이 감소하는 지역에 위치하고 있다 (Figure 4.18). 이러한 열대 저기압 발생 지역에서 상승운동의 약화는 열대 저기압의 발생을 억제하는데 기여할 수 있다. 정리하면 지구온난화에 따라 해수면 온도의 증가로 인해 열대 저기압의 에너지원이 증가하여 발생한 열대 저기압의 최대 강도는 크게 증가할 수 있지만, 미래의 열대 저기압 발생 지역에서는 대기의 상승운동이 다소 억제되는 방향으로 변화하게 되어 열대 저기압 발생 빈도를 감소시키는 역할을 한다고 볼 수 있다.

현재 기후모델을 이용한 열대 저기압의 변화를 모의하는 연구가 많이 진행되고 있으나 아직까지 기후모델의 불확실성과 기후모델에서의 열대 저기압의 구현 능력의 한계로 인해 미래 기후에서 열대 저기압 활동성의 변화는 아직까지 정확한 결론이 도출되지 못하고 있다. 특히 미래 기후에서의 열대 저기압의 강도 증가에 대해서는 많은 연구자들이 동의하고 있으나, 열대 저기압 발생 빈도의 변화와 관련해서는 다양한 이견이 존재하다. 한 예로, 최근 열대 저기압 전용 모델을 이용한 기후변화에 따른 열대 저기압 변화를 살펴본 연구에서는 미래에서 열대 저기압의 발생 빈도가 크게 증가할 수도 있음을 보이기도 하였다 (Emanuel 2013). 지구온난화에 따른 열대 저기압의 활동성의 변화를 이해하기 위해서는 단순히 해수면 온도의 상승뿐만 아니라 다양한 대기 조건의 변화도 함께 고려한 종합적인 고찰이 필요하며, 어느 한 가지 요소의 변화 만으로 열대 저기압의 기후적 측면의 변화를 설명할 수는 없을 것이다.

참고문헌

Camargo, S. J. and A. H. Sobel, 2005: Western North Pacific Tropical Cyclone Intensity and ENSO. *J. Climate*, **18**, 2996-3006.

Chan, J. C. L., 2006: Comment on "Changes in Tropical Cyclone Number, Duration, and Intensity in a Warming Environment". *Science*, **311**, 1713.

Emanuel, K. A., 2005: Increasing destructiveness of tropical cyclones over the past 30 years. *Nature*, **436**, 686-688.

Emanuel, K. A., 2013: Downscaling CMIP5 climate models shows increased tropical cyclone activity over the 21st century. *Proc. Natl. Acad. Sci.*, **110**, 12219-12224.

Gray, W. M., 1979: Hurricanes: Their formation, structure and likely role in the tropical circulation. *Meteorology over the tropical oceans*, **77**, 155-218.

Hartmann, D. L., and E. D. Maloney, 2001: The Madden–Julian oscillation, barotropic dynamics, and North Pacific tropical cyclone formation. Part II: Stochastic barotropic modeling. *J. Atmos. Sci.*, **58**, 2559-2570.

Higgins, W. and W. Shi, 2001: Intercomparison of the principal modes of interannual and intraseasonal variability of the North American monsoon system. *J. Climate*, **14**, 403-417.

IPCC, 2013: Summary for Policymakers. In: *Climate Change 2013: The Physical Science Basis. Contribution of Working Group 1 to the Fifth Assessment Report of the Intergovernmental Panel on Climate Change* [Stocker, T. F., D. Qin, G. -K. Plattner, M. Tignor, S. K. Allen, J. Boschung, A. Nauels, Y. Xia, V. Bex and P. M. Midgley (eds.)]. Cambridge University Press, Cambridge, United Kingdom and New York, NY, USA, pp. 1535.

Kim, H.-S., 2011: Diagnosis and prediction of the summer tropical cyclone track patterns over the western North Pacific, Ph.D. thesis, Seoul National University, Seoul, South Korea, 206 pp.

Kim, H.-K., and K.-H. Seo, 2016: Cluster Analysis of Tropical Cyclone Tracks over the Western North Pacific using a Self-Organizing Map. *J. Climate*, **29**, 3731-3751.

Kim, J.-H., C.-H. Ho, H.-S. Kim, C.-H. Sui, and S. K. Park, 2008: Systematic variation of summertime tropical cyclone activity in the western North Pacific in relation to the

Madden-Julian oscillation. *J. Climate*, **21**, 1171-1191.

Kim, H.-S., J.-H. Kim, C.-H. Ho, and P.-S. Chu, 2011: Pattern classification of typhoon tracks using the fuzzy c-means clustering method. *J. Climate*, **24**, 488-508.

Kim, H.-S., G. A. Vecchi, T. R. Knutson, W. G. Anderson, T. L. Delworth, A. Rosati, F. Zeng, and M. Zhao, 2014: Tropical Cyclone Simulation and Response to CO2 Doubling in the GFDL CM2.5 High-Resolution Coupled Climate Model. *J. Climate*, **27**, 8034-8054.

Landsea, C. W., 2005: Hurricanes and global warming. *Nature*, **438**, E11-E12.

Maloney, E. D., and D. L. Hartmann, 2000: Modulation of hurricane activity in the Gulf of Mexico by the Madden-Julian Oscillation. *Science,* **287**, 2002-2004.

Webster, P. J., G. J. Holland, J. A. Curry, and H.-R. Chang, 2005: Changes in tropical cyclone number, duration, and intensity in a warming environment. *Science*, **309**, 1844-1846.

CHAPTER 05

중위도 기후 변동성

Extratropical Climate variability

한양대: **예 상 욱**

학습목차

프롤로그

열대 지역이나 극 지역과 달리 중위도 지역 기후 변동성은 매우 복잡하다. 근본적인 이유 중의 하나는 중위도 지역이 남북방향으로 온도경도가 크고 복잡한 지형이 존재하며 또한 이와 연관된 내부 변동성(internal variability)의 크기가 상대적으로 큰 곳이기 때문이다. 또한 중위도 지역은 적도로부터의 원격상관(teleconnections)의 영향이 중위도 지역의 내부 변동성과 결합되어 존재하며 특히 최근에는 북극 지역의 얼음 녹음(ice-melting)으로 인해 극지역-중위도의 원격상관성의 효과가 더해져 이 지역의 기후 변동성은 더욱 복잡해지고 있다. 이외에도 해양-대기 상호작용이 중위도 기후의 장주기 변동성을 변조하는 주요 인자로 작용하고 있다. 그러므로 중위도 기후 변동성을 이해하기 위해서는 적도로부터의 원격상관의 영향뿐만 아니라 이 지역에서 해양-대기 상호작용과 관련된 해양의 장주기 변동성 및 역할을 이해하는 것이 필요하다.

앞으로 중위도 기후 변동성의 일반적인 특징들을 간략하게 살펴보고 중위도 기후 변동성을 설명하는 주요 메커니즘중의 하나인 해양-대기 상호작용의 주요 피드백들에 대해서 이해해보도록 하자. 이뿐만 아니라 알류샨 저기압의 변동성으로 설명되어지는 북태평양 지역의 주요 기후 모드들에 대한 이해를 해보도록 하자.

5.1 중위도 기후 변동성의 일반적인 특성

중위도 지역의 기후 변동성의 복잡성은 이 지역의 특성에 기인한 고유의 내부 변동성 (internal variability) 및 열대 지역의 강제력이 해양-대기 원격상관(teleconnections)과정을 통해 일기 및 기후 변동성에 영향을 미치기 때문이다. 중위도 지역의 내부 변동성은 지표면

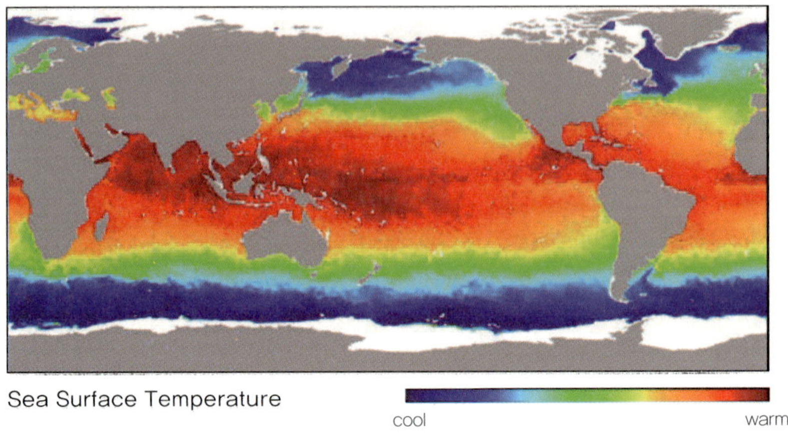

Figure 5.1 The planet's sea surface temperature delivered from Advanced Microwave Scanning Radiometer for the Earth Observing System m(AMSR-E), averaged over the 3-day period June 2-4, 2002 (출처: http://earthobservatory.nasa.gov/IOTD/view.php?id=2559).

에 흡수되는 태양 복사량의 불균등한 분포, 해양/육지의 분포, 그리고 지형적인 특성 등에 기인하고 외적 강제력에 기인하지 않는 날씨 및 기후 변동성을 말한다. 중위도 지역에서 이와 같은 내부 변동성이 큰 이유는 첫째, 전 지구에서 남북 방향으로의 온도 경도가 가장

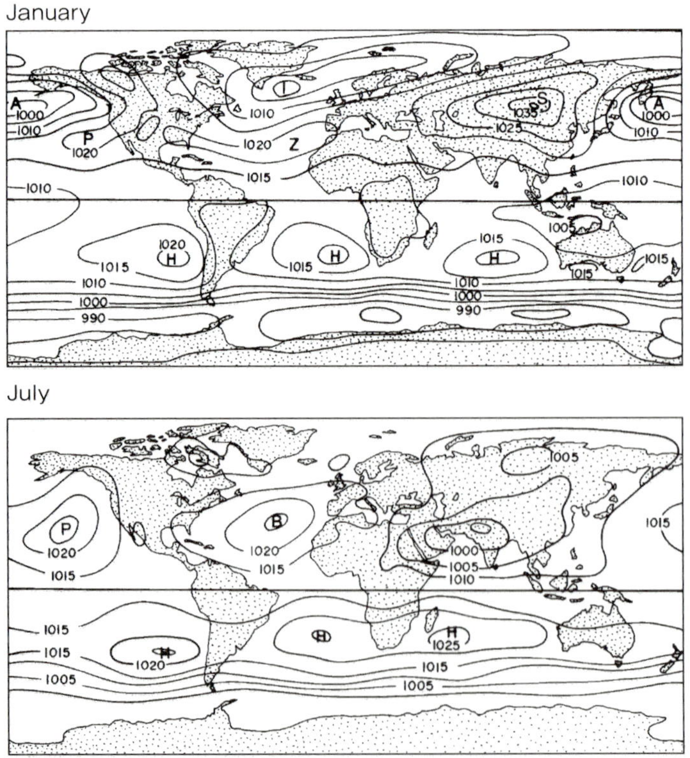

Figure 5.2 1월과 7월의 해면 기압장.

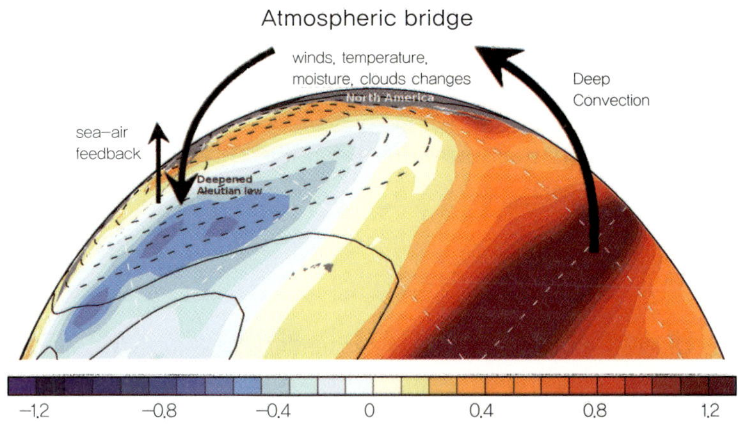

Figure 5.3 The atmospheric bridge during El Nino (출처: http://en.wikipedia.org/wiki/Pacific_decadal_oscillation).

큰 지역 (Figure 5.1)으로 가용 위치 에너지와 운동에너지의 전환이 효과적으로 일어날 수 있다. 이로 인해 중위도에서는 스톰 트랙(storm track)이 위치해 있으며 대기 평균장과 에디(eddy)의 상호작용이 활발하게 관측된다. 둘째, 중위도 지역은 대기 운동에 작용하는 전향력이 크게 작용하기 때문에 대기의 질량장과 속도장의 상호 조절이 쉽게 이루어지지 않는다는 점이 또한 특징이다. 예를 들면 Figure 5.2에서 보는 바와 같이, 중위도 지역에서는 고 · 저기압의 순환이 우세하게 나타나는 특징을 보인다. 이는 중위도 지역에서 전향력이 강하게 작용하기 때문인데 저위도에서는 전향력이 약하기 때문에 기압 경도력으로 인해 유도되는 바람장이 질량장과 빠른 시간내에 상호 조절 과정을 통해 균형을 이루기 때문에 중위도에서처럼 고 · 저기압성 순환이 관측되기 어렵다. 이와 같이 강한 전향력에 기인한 지상의 고 · 저기압성 순환은 중위도 지역에서 기단의 형성을 가능하게 만들고 나아가 상층에서는 로스비 파(Rossby wave) 와 같은 대기 파동의 발생 및 유지를 가능하게 함으로 중위도 지역의 기상 및 기후 변동성에도 영향을 미치게 된다. 셋째 중위도 지역에서 큰 내부 변동성의 원인은 이 지역의 복잡한 산악 지형과 육지와 해양이 서로 비슷한 면적으로 차지하고 있어 육지/해양의 대조(contrast) 가 가장 크기 때문이라는 점을 들 수 있다.

이와 같은 내부 변동성과 함께 중위도 지역은 열대 지역의 영향을 직 · 간접적으로 받는 곳이다. 즉 열대 지역에서의 해수면 온도 변동성으로 인한 대기 강제력의 효과가 대기를 통한 원격상관(teleconnection)을 통해 중위도 지역으로 전달되는 현상 (Figure 5.3)을 쉽게 볼 수 있다. 이로 인해 중위도 지역의 기후 변동성은 내부 변동성의 영향과 함께 열대 지역의 영향이 함께 합쳐져 다양한 기후 변동성의 특성이 나타나게 된다.

5.2 중위도 기후 변동성을 이끄는 주된 인자들

중위도 기후 변동성에 영향을 주는 인자들은 매우 다양하다. 많은 인자들 중 이 절에서는 먼저 열대-중위도간의 원격상관성의 특징을 간략하게 살펴본 다음 중위도 지역 기후의 대표적 주기성인 장주기 변동성을 유도하는데 기여를 하는 해양과 대기의 상호작용에 대해 살펴보고자 한다. 특히 해양의 장주기 변동성을 유도하는 것으로 알려져 있는 확률적 대기 강제력(stochastic atmospheric forcing)과 해양-대기 상호작용에서 관측되는 주요 피드백(feedback) 현상들을 중심으로 살펴보고자 한다.

열대-중위도 대기 원격상관성

Figure 5.4는 열대 지역에서 엘니뇨와 같은 표층 수온 편차와 이에 기인한 대기 강제력이 있을 때 어떻게 중위도 지방에 영향을 주는 지를 보여주는 모식도이다. 즉 열대-중위도 원격상관성을 통해 영향을 받은 중위도 대기는 이 지역에서 내부 변동성에 기인한 대기 변동성과 함께 전체적인 대기 순환의 변화를 가져오고 이와 같은 대기 순환의 변화는 주요 기후 요소들인 기온, 바람, 수증기 및 운량의 변화를 유도할 수 있다. 또한 이와 같은 기후 요소들의 변화는 해양 · 대기 상호작용을 통해 다시 해양 및 대기 변동성을 유도할 수 있다.

열대-중위도 원격상관성의 전형적인 예를 보여주는 현상이 바로 엘니뇨가 발생하여 겨울철 북태평양 부근의 알류산 저기압이 강화되는 현상이다 (Figure 5.5). 즉 엘니뇨가 가장 크게 발달하는 겨울철 중 · 동태평양 지역에 해수면 온도가 증가하게 되고 이로 인해 대류활동이 증가하게 된다. 대류활동의 증가는 대기 내부의 단열 및 비단열 가열, 하층 수렴 및 상층 발산의 구조를 변화시키고 이는 대기 와도 편차를 만들어 냄으로 대규모 로스비 파의 강제력으로 작용하게 된다.

좀 더 일반적으로 열대 지역에 어떤 원인으로 해수면 온도의 편차가 발생하면 이는 대류 활동의 편차를 유도하게 된다. 지역적으로 대류 활동의 강도와 그로 인한 대기 가열, 하층 수렴 및 발산의 구조에 차이가 있을 수 있지만 대류 활동의 편차는 대규모 로스비 파의 원천이 된다. 이렇게 생성된 로스비 파는 대규모 대기 파동의 형태로 중위도로 전파되면서

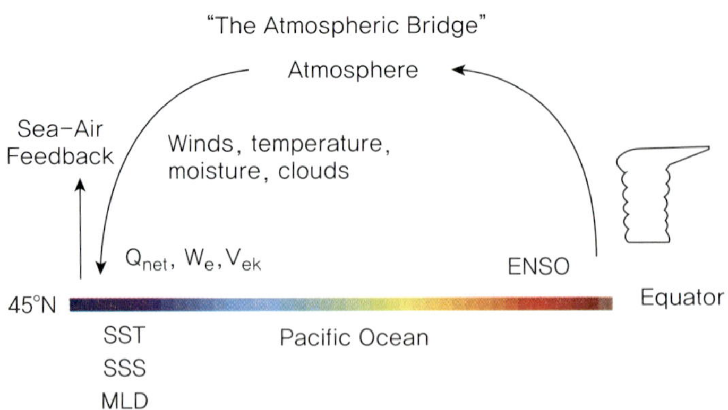

Figure 5.4 Schematic of the "atmospheric bridge" between the tropical and North Pacific Oceans. The bridge concept also applies to the Atlantic, Indian, and South Pacific Oceans (Figure 1 in Alexander et al. 2002).

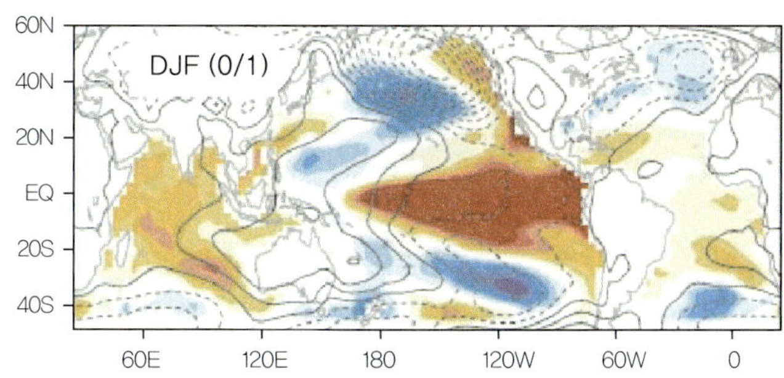

Figure 5.5 겨울철 엘니뇨 발생시 전 지구 해수면 온도와 해면기압의 전형적인 구조 (Figure 6 in Alexander et al. 2002).

이 지역 대기 순환장의 강도 및 공간 구조에 영향을 주게 된다.

특히 엘니뇨가 발생하였을 때 대규모 대기 파동-로스비 파-의 일부분은 열대지역에서 북태평양 나아가 북미 지역으로 전파되는데 기후학적으로 알류샨 저기압이 위치하는 지역에 음의 지위고도 편차를 가지는 대기 파동이 겹쳐지면서 알류샨 저기압의 강도가 강화되어 나타나는 것이다. 알류샨 저기압의 강도와 함께 대기 파동은 북미 지역의 전형적인 겨울철 대기 순환의 구조를 바꿈으로 이 지역에 한파, 또는 폭설 현상을 유도하게 된다. 나아가 북동 태평양 지역에서의 대기 순환의 편차 (강화된 알류샨 저기압)는 그림에서 볼 수 있는 것처럼 미국 서부 연안근처에서 따뜻한 해수면 온도를 유도하는 역할을 할 수 있다. 즉 강화된 알류샨 저기압은 미국 서부 연안부근에서 남풍을 유도하게 되고 이 바람은 서부 연안 지역의 해양 용승현상을 억제함으로 따뜻한 해수면 온도 (그림의 붉은색 부분)를 유도하는 것이다. 또한 강화된 알류샨 저기압으로 인해 중태평양 지역에서는 서풍계열의 바람 강도가 강화되면서 이 지역의 기후학적인 바람장인 편서풍의 강도를 강화시킴으로 해양 온도의 냉각화를 가져오게 된다 (그림의 파란색 부분).

열대-중위도 대기 원격상관은 중위도 지역에서의 climate regime shift를 야기할 수 있는 중요한 기작으로 작용하기도 한다. 이는 열대 지역에서의 평균장 변화가 열대-중위도 원격상관을 통해 중위도 지역에서의 기후 평균장 변화를 야기할 수 있음을 보여주는 것이다. 예를 들면 1976/77을 경계로 북태평양 해수면 온도의 편차가 양의 편차에서 음의 편차로 전이(shift) 되었다. 그 결과 1976/77을 경계로 중위도 지역에서 관측된 다양한 종류의 환경 변수들의 특성이 크게 변하였다 (Figure 5.6).

현재까지 알려진 다양한 연구들은 1976/1977을 경계로 북태평양의 해수면 온도 편차가 음의 편차로 전이된 원인을 크게 세가지로 제시하고 있는데 이와 같은 전이 원인으로 첫째, 앞에서 설명한 것과 같이 열대 지역의 강제력의 변화가 열대-중위도 대기의 원격상관을 통한 알류샨 저기압의 강도의 전이(transition)를 생각할 수 있다. 이는 중태평양 지역의 기후학적인 편서풍을 강화시킴과 동시에 해양에서 대기로의 열속(heat flux)을 변화시킴으로 해수면 온도의 음의 편차를 유도하였다. 둘째, 편서풍의 강화는 해양에서의 에크만 질량수송의 편차를 유도함으로 북쪽의 차가운 물의 이류로 북태평양 지역의 해수면 온도의 음의 편차를 유도

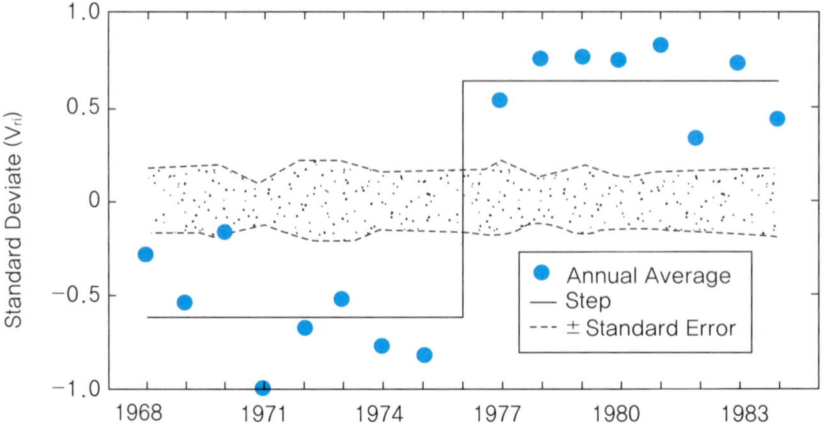

Figure 5.6 Time series of the mean of standardized anomalies for 40 environmental variables. Uniform step has been fit to the data to illustrate the 1976-77 transition. Shaded area represents the standard error of the variables computed in each year. From Ebbesmeyer et al. (1991) (Figure 2 in Miller et al. 1994).

하였다. 셋째, 역시 기후학적인 편서풍의 강화로 해양 상층부에서의 혼합이 강화되고 이를 통해 해수면 온도의 음의 편차를 유도하였다. 여기에서 제시된 세 가지의 원인들은 결국 열대 지역에서의 강제력 변화로 인한 열대-중위도 원격상관성의 변화와 그로 인한 중위도 지역에서의 대기 변수의 변화로 설명할 수 있기 때문에 열대-중위도 원격상관성이 중위도 지역 기후변동성에 결정적 역할을 할 수 있음을 보여주는 것이다.

북태평양 해수면 온도의 편차 양의 편차에서 음의 편차로 전이는 1976/77년을 경계로 관측되었을 뿐만 아니라 최근 몇몇 연구결과들은 1998/99년을 경계로도 북태평양 지역에 climate regime shift가 발생하였음을 제시하고 있으며 (Schwing et al., 2000, Minobe 2002, Jo et al., 2013, 2015), 더 나아가 1998/99년을 경계로 열대-중위도 원격상관성의 구조변화가 있었음이 관측 자료의 분석 결과로 밝혀졌다. 이러한 열대-중위도 원격상관성의 구조 변화는 열대-중위도 해수면 온도의 변동성의 상관성에도 영향을 주는 것으로 알

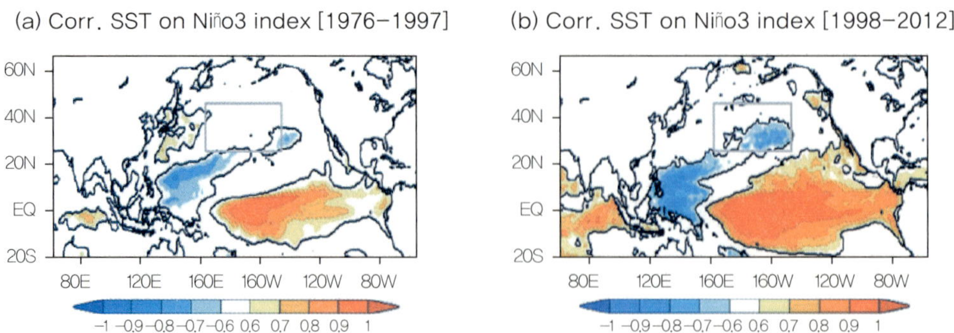

Figure 5.7 A correlation map of the SST for the boreal winter (December – February) with the NINO3 SST index for (a) 1976 – 1997 and for (b) 1998 – 2012 (Jo et al. 2015).

려져 있다. 예를 들면 Figure 5.7은 1998/99년을 경계로 겨울철 엘니뇨 지수-NINO3 온도 지수-와 태평양 지역 해수면 온도 편차와의 상관성을 보인 것이다. 그림에서 확인할 수 있는 것처럼 1998/99년을 경계로 엘니뇨 지수와 북태평양 해수면 온도의 상관성이 크게 다름을 알 수 있다. 즉 1998/99 이전에는 엘니뇨 지수와 높은 상관성을 가진 북태평양 해수면 온도 변동성이 약한 반면 1998/99년 이후에는 그 상관성이 크게 증가하였음을 알 수 있다. 이와 같은 현상의 원인은 결국 열대-중위도 원격상관성의 구조가 변화되어 야기된 것이며 이러한 원격상관성의 구조 변화는 열대 지역에서 대기 강제력의 구조적 변화와 밀접한 연관성을 가지고 있는 것으로 알려져 있다 (Jo et al., 2015). 따라서 열대-중위도 원격상관성의 특성이 장주기 관점에서 변화 될 수 있으며 이러한 열대-중위도 원격상관성의 장주기 변화는 결국 북태평양 지역의 해수면 온도의 변동성과 나아가 이 지역에서의 기후 변동성에도 영향을 주게 된다.

확률적 대기 강제력

확률적 대기 강제력은 중위도 지역의 내부 변동성에 기인하여 나타나는 대기 변동성으로 이해할 수 있으며 주기는 화이트 노이즈(white noise) 처럼 모든 시간영역에서 비슷한 크기를 가지고 있다. 즉 확률적 대기 강제력은 중위도에서 일정한 주기를 가지고 있지 않으면서 다양한 공간 규모의 특성을 가지는 대기 순환 및 운동으로 이해할 수 있다. 예를 들면 중위도 지역에서의 매일의 일기(weather) 현상과 직접적인 관련성이 있는 대기 경압파(Baroclinic wave), 종관 규모의 고 · 저기압, 중규모의 에디, 그리고 대기 경계층 내부에서의 난류 등을 그 예로 들 수 있겠다. 확률적 대기 강제력이 중위도 기후 변동성에 중요한 역할을 하는 이유는 중위도 해양의 장주기 해수면 온도 변동성을 유도하는 기작으로 작용하기 때문인데 중위도 해양의 장주기 변동성은 결국 중위도 기후 변동성에 직접적인 영향을 준다.

확률적 대기 강제력이 해수면 온도 변동성의 장주기 변동성을 유도하는 기작으로 작용할 수 있다는 이론은 Hasselmann (1976)과 Frankignoul and Hasselmann (1977)에 의해 처음으로 제안된 개념이다. 일정한 주기를 가지고 있지 않는 확률적 대기 강제력이 열속(heat flux)을 통해 해양의 강제력으로 작용하면 해수면 온도는 저주파 스펙트럼 즉, 장주기 시간규모의 변동성을 가지게 되는 것을 확인하였으며 아래 식 (5.1)은 확률적 대기 강제력과 해수면 온도 변동성간의 관계를 보여주는 매우 단순화된 온도 방정식이다.

$$\frac{DT}{Dt} = F - \lambda T \tag{5.1}$$

여기서 F는 확률적 대기 강제력이며 T는 해수면 온도 아노말리, λ는 피드백 파라미터이다. 이 관계식을 통해 얻어진 해수면 온도 변동성의 스펙트럼은 실제 관측에서 해양 역학의 역할이 중요하지 않은 지역에서 얻을 수 있는 해수면 온도 변동성의 스펙트럼과 잘 일치한다. 확률적 대기 강제력과 해수면 온도 변동성에 관한 이론은 Barsugli and Battisti (1998)에 의해 다음의 식으로 확장되었으며 대기-해양간의 상관성이 보다 현실적으로 고려되었다 (Figure 5.8). 식 (5.2)는 대기를 (5.3)은 해양을 대변하는 식이다. 식 (5.4)를 통

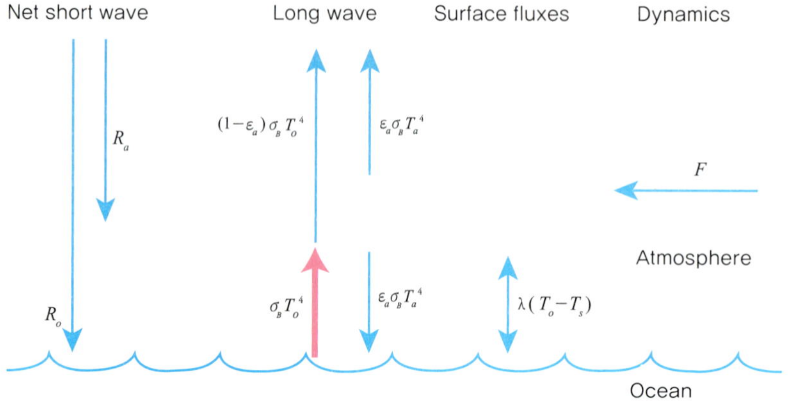

Figure 5.8 Diagram of simple energy balance model on which Eqs. (5.2) and (5.3) are based. (Figure 2 in Barsugli and Battisti, 1998).

하여 (5.2)와 (5.3)의 우변의 첫번째 항들 사이에서 대기-해양의 상관성이 수식화 되었다. Barsugli and Battisti (1998)는 이 수식을 통해 확률적 대기 강제력에 의해 해수면 온도가 저주파 변동 특징을 나타냄을 보였다.

$$\gamma_a \frac{d\check{T}_a}{dt} = -\lambda_{sa}(\check{T}_s - \check{T}_o) - \lambda_a \tilde{T}_a + \tilde{F} \quad \textbf{(5.2)}$$

$$\gamma_o \frac{d\check{T}_o}{dt} = -\lambda_{so}(\check{T}_s - \tilde{T}_o) - \lambda_o \tilde{T}_o \quad \textbf{(5.3)}$$

$$\tilde{T}_s = c\tilde{T}_a \quad \textbf{(5.4)}$$

첨자 a와 o는 각각 대기와 해양을 의미하며, s는 지상을 나타낸다. 이때 $\tilde{T}$: 기온 아노말리, γ: 열용량, λ: 잠열, 현열, 장파열속 합의 선형 계수, λ_a, λ_o: 복사 감쇠 계수, $\tilde{F}$: 확률적 대기 강제력을 나타낸다.

이와 유사한 결과로써 Frankignoul et al. (1997)은 장주기 시간규모의 바람 응력컬(wind stress curl)이 무작위적으로(random) 주어졌을 때 유도된 해류가 관측과 유사한 변동 특성을 가짐을 보였다.

해양-대기 상호작용

해양-대기 상호작용은 해수면 온도와 대기 변수들간의 상관성 분석을 통해 분석이 가능하다. 특히, 강수와 해수면 온도의 상관성 분석이 해양-대기 상호작용의 특성을 파악할 수 있는 간단하고도 대표적인 방법이다 (von Storch, 2000, Wu et al., 2006). 해양은 수온약층을 기준으로 상층온수(upper warm ocean)와 하층냉수(deep cold ocean)로 구분될 수 있는데 해수면 온도는 상층온수를 대표하는 물성 변수로 이해할 수 있다. 그에 반해 강수는 증발, 구름, 복사의 영향이 고려된 대기 변수로써 이해할 수 있다. 따라서 해수면 온도와 강

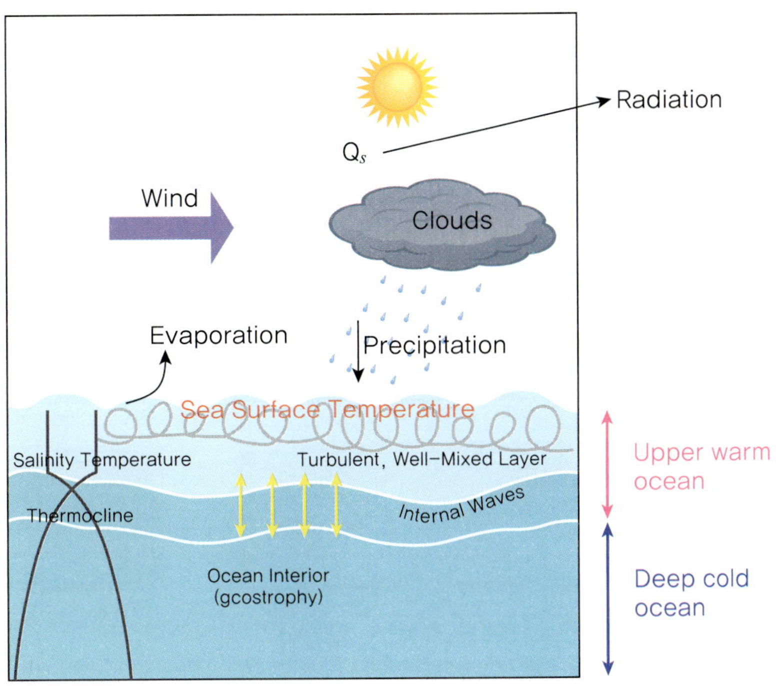

Figure 5.9 대기-해양 상호작용을 나타낸 모식도 (http://www.oc.nps.edu/nom/day1/parte.html).

수의 상관성 분석을 통해 해양-대기 상호작용의 본질을 이해할 수 있다 (Figure 5.9). 예를 들어 해수면 온도가 상승하면 대기의 밀도가 낮아지면서 하층 수렴이 발생하고 그와 동시에 상승 운동이 유도되어서 구름이 생기고 강수 과정이 관측될 수 있는데 해수면 온도가 상승하면서 강수가 증가한다는 관점에서 둘은 양의 상관이라 이야기할 수 있다 (Wu and Kirtman 2007). 따라서 강수와 해수면 온도가 양의 상관이면 해양이 대기의 강제력으로 작용하고 있다고 생각할 수 있고 반대로 음의 상관이면 대기가 해양의 강제력으로 작용하고 있다고 생각할 수 있다.

중위도 기후 변동성과 직접적인 관련성을 가지고 있는 중위도 해양의 특징은 남북방향으로의 온도 경도가 크지만 해수면 온도가 낮아 대기의 강제력으로 작용하기에는 어렵다. 즉, 대기의 영향을 받지만 대기에 강제력으로 작용하기는 힘든 수동적인(passive) 특징이 있다. 그럼에도 불구하고 중위도 해양은 대기와 끊임없는 상호작용을 통해 중위도 기후 변동성에 영향을 준다. 이와 같은 중위도 지역의 해양이 어떤 물리/역학적 과정을 통해 중위도 기후 변동성에 영향을 주는지에 대한 연구는 현재까지도 지속되고 있는 오래된 문제중의 하나이다.

Figure 5.10은 그 예를 보여 주는 결과인데 Figure 5.10의 왼쪽 상단은 해수면 온도의 기후값을 초기조건으로 주었을 때 기후 모형으로부터 얻은 500 hPa의 지위고도의 분포를 보여주는 것으로 해양의 영향이 고려되지 않은 확률적 대기 강제력에 의해서 얻어진 결과로 해석할 수 있다. 아래 그림은 대기 모형에 혼합층 모형을 접합한 조건에서 기후 모형 결과이며 하단은 대기와 해양이 접합된 기후 모형의 결과이다. 비록 단일 기후 모형을 이용

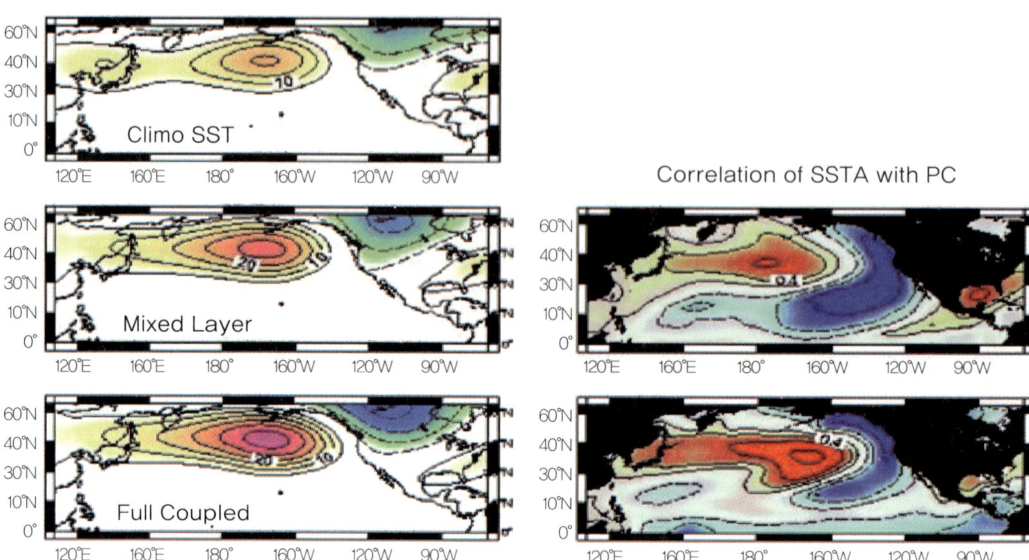

Figure 5.10 Left column: leading EOF of 500 hPa height anomaly, gpm. From top to bottom: for the case with the fullphysics atmospheric model coupled to specified climatological SST conditions, a mixed-layer model with depths specified from observations, and a full physics ocean model, respectively. Right column: correlation map of the PC for the EOF in the corresponding left hand column with SST anomalies (Note that there are no SST anomalies for the case with specified climatological SSTs.) (Figure 6 in Pierce, 2001).

하여 얻어진 결과이지만 해양-대기 상호작용이 고려되었을 때와 그렇지 않을 때 중위도 대기 변동성이 어떻게 변화될 수 있음을 보여주는 것으로 생각할 수 있다. 즉 이는 중위도 해양의 수면 온도가 낮음에도 불구하고 단순히 수동적인 역할에서 벗어나 해양-대기 상호작용을 통하여 중위도 대기 변동성에 영향을 줄 수 있다는 것을 시사한다.

다음으로 중위도 지역의 기후변동성과 관련성이 있는 주요한 해양-대기 상호작용의 피드백(feedback)들에 대해 살펴보자. 첫째, Wind-Evaporation-SST(WES) 피드백이다(Figure 5.11). 먼저 어떤 기작에 의해 해수면 온도의 변동성이 유발되었다고 가정하자. 해수면 온도의 변동은 대기에 강제력으로 작용하여 해수면 위의 바람의 변동성을 유도하고 바람의 변화는 다시 해양에서 대기로의 열속 변화를 가져오며 이와 같은 열속 변화는 결국 다시 해수면 온도를 변화시키게 된다. 이러한 과정이 중위도 해양-대기 상호작용의 중요한 피드백 중 하나이다. 좀 더 구체적으로는 양의 해수면 온도 편차로 인해 해양에서 대기로의 증발이 많아지면서 하층에서의 수렴현상과 함께 대류 현상으로 인해 구름을 유도하게 된다. 이로 인해 태양 복사에너지의 유입이 감소될 뿐만 아니라 대류 활동으로 인해 동반된 바람장의 변화는 해양에서의 열속변화와 연직 혼합을 강화시켜 해수면 온도의 변화를 유도하게 된다. 이와 같은 WES 피드백의 대표적인 예로 Seasonal footprint mechanism을 들 수 있다 (Figure 5.12). 겨울철 북태평양에 North Pacific Oscillation(NPO)라 불

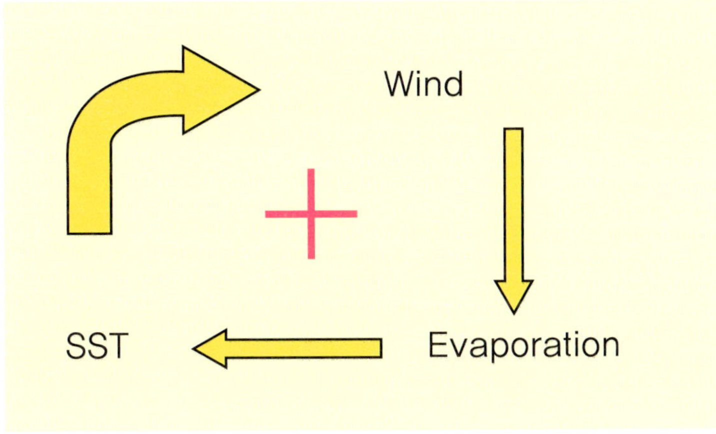

Figure 5.11 Wind-Evaporation-SST (WES) 피드백을 나타낸 개념도 (Saravanan et al., 2008)

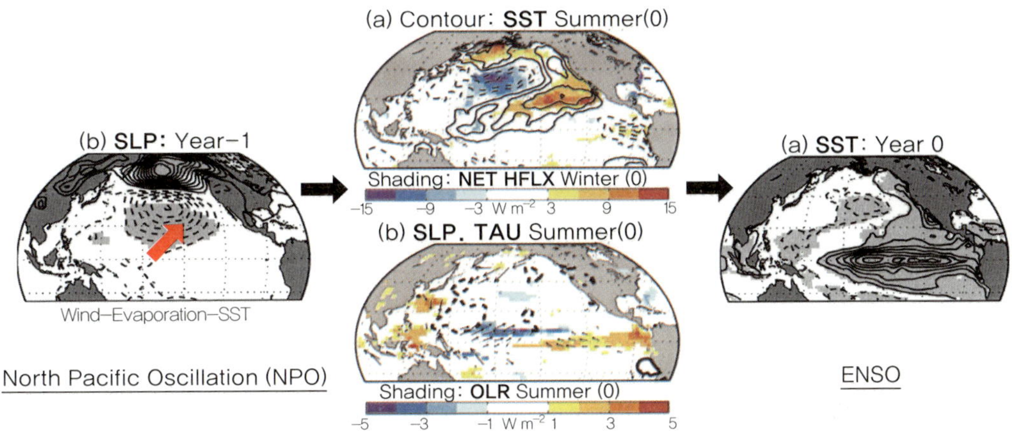

Figure 5.12 Seasonal footprint mechanism (Figure 1 and Figure 4 in Vimont et al. 2003).

리는 쌍극자(dipole) 형태의 기압배치가 나타나면 NPO 순환 아래쪽 저기압성 순환은 아열대 지역의 편동 무역풍의 강도를 약화시키고 이는 증발의 억제를 가져와 이 지역에서의 해수면 온도가 상승을 유도한다. 상승된 해수면 온도는 대기에 저기압성 순환을 유도하게 되고 열대 적도 부근에 서풍 편차를 유도하게 된다. 이와 같은 서풍 편차는 비야크니스(Bjerknes) 피드백을 유도하여 동태평양의 용승을 약화시키고 이 지역의 해수면 온도를 증가시켜 결국 엘니뇨 현상을 유도하게 된다. 이 메커니즘은 중위도 대기 변동성 (여기에서는 NPO)이 WES 피드백 과정을 통해 열대지역의 해수면 온도 변동성을 유도할 수 있음을 보여주는 예이다.

둘째, Ekman current advection 피드백이다 (Figure 5.13). 중위도에서 고기압이 존재할 때 고기압성 바람은 에크만 질량 수송을 통해 고기압의 중심을 향해 Ekman current를 유도하게 되고 이로 인해 해수면 온도는 북쪽이 더 차가워지고 남쪽은 더 따뜻해진다. 남쪽에서 생긴 양의 해수면 온도 편차는 다시 대기의 강제력으로 작용하게 되어 고기압의 강도와 위치가 변화되고 이것은 다시 에크만 질량수송의 변화를 가져와 해수면 온도 분포를 바꾸게

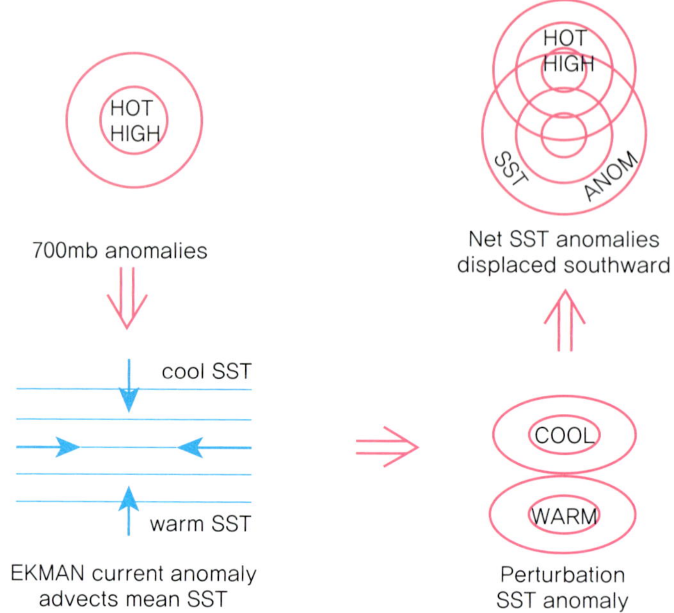

Figure 5.13 Schematic of the SST anomaly response to a fixed, circularly symmetric perturbation of model atmospheric baroclinic stream function on an f plane (Figure 6 in Miller 1992).

된다.

셋째, 북태평양에서 관측되는 장주기 관점에서의 바람과 해류의 상호작용을 통한 피드백이다 (Figure 5.14). 북태평양의 해수면 온도가 양의 편차를 가질 때 이 지역에서 동풍이 우세하게 된다. 동풍이 강해지면 위쪽은 음의 바람응력 컬(curl)이 아래쪽은 양의 바람응력 컬이 만들어진다. 바람응력 컬은 에크만 질량 수송을 통해 위쪽은 남쪽으로 아래쪽은 북쪽으로 해류 편차를 유도하게 된다. 이로 인해 위쪽의 해수면 온도는 낮아지고 아래쪽은 높아진다. 이와 같은 해양 변화에 대기가 빠르게 반응을 하면서 해수면 온도가 따뜻한 지역에서는 동풍이 차가운 지역에서는 서풍이 유도가 되며 북태평양 전체적으로 고기압성 순환이 만들어 짐을 알 수 있다. 이는 Sverdrup 질량 수송에 의해 남쪽으로 해류를 생성시키며 이는 북태평양의 해수면 온도를 낮추게 된다. 이로 인해 대기에는 서풍 편차가 유도되면서 위쪽으로 양의 바람응력 컬이 아래쪽으로 음의 바람응력 컬이 만들어진다. 이는 다시 에크만 질량 수송을 통해 위쪽은 북쪽으로 아래쪽은 남쪽으로 해류가 생성되고 이로 인해 해수면 온도는 아래쪽이 낮아지고 위쪽은 높아지게 된다. 이와 같이 바람과 해류의 상호작용 피드백을 통해 장주기 규모의 북태평양 해수면 온도의 변동성이 유도될 수 있다.

넷째, 북태평양 지역에서 바람과 해양 로스비 파의 상호작용이다. 쿠로시오 속류(Kuroshio Extension)지역에서 양의 해수면 온도 편차가 해양-대기 상호작용을 통해 바람의 변화를 유도하며 이는 바람응력 컬의 구조를 바꾸게 된다. 바람응력 컬의 변화는 Ekman pumping현상을 통해 해양 내부에 로스비 파를 유도하게 된다. 이렇게 생성된 해양의 로스비 파는 서쪽으로 전파되며 서쪽지역에서 해양순환의 강도를 변화시킨다. 즉 로

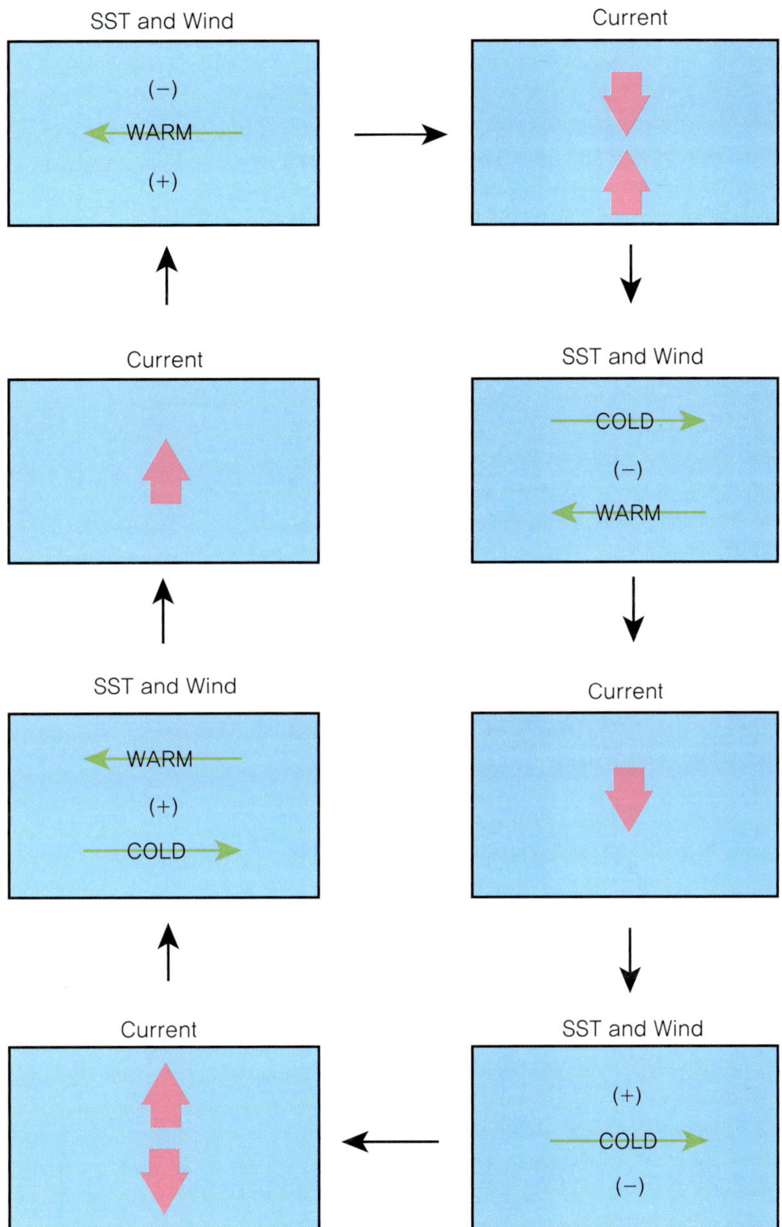

Figure 5.14 Schematic diagram of the evolution feature of SST, surface zonal wind, wind stress curl, and upper-layer meridional current anomalies representing the multi-decadal oscillation. The positive and negative wind stress curls are marked as (+) and (−), respectively. Time sequence is indicated by the direction of the arrow (Figure 4 in An 2008).

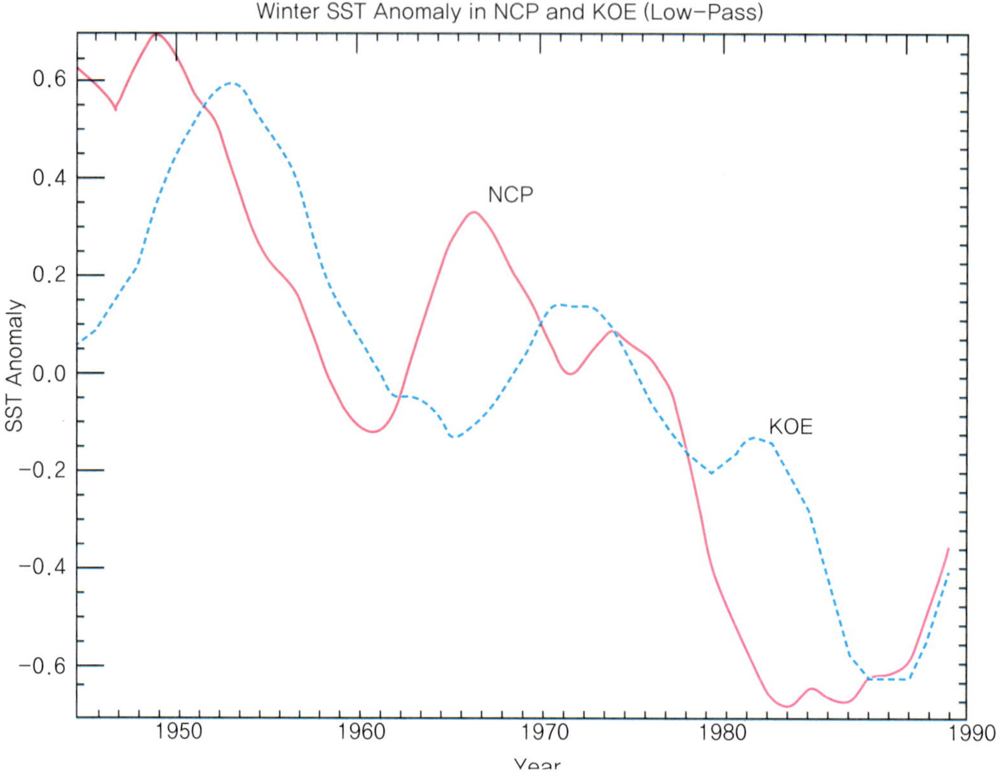

Figure 5.15 Time series of the SST anomalies in the central North Pacific (180°W–150°W; 30°N–40°N; solid line) and the Kuroshio/Oyashio Extension region (150°E–180°E; 35°N–40°N; dotted line) from the Da Silva, Young and Levitus (1994) analysis of COADS showing the approximately five-year lag of of the KOE SST anomalies with respect to the central North Pacific canonical pattern of SST anomalies. The anomalies are low-pass filtered with a nine-year triangular running mean. The maximum correlation occurs at a five-year lag (Figure 3 in Miller and Schneider 2000).

스비 파가 가지는 와도는 난류를 북쪽으로 수송하는 역할을 하는 아열대 환류(subtropical gyre)의 강도를 변화시키게 되며 이는 다시 이 지역의 해수면 온도 변화를 가져오게 된다. 이는 다시 대기의 바람의 강도 변화를 유도하게 되면서 위와 같은 과정을 반복하게 된다.

Figure 5.15는 중앙 북태평양 (실선)과 쿠로시오 속류 (점선) 지역의 해수면 온도를 나타내는 것으로 중앙 북태평양의 해수면 온도가 쿠로시오 속류 지역의 해수면 온도를 선행하는 것을 확인할 수 있다. 이는 앞에서 설명한 것처럼 중앙 북태평양의 해수면 온도 변동성이 바람응력 컬의 변화와 이로 인한 해양의 로스비 파 형성으로 쿠로시오 속류 지역의 해양 변동성에 영향을 미치기 때문이다 (Bo, 2002). 즉 이 두 지역의 해수면 온도 편차의 지연 상관성은 해양 로스비 파의 이동속도와 연결시킬 수 있다. 그러나 중위도 지역의 수온약층의 깊이와 해수면 온도가 직접적으로 연관되어 있지 않다는 점이 이 물리 과정을 설명하는데 문제점으로 제기되기도 한다 (Miller and Schneider 2000).

5.3 중위도 기후의 주요 모드

이 절에서는 중위도 지역 특히 우리나라와 인접해 있는 북태평양에 존재하는 대표적인 기후 모드에 대해서 알아보도록 하자. 북태평양 지역 대기의 주요한 변동성으로 알류샨 저기압과 NPO가 있다. 알류샨 저기압은 겨울철에 관측되는 반영구적(semi-permanent)인 저기압으로 그 변동성은 동아시아 지역의 겨울철 기후 변동성 뿐만 아니라 북태평양 지역의 스톰 트랙의 활동과도 밀접한 연관성을 가지고 있다. 알류샨 저기압의 변동성은 Figure 5.16에서 확인할 수 있는 것처럼 그 중심기압의 강도가 십년 주기 이상의 변동성을 보이고 있어 장주기 시간 규모에서 그 변동성의 크기가 큰 것으로 알려져 있지만 열대-중위도 원격상관성을 통해 열대 지역의 변동성에도 민감하게 반응하기 때문에 경년 주기의 변동성 또한 포함하고 있다.

Figure 5.17은 NPO의 공간장을 나타낸 것으로 연직으로 순압적(barotropic)이며 남북으로 쌍극자 구조를 가지고 있음을 알 수 있다. NPO는 사실 알류샨 저기압의 남북방향의 이동과 연관이 있다. 알류샨 저기압 중심은 주로 동서방향으로 움직이지만 남북방향으로의 움직임도 존재한다. 알류샨 저기압의 중심이 기후학적인 평균 위치보다 북쪽 또는 남쪽에 위치해 있을 때 NPO의 위상 변화가 있을 수 있다. 또한 앞에서도 언급한 것과 같이 NPO는 열대 지역의 해수면 온도 변동성에도 영향을 줄 수 있는 것으로 알려져 그 변동성의 특성을 이해하는데 많은 관심이 쏠리고 있다. 최근에는 해빙이 녹으면서 극지역에서의 대기 순환의 변화가 관측되고 있고 이는 극-중위도 원격상관성의 변화를 가져오면서 특히 NPO의 변동성에 영향을 주는 것으로 알려져 있다.

중위도 북태평양 해양의 주요 기후 모드로는 Pacific Decadal Oscillation(PDO)과 North Pacific Gyre Oscillation(NPGO)이 있다. Figure 5.18은 양의 PDO 위상일 때 해수면 온도와 해면기압 그리고 바람 응력의 구조를 나타낸 것이다. PDO는 잘 알려져 있는 것처럼 장주기 규모에서 최대 변동성을 보이는데 북태평양 지역의 기후 변동성 뿐만 아니라 이 지역의 생태계 변화와도 밀접한 연관성을 가지고 있다. 현재까지 알려진 PDO를 유발하는 강제력으로는 크게 ENSO 변동성과 관련된 열대-중위도 원격상관성, 중위도 대기의 알류샨 저기압 변동성과 관련된 내부 변동성 그리고 중위도 바람 변동에 의한 에크만

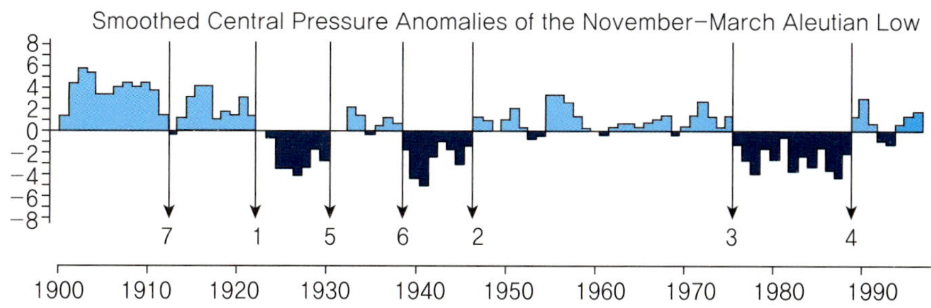

Figure 5.16 겨울철 (11월-3월) 알류샨 저기압 중심 기압의 변동성 (Figure 1 in Overland et al. 1999).

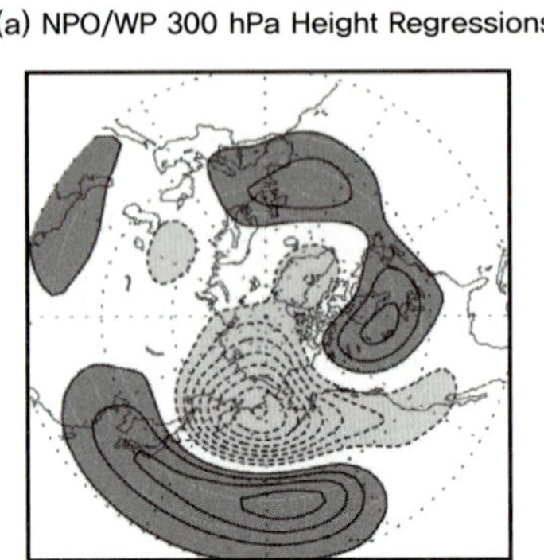

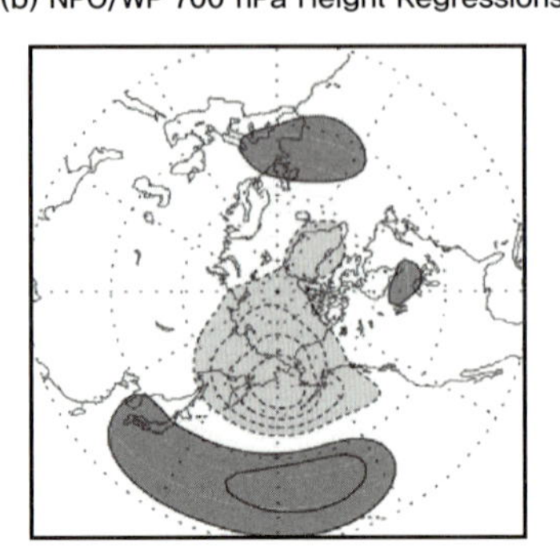

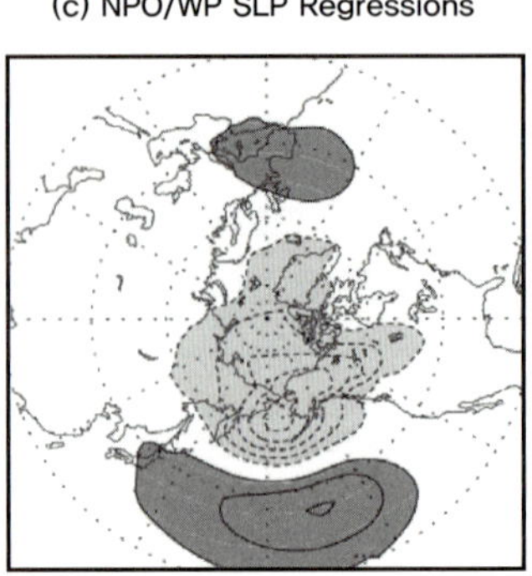

Figure 5.17 NPO/WP height and SLP regressions during the 1958－2001 winter months (DJFM) for (a) 300 hPa, (b) 700 hPa, and (c) SLP. Contour/shading interval is 10 m for height and 1 hPa for SLP, and the remaining convention as before (Figure 3 in Linkin and Nigam 2008).

질량수송과 관련된 해류 이류 현상 등으로 알려져 있다 (Schneider and Cornuelle, 2005). 최근에는 이 세가지 요소들이 PDO발생에 각각 얼만큼 기여하는지 그리고 기후변화에 의해 그 기여도가 어떻게 바뀌는지에 대한 연구가 주목을 받고 있다.

PDO가 북태평양 지역의 기후 변동성에 어떤 영향을 주는지에 대한 연구는 매우 광범위하게 이루어 지고 있다. 그 중의 대표적인 것이 PDO의 위상 변화가 열대-중위도의 원격상관성을 변화시키고, 이는 즉 중위도에 대한 ENSO의 영향력을 변화시킨다는 것이다. 예를 들어 Figure 5.19은 PDO의 위상과 ENSO의 위상의 차이에 따른 동아시아 겨울철 표층 기온의 합성장을 보인 것이다. 이 결과들은 PDO의 위상과 ENSO의 위상이 서로 같을 때 중위도 지역에 ENSO의 영향이 가장 극대화 되는 것을 보여 주고 있다. 예를 들어 엘리뇨해의 동아시아

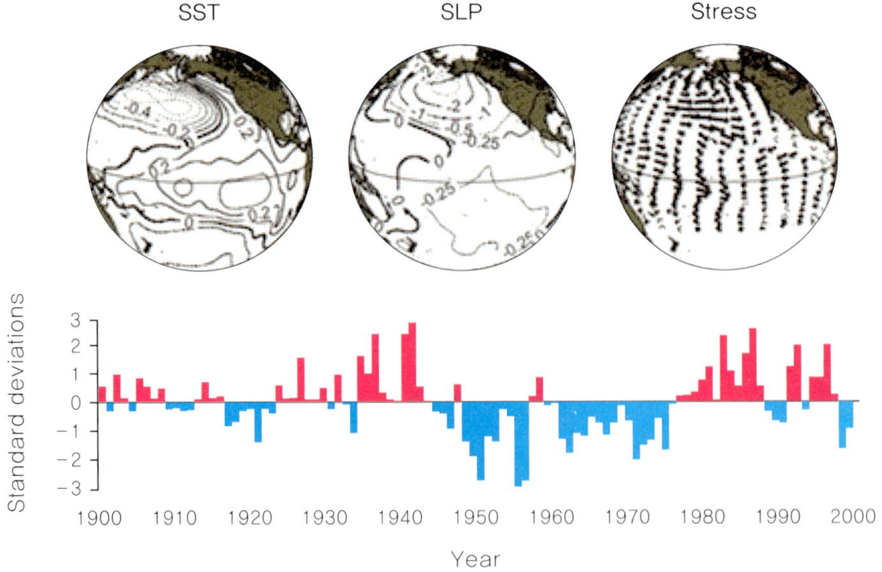

Figure 5.18 양의 Pacific Decadal Oscillation(PDO)일 때의 해수면 온도, 해면 기압, 바람응력 그리고 PDO의 시간 변화 (http://www-lhs.beth.k12.pa.us/weather/weather_04.11.html).

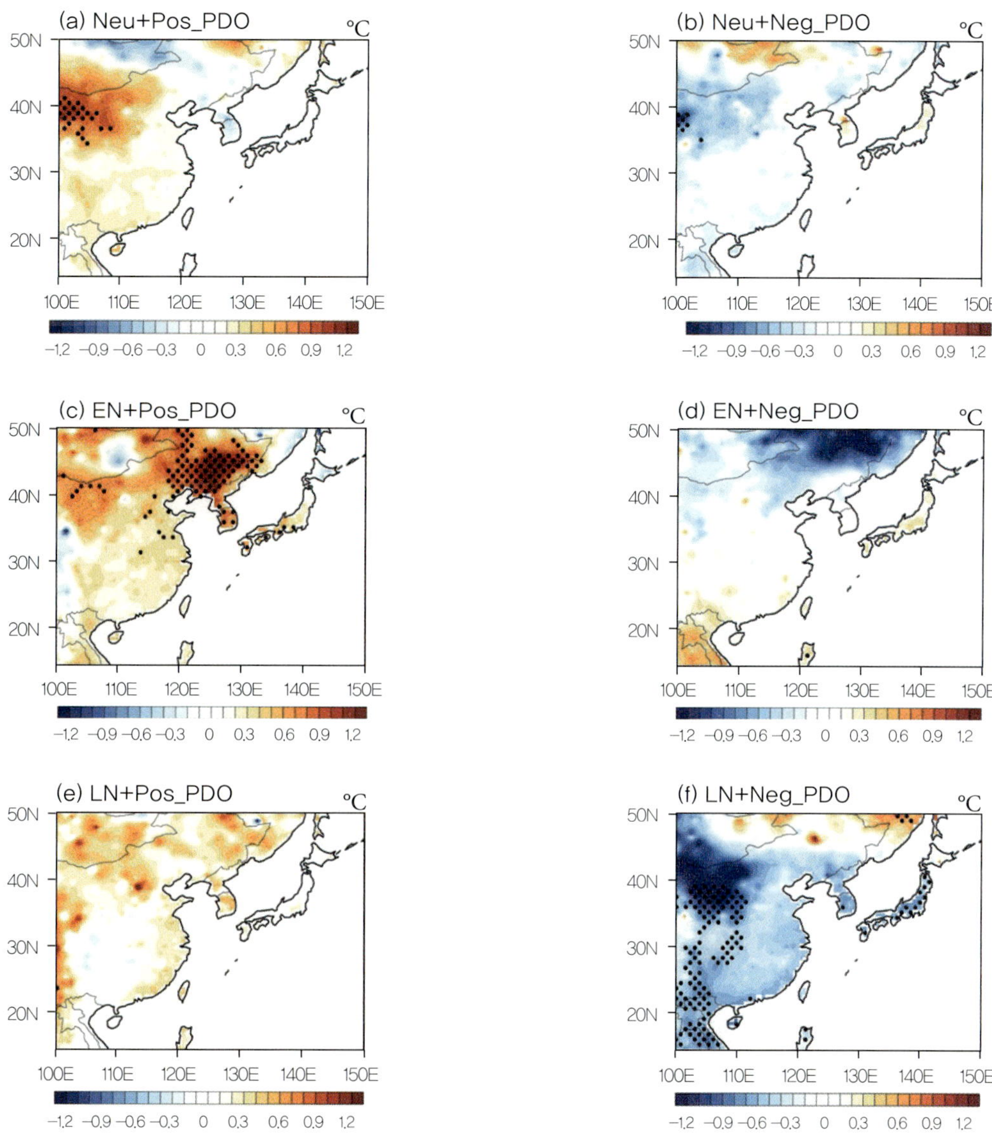

Figure 5.19 Conditional composite maps of the DJF surface air temperature (SAT, in 8°C) anomalies in the East Asian continent for the case of (a) Neu + Pos_PDO, (b) Neu + Neg_PDO, (c) EN + Pos_PDO, (d) EN + Neg_PDO, (e) LN + Pos_PDO, and (f) LN + Neg_PDO. Areas with black dots indicate a 90 % confidence level according to a two-tailed student's t test (Figure 4 in Kim et al. 2014).

기온은 상대적으로 높다고 알려져 있지만 그러나 PDO의 위상이 음이면 겨울철 기온의 상승 현상이 유의하지 않음을 알 수 있다. 반대로 라니냐해의 동아시아 기온은 상대적으로 낮다고 알려져 있지만 PDO 위상이 양이면 겨울철 기온은 오히려 따뜻해 짐을 알 수 있다. 이와 같은 결과는 PDO의 장주기 변동성이 ENSO에 의해 유도된 중위도 지역 (동아시아 지역을 포함하는)의 경년 기후 변동 특성을 변조할 수 있음을 시사한다.

다음으로 North Pacific Gyre Oscillation(NPGO)에 대해서 살펴보도록 하자. NPGO에 대한 연구는 북태평양 지역의 주요 해양 변동성 (환경 변수들의 변동성)이 PDO 변동

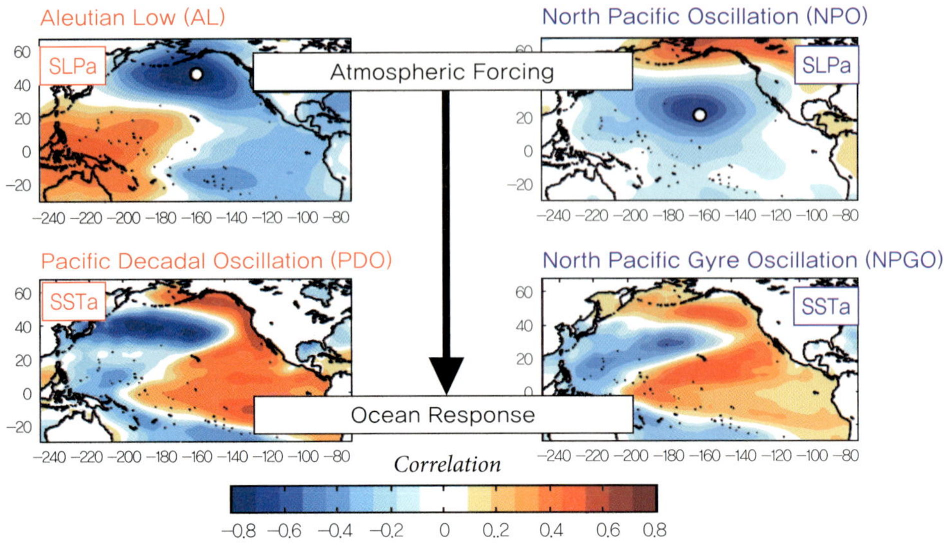

Figure 5.20 Correlation Maps of the two dominant modes of North Pacific variability. Top row shows the SLPa correlation maps of the first two modes of North Pacific atmospheric variability, referred to as AL and NPO. Bottom row shows the SSTa correlation maps of the two dominant modes of SSTa variability, referred to as PDO and NPGO (Figure 1 in Di Lorenzo and Schneider 2013).

성만으로는 충분히 설명될 수 없다는 사실에서 시작되었다 (Di Lorenzo et al. 2008). 해양에서 NPGO의 표층 수온의 공간 구조는 PDO의 그것과 달리 북태평양 지역에서 남북 방향으로의 쌍극자 구조를 가지고 있다 (Figure 5.20). 그러나 그 변동성은 PDO와 유사하게 장주기 변동성이 우세한 것으로 알려져 있다. 또한 PDO 변동성이 앞에서 언급한 것과 같이 중위도 지역의 주요 대기 변동성인 알류샨 저기압의 변동성과 밀접한 연관성을 가지고 있는 반면에 NPGO의 경우 중위도 지역의 또 다른 주요 대기 변동성인 NPO와 밀접한 상관성을 가지고 있는 것으로 알려져 있다 (Figure 5.20). 특히 최근 연구결과에 의하면 동태평양 지역의 해수면 온도 변동성은 PDO 변동성과 상관성을 가지고 있는 반면에 중태평양 지역의 해수면 온도 변동성은 NPGO 변동성과 밀접한 상관성을 가지고 있어서 (Yu et al., 2011) 열대-중위도 원격상관성 측면에서도 PDO와 다른 특성을 가지고 있음이 알려져 있다. 이와 같은 사실은 최근 열대 태평양에서 자주 발생하는 중태평양 엘니뇨(Central Pacific El Nino)의 메커니즘이 중위도 지역의 NPGO 또는 NPO 변동성과 어느 정도 연관성을 가지고 있음을 시사하는 것이다.

참고문헌

Alexander, M. A., I. Blade, M. Newman, J. R. Lanzante, N.-C. Lau, and J. D. Scott, 2002: The Atmospheric Bridge: The Influence of ENSO Teleconnections on Air–Sea Interaction over the Global Oceans. *J. Climate*, **15**, 2205-2231.

An, S.-I, 2008: A mechanism for the multi-decadal climate. *Theor. Appl. Climatol.* **91**, 77 – 84.

Barnes E. A. and D. L. Hartmann, 2012: The Global Distribution of Atmospheric Eddy Length Scales. *J. Climate*, **25**, 3409-3416.

Bo, Q, 2002: The Kuroshio extension system: Its large scale variability and role in the midlatitude ocean-atmosphere interactions. *J. Oceanorgr.*, **58**, 57-75.

Barsugli, J. J. and D. S. Battisti, 1998: The Basic Effects of Atmosphere – Ocean Thermal Coupling on Midlatitude Variability*. *J. Atmos. Sci.*, **55**, 477-493.

Di Lorenzo, E., N. Schneider, K.M. Cobb, P.J.S. Franks, K. Chhak, A. J. Miller, J.C. McWilliams, S.J. Bograd , H. Arango, E. Curchitser, T.M. Powell, and P. Riviere, 2008: North Pacific Gyre Oscillation links ocean climate and ecosystem change. *Geophys. Res. Lett.*, **35**, L08607, doi:10.1029/2007GL032838.

Di Lorenzo, E., and N. Schneider, 2013: An overview of Pacific Climate Variability. Pacific Climate Variability Overview, 1-10.

Frankignoul, C., P. Müller, and E. Zorita, 1997: A simple model of the decadal response of the ocean to stochastic wind forcing. *J. Phys. Oceanogr.*, **27**, 1533-1546.

Frankignoul, C., and K., Hasselmann, 1977: Stochastic climate models. Part II. Application to SST anomalies and thermocline variability. *Tellus*, **29**, 289 – 305.

Hasselmann, K., 1976: Stochastic climate models. Part I. Theory. *Tellus*, **28**, 473 – 485.

Horel, J. D. and J. M. Wallace, 1981: Planetary-Scale Atmospheric Phenomena Associated with the Southern Oscillation. *Mon. Wea. Rev.*, **109**, 813-829.

Jo, H.-S., S.-W. Yeh and C.-H. Kim, 2013: A possible mechanism for the North Pacific regime shift in winter of 1998/1999. *Geophy. Res. Letts.*, **40**, 4380-4385.

Jo, H.-S., S.-W. Yeh and S.-K. Lee, 2015: Changes in the relationship in the SST variability between the tropical Pacific and the North Pacific across the 1998/1999 regime shift. *Geophy. Res. Letts.*, doi:10.1002/2015GL065049.

Kim, J.-W., S.-W. Yeh, and E.-C. Chang, 2014: Combined effect of El Niño-Southern Oscillation and Pacific Decadal Oscillation on the East Asian winter monsoon. *Climate Dyn.*, **42**, 957-971.

Linkin, M. E. and S. Nigam, 2008: The North Pacific Oscillation – West Pacific Teleconnection Pattern: Mature-Phase Structure and Winter Impacts. *J. Climate*, **21**, 1979-1997.

Mantua, N. J., S. R. Hare, Y. Zhang, J. M. Wallace, and R. C. Francis, 1997: A Pacific interdecadal climate oscillation with impacts on salmon production. *Bull. Amer. Meteor. Soc.*, **78**, 1069 – 1079.

Miller, A. J., 1992: Large-Scale Ocean-Atmosphere Interactions in a Simplified Coupled Model of the Midlatitude Wintertime Circulation. *J. Atmos. Sci.*, **49**, 273-286.

Miller, A. J., D. R. Cayan, T. P. Barnett, N. E. Graham, and J. M. Oberhuber, 1994: The 1976-77 climate shift of the Pacific Ocean. *Oceanogr.*, **7**, 21-26.

Miller, A. J., and N. Schneider, (2000). Interdecadal climate regime dynamics in the North Pacific Ocean: theories, observations and ecosystem impacts. *Progress in Oceanography*, **47**(2), 355-379. Minobe, S. (2002), Interannual to interdecadal changes in the Bering Sea and concurrent 1998/99 changes over the North Pacific, *Prog. Oceanogr.*, **55(1–2)**, 45 – 64.

Pierce, D. W., 2001: Distinguishing coupled ocean – atmosphere interactions from background noise in the North Pacific. *Prog. Oceanogr.*, **49**, 331-352.

Saravanan, R., S. Mahajan, and P. Chang, 2008: The Role of the Wind-Evaporation-Sea Surface Temperature (WES) Feedback in Tropical Climate Variability. 13th Annual CCSM Workshop.

Schneider, N., and B. D. Cornuelle, 2005: The Forcing of the Pacific Decadal Oscillation*. *J. Climate*, **18**, 4355-4373.

Schwing, F. B., C. S. Moore, S. Ralston, and K. M. Sakuma, 2000: Record coastal upwelling in the California Current in 1999, *Cal. Coop. Ocean. Fish.*, **41**, 148 – 160.

Trenberth, K. E., G. W. Branstator, D. Karoly, A. Kumar, N.-C. Lau, and C. Ropelewski, 1998: Progress during TOGA in understanding and modeling global teleconnections associated with tropical sea surface temperatures. *J. Geophys. Res.*, **103**, 14 291 – 14 324.

Vimont, D. J., J. M. Wallace, and D. S. Battisti, 2003: The Seasonal Footprinting Mechanism in the Pacific: Implications for ENSO*. *J. Climate*, **16**, 2668-2675.

Von Storch J. S, 2000: Signatures of atmosphere-ocean interactions in a coupled atmosphere-ocean GCM. *J. Climate*, **13**, 3361-3379

Wu R, Kirtman BP, Pegion K, 2006: Local atmosphere-ocean relationship in observations and model simulations. *J. Climate*, **19**:4914-4932

Wu, R. and B. P. Kirtman, 2007: Regimes of seasonal air – sea interaction and implications for performance of forced simulations. *Climate Dyn.*, **29**, 393 – 410.

Xie, S.-P., 1996: Westward propagation of latitudinal asymmetry in a coupled ocean atmosphere model. *J. Atmos. Sci.*, **53**, 3236-3250.

Yu., J.-Y., and S. T. Kim, 2011: Relationships between Extratropical Sea Level Pressure Variations and the Central-Pacific and Eastern-Pacific Types of ENSO, *J. Clim.*, **24**, 708-720.

CHAPTER 06

대서양 기후 변동성

Atlantic Climate Variability

전남대: **함 유 근**

학습목차

프롤로그

대서양 기후 변동성은 미국, 유럽, 아프리카 등 대서양에 인접한 지역들의 경년 변동성 및 계절 예측성에 직접적인 영향을 주는 것으로 알려져 있다. 대서양의 경년 변동성은 태평양 및 인도양의 경년 변동성에 의해 원격 유도되기도 하며, 최근에는 이로 인해 유도된 대서양의 경년 변동성이 다시 태평양 및 인도양의 경년 변동성에 영향을 주는 되먹임 과정이 있음이 밝혀졌다. 이는 대서양의 경년 변동성이 전지구 기후 변동성을 유발하는 원인이 될 수 있음을 암시한다. 이에 더해, 적도 대서양에서의 자체적인 대기-해양 접합 과정에 의해 유도된 대서양의 경년 변동성 및 북대서양 진동과 결합되어 나타나는 해양 변동성 등은 대서양에서 일어나는 경년 변동성의 패턴 및 주기를 다양하게 만든다.

한편, 대서양에서 나타나는 10년 이상의 장주기 변동의 메커니즘 규명은 대서양 연구의 주된 주제였다. 최근에는 이의 예측 가능성 및 전지구 기후 모형을 이용한 실제 예측성의 검증 등이 IPCC 5차 보고서의 주요 내용으로 논의되고 있으며 2000년대 발생한 지구 온난화 정체(Global warming Hiatus)의 원인으로 대서양의 장주기 변동의 역할이 주목받고 있다. 경년 변동성과 달리 10년 이상의 장주기 변동성은 대서양 자오선 역전 순환류(Atlantic Meridional Overturning Circulation, AMOC)와 깊은 관련성이 있음이 밝혀졌음에도 불구하고, 긴 기간의 대서양 저층(2000 m 이상) 관측 자료의 부족 등의 한계로 인해 전지구 기후 모형에서 모의되는 장주기 변동의 원인만이 일부 밝혀진 상태이다. 대서양 자오선 역전 순환류의 발생 메커니즘은 북대서양의 밀도 변동, 대기의 기상 변동성 등, 기후 모형에 따라 그 원인과 중요도가 상이한 것으로 나타났지만, 다행스럽게도, 다수의 기후 모형은 공통적으로 기후 변화에 의해 자오선 역전 순환류는 약화되는 모습을 보였다.

본 절에서는 앞서 언급된 대서양의 다양한 경년 변동성 및 10년 이상 장주기 변동성의 발생 역학과 기후 변화로 인한 대서양 변동성의 변화 원인을 설명하고자 한다.

6.1 Climatology over the Atlantic ocean

Atmospheric & ocean surface layer climatology

대서양과 태평양의 시간 평균된 기후 요소들은 공간적인 분포에서 큰 차이를 보이지 않는다. 태평양과 마찬가지로, 동대서양의 적도 부근 SST는 봄철에 가장 따뜻하고 가을철에 가장 차갑다. 즉, 계절 주기(seasonal cycle)가 뚜렷하다. 봄철 동대서양의 적도 부근 SST가 따뜻한 이유는 대서양 ITCZ(Intertropical Convergence Zone)가 상대적으로 남하하여 적도 근방에 머무르게 되면 적도횡단류(cross equatorial wind; 여기에서는 southerly) 강도가 약해지기 때문에 증발(evaporation)이 줄어들고 SST는 상대적으로 따뜻해지기 때문이다. 반대로 가을철에는 태양각(solar angle)이 북상함에 따라 ITCZ가 상대적으로 북상하

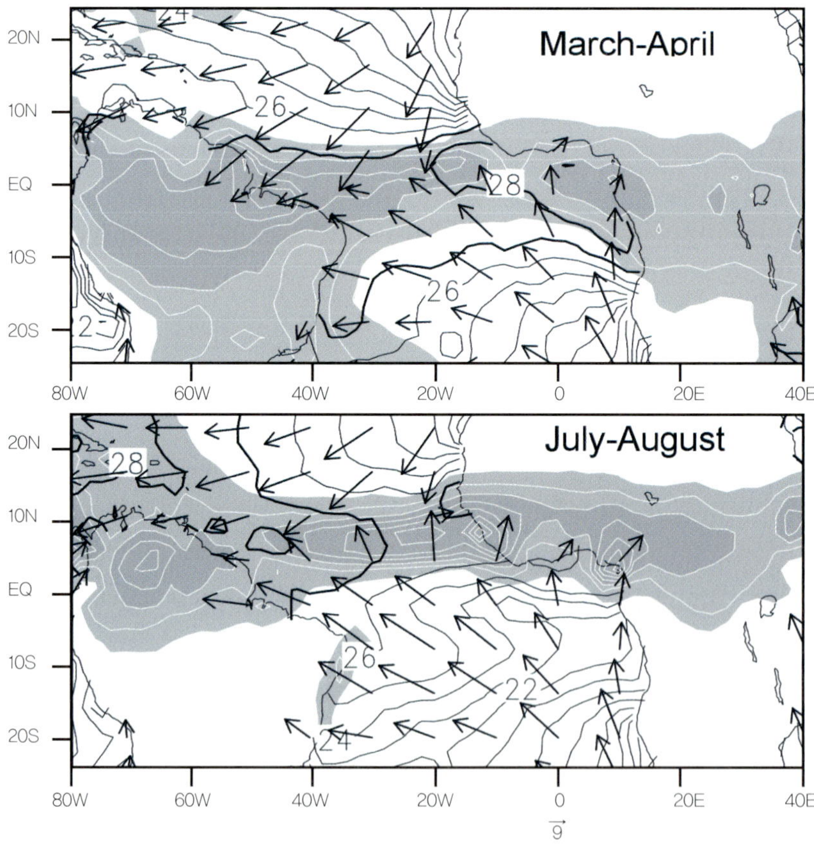

Figure 6.1 Climatological distributions of rainfall (light shade > 2mm day^{-1}; dark shade > 6 mm day^{-1}), SST (contours in °C) and surface wind velocity (vectors in m s^{-1}) for March-April (upper) and July-August (lower panel), based on the Climate Prediction Center Merged Analysis of Precipitation (CMAP; Xie and Arkin 1996) and Comprehensive Ocean-Atmospheric Data Set (COADS; Woodruff et al. 1987) (Xie and Carton 2004).

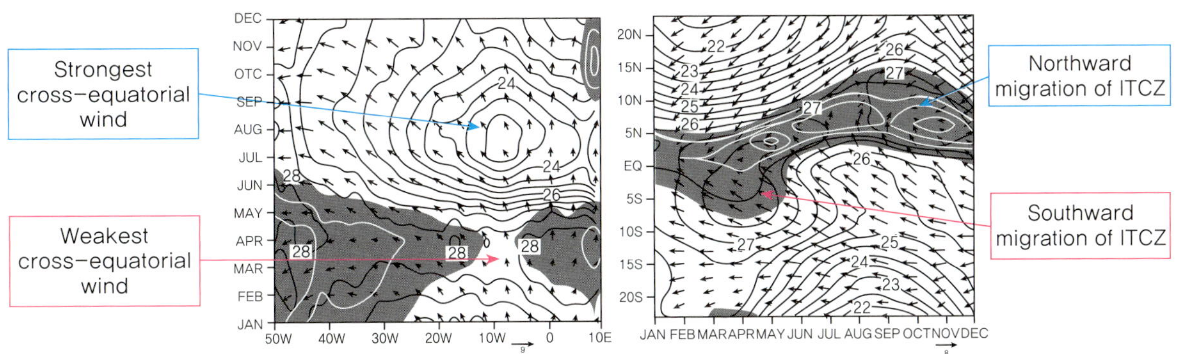

Figure 6.2 Left: longitude-time sections of COADS SST (black contours in °C) and surface wind velocity (vectors in m s^{-1}) at 1°S, and CMAP rainfall in 1.25°S-1.25°N. Right: time-latitude section of SST, surface wind velocity, and rainfall, averaged in 30°-25°W. Rainfall are in white contours at 2.5 mm day^{-1} intervals with shade > 5 and 2.5 mm day^{-1} in the left and right panels, respectively (Xie and Carton 2004)

게 되고 적도 횡단류가 강해짐에 따라 증발이 강해져서 SST는 상대적으로 차가워 진다.

Figure 6.1은 적도 대서양 지역에서 강수와 SST, 바람 벡터의 기후값을 나타낸 그림으로 음영(shading)이 강수, 선(contour)이 SST, 화살표(arrow)는 지표 바람(surface wind)을 나타낸다 (Xie and Carton 2004). 동대서양의 SST가 가장 따뜻한 시기는 봄철이며, 반대로 가장 차가운 시기는 가을철이다. 이는 바람의 강도와 관련이 크다. 즉 ITCZ의 남하(북상)는 적도 횡단류를 약화(강화)시키며 최종적으로 SST를 가열(냉각)시킨다.

Figure 6.2a는 SST와 풍속, 강수의 경도-시간 그래프(longitude-time section)를 나타내고 Figure 6.2b는 동일 변수들의 시간-위도 그래프(time-latitude section)를 나타낸다 (Xie and Carton 2004). Figure 6.2a를 보면, 대서양에서 SST 최소값(minimum)은 7~9월에 10°W-0°에서 나타나는 것을 확인할 수 있다. 즉, 봄에서 가을로 계절이 바뀌면서 ITCZ가 북상하게 되며 (Figure 6.2b), 이는 적도 횡단류를 강화시킴으로 동대서양의 SST를 냉각시키게 된다 (Figure 6.2a).

Figure 6.3은 해양 지표층(surface layer)의 특성을 보여주기 위해 SST(선)와 염도(salinity; 음영), 바람응력(화살표; wind stress)의 기후값을 나타낸 그림이다 (Dong and Sutton 2006). 그림에서 보는 바와 같이 염도는 10°-30°N지역에서 가장 높게 나타난다. 이는 적도에서 상승하여 중위도 지역에서 하강하는 해들리셀(Hadley cell)과 관련이 깊다. 즉, 해들리셀이 하강하는 지역에는 고기압으로 인하여 강수량이 상대적으로 작으며, 이는 염도를 증가시킨다. 또한, 지중해로부터 흘러나온 해류는 높은 염도를 가지고 있어 대서양의 염도를 높이는 역할을 한다.

Figure 6.4는 대서양의 표층 해류를 도식화한 그림이다 (Stramma and Schott 1999). 중위도(10°-30°N) 지역에서는 풍성순환(wind driven circulation) 형태의 북적도 해류(North Equatorial Current, NEC)가 나타나며, 적도지역에서는 적도 잠류(Equatorial Undercurrent, EUC)도 나타난다. 이외에도 많은 해류가 존재한다.

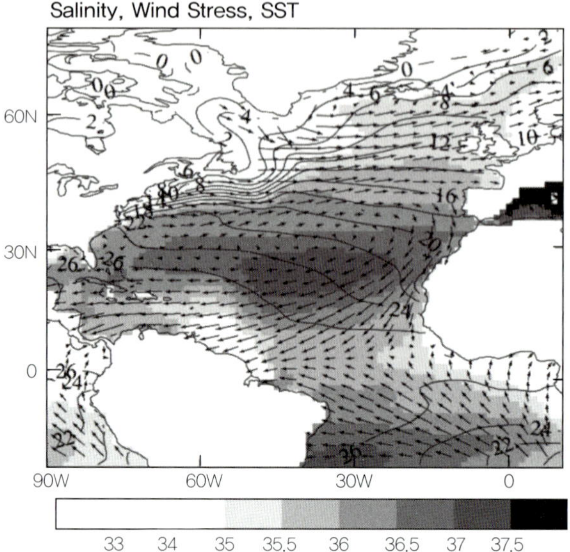

Figure 6.3 Climatological annual mean SST in °C (contour), surface salinity in psu (grayscale), and wind stress in N m^{-2} (vector): observations with SST and salinity based on Levitus (1982) and wind stress based on SOC (Southampton Oceanography Centre) climatology (Josey et al. 2002).

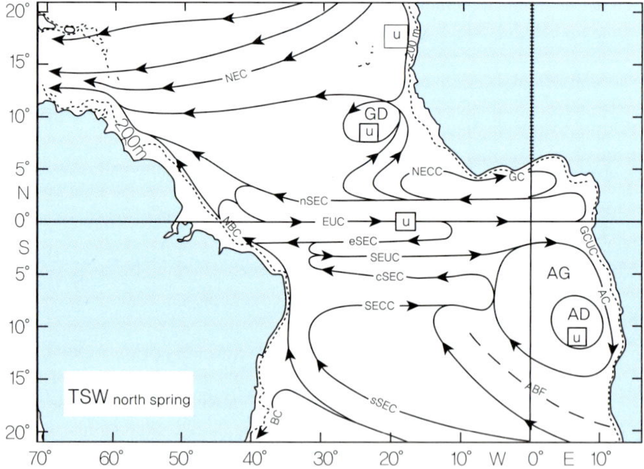

Figure 6.4 Schematic map showing the horizontal distribution of the major tropical currents for the Tropical Surface Water layer at about 0-100 m depth for northern spring. Shown are the North Equatorial Current (NEC), the Guinea Dome (GD), the North Equatorial Countercurrent (NECC), the Guinea Current (GC), the South Equatorial Current (SEC) with the northern (nSEC), equatorial (eSEC), central (cSEC) and southern (sSEC) branches, the Equatorial Undercurrent (EUC), the North Brazil Current (NBC), the Gabon-Congo Undercurrent (GCUC), the Angola Gyre (AG), the Angola Current (AC), the Angola Dome (AD), the South Equatorial Countercurrent (SECC) and the Brazil Current (BC). The Angola-Benguela Front (ABF) is included as a dashed line. The symbol u in a square marks possible areas of upwelling, but not the exact places (Stramma and Schott 1999).

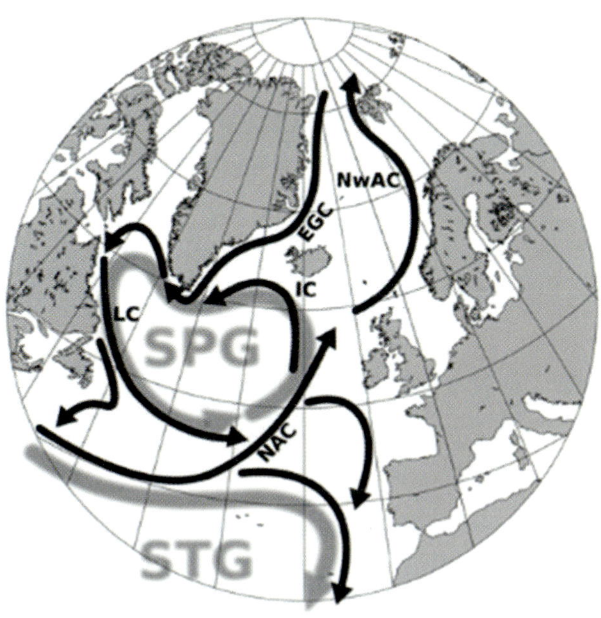

Figure 6.5 Schematic map showing the horizontal distribution of the major currents and gyre (Credit : A Born at http://yubanet.com/enviro/Atlantic-surface-circulation-qualifies-as-tipped-element_printer.php).

다음은 대서양 지역에서 나타나는 해류들의 이름을 나열한 것이다.

- North Equatorial Current (NEC, 북적도 해류)
- North Equatorial Countercurrent (NECC, 북적도 반류)
- Guinea Current (GC, 기니아 해류)
- South Equatorial Current (SEC, 남적도 해류)
- Equatorial Undercurrent (EUC, 적도 반류)
- North Brazil Current (NBC, 북브라질 해류)
- Gabon−Congo Undercurrent (GCUC, 가봉−콩고 잠류)
- Angola Gyre (AG, 앙골라 환류)
- Angola Current (AC, 앙골라 해류)

Figure 6.5는 중층 해양순환(500~700 m)과 관련된 환류(Gyre)들을 도식화 해서 나타낸 그림이다. 아열대 환류(Subtropical Gyre, STG)의 서쪽 흐름은 걸프 만류(Gulf Stream)와 관련이 있으며, 아한대 극환류(Subpolar Gyre, SPG)와 아열대 환류를 가로지르는 북대서양 해류(North Atlantic Current)가 존재한다. 아열대 환류의 한 축은 걸프 만류와 아열대 환류-아한대 극환류를 가로지르는 북대서양 해류는 대서양 자오선 역전 순환류(Atlantic Meridional Overturning Circulation, AMOC)와도 관련성이 크다.

다음은 북대서양 지역의 해류와 환류의 이름을 나열한 것이다.

- SPG : Subpolar Gyre(아한대 극환류)
- STG : Subtropical Gyre(아열대 환류)
- NAC : North Atlantic Current(북대서양 해류)
- IC : Irminger Current(이르밍거 해류)
- EGC : East Greenland Current(동그린란드 한류)
- LC : Labrador Current(래브라도 한류)

Atlantic Meridional Overturning Circulation (AMOC)

표층(surface layer)을 따라 남반구에서 북반구로 올라간 해류가 극지에 도달해 얼게 되면 염도가 증가하여 밀도가 높아지게 된다. 밀도가 높아진 해수는 북대서양 심층으로 가라앉게 되고, 이는 심층 대류(oceanic deep convection)를 유도하게 된다. 이로 말미암아 하강하게 된 흐름은 해양 심층을 따라 남반구로 되돌아간다.

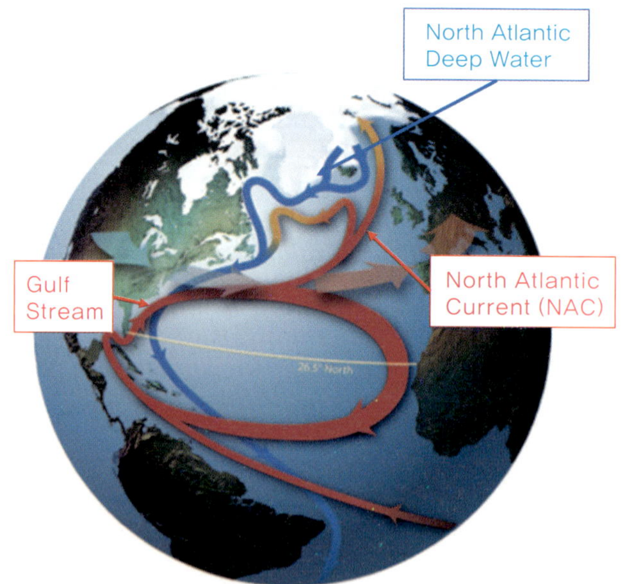

Figure 6.6 A simplified schematic of the AMOC showing both the overturning and gyre recirculation components. Warm water flows north in the upper ocean (red), gives up heat to the atmosphere (atmospheric flow gaining heat represented by the changing color of broad arrows), sinks, and returns as a deep cold flow (blue). Latitude of the 26.5°N AMOC observations is indicated. Note that the actual flow is more complex. For example, see Bower et al. (2009, their Fig. 1) for the intermediate depth circulation in the vicinity of the Grand Banks and Biastoch et al. (2008, their Fig. 2) for the middepth circulation around South Africa, showing the importance of eddies in transferring heat and salt from the Indian Ocean to the Atlantic Ocean (Srokosz et al. 2012).

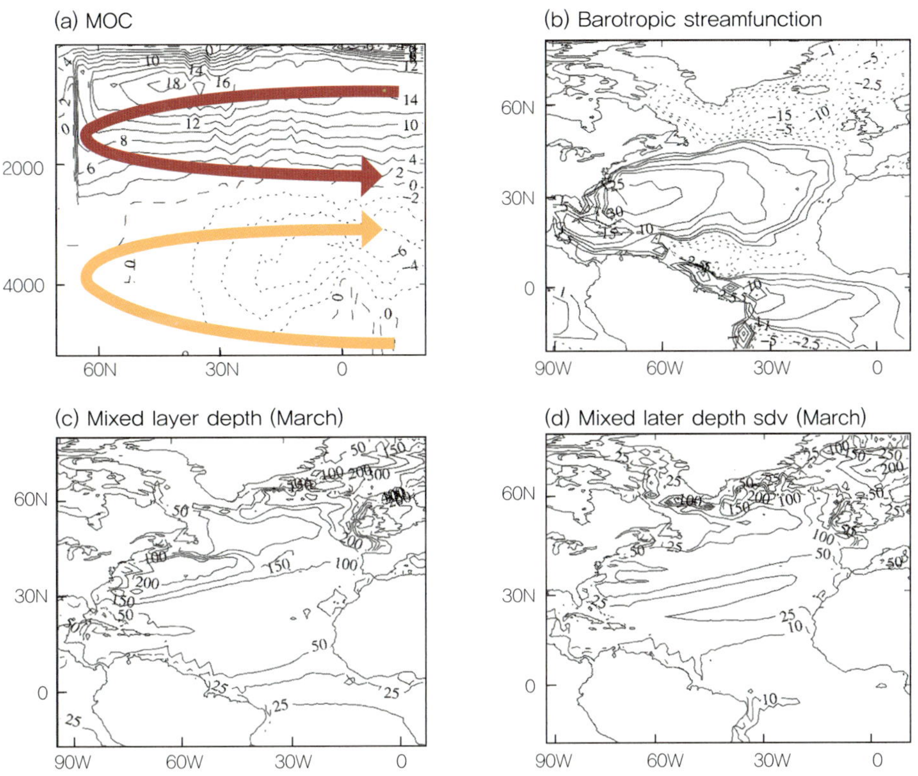

Figure 6.7 Climatological annual mean SST in °C (contour), surface salinity in psu (grayscale), and wind stress in N m^{-2} (vector): (a) The model annual mean stream function of the zonally integrated volume transport (1 Sv = 10^6 m^3 s^{-1}) with a positive value meaning anticlockwise circulation. (b) The model annual mean vertical integrated volume transport (Sv) with positive value meaning clockwise circulation. (c) Climatological mixed layer depth in Mar (m) and (d) its standard deviation of interannual variability (Dong and Sutton 2005).

이처럼 열과 염분의 변화로 인해 발생하는 순환을 열염 순환(Thermohaline circulation)이라 한다. Figure 6.6은 열염 순환을 나타낸 모식도이다 (Srokosz. et al. 2012). 이 그림은 걸프 만류(Gulf stream)를 따라 북상하는 온수 흐름(warm water flow)이 북대서양 해류를 만나 더욱 북상하게 되고, 북대서양에서 냉각 및 염도 상승으로 인해 심층수의 형태로 다시 남반구로 흐르는 것을 잘 설명하고 있다.

대서양은 태평양과 달리 북극 해역과 연결되어 있기 때문에 이러한 열염 순환이 발생하기 위한 호조건을 갖는다.

특정 변수나 현상의 장주기 모드를 분석하기 위해서는 최소 50년 이상의 관측 자료가 필요하다. 하지만 현재의 해양 관측자료는 표본(sample)의 수가 부족하여 장주기 변동성을 분석하는데 한계가 있다. 따라서 많은 선행연구에서는 AMOC 같은 장주기 모드를 분석하기 위해 기후모형 자료를 활용하였다. Figure 6.7a는 모형에서 도출된 자오선 역전 순환(meridional overturning circulation)을 나타낸 그림이다 (Dong and Sutton, 2005).

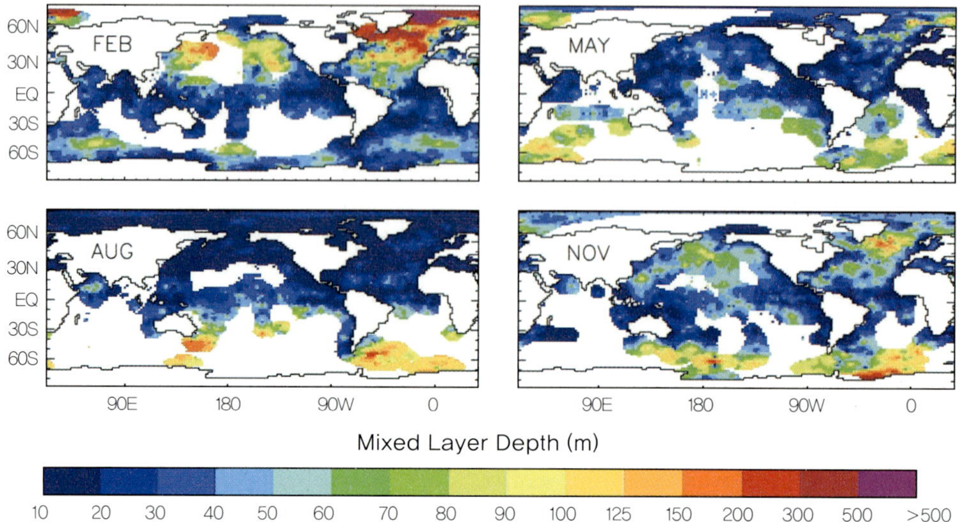

Figure 6.8 Mixed layer depth (MLD) climatology estimated from individual profiles, with an density criterion of $D\sigma_0$ = 0.03kg m^{-3} from temperature at 10 m depth. Criterion was chosen from direct visual inspection of profiles and time series data. Data reduction was performed by taking the median of the MLDs on each 2° grid box followed by a slight smoothing and an optimal prediction method (ordinary Kriging) of missing data in a neighboring radius of 1000 km (Montegut et al. 2004).

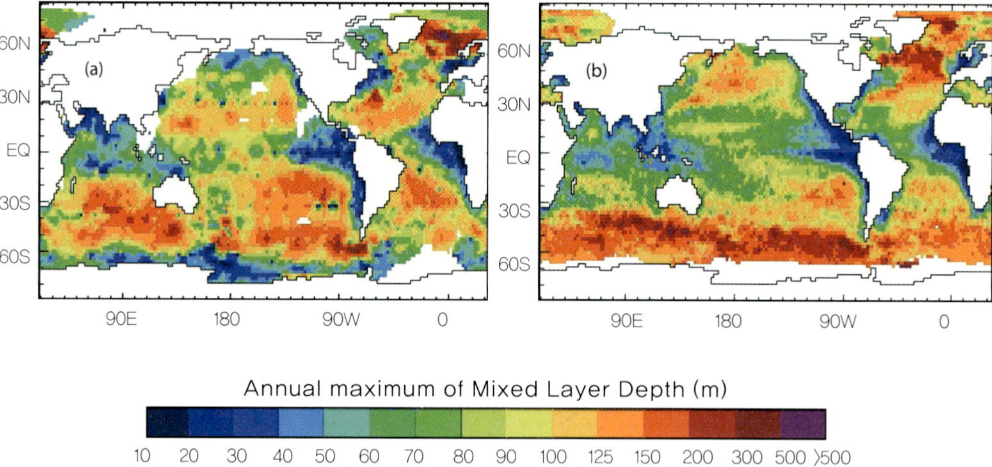

Figure 6.9 (a) Depth of the 95% oxygen saturation limit from CTD data, after kriging, giving a proxy for maximum winter MLD [Reid, 1982] also called "bowl" [Guilyardi et al. 2001], and (b) maximum annual MLD from the DT = 0.2°C criterion climatology (Montegut et al. 2004).

해양의 흐름은 표층을 따라 남반구에서 북반구로 흐르다가 극지역에서 전복(overturning) 하는 모습을 보이며 (빨간 화살), 해저 2000 m에서는 북반구에서 남반구로 흐르는 순환이 존재한다. 반면에 2000 m 이상의 심해에서는 해양 상부의 흐름과는 반대의 흐름이 나타난다 (노란 화살). Figure 6.7b는 순압 유선함수(Barotropic stream function)를 나타내고 있으며, 수평 흐름을 잘 나타내고 있다. Figure 6.7c는 혼합층 깊이(mixed layer depth)를 나타낸 그림으로 북대서양 지역에서 혼합층이 깊은 것을 확인할 수 있다. 혼합층이 깊게 형성되는 지역은 해양성 심층대류(oceanic deep convection)도 활발하게 이루어지고 있음을 의미하므로, 북대서양 지역에서 강한 해양성 심층대류가 발생한 것을 알 수 있다.

Figure 6.8은 Montegut et al. (2004)이 제시한 결과로서 2월, 5월, 8월과 11월의 혼합층 깊이의 기후값을 나타내고 있다. 북대서양에서 겨울철 혼합층은 깊게 나타나는 반면, 여름철 혼합층은 얕게 나타난다. 여름철 북극의 해양은 따뜻해서 해빙(sea ice)이 많이 녹게 된다. 이는 담수 속(freshwater flux)을 많이 생성하여 북대서양에서 염도를 낮추는 역할을 한다. 이로 인하여 여름철 북대서양에서 혼합층은 깊게 형성되지 않으며 계절 변동성(seasonal variation)을 가지게 된다.

Figure 6.9는 지표부터 산소량을 측정하여 전체 양의 95% 되는 포화 레벨(saturation level)을 나타낸 그림이다 (Montegut et al. 2004). 해양에서 산소의 대부분이 지표에서 공급원(source)이 있다고 가정했을 때, 혼합이 되지 않는 지역에서는 포화 레벨이 지표부근에 있는 반면, 혼합이 잘되는 지역에서는 포화 레벨이 깊은 곳에서 나타난다. Figure 6.9의 결과는 북대서양 지역에서 혼합층이 가장 깊게 발달한 것을 보인다.

Comparison with Pacific climate

대서양과 태평양의 기후 특성은 공간적으로 비슷해 보이지만 본질적으로 큰 차이점을 보인다. 먼저 대서양과 태평양의 가장 큰 차이점은 태평양의 경우 50°N 이상 고위도 지역은 육지로 막혀있는 반면 대서양의 경우 북위 65°N까지 해양으로 열려있다. 따라서, 태평양은 경도 방향으로 넓고 위도방향으로는 좁게 분포하는데 반해, 대서양은 경도 방향으로 좁고 위도방향으로 넓게 분포한다. 또한 대서양에는 지중해에서 유입되는 고 염도 해수로 인하여 전체적으로 태평양보다 높은 염도 분포를 보인다. 이러한 이유로 북대서양에서는 해수가 얼면서 밀도가 높아지는 대서양 자오선 역전 순환류를 형성할 수 있다.

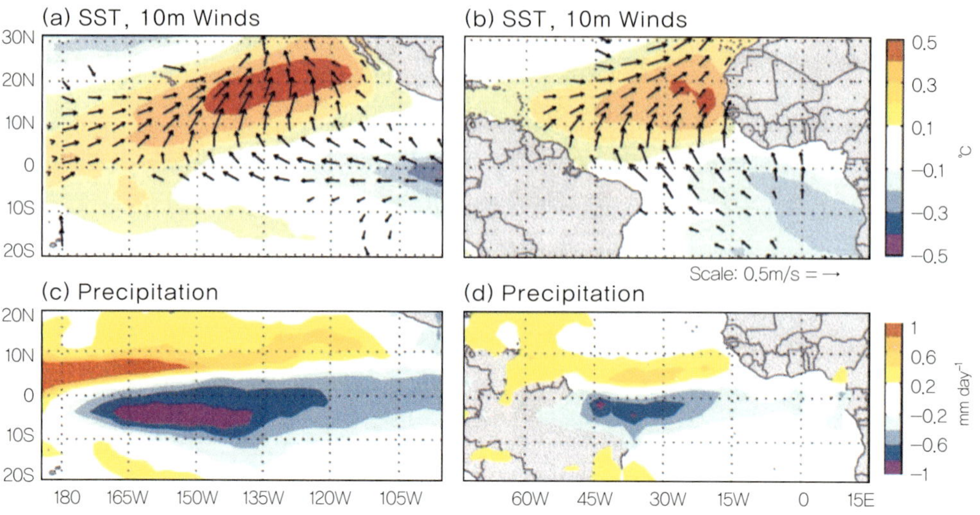

Figure 6.10 Spatial properties of the leading MCA mode 1 in the (left) Pacific, (right) Atlantic. (a), (b) Regression maps of the MCA leading mode SST normalized expansion coefficients on SST and 10-m wind vectors. Wind vectors are plotted where the geometric sum of their correlation coefficients exceeds 0.27 (the 95% confidence level). (c), (d) Same as (a), (b) but for precipitation (mm day^{-1}). In general, shaded regions in all panels exceed the 95% confidence level (Chiang and Vimont 2004).

6.2 Air-sea coupled interannual variability over the Atlantic ocean

Atlantic Meridional Mode (AMM)

Figure 6.10에서 나타낸 것과 같이 SST, 10m u-wind, 10m v-wind를 이용하여 최대 공분산 분석(Maximum Covariance Analysis, MCA)의 첫 번째 모드(mode)를 대서양 남북 모드(Atlantic Meridional Mode, AMM)라 한다 (Chiang and Vimont, 2004). Figure 6.10을 보면, 태평양과 대서양은 비슷한 구조를 보이고 있으며, 적도를 중심으로 남북으로 다이폴(dipole) 패턴을 가지고 있다. 대서양과 태평양 모두 10°-30°N 지역에서 양의 SST 아노말리(anomaly)가 위치하고 있으며, 이는 지엽적 해들리 순환(local Hadley circulation)을 유도할 수 있다. 지엽적 해들리 순환은 적도를 가로지르는 남풍(southerly cross equatorial wind)을 야기시키며 이는 바람-증발-해수면 온도 되먹임작용(Wind-Evaporation-Sea Surface Temperature feedback, WES feedback)에 의해서 강수가 증가한다. 따라서 AMM은 해양성 모드(oceanic mode)가 아닌 제일 강하게 나타나는 결합 모드(coupled mode)라고 할 수 있다.

Figure 6.11은 AMM의 계절성(seasonality)을 나타낸 그림이다 (Chiang and Vimont, 2004). 태평양과 대서양에서 바람과 SST의 변동성(variance)은 겨울철과 봄철에 가장 크게 나타난다. 또한 시간 지연 상관관계(lead-lag correlation)를 살펴보면 바람이 SST보다 한 달 선행(lead)할 경우 상관계수가 가장 높게 나타났다. 즉 바람이 SST를 바꿀 수 있으며, 이는 AMM이 주요한 접합 모드라는 것을 의미한다.

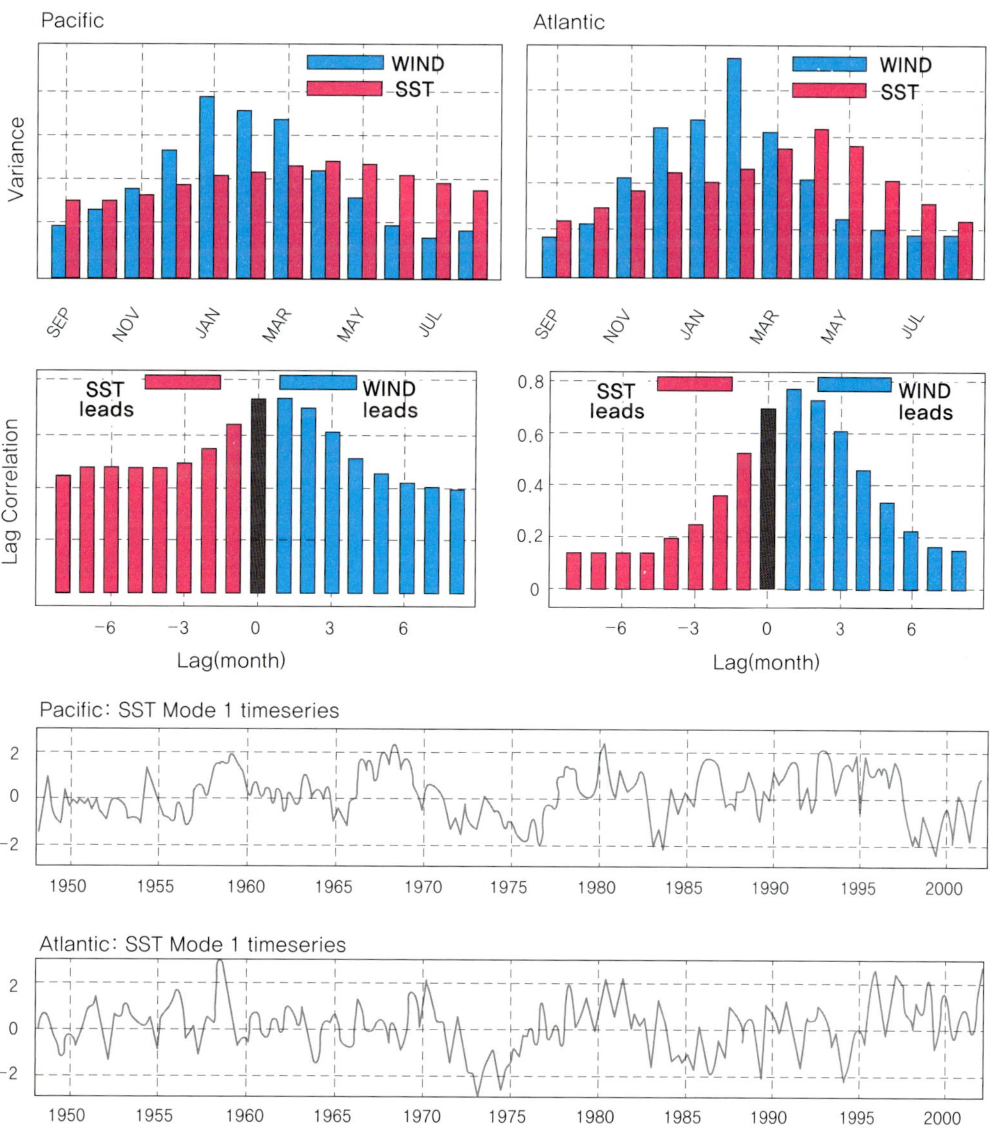

Figure 6.11 Temporal properties of the leading MCA mode: (left) Pacific and (right) Atlantic. (top row) Variance computed by the month for the SST (red) and wind (blue) expansion coefficients. (second row) Lagged correlation between the SST and wind expansion coefficients. The simultaneous correlation is the black bar, and blue (red) bars are for winds leading (lagging) SST. For reference, correlations above 0.27 are significant at the 95% confidence level assuming a decorrelation time scale of 1 yr (54 independent samples). (third and fourth rows) SST expansion coefficients for the Pacific and Atlantic MCA mode 1 (Chiang and Vimont 2004).

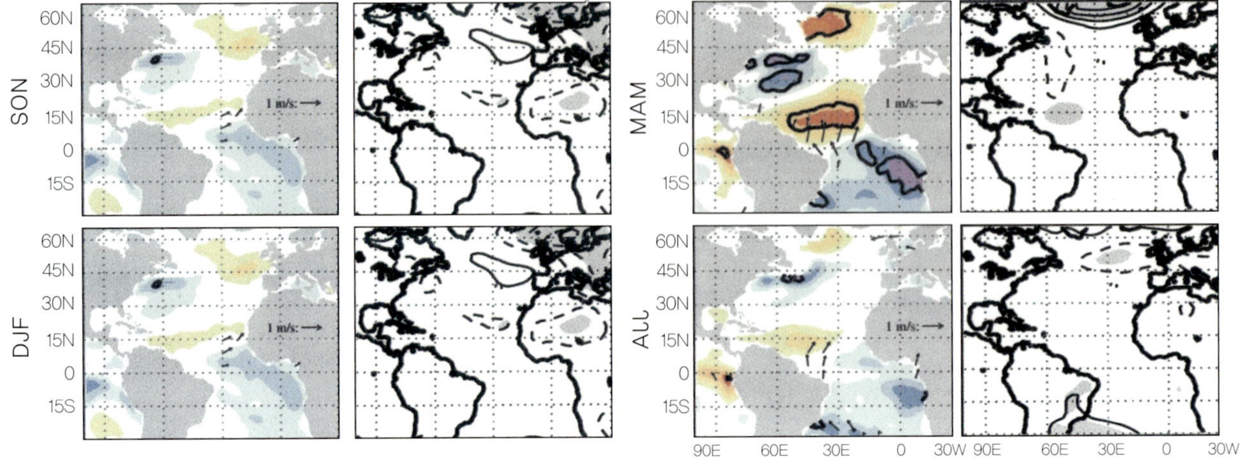

Figure 6.12 Composite analysis of the Atlantic meridional mode based on positive and negative values of the DJF wind expansion coefficients of MCA mode 1. Only neutral ENSO years (as described in section 3) are used. The composites are in 3-month averages from Sep – Nov through the following Jun – Aug (thus, the first row indicates variability that occurs 6 months before the peak of the MAM SST expansion coefficient, and so forth). The maps are generated by subtracting the mean of the "negative" years from the mean of the "positive" years, and dividing by 2. (left column) SST (shaded) and surface wind (reference vector 1 m s^{-1}) differences. Regions where the SST is statistically significant at the 95% level are enclosed by the black contour line. For graphical purposes only, wind contours are plotted only where the F value exceeds the 80% level based on a multivariate t test. (right column) Sea level pressure (contour interval 0.4 mb) differences. Significant regions (based on 95% confidence of a two-sided t test) are lightly shaded. Solid contours denote positive anomalies, dashed contours denote negative anomalies, and the zero contour has been omitted (Chiang and Vimont 2004).

Figure 6.12는 AMM과 관련된 북대서양의 모드와 해면기압(Sea level Pressure, SLP)의 패턴을 나타낸 그림이다. 기본적으로 AMM은 남북 모드이지만 북반구 전체를 보면 삼극 패턴(tripolar pattern)이 뚜렷하게 나타나고 있다. 15°N 지역에 위치한 양의 SST 아노말리는 앞서 설명한 바와 같이 적도를 횡단하는 남풍을 만들기도 하지만, 양의 강수를 유도함에 따라 SST 아노말리의 서북쪽에 로스비 파(Rossby wave) 형태의 저기압성 흐름을 만들기도 한다. 이에 따라 북대서양의 풍속이 바뀌게 되고 삼극 패턴(tripolar pattern)이 생긴다고 알려져 있다. Figure 6.12에 나타난 바와 같이 AMM 모드와 관련된 해면기압은 북대서양진동과 비슷한 패턴(North Atlactic Oscillation like pattern)을 보인다.

이러한 AMM 모드가 물리적으로 실제하는 모드인지에 대해서는 아직까지 논란이 많다. Houghton and Tourre (1992), Enfield and Mayer (1997), Mehta and Delworth (1995), Mehta (1998) 등은 AMM 모드는 실제하는 모드가 아니며, 대서양 북반구 아열대 지역의 변동과 남반구 아열대 지역의 변동이 서로 통계적으로 조합되어 나타나는 인위적인 모드라고 주장하였다. 이의 근거로 SST와 U, V 바람 벡터를 MCA 분석하였을 경우에는 AMM이 지배적인 모드로 검출되지만 SST만을 EOF 분석하였을 경우에는 그렇지 않음을 제시하였다. 이는 MCA 첫번째 모드가 대서양에서 지배적인 모드가 아님을 의미한다. 또한, 몇몇의 선행연구에서는 대서양 지역의 남북방향 SST차이를 이용할 경우 AMM과 같

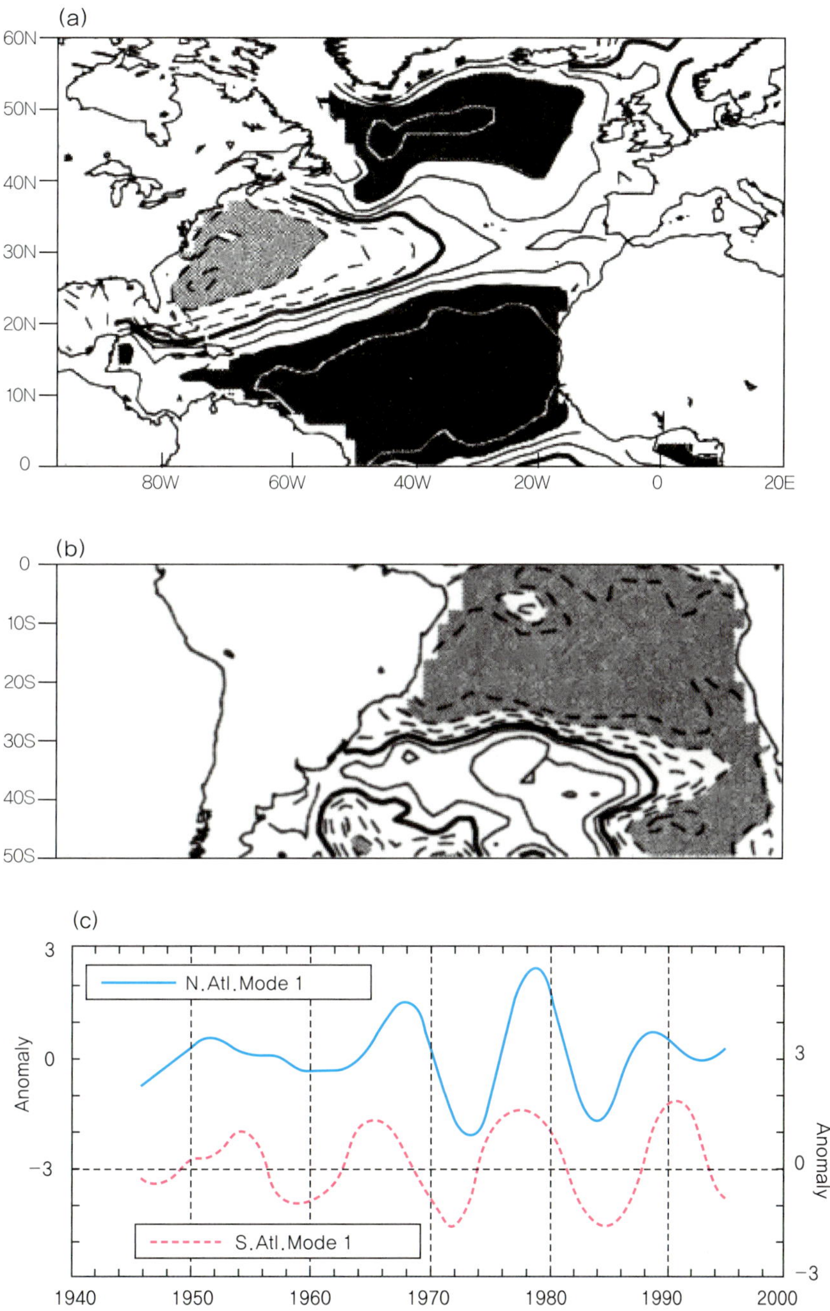

Figure 6.13 The first SST EOFs for a, the North and b, the South Atlantic, which explain 43.4% of band passed variance in their respective sub-basins. C, Their time series, with which the correlation coefficient at each grid point is shown in a and b (contour interval: 0.2; zero contour thickened; >0.6 shaded). The GISST dataset is used, but the COADS gives similar results (Xie et al. 1999).

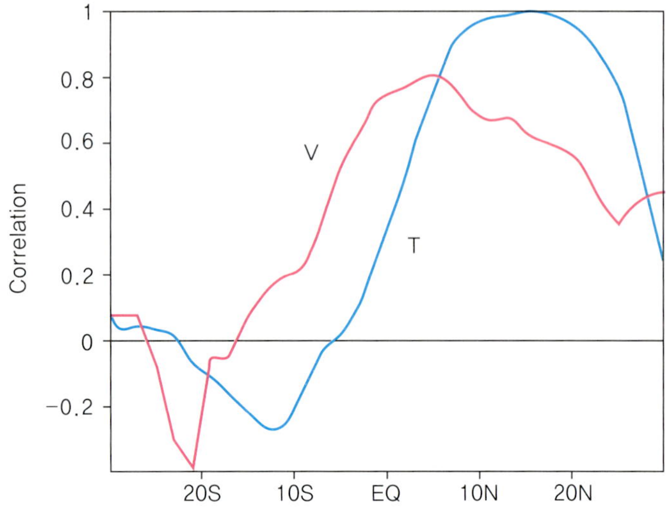

Figure 6.14 Cross-correlation with northern tropical (10°-20°N) SST for 1964-93: SST (blue curve) and meridional wind velocity (red curve) based on COADS 60°W-20°E zonal means. No temporal filter is applied (Xie et al. 1999).

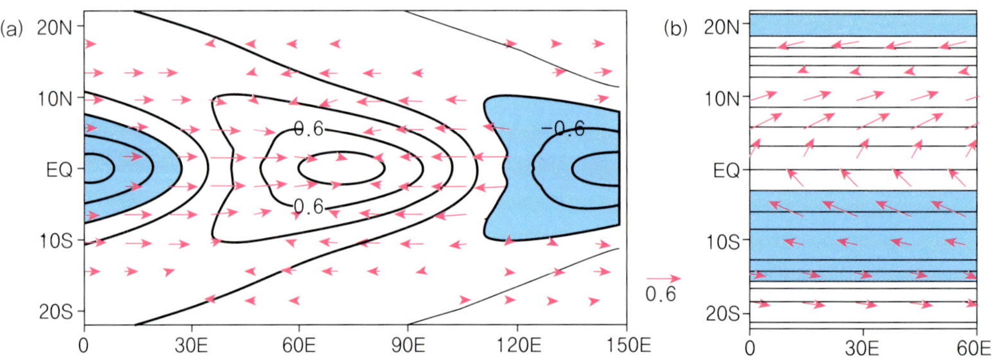

Figure 6.15 Dominant modes at a, the Pacific and b, the Atlantic wavelengths in the coupled model. SST in contours (< −0.3°C shaded) and surface wind velocity (m s^{-1}) in vectors (Xie et al. 1999).

은 비슷한 모드를 나타내지만, 남과 북의 SST를 따로 이용할 경우에는 AMM가 검출되지 않는다고 제시하였다.

반면, Servain (1991), Nobre and Shukla (1996), Change et al. (1997), Chiang and Vimont (2004)는 AMM이 실제로 존재하는 대기-해양 접합 모드라고 하였다. Xie et al. (1999)의 연구에서는 AMM이 인위적인 모드(artificial mode)가 아닌 실제 대기 변동성에 존재하는 모드라고 제시하였다. 그는 기존의 연구와는 달리 남반구와 북반구의 EOF 주요 모드를 따로 분리해서 분석하였다. 만약 남반구와 북반구 EOF 첫번째 모드가 서로 관련성이 있을 경우, AMM은 인위적인 모드가 아닌 자연에서 지배적인 모드라고 설명하였다. Figure 6.13은 북반구 겨울철(11월-4월)에 대하여 8-16년 밴드패스 필터(band-pass filter)

된 SST 자료를 사용하여 북대서양 지역과 남대서양 지역에서 SST에 대한 EOF의 첫번째 모드를 그림으로 나타냈다. 북대서양에서 SST의 첫번째 EOF 모드는 tripolar SST 패턴을 나타내며, 남대서양 SST의 첫번째 EOF 모드는 쌍극자 형태의 SST 패턴을 나타낸다. 두 지역에서 SST의 첫번째 EOF 모드의 시계열은 0.65의 상관계수를 가진다. 즉, AMM은 북반구와 남반구 SST의 첫번째 EOF 모드가 결합되어 나타나는 인위적인 모드가 아닌 북반구와 남반구에서 동시적으로 나타나는 연속성 있는 모드라고 주장하였다.

Figure 6.14는 10°-20°N 지역의 SST를 평균해서 다른 지역 SST와 바람에 대한 상관계수를 나타낸 그림이다. 10°-20°N 지역에서는 자기 상관이기때문에 높은 상관계수를 보이고 있으며, 남반구 지역에서는 상관계수가 −0.2 정도로 낮게 나타난다. 이는 AMM 모드는 경년 시간 규모(interannual time scale)까지 고려할 경우에는 뚜렷하게 나타나지 않으며, 수십년 시간 규모(decadal time scale)에서만 나타나는 모드임을 암시한다.

태평양에서는 엘니뇨와 같은 동서 모드(zonal mode)가 뚜렷하지만 왜 대서양에서는 동서 모드보다 자오방향의 모드가 뚜렷한 것일까? 이의 원인을 연구하기 위해서 Figure 6.15의 a와 b는 Zebiak-Cane 모형을 이용한 실험 결과로, a의 경우 태평양을 모사하여 경도를 넓게, b는 대서양을 모사하여 경도를 좁게 설정하였다. 이 실험은 임의의 섭동을 주었을 경우 발현되는 모드가 어떤 모드인지를 판별 하고자 하였다. Figure 6.15a는 태평양과 유사한 구조를 갖는 동서 모드(zonal mode)가 뚜렷하게 나타나고 있다. 반면 Figure 6.15b는 대서양과 같이 남북 모드(meridional mode)가 발현되는 것을 확인할 수 있다. 초기 섭동이 생성된 후 이 섭동이 자라는 과정에서 태평양은 동서 방향의 너비가 넓음으로 인해 동서 방향으로 비대칭이 생기게 되고, 이로 인한 비야크네스 되먹임작용(Bjerkenes feedback)이 강하게 발달하는 반면, 대서양에서는 동서 방향 보다 WES 되먹임 작용으로 인한 남북 방향의 비대칭성이 강해지기 쉽다. 즉 태평양과 대서양의 지형 차이는 두 지역의 가장 우세한 모드의 차이를 결정짓는 중요한 요소이다.

North Tropical Atlantic (NTA) mode

Figure 6.16과 17은 북열대대서양모드(North tropical Atlantic mode, NTA)를 나타낸 그림이다. NTA SST는 전지구에 영향을 주고 있으며, 특히 미국 동부, 북대서양, 아프리카 몬순 및 인도 몬순에도 영향을 미친다. NTA 모드는 엘니뇨와 관련된 대서양 SST 패턴으로 북반구에서 징후(signal)가 강하게 나타나며 남반구에서는 비교적 약한 징후가 나타난다.

여러 선행연구에서는 엘니뇨와 NTA 모드의 상관성을 분석하였고, 그 메커니즘을 밝히고자 노력하였다. 엘니뇨가 만드는 NTA의 해수면 온도 상승에 있어서는 잠열속(latent heat flux)의 역할이 가장 중요하다 (Figure 6.18). 잠열속은 바람의 강도 변화와 지표와 대기의 비습차로 결정된다. 첫번째 바람의 강도 변화 측면에서는 엘니뇨에 의해 워커 순환(Walker circulation)이 바뀌어 대서양 지역에 서풍(westerly)을 만들게 되고, 이는 풍속을 감소시켜 SST 상승을 유도한다 (WES feedback).

둘째 지표와 대기의 비열차의 측면에서는 엘니뇨 발생시 지표근처에서는 동태평양 지

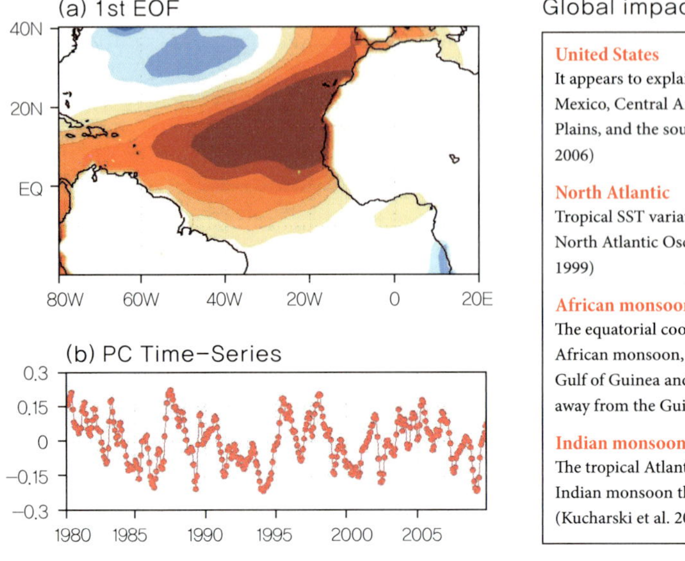

Global impact of NTA SST

United States
It appears to explain rainfall variability in the Caribbean, Mexico, Central America, northern South America, Great Plains, and the southeastern U.S. (Enfield, 1996; Wang et al. 2006)

North Atlantic
Tropical SST variations tend to enhance variance of the North Atlantic Oscillation(NAO) (Watanabe and Kimoto, 1999)

African monsoon
The equatorial cooling exerts a significant influence on the African monsoon, intensifying the southerly winds in the Gulf of Guinea and pushing the continental rainband inland away from the Guinean coast (Okumura and Xie, 2004).

Indian monsoon
The tropical Atlantic has a significant impact on the Indian monsoon through the Gill-Matsuno-type response (Kucharski et al. 2009).

Figure 6.16 First EOF mode of North Tropical Atlantic SST.

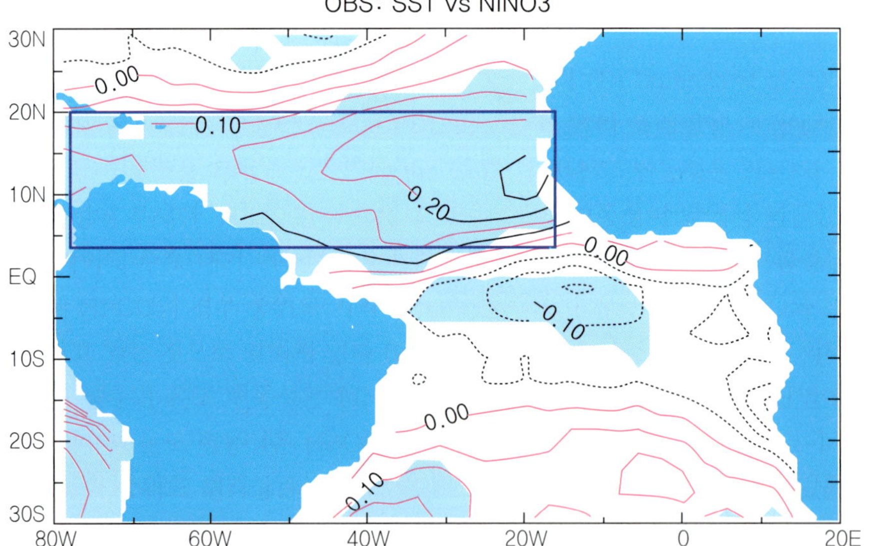

Figure 6.17 Regression between observed SST and the normalized Nino-3 index during the MAM season. Contour interval is 0.1°C. Statistically significant regression values are shaded. A student's t test was used to assess local statistical significance at the 95% level. Rectangle denotes the region used to the NTA index (Saravanan and Chang 2000).

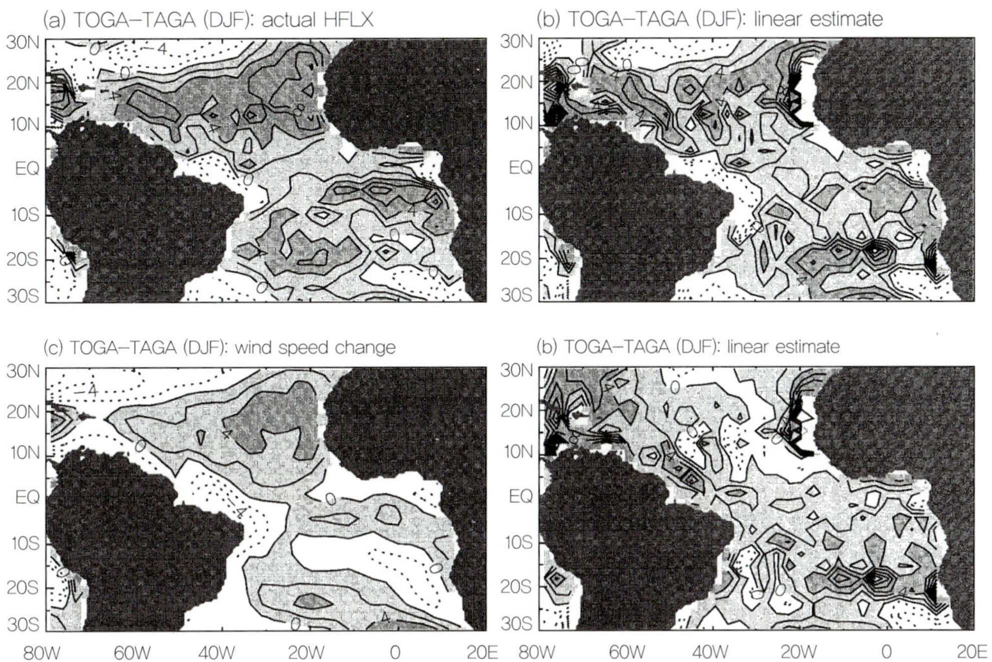

Figure 6.18 (a) Regression of actual downward surface heat flux anomaly (H') against the normalized Nino-3 (5°S-5°N, 150°-90°W) SST index for the TOGA - TAGA integration (DJF season); (b) as in (a), but for the linearized estimate of the heat flux anomaly (F'w + F'r); (c) as in (a), but for the contribution from wind speed changes (F'w); (d) as in (a), but for the contribution from dT changes (F'r). Contour interval is 2 W m^{-2}. Positive values are shaded, with values greater than 4 W m^{-2} having darker shading (Saravanan and Chang 2000).

역에서 지엽적인 온도 상승이 발생하지만 대류권 근처에는 로스비 파가 전지구를 순환하며 남위 30도와 북위 30도에 전반을 거치는 온난화(basin-wide warming)를 만들어 낸다. 이렇게 형성된 대기 상층의 온도 상승은 대류(atmospheric convection)가 강한 지역에서 경계층(boundary layer) 바로 위까지 내려올 수 있게 된다. 이로 인해 지표 부근의 대기의 온도는 상승하게 되고 이는 대기와 해양의 온도 차이를 줄어들게 만들어 해양에서의 증발(evaporation)을 줄이게 되고, 이는 대서양의 SST를 상승시키는 역할을 한다.

엘니뇨에 의해 NTA지역의 온도가 상승할 수 있기도 하지만, 최근에는 반대로 NTA 지역의 온도 하강이 약 9개월의 시간 지연을 두고 엘니뇨를 유발할 수 있다는 메커니즘이 밝혀진 바 있다. Figure 6.20은 NTA SST가 엘니뇨를 만드는 메커니즘 중 하나를 나타낸 그림이다. NTA 온난화는 Gill 반응(Gill-type wave response)에 의해 동태평양에 로스비 파(하층의 저기압성 순환)를 형성시킨다. 이로 인하여 동태평양 지역에서는 북풍이 강하게 발생하며 이는 증발을 증가시켜 SST를 차갑게 만드는 역할을 한다 (WES feedback). 차가운 SST는 음의 강수 아노말리와 관련이 깊으며, 이는 서태평양의 고기압성 순환(anti-cyclonic circulation)을 형성시킨다. 결과적으로 서태평양지역의 고기압성 흐름은 용승하

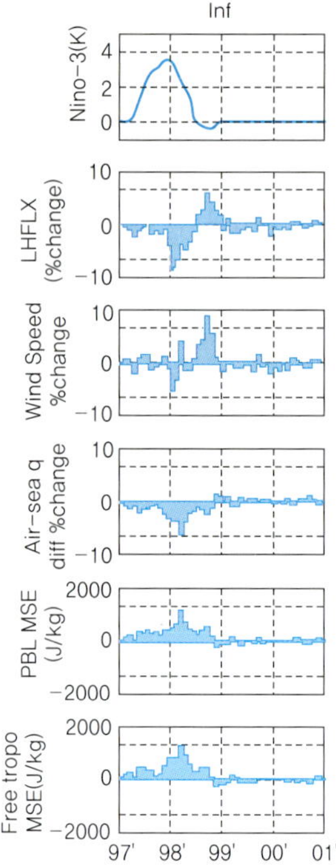

Figure 6.19 Fields averaged over the remote oceans associated with the latent heat flux response in the fixed SST 1997/98 simulation. In descending order of panels: tropical Pacific SST forcing as represented by Niño-3, change to the latent heat flux expressed as a percentage of the monthly mean climatology, change in the lowest model layer (992 mb) wind speed, change to the air – sea difference in specific humidity [the air – sea specific humidity difference is calculated as the difference between the specific humidity at the lowest model layer (992 mb) minus the saturation specific humidity at the surface (solely a function of the SST)], moist static energy perturbation averaged over the boundary layer (826 – 1000 mb), and moist static energy perturbation averaged over the free troposphere (220 – 826 mb). The moist static energy panels show that the boundary layer moist static energy is essentially a slave of the free tropospheric moist static energy, which in turn is dictated to by the SST forcing in the tropical Pacific (Chiang and Lintner 2005).

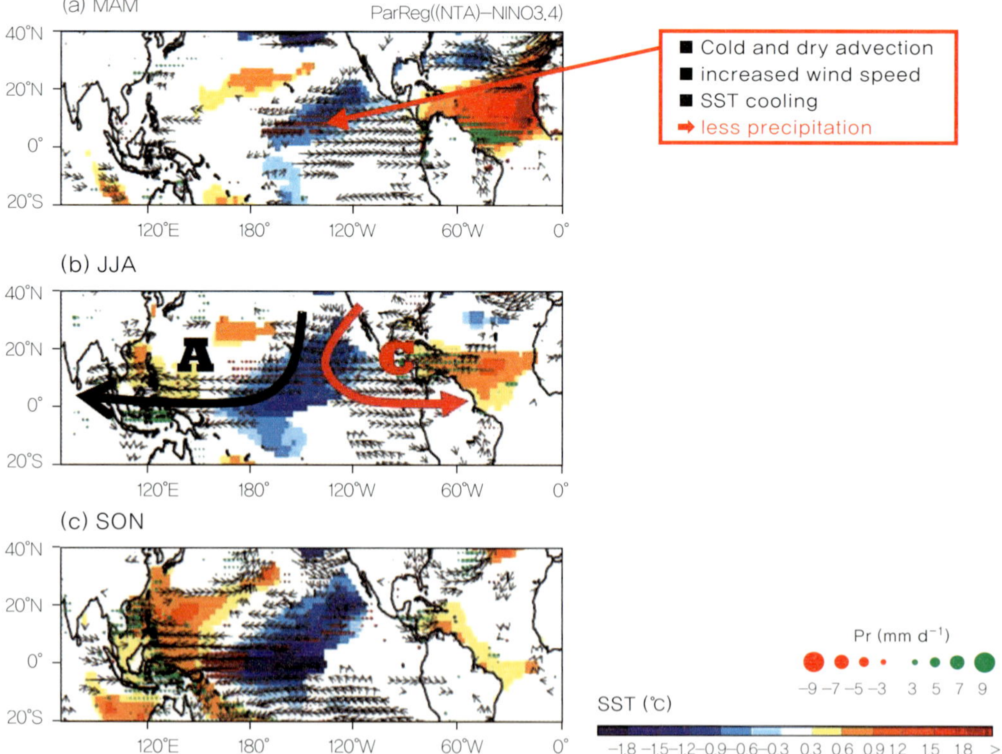

Figure 6.20 Regression with respect to NTA SST. a-c, Lagged regressions between NTA SST (90°W-20°E, 0-15°N) averaged during February to April (the FMA season) and SST, wind vector at 850 hPa (vector) and precipitation during the MAM (a), JJA (b) and SON (c) seasons, after excluding the impact of NINO3.4 SST (170°-120°W, 5°S-5°N) during the previous DJF season. Only values at the 95% confidence level or higher are shown (Ham et al. 2013).

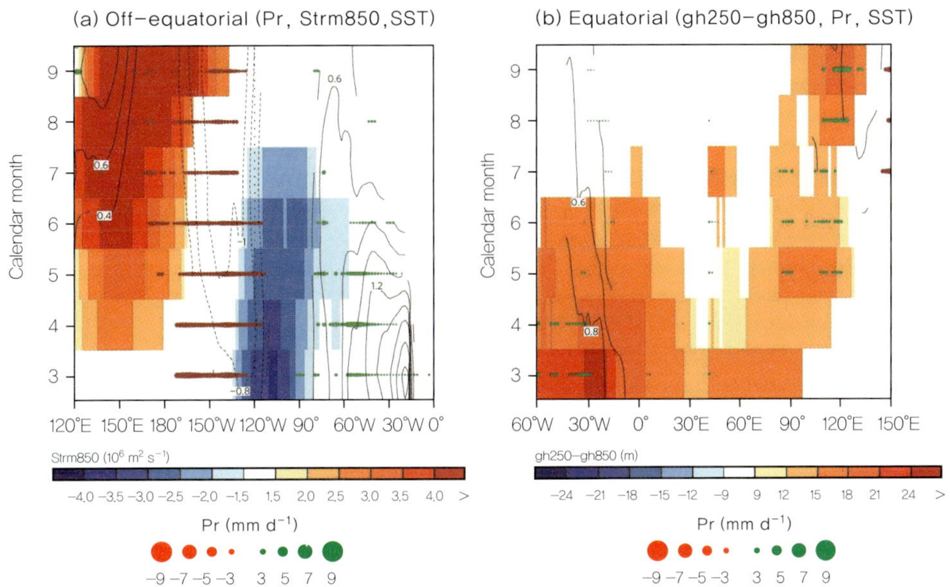

Figure 6.21 Two pathways for relaying Atlantic signals to the Pacific. a, b, Lagged regressions of 3-month-averaged subtropical precipitation, stream function at 850 hPa and SST (a), and equatorial (10°S-10°N) thickness (that is, geopotential height at 250 hPa minus geopotential height at 850 hPa), precipitation and SST (b) from March to September. Note that the subtropical region of precipitation is 5°-15°N, whereas the region for other variables is 5°-20°N. Only the values with at least 95% confidence level are shown (Ham et al. 2013).

는 켈빈 파(upwelling Kelvin wave)를 형성시켜서 라니냐 징후를 형성하는데 도움을 준다. Figure 6.20은 NTA 해수면 온도 상승에 의해 유발되는 라니냐가 특히 중태평양 라니냐와 더 큰 상관이 있음을 보여준다. 이의 이유는 여름철 결과에서 찾아볼 수 있다. 서태평양의 고기압성 흐름은 용승하는 켈빈 파의 동진을 통해 중태평양 및 동태평양에 영향을 주게 된다. 서태평양에서 전파된 용승하는 켈빈 파는 동태평양의 지엽적인 저기압성 흐름에 의해 형성된 하강하는 켈빈 파(downwelling Kelvin wave)를 만나게 되면서 서로 효과가 상쇄되어 동태평양에서는 SST 징후가 약하게 나타나게 된다.

Figure 6.21은 NTA SST 증가가 동태평양에 로스비 파를 형성하여 서태평양으로 전파하는 과정을 보여주는 그림이다. 그림에서 선은 SST를 나타내고 초록색과 갈색의 점들은 강수를 나타내며, 음영은 유선 함수(stream function)를 나타낸다. 즉 따뜻한 SST가 동태평양에 저기압성 흐름을 만들어 내고 이는 서쪽으로 전파하여 서태평양에 고기압성 흐름을 형성하는 것을 의미한다.

이에 더해, Watanabe and Kimoto (1999)는 적도 대서양의 SST가 NAO와 관련된 징후를 만들어 낼 수 있다고 밝혔다. Figure 6.22은 적도 대서양과 관련된 EOF 첫번째 모드와 두번째 모드를 이용하여 SST와 Z500의 회귀 값의 공간 분포를 나타낸 그림이다. NTA

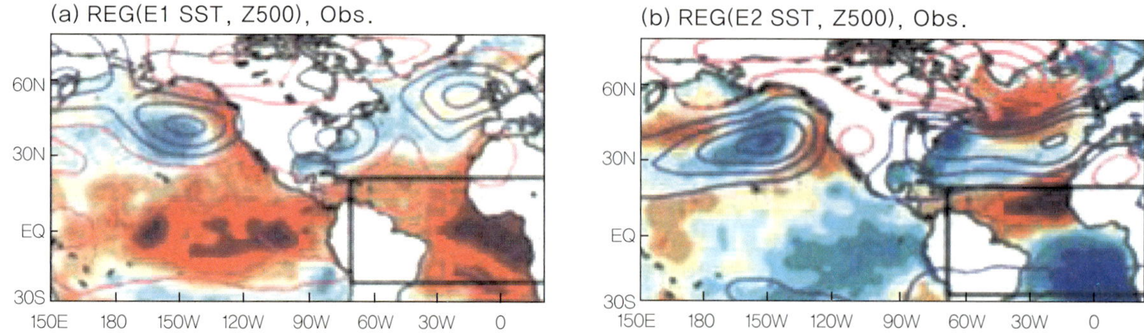

Figure 6.22 (a) Observed SST (K, color) and 500 hPa height (m, contour) anomalies regressed upon PCs of the leading EOF (E1) of SST anomalies in the tropical Atlantic (indicated by a solid box). Values correspond to 1SD of the PCs. Contour interval 5 m, the red (blue) contours represent positive (negative) height anomalies. (b) As in (a), except for the second SST EOF (E2) (Watanabe and Kimoto 1999).

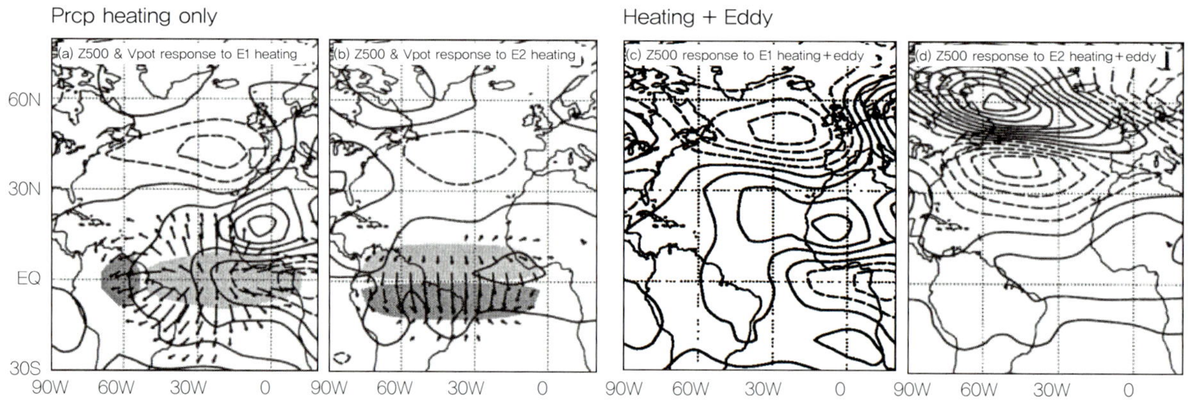

Figure 6.23 (a) 500 hPa height and 250 hPa divergent wind responses of the linear model to an idealized E1 heating (shade). Contour interval 5 m. (b) As in (a), except for the response to the E2 heating. (c) As in (a), except for the height response to sum of the heating and the extratropical eddy forcing associated with E1. (d) As in (c), except for the response to the E2 total (i.e. heating+eddy) forcing (Watanabe and Kimoto 1999).

SST 시그널을 처방하였을 때, 일시적 시간 에디 강제(transient eddy forcing)를 통해 NAO를 발생시킬 수 있음을 나타내고 있다.

그들은 선형 경압 모델(Linear Barotropic Model)을 이용하여 이러한 관계를 증명하고자 하였다 (Figure 6.23). 실험은 두 가지로 수행되었는데, 첫번째 실험은 NTA SST와 관련된 적도의 강수 아노말리를 모형에 경계장으로 처방하고, 두번째 실험은 NTA SST와 관련된 열적 강제(heating forcing)와 일시적 시간 에디 강제(transient eddy forcing)를 모형의 경계장으로 처방하여 수행한 실험이다. 결론적으로 NTA SST가 만들어내는 열적 강제만 가지고는 NAO를 형성하기는 어렵지만 일시적 시간 에디를 함께 고려했을 경우에는 NAO 패턴을 생성할 수 있다. 그들은 적도 강제력이 제트 기류의 위치변화를 야기시키며 이는 일시적 시간 에디의 변화를 유발하여 NAO 생성에 영향을 미친다고 밝혔다.

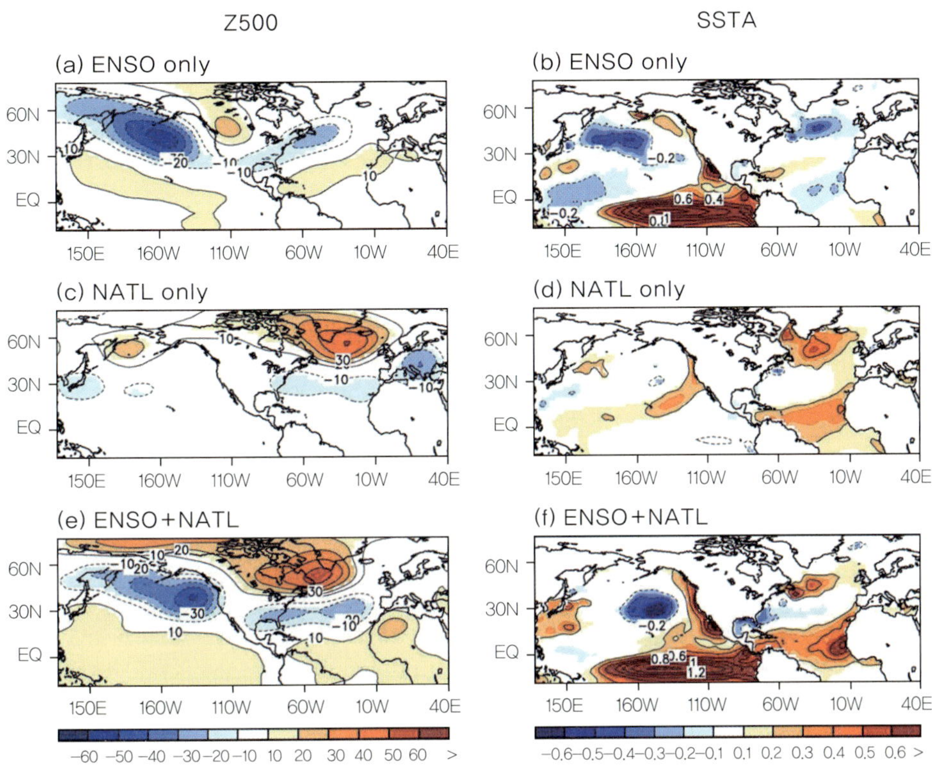

Figure 6.24 JF Z500 (left panel) and JF SSTA (right panel) composite map of 'ENSO only', nd 'NATL only', and 'ENSO + NATL' cases in observations. Note that the regions where significance level is over 99% are shaded (Ham et al. 2014).

또한, 대서양 해수면 온도는 엘니뇨 시기에 나타나는 전지구 원격 상관 패턴을 결정 짓는 주요한 요소임이 밝혀졌다. Figure 6.24는 ENSO 및 북대서양 지수(North Tropical Atlantic index, NATL; 60°-30°W, 5°-20°N)를 이용하여 Z500과 SSTA의 합성장 패턴을 나타낸 그림이다. Figure 6.24a, b는 ENSO만을 고려했을 경우의 패턴이며, Figure 6.24c, d는 NATL 지역의 해수면 온도 상승이 있었던 경우만 고려하였을 경우의 패턴이다. 마지막으로 Figure 6.24e, f는 ENSO와 NATL 지역의 해수면 온도 상승을 모두 고려하였을 경우의 패턴이다. 엘니뇨 지수와 NATL 지수와의 상관계수는 0.5로서 전체 변동성의 25%를 차지한다. 이는 일반적으로 엘니뇨와 관련된 원격상관(teleconnection)을 이야기할 경우에는 Figure 6.24e와 같은 PNA 모드와 NAO 모드가 결합된 대기 분포를 의미한다고 볼 수 있다. 즉 ENSO와 NTA SST가 같이 존재할 경우에 우리가 흔히 말하는 ENSO 원격상관이 나타나는 것을 볼 수 있다. 반면에, NATL 지역의 해수면 온도 상승이 존재하지 않았던 엘니뇨의 경우, 캐나다, 미국 및 서유럽의 대기 순환장 패턴은 NATL 지역의 해수면 온도 상승이 있었던 엘니뇨와 크게 상이한 모습을 보인다. 위와 같은 관련성은 엘니뇨 시기의 대서양 지역의 원격 상관이 NTA 지역의 해수면 온도 상승 유무에 의해 확연히 달라질 수 있음을 암시한다.

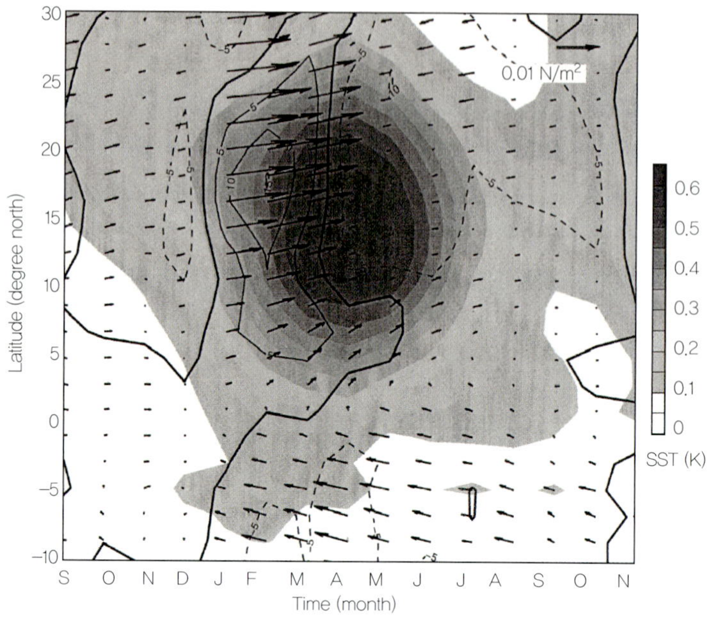

Figure 6.25 Regression map of surface wind stress (arrows, scale in the top-right corner); net surface heat flux (contoured every 5 W m^{-2}, positive into the ocean, dashed when negative, zero contour thickened); and SST (shaded, in K) onto the NTA SST index time series in MAM (Czaja et al. 2002).

반면, 다른 선행연구들에서는 NTA SST 징후가 NAO에 의해 발생할 수 있음을 제시하였다. Figure 6.25는 NTA SST와 관련된 바람장의 회귀 결과 분포로 나타낸 그림이다. NTA SST 상승이 발생하기 한달 전에 바람이 선행(lead)하는 모습을 볼 수 있다. 즉 NTA SST 자체가 NAO와 관련된 바람에 의해서 생긴다고 볼 수 있다. 결론적으로 NTA SST 상승은 ENSO, NAO 그리고 북태평양에 존재하는 여러 모드들이 복잡하게 얽혀 만들어진 결과이다.

Atlantic Nino

NTA 지역의 해수면 온도 변동보다 변동성의 크기는 작지만, 태평양 엘니뇨와 비슷한 발생 역학 및 패턴을 갖고 있는 Atlantic NINO가 있음이 밝혀졌다 (Figure 6.26). Atlantic NINO가 발생했을 때 SST 패턴을 보면 적도 동대서양에서 약간 남쪽으로 치우쳐져 있는 패턴을 보인다. 또한 Atlantic NINO가 발생했을 경우에 바람은 북풍과 서풍이 주를 이루고 있으며 열함량(heat content)은 동서방향으로 대칭적인 구조를 이루고 있다. 또한 500 hPa에서의 단열 가열(diabatic heating)은 동서방향 구조를 나타내고 있다. 즉 Atlantic NINO는 ENSO와 비슷한 동서 모드의 구조를 보인다.

Figure 6.27은 Atlantic NINO와 ENSO 발달의 계절적 차이를 보여주는 결과이다. Atlantic NINO가 ENSO와 가장 구별되는 특징 중에 하나는 계절성이 다르다는 것이다. ENSO는 겨울철에 최대치가 나타나며, 반면에 Atlantic NINO는 여름철에 최대치가 나타난다.

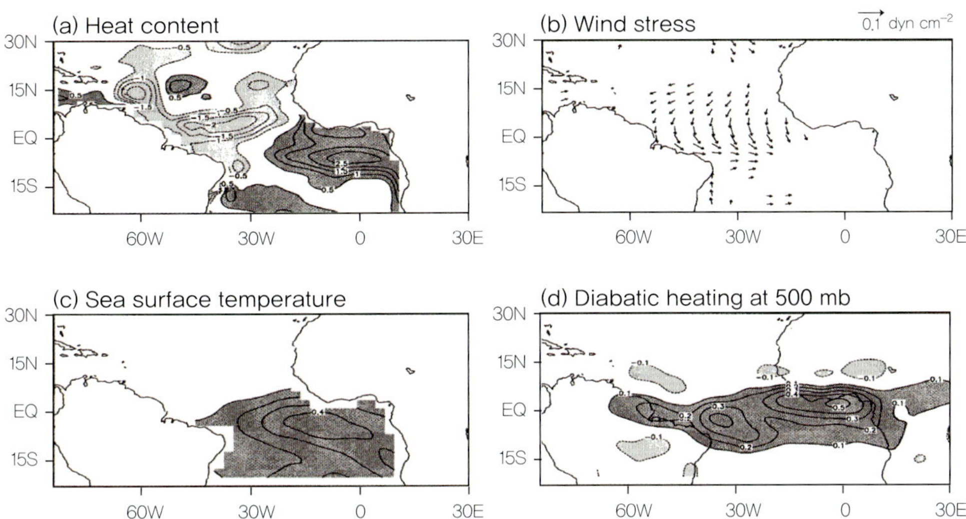

Figure 6.26 Anomalies of the Atlantic Niño mode and its associated principal component coefficient (PCC) from a 5-variable rotated combined analysis: hc' ($\times 10^8$ J m^2) (upper left), τ' (dyn cm^{-2}) (upper right), SST' (°C) (lower left), q' (°C day^{-1}) at 500 mb (lower right). Only wind stress anomalies larger than 0.02 dyn cm^{-2} are shown. Explained variance is 4.9%. Dark (light) shading denotes positive (negative) anomalies (Ruiz-Barradas et al. 2000).

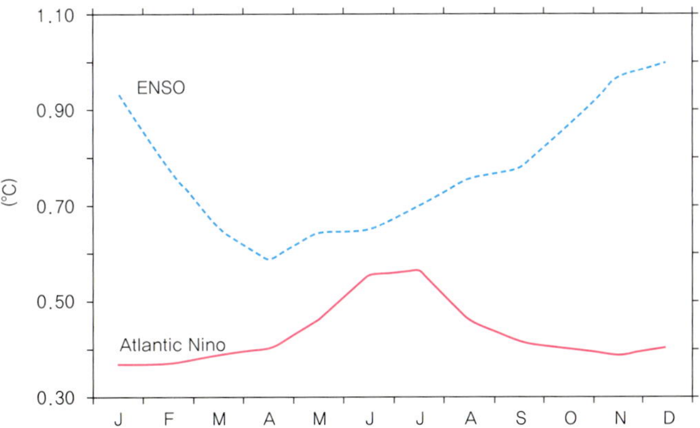

Figure 6.27 Standard deviation of Atlantic3 (solid) and Niño3 (dashed) averaged SSTAs as function of calendar month. SST data are from HadISST for the period 1870 – 2003 (Keenlyside and Latif 2007).

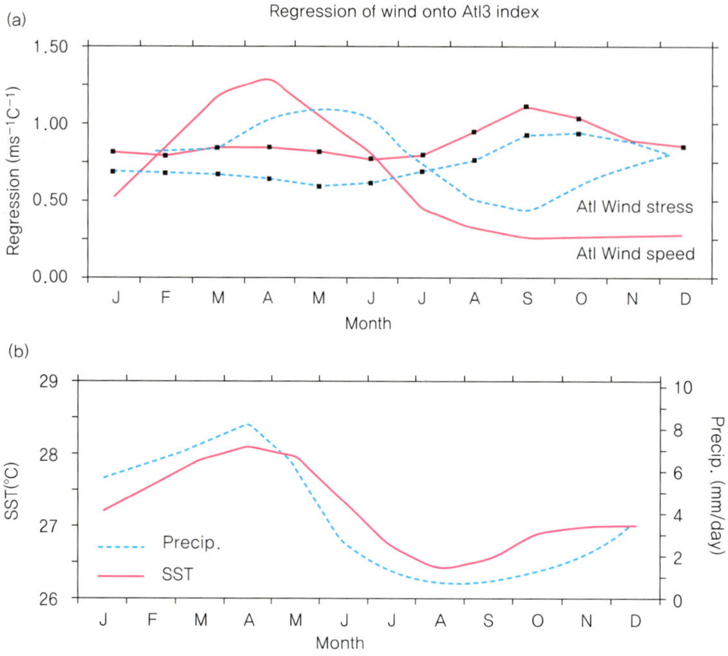

Figure 6.28 (a) The following regressions calculated for each calendar month are shown: WAtl 10 m zonal wind speed and Atlantic3 SSTA (1950 – 1997; solid), WAtl zonal surface stress and Atlantic3 SSTA (1950 – 2002; dashed; $10^{-2}Pa°C^{-1}$), Niño-4 10 m zonal wind speed and Niño-3 SSTA (1950 – 1997; solid with squares), and Niño-4 zonal surface stress and Niño-3 SSTA (1950 – 2002; dashed with squares). Data were smoothed with a 3-month running mean prior to calculations. (b) Annual cycle (1979 – 2002) of WAtl SST (solid) and precipitation (dashed) (Keenlyside and Latif 2007).

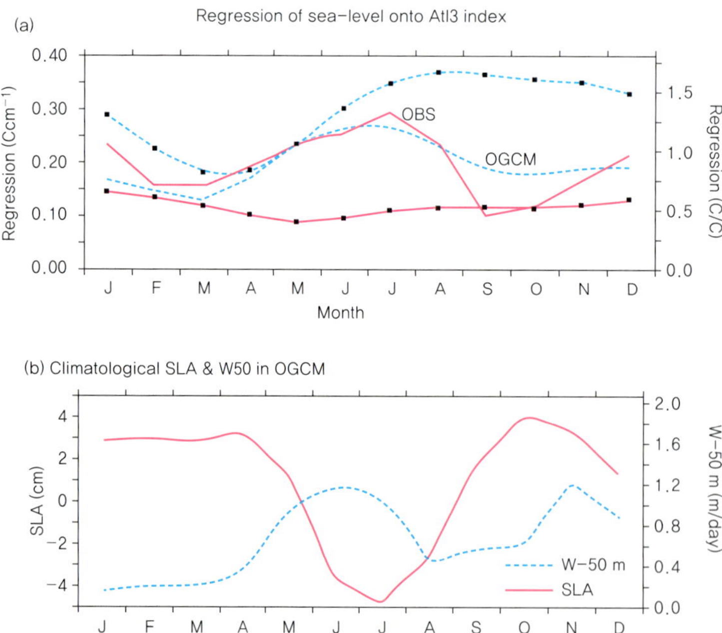

Figure 6.29 (a) The following regressions calculated for each calendar month are shown: Atlantic3 SLA and SSTA (1993 – 2002; solid), Atlantic3 OGCM simulated 400-m average temperature anomalies and SSTA (1950 – 2001; dashed), Niño-3 SLA and SSTA (1993 – 2002; solid with squares), and Niño-3 OGCM simulated 400-m average temperature anomalies and SSTA (1950 – 2001; dashed with squares). Data were smoothed with a 3-month running mean prior to calculations. (b) Annual cycle (1993 – 2001) of Atlantic3 SLA (solid) and vertical velocity at 50 m (dashed) from a forced OGCM simulation (Keenlyside and Latif 2007).

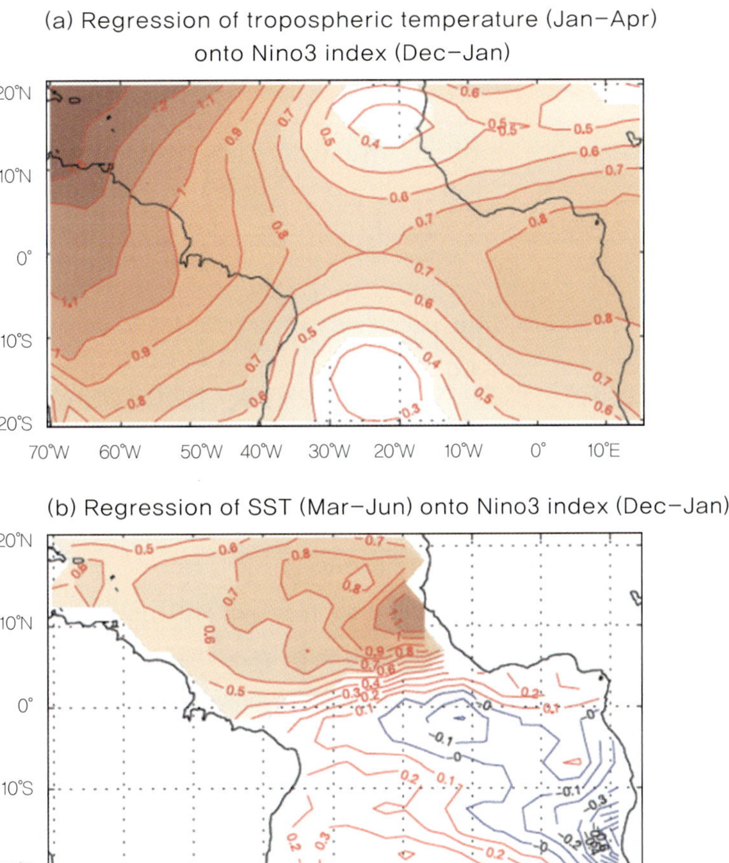

Figure 6.30 Tropospheric and surface temperature response of the tropical Atlantic to El Niño revealed by a regression analysis. (a) The regressed anomalous tropospheric temperature averaged between atmospheric pressure levels of 800 mb and 200 mb over January – April against the previous boreal winter, December – January, NINO3 SST (SST anomaly averaged over 150°-90°W and 5° S-5°N). (b) The similar regression of the observed March – June SSTanomaly. The SST response is expected to lag the tropospheric temperature response because it is driven by surface heat fluxes. The mid-tropospheric temperatures were derived from the 43-year (1958 – 2000) reanalysis product, ERA40, of the European Centre for Medium-Range Weather Forecasts (ECMWF); http://www.ecmwf.int/research/era and the SST is from the Reynolds Optimum Interpolation SST is during the same period. The coloured shading shows areas that exceed a 99% significance level based on Student's t-test (Chang et al. 2006).

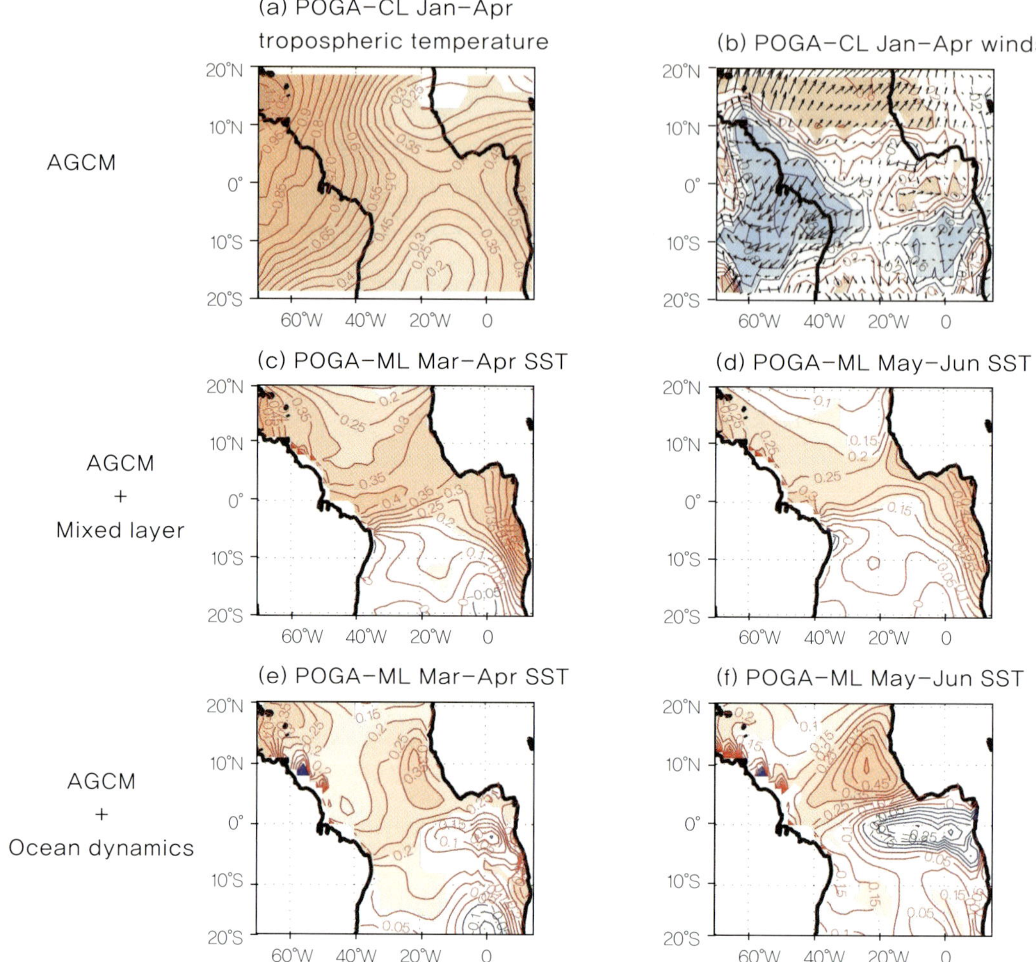

Figure 6.31 The simulated tropical Atlantic response to El Niño in three ensembles of numerical experiments. a, b, Ensemble averaged regressions against the December–January NINO3 index from the POGA-CL runs for the January–April troposphere temperature (°C) averaged between atmospheric pressure levels of 800 mb and 200 mb (a) and surface winds (vectors; b), where the blue contours show the negative correlation of the zonal surface-wind with the NINO3 index and the red contours the positive. (c–f), Regressions of the ensemble averaged SST in March–April and May–June against the December–January NINO3 index from POGA-ML and POGA-RG runs. The colour shade shows areas that exceed a 99% significance level based on Student's t-test (Chang et al. 2006).

(a)

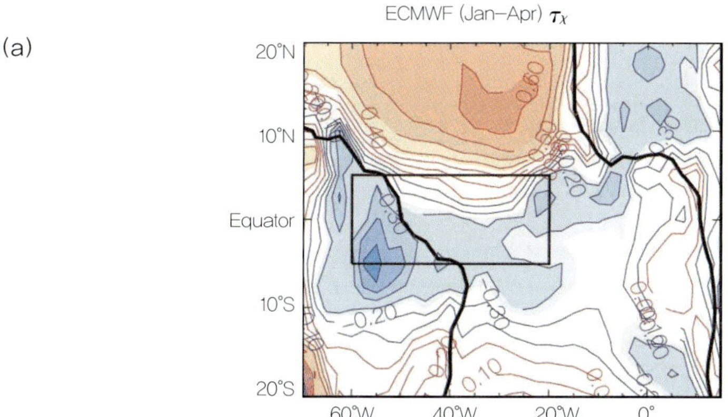

(b)

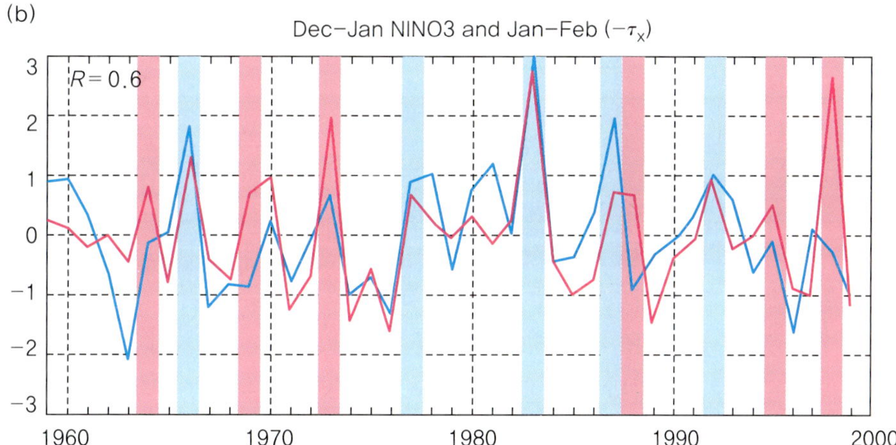

Figure 6.32 Observed response of tropical Atlantic zonal wind stress to El Niño. (a) Correlation between the December–January NINO3 index and the zonal wind stress anomaly from the ECMWF ERA-40 reanalysis product over the tropical Atlantic sector in the following January–April from 1958–2000. The blue contours indicate negative and the red contours positive correlation. The colour shade shows areas that exceed a 95% significance level based on Student's t-test. (b) Normalized time series of the January–February wind stress index (with reversed sign) over the western equatorial region (60°-20°W and 5°S-5°N) indicated by the rectangle in a, and the December–January NINO3 index. The correlation coefficient between the two indices is 0.6. The blue vertical bars indicate those El Niño events (1965/66, 1976/77, 1982/83, 1986/87 and the 1991/92 El Niño) that produced a strong easterly wind anomaly and the red indicate those (1963/64, 1968/69, 1972/73, 1987/88, 1994/95 and the 1997/98 El Niños) that did not (Chang et al. 2006).

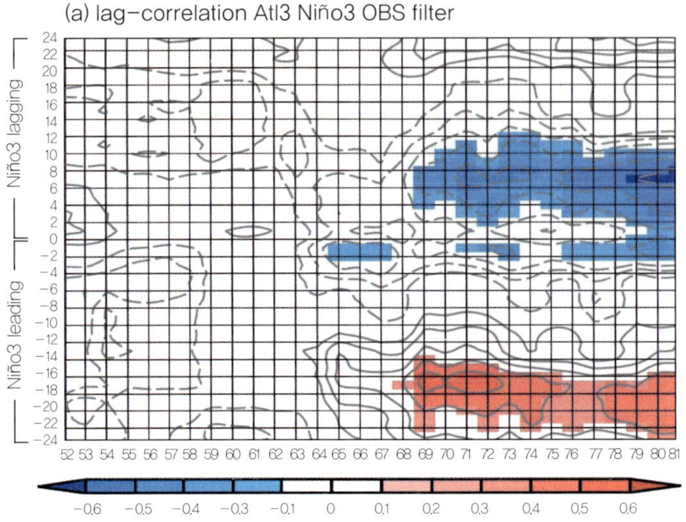

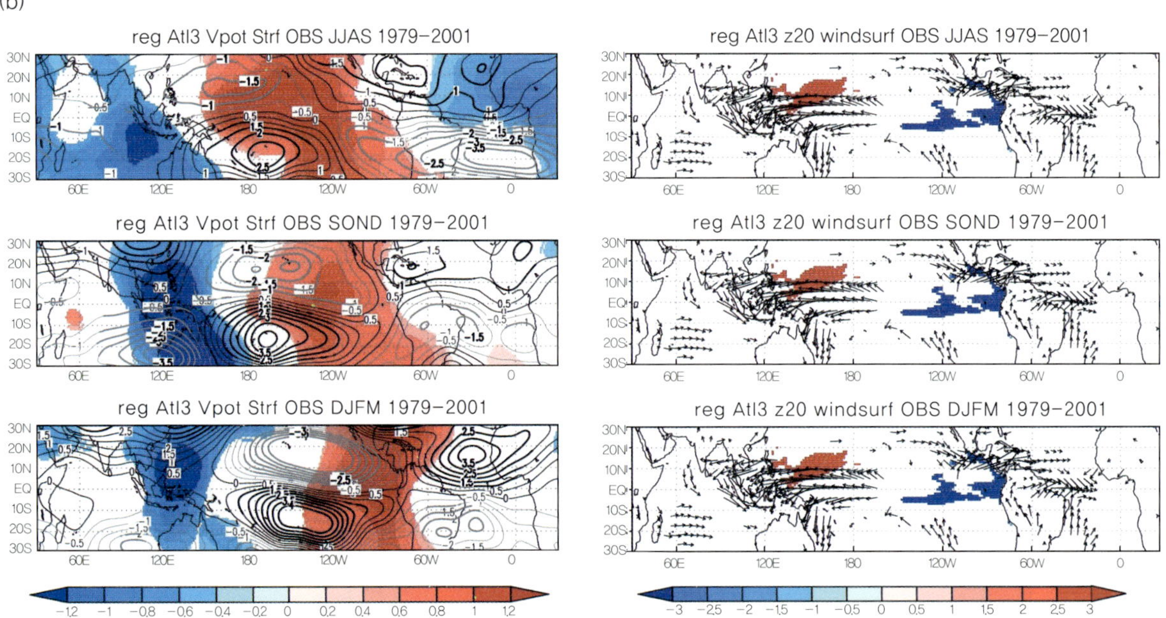

Figure 6.33 (a) Change in the Atlantic and Pacific Niños connection. Twenty year lead-lag correlation, running one year from 1952–1972 to 1981–2001, between the observed summer Atl3-index (June–July–August–September) and observed Niño-3-index, for positive (from 0 to 24 months after summer) and negative (from 0 to 24 months before summer) lags. The contour interval is 0.1 and the zero line has been removed. Only those regions for which the correlation between the Niño3 and the Atl3 index is 95% statistically significant under a t-test for the effective degrees of freedom are shaded. (b) Dynamical response to summer Atlantic Niño for the period 1979–2001. (left) Observed anomalous velocity potential (shaded in 10^{-6} m^2 s^{-1}) and streamfunction (contours in 10^{-6} m^2 s^{-1}) at 200 hPa regressed onto the boreal summer Atl3-index for the period 1979–2001 and (right) observed anomalous surface winds at 925 hPa (vectors in m s^{-1}), and 20C isotherm depth (shaded in m) regressed onto the boreal summer Atl3-index for the period 1979–2001, in (top) summer (June–July–August–September), (middle) autumn (September–October–November–December) and (bottom) winter (December–January–February–March). Only those regions for which the correlation between the anomalous SST and the Atl3 index is 95% statistically significant under a t-test for the effective degrees of freedom are highlighted (Rodriguez-Fonseca et al. 2009).

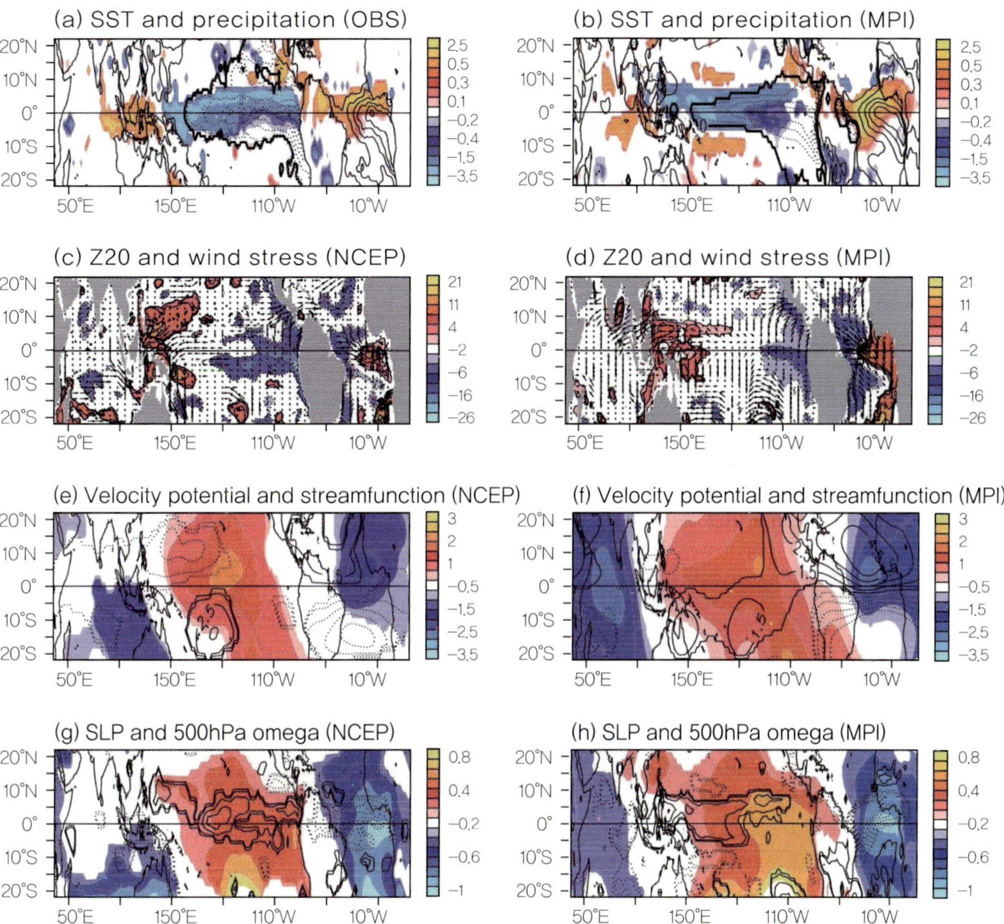

Figure 6.34 (a), (b) Sea surface temperature (contour) and precipitation (shading) (c), (d) thermo cline depth (shading) and wind stress (vector), (e), (f) stream function (contour) and velocity potential (shading) and (g), (h) sea level pressure (shading) and vertical velocity (contour) at the 500 hPa in boreal summer regressed onto boreal summer Atlantic cold tongue SST. On the left panels, quantities are from observations (HadISST and Xie and Arkin 1997) and NCEP reanalysis (Kalnay et al. 1996). On the left panels, quantities are from model ensemble mean. The units for precipitation, thermocline depth, wind stress, velocity potential and sea level pressure are mm day^{-1}, m, N m^{-2}, 10^6 m^2 s^{-1} and hPa, respectively. The contour interval of SST is 0.2C. The contours shown for stream function (vertical velocity) are ±4.5, ±3.5, ±2.5, ±1.5 and ±0.5 × 10^6 m^{2}s^{-1} (±2.5, ±2.0, ±1.5, ±1.0, ±0.5 and ±0.25 × 10^{-2} Pa s^{-1}). Positive and negative values are shown by solid and dashed curves, respectively. Note that negative vertical velocity mean upward motions. Only those values which are over 95% statistically significant under a student t-test are shown (Ding et al. 2012).

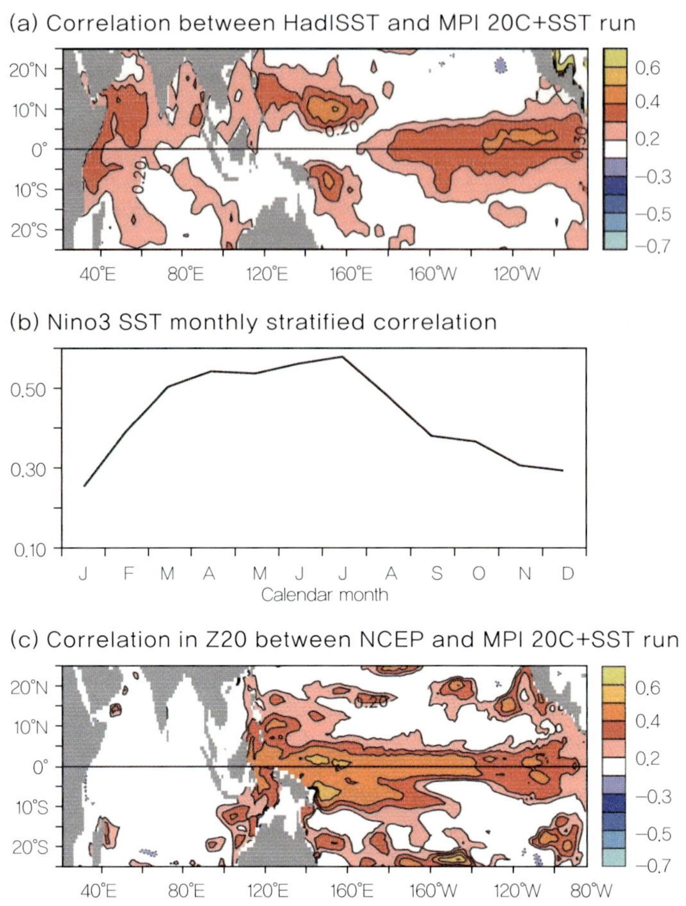

Figure 6.35 Correlation between observed (HadISST) SST and the ensemble mean SST simulated by the MPI model with observed SST prescribed in the Atlantic. (b) As in (a) except for Niño3 SST and for individual calendar months. As in (a) except for thermocline depth between NCEP reanalysis and MPI model (Ding et al. 2012).

Figure 6.28은 Atlantic NINO와 관련된 바람 및 강수와의 결합 강도(coupling strength)를 보기 위해서 Atlantic NINO 지수를 이용하여 적도 대서양의 풍속과 바람 응력 및 강수의 회귀분석 결과를 나타내었다. 풍속과 바람 응력 자체의 민감도는 봄철에 최대치가 나타난다. SST 강제력이 강수 아노말리를 만들려면 평균적인 하강 운동을 극복할 수 있는 평균 상승 운동이 있어야 한다. 즉, 가을과 겨울철은 기본적으로 강수가 없으며 SST가 작은 시기이기 때문에 똑같은 SST 강제력이 있다고 해도 추가적인 강수가 만들어지기 어려운 시기이다. 반면에 봄과 여름철은 기후적 하강 운동이 약한 시기이기 때문에 상대적으로 작은 해수면 온도 강제력만으로도 강수 아노말리가 생길 수 있다.

Figure 6.29는 Atlantic NINO 인덱스와 적도 대서양의 해수면 높이 간의 회귀 분석 값을 각 달에 대해 나타낸 것이다. Atlantic NINO 발생은 적도 대서양에 서풍을 유발하고 이는 하강하는 켈빈 파를 유도하게 되는데, 이 경우 수온 약층은 깊어짐과 동시에 해수면 높이는 상승하게 된다. 깊어진 수온 약층은 수온 약층 주변의 해수 온도 상승과 관련이 있으며, 이는 용승으로 인하여 Atlantic NINO를 더욱 발달시키게 된다. 이러한 과정이 가장 강한 시기는 여름철임을 알 수 있는데, 이는 이 시기 가장 수온 약층이 얕음과 동시에 (해수면 높이가 깊음과 동시에), 용승은 가장 활발한 시기이기 때문이다. 이는 여름철에 Atlantic NINO 가 가장 강할 수 있는 기작으로 작용한다.

그렇다면 Atlantic NINO는 태평양 엘니뇨에 의해 유도될 수 있을까? Figure 6.30은 ENSO와 Atlantic SST의 상관성을 보여주는 결과이다. 기본적으로 ENSO는 NTA지역과 가장 강한 상관성을 가진다. 즉 북대서양에만 관련이 있고 적도지역과 남반구지역에는 ENSO와 관련성이 없다는 것을 의미한다.

Chang et al. (2006)은 ENSO와 관련된 적도 및 남 대서양지역의 시그널이 약한 이유를 해양 내의 물리 과정을 통하여 설명하고자 하였다. 그들의 연구에서는 ENSO와 NTA의 상관성에 대한 해양 역학의 역할을 분석하고자 AGCM실험, AGCM+Mixed layer 그리고 AGCM+Ocean dynamics 실험을 수행하였다. 실험결과 해양 내부의 물리과정을 고려하였을 경우에 적도와 남 대서양지역에서 음의 SST 아노말리가 나타났다. 즉 ENSO가 발생하였을 때 해양 역학에 의하여 대서양 온도 상승이 약화될 수 있는 기작이 존재함을 의미한다 (Figure 6.31).

이의 원인으로 Figure 6.32를 들 수 있다. Figure 6.32는 태평양 엘니뇨와 관련된 지표면의 바람 응력 아노말리를 나타낸 그림이다. 태평양 엘니뇨가 발생한 경우, 적도 대서양은 동풍이 유도되게 되는데, 이로 인해 용승하는 켈빈 파(upwelling Kelvin wave)를 유도하게 되어 적도 대서양 해수면 온도의 하강을 유도하게 된다. 반면, 엘니뇨 시기에 NTA 지역의 해수면 온도가 상승하는 것과 유사하게 대기의 열속 반응은 적도 대서양의 온도 상승을 유발하게 된다. 즉, 엘니뇨 시기의 적도 대서양에서는 켈빈 파에 의한 온도 하강과 열속 변화로 인한 온도 상승이 상쇄되어 해수면 온도의 변동이 크게 일어나지 않는다.

최근 Atlantic NINO가 ENSO를 야기할 수 있다는 연구도 활발히 진행되고 있다. Figure 6.33a는 Atl3 지수와 엘니뇨 지수인 NINO3 지수의 시간 지연 상관관계(lag correlation)를 나타낸 결과이다. 분석결과 최근 들어서 6달 정도의 차이를 두고 Atl3 지수와 NINO3 지수가 음의 상관관계를 보인다. 즉 Atlantic NINO가 ENSO를 형성하는데 영향을 줄 수 있음을 의미한다. Figure 6.34는 여름철의 Atlantic NINO가 6개월 뒤에 라니냐를 형성하는 과정을 보여준다. Atlantic NINO가 발생하면 그와 관련된 상승과 하강 운동이 존재한다 (velocity potential). 하강 기류가 서태평양 지역에 동풍을 만들게 되면 6개월 정도의 시간 지연 이후 La Nina 징후가 발생한다.

이러한 관계를 증명하기 위해서 모형실험도 수행하였다. 모형실험 과정으로는 먼저 접합 모형을 이용하여 적분을 수행한 다음에 대서양지역의 SST만 관측 값으로 처방을 하였다. 적분결과를 이용하여 Atlantic NINO 지수와 관련된 대기 및 해양 변수들을 살펴보면 관측에서 나타나는 Atlantic NINO 관련 패턴과 매우 유사한 태평양 지역의 변동성을 유발하는 것을 확인할 수 있다.

Figure 6.35는 대서양의 SST관측 자료를 모형에 처방시킨 실험을 통해 대서양 해수면

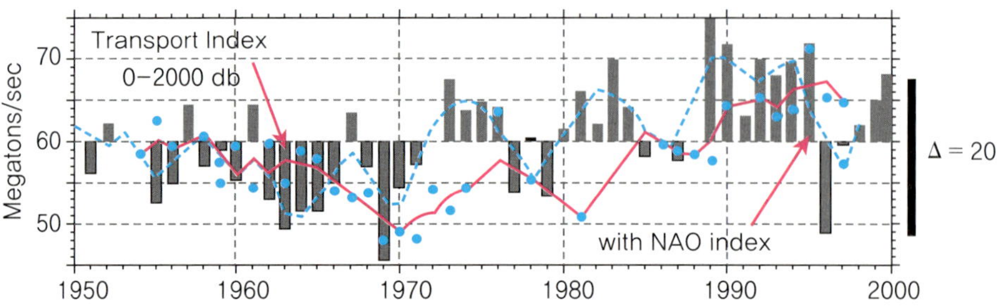

Figure 6.36 Baroclinic mass transport index (solid red curve, smoothed with 3-yr running mean) in megatons per second determined from difference in 0–2000 db PEA at the centers of subpolar and subtropical gyres. Blue solid circles are unsmoothed annual transport index values. The dashed curve is the SLP-based NAO index of J. W. Hurrell (1995, personal communication) smoothed with a 3-yr running mean. Gray bars represent the annual unsmoothed values of that index (range 25 to 5 with zero centered at the 60 MT s^{-1} line). The net change in transport between extremes is; 20 MT s^{-1}, as indicated on the right axis, with a 50-yr average of 60 MT s^{-1} (Curry and McCartney 2001).

관측 정보가 처방되었을 때 다른 대양의 예측성이 어느 정도 되는지를 연구한 결과이다. 태평양의 관측 자료가 들어가지 않았음에도 불구하고 태평양지역의 모형과 관측간의 해수면 온도 상관 관계가 0.4 이상으로 유의미한 값을 갖는 것을 확인할 수 있다. 이것은 대서양의 정보가 태평양 지역의 해양 변동성을 어느 정도 설명할 수 있음을 의미한다.

6.3 Decadal variability of Atlantic ocean

The mechanism of Atlantic decadal variability

대서양 자오 역전 순환 (AMOC)은 Atlantic Meridional Overturning Circulation의 줄임말로, Curry and McCartney (2001)의 논문에서는 AMOC이 장주기 변동성을 가진다고 주장하였다. 붉은색 라인은 남반구에서 북반구로의 물의 이동량을 나타낸 결과이다. 결과를 살펴보면 50년 정도의 장주기 변동성을 가지고 있다.

Figure 6.37a는 북반구 대서양 전체 평균된 SST로 정의된 대서양 장주기 변동 (Atlantic Multidecadal Oscillation, AMO)지수를 나타낸 그림인데, 여기서도 50년 정도의 장주기 변동성을 볼 수 있다.

관측 자료의 한계로 인하여 AMOC에 대한 연구는 모형 실험이 필수 불가결하다. 따라서 모형을 이용한 연구가 활발히 진행되고 있다. 여러가지 모형들의 물리 모수화 (physics parameterization)의 차이로 인하여 AMOC에 관련된 분석에 어려움이 있음에도 불구하고, 특정 모형의 AMOC은 관측과 유사한 주기를 갖고 있으므로 모형 분석을 통해 AMOC의 발생 및 유지 역학에 대한 연구를 시도해 왔다. Figure 6.38은 해들리 센터 모형 (HadCM3) 분석 결과로 AMOC이 최소 위상(minimum phase)을 보이고 있을 때, 북대서

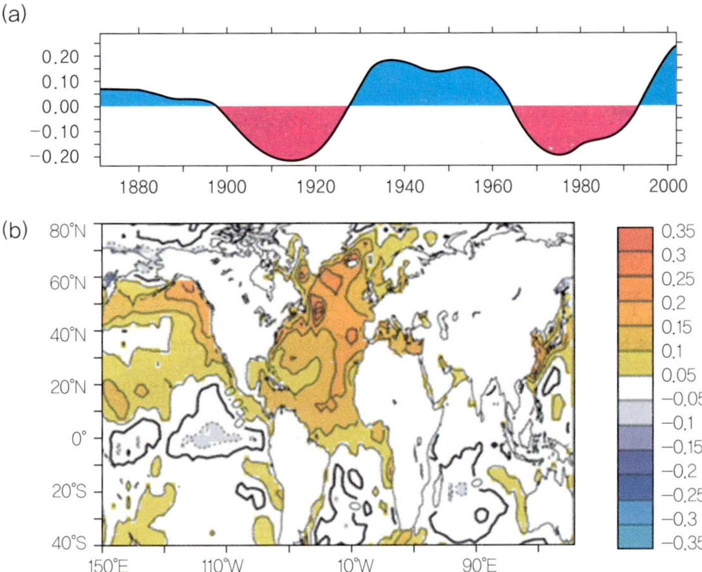

Figure 6.37 (a) Index of the AMO, 1871 to 2003. The index was calculated by averaging annual mean SST observations (29) over the region 0°N to 60°N, 75°W to 7.5°W. The resulting time series was low-pass filtered with a 37-point Henderson filter and then detrended, also removing the long-term mean. The units on the vertical axis are °C. This index explains 53% of the variance in the detrended unfiltered index. (b) The spatial pattern of SST variations associated with the AMO index shown in (a). Shown are the regression coefficients (°C per SD) obtained by regressing the detrended SST data on a normalized (unit variance) version of the index (Sutton and Hodson 2005).

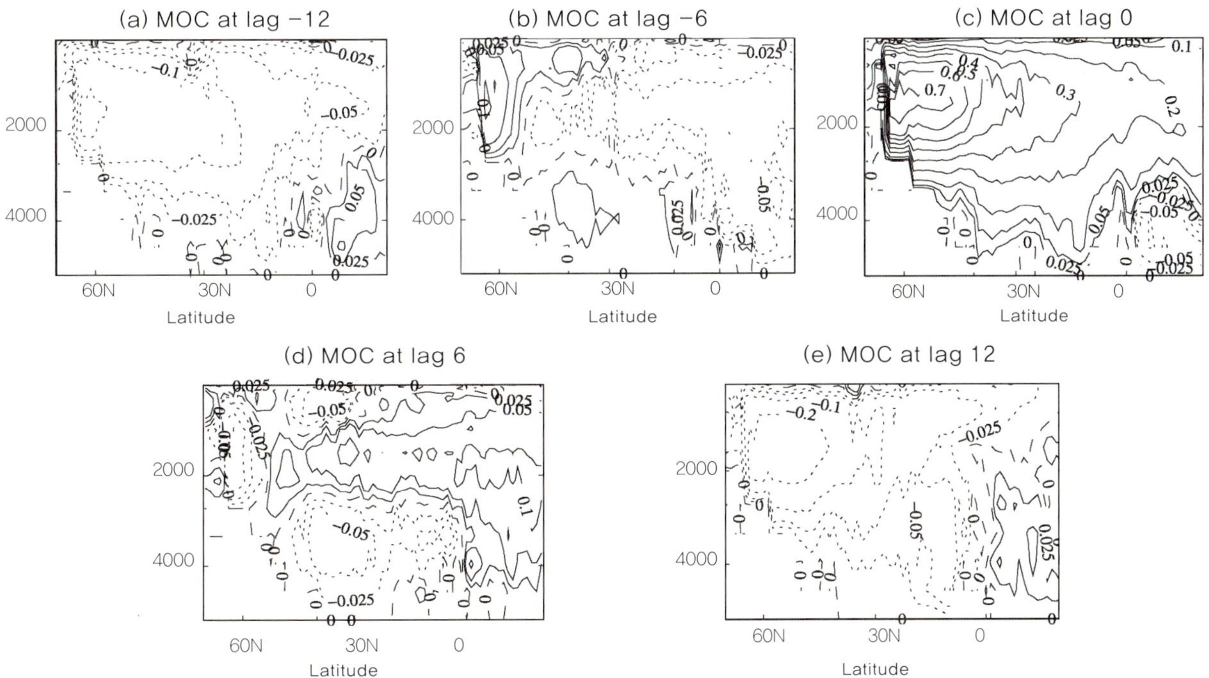

Figure 6.38 Regression coefficients (Sv per unit of PC1) of MOC at various lags to PC1 of MOC. Positive lags mean PC1 is leading (Dong and Sutton 2005).

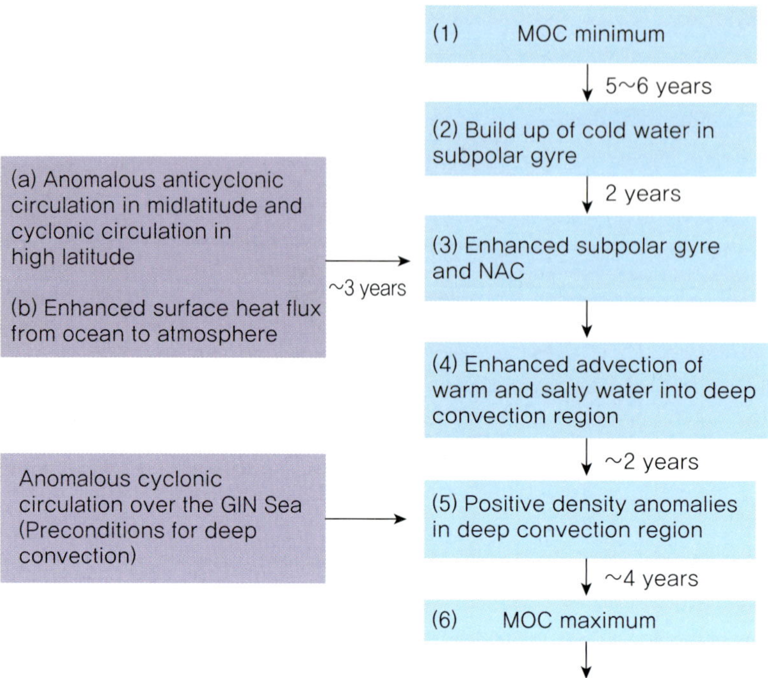

Figure 6.39 Schematic diagram of the phase reversal for interdecadal THC variability in the HadCM3 simulation (Dong and Sutton 2005).

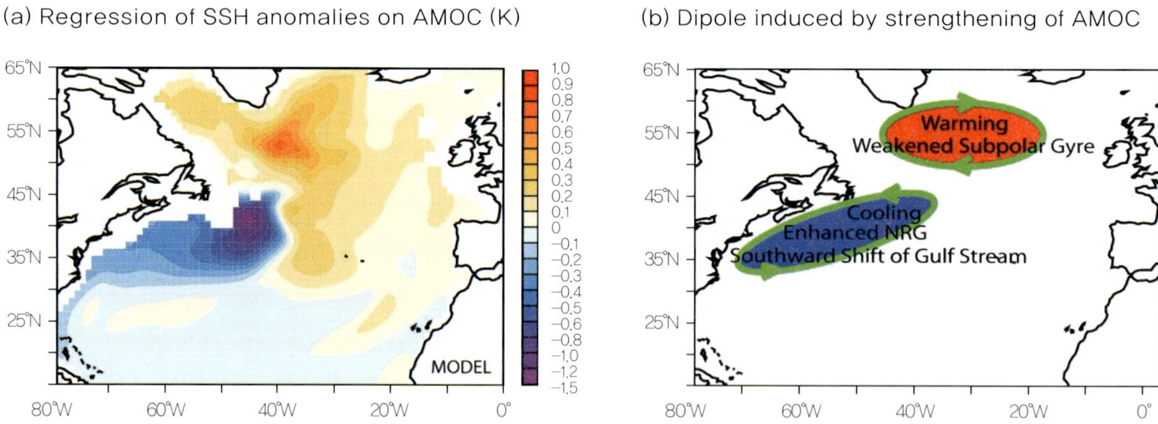

Figure 6.40 (a) Regression of Tsub anomalies (K) on the AMOC Index from GFDL CM2.1 1000-year control integration. The regression corresponds to 1 SD of the AMOC Index (1.8Sv). (b) Schematic diagram of the dipole pattern induced by the strengthening of the AMOC (Zhang 2007).

양 지역에서 반대 징후가 나타나서 (b, c) 점차 남쪽으로 확장되는 패턴을 보여주고 있으며 그 주기는 약 25년 정도이다.

그 과정을 살펴 보면 다음과 같다. AMOC이 최저일 경우에 적도 지역으로부터의 열 전이가 적어지게 되어 아한대 극환류 지역의 해수는 차가워지게 된다. 차가운 물의 발생은 밀도 증가와 관련이 있으며, 이는 지균 저압성 해류(geostrophic cyclonic flow)를 생성시키게 된다. 이는 아한대 극환류 및 NAC를 강화시키고, 이는 시간이 지남에 따라 따뜻하고 짠 물의 이류를 증가시키게 되어 반대의 AMOC 위상으로 전이될 수 있는 역할을 한다.

Figure 6.40은 GFDL CM2.1 모형에서 나타나는 AMOC 시기의 0-700m 평균된 해수 온도 아노말리를 나타낸 그림이다. AMOC 시기의 0-700m 평균 해수 온도는 중위도 대서양에서 걸프 만류의 남하와 관련된 음의 아노말리가 나타나며, 북대서양에서는 양의 아노말리가 나타난다. 북대서양의 양의 해수 온도 아노말리는 아한대 극환류의 약화와 깊은 관련이 있다. 이는 일반적으로 AMOC 의 발달은 AMO와 혼용되어 북반구 대서양의 전체적인 해수 온도 상승과 관련이 있다고 착각하기 쉬운데, 실제로는 다이폴 구조를 만들어냄을 의미한다.

Figure 6.41은 날씨 잡음(weather noise)이 AMOC을 만들어 낼 수 있음을 제시하는 결과이다. 날씨와 관련된 백색 잡음(white noise)이 해양과 비선형적인 반응을 보임으로서 AMOC의 장주기 변동성을 만들 수 있다. Fan and Schneider (2012)의 논문에서는 관측 해수면 온도를 처방한 대기 모형을 적분하여 10개의 앙상블 멤버를 만들고, 각 앙상블 멤버들의 섭동만을 접합 모형의 강제력으로 처방하여 적분을 수행하였다. 관측 해수면 온도를 처방하여 얻은 모형의 백색 잡음만을 처방하더라도 관측의 AMOC 변동(군청색 실선)과 일부 대기-해양 접합 모형 실험의 AMOC 변동이 매우 유사함을 밝혀 내었다. 특히, 열속과 관련된 백색 잡음(노란색)을 처방하더라도 모형이 관측의 AMOC 변동을 어느 정도 유사하게 모사하는 것을 확인하였다. 이는 관측에서 생산되는 날씨 변동으로 인한 열속의 변화가 AMOC 의 생성에 중요한 역할을 할 수 있음을 암시한다고 할 수 있다.

Current status of the decadal prediction

AMO과 관련된 장주기 변동성을 기반으로 수십년 예측(decadal prediction)을 해보자는 시도가 2000년대 중반에 시작되었다. Keenlyside et al. (2008)은 수십년 예측을 가장 이슈화 시킨 논문 중의 하나이다. 예전의 CMIP 실험의 경우, 지구 온난화를 나타내는 의미로 이산화탄소 배증 실험을 많이 해왔다. 그러나 이산화탄소 배증 처방만으로는 10년 예측에 성공적이지 못하였다. 이러한 한계를 극복하기 위하여, Figure 6.42는 SST 복원 실험(SST-restored simulation)으로 SST만 관측값을 사용하면서 모델을 스핀 업(spin-up)시킨 후에 예측을 하는 방법으로 아주 간단한 초기화 스킴(initialization scheme)을 사용한 예측이다. 전구 관측 SST를 넛징(nudging) 해주면서 모형 적분을 수행하게 되면 관측 SST에 의해 조절된 바람이 해양의 지표하 구조를 변화시키게 된다. 즉 SST 강제력이 대기를 변화시키고, 이는 다시 해양내부 온도 및 염도 구조를 변화시키는 형태의 초기화이다. SST 복원 실험

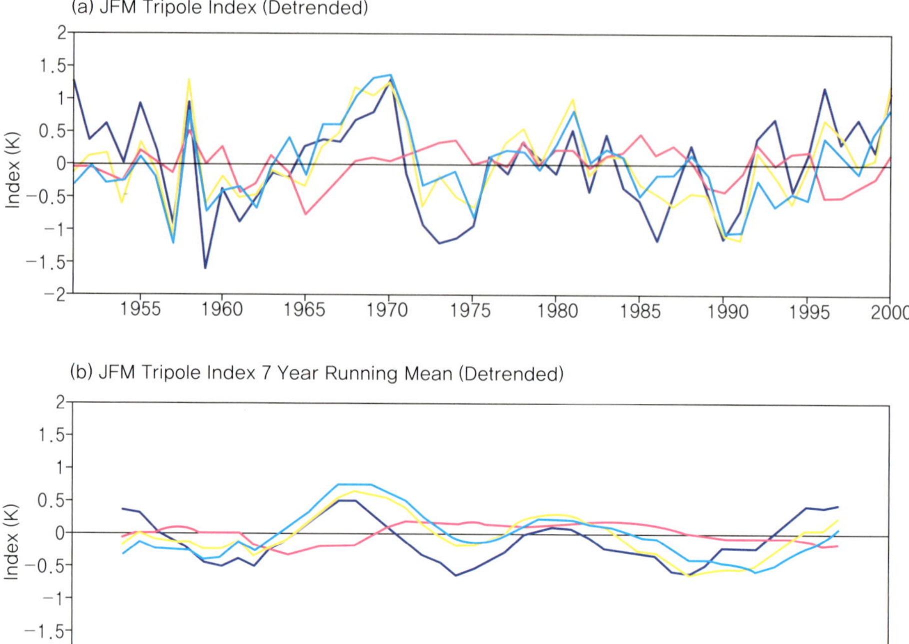

Figure 6.41 Time evolution of JFM DTs (linearly detrended, K) from observations (dark blue), NActl (yellow), NAh (blue), and NAm (red). (a) JFM mean; (b) 7-yr JFM running mean (Fan and Schneider 2012).

(d)이 온실가스만 처방한 실험(c)보다 북대서양에서의 예측성이 향상되는 것을 확인할 수 있다.

AMOC의 패턴(Figure 6.43)을 보면, SST 복원 실험이 관측과 비슷하게 모의한다. 이

Table 6-1 Simulations

Name	Experiment	Description
10AGCM	10-member AGCM ensemble forced by the 1951~2000 observed SST.	The ensemble mean is the feedback of surface fluxes to the SST, which is subtracted from the reanalysis surface fluxes to determine the weather noise surface fluxes.
Gctl	Force IE-CGCM with all types of surface flux noise (heat momentum, and freshwater).	Response to global weather noise forcing.
NActl	Force IE-CGCM with all types of surface flux noise in the North Atlantic between 15° and 65°N.	Response to North Atlantic weather noise forcing.
NAh	Force IE-CGCM with heat flux weather noise in the North Atlantic.	Role of weather noise heat flux forcing in the North Atlantic.
NAm	Force IE-CGCM with wind stress weather noise in the North Alantic.	Role of weather noise wind stress forcing in the North Atlantic.

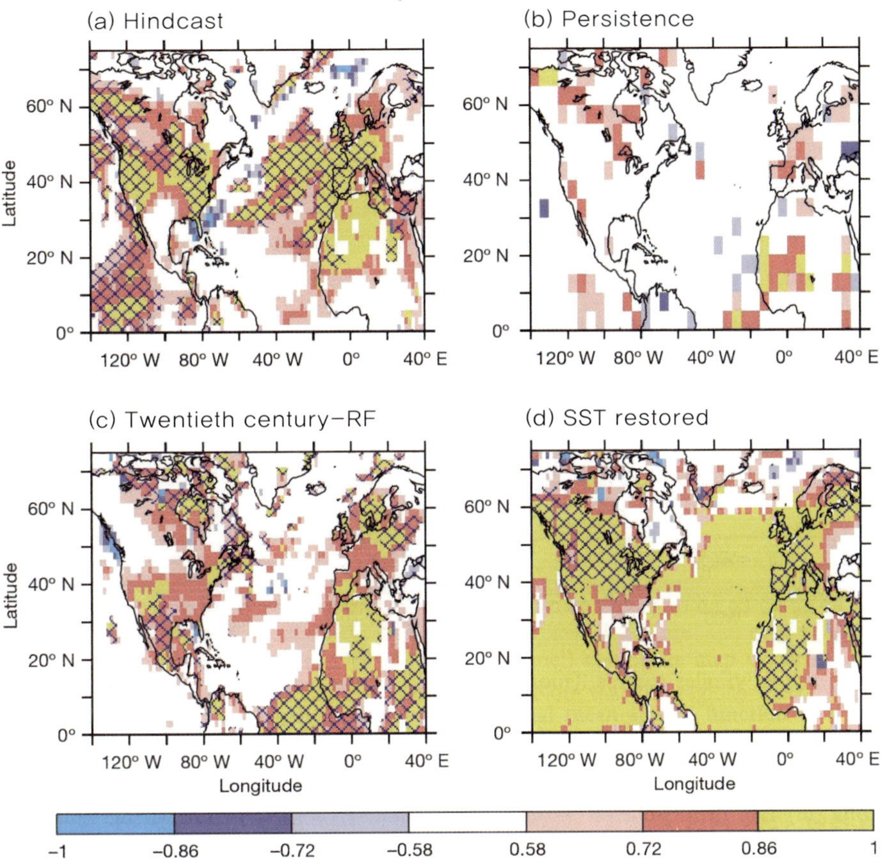

Figure 6.42 Correlation skill in predicting observed ten-year mean surface temperature anomalies a decade in advance relative to other more traditional approaches. (a) Skill of nine ten-year-long predictions, evenly distributed over the period 1955–2005, made with a climate model initialized using ocean (SST) observations and run with projected changes in radiative forcing. (b) As in a but given by persistence. (c) As in a, but not initialized using ocean observations and with radiative forcing following observations. (d) As inc, but with model SST relaxed to observations between 60°S and 60°N (seen in near perfect correlations over the ocean). Correlations exceeding 0.58 are significant at the 5% level. Regions where initialization results in a significant enhancement or reduction in skill compared to radiative-forcing-only simulations are indicated by a blue cross-hatching in (a) and (c) respectively. Land regions where restoring to observed SST anomalies provides a significant enhancement in skill relative to radiative-forcing-only simulations are indicated by blue cross-hatching in (d). Correlations in (a) and (c) are field significant at close to the 0% level, while those in (b) pass the field significance test at the 1% level. Details of significance estimation are given in Methods. Correlations in (a), (c) and (d) are computed from the ensemble mean of three simulations. SST observations are from HADISST27; land surface temperature observations are from CRUTEMP328 (Keenlyside et al. 2008).

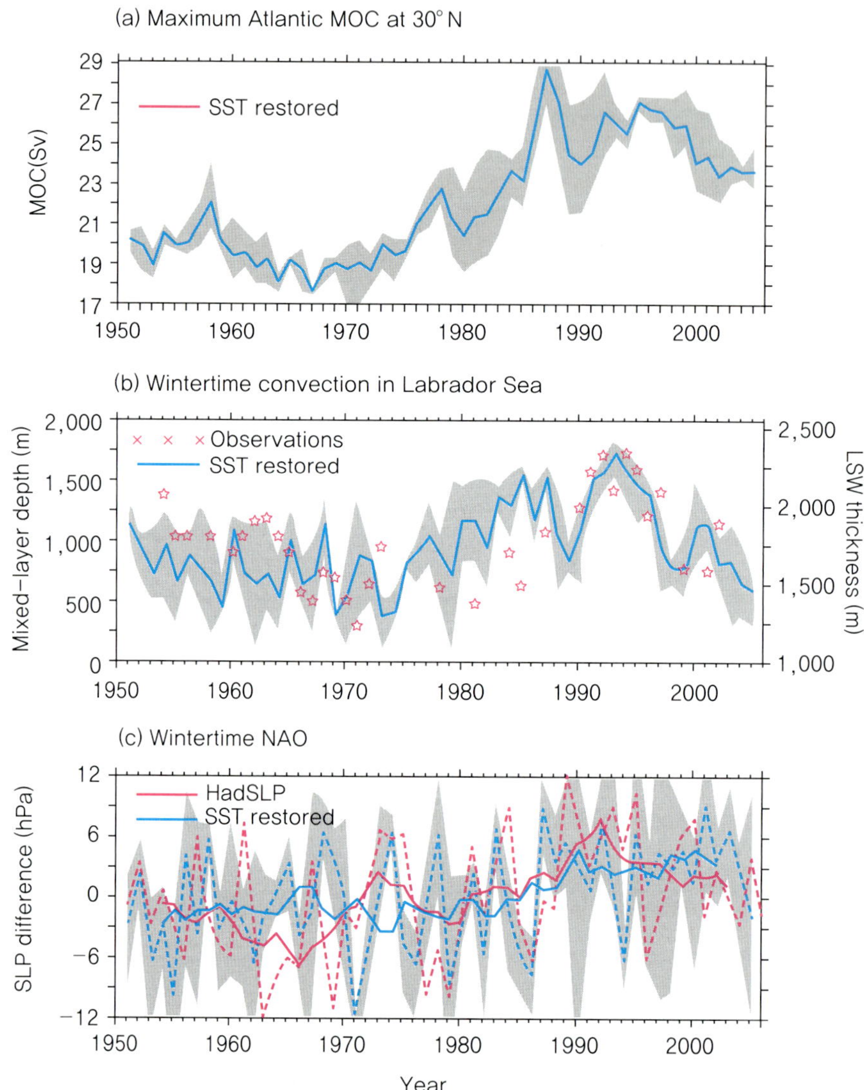

Figure 6.43 SST restoring forces robust multi decadal fluctuations in the Atlantic Ocean meridional overturning circulation, Labrador Sea convection and the North Atlantic Oscillation. (a) Annual mean meridional overturning circulation (MOC) at 30°N from the SST-restored simulations. Grey shading indicates ensemble spread in all panels. (b) Simulated wintertime (December–February) Labrador Sea (60°–50°W, 55°–65°N) mixed-layer depth and observed annual mean Labrador Sea Water (LSW) thickness26. The latter is defined between isopycnals s1.5534.72–34.62, and is closely related to wintertime Labrador Sea convection. Simulated Labrador Sea convection precedes MOC variations at 30°N, with amaximum correlation (0.71) when the MOC lags by three years. (c) Observed 29 and simulated ensemble mean wintertime North Atlantic Oscillation (NAO) indices. Solid lines indicate theseven-year running mean. The NAO index is defined as the sea-level-pressure (SLP) difference between Lisbon and Stykkisholmur. Observed NAO variation sprecede MOC variations at 30°N, with a maximum correlation (0.52) when the MOC lags by 3–4 years, but are not closely related to simulated Labrador Sea convection (r,0.4 at any lag) (Keenlyside et al. 2008).

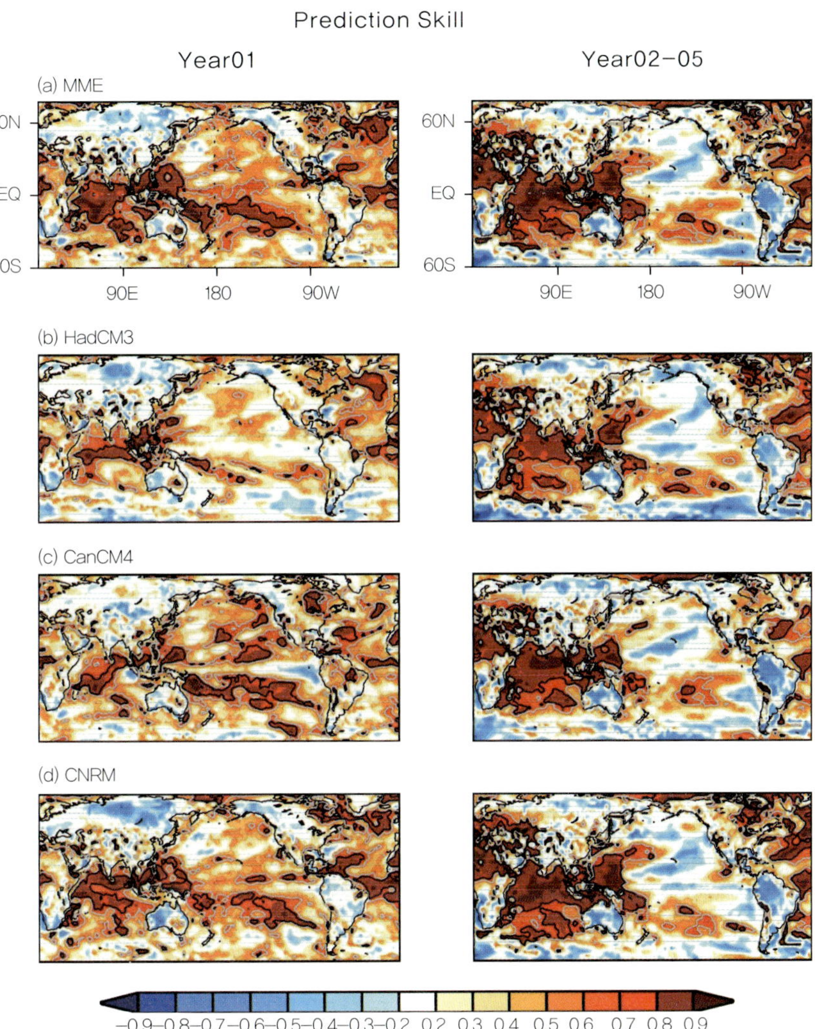

Figure 6.44 The spatial distribution of temporal correlation coefficients for the annual mean surface temperature anomaly between reanalysis and decadal hindcasts at forecast years 1 and 2-5 years average. The values show the correlation coefficients from ensemble-mean for each of models for (a) MME (b) HadCM3, (c) CanCM4, (d) CNRM. Solid black (gray) line represents statistical significance of the correlation coefficients at 99% (95%) confidence level (Kim et al. 2012).

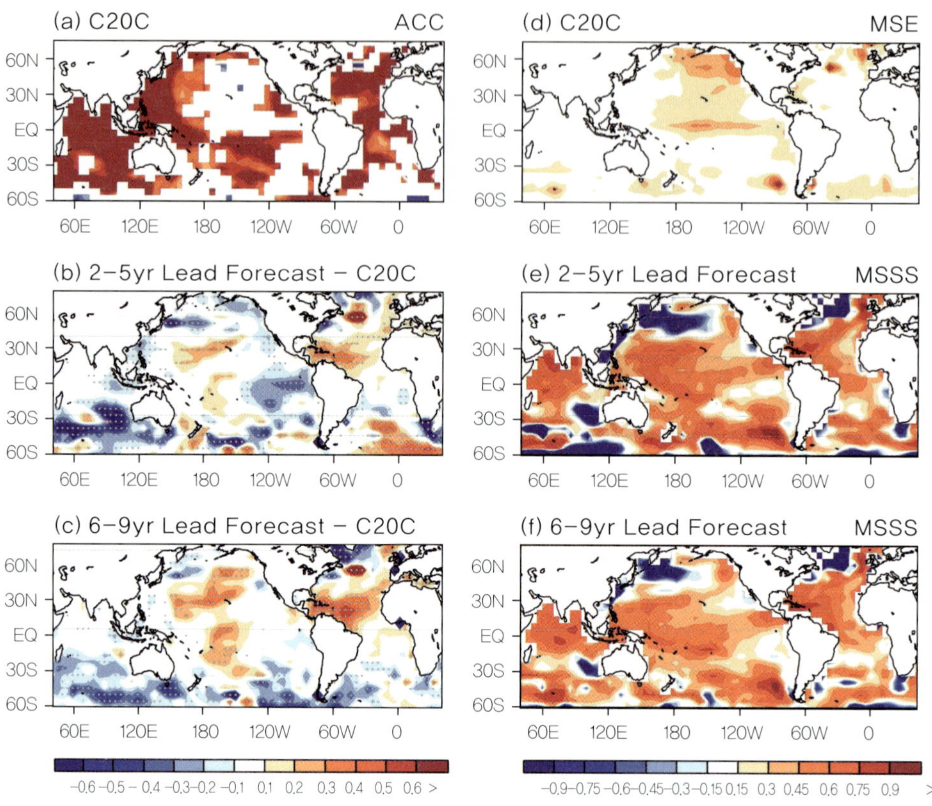

Figure 6.45 The anomaly correlation of 4-year moving averaged SST from the HadISST1 with the C20C simulation. The difference of anomaly correlation in the (b) 2 – 5-year lead forecast and (c) 6 – 9-year lead forecast from that in C20C. The right panel shows the (d) Mean square error(MSE) of the C20C simulation, Mean squared skill score(MSSS) for the (e) 2 – 5-year lead forecast and (f) 6 – 9-year lead forecast. The grey dots (b), and (c) denote that the difference in correlation is significant with 90 % confidence level (Ham et al. 2014).

는 SST만 복원하여도 1000-2000 m까지의 깊은 순환인 AMOC를 잘 예측할 수 있음을 의미한다. 이는 해수면 온도만 잘 초기화하여도 AMOC을 예측할 수 있는 초기조건을 생성할 수 있음을 나타낸다.

Figure 6.44는 제5차 결합 모델 상호비교 프로젝트(Coupled Model Intercomparison Project Phase 5, CMIP5)에 참여한 모델의 지표 온도에 대한 예측 스킬(prediction skill)을 나타낸 것이다. 왼쪽 패널은 처음 1년을 예측한 모델들의 예측성을 나타내고 오른쪽 패널은 다음 2-5년의 예측을 평균하였을 때의 예측성을 나타낸다. 대서양에서의 예측성을 보면 관측과의 상관계수가 0.95로 높은 예측성을 보이나, 여기서 예측된 많은 부분들이 선형 온도 상승 경향성(linear trend)에 해당된다.

Figure 6.45는 NASA 모형인 GEOS-5에서 예측한 2-5년 예측과 C20C 간의 예측성 차이로 경향성의 효과 혹은 경향성에 대한 예측성이 제외된 모형에서의 예측을 보기 위한

Table 6-2 Meridional transport in depth classes across 25°N

	1957	1981	1992	1998	2004
Shallower than 1,000 m depth					
Gulf Stream and Ekman	+35.6	+35.6	+35.6	+37.6	+37.6
Mid-ocean geostrophic	−12.7	−16.9	−16.2	−21.5	−22.8
Total shallower than 1,000 m	+22.9	+18.7	+19.4	+16.1	+14.8
1,000~3000 m	−10.5	−9.0	−10.2	−12.2	−10.4
3,000~5,000 m	−14.8	−11.8	−10.4	−6.1	−6.9
Deeper than 5,000 m	+2.4	+2.1	+1.2	+2.2	+2.5

Transport due to the surface current is nearly same

Weakening of mid–ocean geostrophic current (about 800 m)

Values of meridional transport are in Sverdrups. Positive transports are northward.

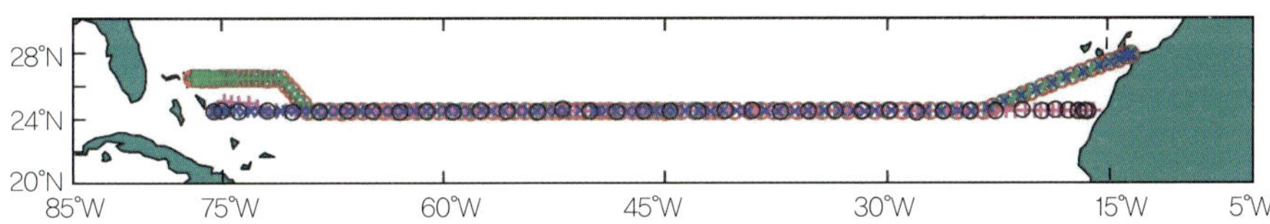

Figure 6.46 Station positions for transatlantic hydrographic sections taken in 1957, 1981, 1992, 1998 and 2004. The 1957 and 1992 sections each went zonally along 24.5°N from the African coast to the Bahama Islands. Because of diplomatic clearance issues, the 1981, 1998 and 2004 sections angled southwestward from the African coast at about 28°N to join the 24.5°N section at about 23°W. The 1998 and 2004 sections angled northwestward at about 73°W to finish the section along 26.5°N (Bryden et al. 2004).

것이다. 즉, 지구 온난화(global warming)에 의한 예측을 배제하였을 때의 모형의 예측성을 나타낸다. 전반적으로 예측성이 낮아진 것으로 보이나 그럼에도 불구하고 대서양에서의 예측성이 있는 것으로 나타난다.

Weakening of AMOC in changing climate

기후 변화(climate change)로 인한 AMOC의 약화는 극 지역에서의 해빙(sea ice)이 녹으면서 담수속(fresh water flux)이 유입된 결과이다. 일반적으로 해류가 고위도로 올라가면 염분의 농도가 올라가서 밑으로 가라앉아야 하는데, 담수가 유입되면 심층 대류(deep convection)의 강도가 약화되고 AMOC도 약화된다. Figure 6.46은 관측에서 남북 수송의 양을 관측한 지점을 표시한 것이고, Table 6-2는 관측에서의 남북 수송(meridional transport)의 양을 나타낸 것으로 AMOC의 상층 브릿지(upper bridge)의 강도(Gulf stream and Ekman + Mid-Ocean geostrophic)가 시간에 따라 점점 약화된다.

Figure 6.47은 CMIP5 시나리오 실험들에서 시간에 따른 AMOC의 강도를 나타낸다. AMOC 강도는 관측에서 보여지는 바와 같이 대부분의 기후 모형들의 AMOC 강도는 기후 변화가 진행되면서 시간에 따라 약화되는 것을 알 수 있다.

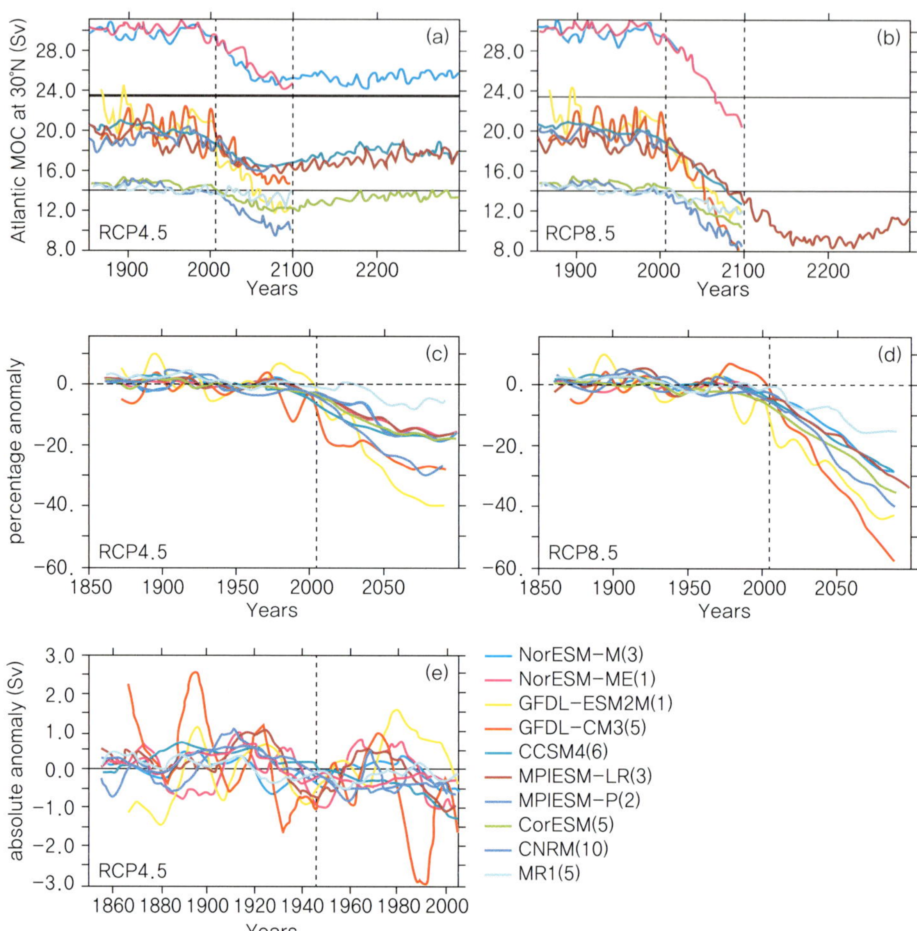

Figure 6.47 The AMOC index is defined as the time series of annual-mean maximum volume transport streamfunction at 30°N (Sv). Model names are listed along with the line legends; the numbers in the parentheses indicate ensemble runs available for each model's historical simulations. All time series were averaged over each model's ensemble runs. Absolute values of the AMOC index from historical plus (a) RCP4.5 and (b) RCP8.5 simulations. The annual time series data are filtered by a 5-yr running mean. Horizontal lines in (a) and (b) mark the observed AMOC by the RAPID data and its uncertainty range (18.7 6 4.8 Sv). (c),(d) Percentage changes in the AMOC index relative to each model's historical mean. The annual time series is filtered by applying an 11-yr running mean twice; years after 2100 were not included because of limited model output. (e) The absolute AMOC anomalies (Sv), relative to each model's historical mean, in years 1850–2005; the original annual time series was filtered by an 11-yr running mean (Cheng et al. 2013).

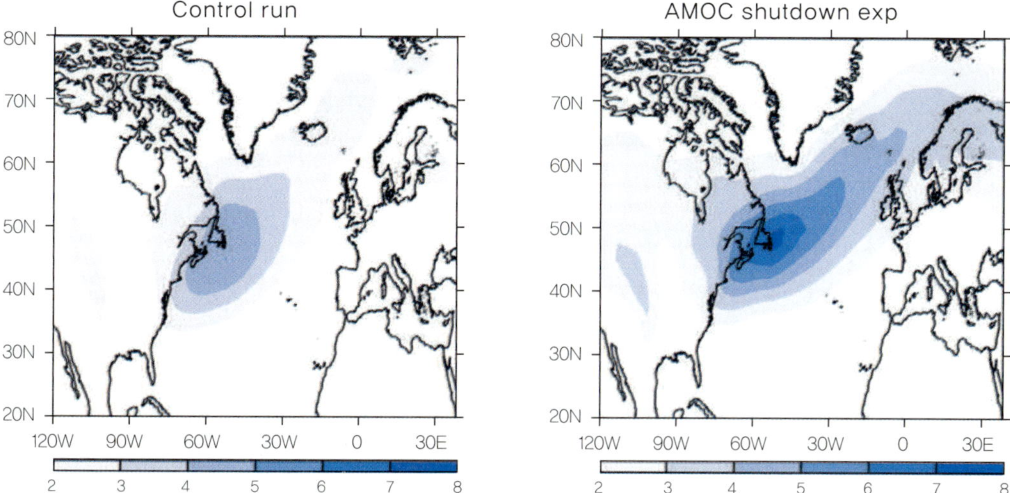

Figure 6.48 Variance of the 2–6-day band-passed filtered mean sea level pressure (units of 10^5 Pa^2), an indicator of storm-track position and strength, for the winter season [Dec–Feb (DJF)] in a (left) control run and a (right) hosing run of the third climate configuration of the Met Office Unified Model (HadCM3) (plots courtesy of David Brayshaw). The freshwater hosing shuts down the AMOC, leading to an intensification of the storm track, a northward shift, and deeper penetration into Europe [for details, see Brayshaw et al. (2009), who calculated the storm-track behavior based on the HadCM3 experiments of Vellinga and Wu (2008)] (Srokosz et al. 2012).

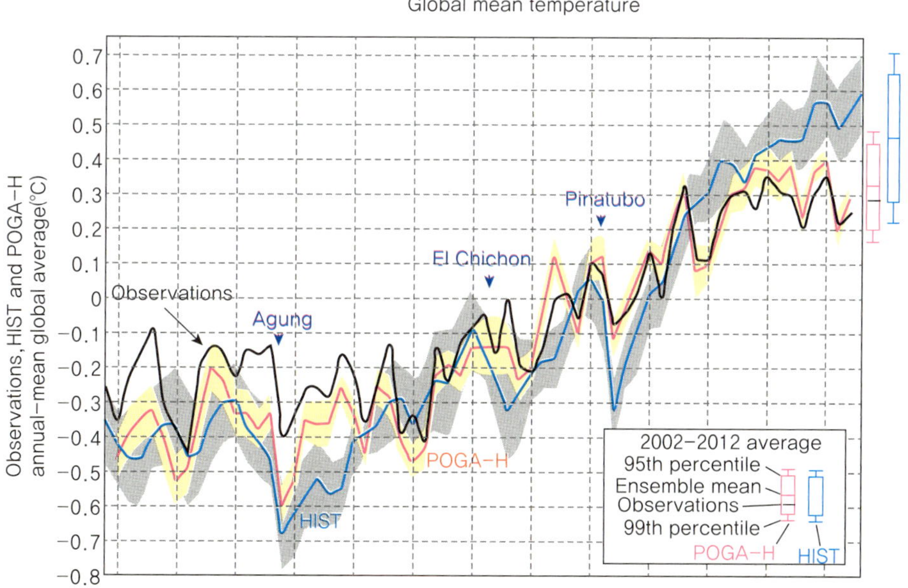

Figure 6.49 Observed and simulated global temperature trends. Annualmean time series based on observations, HIST and POGA-H. Anomalies are deviations from the 1980–1999 averages, except for HIST, for which the reference is the 1980–1999 average of POGA-H. Major volcanic eruptions are indicated in Figure 6.49. Shading represents 95% confidence interval of ensemble means. Bars on the right of a show the ranges of ensemble spreads of the 2002–2012 averages (Kosaka and Xie 2013).

Figure 6.48은 고해상도 접합모델(high resolution coupled model)에서 대조 실험(control run)과 AMOC가 없는 실험(AMOC shutdown experiment) 평균 해면 기압(mean sea level pressure) 변동성을 나타낸다. AMOC가 멈추게 되면 북대서양에서의 SST가 낮아질 수 있고 이와 관련된 스톰 트랙(storm track)이 유럽쪽으로 더 이동하게 된다.

Recent Hiatus warming

관측(검은선)에서는 2000년대에 온난화가 잠시 멈춘 것이 뚜렷하게 관측된다. 이는 2000년대 지구 온난화 정체기(global warming hiatus)라 불리우며 과학자들의 많은 관심을 받아 왔다. 이러한 온난화 정체기는 CO_2만 처방한 실험(파란선)에서는 이러한 현상을 모의하지 못하고 계속해서 상승하는 패턴을 보인다.

반면에, 적도 중태평양에서 관측된 SST만을 처방한 실험에서는 온난화 정체가 잘 모의된다. Figure 6.50은 2000년대의 적도 중태평양에서 해수면 온도 하강이 온난화 정체를 만드는데 중요한 역할을 함을 나타내는 그림이다. 그렇다면 적도 중태평양과 관련된 시그널은 어디에서 왔는가? 몇몇 과학자들은 2000년대의 AMOC의 강화로 인한 북반구 대서양 온도 상승이 원격상관을 통해서 적도 중태평양에서의 냉각을 만들고 이 냉각이 온난화 정체와 관련된 전구 패턴을 유도한다고 주장하였다.

Figure 6.51은 동서 평균 해수면 온도 배경장에서 대서양에서의 가열(heating)에 따른 반응을 나타내는 길 반응(Gill-type response)을 나타낸다. 대서양에서 가열이 나타나면 대서양에서 수렴역(convergence)이 발생한다. 즉, 적도 중태평양-대서양에서 이례적인 서풍(anomalous westerly)이 발생하고 적도 인도양-서태평양에서 이례적인 동풍(anomalous easterly)이 발생하게 된다. 이는 해수면 온도의 동서 비대칭(zonal asymmetry)을 고려하지 않으면, 태평양 지역 평균된 바람장이 강하지 않음을 의미하며, 따라서, AMOC 강화에 의한 La Nina-like 변화를 설명하기도 힘들다.

Figure 6.52은 대서양에서의 SST 강제(heating)를 유지한 상태에서 서태평양 난수풀(western Pacific warm pool)의 중심을 경도에 따라 다르게 처방하였을 때의 850 hPa 이례적인 동서바람(anomalous zonal wind)의 패턴이다. 난수풀 지역의 중심이 동쪽으로 이동함에 따라서 이례적인 바람 패턴도 점점 동쪽으로 이동한다. 실제 난수풀 지역(120-130°E)에 난수풀의 중심을 처방하였을 때, 난수풀 지역에서 최대 양의 강수 편차와 서태평양 지역의 강화된 동풍 편차가 가장 강하게 나타난다. 난수풀 중심에서의 수렴은 강수를 만들고 이것이 다시 수렴을 만드는 수렴 되먹임 작용(convergence feedback)은 실제 난수풀 지역에서 가장 강하기 때문에, 대서양에서의 가열에 의한 징후를 강화시킬 수 있다. 이 과정으로 인해 난수풀 주변에서는 AMOC이 강화되면 태평양 동풍이 뚜렷하게 발생한다. 이는 용승하는 켈빈 파(upwelling Kelvin wave)를 발생시켜 중태평양(central Pacific)에서 냉각을 유도하며, 이로 인해 라니냐와 비슷한 변화(La Nina-like change)를 유도할 수 있다.

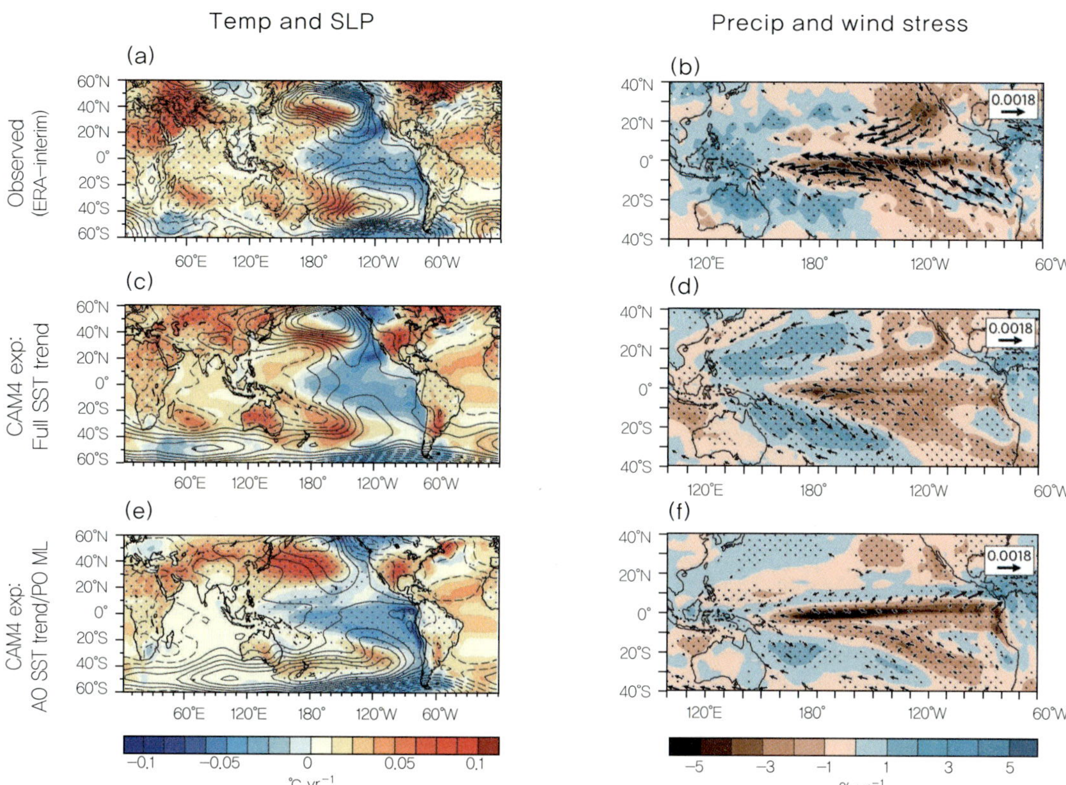

Figure 6.50 Trends (1992–2011) of SST, SLP, wind stress and relative precipitation. (a) bserved surface temperature 29 (colour scale) and SLP (ref. 30) (contours; Pa yr^{-1}); SLP trend contours range from -14 Pa to 14 Pa with a contour level of 4 Pa; negative contours are dashed. (b) Observed relative precipitation trends (colour scale) and significant wind stress trends 30 (Nm^{-2}yr^{-1}) significant above the 95% level (vector). In all panels stippling indicates that the changes in the underlying shaded plots are significant above the 95% level. SLP significance levels in (a), (c), (e) are represented as stippling. (c), (d), As in (a) and (b) but for the CAM4 experiment forced with the global observed SST trend (shading). (e), (f), As in (a) and (b) but for the CAM4 experiment forced with the Atlantic SST trend and a Pacific mixed layer (McGregor et al. 2014).

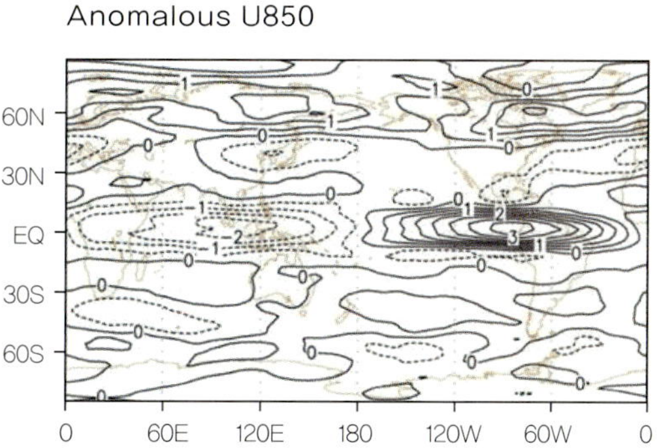

Figure 6.51 Anomalous zonal wind at 850 hPa (m s^{-1}) which means the difference between the ensemble means of simulations ATL_NO WP and NO WP (Hong et al. 2013).

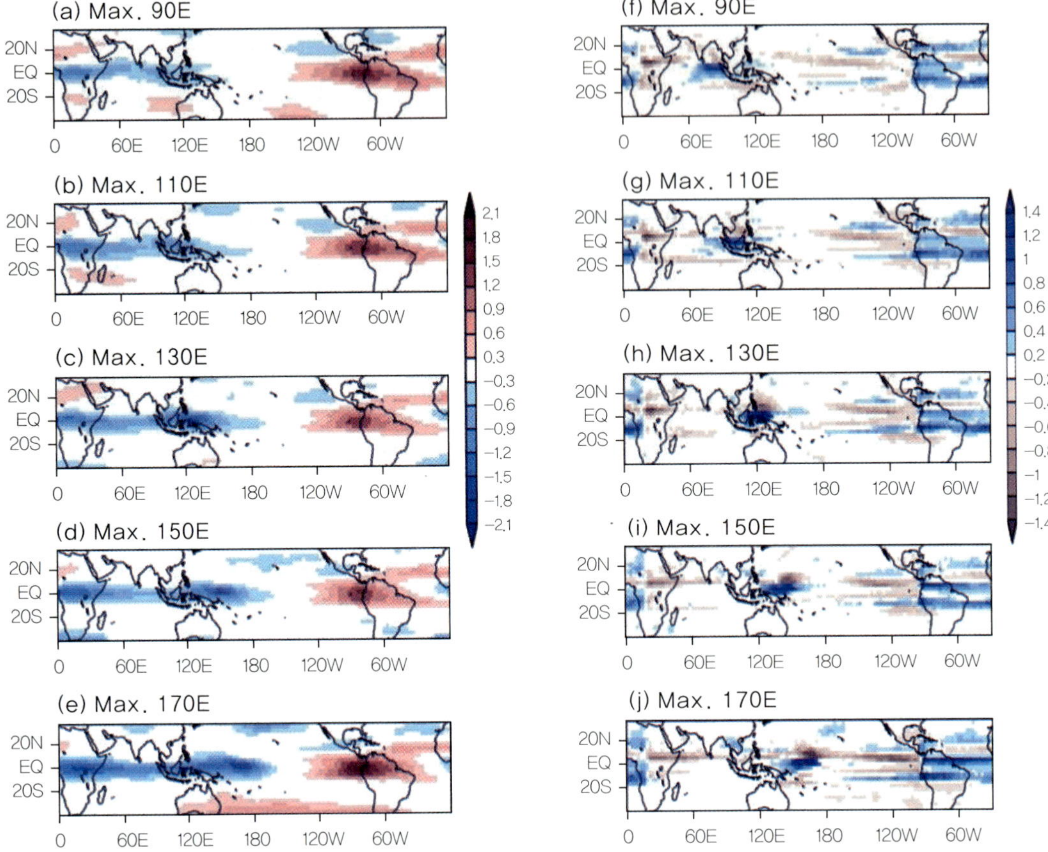

Figure 6.52 Anomalous zonal wind at 850 hPa (m s^{-1}) which means the differences between the ensemble mean of Atlantic forcing (ATL_WP EXP) and the ensemble mean of No forcing (WP EXP) experiments for (a) EXP1, (b) EXP2, (c) EXP3, (d) EXP4, and (e) EXP5. Only statistically significant values with 95% confidence level are shown (using a two-sided Student's t-test). (f), (g), (h), (i), (j) Same as in (a), (b), (c), (d), (e), but for precipitation (mm day^{-1}) (Hong et al. 2013).

참고문헌

Bryden, H. L., Longworth, H. R., and Cunningham, S. A., 2005: Slowing of the Atlantic meridional overturning circulation at 25 N. *Nature*, **438**(7068), 655-657.

Chang, P., Fang, Y., Saravanan, R., Ji, L., and Seidel, H., 2006: The cause of the fragile relationship between the Pacific El Nino and the Atlantic Nino. *Nature*, **443**(7109), 324-328.

Chang, P., Ji, L., and Li, H., 2009: A decadal climate variation in the tropical Atlantic Ocean from thermodynamic air-sea interactions. *Nature*, **385**(6616), 516-518.

Cheng, W., Chiang, J. C., and Zhang, D., 2013: Atlantic meridional overturning circulation (AMOC) in CMIP5 models: RCP and historical simulations. *Journal of Climate*, **26(18)**,

7187-7197.

Chiang, J. C., and Lintner, B. R., 2005: Mechanisms of remote tropical surface warming during El Nino. *Journal of climate*, **18(20)**, 4130-4149.

Chiang, J. C., and Sobel, A. H., 2002: Tropical Tropospheric Temperature Variations Caused by ENSO and Their Influence on the Remote Tropical Climate*. *Journal of Climate*, **15(18)**, 2616-2631.

Chiang, J. C., and Vimont, D. J., 2004: Analogous Pacific and Atlantic Meridional Modes of Tropical Atmosphere-Ocean Variability*. *Journal of Climate*, **17(21)**, 4143-4158.

Curry, R. G., and McCartney, M. S., 2001: Ocean Gyre Circulation Changes Associated with the North Atlantic Oscillation*. *Journal of Physical Oceanography*, **31(12)**, 3374-3400.

Czaja, A., Van der Vaart, P., and Marshall, J., 2002: A diagnostic study of the role of remote forcing in tropical Atlantic variability. *Journal of Climate*, **15(22)**, 3280-3290.

Ding, H., Keenlyside, N. S., and Latif, M., 2012: Impact of the equatorial Atlantic on the El Nino southern oscillation. *Climate dynamics*, **38(9-10)**, 1965-1972.

Dong, B., and Sutton, R. T., 2005: Mechanism of interdecadal thermohaline circulation variability in a coupled ocean-atmosphere GCM. *Journal of climate*, **18(8)**, 1117-1135.

Fan, M., and Schneider, E. K., 2012: Observed decadal North Atlantic tripole SST variability. Part I: weather noise forcing and coupled response. *Journal of the Atmospheric Sciences*, **69(1)**, 35-50.

Ham, Y. G., Kug, J. S., Park, J. Y., and Jin, F. F., 2013: Sea surface temperature in the north tropical Atlantic as a trigger for El Niño/Southern Oscillation events. *Nature Geoscience*, **6(2)**, 112-116.

Ham, Y. G., Kug, J. S., and Park, J. Y., 2013: Two distinct roles of Atlantic SSTs in ENSO variability: North Tropical Atlantic SST and Atlantic Niño. *Geophysical Research Letters*, **40(15)**, 4012-4017.

Ham, Y. G., M. K. Sung, S. I. An, S. D. Schubert and J. S. Kug, (2014). Role of tropical atlantic SST variability as a modulator of El Niño teleconnections. *Asia-Pacific Journal of Atmospheric Sciences*, **50(3)**, 247-261.

Hong, S., Kang, I. S., Choi, I., and Ham, Y. G., 2013: Climate responses in the tropical pacific associated with atlantic warming in recent decades. *Asia-Pacific Journal of Atmospheric Sciences*, **49(2)**, 209-217.

Keenlyside, N. S., and Latif, M., 2007: Understanding equatorial Atlantic interannual variability. *Journal of climate*, **20(1)**, 131-142.

Keenlyside, N. S., Latif, M., Jungclaus, J., Kornblueh, L., and Roeckner, E., 2008: Advancing decadal-scale climate prediction in the North Atlantic sector. *Nature*, **453(7191)**, 84-88.

Kim, H. M., Webster, P. J., and Curry, J. A., 2012: Evaluation of short-term climate change prediction in multi-model CMIP5 decadal hindcasts. *Geophysical Research Letters*, **39(10)**.

Kosaka, Y., and Xie, S. P., 2013: Recent global-warming hiatus tied to equatorial Pacific surface cooling. *Nature*, **501(7467)**, 403-407.

McGregor, S., Timmermann, A., Stuecker, M. F., England, M. H., Merrifield, M., Jin, F. F., and Chikamoto, Y., 2014: Recent Walker circulation strengthening and Pacific cooling amplified by Atlantic warming. *Nature Climate Change*, **4(10)**, 888-892.

de Boyer Montegut, C., Madec, G., Fischer, A. S., Lazar, A., and Iudicone, D., 2004: Mixed layer depth over the global ocean: An examination of profile data and a profile-based climatology. *Journal of Geophysical Research: Oceans (1978–2012)*, **109(C12)**.

Rodríguez-Fonseca, B., Polo, I., García-Serrano, J., Losada, T., Mohino, E., Mechoso, C. R., and Kucharski, F., 2009: Are Atlantic Niños enhancing Pacific ENSO events in recent decades?. *Geophysical Research Letters*, **36(20)**.

Ruiz-Barradas, A., Carton, J. A., and Nigam, S., 2000: Structure of interannual-to-decadal climate variability in the tropical Atlantic sector. *Journal of Climate*, **13(18)**, 3285-3297.

Saravanan, R., and Chang, P., 2000: Interaction between tropical Atlantic variability and El Nino-southern oscillation. *Journal of Climate*, **13(13)**, 2177-2194.

Srokosz, M., Baringer, M., Bryden, H., Cunningham, S., Delworth, T., Lozier, S., and Sutton, R., 2012: Past, present, and future changes in the Atlantic meridional overturning circulation. *Bulletin of the American Meteorological Society*, **93(11)**, 1663-1676.

Stramma, L., and Schott, F., 1999: The mean flow field of the tropical Atlantic Ocean. Deep Sea Research Part II: *Topical Studies in Oceanography*, **46(1)**, 279-303.

Sutton, R. T., and Hodson, D. L., 2005: Atlantic Ocean forcing of North American and European summer climate. *Science*, **309(5731)**, 115-118.

Watanabe, M., and Kimoto, M., 1999: Tropical-extratropical connection in the Atlantic atmosphere-ocean variability. *Geophysical research letters*, **26(15)**, 2247-2250.

Xie, S. P., and Carton, J. A., 2004: Tropical Atlantic variability: Patterns, mechanisms, and impacts. *Earth's Climate*, 121-142.

Xie, S. P., Tanimoto, Y., Noguchi, H., and Matsuno, T., 1999: How and why climate variability differs between the tropical Atlantic and Pacific. *Geophysical research letters*, **26(11)**, 1609-1612.

Zhang, R., 2008: Coherent surface-subsurface fingerprint of the Atlantic meridional overturning circulation. *Geophysical Research Letters*, **35(20)**.

CHAPTER 07

종관 에디와 저주파 흐름의 상호작용

Synoptic Eddies and Low-Frequency Flow Interaction

포항공대: **국 종 성**

학습목차

프롤로그

스톰 트랙의 경년 변화는 2~8일의 주기를 갖는 종관 에디 활동의 변동성을 이야기한다. 종관 에디들은 중위도 저주파 흐름에 의해 영향을 받고 변형되지만, 변화된 종관 에디는 다시 중위도 저주파 흐름에 영향을 준다. 종관 에디와 저주파 흐름의 상호작용에 대한 연구는 일평균 전지구 자료가 분석 가능해지면서 활발하게 연구되었다. Lau (1988)는 NCEP 재분석 자료를 분석하여 최초로 종관 에디의 피드백이 저주파 흐름을 강화시킬 수 있다고 제안하였다. Figure 7.1은 Lau (1988)가 제시한 지위고도와 종관 에디들의 비선형항에 의한 지위고도 경향성 강제력(forcing)을 나타낸 것이다. 상층 (300 hPa)의 고기압 아노말리 합성 결과를 보면 지위고도가 양-음-양의 패턴을 보이고, 에디에 의한 강제력도 유사한 패턴을 보인다. 저기압 아노말리 합성 결과 또한, 지위 고도의 경향성과 에디의 강제력의 패턴이 유사하였다. 이는, 종관 에디의 강제력이 고기압성 순환을 강화시키는 작용을 하는 것이다. 즉, 종관 에디의 피드백이 저주파 흐름의 소멸을 저지하고 일정기간 동안 유지하는 역할을 하고 있음을 의미한다.

대기순환의 주요한 소멸 요인인 에크만 펌핑만 생각하면 저기압이 생겼을 때 10일 안에 사라져야 하는데, 이러한 현상이 한달 이상 지속될 수 있는 메커니즘 중의 하나는 종관 에디가 저기압성 흐름이 유지되고 지속되도록 도와주는 것이다. 종관 에디와 저주파 흐름 사이에 양 방향의 상호작용이 존재한다. 이는 종관 에디가 저주파 흐름에 영향을 주면 저주파 흐름이 변하고, 또한 저주파 흐름의 변화가 종관 에디에 영향을 주어, 서로의 영향을 주고 받는 것을 의미한다. Lau (1988) 연구를 시작으로, 많은 선행연구에서 관측 결과 분석과 (Lau, 1988; Lau and Nath, 1994; Nakamura and Wallace, 1990; Cai and Van den Dool, 1991; Hoerling and Ting, 1994; Lorenz and Hartmann, 2001, 2003), 모델 결과를 통해서 종관 에디와 저주파 흐름 사이의 상호작용을 제시하였다 (Cai and Mak, 1990;

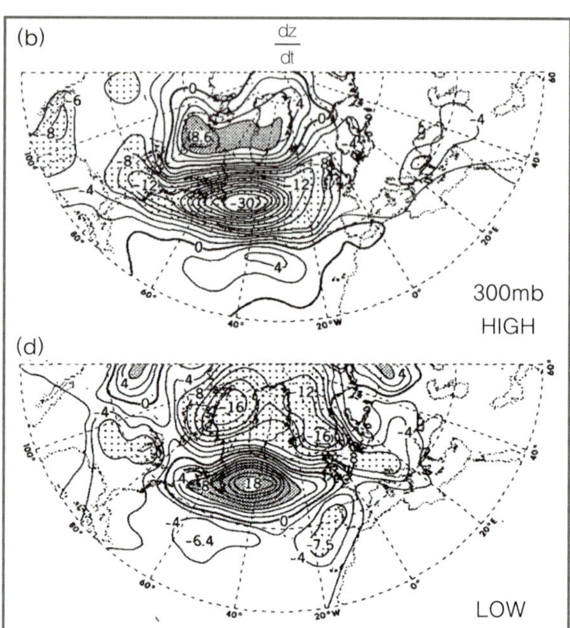

Figure 7.1 High composite (upper panels) and low composite (lower panels) anomaly patterns of 300mb height (left, interval is 2×10^{-5} ms^{-1}) and eddy forcing (right), for Atlantic storm track eigenvector. Regions with large positive and negative values are depicted by dense light stippling, respectively (Lau 1988).

Robinson, 1991, 2000; Branstator, 1995). 하지만, 종관 에디가 어떤 방식으로 중위도 저주파 흐름에 양의 피드백을 제공하는지에 대한 구체적인 역학과정 제시가 부족하였다.

Jin et al. (2006a, b)은 이를 설명하기 위하여 에디와 저주파 흐름의 상호작용에 대한 이론적 토대를 마련하였다. 종관 에디와 저주파 흐름의 상호작용을 설명하기 위해, 다음 네 가지의 요소를 생각해 볼 수 있다 (Figure 7.2). 첫 번째는 기후평균적인(Climatological) 평균 흐름이 존재하고, 계절 평균 또는 월평균 아노말리인 저주파 흐름(Low-frequency flow)이 존재한다. 저주파 흐름은 이례적인 기후평균적인 흐름의 아노말리를 의미하며, 예를 들면 알루샨 저기압이 강화되거나 약화되는 것을 의미한다. 10일 이하의 주기를 가지고 있어서 계절 평균, 월평균을 취하면 0이 되어 눈에 잘 보이지 않지만 항상 존재하는 기후학적인 종관 에디 흐름이 있다. 이 종관 에디는 매년 그 형태나 변동성이 변하지만, 계절 평균, 월평균 자료에서는 그 변화를 나타낼 수 없다. 하지만, 이 종관 에디의 변화(anomalous eddy flow)가 저주파 흐름의 경년 변동에 매우 중요한 역할을 하게 된다.

7.1 종관 에디에 의한 와도 플럭스

Jin et al. (2006 a,b)의 이론적 배경에 근거하여, Kug and Jin (2009)은 에디 피드백에 대한 윈손의 법칙이 성립함을 발견하였다. 윈손의 법칙이란 에디 와도 플럭스($\overline{v'\zeta'}^{a}$)가 저주

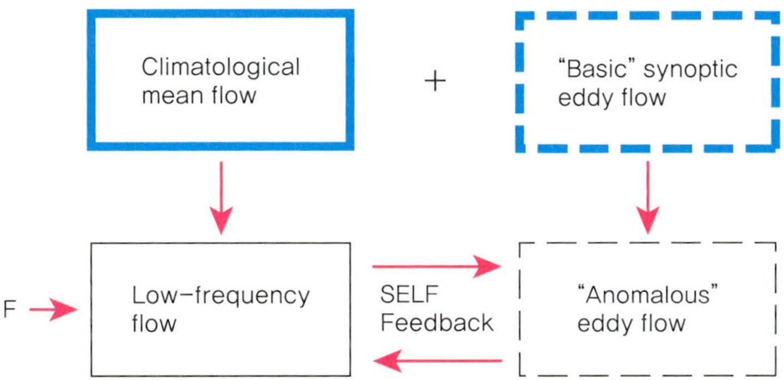

Figure 7.2 Schematic diagram of the linear frameworks for understanding the dynamics of the extratropical atmospheric low-frequency variability. The left half of the diagram depicts the two components in traditional linear framework. The extended linear framework has two additional components illustrated by the left half of the diagram. The two opposite arrows between the two lower components indicate the SELF feedback captured in the extended framework (Jin et al. 2006a).

파 성분의 바람장의 왼쪽 방향으로 나타나는 경향성이 강하다는 것이다. 이에 따라, 저주파 저기압성 흐름에서는 에디 와도 플럭스가 수렴하고, 저주파 고기압성 흐름에서는 에디 와도 플럭스가 발산하게 된다. 따라서, 이런 에디 플럭스는 저주파 저기압성 흐름, 고기압성 흐름을 각각 강화시키는 양의 피드백으로 작용하게 된다.

에디 와도 플럭스에 대한 윈손의 법칙은 다름과 같은 역학과정에 의해 설명될 수 있다. 먼저 에디 와도 플럭스는는 식 (7.1)과 같이 나타낼 수 있다.

$$\overline{v'\zeta'}^a = \overline{v_c'\zeta_a'}^a + \overline{v_a'\zeta_c'}^a \tag{7.1}$$

앞으로의 분석에서 첫 번째 항 ($\overline{v_c'\zeta_a'}^a$)으로 나타내어지는 에디 와도 플럭스에 대해서 분석할 것이고, 두 번째 항 ($\overline{v_a'\zeta_c'}^a$)은 대규모 흐름에서 값이 작으므로 무시할 수 있다. 서풍 저주파 흐름($\bar{u}_a$)이 스톰트랙 지역을 지난다고 가정해 보자. 이 흐름은 와도 이류 ($-\bar{u}_a\frac{\partial\zeta_c'}{\partial x}$)를 통해 종관 에디를 변형시킨다. 와도 이류는 종관 에디 ($-\zeta_a'/\tau$, τ = 2~7 days)가 소멸하는 경향과 균형을 이룬다고 가정할 때, 아노말리 와도(anomalous vorticity, ζ_a') 패턴을 만들게 된다. 저기압성 (고기압성) 종관 에디의 동쪽에는 아노말리 와도 (ζ_a')가 양 (음)의 값이 나타난다. 즉, 동서방향의 온도이류는 타원형의 종관 에디를 초승달 모양으로 변형시킨다. 이는 나뭇가지 가운데에 강한 바람이 불 때 활처럼 휘는 현상과 일치한다.

이러한 종관 에디의 변형은 비선형 와도 플럭스 ($v_a'\zeta_c'$)를 유도한다. 저기압성 종관 에디의 동쪽에는 저주파 흐름 ($\bar{u}_a$)에 의한 와도 이류 때문에 양의 아노말리 와도 ($\zeta_a' > 0$)가 나타나고, 이 지역에 종관 에디의 남북방향 바람성분 (climatological meridional wind, $v_c' > 0$)도 저기압성 흐름에 의해 양의 값이 나타난다. 따라서, 남북방향의 와도 플럭스 ($v_c'\zeta_a'$)는 양의 값, 즉 북쪽으로 와도 수송을 의미하게 된다. 마찬가지로, 고기압성 종관 에

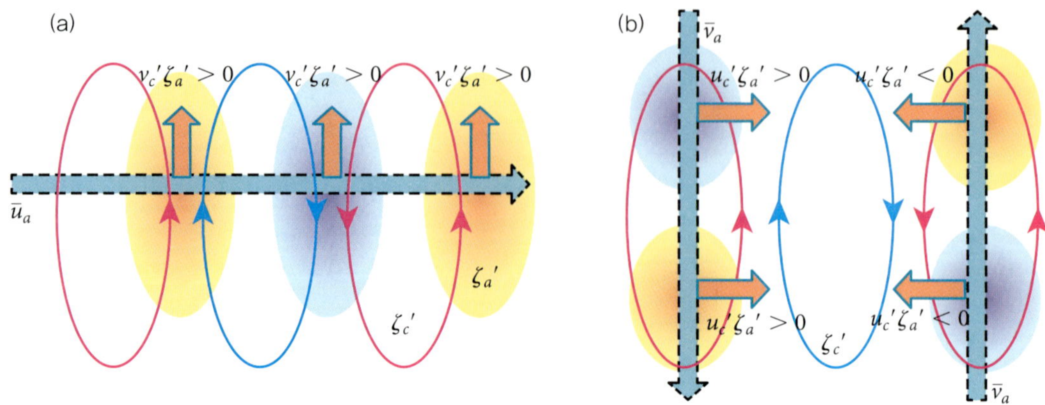

Figure 7.3 Schematic diagram of synoptic eddy feedback on low-frequency flow and the left-hand rule. Solid elliptic circles indicate transient synoptic cyclonic (red) and anticyclonic (blue) eddies (ζ_c'); blue arrow indicates low-frequency flow. Red (blue) shading indicates positive (negative) eddy vorticity perturbations (ζ_a') generated by advection of the synoptic eddies by anomalous low-frequency flow. Brown arrows indicate eddy-vorticity fluxes (Kug and Jin 2009).

디의 동쪽에서는 음의 아노말리 와도($\zeta_a' < 0$)와 음의 남북방향 종관 에디 성분 ($v_c' < 0$)이 나타나기 때문에, 와도 플럭스 ($v_a'\zeta'$)는 여전히 양의 값을 나타낸다. 다른 와도 플럭스항($v_a'\zeta_c'$)은 보통 반대 방향을 나타내지만 대규모 흐름에서는 값이 작아서 무시된다. 즉, 종관 에디에 의한 와도 플럭스 아노말리는 서풍계열의 저주파 흐름에서는 서풍의 왼쪽 방향인 항상 북쪽을 가리킨다 (Figure 7.3a). 마찬가지로, 동풍계열의 저주파 흐름에서는 종관 에디에 의한 와도 플럭스 아노말리는 동풍의 왼쪽 방향인 남쪽 방향을 가리키게 된다.

한편, 순수하게 남북으로 향하는 저주파 흐름 ($\bar{v}_a$)이 스톰트랙 지역을 지난다고 가정해 보자. 이 흐름은 와도 이류 ($-\bar{v}_a \frac{\partial \zeta_c'}{\partial y}$)를 통해 종관 에디를 변형시키며, 이러한 종관 에디는 남북에 아노말리 와도 패턴을 유도한다. 저기압성 에디의 북쪽에는 음의 아노말리 와도가 나타나고, 이는 동풍방향의 에디 바람성분에 의해 양의 와도 플럭스를 유도한다 ($u_c'\zeta_a' > 0$). 마찬가지로, 종관 에디의 남쪽에는 양의 아노말리 와도와 서풍방향의 에디 바람 성분에 의해 양의 와도 플럭스를 유도하게 되어, 북풍방향의 바람에서 아노말리 와도 플럭스는 항상 왼쪽 방향인 동쪽으로 나타나게 된다. 남풍방향 저주파 흐름에서도 동서 방향 와도 플럭스 아노말리는 항상 음수를 나타내어 왼쪽 방향을 흐르게 된다 (Figure 7.3b). 즉, 에디 와도 플럭스가 저주파 흐름의 방향과 상관없이 저주파 흐름의 왼쪽으로 향하는 종관 에디 피드백에 대한 왼손의 법칙을 만족하게 된다.

Figure 7.3에서 나타난 바와 같이 종관 에디 와도 플럭스에 대한 왼손의 법칙이 성립하기 위해서는 저주파 흐름에 의한 종관 에디 패턴의 변형이 매우 중요하다. 이러한 에디 패턴 변형이 실제로 나타나는지 확인하기 위하여, NAO의 위상에 따른 에디 패턴을 분석하였다. Figure 7.4는 평년과 강한 NAO 시기의 종관 에디의 공간구조와 유선함수의 아노말리를 보여준다. 대서양의 종관 에디는 주로 위도 40°N 상에 존재하며, 이는 양의 NAO

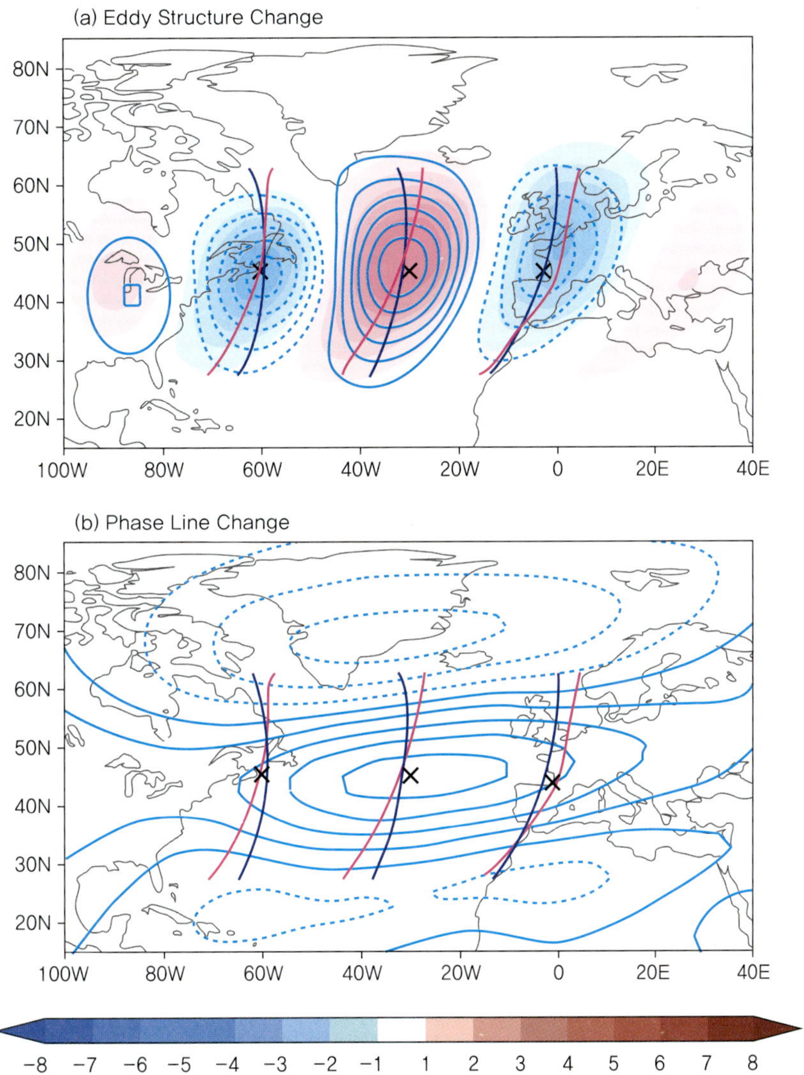

Figure 7.4 (a) Three-point zero-lag covariance fields for statistical synoptic eddy structures under climatological mean (contours) and strong NAO (shading) conditions using 3-point covariance fields. Cross signs denote the 3 points at (330°E, 45°N), (300°E, 45°N), and (357.5°E, 45°N). Red and blue curves are phase lines of the statistical synoptic eddy structures under climatological-mean (blue) and strong NAO (red) conditions. Red and blue shading (solid and dash contours) corresponds to anticyclonic and cyclonic eddy patterns, respectively. (b) Regressed winter-mean stream function pattern. Contour interval is 1×10^6 m^2s^{-1}, and 0 line is omitted in Figure 7.4a (Ren et al. 2009).

위상 때 고기압성 흐름의 위치와 일치한다. 채색은 NAO의 양의 위상일 때의 종관 에디를 나타낸다. NAO 양의 위상일 때, 종관 에디가 주로 위치하는 지역의 북쪽에는 서풍, 남쪽에는 동풍바람이 불고 있기 때문에, 저주파의 바람 방향에 따라 종관 에디의 패턴이 변형됨을 볼 수 있다. 즉, 에디의 중심축이 평년 (파란색 실선)일 때에 비해, 양의 NAO 위상 (빨간색 실선)일 때는 더 틀어지는 것을 확인할 수 있다. 이는 아노말리 와도가 존재함을 나

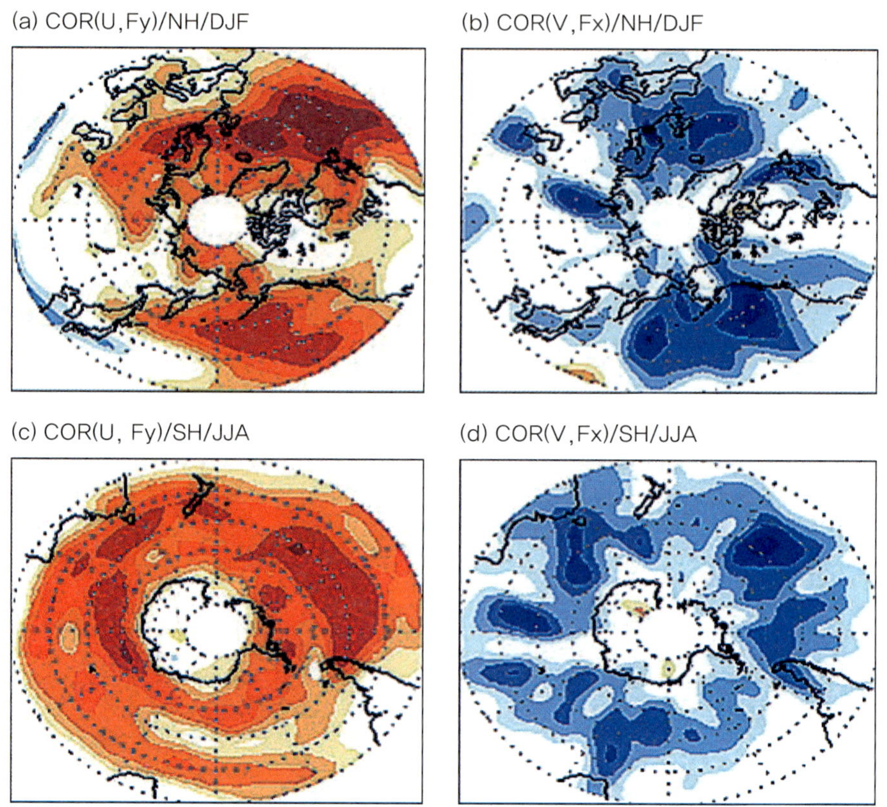

Figure 7.5 Correlation between (a and c) monthly mean zonal wind and meridional eddy vorticity flux, (b and d) monthly mean meridional wind and zonal eddy vorticity flux in the NH of DJF (upper panels) and the SH of JJA (lower panels) (Kug and Jin 2009).

타내는 것으로, 이로 인해 아노말리 에디 와도 플럭스는 고기압성 순환의 북쪽에서는 북쪽 방향, 남쪽에서는 남쪽 방향으로 나타나며, 이는 윈손의 법칙을 만족하게 된다. 또한, 아노말리 와도 플럭스는 고기압성 흐름에서 발산하게 되어, 고기압성 흐름이 더욱 강화되는 양의 피드백 효과를 가지게 된다.

종관 에디 와도 플럭스에 대한 윈손의 법칙을 좀더 체계적으로 증명하기 위하여, 저주파 바람과 아노말리 에디 와도 플럭스와의 상관관계를 살펴보았다. Figure 7.5에서 나타나듯이, 북반구 겨울철에 동서방향의 바람과 남북방향의 에디 와도 플럭스는 강한 양의 상관관계를 갖는다. 이는 서풍일 때 북쪽 와도 플럭스, 동풍일 때 남쪽 와도 플럭스에 대한 경향성을 의미하므로, 윈손의 법칙을 뒷받침한다. 마찬가지로, 남북방향의 저주파 바람과 동서방향의 종관 에디 플럭스는 전체적인 음의 상관관계를 나타내고, 이는 윈손의 법칙을 만족하는 것이다. 특히, 종관 에디의 활동이 강한 태평양과 대서양 지역에서 이러한 상관관계가 강하게 나타나는 것을 알 수 있다. 윈손의 법칙은 종관 에디가 강한 곳에서 잘 만족하며, 에디가 발달하기 시작하는 동아시아 지역에서는 잘 만족하지 않음을 알 수 있다. 북반구와 비교하여 공간 패턴의 차이는 약간 존재하지만, 대체적으로 동서방향 성분에 대한 양의 상관관계, 남북 바람 성분에 대한 음의 상관관계가 남반구에도 잘 나타남을 알 수 있다.

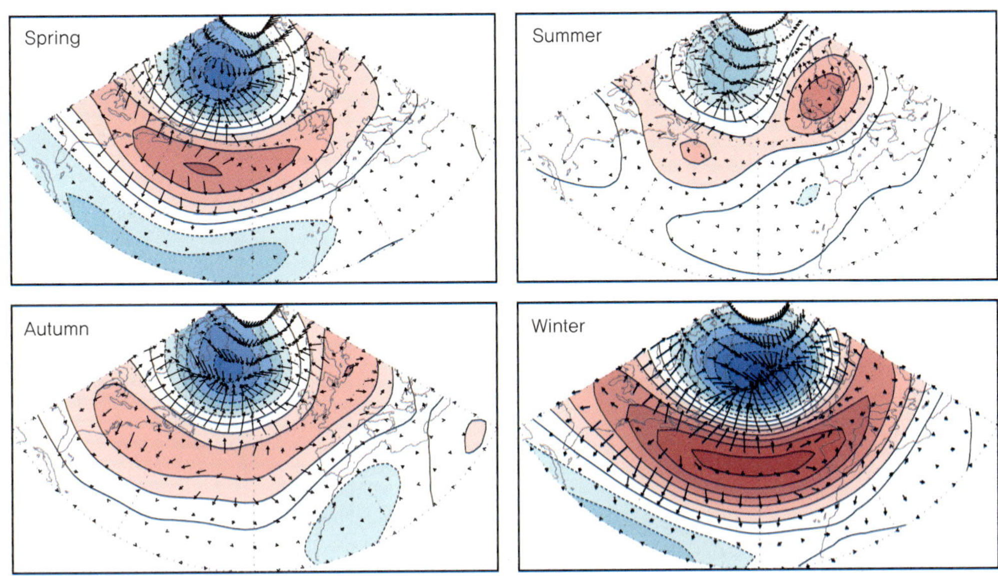

Figure 7.6 Regression of stream function (contour) and eddy vorticity flux (vector) with respect to NAO index.

이는 왼손의 법칙이 남반구에서도 성립함을 이야기한다. 뿐만 아니라, 겨울이 아닌 다른 계절에서도 왼손의 법칙은 대체적으로 잘 만족하는 것으로 나타났다.

종관 에디의 저주파 흐름에 대한 피드백을 살펴보기 위하여, 각 계절별 NAO 패턴과 이 시기의 아노말리 와도 플럭스를 분석하였다. 신호가 강한 겨울철을 중심으로 보면, 고위도에 저기압성 흐름이, 중위도에 고기압성 흐름이 존재한다. 왼손의 법칙을 통해 알 수 있듯이, 아노말리 에디 와도 플럭스는 저주파 흐름에 대해서 왼쪽으로 향함을 알 수 있다. 따

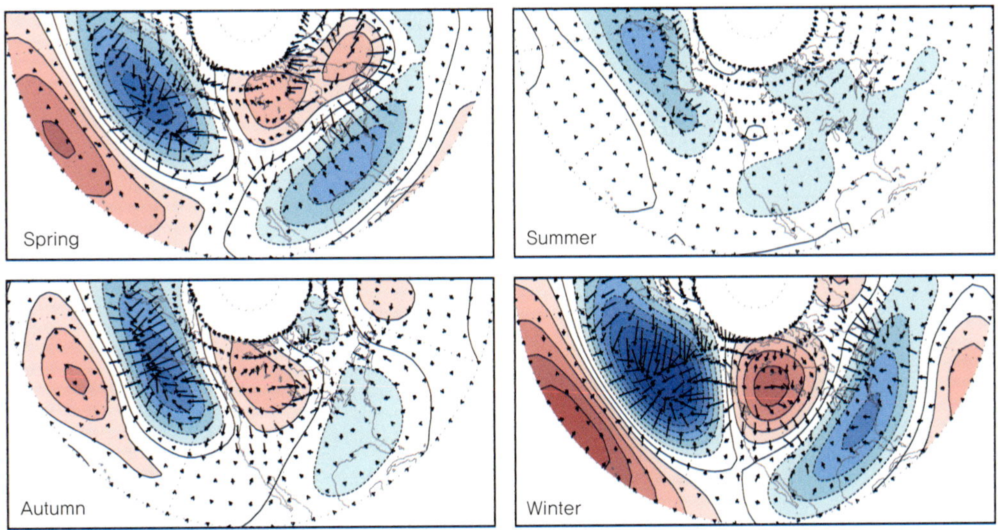

Figure 7.7 The same as Fig. 7.6 except for PNA.

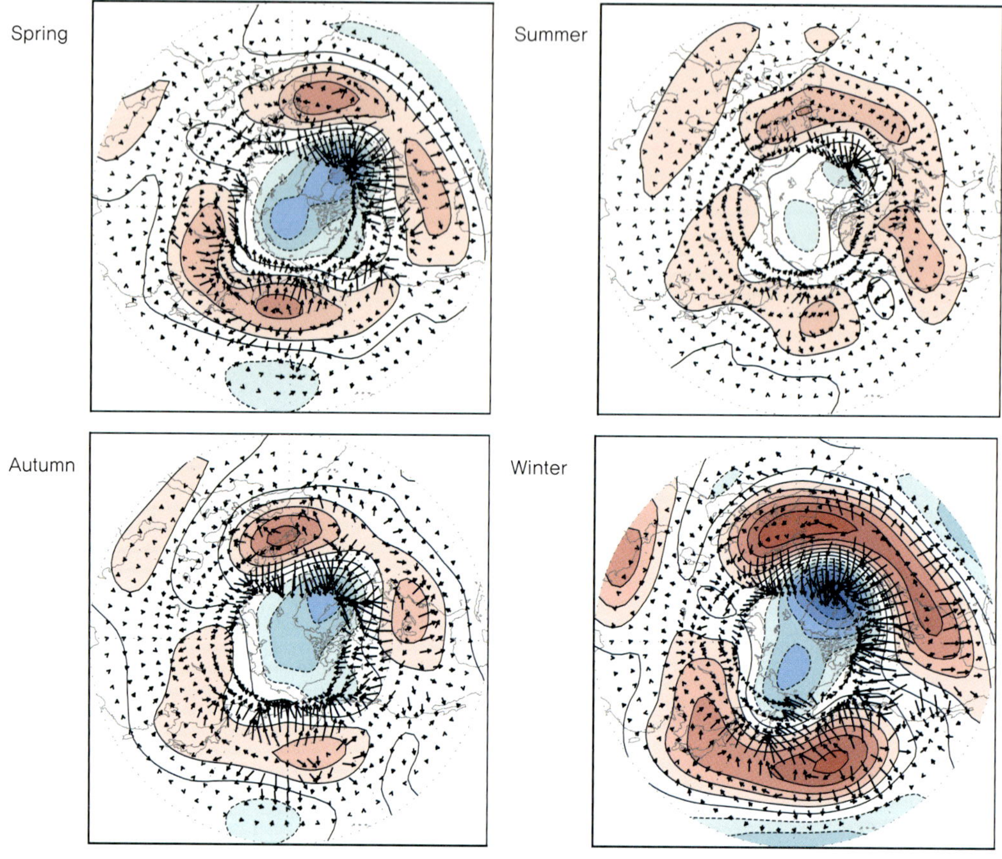

Figure 7.8 The same as Fig. 7.6 except for AO.

라서, 고기압에서는 와도 플럭스가 발산하고, 저기압에서는 수렴한다. 그 결과 종관 에디의 와도 플럭스는 고기압과 저기압성 순환이 각각 강해지는 양의 피드백 역할을 하게 된다. 계절별로 상세 패턴은 약간씩 차이가 있지만, 종관 에디의 와도 플럭스가 고기압성 흐름에 발산, 저기압성 흐름에 수렴되어, 저주파흐름을 강화시키는 역할을 함을 알 수 있다. 이러한 특징은 다른 주요 기후 패턴인 PNA 모드와 AO 모드에서도 잘 나타남을 알 수 있다 (Figure 7.7과 8).

7.2 종관 에디에 의한 온도와 수분 플럭스

에디 와도 플럭스에 대한 왼손의 법칙이 발견된 후, 에디 온도 플럭스와 에디 습윤 플럭스에 대해서도 북반구에서 왼손의 법칙이 성립한다는 것이 제안되었다 (Kug et al. 2010a). 즉, 북반구에서 에디 온도 플럭스와 에디 습윤 플럭스 또한 저주파 흐름의 왼쪽 방향으로 향하는 경향이 있다는 것이다. 이를 분석하기 위하여, 북반구 겨울철에 저주파 바람과 에디 온도 플럭스, 습윤 플럭스와의 상관관계를 계산하였다. 온도 플럭스의 경우, 동서방향 바람과 남북 에디 플럭스의 상관계수를 보면 하층과 상층 모두 양의 상관을 가지고, 남북방향의 바람과 동서방향의 에디 온도 플럭스는 음의 상관을 가진다 (Figure 7.9). 그러므로 에디 온도 플럭스는 저주파 흐름의 왼쪽으로 향하는 경향이 있다는 것을 의미하며, 왼손의 법칙을 만족한다. 결과적으로 저주파 흐름이 저기압성 흐름일 때는 에디 온도 플럭스가 수렴하고, 고기압성 회전인 경우 플럭스가 발산하게 된다.

습윤 플럭스의 경우에는 하층에서 저주파 흐름과 유의한 상관을 가진다. 즉, 남북방향의 에디 수분 플럭스와 수평 방향의 바람은 양의 상관을 가지고, 동서방향의 수분 플럭스와 남북방향 바람은 음의 상관을 가지는 것을 볼 수 있다. 그러므로 에디 수분 플럭스는 저주파 흐름의 왼쪽으로 향하게 되고, 왼손의 법칙을 만족한다. 하지만, 300 hPa 상층에서는 매우 약한 관련성을 가지는데, 이는 상층엔 수분이 적기 때문에 시그널도 약하므로 상관계수 값이 약하게 나온 것으로 판단된다.

결론적으로 저기압성 흐름이 존재하면 하층의 수분이 수렴하게 되고, 이는 강수과정에 의해 저기압성 흐름을 강화시킬 수 있다. 고기압성 흐름일 때는 종관 에디에 의해 수분이 발산하게 되고, 강수과정을 상대적으로 억제하는 역할을 할 수 있으므로 고기압성 흐름을

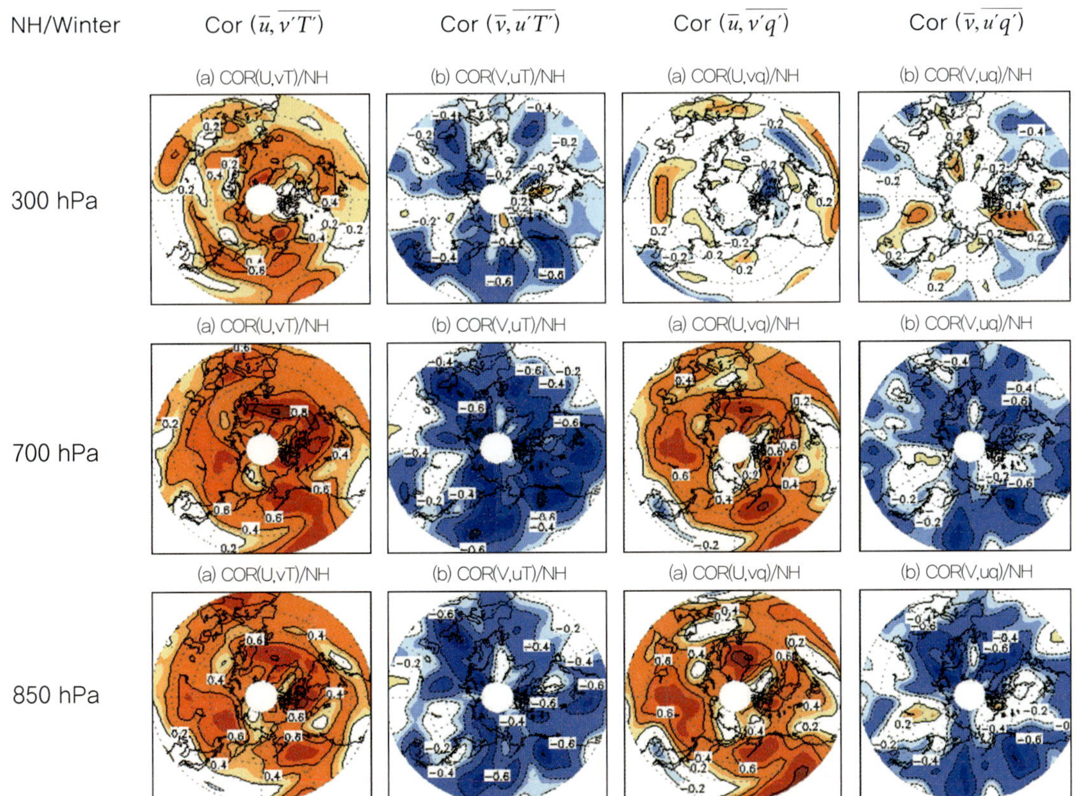

Figure 7.9 Correlation between seasonal mean zonal wind and meridional temperature flux (1st column), correlation between seasonal mean meridional wind and zonal temperature flux (2nd column), correlation between seasonal mean zonal wind and meridional moisture flux (3rd column), and correlation between seasonal mean meridional wind and zonal moisture flux (4th column) during boreal winter.

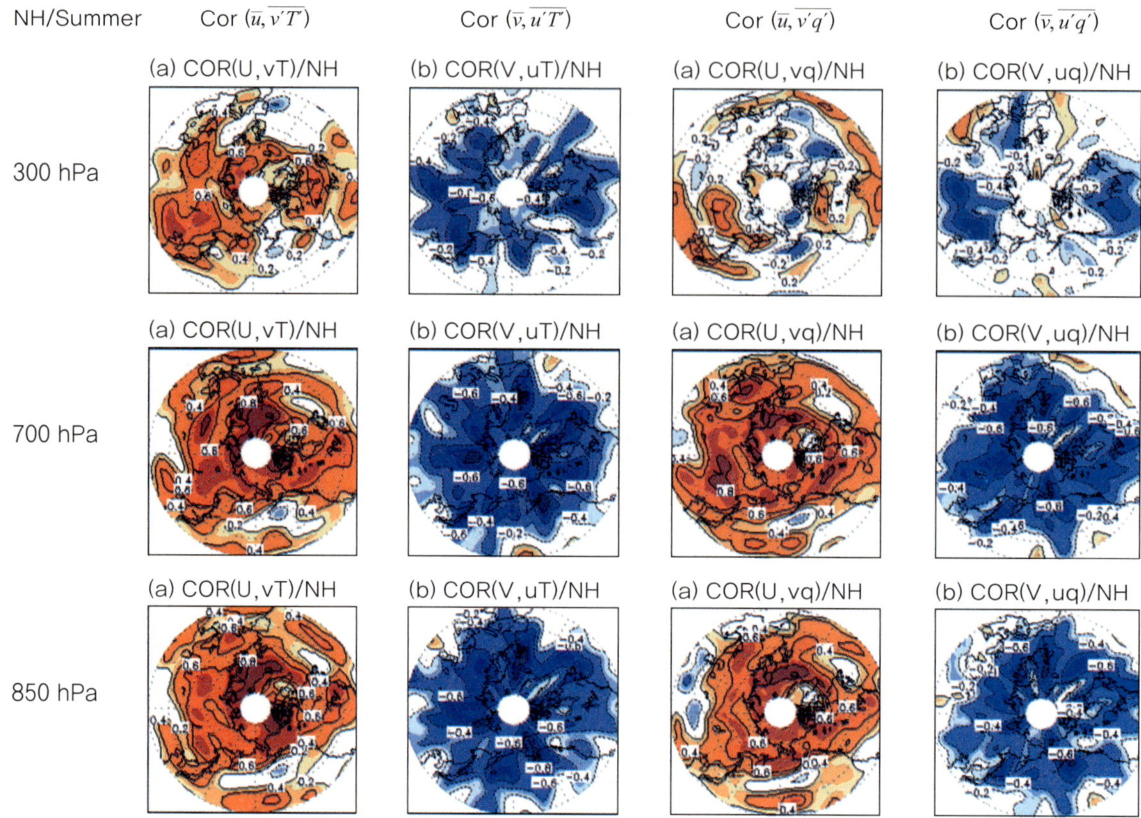

Figure 7.10 The same as Figure 7.9 except for boreal summer.

강화시킬 수 있다. 종관 에디에 의한 습윤 피드백은 추후에 자세히 논의할 것이다.

북반구 여름철에도 에디 온도 플럭스와 에디 수분 플럭스는 저주파 흐름과 유의하게 상관관계를 가지고 있으므로, 왼손의 법칙을 만족한다 (Figure 7.10). 그러나 북반구 겨울철 상관관계의 패턴과 비교해보면 약간 차이가 있다. 일반적으로 겨울철에는 해양지역에서 높은 상관관계를 보이나 여름철엔 대륙 지역으로 이동하여 나타났다. 예를 들면 700 hPa의 Cor$(\bar{u}, \overline{v'T'})$ 그림을 보면 북유럽 지역의 서쪽 해안지역에 높은 상관관계를 보이며, 비교적으로 NAO 지역에서도 높은 상관관계를 갖는 것으로 보인다.

종관 에디에 의한 온도와 습윤 플럭스가 저주파 흐름에 대해 북반구에서는 왼손의 법칙을 만족하지만, 남반구에서는 저주파 흐름에 대한 오른손 방향을 따르는 경향이 있다. 이는 전향력이 남반구에서 반대 방향을 가지는 것에 의한 것으로, 남반구에서도 저기압성 (시계 방향) 흐름에서는 종관에디에 의한 온도와 습윤 플럭스의 수렴이 발생하고, 고기압성 (반시계 방향) 흐름에는 발산이 발생한다. 이에 따른 종관 에디의 피드백도 북반구와 매우 유사하게 작용한다.

Figure 7.11은 NAO와 연관 있는 유선함수와 에디 플럭스를 나타낸 그림이다. 에디 와도, 온도 및 수분 플럭스들은 왼손 법칙을 만족하여 상·하층에서 평균 바람의 왼쪽으로

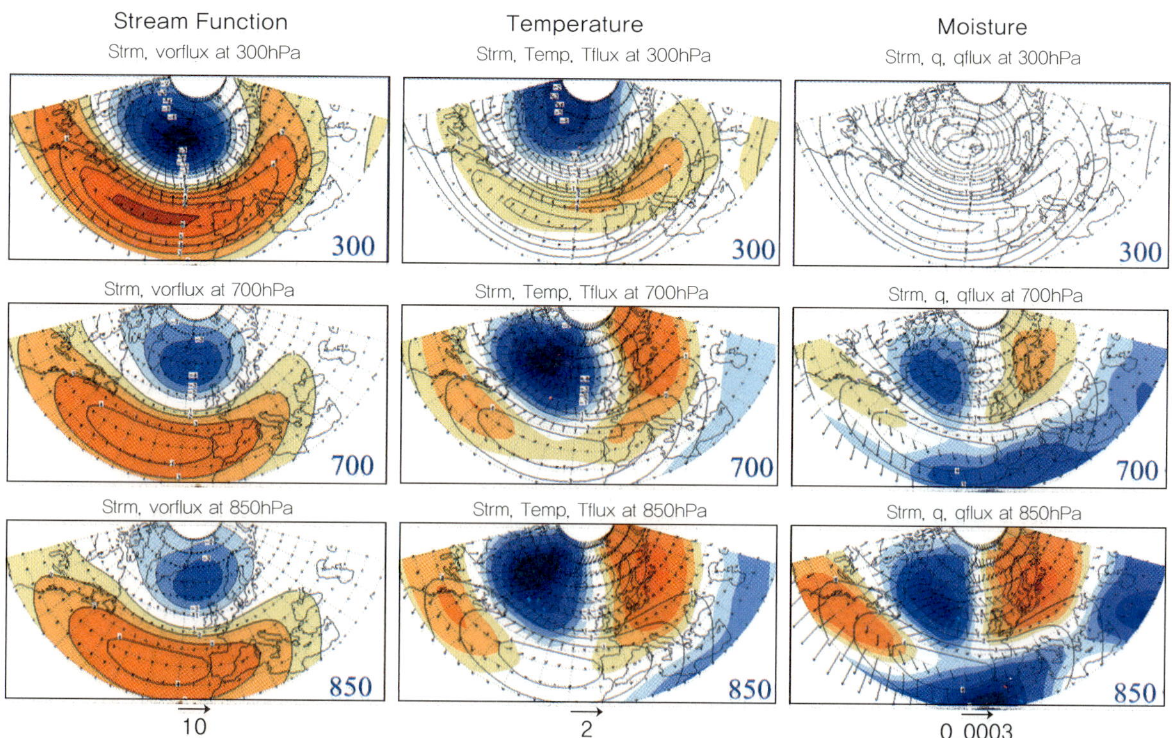

Figure 7.11 Regression of monthly-mean stream function (shading) and associated (a) eddy vorticity fluxes, (b) eddy temperature fluxes and (c) moisture fluxes at 300 hPa (upper panels), 700 hPa (mid panel) and 850 hPa (lower panel) with respect to NAO index during DJF.

향하는 것을 볼 수 있다. 에디 와도 플럭스는 300 hPa 고위도에서 수렴하며, 평균 바람은 저기압성 흐름이고, 저위도에서는 에디 와도 플럭스가 발산하고 고기압성 흐름이 존재한다. 또한 700 hPa에서도 유사하게 나타나지만 강도가 약하다. 그러므로 에디 와도 플럭스는 NAO 관련 순환을 강화시키며 상대적으로 긴 시간 동안 유지될 수 있도록 한다.

에디 온도 플럭스는 왼손의 법칙을 만족하기 때문에 상층과 하층에서 저기압성 흐름 중심에서 플럭스가 수렴하고, 고기압성 흐름 중심에서 플럭스가 발산한다. 그러므로 연직적으로 전체 대기가 따뜻해지거나 차가워지고, 다른 의미로 보면 온난화 되는 경향 또는 냉각되는 경향을 가진다. NAO 관련된 패턴에서 알 수 있듯이, 차가운 온도 아노말리가 상층 대기에서 저기압성 흐름과 함께 발생하고, 온난한 온도 아노말리는 고기압성 흐름과 함께 발생한다. 그러므로 에디 온도 플럭스는 저주파 온도 아노말리를 감소시키는 역할을 하게 된다.

에디 수분 플럭스는 상층 대기에선 유의하지 않고, 하층에선 에디 온도 플럭스의 패턴과 유사하다. 저기압성 흐름이 존재하는 지역에서 에디에 의한 수분 수렴이 강수 과정을 증가시켜 저주파 흐름을 강화시킨다. 그러므로 저주파 흐름이 스스로 강화되는 양의 피드백 역할을 한다.

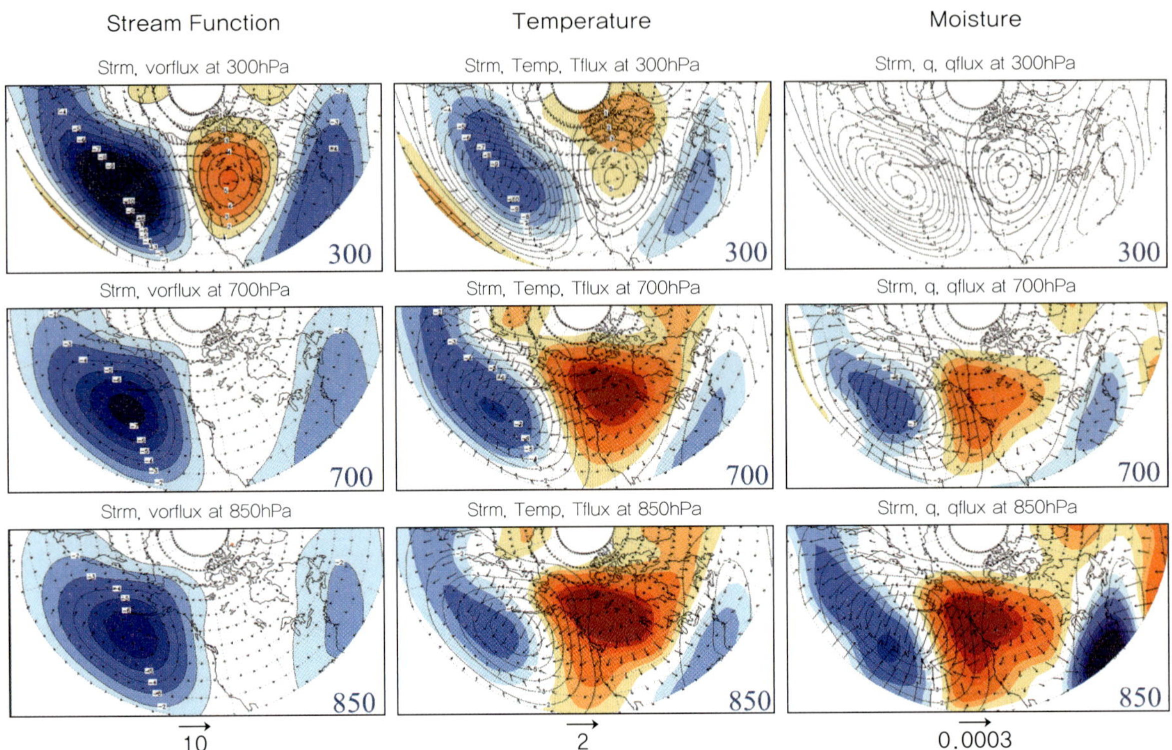

Figure 7.12 The same as Fig. 7.11 except for PNA index.

Figure 7.12는 PNA 패턴과 연관된 저주파 흐름과 에디 플럭스에 대한 그림이다. 에디 와도 플럭스는 상층에서 저기압성과 고기압성 흐름의 왼쪽을 향하고 있으나, 상대적으로 북미 대륙에서 약한 것을 볼 수 있다. 에디 와도 플럭스는 상·하층 모두에서 저주파 흐름의 왼쪽으로 향하므로 저기압성 흐름이 존재하는 연직 대기 전체에서 열이 수렴되고, 고기압성 흐름인 지역에서는 발산한다. 에디 수분 플럭스는 저기압성 흐름의 중심에서 수렴하고, 고기압성 흐름의 중심에서 발산하므로, NAO와 유사한 특징을 보인다.

7.3 3차원 구조의 에디 피드백

앞서 제시한 바와 같이, 에디에 의한 와도, 온도, 습윤 플럭스는 윈손의 법칙에 의해 그 경향성을 나타낼 수 있다. 와도와 온도 플럭스가 저주파 순환에 미치는 영향을 종합적으로 고려하기 위해서는 잠재 와도 플럭스 관점에서 살펴봐야 한다. 준지균 방정식에서, 종관 에디에 의한 잠재 와도 플럭스는 다음과 같이 표현된다.

$$\nabla\cdot\overline{\vec{V}'q'} \approx \nabla\cdot\overline{\vec{V}'\zeta'} + \frac{\partial}{\partial p}\left(-\frac{f}{\sigma}\nabla\cdot\overline{\vec{V}'T'}\right)$$

$$q \equiv \frac{1}{f_0}\nabla^2\Phi + f + \frac{\partial}{\partial p}\left(\frac{f_0}{\sigma}\frac{\partial\Phi}{\partial p}\right)$$

q는 잠재 와도이고, 오버바와 프라임은 저주파 성분과 에디 성분을 각각 나타낸 것이다. 준지균방정식에서 에디에 의한 지위고도의 변화는 다음과 같은 식에 의해서 표현될 수 있다.

$$\left[\nabla^2 + \frac{\partial}{\partial p}\left(\frac{f^2}{\sigma}\frac{\partial}{\partial p}\right)\right]\frac{\partial\overline{\Phi}_a}{\partial t} \approx -f\nabla\cdot\overline{\vec{V}'\zeta'} - \frac{\partial}{\partial p}\left(-\frac{f^2}{\sigma}\nabla\cdot\overline{\vec{V}'T'}\right)$$

위 방정식에서 우변의 첫번째 항은 에디에 의한 와도 플럭스의 수렴과 발산, 두 번째 항은 온도 플럭스의 수렴과 발산에 대한 연직 경도를 의미한다. 물리적으로 두 번째 항은, 에디 온도 플럭스에 의한 stretching/shrinking 효과를 나타낸 것이다. 따라서, 와도 온도 플럭스의 연직 구조가 에디 피드백에 매우 중요하다. Figure 7.13은 에디에 의한 온도 플럭스의 연직 구조를 나타낸 것이다. 그림에서 나타나듯이 온도 플럭스의 최대값은 대기 중층 (600~800 hPa) 근처에서 나타난다. NAO와 PNA에서 에디 온도 플럭스의 최대 · 최소값의 위치는 다르지만 연직 시어의 경향성은 유사하게 나타난다. 이는, T'은 하층에서 강하고, v'은 상층에서 상대적으로 강하기 때문에 에디 온도 플럭스의 최대치가 중층에 나타나는 것으로 유추된다. 저기압성 흐름 지역에서 에디 온도 플럭스가 수렴하고, 고기압성 흐름 지역에서 발산한다. 그러나 그 강도는 하층에선 높이에 따라 증가하고 중층에선 감소하고 상층에선 다시 증가한다. 만약 높이에 따라 에디 온도 플럭스 수렴의 강도가 증가한다면 위의 지위고도 변화 식에 따라 저기압성 저주파 흐름은 강해지고, 에디 온도 플럭스의 수렴이 높이에 따라 약해진다면 저기압성 저주파 흐름은 약해질 것이다. 그러므로 에디 온도 플럭스는 하층과 대류권계면 근처에서 저주파 흐름에 양의 피드백 작용을 하며, 중층에

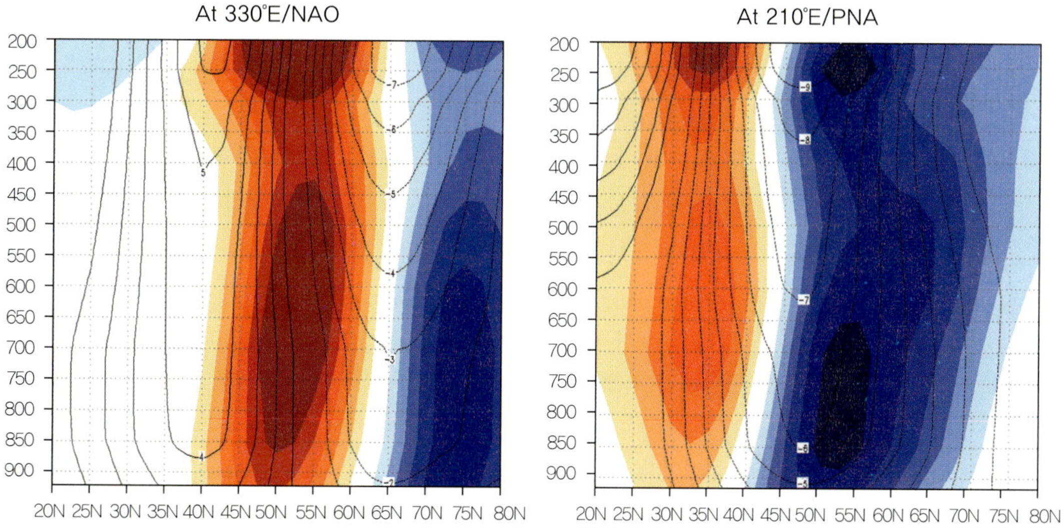

Figure 7.13 Vertical Structure of eddy temperature Flux($\overline{v'T'}$), Contour is stream function, shading is meridional temperature flux (Kug et al. 2010a).

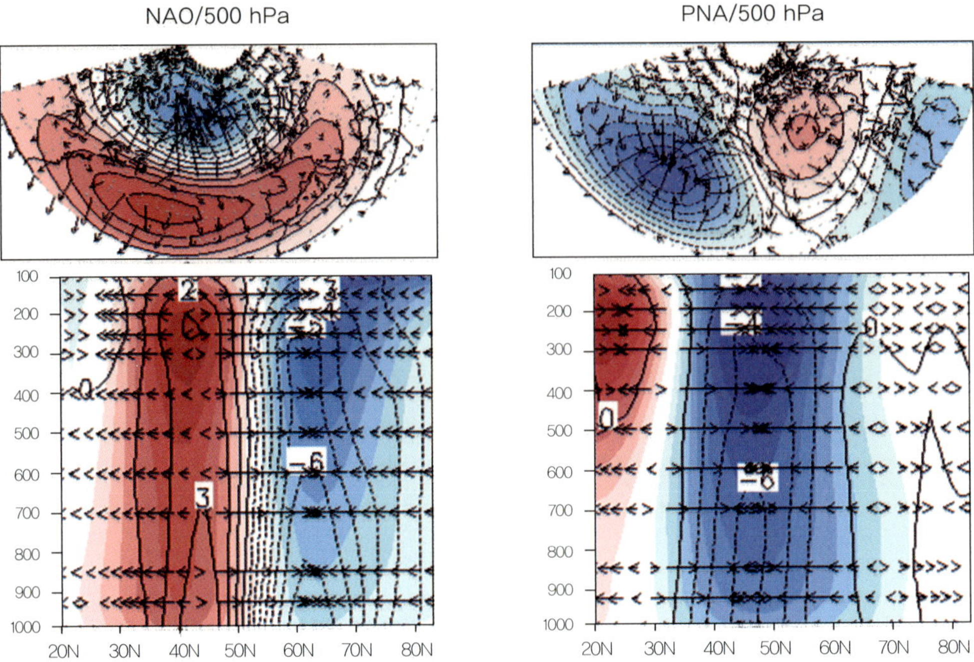

Figure 7.14 Regression of geopotential height (contour, shading) and eddy potential vorticity flux (vector) with respect to NAO (left panel) and PNA (right panel) indices.

선 반대로 음의 피드백 작용을 한다. 흥미로운 점은 에디 온도 피드백은 에디 와도 피드백이 약한 하층에서 강하게 나타나게 된다.

또한 에디 잠재 와도 플럭스도 저주파 흐름에 대해서 왼쪽으로 향하며 왼손의 법칙을 만족한다. Figure 7.14는 500 hPa에서 NAO와 PNA 패턴에서 잠재 와도 플럭스가 왼손의 법칙을 따름을 보여준다. 저기압성 흐름인 지역에서는 잠재 와도 플럭스가 수렴하고, 고기압성 흐름인 지역에서는 발산한다. 연직적인 프로파일에서 또한 왼손의 법칙을 만족하며 저기압성 흐름에서 플럭스가 수렴하고, 고기압성 흐름에서 발산하는 것을 볼 수 있다. 이는 상층에서 온도 플럭스에 의한 영향보다 와도 플럭스의 영향이 더 크다는 것을 의미한다.

종관 에디 피드백이 얼마만큼 저주파 흐름을 강화시킬 수 있는지 알아보기 위해, 에디 피드백에 의한 성장률(growth rate)을 계산할 수 있다. 예를 들어 주어진 저기압성 흐름이 있을 때, 그 지역에 대한 종관 에디의 강제력을 계산할 수 있고, 저기압성 흐름의 강도에 대한 비로 성장률을 계산할 수 있다. Figure 7.15는 종관 에디의 와도 플럭스와 잠재 와도 플럭스를 이용하여 성장률을 연직 층별로 구한 것이다. 모든 층에서 양의 성장률을 보이는 것은, 에디 피드백이 저주파 순환을 강화시키는 역할을 한다는 것을 의미한다. 양의 에디 피드백에 의해 저주파 순환은 계속해서 증가할 수 있지만, 에크만 펌핑에 의한 소멸효과가 양의 피드백을 상쇄하기 때문에 실제로 크게 발달하기는 어렵다. 대신, 양의 에디 피드백이 소멸효과를 완화시켜 저주파 흐름이 지속될 수 있게 도와주는 역할을 한다고 해석할 수 있다. 와도 플럭스에 의한 성장률은 상층에서 강한데 반해, 잠재 와도 플럭스에 의한 성장률

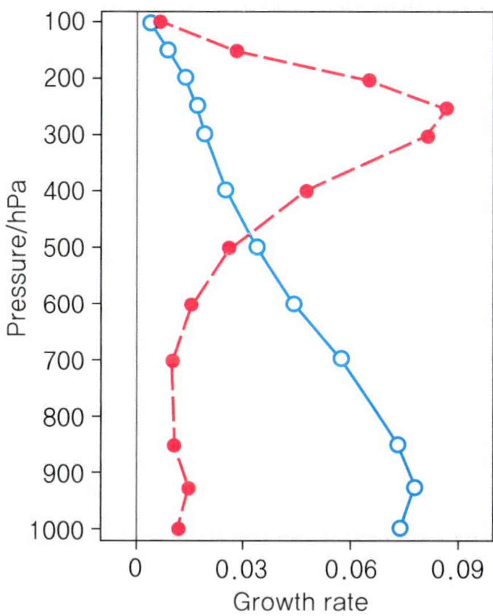

Figure 7.15 Vertical profiles of the eddy-induced growth rate (unit: 1/day) derived from the TEPV fluxes (open circle line) and eddy vorticity flux (solid dotted line) for all months during the entire period from January 1978 to December 2007 (Ren et al. 2011).

은 하층에서 강하다. 상층에서는 온도 플럭스에 의한 효과가 음의 피드백으로 작용해 와도 플럭스의 효과를 상쇄하기 때문이다. 잠재 와도 플럭스가 하층에서 강한 양의 성장률을 나타낸 것은 저주파 흐름이 순압구조를 갖게 되는 역할을 한다는 것을 의미한다. 즉, 상층에 저기압성 흐름이 존재할 때, 하층의 강한 에디 피드백이 저기압성 흐름을 유도, 유지시켜 연직적으로 순압구조를 발달시키는 역할을 하는 것이다.

7.4 에디 피드백의 저주파 강수에 대한 역할

종관 에디는 수 천 km의 공간 규모를 갖는데 반해, 저주파 순환은 일반적으로 그보다 큰 공간 규모를 갖는다. 종관 에디 규모의 저기압성 흐름이 있는 지역에서는 마찰에 의해서 수분 플럭스가 수렴하여 저기압성 흐름 중심에서 강수가 나타나게 된다. 하지만, 큰 공간 규모를 갖는 저주파 순환에서는 마찰에 의한 수분 플럭스 수렴이 상대적으로 약하게 된다. 대신, 저기압 남동쪽에서 수분 이류에 의해 강수가 일어나며, 북서쪽에서는 음의 수분 이류가 형성되어 건조한 상태가 된다. 종관 에디 피드백 관점에서 보면 마찰 흐름에 의한 수렴은 약하지만 종관 에디에 의해서 만들어지는 에디 수분 플럭스가 저기압의 중심에서 수렴하기 때문에 강수 형성에 도움을 줄 수 있다 (Figure 7.16).

에디 수분 플럭스의 역할을 살펴보기 위해, Figure 7.17은 NAO와 PNA 패턴과 관련된 강수 및 수증기 수렴을 나타낸 것이다. NAO 패턴을 보면 저기압성 흐름의 동쪽에 남풍기류가 존재하는 곳에서 강수가 나타나며, 저기압성 중심에서도 강수가 나타나는 것을 볼 수 있다. 에디에 의한 수분 플럭스는 왼손의 법칙을 잘 따르는 것을 확인할 수 있으며, 강

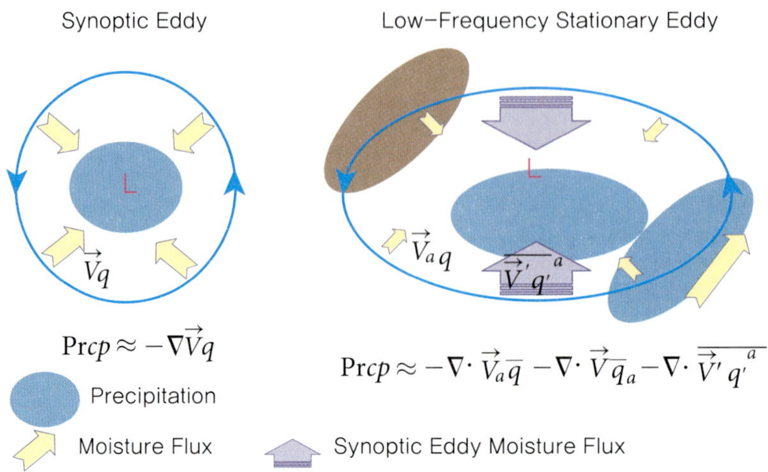

Figure 7.16 Schematic diagram for precipitation process associated with synoptic eddy and Low-frequency flow.

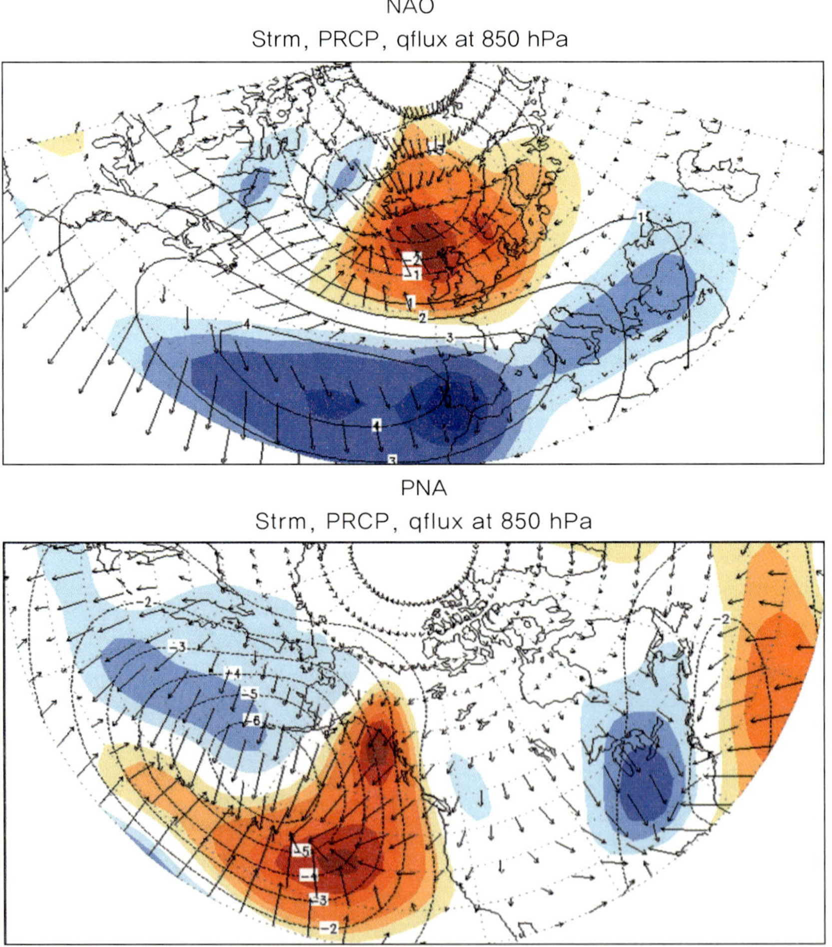

Figure 7.17 Regression of stream function (contour) , precipitation (shading) and eddy-moisture flux.

(a) LF Moisture Convergence

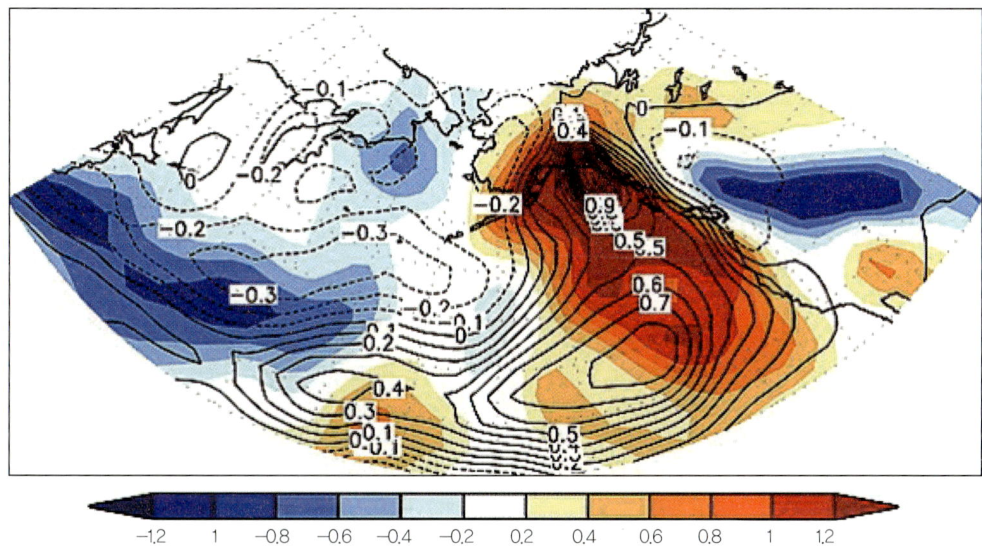

(b) Synoptic Eddy Moisture Convergence

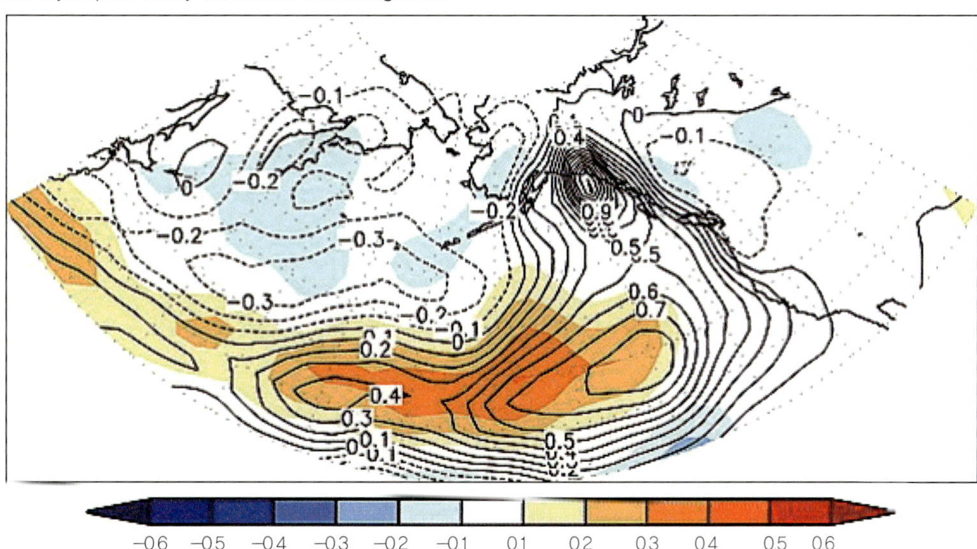

Figure 7.18 Linear regression of monthly mean precipitation (contour) with (a) low-frequency moisture convergence (shaded) and with (b) eddy moisture convergence (shaded), with respect to the PNA index (Kug et al. 2010b).

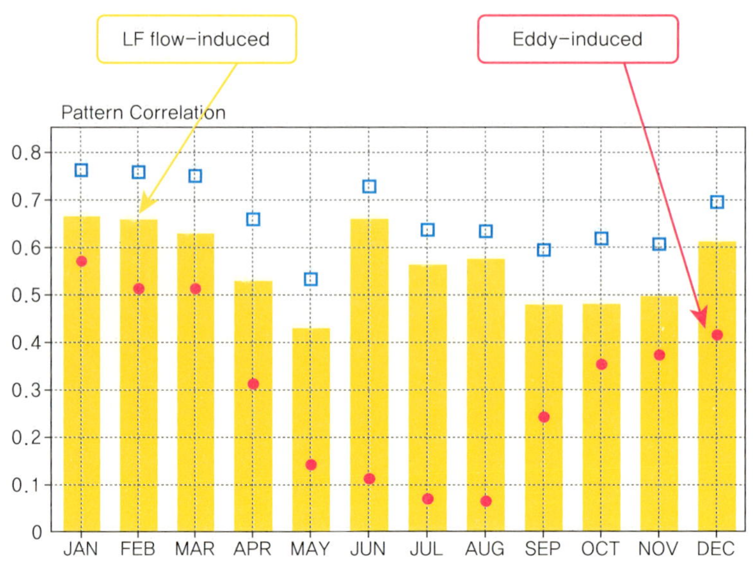

Figure 7.19 Pattern correlation between monthly mean precipitation and low-frequency moisture convergence (yellow bar), eddy moisture convergence (red dot), and sum of two moisture convergences (blue square) (Kug et al. 2010b).

수가 존재하는 지역으로 수분 플럭스가 수렴하는 것을 볼 수 있다. 이는 수분 플럭스의 수렴이 강수를 강화하는 역할을 하는 것을 의미한다. PNA 패턴에서도 이러한 패턴은 잘 나타나고 있다.

Figure 7.18은 PNA 패턴과 관련된 강수 패턴 (contour)과 수분 수렴 (shading)을 보여준 것이다. 수분 수렴은 저주파 순환에 의한 수렴과 종관 에디 플럭스에 의한 수렴으로 나누어 계산하였다. PNA 패턴과 관련된 남풍이 있는 지역에서 저주파 수렴이 나타나고, 이는 강수 패턴과 일치하는 것을 볼 수 있다. 하지만 저주파 순환의 수렴은 저기압성 순환 중심부의 강수대를 설명하기에는 한계가 있다. 반면에 에디 수분 플럭스에 의한 수렴은 그 지역의 강수와 잘 연결되어 있는 것을 볼 수 있다. 즉, 그 지역의 강수는 에디 습윤속의 수렴으로 상당부분 설명할 수 있다는 것을 의미한다. Figure 7.19는 PNA 패턴과 관련된 수증기의 수렴과 강수의 공간 패턴 상관관계를 월별로 나타낸 것이다. 저주파 순환에 의한 수렴만을 계산했을 때는 패턴 상관관계가 0.4~0.7 정도로, 어느 정도 강수를 설명할 수 있는 것으로 나타났다. 하지만, 에디에 의한 수증기 수렴을 고려한 경우, 패턴 상관관계는 전 계절에 걸쳐 0.1 정도 상승하는 것을 알 수 있다. 즉, 저주파 순환의 수렴과 에디 플럭스 수렴을 모두 고려해야 저주파 순환과 관련된 강수 패턴을 이해할 수 있고, 에디 피드백이 이러한 강수 패턴에 중요한 역할을 함을 의미한다.

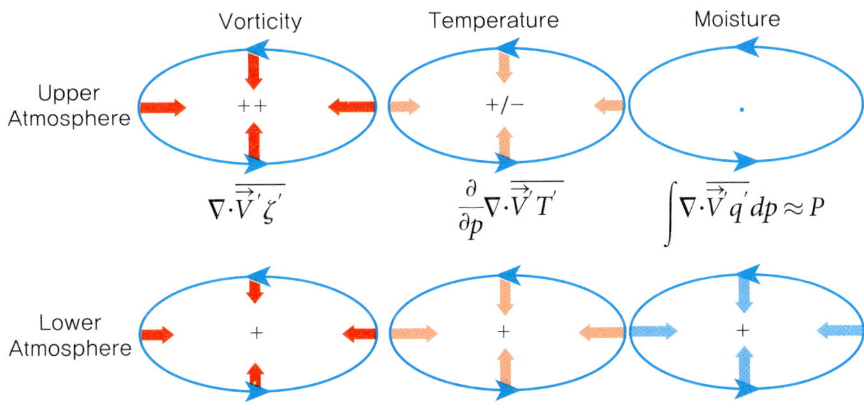

Figure 7.20 Role of synoptic eddy feedback on low-frequency flow.

7.5 요약

이 장에서는 종관 에디의 저주파 순환에 대한 피드백을 살펴봤다. Figure 7.20은 지금까지 살펴본 에디 피드백을 도식적으로 나타낸 것이다. 와도 플럭스는 저주파 저기압성 흐름의 상 · 하층에서 모두 플럭스가 수렴하여, 저주파 순환을 더 강화시키는 역할을 한다. 하지만, 하층에 비해 상층의 피드백이 더 강하게 나타난다. 온도 플럭스는 상층에선 수렴하거나 발산하고 중층에서 최대가 되며 하층에서 수렴한다. 그러므로 하층에서 저기압성 흐름을 강화시키고, 상층에선 약화시키는 역할을 한다. 온도 플럭스에 의해 하층의 저주파 순환이 강화되기 때문에 상층의 순환을 하층까지 연결시켜 상당 순압(Equivalent Barotropic) 구조를 유지하는 역할을 하게 된다. 수분 플럭스는 상층에선 유의하지 않으며, 하층에선 저기압성 흐름지역에서 수렴이 나타나서 강수를 증가시키는 역할을 한다. 저기압성 흐름에서 강수의 증가는 저기압성 흐름을 더 강하게 해주는 역할을 하므로, 에디의 수분 플럭스도 저주파 순환을 강화시키는 역학을 할 수 있다.

참고문헌

Branstator, G., 1995: Organization of storm track anomalies by recurring low-frequency circulation anomalies, *J. Atmos. Sci.*, **52**, 207 – 226.

Cai, M., and M. Mak, 1990: Symbolic relation between planetary and synoptic-scale waves, *J. Atmos. Sci.*, **47**, 2953 – 2968.

Cai, M., and H. M. van den Dool, 1991: Low-frequency waves and traveling storm tracks. Part I: Barotropic component, *J. Atmos. Sci*, **48**, 1420 – 1436.

Graversen, R. G., T. Mauritsen, M. Tjermstorm, E. Kallen and G. Svensson , 2008: Vertical structure of recent Arctic warming. *Nature*, **451**, 53 – 56.

Hoerling, M., and M. Ting, 1994: Organization of extratropical transients during El Niño, *J. Clim.*, **7**, 745 – 766.

Jin, F.-F., L.-L. Pan, and M. Watanabe, 2006a: Dynamics of synoptic eddy and low-frequency flow interaction. Part I: A linear closure. *J. Atmos. Sci.*, **63**, 1677 – 1694. doi:10.1175/JAS3715.1

Jin, F.-F., L.-L. Pan, and M. Watanabe, 2006b: Dynamics of synoptic eddy and low-frequency flow interaction. Part II: A theory for low-frequency modes. *J. Atmos. Sci.*, **63**, 1695 – 1708. doi:10.1175/JAS3716.1

Kug, J.-S., F.-F. Jin, 2009: Left-hand rule for synoptic eddy feedback on low-frequency flow. *Geophys. Res. Lett.*, **36**, doi:10.1029/2008GL036435.

Kug, J.-S., F.-F. Jin, J. Park, H. L. Ren, and I. S. Kang, 2010: A general rule for synoptic-eddy feedback onto low-frequency flow. *Clim. Dyn.*, **35(6)**, 1011 – 1026.

Kug, J.-S., F.-F. Jin, and H.-L. Ren, 2010b: Role of synoptic eddies on low-frequency precipitation variation. *J. Geophys. Res.*, **115**, D19115, doi:10.1029/2009JD013675.

Lau, N.-C., 1988: Variability of the observed midlatitude storm track in relation to low-frequency changes in the circulation pattern. *J. Atmos. Sci.*, **45**, 2718 – 2743.

Lau, N.-C. and M. J. Nath, 1994: A modeling study of the relative roles of tropical and extratropical SST anomalies in the variability of the global atmosphere-ocean system. *J. Clim.*, **7**, 1184 – 1207.

Lorenz, D. J., and D. L. Hartmann, 2001: Eddy-zonal flow feedback in the Southern Hemisphere, *J. Atmos. Sci.*, **58**, 3312 – 3327.

Lorenz, D. J., and D. L. Hartmann, 2003: Eddy-zonal flow feedback in the Northern Hemisphere Winter, *J. Clim.*, **16**, 1212 – 1227.

Nakamura, H. and J. M. Wallace, 1990: Observed changes in the baroclinic wave activity during the life cycles of low-frequency circulation anomalies. *J. Atmos. Sci.*, **47**, 1100 – 1116.

Ren, H.-L., F.-F. Jin, J.-S. Kug, J. Zhao and J.-H. Park, 2009: A Kinematic Mechanism for Positive Feedback between Synoptic Eddies and NAO. *Geophy. Res. Lett.*, **36**, doi:10.1029/2009GL037294

Ren, H.-L., F.-F. Jin, J.-S. Kug and L. Gao, 2011: Transformed eddy-PV flux and positive synoptic eddy feedback onto low-frequency flow. *Clim. Dyn.*, **36**, 2357 – 2370.

Robinson, W. A., 1991: The dynamics of low-frequency variability in a simple model of the global atmosphere, *J. Atmos. Sci.*, **48**, 429 – 441.

Robinson, W. A., 2000: A baroclinic mechanism for the eddy feedback on the zonal index, *J. Atmos. Sci.*, **57**, 415 – 422.

CHAPTER 08

동아시아 한파

East Asian Cold Surge

극지연구소: **김 백 민**

학습목차

프롤로그

인간활동으로 인한 지구 기후 시스템의 전반적인 온난화가 지구 평균기온과 해수 온도 상승, 광범위한 지역에서의 눈과 얼음의 융해, 평균 해수면 상승 등 다양한 변화를 초래하고 있음이 밝혀지고 있으나, 이와는 대조적으로 온난화가 우리 실생활과 더욱 밀접한 관련이 있는 엘니뇨/라니냐, 여름 몬순/겨울 몬순의 경년 변동, 폭염/한파와 같은 극한 기상 등을 포함하는 다양한 기후 변동성을 어떻게 변화시켜 나가고 있는지에 대해서는 여전히 많은 부분이 의문으로 남아 있다. 특히, 지구온난화와 이상기후 발생 빈도 및 강도 사이의 관련성은 아직 입증되지 않았으며, 이에 대한 많은 논쟁이 현재 진행 중이다. 이에 대해 IPCC의 경우 4차 보고서에서 다양한 기관들의 미래 기후 시뮬레이션 결과에 근거하여 의견을 제시한 바 있는데, 그 모식도는 다음과 같다 (Figure 8.1). 그림에서 눈여겨 보아야 할 점은 온난화 전개 양상에 따라 평균온도 증가와 함께 지표 온도의 확률분포의 폭 또한 넓어지고 있다는 점이다. 즉, 확률분포의 꼬리에 해당하는 부분이 두터워지는 현상이 발생하고 이는 기후 변동성의 확대로 해석이 가능하다. 즉, IPCC는 미래 기후에서 이상기후 현상이 증가할 것을 예상하고 있으며, 폭염, 이상고온 현상의 빈도와 강도는 현재보다 큰 폭으로 늘어나며 한파, 이상저온 현상의 빈도가 감소하지 않을 것임을 제시하고 있는 것이다.

비록 온난화와의 명확한 관련성이 입증되고 있지 않다고 하더라도, 금세기 들어 한파, 열파, 호우, 가뭄 등의 이상기후 발생이 전지구적으로 증가 추세에 있음은 많은 연구들에 의해 보고되고 있다. Figure 8.2는 2010년 한해 전 세계에서 일어났던 이상기후 현황을 도식화한 그림이다. 2010년은 그야말로 이상기후의 해라고 해도 무색할 정도로 50년만의 한파, 폭설, 100년만의 폭염, 적도에 가까운 인도지역에 들이닥친 한파 등 다양한 형태의 극한 기상이 세계 도처에서 발생한 한해였다. 특히 2010년 여름, 러시아에서 15,000명 이상

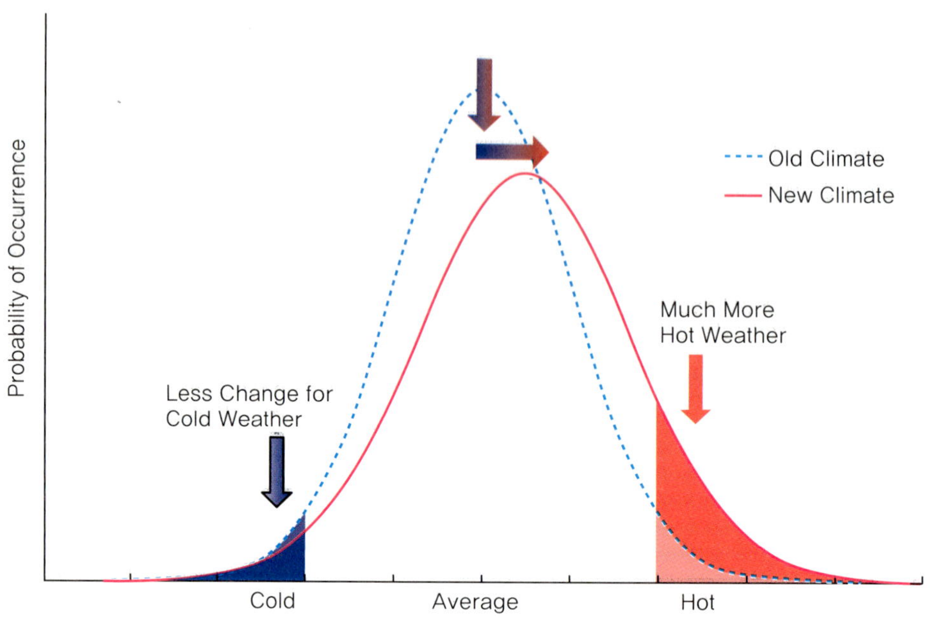

Figure 8.1 A schematic diagram illustrating how climate extremes will change according to warming climate (IPCC 2007).

이 기록적인 폭염에 의해 사망하는 비극이 발생하였다. 이러한 다양한 극한 기상현상이 암시하는 바는 지구온난화를 더이상 지구가 단순히 더워지는 것을 의미한다고 해석하면 안 된다는 것이다. 그렇다면, 어떻게 지구온난화와 극한기상 현상의 급증을 연결시킬 수 있을까? 다시 말해 어떻게 지구온난화 현상이 Figure 8.1에서와 같이 변동성 확대로 이어질 수 있을까? 여기에 대한 해답은 아직 명확하지 않으나 많은 과학자들은 지구온난화가 단순히 열역학적 차원에서의 지구 평균 온도 상승만을 가져오는 것이 아니라 다양한 형태로 불균등하게 지역적인 지표면 가열을 초래하고 이는 열의 재분배를 담당하는 지역 규모 대기 순환의 양상을 바꿔 큰 변동성을 가져올 수 있기 때문이라고 생각하고 있다. 지구시스템의 다양하고 복잡한 기후 증폭 메커니즘은 지역별로 다르게 작동되고 있으며 이 장에서 살펴볼 주요 내용 중 하나인 북극 기후변화의 경우 그 증폭이 다른 지역에 비해 더욱 빠르게 진행되고 있다. 이로 인해 상승된 극지역의 온도증가가 가져오는 대기순환의 변화는 지역적으로 특히 동아시아, 유럽, 북미 등에 제트기류 요동을 초래하여 한파, 폭설과 같은 변동성 확대를 가져올 수 있다. 즉, 지역별로 상이한 지구온난화에 대한 반응은 이상기후 및 극한 기상 현상의 증가를 초래할 수 있다.

최근 연도들의 북반구 겨울철 평균 지표 온도들을 살펴보면 지구온난화에도 불구하고 2009년부터 2014년까지 매해 연속적으로 극한 한파를 동반한 추운 겨울이 유라시아 대륙과 북미 대륙에 번갈아 발생하고 있음을 확인할 수 있다. 우리나라도 이러한 변화에 예외가 아니며 지난 2009년부터 2012년까지 거의 매해 극심한 한파의 내습으로 평년 이하의 추운 겨울을 보냈다. 이로 인해 전력 사용량 변화와 폭설 등에 의한 자연재해의 강도 증가

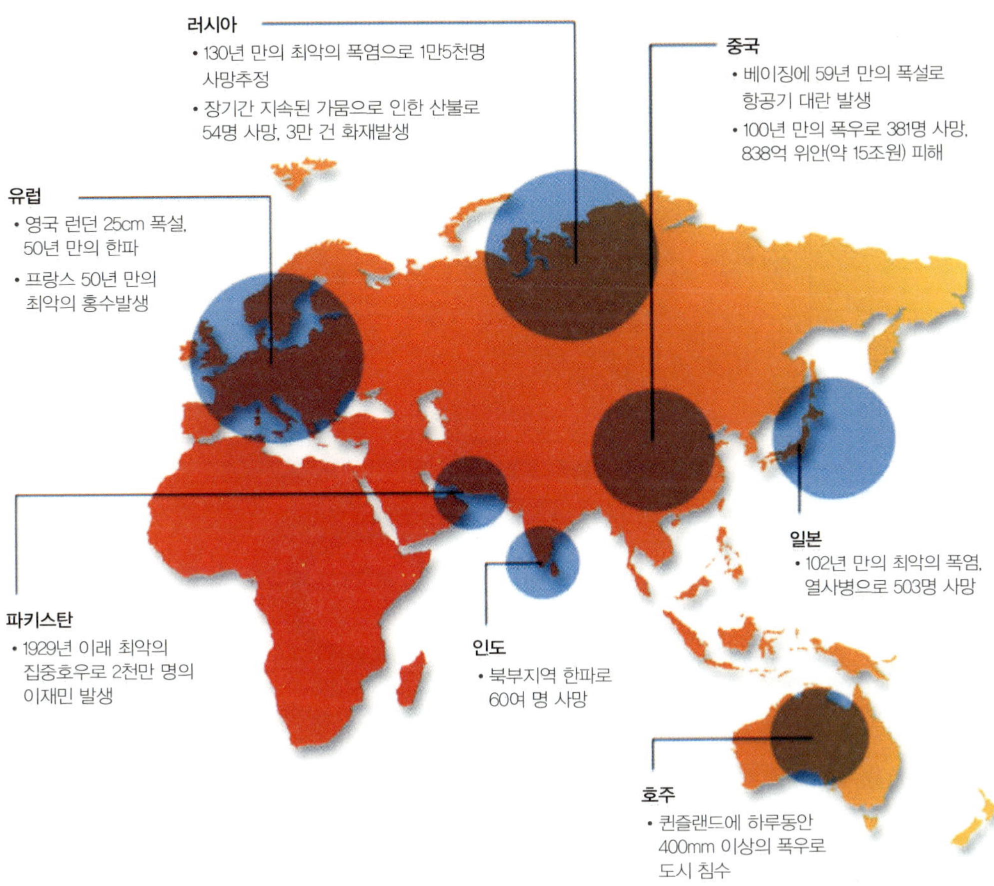

Figure 8.2 2010년 세계 이상기후 현황 (자료제공: 기상청).

로 인한 인명 및 사회경제적 피해 규모의 증가 등이 보고되었다 (유희동 등 2014). 특히 한파는 건강 이상, 동상, 저체온증 등의 발생 가능성을 높이고, 동결로 인한 계량기, 보일러 및 차량 고장, 빙판길 사고, 농·수산물의 피해를 야기한다. 특히, 한파로 인한 기온이 급감한 후 사망률이 증가하는 경향이 있어 한파의 위험은 생명과 직결되어 있다 (이대근 등 2013). 한반도 겨울철 기온 통계분석 연구 결과를 살펴보면, 90년대 후반까지는 우리나라에도 겨울철 기온 상승과 기온 변동성 감소가 보고된 바 있으나 (Ryoo et al. 2004), 최근 십여 년간은 오히려 한파 발생 빈도가 증가하였고 변동성도 증가하였음이 보고된 바 있다 (Table 8-1). 이러한 한반도에 국한된 최근 온도 변화 경향은 북반구 전역에서 최근 십여년

Table 8-1 Summary of cold surge statistics for recent three decades (Woo et al. 2012).

	한파일	한파일의 기온 변동성	총 기온 변동성
1980년대	384일	5.75도	12.30
1990년대	350일	4.67도	8.56
2000년대	415일	6.33도	12.18

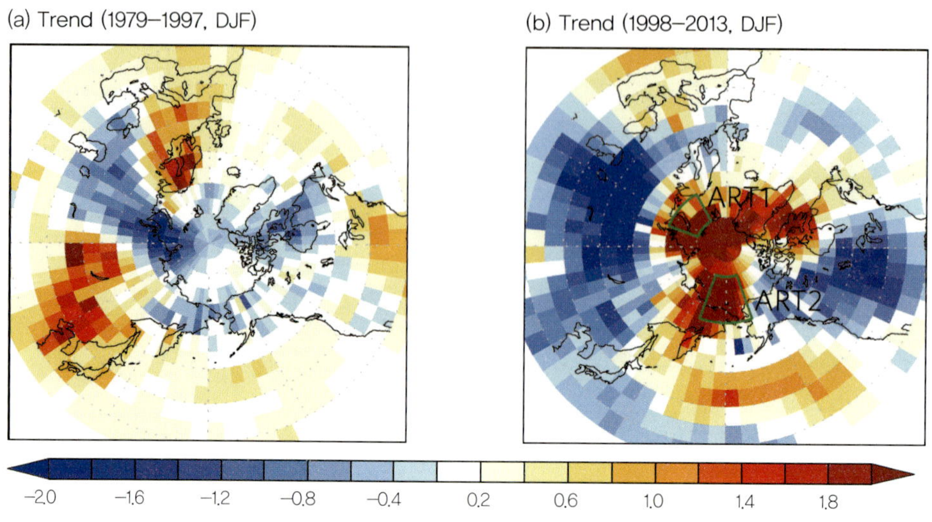

Figure 8.3 Linear trend of surface air temperature during (a) 1979-1997 and (b) 1998-2013 for Northern hemisphere winter (Kug et al. 2015).

간 겨울철 지표면 온도의 경향을 그 이전 시기 온도 경향과 비교한 그림을 통해서 더욱 뚜렷이 확인된다. Figure 8.3에서 보면 1979~1997기간동안 뚜렷한 온도 증가를 보였던 동아시아 지역은 1998년 이후에는 기온 하강 패턴이 나타나는 지역에 속해 있음을 확인할 수 있다. 특히, 유라시아 지역과 북아메리카 동부 지역은 지표 온도의 하강이 두드러지게 나타나고 있음을 알 수 있다. 주목할 만한 점은 이러한 중위도 지역의 온도 하강 경향과 함께 극 지역의 경우 큰 온도 상승이 있음을 확인할 수 있으며, 이러한 경향성은 이전 시기와는 정 반대의 경향성을 보이고 있음을 알 수 있다. 이러한 점들을 종합해 볼 때, 지구온난화에 의해 나타나는 극한기상의 특징은 단순히 열역학적 관점으로만 바라볼 것이 아니라 지역적인 대기순환의 경년 혹은 10년 이상의 변동과 관련한 역학적인 관점과 연관지어 생각해야 함을 알 수 있다 (Wallace et al. 2014).

이번 장에서는 중위도 동아시아 지역의 한파 발생에 관한 근본 역학을 살펴보고, 이러한 한파에 영향을 줄 수 있는 대규모 대기 순환 패턴에 대해 하나씩 설명하여 한파가 발생하기 전 또는 발생 시 가장 관련이 큰 대규모 패턴은 어떠한 것들이 존재하는지 기술하고자 한다.

8.1 동아시아 한파의 기본적 메커니즘

유라시아 지역의 동안에서 주로 나타나는 동아시아 한파의 발생은 동아시아 겨울몬순 고유의 현상이며, 전세계적으로도 한파가 발생하는 지역은 매우 한정되어 있다. 하층 대기에 국한하여 한파 발생시기를 잘 관찰해 보면, 동아시아 한파는 겨울철 유라시아 대륙에 정체되어 있는 차갑게 식어 있는 시베리아 지역의 공기덩어리가 역학적 수평 이류를 통해 남하

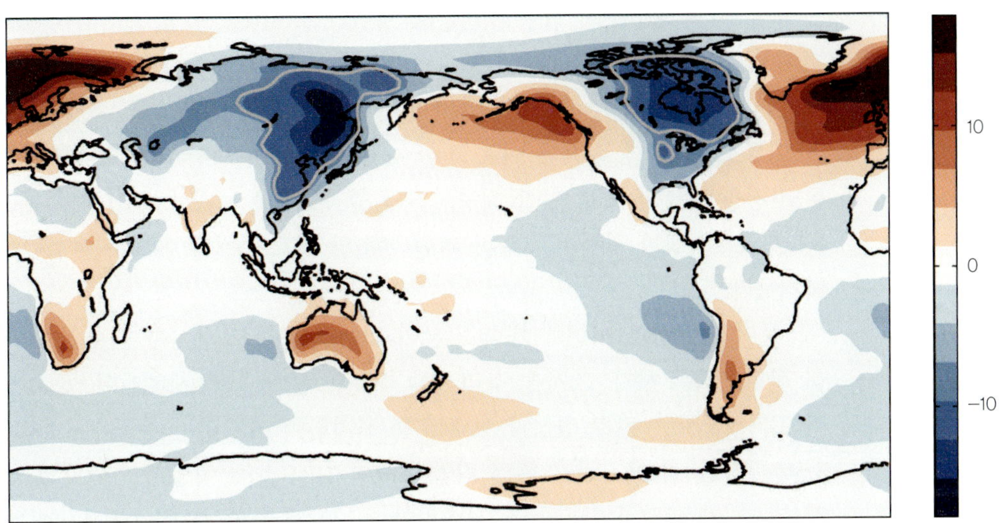

Figure 8.4 Observed Northern hemisphere winter (December-February) months surface temperature deviation (K) from zonal mean (–8K contour shown in grey, pointing to the similarity between the width of the cold regions in America and Asia) (Kaspi and Schneider 2011).

하면서 찬 공기를 중위도로 유입시키며 주로 발생한다고 알려져 있다. 그러나, 동아시아 지역의 한파의 내습의 근본적인 원인은 동아시아 상공을 지나가는 상층 기압계 패턴의 이동과 근본적으로 큰 관련이 있음이 잘 알려져 있다 (Ding and Krishnamurti 1987; Zhang et al. 1997).

기술적인 관점에서 한파는 온도의 급강하와 낮은 온도의 지속성으로 정의하게 된다. 우리나라 기상청의 경우 24시간 이내에 10도(15도) 이상 하강하여 평년값보다 3도 이상 낮을 것으로 예상될 때 또는 아침 최저기온이 영하 12도(15도) 이하가 2일 이상 지속될 것이 예상될 때 한파주의보(경보)를 발령한다. 한편, 한파가 지속된 날의 기온이 특정 값 또는 특정 분위수 값 이하(예: 1% 백분위수 이하)로 떨어졌을 때를 혹한일로 규정하기도 한다 (류상범과 권원태 2002; 유영은 등 2015). 후자의 경우, 보다 이상기후 혹은 극한 기상현상으로 한파를 분류하는 정의에 해당된다.

한파가 발생하는 지역은 북반구에서도 기후학적으로 겨울철에 특히 지표온도가 급격히 하강하는 유라시아 대륙과 북미 대륙의 동안인 동아시아 지역과 미국, 캐나다 동부 지역에 집중하여 나타난다 (Figure 8.4). 우리나라는 통상 11월 하순~12월 초순에 접어들면서 시베리아 기단의 영향권에 들면서 기온이 하강하고 강수량이 감소하는 겨울에 접어든다. 겨울철의 대기는 대륙 기단의 영향으로 대체로 차고 건조하지만 간간이 찬 기단이 따뜻한 해양의 수증기를 머금고 유입되어 눈이 내린다.

그렇다면, 이러한 한파가 발생하는 지역이 중위도 지역 중에서도 왜 대륙의 동안에 한정되어 있는 것일까? 많은 겨울 몬순에 대한 연구들이 있어 왔으나, 겨울철 양 대륙의 동안이 서안에 비해 더욱 온도가 낮은 이유에 대해서는 그 근본 원인을 심도 있게 다룬 연구가 거의 없었다. 대부분의 연구가 몬순의 경년 변동, 10년 이상 장주기 변동 즉, 현상학적 측면에서 이해하고자 하였다. 이에 대해 처음으로 답을 제시한 연구는 Kaspi and Schneider (2011)가 있다. 그들은 대륙 동안의 따뜻한 해류에 주목하였다. 즉, 쿠로시오 난류와 맥시코 만류로 인한 열 수송과 이로 인한 대륙 동안에 인접한 해역으로부터 대기로의 대규모 현열/잠열 방출과 이로 인한 해양에서의 열적소스에 반응하여 그 서쪽 (풍상측)에 형성되는 대규모 정상파 형성이 독특한 겨울 몬순의 온도 패턴을 이해하는데 있어 가장 중요함을 밝혀냈다.

동아시아 한파 이해에 대한 기본이 되는 겨울철 유라시아 대륙의 평균장에 대해 조금 더 살펴보도록 하자. 겨울철 유라시아 대륙의 동안 동부 시베리아, 몽고 지역에는 시베리아 고기압으로 불리는 정상파 형태의 큰 고기압이 배치되어 겨울 몬순을 지배한다 (Figure 8.5c). 시베리아 고기압은 해면 기압이 보통 1040 hPa 이상이며 때때로 1080 hPa 이상까지 급격하게 발달하기도 한다. 시베리아 고기압의 동쪽 즉 북서태평양과 접하고 있는 대륙의 동안 지역은 특징적으로 매우 강한 북풍이 지상에 존재하고 있다 (Figure 8.5c). 이 북풍 기류를 경계로 매우 이질적인 두 시스템인 시베리아 고기압과 알류샨 저기압이 배치되어 있어서, 이 북풍기류는 두 시스템의 강도에 따라 그 크기가 결정된다 (Jhun and Lee 2004). 특히, 한반도의 경우 이러한 북풍기류가 가장 강한 지역에 위치하고 있다 (Figure 8.5c). 또한, 온도선을 기압선이 가로지르는 경압성이 매우 큰 지역으로서, 기본적인 한랭이류가 큰 지역임을 알 수 있다. 이러한 한랭 이류의 구조와 일치하게 상층으로 갈수록 바람이 반시계방향으로 회전하는 형태를 확인할 수 있다 (Figure 8.5a-c). 한랭이류는 850 hPa (Figure 8.5b)에서 가장 뚜렷이 관측된다. 850 hPa에서는 바람이 북풍에서 북서풍으로 불고 있으며, 동아시아 상층 기압골(East Asian Trough)이라 불리는 패턴이 잘 관찰된다. 500 hPa에서는 바람이 더욱 동서방향으로 변하여 한반도 상공에서는 거의 서풍이 부는 형태로 존재하게 된다. 즉, 이로부터 한랭이류는 500 hPa 하층에서 가장 뚜렷한 현상임을 확인할 수 있다. 한반도 겨울철에는 이와 같이 기후학적으로 한랭이류가 뚜렷하게 존재하여, 종관 파동 등의 발생 및 전파로 북풍기류의 강화 혹은 상층 한기를 포함한 저기압이 배치가 될 경우 급격하게 추워질 수 있는 한파 발생의 필요조건이 기후학적으로 매우 잘 갖춰져 있는 지역임을 알 수 있다. 기후학적인 동아시아 한랭이류는 그렇다면 어떤 요소에 의해 균형을 맞추고 있을까? 기본적으로 상층 한랭이류는 온도 편차 발생에 따른 비단열 가열항인 복사 냉각에 의해 더욱 강화되고 이들은 다시 강한 하강기류에 의한 단열 승온과 균형을 이루게 된다.

이러한 배경하에 한파 발생의 메커니즘, 특성에 대해 살펴보자. 우리나라의 경우에는 겨울철 유라시아 대륙에서 정체되어 있는 시베리아의 한랭한 대륙성 고기압이 바이칼호 북서쪽에 그 중심을 두고 남동쪽으로 그 세력을 강하게 확장하는 형태에서 한파가 자주 발생한다. 다만, 대륙 시베리아 고기압의 확장은 단순한 시베리아 고기압의 면적 확대로 해석되기 보다는 시베리아 고기압에서 분리되어 동진 혹은 남동진하는 이동성 고기압으로 해석됨이 보다 올바르다. 한반도에 영향을 주는 한파의 종관적(synoptic)인 발달과정은 한파

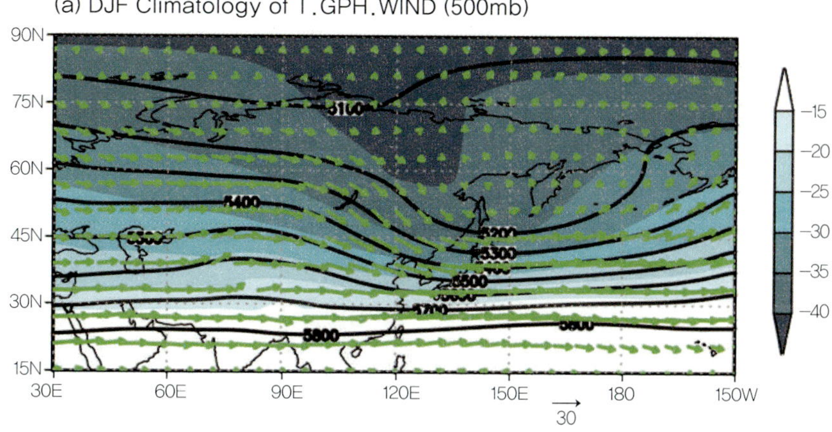

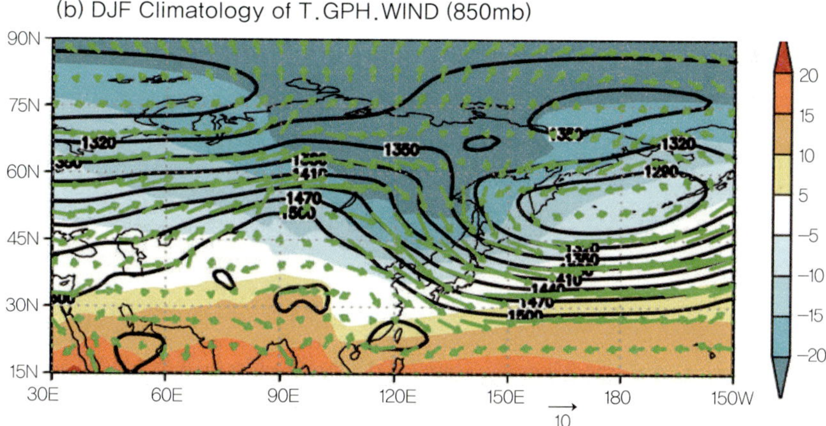

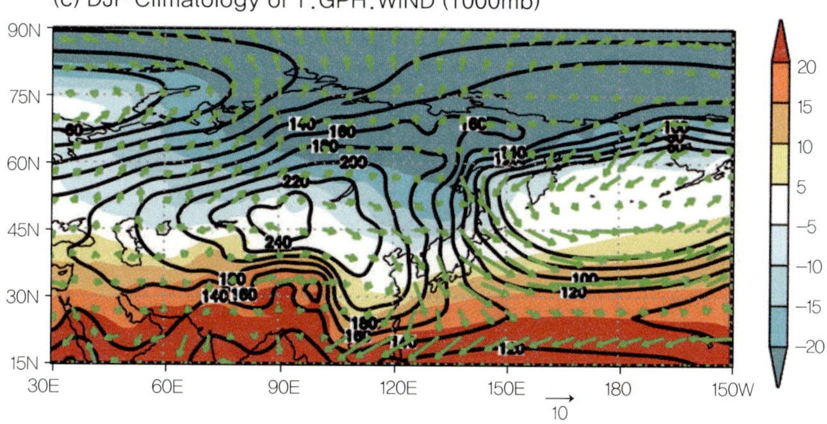

Figure 8.5 (a) 500 mb, (b) 850 mb, (c) 1000 mb 등압면상에서의 북반구 겨울철(12~1월) 기후 평균 온도(shading), 지위고도(contour), 수평 바람장(vector).

발생에 대한 인덱스를 이용하여 시간지연 합성도(composite map)를 구성하여 분석해 볼 수 있다.

우리나라를 포함하는 동아시아 지역 한파 내습 및 혹한일과 관련된 종관적 특징과 영향을 주는 광역 기후 인자들에 대해 국내 연구자들에 의한 많은 선행 연구들이 이루어져 발생 원인 및 내습 확률이 높아지는 조건에 대한 상당한 과학적 근거가 축적되었다. 한국인 과학자들을 중심으로 한 한파 연구들을 정리해 본다. 80~90년대에 이미 한반도 한파 내습의 사례에 대해 북반구 행성규모 순환의 관점과 상층제트류 변동과 연관되어 주요한 종관역학적 메커니즘이 이해되기 시작하였다 (Joung and Hitchman 1982; 정창희와 변희룡 1987; 임규호 1995). 특히, Joung and Hitchman (1982)의 경우, 동아시아 한파 발생시 유라시아 대륙을 가로지르는 상층 파동열의 존재가 근본적으로 중요함을 제시한 최초의 연구로서 그 의의가 크다고 할 수 있다. 이 연구는 최근 들어 다시 재조명 되고 있는 동아시아 한파 발생 패턴 분류와 메커니즘 연구의 기본 초석이 되고 있다.

Park and Kim (1987)은 한반도 한파 발생 48시간 전에 바이칼호 부근에 형성된 기압능이 남동진하여 동아시아 연안에 정체된 기압골을 강화시키고, 이로 인해 시베리아에 위치한 찬 공기가 남동쪽으로 이류하여 한반도에 한파가 내습한다고 하였다. 그리고, 한반도 한파 내습과 연관된 파장 약 4000 km의 파동(온난 기압능과 한랭 기압골의 구조)이 바이칼호 부근에서 시작, 하루에 약 10도의 위상 속도로 남동진하다가, 한반도를 지나면 빠르게 북동진함을 보였다. 이러한 해석은 비록 제한된 사례분석을 통해 유추된 결론이지만 최근 재분석자료들을 활용한 결과 등을 통해서 얻어지는 한파 발생의 구조와도 일치하고 있다. 임규호 (1994a-c)와 Ryu (2003)는 Park and Kim (1987)의 연구를 더 자세히 분석하여 시간지연 합성분석 등을 통하여 한반도 한파 발생이 발달하는 경압파(baroclinic wave)의 구조를 갖고 있으며 이로 인해 겨울철 동아시아 상층 제트와 하층 기온 변동이 밀접한 관련이 있음을 보였다.

2000년대 들어서서는 기후적 관점에서 많은 사례의 조합을 통해 한파 내습 과정(Ryoo et al. 2005)과 혹한일의 특징 (류상범과 권원태, 2002)들에 대한 정리가 시도되었다. 또한, 엘니뇨-남방진동 (Chen et al. 2004), 북극진동 (Jeong and Ho 2005; Park et al. 2010, 2011), 열대 매든-줄리안 진동 (Jeong et al. 2005; Park et al. 2010), 극 성층권 순환 (Jeong et al. 2006; Kim et al. 2009)의 기후 인자들과 동아시아 한파와의 역학적 관련성이 입증되었다. 이전 시기에는 이러한 기후 인자들과의 관계가 잘 정립되지 않아 한파 예측성이 크지 않았다면, 이러한 인자들의 발굴로 인해 예측성 향상의 근거가 마련된 시점이라 볼 수 있다. 최근에도 대규모 기후변동성과 연관된 한파 메커니즘에 대한 이해 연구는 활발히 진행되고 있다. 최근에는 역학적인 한파 유형 분류를 통해 기후적 관점에서의 한파 개념모델을 정립할 수 있는 근거가 마련되었고 (Park et al. 2015), 한파의 지속일로 정의되는 혹한일에 대해 별도로 종관장 특성과 많은 원격기후 인자들의 영향이 분석되어 혹한일의 예측성 향상 요소가 분석되었다 (유영은 등 2015). 지난 수 년간 수행된 기상청 기후변화 감시 예측 및 국가정책 지원 강화사업을 통해 빙권에 의한 한반도 겨울철 기온 예측

(a)

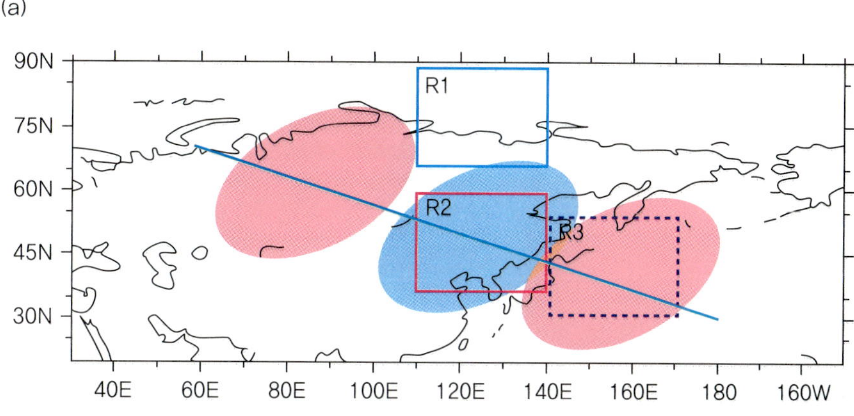

(b)

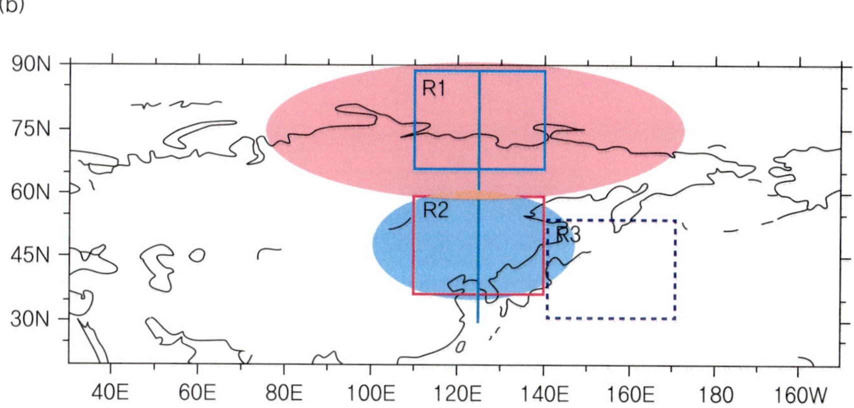

Figure 8.6 지위고도 편차장으로 표현한 파열 한파(a)와 저지고기압 한파(b)의 모식도 (Park et al. 2015).

성 향상 연구가 이루어졌다. 특히 최근 온난화에 따른 늦가을-초겨울의 북극 해빙이 급격히 감소한 바렌츠-카라해 해역 해상열속의 급격한 증가를 성층권 극와도 약화와 로스비 파열 형태의 동아시아로의 한파 유입을 만들어내는 지표 강제력으로 밝힌 새로운 관점의 연구는 극심한 한파의 원인이 온난화에 있다는 역설적 시각을 제시하고, 북극 해빙이 새로운 예측성 향상의 요소로 부각되는 계기를 만들었다 (Kim et al. 2014). 한파와 관련된 기후인자들에 관해서는 다음 절에서 다시 자세히 살펴보도록 한다.

동아시아 및 한반도 한파에 관한 선행연구들에서의 공통점은 한파 발생시 존재하는 상층 대규모 대기 순환 패턴의 존재이다. 선행연구들에서 주목한 패턴은 발달하는 상층 경압파 형태와 캄차카 반도 서쪽에 중심을 둔 고기압성 블라킹과 수반된 저위도 상층 저기압이 오래 머무르며 영향을 주는 패턴으로 요약된다. Park et al. (2015)에서는 패턴 분류기법을 통해 한반도 한파 발생시 선행하는 상층 패턴들에 대해 요약한 바 있다 (Figure 8.6). 한반도 상공을 관통하는 상층 파동열의 존재가 어떻게 한파를 강화시킬 수 있는지에 대해 먼저 살펴보면, 동아시아 한파 발생시에는 북서에서 남동진하는 Figure 8.7a에 제시된 상

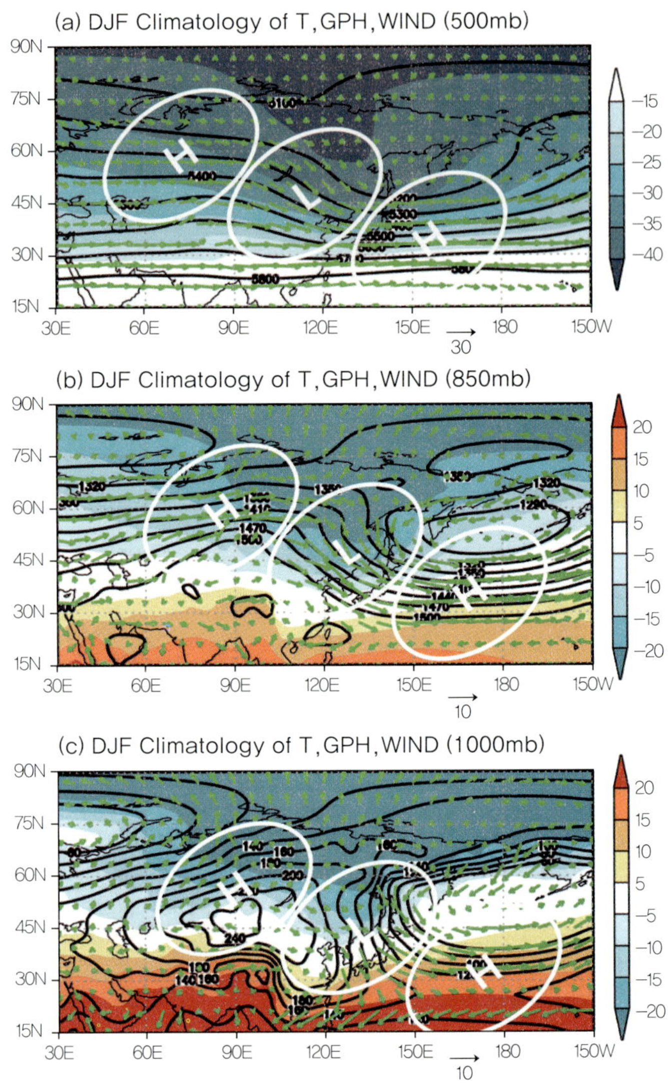

Figure 8.7 상층 파동전파 형태의 동아시아 한파 발생 모식도 (Park et al. 2015 근거한 개념도).

층 파동열이 자주 관측된다. 이 파동열은 종관 파동으로 분류될 수 있다. Figure 8.7과 같이 배치된 상황에서 바이칼 호수 서쪽에 존재하는 시베리아 고기압은 상층 고기압과 하층 저기압 사이에 존재하게 되어 음의 와도 이류 지역에 놓이게 된다. 따라서, 연직적으로 고압성 흐름이 강화되며, 이는 주로 음의 와도 수렴항에 의해 (stretching term) 균형을 맞추게 된다. 이로 인해 유도되는 시베리아 고기압 상공의 기류의 수렴은 강한 하강 기류를 발생하고, 이는 하층 발산, 시베리아 고기압 강화 등의 형태로 진행되게 된다. 강화된 시베리아 고기압은 그 자체로 하층의 열적 로스비 파 형태로 동남진하게 되고 이는 시베리아 고기압 전면의 북풍기류를 강화함으로써 한랭이류를 강화시키게 된다. 한편, 파동열의 상층 고기압의 동쪽에 존재하는 상층 저기압은 보다 직접적으로 동아시아 한파의 강화에 관여

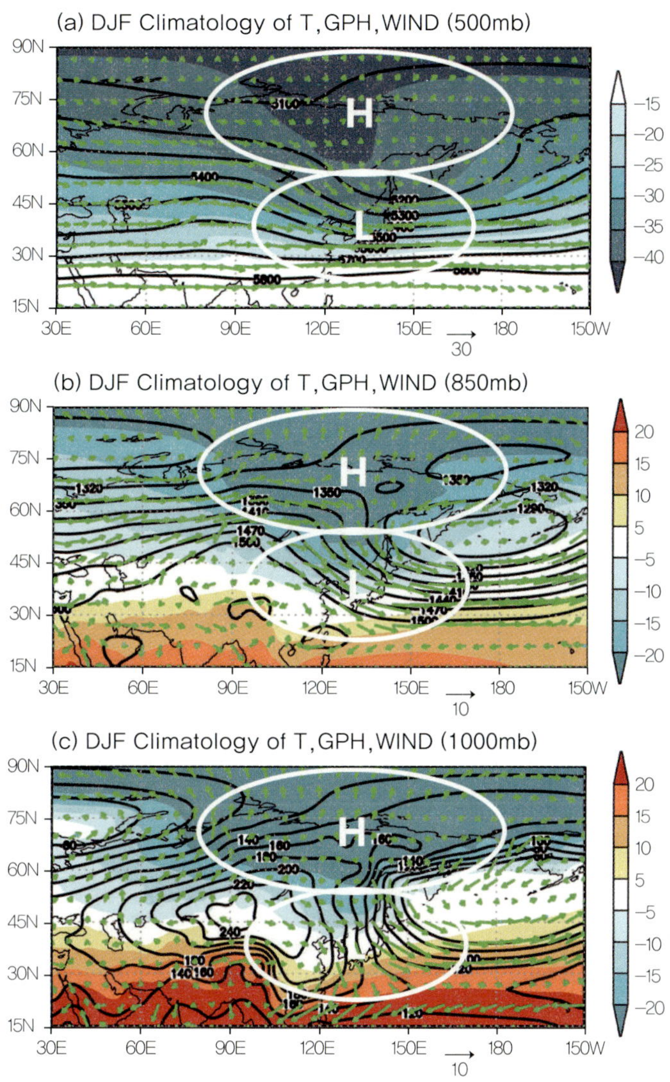

Figure 8.8 블라킹 타입의 동아시아 한파 발생 모식도 (Park et al. 2015에 근거한 개념도).

하게 된다. 차가운 상층 저기압이 한반도와 만주 상공을 덮게 되면서 1000-500 hPa 층후(thickness)가 수축되게 된다. 이로 인해 기층에 음의 온도 아노말리가 유도되게 된다. 한편, 기후학적으로 이 지역은 Figure 8.7b-c에서 잘 나타나 있듯이 북서풍 (850 hPa)과 북풍 (1000 hPa)이 존재하는 지역이어서 상층 저기압 존재시 시베리아 고기압의 확장에 관계없이 항상 한랭 이류가 유도되는 구조임을 알 수 있다. 즉, 한반도와 동아시아 한파 발생 메커니즘에 있어 상층 저기압의 존재는 근본적으로 가장 중요한 요인이라 하겠다. 한편, 이렇게 한랭 이류가 형성되는 지역에서는 하강운동에 의한 단열 승온과 온도 하강으로 인한 복사 냉각이 동반되는 구조가 나타난다 (Kim et al. 2005). 또한, 지표면의 경우 한랭 이류로 인하여 지표에서의 열속이 증가가 동반된다 (Ding and Krishnamurti 1987).

한반도 상층의 상층 저기압의 존재의 중요성은 블라킹 타입 한파의 경우 (Figure 8.8) 더 극명하게 확인된다 (Takaya et al. 2005; Park et al. 2015). 이 경우, 시베리아 고기압 상공에 음의 와도 이류, 바람장 수렴 등 고기압을 강화시킬 수 있는 메커니즘을 전혀 포함하고 있지 않음에도 불구하고 주요한 동아시아 한파 메커니즘으로 분류되었음에 주목해야 한다. 즉, 어쩌면 동아시아 지역에 국한된 한파 발생 메커니즘의 경우, 상층 저기압 아노말리 존재에 따른 온도 아노말리의 기후학적 북풍 혹은 북서풍 이류로 간단히 설명될 수 있다. 지속 기간에 있어, Figure 8.7에서 살펴본 발달하는 경압 파동 형태의 경우, 시베리아 고기압이 열적 로스비 파의 형태로 자체적인 남동진을 함에 따라 한파의 지속기간이 비교적 짧은 특징이 있는 반면, Figure 8.8에 제시된 블라킹 타입 한파의 경우 지속 기간이 긴 특징을 보인다.

8.2 한파와 관련된 대규모 대기 순환 패턴

8.1절에서 다룬 바와 같이, 동아시아 한파는 근본적으로 하층 북풍이 우세한 기후학적 조건 하에 대기 상층 순환장(특히 동아시아 상층 기압골)과 이와 상호 작용하는 대기 하층에서의 한랭 이류에 영향을 받아 발생한다. 따라서, 동아시아 주변에 배치되어 있는 대규모 대기 순환 패턴들의 배치와 아열대 제트기류의 남북 요동 및 강화/약화, 또한 이와 관련된 헤들리 순환의 강도들은 동아시아 한파의 발생 및 강도를 직 · 간접적으로 조절하는 데 있어 매우 중요한 역할을 할 수 있다. 예를 들어, Lau and Li (1984)는 동아시아 아열대 제트의 강도가 최대일 때 이 지역 부근 대류권 하층에서 한파가 발생함을 보였으며, Kim and Park (1987)은 우리나라 한파 발생시 동아시아 지역의 국지 2차순환을 분석한 결과에서 국지 헤들리 순환(local Hadley circulation)이 발달하는 특징을 자료분석으로 확인하여 Lau and Li (1984)의 연구결과와 일치하는 결과를 얻었다. Figure 8.9는 남중국해에 한파가 발생할 수 있는 과정을 나타내고 있는 모식도로 한파와 적도지역 대류활동이 헤들리 순환을 매개로 어떻게 상호 관련이 될 수 있는지를 잘 나타내 주고 있다. 위 도식으로부터 또한 우리나라 남동쪽에 위치하는 아열대 제트가 강할 때 한반도 부근에 북풍계열의 바람이 강화될 수 있음을 확인할 수 있다. 즉, 지역적인 직접순환이나 다른 요소에 영향을 받는 제트류가 지표 바람의 방향을 유도할 수 있고 이로 인한 온도 이류가 발생할 수 있음을 의미한다.

동아시아 한파에 영향을 줄 수 있는 대규모 대기 패턴으로는 대표적으로 북극진동 (Arctic Oscillation; AO), 메든-줄리안 진동 (Madden-Julian Oscillation; MJO), 유라시아 패턴 (EU) 등을 들 수 있다. 양의 북극진동이 나타날 때를 예로 들면, 이 경우 북극지역에 저기압이 강하게 나타나며 대서양과 태평양 지역에 고기압이 나타나며 한반도 상공에는 상층 고기압이 존재하게 되어 아열대 제트기류의 흐름을 역행하여 약화시키고 극 제트는 강화시키는 역할을 한다. 따라서 양의 북극 진동일 때에는 약해진 아열대 제트기류로 인해 남풍기류가 강해지며 한기가 남하하는 것을 막는다. 반대로 음의 북극진동이 나타날 때에는

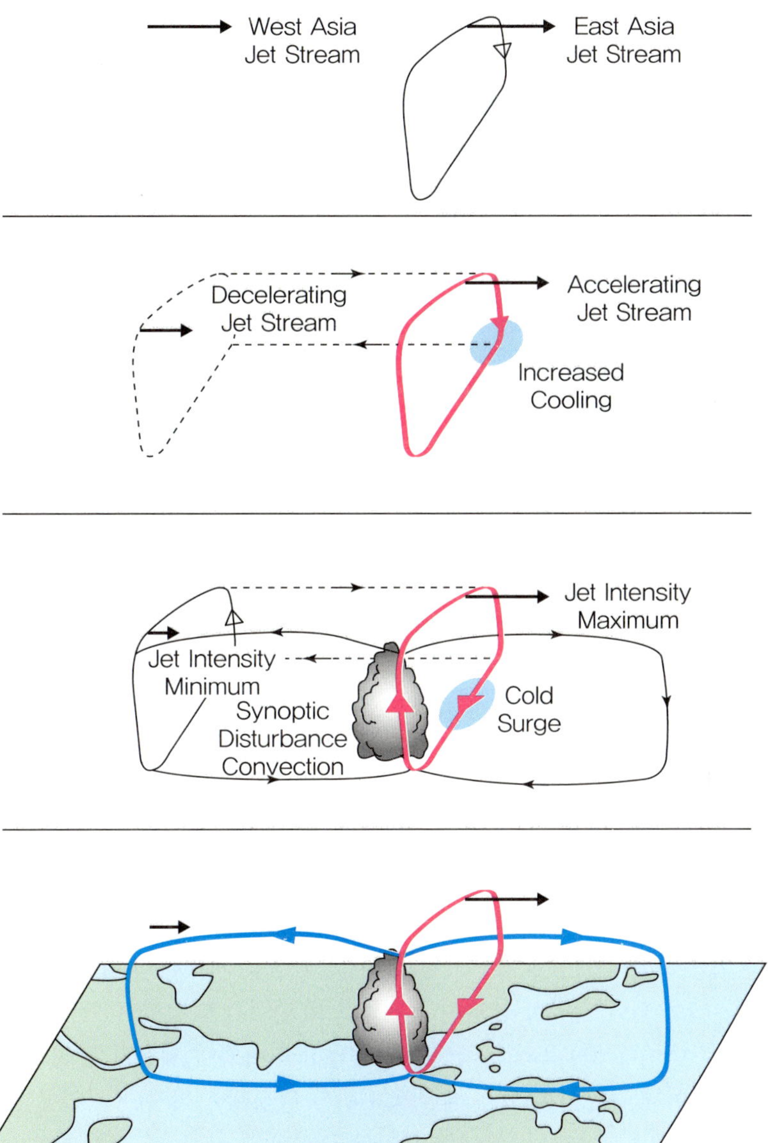

Figure 8.9 한파와 해들리 순환 관련성에 관한 개념도 (Chang and Lau 1980).

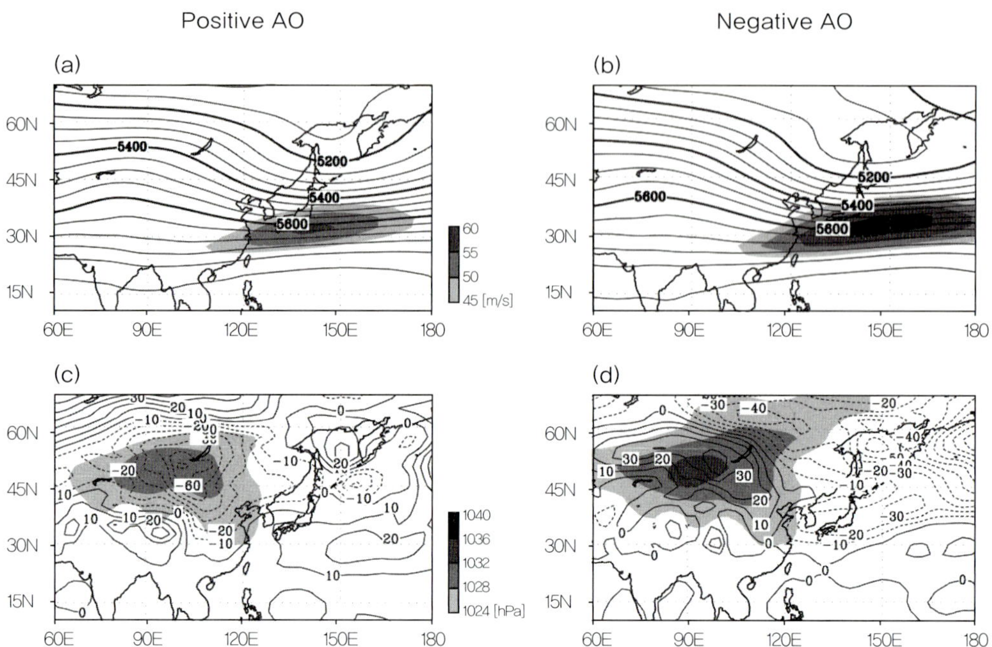

Figure 8.10 (a), (b) Composite monthly geopotential height at 500 hPa (contour; [m]) and zonal wind at 300 hPa (shading) composites based on AO index. (c), (d) Composite monthly MSLP (shading) and its day-to-day variability, $\mathrm{MSLP}'^{(2^{1}/2)}$. MSLP′ is high pass filtered (less than 20 days) daily mean sea level pressure and over-bar denotes monthly average (Jeong and Ho 2005).

태평양 지역에 저기압성 순환이 나타나 아열대 제트류를 강화시킨다. 이는 지표의 북풍을 강화시키며 북쪽으로부터 한기 이류를 만들어 동아시아 지역에 한파를 발생시킬 수 있다. Figure 8.10은 양의 북극진동과 음의 북극진동이 나타날 때의 대기 상층과 지위고도와 상층 바람의 합성장 분포를 나타낸 그림이다. Figure 8.10b에서 음의 북극진동이 나타날 때 양의 북극진동 (Figure 8.10a)인 경우보다 동아시아 대륙의 동안에 더 강한 상층저기압을 형성함과 동시에 아열대 제트류를 강화를 이끈다. Figure 8.10d는 시베리아 지역의 고기압의 확장으로 인해 극에서 동아시아 지역으로 한기가 남하하며 한파가 발생할 수 있음을 나타내는 그림이다. 즉, 음의 북극진동이 발달하면 아열대 제트가 강해지고 이에 따라 시베리아 고기압이 확장하며 북서풍 계열의 바람을 형성해 동아시아 지역에 한파가 생길 수 있다는 것을 의미한다. 한편, 이러한 북극진동은 다양한 시간규모에서 나타나는데 짧게는 1~2주 규모로 진동하고, 길게는 10년 이상의 장주기 변동이 나타나기도 한다. 이에 따라 다양한 시간규모에서 한파가 북극진동과 관련하여 영향을 받을 수 있다.

적도 부근에서 발생하는 대기 현상들도 원격상관 (Teleconnection)을 통해 동아시아의 한파 및 날씨에 영향을 줄 수 있다. Figure 8.11은 MJO가 발생했을 때 대기 상층과 하층의 유선함수장 (Stream function)을 그린 그림이다. 인도양 지역에 대류운 (Convection)이 위치할 때 태평양 지역 대기 상층에 쌍극자 기압 패턴이 나타난다. 이러한 기압 배치는 국지적으로 해들리 순환 (Hadley Circulation)과 아열대 제트에 영향을 주고 남북 지

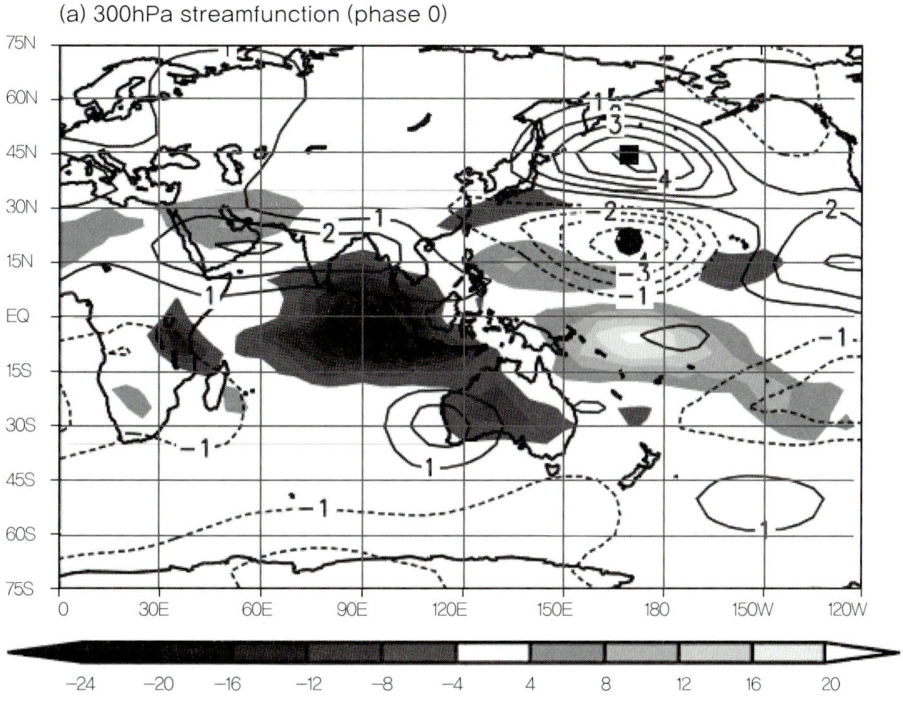

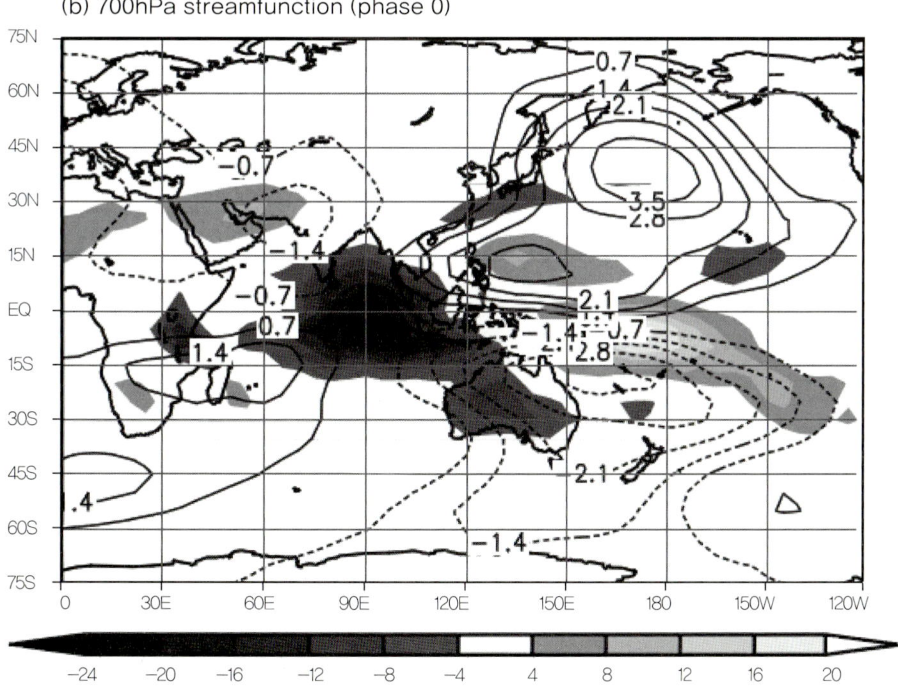

Figure 8.11 Stream-function anomalies (contours) in phase 0 at (a) 300 hPa and (b) 700 hPa, with negative(positive) OLR anomalies shaded darkly (lightly). Contours are at every 1×10^6m/s in (a) and 0.7×10^6 m^2/s in (b), negative contours dashed (Kim et al. 2005).

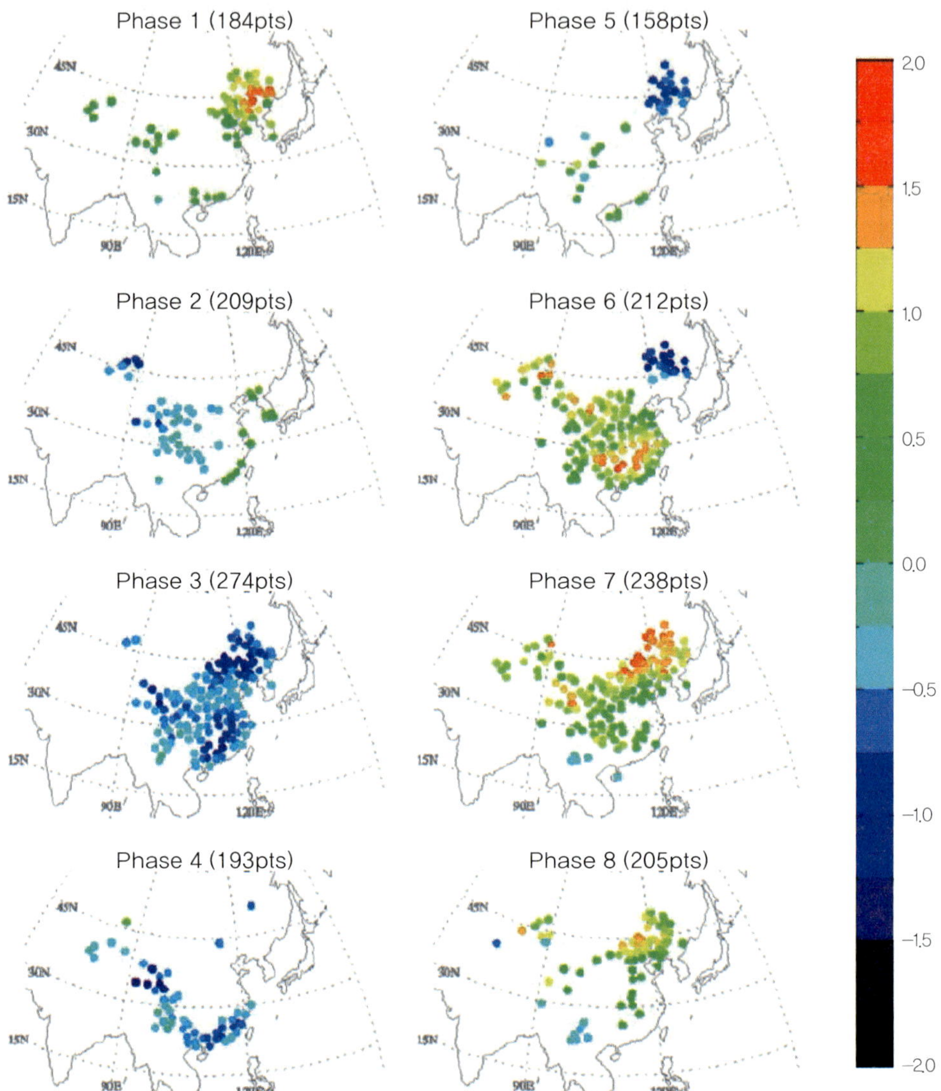

Figure 8.12 Composite surface air temperature anomalies (°C) based on each of eight MJO phases during 27 winters from 1974/1975 to 2000/2001 (November to March). Stations where composite anomaly is statistically significant over the 90% significant level are represented. The number of composite dates is denoted within parentheses (Jeong et al. 2005).

표 바람을 유도하여 동아시아 지역의 한파에 영향을 줄 수 있다. Figure 8.12는 MJO phase에 따라 동아시아 지역에 나타나는 지표온도의 합성장의 분포를 나타낸 그림이다. MJO Phase 3일 때 동아시아 영역은 음의 지표 온도 아노말리가 나타나며 Phase 7일 때에는 양의 지표 온도 아노말리가 두드러지게 나타날 수 있다는 것을 나타낸다. 즉, MJO convection이 위치하는 영역에 따라 형성되는 원격상관으로 인하여 동아시아에 영향을 줄 수 있다는 것을 의미한다. EU 패턴 또는 EA/WR, SCAND패턴이라고도 불리는 현상들도

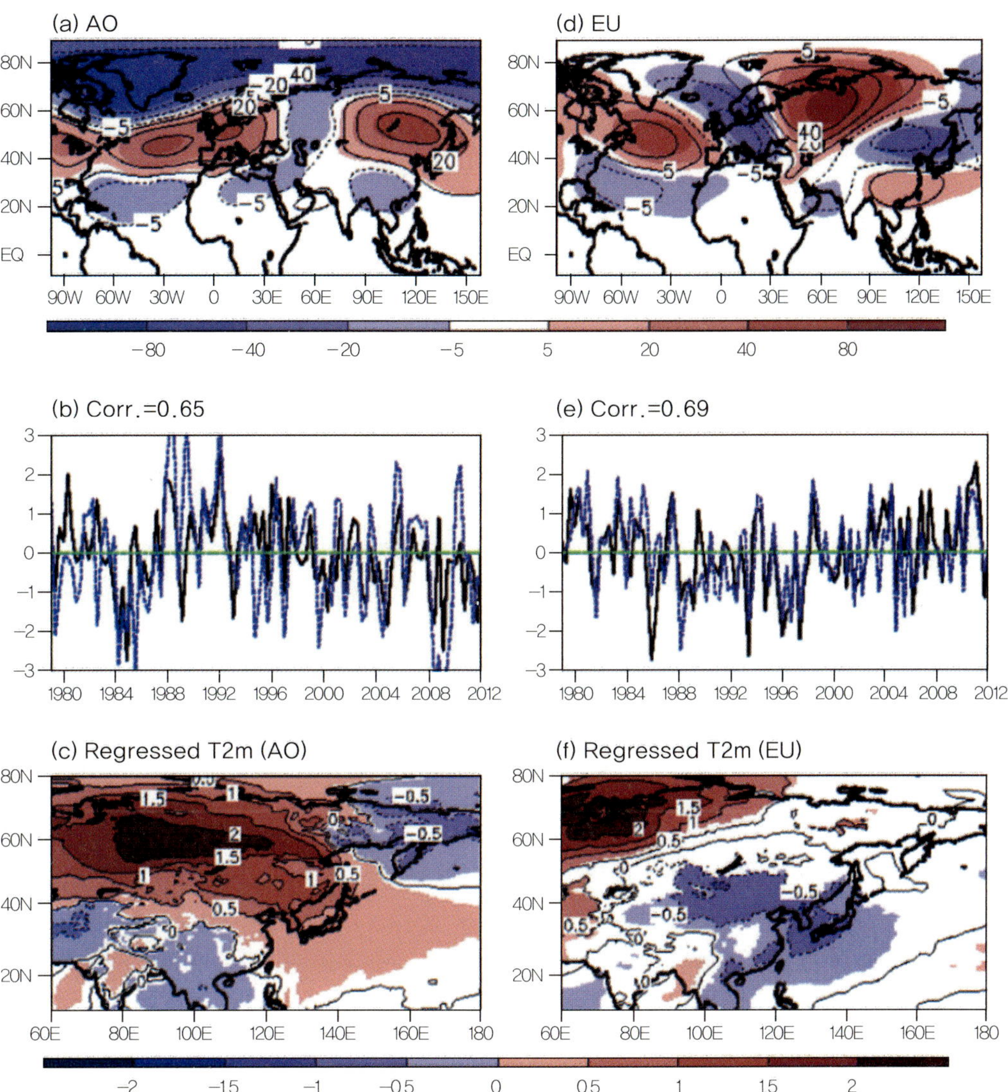

Figure 8.13 Top panel: Shading represents the non-normalized rotated empirical orthogonal functions (REOFs) of themonthly 250 hPa height (m) archived from a MERRA reanalysis. Middle panel: The corresponding PC time series (solid lines). Dashed lines indicate the teleconnection indices time series of AO (left) archived at NOAA/NCEP/CPC and EU (right) following Wallace and Gutzler (1981). Bottom panel: Distribution of the regressed 2m air temperature anomalies (K) onto each teleconnection. Temperatures statistically significant at the 10% level are shaded (Lim and Kim 2015).

대기 상층의 순환장을 변화시켜 동아시아 지역에 영향을 줄 수 있다. Figure 8.13은 북극진동과 EU 패턴이 나타날 때의 지위고도, 지표온도의 회귀계수 분포 및 시계열을 나타낸 그림이다. Figure 8.13d에서 대서양에서 출발하는 파동열 이 유라시아 지역을 거쳐 동아시아 지역까지 전파하게 되는데 이는 북극진동으로 인해 나타나는 상층 순환장의 변화와는 그 형태가 많이 다르지만 두 현상 모두 동아시아 상층에 기압골을 형성하여 한파가 발생할 수

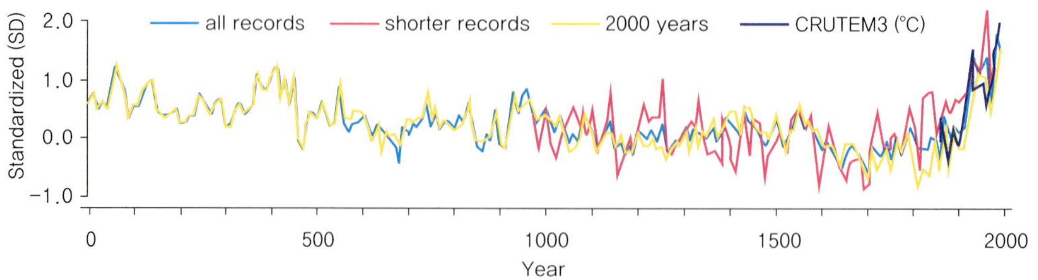

Figure 8.14 Composite of 23 high-resolution proxy climate records from the Arctic. Values are 10-year means standardized relative to the reference period of 980 to 1800. Records subdivided by those that extend 2000 years (n = 17) versus shorter records (n = 6), along with the 10-year-mean Arctic-wide summer temperature through 2000 from the CRUTEM3 data series (dark blue line) (Kaufman et al. 2009).

있는 좋은 조건을 만들어 주고 있다는 것을 알 수 있다 (Figure 8.13c and 13f). 즉, 만약 북극진동 지수나 EA/WR이 음의 부호를 가진다면 동아시아 지역 대기상층에 저기압성 순환을 형성하고 이로 인해 아열대 제트가 강화되고 극 제트를 약화시켜 극쪽의 한기를 남쪽으로 이류시킴에 따라 한파가 더 잘 발생할 수 있다.

지금까지는 동아시아 지역의 겨울철 한파에 영향을 줄 수 있는 적도와 중위도 지역의 대규모 순환 패턴들에 대해 살펴보았다. 최근 동아시아, 유럽, 북미 등 인구 밀집지역에서 겨울철 극단적 한파 발생 경향이 증가하고 있다. 2012년 유럽의 경우 영하 40도에 육박하는 한파로 인해 600명 이상의 사상자가 발생하였고, 한반도의 경우도 같은 해 피해 규모가 2000억원을 상회하였다. 최근에는 2013/14년 연이은 북미를 강타한 극한한파 발생으로 인해 미국은 연간 50조원 이상의 피해가 발생한 바 있다. 지구온난화로 인해 전지구 평균온

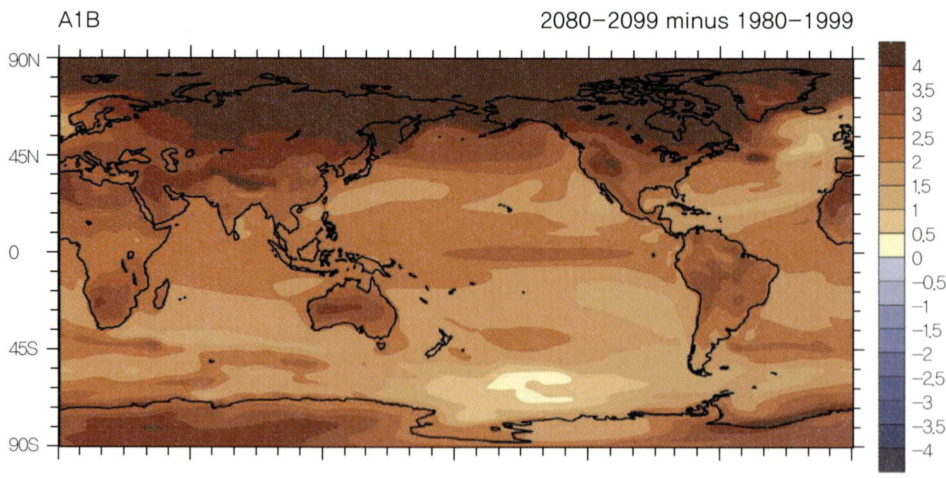

Figure 8.15 Geographic plots of annual mean surface air temperature differences (°C) for A1B scenario, 2080 − 99 minus 1980 − 99 (Meehl et al. 2006).

도가 서서히 증가하고 있는 상황에서 이렇게 다소 모순되어 보이는 현상이 발생하는 것에 대해 IPCC를 비롯한 국제 학계가 크게 주목해 왔다. 그 결과, 최근 2-3년 사이 급격한 북극의 기후변화가 이러한 중위도 지역의 이상기후 현상들과 통계적으로 유의미한 관련성이 있음을 보인 연구들이 연이어 출판되고 있다. 이에 대해 자세히 살펴보기로 한다.

먼저 북극 온난화 현상에 대해 살펴보자. IPCC보고서와 여러 선행연구에서 나타나듯 지구온난화의 경향은 극 지역에서 그 온도상승이 가장 크게 나타나고 있다. 이러한 경향은 고해상도 고기후자료를 사용하여 재구성한 결과에서도 잘 나타나는데 Figure 8.14는 과거 2000년 전부터 10년 평균된 극 지표온도의 자료를 재구성한 결과를 나타낸 그림이다. 이 그림에서도 금세기 일어나고 있는 북극 고온 현상은 최근 2000년 사이 그 유래를 찾아볼 수 없는 현상임을 알 수 있다. 또한 현재뿐만 아니라 미래에서도 이러한 경향은 두드러질 것이라는 예측이 지배적이다. Figure 8.15는 미래와 현재의 전구 온도의 차이를 나타낸 그림으로서 미래로 갈수록 북극 지역의 온도 상승률이 다른 위도에 비해 크게 나타날 것으로 예측하고 있다. 그렇다면 왜 북극에서의 온도 상승이 가장 크게 나타날까? 그 원인은 지구상 북극지역에서 가장 강력한 기후 피드백이 온난화들을 증폭시키기 때문이다. 예를 들어 해빙 알베도를 보자. 지구온난화로 인해 북극 해빙이 감소하게 되면 알베도가 감소하여 태양에너지 흡수가 증가하고, 이로 인해 다시 북극 쪽의 온도가 증가하는 양의 피드백 과정이 나타난다. 이러한 피드백이 적도나 중위도 지역보다 북극 쪽에서 강하게 나타나기 때문에 극 지역의 온난화가 가속 될 수 있다.

Vihma (2014)에서는 이러한 북극의 급격한 온난화가 어떻게 중위도 한파를 비롯한 날씨에 영향을 줄 수 있는지에 관해 최근 출판된 논문들을 중심으로 관련 메커니즘을 정리하여 Figure 8.16과 같은 모식도를 제시하였다.

1. 행성파(planetary waves)를 매개로 한 메커니즘 (1 & 4(6) → 8 → 26)
먼저 북극지방의 온난화(Arctic amplification)로 인하여 해빙이 많이 녹으면 대기 중층에 고기압성 순환이 강하게 나타나고 유라시아지역에서는 저기압성 순환이 나타나는 Arctic dipole 패턴이 나타난다. 또는 북미 서쪽에는 고기압, 동쪽에는 저기압성 순환이 발생하게 됨에 따라 음의 온도 아노말리가 발생하여 추운 겨울을 만들 수 있다 (Warm arctic & Cold continent). 이는 북극진동이 나타내는 특징과 다른 것으로 2000년대 들어서 많이 나타나는 패턴이다.

2. 이동성 저/고기압 전파 속도 감소 메커니즘 (4 → 9 → 13 → 14 → 18 → 21)
북극 해빙이 많이 녹으면 대기중에 열플럭스를 많이 방출하여 대기의 두께를 증가시키게 되며 이에 따라 경압성이 약해지면서 동쪽으로 전파하는 로스비 파열을 감속시킨다. 이러한 과정을 통해 중위도 날씨에 영향 미치게 됨에 따라 온난한 겨울 또는 추운 겨울을 만들 수 있다.

3. 발달하는 경압파를 매개로 한 메커니즘 (4 → 9 → 15 → 19 → 22)
줄어든 해빙으로 인해 대기로 나오는 열속이 더 많아짐에 따라 대기 하층이 가열된다. 이로 인해 대기 하층이 불안정해져 북극해에 저기압 활동을 증가시켜 boundary에 저

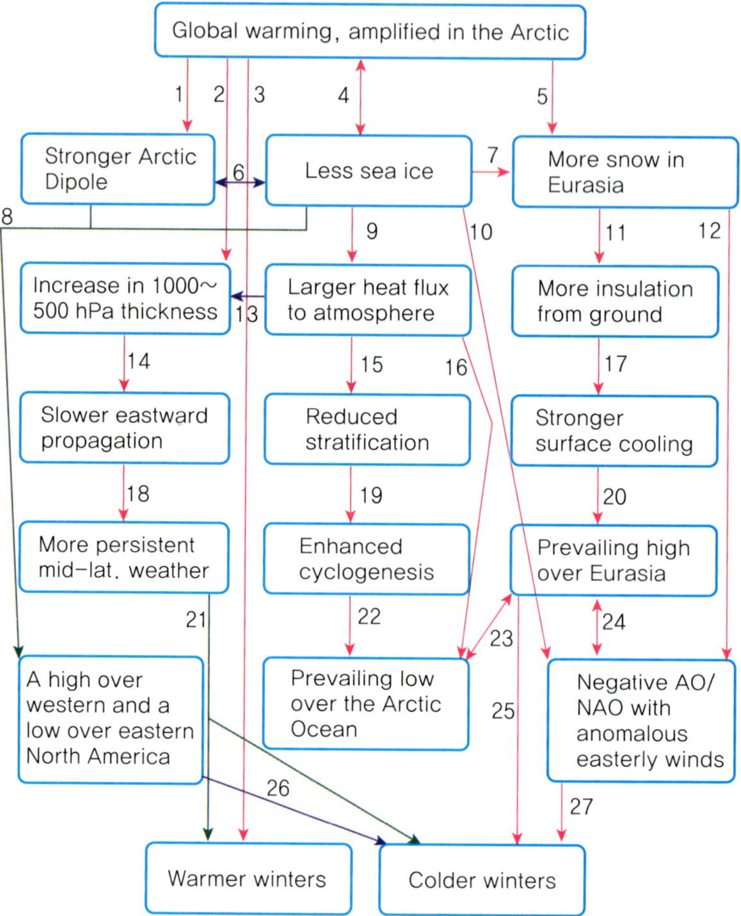

Figure 8.16 Simplified schematic illustration of interactions in the climate system, with a focus on the effects of summer/autumn changes in the cryosphere on winter weather in mid-latitudes. Different colours are used to help to distinguish between different lines (Vihma 2014).

기압성 순환을 만들 수 있다.

4. 고위도 적설을 매개로 한 메커니즘 (5 → 11 → 17 → 20 → 24 → 27)
   또한 극지방 온난화로 인해 유라시아 지역에 눈이 오고 따라 알베도가 높아져 지표를 냉각시킨다. 이는 유라시아 지역에 고기압성 순환을 형성하며 음의 AO/NAO를 유도하여 추운 겨울을 만들 수 있다.

제시된 바와 같이 다양한 형태로 북극과 중위도 기후간의 관련성이 확인되고 있다. 이러한 연구들 중에서도 특히 동아시아 한파와 관련하여서는 최근 바렌츠/카라해의 해빙면적 감소가 주요 원인으로 지목되고 있다 (Kim et al. 2014; Mori et al. 2014; Kug et al. 2015). Figure 8.17은 Kim et al. (2014)에 의해 제시된 메커니즘을 요약한 그림이다. Kim et al. (2014)에서는 겨울철 북극해 해빙면적 감소가 초래하는 기상학적 현상들을 분석하기 위해 위성자료로부터 획득된 북극 해빙자료를 사용하여 북극해 지역별 해역에 대한 해

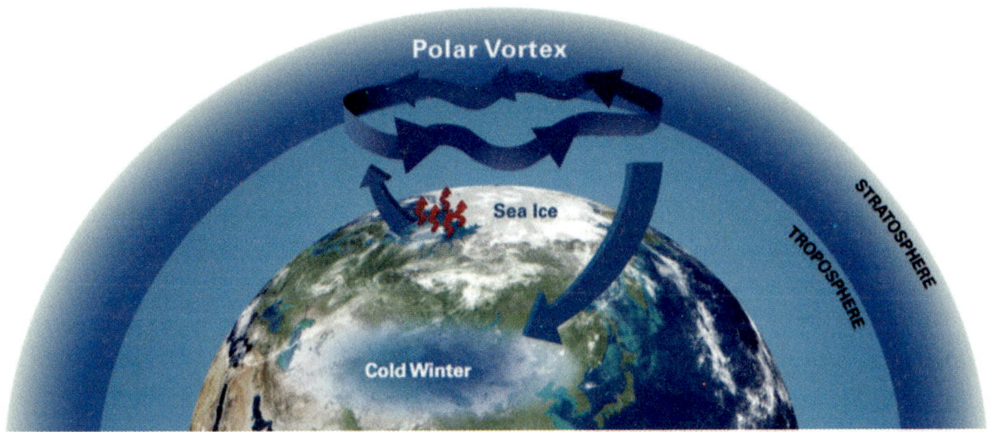

Figure 8.17 Schematics illustrating Warm Arctic Cold Continents mechanism induced by Arctic sea ice loss (Adopted from Kim et al. 2014).

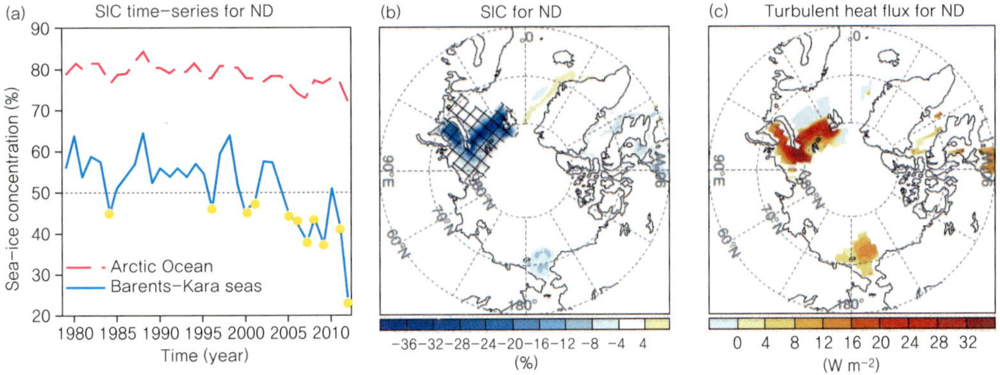

Figure 8.18 SIC variability over the B–K seas during the early winter season. (a) An area-averaged time-series of SIC for the entire area of the Arctic Ocean (dashed) and B–K seas (solid) during the early winter for the period 1979~2012. The area of the B–K seas is indicated by hatched region in b. Years during which the area-averaged SIC 50% over the B–K seas are indicated by red dots (11 sample years). The composite mean anomaly of (b) SIC (%) and (c) surface turbulent heat flux (W/m^2; the sum of sensible and latent heat flux) for the years indicated by the red dots in a. Anomaly is defined as a departure from climatology data for the period 1979~2012 (Kim et al. 2014).

빙면적을 계산하여 그 변동 특성에 대해 통계적 분석을 수행하였다. 그 결과, 따뜻한 바닷물과 접해있는 노르웨이 지역 인근 해역인 대서양 북극해의 초겨울 해빙면적이 변동성이 가장 크고 기상 현상들과도 유의미한 관련성을 보이는데 주목하였다. 이로부터 대서양 북극해 지역 해빙면적만을 따로 추출, 매해 11월부터 12월까지로 정의되는 초겨울 기간동안의 해빙 면적을 매해 계산하였다. 그 결과, 위성자료를 신뢰할 수 있는 분석기간인 1979~2012년 기간 중 이 지역 해빙면적이 특히 작았던 해들을 통계적으로 추출해 낼 수 있었고, 해당하는 해들은 대부분 최근 10년에 집중되어 있음을 확인하였다 (Figure 8.18a).

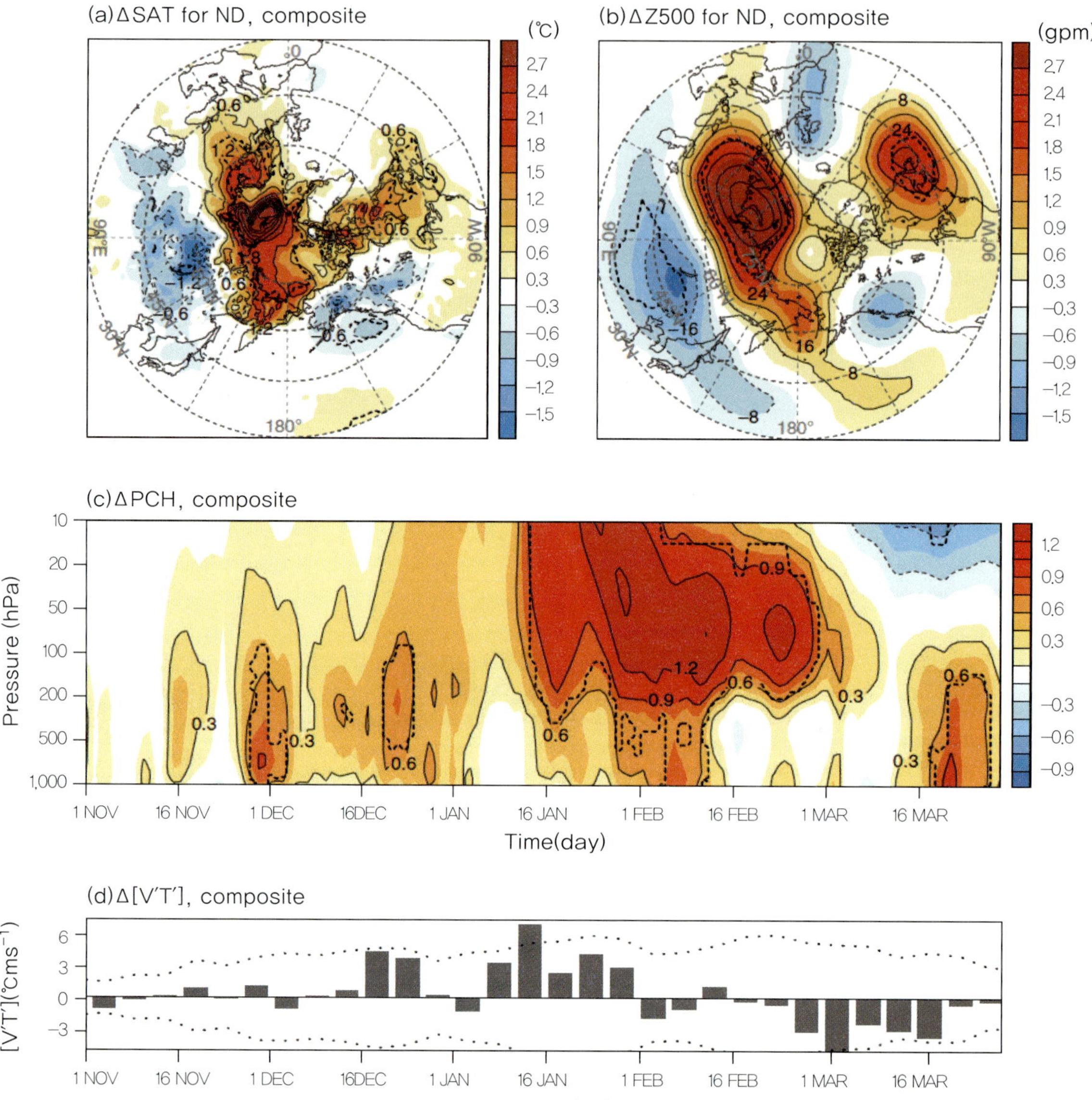

Figure 8.19 Composite mean differences during the years of reduced Arctic sea-ice. Composite mean differences from climatology data with respect to (a) surface air temperature, (b) the geopotential height anomaly at 500 hPa for the early winter, (c) the subseasonal evolution of the PCH as a function of pressure and (d) 5-day averaged composite poleward heat flux anomalies at 100 hPa from ERA-Interim data. In a and b, contour intervals are 0.3°C and 4m, respectively. In c, the contour interval is 0.3. Values that are statistically significant at the 95% confidence level are enclosed by a dotted line (see Methods) (Kim et al. 2014).

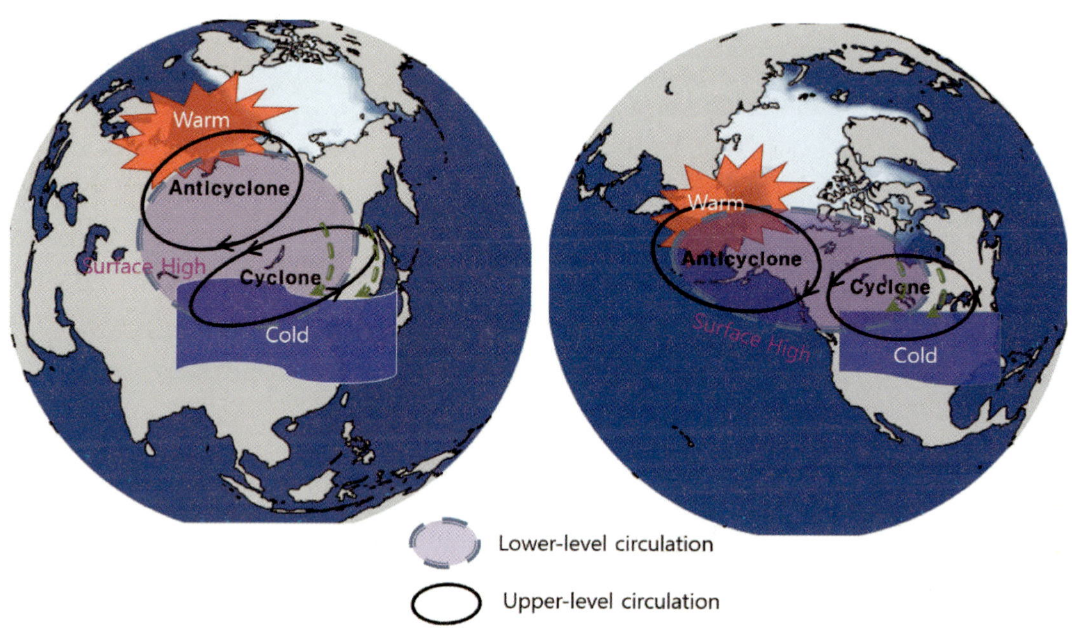

Figure 8.20 Schematic diagram for two distinctive influences of Arctic warming to the mid-latitude cold winters (Kug et al. 2015).

선택된 해들에 대해 다양한 기상변수들과의 관련성을 합성분석, 상관분석 등의 통계처리를 이용하여 초겨울 대서양 북극해 해빙이 작았던 해들에서 나타난 공통적 대기현상들에 대해 분석하였다. 분석 결과, 최근 급격히 줄어들고 있는 북극 해빙 면적 감소로 인해 유례없는 다량의 열과 수증기가 대기 중으로 유입되고 있으며 (Figure 8.18b & c), 이로 인해 대기 상공의 대규모 파동들이 교란되고 있음을 확인하였다 (Figure 8.19b). 또한, 이 파동들과 상호 작용하는 성층권 북극 소용돌이의 강도가 크게 약화되어 (Figure 8.19c) 소용돌이 내에 갇혀 있던 북극의 냉기가 자주 중위도 지역까지 남하하는 현상이 발생하고 있음을 보였으며, 결국 최근 북미/동아시아 지역에 나타나는 잦은 한파와 폭설은 이러한 프로세스들을 거쳐 유발되고 있음을 통계적으로 확인하였다 (Figure 8.19a). Kim et al. (2014)은 이 결과를 컴퓨터 시뮬레이션을 수행한 결과를 통해 더 뒷받침하였다. 해빙면적이 특히 작았던 해들의 해빙면적들을 평균하여 시뮬레이션에 사용한 실험결과로 얻어진 대기 반응과 평년과 해빙면적이 기후학적 평균치와 비슷한 해들로 구한 평균 해빙면적을 수치모델의 하부 경계조건으로 사용하여 얻어낸 대기반응을 비교 분석한 결과, 통계적 분석을 통해 얻어진 결과들과 거의 유사한 결과를 얻어낼 수 있었다. 이는 북극 해빙면적 이외에 모든 조건들을 동일하게 맞추어 놓고 실험을 수행하여 얻어진 결과이어서 통계적 발견의 신뢰성을 크게 높여주었다.

북극의 기후변화가 우리가 살고 있는 지역의 극단적 기상현상에 어떤 영향을 미치고 있는지에 대한 논쟁은 현재 학계에서 가장 뜨거운 이슈를 불러 일으키고 있으며 2014년 4월 사이언스지는 이 이슈를 특집으로 다룬 바 있다 (Kintisch 2014). 최근에는 국내연구진을 중심으로 바렌츠/카라해 영역 뿐만 아니라 태평양 북극해 지역인 척치해의 해빙감소와 온난화가 또다른 형태로 발생하여 북미 한파에 큰 영향을 줄 수 있음을 밝힌 바 있다 (Figure 8.20) (Kug et al. 2015).

참고문헌

류상범, 권원태, 2002: 남한의 한랭 겨울과 혹한일의 기후학적 특성. *대기*, **12(1)**, 288-291.

유영은 등, 2015: 한반도 혹한 발생시 종관장 특성과 대규모 기후 변동성 간의 연관성. *대기*, **25(3)**, 435-447.

유희동 등, 2014: 한국 기후변화 평가보고서 2014 – 기후변화 과학적 근거. *기상청*, **305pp**.

이대근 등, 2013: 한국 주요도시에서 겨울철 한파의 질환별 사망률 영향(1991-2010). *한국기상학회 학술대회 논문집*, **2013.10**, 240-241.

임규호, 1994a: 북반구 중위도 지방의 대기대순환 통계값에 근거한 동계 경압파의 강도 변화. *한국기상학회지*, **30,** 73-86

______, 1994b: 동아시아 겨울철 상층 동서류와 하층 기온변동의 연관성. *한국기상학회지*, **30,** 65-72.

______, 1994c: 겨울철 동아시아 제트류의 변동성과 한파 내습. *한국기상학회지*, **30,** 507-519.

______, 1995: 동아시아 겨울철 한파 내습 기간중 대류권 상하층 바람장의 시공간적 전개. *한국기상학회지*, **31(4),** 373-392.

정창희, 변희룡, 1987: 극동 아시아 지역에 한파를 초래하는 대기의 지구 순환에 관한 사례 연구. *한국기상학회지*, **23(2)**, 23-33.

Ryu, S.-B., 2003: 우리나라 겨울철 한파 내습과정에 관하여. *대기 13권 1호,* **2003.4**. 310-313

Chang, C.-P., and K.-M. Lau, 1980: Northeasterly cold surges and near-equatorial disturbances over winter MONEX area during December 1974. Part II: Planetary scale aspects. *Mon. Wea. Rev.*, **108**, 298 – 312.

Chen, T.-C., W.-R. Huang, and J.-H. Yoon, 2004: Interannual variation of the East Asian cold surge activity. *J. Climate*. **17**, 401-413.

Ding, Y., and T. N. Krishnamurti, 1987: Heat budget of the Siberian high and winter monsoon. *Mon Wea Rev.*, **115**, 2428-2449.

Solomon, S., D. Qin, M. Manning, M. Marquis, K. Averyt, M. M. B. Tignor, H. L. Miller Jr., and Z. Chen, Eds., 2007: Climate Change 2007: The Physical Science Basis. *Cambridge University Press.*

Jeong, J.-H., and C.-H. Ho, 2005: Changes in occurrence of cold surges over East Asia in association with Arctic Oscillation. *Geophys. Res. Lett.*, **32**, L14704.

______, C.-H. Ho, B.-M. Kim, and W.-T. Kwon, 2005: Influence of the Madden-Julian oscillation on wintertime surface air temperature and cold surges in East Asia. *J. Geophys. Res.*, **110**, D11104, doi:10.1029/2004JD005408.

______, B.-M. Kim, C.-H. Ho, Deliang Chen, and G.-H. Lim, 2006: Stratospheric origin of cold surge occurrence in East Asia. *Geophys. Res. Lett.*, **33**, L14710.

Jhun, J.-G., and E.-J. Lee, 2004: A New East Asian Winter Monsoon Index and Associated Characteristics of the Winter Monsoon. *J. Climate*, **17**, 711 – 726.

Joung, C. H., and M. H. Hitchman, 1982: On the role of successive down stream development in East Asia polar air outbreaks. *Mon. Wea. Rev.*, **110**, 1224-1237.

Kaspi, Y., and Schneider, T. 2011: Winter cold of eastern continental boundaries induced by warm ocean waters. *Nature*, **471**, 621 – 624.

Kaufman, D. S., and Coauthors, 2009: Recent warming reverses long-term arctic cooling, *Science*, **325**, 1236 – 1239.

Kim, K.-R., and S.-U. Park, 1987: Regional secondary circulation over east Asia during a cold-air outbreak over Korea, *J. Kor. Meteor. Soc.*, **23**, 70-92.

Kim, B.-M., G.-H. Lim, and K.-Y. Kim, 2006: A new look at the midlatitude-MJO teleconnection in the northern hemisphere winter. *Quart. J. Roy. Meteor. Soc.*, **132**, 485 – 503.

______, J.-H. Jeong, and S.-J. Kim, 2009: Investigation of stratospheric precursor for the cold surge event using potential vorticity inversion technique. *Asia-Pac. J. Atmos. Sci.*, **45**, 513-522.

______, S.-W. Son, S.-K. Min, J.-H. Jeong, S.-J. Kim, X. Zhang, T. Shim, and J.-H. Yoon, 2014: Weakening of the stratospheric polar vortex by Arctic sea-ice loss. *Nat. Commun.*, **5**, 4646, doi:10.1038/ncomms5646.

Kim, M-K., S.-C. Shin, and W.-S. Lim, 2005: Characteristics of atmospheric circulation and heat source related to winter cold surge in Korea.*J. Kor. Earth Sci. Soc.*, **26**: 560-572.

Kintisch, E., 2014: Into the Maelstrom. *Science*, **344**, 250-253.

Kug, J.-S., J.-H. Jeong, Y.-S. Jang, B.-M. Kim, C. K. Folland, S.-K. Min, and S.-W. Son, 2015, Two distinct influences of Arctic warming on cold winters over North America and East Asia. *Nat. Geosci.*, http://doi.org/10.1038/ngeo2517

Lau, K.-M.. and M. T. Li, 1984: The monsoon of east Asia and its global associations – A survey. *Bull. Amer. Met. Soc.*, **65**, 114-125.

Lim, Y.-K., and H.-D. Kim, 2015: Comparison of the impact of the Arctic Oscillation and Eurasian teleconnection on interannual variation in East Asian winter temperatures and monsoon. *Theor. Appl. Climatol.* doi:10.1007/s00704-015-1418-x.

Meehl, G. A., and Coauthors, 2006: Climate change projections for the twenty-first century and climate change commitment in the ccsm3. *J. Climate*, **19**, 2121－2632.

Mori, M., M. Watanabe, H. Shiogama, J. Inoue, and M. Kimoto, 2014: Robust Arctic sea-ice influence on the frequent Eurasian cold winters in past decades. *Nat. Geosci.,* **7**, 869－873, doi:10.1038/ngeo2277.

Park S.-U., and S.-S. Kim., 1987: The synoptic conditions in the East Asian region accompanying cold-air outbreaks over Korea during December 1985 through February 1986. *J. Kor. Meteor. Soc.,* **23**, 56-90.

Park T.-W., C.-H. Ho, S. Yang, and J.-H. Jeong, 2010: Influence of arctic oscillation and Madden-Julian Oscillation on cold surges and heavy snowfalls over Korea: A case study for the winter of 2009-2010. *J. Geophys. Res.*, **115**, D23122, doi:10.1029/2010JD014794.

______, ______, and ______, 2011: Relationship between the Arctic Oscillation and cold surges over East Asia. *J. Climate,* **24**, 68-83.

______, ______, J.-H. Jeong, J.-W. Heo, and Y. Deng, 2015: A new dynamical index for classification of cold surge types over East Asia. *Climate Dyn.,* **45**, 2469-2484.

Ryoo S.-B., W.-T. Kwon, and J.-G. Jhun, 2004,: Characteristic of wintertime daily and extreme minimum temperature over South Korea. *Int. J. Climatol.*, **24**, 145-160.

______, W.-T. Kwon, and J.-G. Jhun, 2005: Surface and upper-level features associated with wintertime cold surge outbreaks in South Korea. *Adv. Atmos. Sci.*, **22**, 509-524.

Screen, J., and I. Simmonds, 2010b: Increasing fall-winter energy loss from the Arctic Ocean and its role in Arctic temperature amplification. *Geophys. Res. Lett.*, **37**, L16707. doi:10.1029/2010GL044136.

Takaya, K., and H. Nakamura, 2005: Mechanisms of intraseasonal amplification of the cold Siberian high. *J. Atmos. Sci.*, **62**: 4423-4440.

Vihma, T., 2014: Effects of Arctic sea ice decline on weather and climate: A review, *Surv. Geophys.* **35,** 1175-1214, doi:10.1007/s10712-014-9284-0.

Wallace, J. M., I. M. Held, D. W. J. Thompson, K. E. Trenberth, and J. E. Walsh, 2014: Global Warming and Winter Weather. *Science*, **343**, 729-730, DOI: 10.1126/science.343.6172.729.

Woo, S.-H., B.-M. Kim, J.-H. Jeong, S.-J. Kim, and G.-H. Lim, 2012: Decadal changes of surface air temperature variabilities and cold surge characteristics over the Korean peninsula and their relation for the AO for the past three decades. *J. Geophys. Res.*, **117**, D18117. http://dx.doi.org/10.1029/2011JD016929.

Zhang, Y., K. R. Sperber, and J. S. Boyle, 1997a: Climatology and interannual variation of the East Asian winter monsoon: results from the 1975-95 NCEP-NCAR reanalysis. *Mon. Wea. Rev.*, **125**, 2605-2619.

CHAPTER 09

기후강제력

Climate Forcing

미국 사막연구소: **정 철**

학습목차

프롤로그

'기후변화'라 함은 기후상태의 변화를 말하며, 이는 (통계적 방법으로 확인되는), 수 십년 이상 지속적인 평균값 및 특성의 변화를 말한다. 기후변화는 내부과정 및 외부강제력에 의해 생길 수 있다. 기후학에서 외부강제력이란 지구 밖에서 오는 강제력이 아니라 기후시스템 밖에서 오는 강제력을 의미한다. 외부강제력의 예는 화산활동, 인위적인 가스/에어로졸 방출, 태양에너지의 변화를 포함한다. 내적인 변동의 예는 북극 얼음의 변화, 비인위적인 지표면 식생의 변화, 비인위적인 사막화 등이다.

외부강제력 중에서 일사와 화산활동의 변화 등은 자연적으로 발생하며, 이것은 기후계의 전반적인 자연변동에 기여한다. 산업혁명이래 증가한 이산화탄소 방출에 의한 대기조성의 변화 같은 외부 변화는 인간활동의 산물이다. 기후변화 연구의 주요 목적 중 하나는 i) 인간활동과 ii) 자연적인 외부강제력으로 인한 기후변화를 iii) 기후시스템의 내적인 과정으로 생기는 기후변화 및 변동과 각각 구별하는 것이다.

내적인 변동은 모든 시간규모에 걸쳐 일어나고 있다. 내적인 변동을 일으키는 대기과정은 구름 내에서 수증기의 응결 같은 아주 짧은 시간 동안 발생하는 것부터 대류권과 성층권 교환, 북반구와 남반구간 교환 등 수 년에 걸쳐 발생하는 것으로 알려져 있다. 해양과 빙권 등 기후시스템의 다른 요소는 더 긴 시간규모로 변동하고 있다. 이런 구성요소들은 자신만의 내적인 변동을 겪을 뿐 아니라 더 빨리 변하는 대기로 인해 생기는 변동과 합쳐진다. 내적인 변동은 또한 ENSO 현상과 같이 구성 요소 간의 상호 작용으로도 생긴다.

외부강제력에 의한 영향과 내적인 기후변동을 구별하기 위해서는 관측된 변화와 외부강제력으로 발생이 예상되는 변화에 대한 세밀한 비교가 요구된다. 이러한 예상은 기후시스템의 물리적 이해에 기초하고 있다. 물리적 이해는 물리적 원리에 기초하고 있다. 이러한

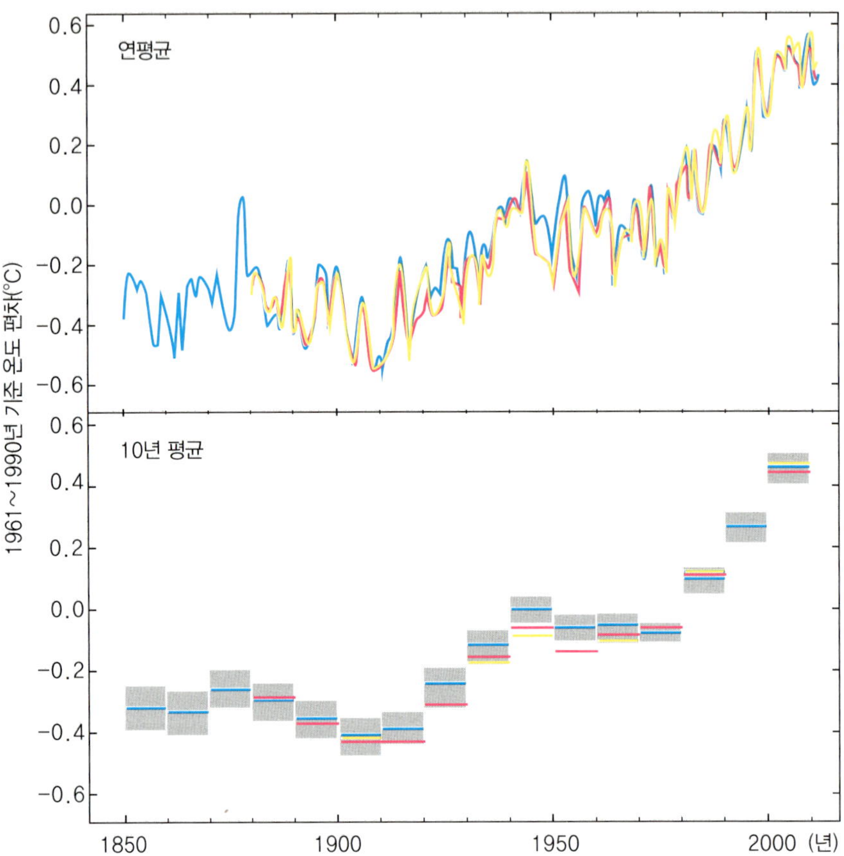

Figure 9.1 육지와 해양온도를 결합하여 산출한 1850~2012년의 전 지구 지표온도의 편차 (IPCC 2013).

이해는 개념적 모델 형태를 취하거나 또는 물리에 기반을 둔 강제력 정도에 따라 가동되는 기후모델로 정량화 할 수 있다. 기후모델 진단과 상호비교 프로그램(PCMDI)의 다중모델 데이터(MMD) 세트에 기여한바 같이 간단한 에너지 균형 모델로부터 시작해 중급 정도의 복잡성을 지닌 모델, 그리고 종합적인 결합 기후모델까지 이러한 일련의 모델을 사용해 이런 방식으로 예상을 정량화할 수 있다. 종합적인 결합 기후모델은 개발자와 광범위한 조사 커뮤니티에 의해 평가받고 있다. 기후시스템의 주요 특징 및 변동성 (예를 들면 계절 사이클 등)을 재생산할 수 있는 모델의 능력이 향상되면 기후변화 재현 신뢰도를 증가시킨다 (Hegerl et al. 2007).

기후시스템의 외적 영향 효과에 대한 증거들이 3차 평가보고서(Third Assessment Report, TAR) 이래로 누적되어 왔다. 가장 대표적인 증거는 산업혁명 이후 기후계 전반에 걸친 폭넓은 기온 상승 및 다양한 기후변수들의 변화이다. IPCC 5차 보고서에 의하면 수십 년의 강력한 온난화와 함께 전 지구 평균 지표온도의 변화는 수십 년 및 경년변동성이 뚜렷하게 나타난다 (Figure 9.1). 독립적으로 생산된 여러 개의 데이터세트가 존재하는

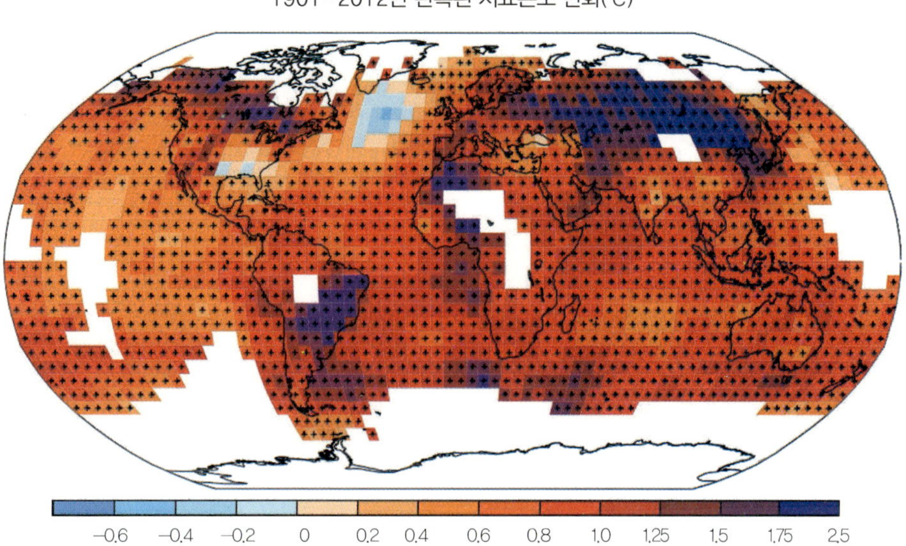

Figure 9.2 1901~2012년의 관측된 지표온도 변화의 공간분포 (IPCC 2013).

1880~2012년에 전지구 육지와 해양의 평균 지표온도 자료는 선형경향성에 의해 산출하는 경우 0.85[0.65~1.06] °C의 온도상승을 보였다. 단일의 가장 긴 데이터세트를 이용해서 산출한 1850~1900년 평균과 2003~2012년 평균 사이의 총 온도 상승은 0.78[0.72~0.85] °C이다. 백 수십 년 기간동안 이렇게 온도가 가파르게 상승한 것은 자연적인 변동성으로만 설명하기에는 한계가 있다. IPCC 보고서가 3차, 4차, 5차를 거치면서 온도 증가는 계속되어 왔고, 자연변동성으로 설명하려던 시도는 점점 약화되었다. 또한 지역 규모의 경향성을 산출하기에 충분히 완성도 높은 최장 기간인 1901~2012년에 전지구 거의 모든 지역에서 지표 온난화가 일어났다 (Figure 9.2). 즉, 전 지구적으로 대기와 해양은 따뜻해지고, 눈과 빙하는 줄어들고 해수면은 높아졌다. 이러한 변화 요인을 자연적, 인위적으로 구분하였을 때, CO_2 농도의 증가로 대표되는 인위적 요인에 의한 복사강제력은 양의 값을 가지며 결과적으로 기후시스템이 에너지를 흡수하는 것으로 알려져 있다. 만약 인구성장과 경제성장이 현재와 같이 계속될 경우 2100년 지구표면 온도는 산업화 이전 대비 3.7~4.8 °C 상승할 것으로 기후학자들은 예측하고 있다.

9.1 기후강제력이란?

기후강제력은 근본적으로 기후변화를 일으키는 힘으로써 복사강제력(radiative forcing)을 뜻한다. 유의할 점은 복사강제력 자체가 기후변화를 일으키거나 복사강제력이 변해야지만 기후가 변하는 것은 아니다. 복사강제력은 어떠한 섭동으로 인해 발생한 지구시스템의 에너지의 변화로, 이론적으로 대류권계면에서 측정된 지구 단위면적당/시간당 에너지 (W/m^2) 변화이다. 이는 대류권계면으로 들어오는 태양에너지와 대류권계면에서 나가는 에너지의 차이의 변화로 표현할 수 있으며, 복사강제력은 지표면에서의 전구 평균 평형 온도변화(ΔT_s)와 선형적인 관계를 보이므로 [$\Delta T_s = \lambda RF$ (λ: 기후민감도 매개변수)] 기후변화를 초래하는 다양한 인위적, 자연적 힘들의 상대적인 기후효과를 추정하고 비교하는데 있어서 상당히 유용한 도구이다 (Ramaswamy et al. 2001; Jacob et al. 2005). 이 값은 지표 및 원격 복사관측 값, 온실가스 및 에어로졸의 특성, 수치모델로부터 산출한 모델 값을 기반으로 산출된다. 복사강제력의 값이 양으로 클수록 지구-대기시스템의 에너지가 증가하여 지표면과 대류권을 온난하게 만들고, 반대로 음으로 클수록 지표면/대류권을 냉각시킨다.

복사강제력은 크게 화산활동, 태양변화와 같은 자연적인 복사강제력과 온실기체나 에어로졸 변화 등 기타 다른 여러 요소들에 의한 인위적인 복사강제력으로 나눌 수 있다. 자연적이건 인위적이건 복사강제력은 서로 다른 두 기간 사이의 대류권계면에서 복사에너지의 변화로 산출한다 (그에 따른 온도변화와 복사장 변화는 고려하지 않음). 일반적으로 앞에서 언급한 두 기간은 1850년 (또는 1750년)과 현재이다. 여기에서 1750년의 값에 대한 2011년의 복사강제력과 2100년에 대해 예상된 값들을 살펴봄으로써 인위적, 자연적 요소에 대한 복사강제력을 논의하고자 한다.

1750년을 기준으로 산출한 2011년의 인위적인 총 복사강제력은 2.29[1.13~3.33] W/m^2로 평가되며, 1970년 이후 그 이전 수십 년보다 더 빠르게 증가했다. 2011년의 인위적인 총 복사강제력 추정 값은 AR4에서 산출한 2005년도 추정 값보다 43 % 더 크다. 이것은 대부분의 온실가스 농도가 지속적으로 증가하였고 음의 복사강제력을 나타내는 에어로졸로 인한 복사강제력의 추정치가 (절대값 면에서) 작아지는 방향으로 개선되었기 때문이다. 기후모델은 인위적인 강제력을 포함시킬 때만 20세기에 관측한 전구 평균 기온변화를 재생산할 수 있으며, 기후모델에서 인위적인 강제력을 배제시킨다면 이를 생산할 수 없다. 이러한 사실은 인간이 지구온난화에 막대한 영향을 미치고 있다는 것을 보여준다.

3차 평가보고서와 그 이전 IPCC 평가 보고서에서는 복사강제력에 대한 정의가 유지되어 왔다. Ramaswamy et al (2001)은 이를 '지표면과 대류권은 교란되지 않은 상태로 고정시킨 상태에서, 복사강제력 원인 (예컨대 온실가스 증가)에 의한 성층권 온도변화의 복사변화를 고려한 후 대류권계면에서의 순복사변화'로 정의하였다. 온실가스가 지구를 온난하게 하는 이유를 고등학교에서는 "온실가스가 지구로 들어오는 단파복사는 그냥 통과시키지만 지구 밖으로 나가는 장파복사는 흡수하기 때문에"라고 배웠지만, 실제로는 이렇게 단순하지 않다. 온실가스 증가는 지표면과 대류권의 온도를 증가시키지만 성층권의 온도를 떨어뜨린다. 이 부분은 관측에 의해서 여러 번 확인되었다. 온실가스는 장파복사를 흡수한다. 하지만, 빛을 흡수하는 모든 물질은 빛을 방출한다. 따라서 온실가스는 장파복사를 방출도 한다. 그렇다면 온실가스가 장파복사에 어떤 순영향을 미치는 것일까? 대기는 지표면보다 차갑고, 따라서, 대기의 온실가스도 지표면보다 차갑다. 온도가 낮은 물체일수록 적은 양의 복사에너지를 방출한다. 대류권에서는 대류가 활발히 일어나기 때문에 대류권과 지표면을 한 시스템으로 보는 것이 합리적이다. 이 시스템에서 온실가스가 없다면 지표면의 높은 온도에서 방출하는 장파복사가 우주로 나갈 것이다. 온실가스가 추가되면, 이 시스템은 온실가스의 온도에서 장파복사를 우주로 보내기 때문에, 줄어든 장파복사가 우주로 나간다. 즉, 온실가스의 존재는 이 시스템을 데우는 역할을 한다. 강조하자면, 온실기체 증가가 지표면/대류권의 온도를 높이기 위해서는 대기가 지표면보다 차가워야 한다. 대류권에서는 지표면이 가장 뜨겁고, 위로 올라갈수록 온도가 감소한다. 지표면과 대류권상층의 온도 차이가 가장 심한 열대지방에서 (같은 농도의) 온실가스에 의한 온실효과가 가장 크다.

Figure 9.3은 다양한 복사강제력 계산 방법론을 나타낸 것이다. 복사강제력을 일으키는 인자 (예컨대 온실가스 증가)에 의해서 복사플럭스가 변화된다. (a) 방법은 지표면/대기 전체의 상태가 고정되어 있는 상태에서 복사강제력을 일으키는 인자에 의한 대류권계면에서 플럭스 변화를 계산하는 것이다. 이렇게 계산된 복사강제력을 IRF(Instantaneous Radiative Forcing)라고 한다. IRF는 가해진 변화로 인한 순 (하향–상향) 복사플럭스 (단파+장파, W/m^2)의 순간적인 변화를 나타내며, 이 복사변화는 고정된 지표면/대기의 온도를 변화시키려고 한다. TOA(top of the atmosphere)를 이용하지 않고 대류권계면을 이용하는 이유는 복사강제력을 이용해서 지표면 온도변화를 이해하는데 주 목적이 있기 때문이다. 대류권계면 위의 공기는 대류권에 별 영향을 미치지 못한다.

(b)는 IRF에 의해 지표면/대기 상태가 변하게 되는데, 성층권의 온도변화만 인정하고 나머지는 변하지 않다고 가정하고 대류권계면에서 복사플럭스 변화를 계산하는 것이다. (c)는 IRF에 의해서 지표면/대기가 변할 때, 지표면 상태만 고정시키는 것이다. 대기는 변한 복사에너지에 적응을 하고, 적응 이후 대류권계면에서 복사변화와 TOA에서 복사변화가 일치하게 된다. 이 둘 중 하나를 선택한다.

반면에 (d)에서 나타내어진 ERF(Effective Radiative Forcing)는 해수면온도와 해빙 면적이 기후학적인 값으로 고정된 상태에서 대기온도, 수증기, 그리고 구름과 같은 여러 요소들이 모두 조정될 때까지 기다린 후에 측정한 TOA에서의 순복사플럭스의 변화

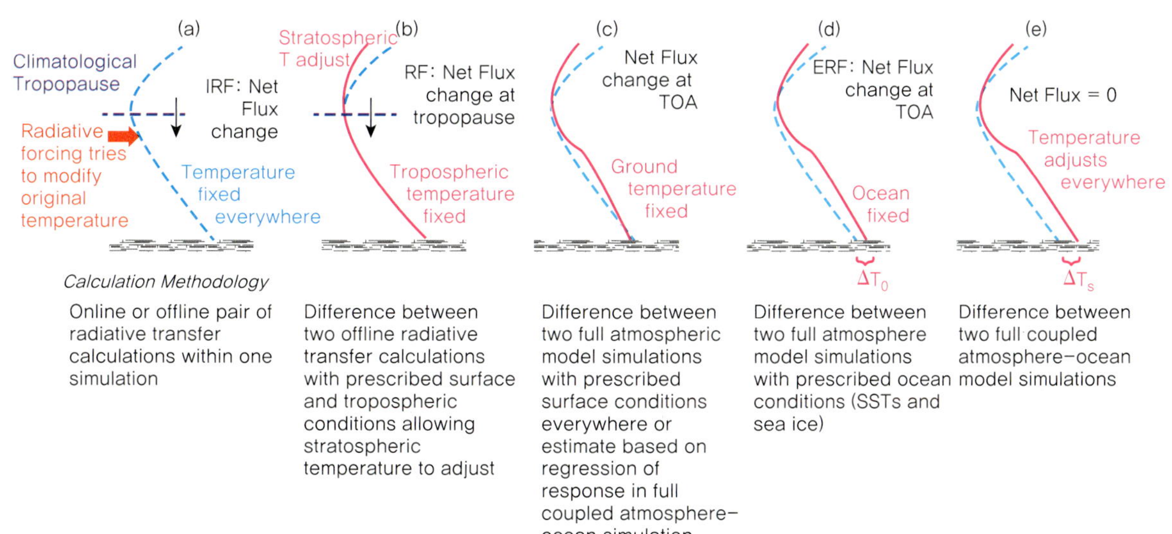

Figure 9.3 복사강제력 계산 방법론의 비교 도식 (IPCC 2013).

(downward)로 정의된다. 이 때, 해양이 아닌 육지의 지표온도나 눈/얼음 면적, 식생 등도 조정되도록 기다린다 (ERF에는 다양한 방법들이 있지만 여기서는 이 방법을 사용하였다). 특히 ERF가 에어로졸/구름에 적용될 경우 에어로졸/구름의 빠른 반응까지 고려할 수 있게 된다. IPCC 4차 보고서에서 aerosol semi-direct effect로 따로 구분된 복사강제력은 ERF에 자동적으로 포함되게 된다. 이러한 ERF 방법은 RF보다 더욱 복잡한 모델을 통한 더 오랜 모델링 시간이 필요로 하게 되지만, 두 방법의 복사강제력 값은 다른 양상을 보이며 현재 복사강제력을 산출함에 있어 ERF가 RF보다 지표면 온도 변화를 더 잘 반영한 지표로 고려되고 있다. AR4까지는 RF만을 사용하였으나, AR5에 들어서는 온실기체, 에어로졸 등 일부 요소에 대한 복사강제력을 구하는 경우에 ERF가 사용되고 있다. (e)의 ERF는 이론적인 계산으로 참고로만 사용된다.

9.2 온실기체로 인한 복사강제력

산업시대에 접어들면서 대기 중 온실기체 농도가 상당히 증가하였고, 이 농도증가를 자연적인 변화만으로 설명할 수는 없다. 이러한 온실기체로 인한 복사강제력을 구하기 위해서 먼저 이산화탄소 농도 실관측값이 이용되었는데, 관측값이 없는 산업시대 이전의 농도에 대해서는 극지방 얼음 속에 갇힌 공기들을 이용하여 구하였다.

여기서 복사강제력이라 함은 Figure 9.3b의 정의를 따르는 것으로 한다. 이 정의에 따르면 지표면/대류권 상태를 유지하고 온실가스 농도를 높였을 때 대류권계면에서 나타나는 복사플럭스 변화이다. 지표면/대류권 상태는 현상태를 가정한다. 이 현상태는 계절적/공간적 온도/습도/구름의 변화를 고려해서 복사계산을 해야 된다. 복사의 정확한 값을 주는 spectral line-by-line 계산법을 적용하는 것이 원칙이다. 이 계산법은 컴퓨터사용량이 엄청나기 때문에 지구의 모든 격자점(grids)에 대해서 계산하는 것이 현실적으로 힘들다. (현재의 발전된 컴퓨터용량을 이용해서 한국에서 전 지구적 계산에 도전하는 학자가 나오기를 바란다.) 따라서 지구의 몇 개의 선택된 grids에 대해서 계산해서 전 지구평균값을 추측한다. Line-by-line계산보다 정확성이 떨어지는 기후모델의 복사코드를 이용하는 경우는 컴퓨터사용량이 적기 때문에 전구의 grids에 대해서 계산하는 것이 가능하다. 이 경우에는 기후모델의 복사코드에 따라서, 그리고 모델이 계산하는 온도/습도상태에 따라서 결과가 다양하게 나타난다 (모델종류에 따라서 전 지구평균값이 40 %까지 차이가 남).

이렇게 구한 (line-by-line 계산에 의해서) 복사강제력은 1750~2005년에 대해서는 2.63 W/m^{2}인데 반해, 1750~2011년에는 2.83[2.54~3.12] W/m^{2}로 나타나 최근 들어 온실가스로 인한 복사강제력의 영향이 급등하고 있는 것으로 나타났다는 것을 알 수 있으며, 이때 이 복사강제력에 가장 큰 영향을 주는 기체들은 CO_2(이산화탄소), CH_4(메탄), N_2O(아산화질소)이다.

Figure 9.4는 1850년부터 2011년 사이 온실기체들의 복사강제력의 변화를 시계열로 나타내고 있으며, Table 9.1은 온실기체들의 농도와 복사강제력을 2011년에 대한 값과

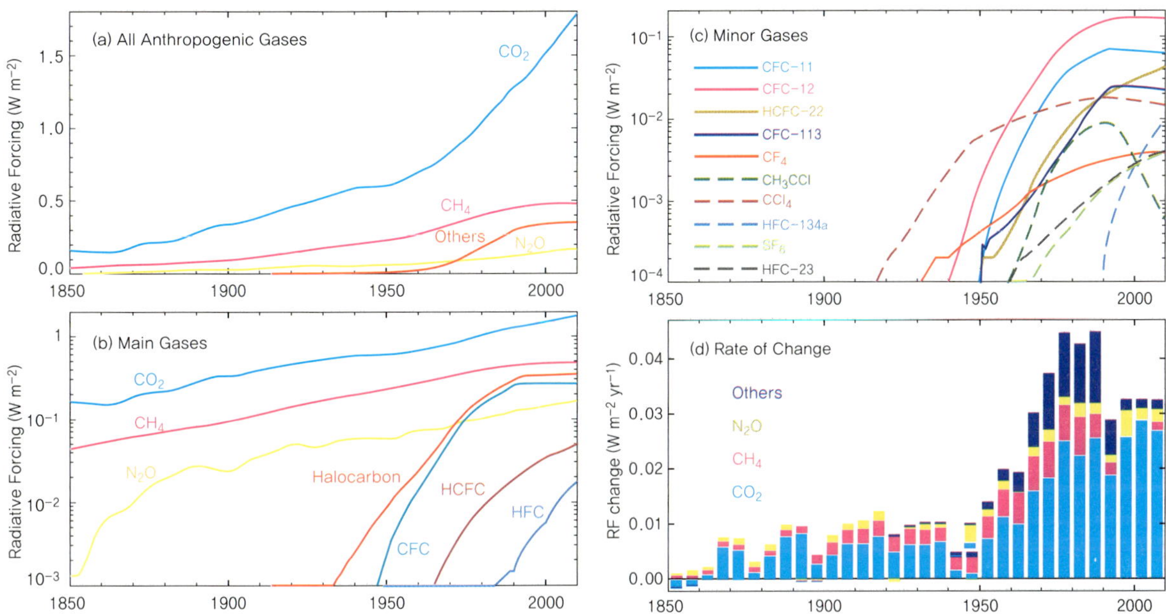

Figure 9.4 1850년부터 2011년까지의 온실기체들의 복사강제력 (IPCC 2013).

2005년에 대한 값을 나타내고 있다. Figure 9.4에서 (a)는 주요 온실기체들의 복사강제력을 나타내었으며, (b)는 (a)를 로그스케일로 다시 표현한 것이다. (c)는 (a)에서 값이 작은 기체들을 상세히 분류해서 복사강제력을 표현하였으며, (d)는 복사강제력의 총 변화량에 대해 각 요소들이 얼마나 기여하고 있는 지를 나타낸 그래프이다.

특히 CO_2의 농도는 1750년 278[276~280] ppm에서 2011년 390.5[390.3~390.7] ppm으로 증가한 것으로 나타나, 이로 인한 복사강제력 RF의 값은 1.82[1.63~2.01] W/m^2으로, CO_2의 복사강제력이 지난 15년 동안 온실가스로 인한 복사강제력 중 80% 이상을 차지하고 있다. 이때, 자연적인 영향으로 CO_2의 RF에 연변동이 나타나고, 인위적인 영향으로 인해 장기적으로 상승하는 추세를 나타내고 있다.

같은 기간 동안 지표의 CH_4 농도는 722[697~747] ppb에서 1803[1801~1805] ppb로 증가하였고, 이 증가에 따른 복사강제력은 0.48[0.43~0.53] W/m^2이다. CH_4는 CO_2, 성층권 수증기, 오존, 황산염에어로졸과 HFCs와 HCFCs의 체류시간에 영향을 주어 기후에 간접적인 영향을 줄 수 있지만, 여기서 말하는 복사강제력은 직접적인 영향만이 고려되고 있다.

다음으로 N_2O는 270[263~277] ppb에서 324.2[324.2~324.4] ppb로 증가하여 이로 인한 복사강제력은 0.17[0.14~0.20] W/m^2으로 나타났다. N_2O 또한 성층권의 오존에 영향을 주는 간접적인 효과가 있으나, 여기서는 직접적인 영향만을 고려한 것이다. Figure 9.4의 (c)와 (d)에서 알 수 있듯이 Halocarbon은 1970년부터 1990년까지는 상당한 기여도를 보이고 있었으나, 90년대에 들어서부터 크게 감소하였는데, 이는 몬트리올 의정서로 인한 결과이다.

9.3 오존과 성층권 수증기로 인한 복사강제력

오존

성층권의 오존 농도 변화에 대해서는 최근의 몇 십 년 사이에만 관측이 이루어져 왔기 때문에, 1750년부터 2011년까지의 전 시간에 걸친 농도변화는 주로 모델을 기반으로 이루어진다. 모델링 결과에 따르면 전체적인 오존의 RF는 0.35[0.15~0.55] W/m^{2}이고, 그 중 대류권 오존의 RF는 0.40[0.20~0.60] W/m^{2}이며 성층권 오존의 RF는 −0.05[−0.15~0.05] W/m^{2}이다.

Figure 9.5는 1750년부터 2011년까지의 대류권과 성층권의 오존에 대한 복사강제력을 나타낸 그래프로, 1950년부터 그 증가속도가 급증하는 모습을 보이다가 90년대부터는 그 상승속도가 크게 줄어든 것을 보인다. 또한 대류권의 오존으로 인한 RF는 양의 값을 보이지만, 성층권의 오존으로 인한 RF의 경우 음의 값을 보이는 것을 볼 수 있는데, 이는 인위적인 오존파괴물질(ODSs)의 배출로 인한 성층권 오존은 감소하였고, 반대로 지표면 근처에서는 오존농도가 증가하였기 때문이다. 성층권의 오존은 자외선과 작용해서 성층권을 가열시키고, 대류권의 오존은 장파복사를 흡수/방출하여서 대류권/지표면을 데운다. (참고적으로 대류권 오존은 인체에 해롭고 따라서 오염물질로 구분되어 있다.)

대류권에서의 오존물질은 자연적이거나 인위적으로 배출된 오존 전구물질의 광화학 반응을 통해서 형성된다. 또한 성층권의 ODSs(오존파괴물질, Ozone Depleting Substances)의 배출로 인해서 대류권계면 위에서 발생하는 오존의 변화는 수송 또는 광분해 속도의 변형을 통해서 대류권의 오존에도 영향을 끼칠 수 있다. 대류권 오존은 식물 생산성을 감소시킴으로써 이산화탄소의 자연적 흡수에 영향을 끼칠 수 있고, 이러한 간접적인 효과는 이산화탄소 RF의 전체 양에 기여할 수 있고, 오존 전구물질들로 인해서 전체적

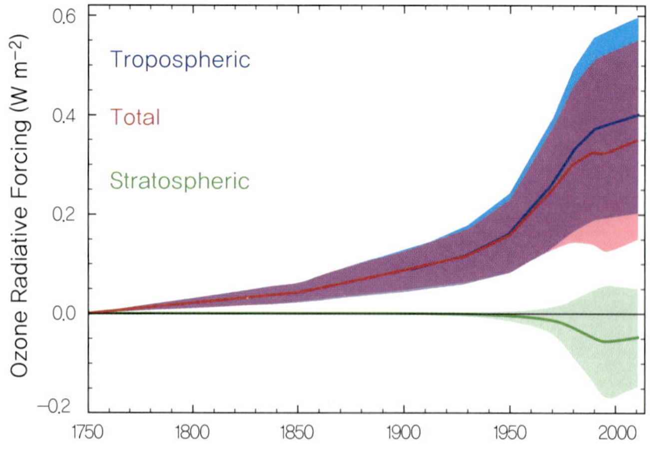

Figure 9.5 1750년부터 2011년까지의 대류권과 성층권의 오존에 대한 복사강제력 (IPCC 2013).

Table 9.1 2005년, 2011년의 온실기체 농도와 복사강제력 (IPCC, 2013).

	Concentrations (ppt)		Radiative forcing[a] (Wm^{-2})	
Species	2011	2005	2011	2005
CO_2(ppm)	391+0.2	379	1.82±0.19	1.66
CH_4(ppb)	1803±2	1774	0.48±0.05	0.47[e]
N_2O(ppb)	324±0.1	319	0.17±0.03	0.16
CFC-11	238±0.8	251	0.062	0.065
CFC-12	528±1	542	0.17	0.17
CFC-13	2.7		0.0007	
CFC-113	74.3±0.1	78.6	0.022	0.024
CFC-115	8.37	8.36	0.0017	0.0017
HCFC-22	213±0.1	169	0.0447	0.0355
HCFC-141b	21.4±0.1	17.7	0.0034	0.0028
HCFC-142b	21.2±0.2	15.5	0.0040	0.0029
HFC-23	24.0±0.3	18.8	0.0043	0.0034
HFC-32	4.92	1.15	0.0005	0.0001
HFC-125	9.58±0.04	3.69	0.0022	0.0008
HFC-134a	62.7±0.3	34.3	0.0100	0.0055
HFC-143a	12.0±0.1	5.6	0.0019	0.0009
HFC-152a	6.4±0.1	3.4	0.0006	0.0003
SF_6	7.28±0.03	5.64	0.0041	0.0032
SO_2F_2	1.71	1.35	0.0003	0.0003
NF_3	0.9	0.4	0.0002	0.0001
CF_4	79.0±0.1	75.0	0.0040	0.0036
C_2F_6	4.16±0.02	3.66	0.0010	0.0009
CH_3CCl_3	6.32±0.07	18.32	0.0004	0.0013
CCl_4	85.8±0.8	93.1	0.0146	0.0158
CFCs			0.263±0.026[b]	0.273[c]
HCFCs			0.052±0.005	0.041
Montreal gases[d]			0.330±0.033	0.331
Total halogens			0.360±0.036	0.351[f]
Total			2.83±0.029	2.64

인 RF는 대략 두 배가 될 수 있다. 비록 이런 효과들에 대해서 강력한 증거들이 있을 것이라고 가늠하고 있더라도, 정확한 평가를 위해서는 추후 연구가 더 필요하다.

성층권 수증기

대기 중 대부분의 수증기는 대류권에 존재하나, 성층권에도 소량의 수증기가 존재하고 이들의 변화 또한 복사강제력을 일으킨다. 증발과 강수의 균형으로 조절되는 대류권의 수증기와는 다르게 성층권에서는 Tropical Troposphere를 통한 유입, 항공기나 화산활동 등을 통한 직접적인 유입 및 CH_4와 hydrogen의 산화를 통한 화학적 생성 등을 통해 수증기가 존재할 수 있게 된다. CH_4의 산화로 인해 생성된 수증기의 복사강제력은 0.07[0.02~0.12] W/m^2로 평가되고, 항공기를 통한 수증기 유입으로 발생하는 복사강제력은 CH_4의 산화를 통해 발생하는 수증기로 인한 복사강제력에 비해서 상대적으로 굉장히 적다.

성층권의 수증기는 장파복사를 방출하고, 방출된 복사 중 아래로 향하는 부분은 대류권계면을 통과하게 되어서 복사강제력에 영향을 준다.

9.4 에어로졸 효과로 인한 복사강제력

에어로졸의 정확한 영어발음은 '에러졸'이다. 에어로졸이 기후에 미치는 영향은 복사 수지에 미치는 에어로졸의 직접적, 간접적 효과를 나타내는 복사강제력으로 정량화되어 표현된다. 에어로졸의 직접효과는 에어로졸이 태양빛을 산란/흡수하면서 (먼지입자인 경우는 장파복사를 산란/흡수하면서) 대류권계면의 복사플럭스에 영향을 주는 것이다. 에어로졸의 직접효과에 의한 복사강제력은 산업혁명 이후 변한 에어로졸에 의해서 발생한 복사플럭스의 변화이다. 인위적인 에어로졸은 대류권에 주로 있기 때문에 대류권계면 복사플럭스에 주는 영향과 TOA 복사플럭스에 주는 영향이 거의 같다. 따라서 일반적으로 TOA 복사플럭스를 대상으로 계산한다.

에어로졸 간접효과에는 일반적으로 크게 3가지가 알려져 있는데, 구름의 응결핵 역할을 하는 에어로졸의 증가는 구름층 내 수함량(Liquid Water Path, LWP)이 일정할 경우, 미세한 크기의 구름방울 개수 농도를 증가시켜 결국 구름의 광학적 두께를 증가시키게 되며 이는 구름의 반사도를 증가시킨다 (Twomey 1977). 이를 기후에 미치는 '에어로졸의 1차 간접효과' 혹은 'Twomey 효과' 라고 부르고 있다. 또한 미세한 크기의 구름방울 농도가 증가하게 되면 구름방울이 빗방울이 되기 위한 적절한 크기로 성장하는 데에 많은 시간이 필요하게 되어 구름의 대기 중 체류시간을 증가시키게 되고 결국 운량을 증가시키는 효과가 있다. 또한 작아진 구름방울은 구름 내부의 상승하는 기류에 대해서 더 높이 상승하게 되어 구름의 높이가 높아지게 된다. 작아진 물방울로 인해 빗방울이 되지 못한 상태로 오래 체류하지만, 한번 낙하하기 시작하면 깊은 구름 내에서 병합할 수 있는 물방울의 개수가 많기 때문에 강수의 횟수는 줄어들지만 강도는 강해지게 되어 결국 상대적으로 강수효율을 떨어뜨리게 된다 (Albrecht 1989). 이를 '에어로졸의 2차 간접효과' 혹은 'Albrecht 효과' 라고 일컫고 있다. 마지막으로 대기 중에 부유하는 검댕(black carbon 혹은 soot)으로 이루어진 스모그층이 태양 복사를 흡수함으로 인해 Burn-off 효과를 통해 운량을 감소시키는 효과를 에어로졸의 준직접효과(semi-direct effect)라고 부르고 있다 (Ackerman et al. 2000). 에어로졸 1차 그리고 2차 간접효과는 구름변화를 통해서 복사수지에 영향을 주어서 지구 대기를 냉각시키는 반면에 준직접효과는 대기 온도를 증가시키는 효과가 있다 (김과 권 2006). Aerosol semi-direct effect는 에어로졸 복사강제력에는 포함되지 않으나 에어로졸 ERF(Effective Radiative Forcing)에는 포함이 된다. 구체적으로 에어로졸 직접효과 ERF에 포함이 된다. 검댕이가 눈을 덮어서 검게 만드는 경우는 (소위 darkening effect), 에어로졸 직접효과 복사강제력에 포함된다.

황산염이나 유기탄소(organic carbon, OC)와 같은 에어로졸은 태양 복사 에너지를 강하게 산란시키고, 산란된 빛의 상당부분이 우주 밖으로 나간다. 따라서 대류권계면에 유입되는 순(net) 단파복사의 양을 줄이며 지표면 냉각을 야기하는 효과를 낸다. 이와 대비하여, 블랙카본(black carbon, BC, 검댕이)은 태양복사를 거의 산란시키지 않고, 대신 강력히 흡수하는 특징을 가져 대기를 가열하고, 지표면에 도달하는 복사플럭스를 감소시킨다 (Ramaswamy et al. 2001). 블랙카본은 지표면의 반사를 통해서 우주로 나가는 태양빛을 입자흡수를 통해서 감소시킨다. 따라서, 블랙카본은 양(+)의 복사강제력을 가지게 된다. 지표면의 반사가 강한 지역 (대표적으로 사막/눈)에 위치한 블랙카본은 입자질량당 더욱 큰 복사강제력을 가지게 된다.

대류권의 대류가 활발한 지역/계절에서는 에어로졸의 복사강제력이 에어로졸의 기후영향을 제대로 측정한다고 볼 수 있다. 에어로졸 복사강제력의 전 지구평균값은 온실가스 복사강제력에 비해서 작지만, 온실가스와 달리 에어로졸은 공간적으로 편중되게 분포되어 있다. 이는 인위적 에어로졸이 무척 많은 지역 (대표적으로 동아시아, 인도, 남아프리카)은 에어로졸의 복사강제력이 온실가스 복사강제력보다 크다는 것을 의미한다.

대류권의 대류가 활발하지 않은 지역/계절에서는 에어로졸에 의한 대기가열, 지표면 냉각을 추가로 고려하여야 한다. (즉, 대류가 활발하면, 대기의 가열과 지표면 냉각이 섞여

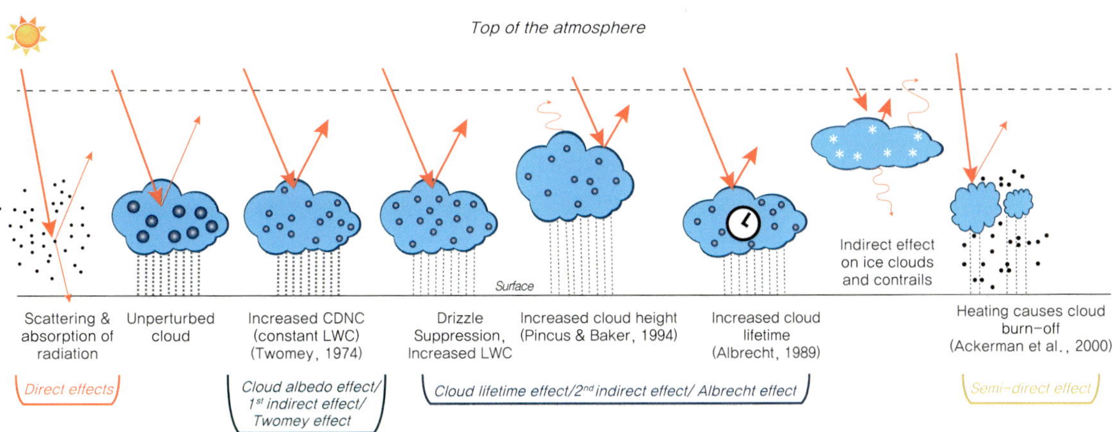

Figure 9.6 Schematic diagram showing the various radiative mechanisms associated with cloud effects that have been identified as significant in relation to aerosols (IPCC 2007).

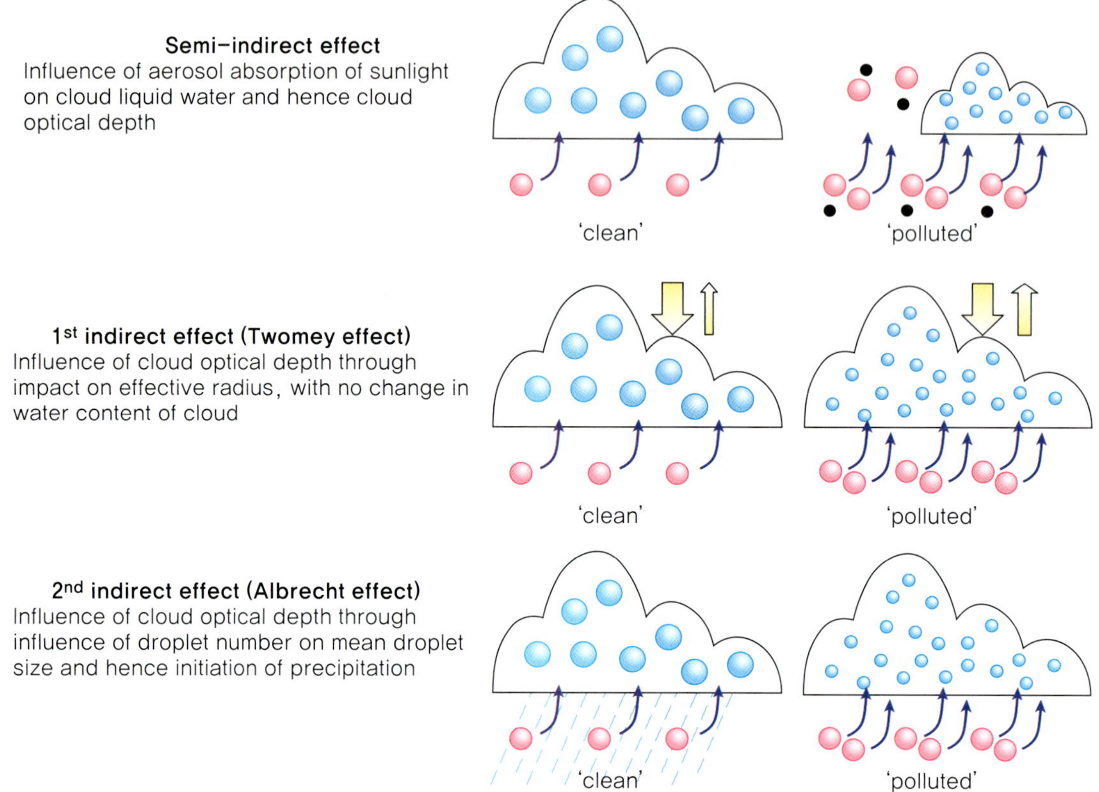

Figure 9.7 Aerosol semi-direct effect, 1st indirect effect and 2nd indirect effect (Hodzic 2013).

서 평균값으로 온도가 변하고, 이 평균온도변화는 복사강제력 효과와 거의 일치한다.) 에어로졸에 의한 대기가열과 지표면냉각에서 블랙카본은 다른 입자와 비교도 할 수 없을 정도로 큰 역할을 하게 된다. 블랙카본이 많은 에어로졸에 의한 기후영향에 대해서 2002년 이후 많은 연구성과가 배출되고 있다. Chung et al. (2002)과 Ramanathan et al. (2005)은 블랙카본이 많은 남아시아 에어로졸이 몬순을 약화시킴을 보였다. Menon et al. (2002)은 중국 남쪽에는 몬순강우가 증가하고 북쪽에는 가뭄이 강해지는 관측자료가 블랙카본이 입력된 기후모델에서만 설명이 됨을 보였다. Allen et al. (2012)에서는 관측에서 보여주는 Hadley cell의 북반구 부분 팽창에 블랙카본이 큰 역할을 함을 보였다. 여기서 주의해야 될 점은 블랙카본에 의한 지역 기후변화는 블랙카본 에어로졸이 특정한 지역에 몰려있는 "지역성 비균등성"이 핵심역할을 하고 있다는 것이다. 이는 온실가스에 의한 기후변화와 크게 다른 점이다. 온실가스에 의한 기후변화는 온실가스에 의한 전 지구온도 상승과 관련한 것이다.

에어로졸에 의한 기후영향의 연구성과는 위에서 열거한 대표성과보다 훨씬 많다. 한국인 과학자의 성과를 설명하자면, Kim and Lee (2006)는 북태평양에서 해양성 하층운이 봄철 에어로졸 직접 효과로 인한 역학적 피드백의 영향을 받을 수 있다는 것을 제시하였다. Kim et al. (2006)은 봄철 에어로졸 복사강제력에 의해 유도되는 대기층의 불균등 가열이 대기의 질량 구조를 변화시켜 유라시아 지역에 원격 상관을 일으킬 수 있다는 것을 연구한 바 있다. 또한, Kim et at al. (2007)은 미국 항공우주국(National Aeronautical and Space Administration, NASA) 유한 체적 대기순환모형(finite volume global circulation model, fvGCM)을 사용한 기후 모델링 연구를 통하여 봄철 동아시아의 황산염 에어로졸에 의한 직접 복사강제력이 남북 온도 경도를 감소시키며, 이로 인하여 제트류 및 2차 순환을 약화시켜 동아시아 강수량이 감소할 수 있음을 제시하였다. Lee and Kim (2010)은 블랙카본에 의한 복사강제력이 동아시아의 강수량 감소뿐만 아니라 동남아시아의 강수량 변화도 잘 설명할 수 있음을 보였다.

강제력의 산정결과의 불확실성은 강제력마다 상당히 다르다. 예를 들어, 공간적으로 잘 혼합된 온실가스의 강제력은 상대적으로 잘 정립되어 있고, 반대로, 많은 비온실가스 강

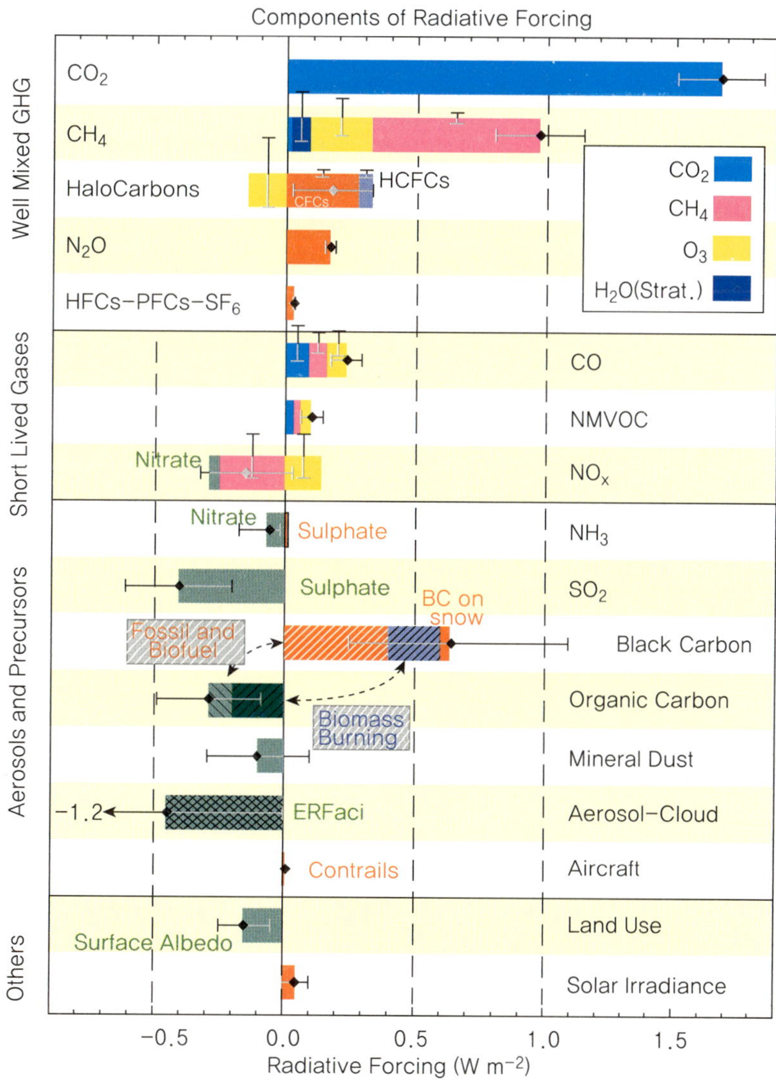

Figure 9.8 Components of radiative forcing (IPCC 2013).

제력의 불확실성은 크다. Figure 9.8은 1750년 대비 2011년의 기후변화의 주요 원인별 복사강제력 추정 값과 불확실성을 나타내었으며 표시된 값들은 다양한 원인들의 조합을 만들어내는 배출된 화합물과 과정에 따라 구분된 전 지구 평균 복사강제력이다. 인위적인 총 복사강제력은 2.29[1.13~3.33] W/m^2이며, 1970년 이후 그 이전 수십 년보다 더 빠르게 증가했다. 인위적 요소 중 주요 온실가스인 CO_2는 단독으로 1.68[1.33~2.03] W/m^2의 복사강제력을 보였으며, CH_4 배출량은 단독으로 0.97[0.74~1.20] W/m^2의 복사강제력을 나타냈다. 이것은 농도기반 추정 값인 0.48[0.38~0.58] W/m^2보다 훨씬 큰 것이다. 이렇게 두 추정 값 사이에 차이가 발생하는 이유는 CH_4 배출로 인한 오존과 성층권 수증기량의 농도변화와 CH_4에 간접적으로 영향을 미치는 다른 배출물질 때문이다.

에어로졸로 인한 구름의 작용을 포함하여 대기 중 에어로졸이 영향을 미치는 복사강제력은 −0.9[−1.9~−0.1] W/m^2이고, 이는 대부분의 에어로졸이 초래하는 음의 강제력과 태양복사를 흡수하는 검댕이 초래하는 양의 효과를 포함한 것이다. 이는 역모델 추정치와 상당히 일치하는 결과 (−2.2~−0.5 W/m^2; 5~95 %)이다. 그러나 에어로졸에 의한 복사강제력은 온실기체에 비해 큰 불확실성 (낮은 신뢰도)을 보이는데, 이는 주로 에어로졸과 구름의 상호작용에 기인한다. 구름의 형성은 미세물리과정뿐만 아니라 열역학적 특성이나 종관적 특성과 같은 다른 조건에 의해서도 결정되므로 에어로졸 효과만을 따로 추출해 내기가 힘들다. 따라서 현재까지도 에어로졸과 구름간의 상호작용에 대한 상세한 연구는 충분치 못하며, 에어로졸 간접효과의 불확실성에 의해 인위적으로 발생한 에어로졸이 기후에 미치는 영향에 대한 정량적인 평가를 어렵게 하고 있다.

에어로졸의 직접효과는 전 지구적으로 지표를 냉각시키며 대기를 가열시킨다. 반면 온실기체는 대류권 공기와 지표를 모두 가열시킨다. 에어로졸 대기가열에 있어서, 에어로졸 주요 배출원인 인도-동아시아 지역은 CO_2에 의한 대기가열을 압도한다 (Figure 9.9 and Figure 9.10). 에어로졸의 직접효과로 인해 최대 17 W/m^2의 대기 복사강제력이 나타남과

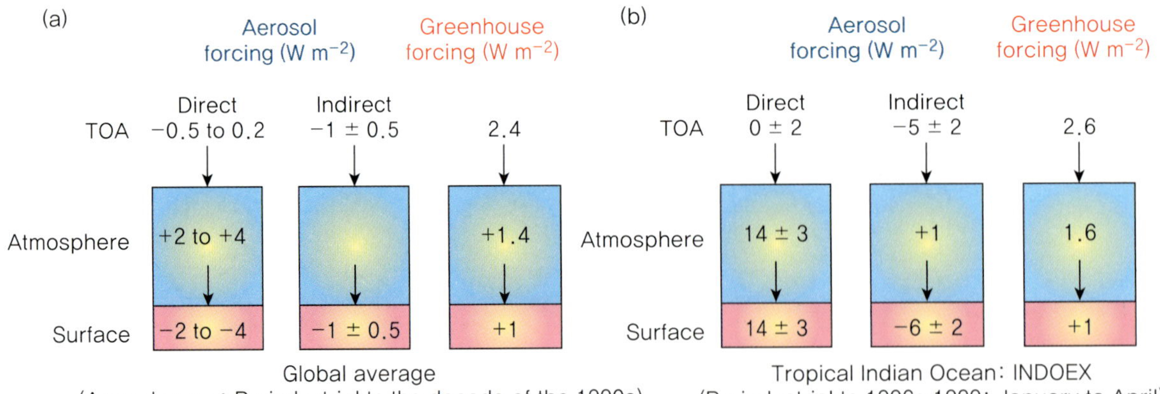

Figure 9.9 Comparison of anthropogenic aerosol forcing with greenhouse forcing. (a) Global annual average conditions. (b) For the Indo-Asian region and annual average conditions (From Ramanathan et al. 2001).

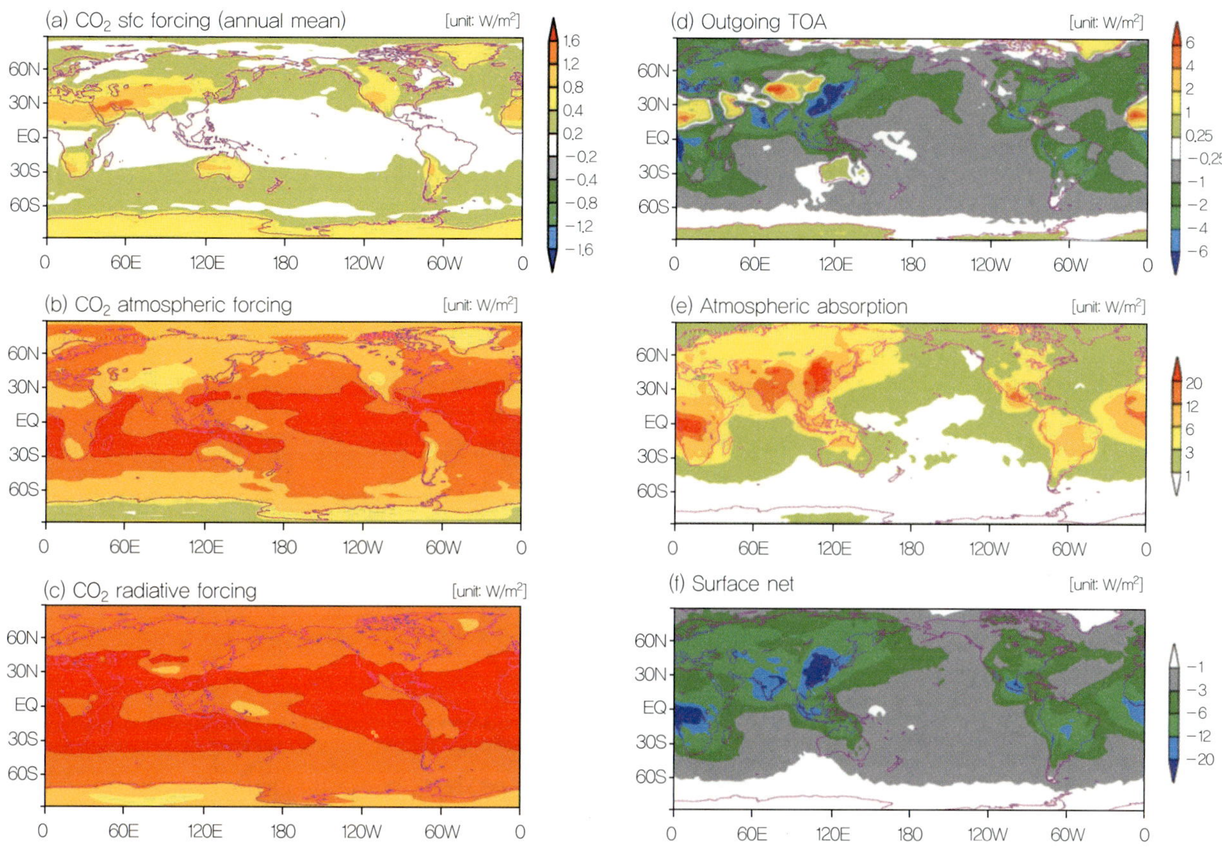

Figure 9.10 Annual-mean CO_2 forcing (left side) and anthropogenic aerosol direct radiative forcing (right side) at the surface, in the atmosphere and at the TOA (Chung et al. 2005).

동시에 지표 냉각이 발생하였다. 또한 간접효과 또한 전 지구 평균에 비해 5배 가량 큰 복사강제력을 보인다 (Figure 9.9). 에어로졸의 직접효과에 의한 TOA의 복사강제력은 사막, 극지방을 제외하고 음의 값을 보이는데, 이는 사막과 극지역의 지표 알베도가 매우 높아 블랙카본에 의한 양의 복사강제력이 증가하기 때문이다. 이 외의 지역에서는 전구적으로 유사한 분포를 보였고, 에어로졸이 많은 중국, 인도, 멕시코, 아마존, 적도 아프리카에서는 대기에서 높은 양의 복사강제력 (> 10 W/m^2)이, 지표에서는 많은 냉각 (< -10 W/m^2)이 발생하였다. 이를 보아 위도에 따라 비교적 균질한 복사강제력 분포를 보이는 온실기체에 비해 에어로졸에 의한 복사강제력은 매우 불균질하게 분포되어 있으며, 이는 지역기후 변화에 있어서 온실기체보다 에어로졸이 더욱 큰 역할을 하고 있다는 것을 암시하고 있다.

9.5 지표변화로 인한 복사강제력

기후가 바뀌면 지표면 상태가 바뀐다. 예컨대, 가뭄이 계속되면 사막화가 촉진된다. 기후의 영향으로 지표상태가 변한 경우, 이를 복사강제력범위에 넣지 않고 기후 피드백에 포함한다. 반면에, 인간의 직접 활동으로 인한 지표 상태의 변화 (예컨대 도시확장)는 복사수지를 바꾸어서 기후를 변화시키므로, 복사강제력에 포함해야 한다. 지표상태가 변하면, 지표 반사도를 변화시켜 지구복사수지에 직접적으로 영향을 줄 뿐만 아니라 지표 거칠기, 잠열 플럭스, 강물의 유출 등에도 변화를 가져와 지역 기후분포에 영향을 준다. 또한 관개를 하거나 발전소의 냉각을 위해 물의 순환을 바꾸기도 하고, 에너지를 사용하면서 발생하는 열을 대기 중에 직접적으로 방출하기도 한다. 지표의 상태를 변화시키는 활동 중 특히 벌목은

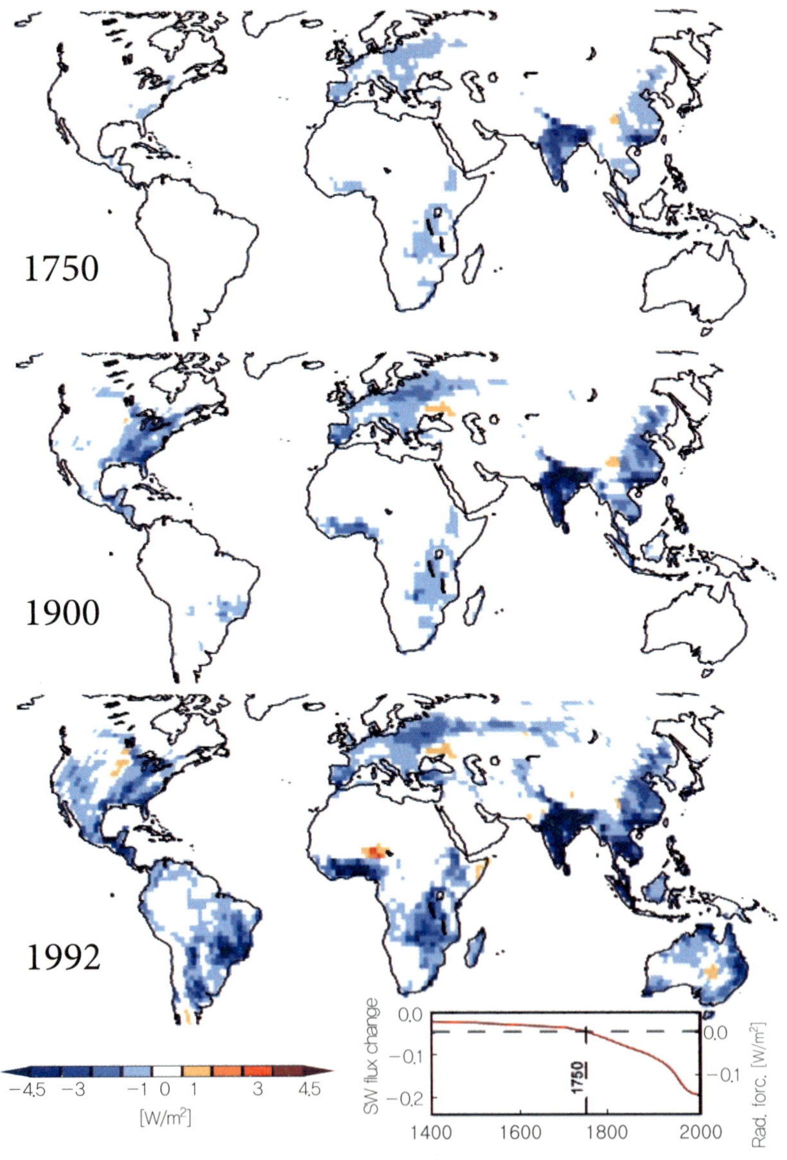

Figure 9.11 인위적인 지표상태의 변화로 인한 지표 반사도 변화의 결과로 나타나는 TOA에서의 단파 플럭스의 변화량.

온실가스 농도에 직접적으로 큰 영향을 끼친다. 게다가 숲에 비해 작물들의 반사도가 높아서 농경을 위해 벌목을 할 경우 복사강제력이 감소하게 되는데, 지표로 들어오는 태양의 플럭스와 반사되는 플럭스 사이의 비로 나타내어지는 이 반사도가 클수록 지표로 들어오는 에너지가 줄어들기 때문에 음의 복사강제력을 가지게 된다. 하지만 벌목이 발생할 경우 반사도의 증가로 복사강제력이 감소하지만 CO_2의 증가로 복사강제력이 증가하여 서로 상쇄되고 반대의 경우 또한 서로 상쇄하는 역할을 하기 때문에 결과적으로 벌목으로 인한 실제 복사강제력의 값은 작아지게 된다.

Figure 9.11은 인위적인 지표상태의 변화로 인해서 나타나는 지표 반사도의 변화가 TOA에서의 단파플럭스에 어떤 변화를 가져오는지 나타낸 것이다. 1750년에 이미 농경이 활발히 행해지고 있던 유럽과 아시아 등지에서는 입사하는 단파플럭스가 감소하고 있으며 주로 북반구의 온난기후대에서 나타나고 있는데, 이는 현대로 다가올수록 그 변화폭은 더 커지게 되고 북반구 중위도 뿐만 아니라 전세계에서 다양하게 확인되고 있다.

인위적이거나 자연적으로 발생하는 산불 등 화재로 인한 흔적은 지표 알베도를 낮추게 되는데, 이로 인한 변화는 오래 지속되지 않고 1~2년 이내로 다시 돌아오기 때문에 일시적으로 복사강제력을 변화시킬 뿐이다.

9.6 자연적인 복사강제력: 태양변동과 화산활동

태양의 변동성

1978년부터 몇몇의 독립적인 공간기반 관측기기들을 이용하여 TSI(총 태양복사조도, Total Solar Irradiance)를 직접 측정하고 있다. Figure 9.12는 그 중 대표적인 관측기기 ACRIM(Active Cavity Radiometer Irradiance Monitor), RMIB(the Royal

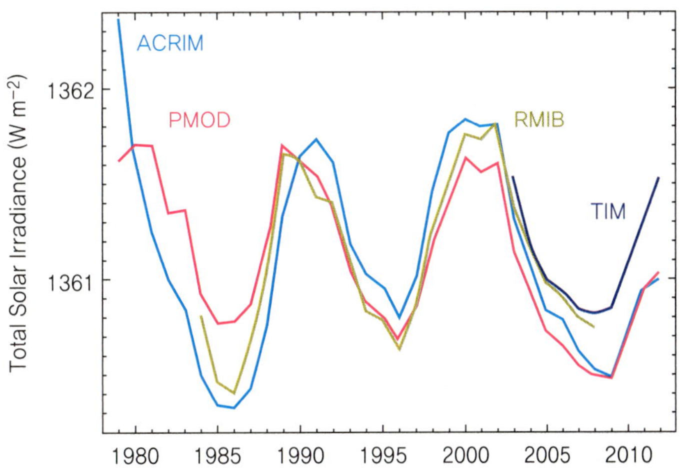

Figure 9.12 여러 기기들을 통해 관측된 연평균 총 태양복사조도 (IPCC 2013).

Meteorological Institute of Belgium), PMOD(the Physikalisch-Meteorologisches Observatorium Davos), TIM(Total Irradiance Monitor)를 통해 관측된 TSI의 값을 나타낸 것이다.

Figure 9.12에서 볼 수 있듯이 태양은 11년을 주기로 TSI의 변화를 가지는데, 이는 흑점수 주기와 밀접한 관계가 있고, 이러한 변화와 관련한 대류권의 변화를 발견하게 되면서, 태양강제력 또한 복사강제력에 기여한다는 것을 확인하였다.

2008년 TIM(Total Irradiance Monitor)를 통해 관측한 TSI(Total Solar Irradiance)의 값은 1360.8[1360.3~1361.3] W/m^2였고, 최근의 관측값을 바탕으로 태양표면의 자기장플럭스 변화를 이용한 모델링을 통하여 1750년부터의 TSI를 구하였다. 이전의 AR4에서는 1750년부터 2005년까지의 복사강제력을 구했으나, AR5에서는 2011년까지에 대해서 구하기 때문에 그 사이에 있었던 2008년의 낮은 TSI로 인하여 AR4에서의 값에서 거의 절반 가량 감소하였다. 그렇기 때문에 주기 내에서의 최소값과 최대값을 고려한 중간값을 이용하여 RF를 구하여야 한다. 1645년부터 1715년까지 태양에너지가 최소가 되는 시기(Maunder Minimum)가 있었고 최근 1950년대에 태양에너지가 강한 시기(Modern Maximum)가 있었기 때문에 1750년부터 2011년까지의 태양의 변동성으로 인한 복사강제력은 양의 값을 나타낸다 (만약 1980년부터 2011년까지의 복사강제력을 구한다면 음의 값을 나타내고 있을 것이다).

태양으로 인한 복사강제력은 가시광선보다 UV에 치우쳐 있고, 성층권의 오존이 UV의 대부분을 흡수하면서 대류권계면 복사플럭스에 큰 영향을 미치지 못한다. 태양의 흑점수가 많은 시기에는 TSI가 증가하고, 이에 따라 성층권의 오존도 증가하기 때문에, 오존이 대류권계면으로 보내는 장파복사도 증가한다. 하지만 이 양은 그렇게 많지 않다. 태양으로 인한 복사강제력은 기후변화의 아주 작은 부분을 담당하는 것으로 평가되고 있다 (지난 150~250년 기간에서).

화산활동

화산의 분출이 일어나면 대기 중으로 재와 같은 광물 입자들과 SO_2와 같은 황산염 에어로졸을 만드는 가스가 분출되는데, 특히 화산 폭발이 강하면, 연기가 성층권에 도달할 힘을 지니게 되고, 이 경우 화산의 연기를 타고 SO_2가스가 성층권으로 유입되게 된다. 다른 입자들도 성층권에 진입하지만, 작은 입자사이즈 때문에 체류시간이 길고 태양광을 효과적으로 산란하는 황산염이 중요 물질이다.

화산활동을 통해 상당한 양의 SO_2가스가 분출되어 성층권에 도달하면 대략 35일의 시간을 지나 황산염에어로졸이 되는데, 이들은 태양빛을 산란시켜 대류권으로 들어오는 태양빛의 양을 감소시킨다. 성층권에서의 황산염에어로졸은 대류권에서의 그것보다 훨씬 긴 체류시간을 가지는데, 이들은 침전되는 데 12~14개월 가량 소요되어 대류권에서의 침전시간 (대략 일주일) 보다 50배 정도 더 걸리고, 특히 강한 폭발로 인하여 더 높이 분출될수록 성층권에서 더 오래 머무르게 된다. 또한 SO_2가 황산염에어로졸이 되는 데에는 산소를 필요로 하는데, 성층권의 산소가 강한 h_v로 인해서 분해되었을 때 오존이 되지 못하고 SO_2를 산화시키는 데 사용되어 버리기 때문에 결과적으로 성층권에서의 오존 농도가 감소하게 된다.

Forster (2006)는 화산활동으로 인한 강제력이 기후에 끼치는 영향에 대한 메커니즘을 에어로졸과 복사의 상호작용으로 인한 RF, 수평 또는 연직적으로의 불균등한 가열로 인해 생기는 gradient와 순환에서의 변화, ENSO와 같은 다른 모드들과의 상호작용, 오존의 감소와 그것이 성층권의 가열에 미치는 영향 등 크게 네 가지로 나누었다. 게다가 화산으로 인한 에어로졸로 인해 강화된 빛의 분산이 식생에 주는 영향과 그로 인한 탄소 순환이 받는 영향 (Mercado et al. 2009), 그리고 대류권의 구름 속 황산염에어로졸과 구름 사이의 상호작용 또한 중요하다 (Schmidt et al. 2010).

다음의 Figure 9.13은 화산활동이 성층권의 에어로졸의 농도에 얼마나 영향을 주는 지를 보여준다. 위의 그림은 파장이 525 nm일 때 고도에 따른 Aerosol Extinction을 나타낸 것이고 아래에 그간 있었던 화산활동을 화산 이름의 첫 두 글자를 따서 하였고, 아래의 그래프는 [20°N－20°S] 지역의 대류권계면부터 40 km 사이에서 평균된 성층권 에어로졸 광학적 두께(Aerosol Optical Depth, AOD)를 나타낸 것이다. AOD와 Aerosol Extinction

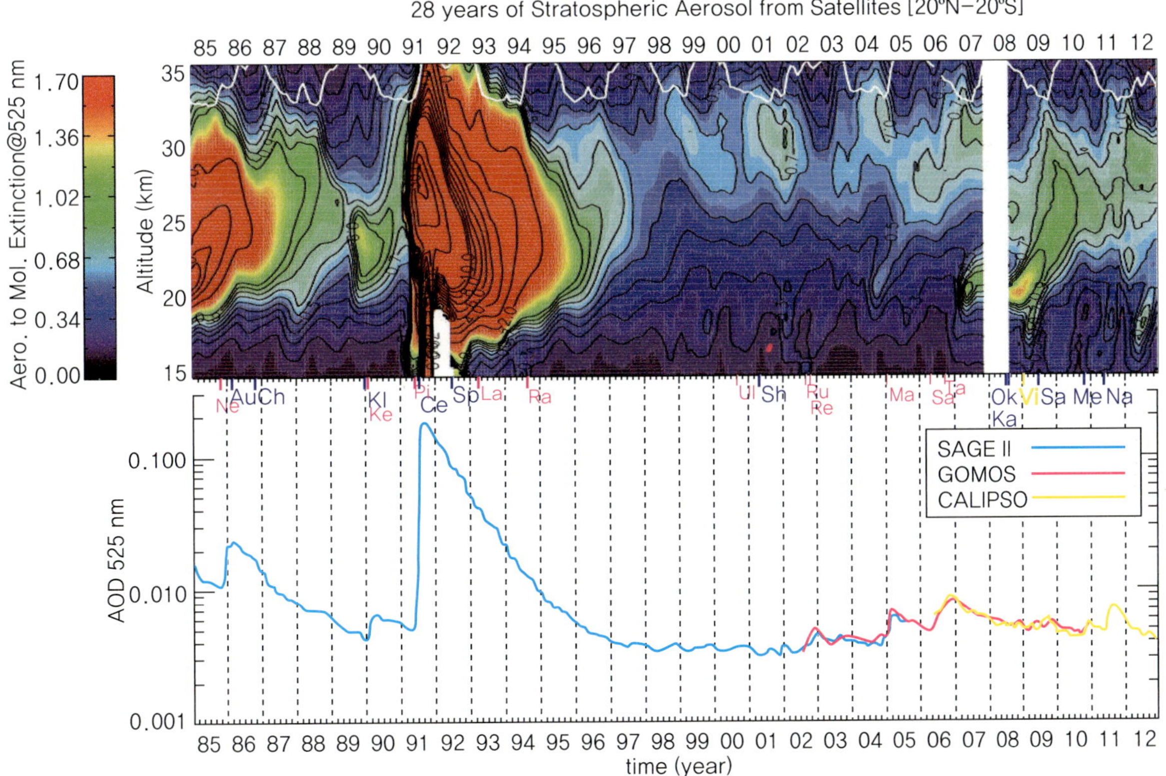

Figure 9.13 1985년 1월부터 2012년 12월까지 Tropics [20°N－20°S]에서의 525 nm에서의 Aerosol Extinction과 AOD(Aerosol Optical Depth) (IPCC 2013).

은 대기 중 에어로졸의 농도가 높을수록 값이 크게 나타나는데, 화산 폭발이 있는 경우 AOD와 Aerosol Extinction의 값이 증가하였다가 서서히 감소하는 것을 볼 수 있고, 특히 기간 내 가장 큰 폭발을 기록했던 Pi(Pinatubo)에서는 AOD와 Aerosol Extinction의 값이 크게 증가한 것을 보아 화산활동 유무와 그 강도가 성층권의 에어로졸 농도에 끼치는 영향을 볼 수 있다.

참고문헌

김병곤과 권태영, 2006: 지상원격탐사를 이용한 에어러솔 간접효과 연구. *한국대기환경학회*, **22(2)**, 235−247.

염성수, 김병곤, 김상우, 장임석, 김승범, 2011: 구름과 에어로졸 고찰. *한국기후변화학회지*, **2(4)**, 253−267.

Ackerman, A. S., O. B. Toon, D. E. Stevens, A. J. Heymsfield, V. Ramanathan, and E. J. Welton, 2000: Reduction of tropical cloudiness by soot. *Science*, **288**, 1042−1047.

Albrecht, B. A., 1989: Aerosols, cloud microphysics, and fractional cloudiness. *Science*, **245**, 1227−1230, doi:10.1126/science.245.4923. 1227.

Allen, J. R., S. C. Sherwood, J. R. Norris, C. S. Zender, 2012: Recent Northern Hemisphere tropical expansion primarily driven by black carbon and tropospheric ozone. *Nature*, **485**, 350−354.

Chung, C. E., V. Ramanathan, D. H. Kimm, and I. A. Podgorny, 2005: Global anthropogenic aerosol direct forcing derived from satellite and ground-based observations. *J. Geophys. Res.*, **110**, D24207, doi:10.1029/2005JD006356.

Chung, C. E., V. Ramanathan, and J. T. Kiehl, 2002: Effects of the south Asian absorbing haze on the northeast monsoon and surface-air heat exchange. *J. Clim.*, **15**, 2462−2476.

Hegerl, G. C., F. W. Zwiers, P. Braconnot, N. P. Gillett, Y. Luo, J. A. Marengo Orsini, N. Nicholls, J. E. Penner and P. A.Stott, 2007: Understanding and Attributing Climate Change. In: Climate Change 2007: The Physical Science Basis. Contribution of Working Group I to the Fourth Assessment Report of the Intergovernmental Panel on Climate Change [Solomon, S., D. Qin, M. Manning, Z. Chen, M. Marquis, K. B. Averyt, M. Tignor and H. L. Miller (eds.)]. Cambridge University Press, Cambridge, United Kingdom and New York, NY, USA.

Hodzic, A. 2013: Aerosol Direct and Indirect Effects.

IPCC, 2013: Summary for Policymakers. In: *Climate Change 2013: The Physical Science Basis. Contribution of Working Group 1 to the Fifth Assessment Report of the Intergovernmental Panel on Climate Change* [Stocker, T. F., D. Qin, G. -K. Plattner, M. Tignor, S. K. Allen, J. Boschung, A. Nauels, Y. Xia, V. Bex and P. M. Midgley (eds.)]. Cambridge University Press, Cambridge, United Kingdom and New York, NY, USA, pp.659-740.

Kim, M. K., K. M. Lau, M. Chin, K. M. Kim, Y. Sud, and G. K. Walker, 2006: Atmospheric teleconnection over Eurasia induced by aerosol radiative forcing during boreal spring. *PNAS*, **19**, 4700 − 4718.

Kim, M. K., and W. S. Lee, 2006: Dynamic feedbacks of troposphere aerosols on marine low cloud during boreal spring. *Geophys. Res. Lett.*, **33**, L16704, doi:10.1029/2006GL0263-51.

Kim, M. K., W. K. M. Lau, K. M. Kim, and W. S. Lee, 2007: A GCM study of effects of radiative forcing of sulfate aerosol on large scale circulation and rainfall in East Asia during boreal spring. *Geophys. Res. Lett.*, **34**, L24701, doi:10.1029/2007GL031683.

Lee, W. S., and M. K. Kim, 2010: Effects of radiative forcing by black carbon aerosol on spring rainfall decrease over Southern Asia. *Atmos. Environ.*, **44**, 3739 − 3744.

Menon, S., J. Hansen, L. Lazarenko, Y. Luo, 2002: Climate effects of black carbon aerosols in China and India. *Science*, **297**, 2250 − 2253.

Ramanathan, V., C. Chung, D. Kim, T. Bettge, L. Buja, J. T. Kiehl, W. M. Washington, Q. Fu, D. R. Sikka, and M. Wild, 2005: Atmospheric brown clouds: Impacts on South Asian climate and hydrological cycle. *PNAS*, **102(15)**, 5326 − 5333.

Ramaswamy, V., O. Boucher, J. Haigh, D. Hauglustaine, J. Haywood, G. Myhre, T. Nakajima, G. Y. Shi, S. Solomon, and R. Betts, 2001: In Climate Change 2001: The Scientific Basis, Contribution of Working Group I to the Third Assessment Report of the Intergovernmental Panel on Climate Change, Cambridge Univ. Press, Cambridge, U.K., 349 − 416.

Twomey, S., 1977: The influence of pollution on the shortwave albedo of clouds. *J. Atmos. Sci.*, **34**, 1149 − 1152.

CHAPTER 10

기후변화 탐지와 원인규명

Climate Change Detection & Attribution

포항공대: **민 승 기**

학습목차

프롤로그

산업혁명 이후 인간이 대기 중으로 배출한 온실가스로 인해 20세기 후반 이후 급속한 지구 온난화가 발생하였고, 이러한 온실가스 배출은 지금도 가속화되고 있다. 그렇다면 인위적인 기후변화의 과학적 증거는 어떻게 찾아낼 수 있었을까? 과학자들은 강제력을 입력한 기후모델 실험결과와 관측과의 비교를 통해, 온실가스를 포함한 다양한 기후변화의 요인을 분석하였고, 그 결과 인간활동에 의한 대기 중 온실가스의 농도 증가가 지구 온난화의 주된 원인이라는 것을 규명하였다. 온실효과로 인하여 지구표면 온도는 1880년부터 2012년까지 약 0.85℃ 상승하였다 (IPCC 2013). 온도 변화는 북반구 고위도로 갈수록 더 크게 나타나며 해양보다 육지의 온도가 더 빠르게 증가한다. 이와 같은 온도상승은 지난 수 천년간 유래가 없었다. 해수면의 높이는 매년 높아지고 있으며, 1901년부터 2010년까지 0.19 m 상승하였다. 기후가 변하면서 강수의 횟수는 줄어드는 반면, 그 강도는 훨씬 강하게 나타나는 등 강수의 패턴도 변하고 있다. 이러한 변화는 강수뿐만 아니라 열파 같은 이상고온 현상에서도 나타나는데, 열파는 그 빈도와 강도 모두 증가하고 있다. 즉, 강도가 강하게 나타나는 극한현상이 더 빈번하게 발생하고 있는 것이다. 우리들은 급격한 기후변화 속에서 살아가고 있다. 이에 효율적으로 적응 및 대응해 나가기 위해서는 우선 기후변화를 탐지하고 그 원인을 규명하며, 이를 기반으로 보다 정확하게 미래의 기후변화를 예측하는 것이 필요하다.

10.1 서론

기후는 평균적인 날씨이며, 기후변화는 평균날씨의 장기적인 변화를 의미한다. 기후변화의

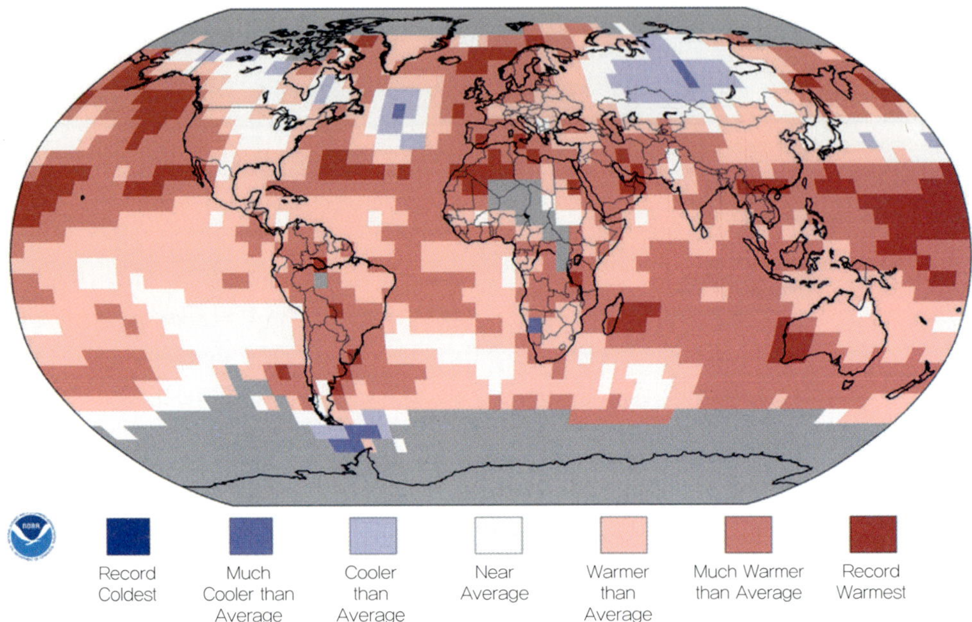

Figure 10.1 Temperature percentiles in 2014 September (NOAA).

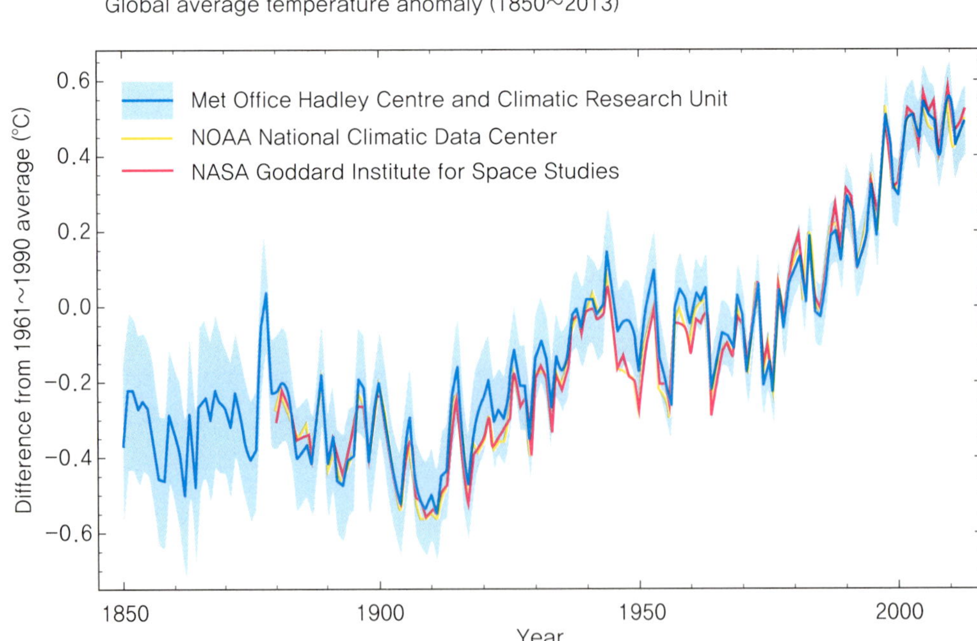

Figure 10.2 Global average temperature anomalies during 1850-2013 (Met Office Hadley Centre).

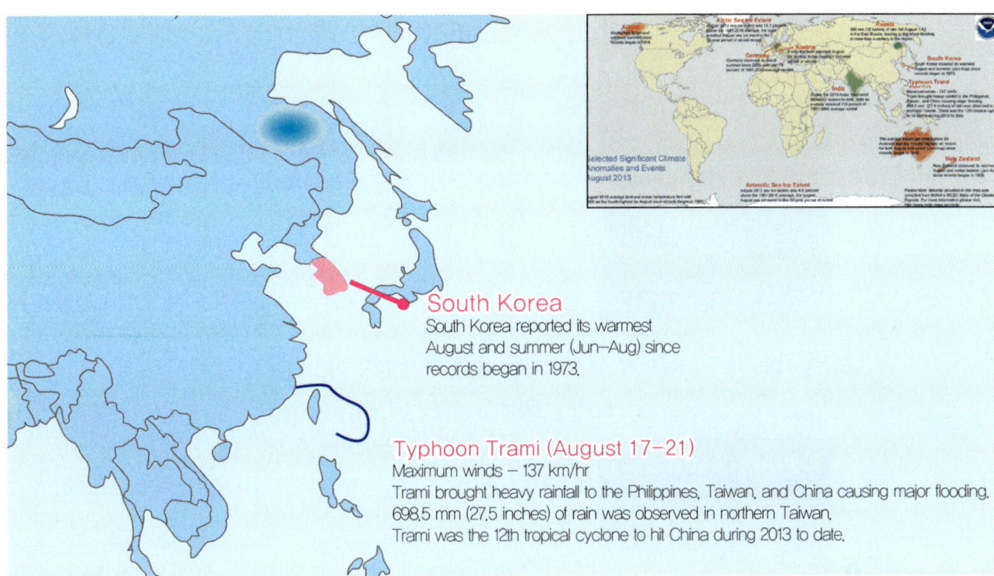

Figure 10.3 Extreme events for 2013 August (NOAA).

대표현상인 전지구 온난화(global warming)는 온실효과 증폭에 의한 기후의 이상현상으로 이해할 수 있다. 태양복사에 의해 지구 표면이 가열되면 장파복사에 의해서 냉각이 되어야 하지만 온실가스에 의해서 장파복사가 다시 흡수 및 지표로 재방출된다. 이렇게 되면 지표가 다시 가열되어 따뜻해지는 것이 온실효과이다. 물론 "자연적인" 온실효과에 의해서 지구에 생명체가 살아갈 수 있지만 산업혁명 이후 인간활동에 의해서 배출된 온실가스가 대기 중에서 빠르게 증가하여 비정상적인 속도로 기온이 상승하는 것이 "인위적인" 온실효과의 문제이다.

먼저 기후변화의 현황을 살펴보면, 지난 20년간은 20세기 동안 가장 더운 시기였으며, 100년간 가장 더웠던 해는 모두 1983년 이후에 나타난다. 2014년 9월의 해양은 1880년 이후 가장 따뜻한 해양이었으며, 지역적으로 차이가 있지만 전지구적으로는 1880년 이후 6번째로 가장 더운 9월이었다 (Figure 10.1).

Figure 10.2는 영국기상청(MOHC), 미해양대기청(NOAA), 미항공우주국(NASA)에서 제공하는 전지구 지표기온의 시계열을 나타낸다. 전지구 온도는 지난 164년간 약 0.9도 증가한 것을 확인할 수 있다. 자료를 수집하고 처리하는 방법은 기관마다 다르지만 결과가 매우 유사한 것으로 보아 관측의 불확실성이 작은 것을 알 수 있다. 이것을 통해 전지구 지표기온이 눈에 띄게 증가한 것을 알 수 있다.

평균적인 변화도 중요하지만 이상기후 현상이나 극한현상은 우리에게 좀 더 많은 피해를 주기 때문에 더욱 중요하다. Figure 10.3은 2013년의 극한 이벤트에 대해서 보여주는 그림이다. 2013년 8월의 한국은 가장 더운 8월이었고, 그 해의 여름은 가장 더운 여름이었던 것을 보여준다. 갑작스러운 기후변화에 적응하지 못하면 우리는 더 큰 피해를 입기 마련이다. 이러한 이상기후 현상도 온난화의 증가에 따라서 점점 더 많이 발생하는 것으로

"인간활동이 지구 기후에 미치는 영향이 식별될 수 있음을 제시하는 증거의 균형이 있다. (Balance of evidence)"

Figure 10.4 Second Assessment Report (SAR) of the IPCC (1995).

"지난 50년간 나타난 온난화의 대부분은 인간활동에 기인한 것이라는 새롭고 유력한 증거가 있다. (New and stronger evidence)"

Figure 10.5 Third Assessment Report (TAR) of IPCC WGI (2001).

"20세기 중반 이후의 관측된 전 지구평균 기온증가의 대부분은 인간이 배출한 온실가스 증가에 의한 것일 가능성이 매우 높다. (Very likely - 90% confidence)"

Figure 10.6 Fourth Assessment Report (AR4) of IPCC WGI (2007).

"지구 온난화는 의심의 여지가 없이 확실하다. (Unequivocal)"

"20세기 중반 이후의 관측된 기온증가는 인간의 영향 때문일 가능성이 대단히 높다. (Extremely likely – 95% confidence)"

Figure 10.7 Fifth Assessment Report (AR5) of IPCC WGI (2013).

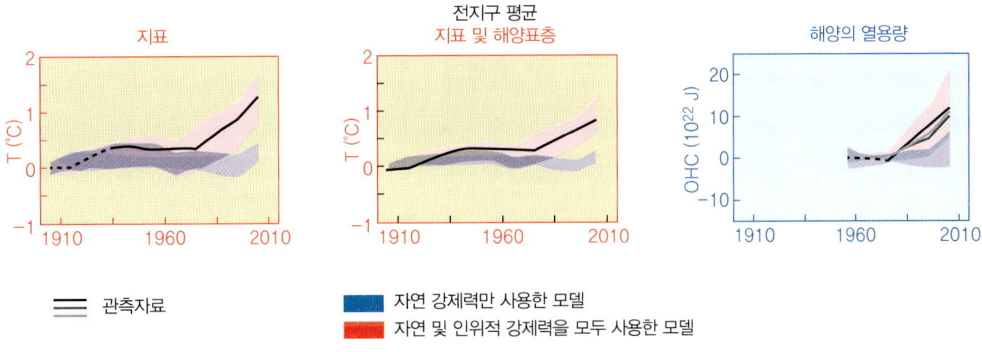

Figure 10.8 Observed and simulated changes in global land temperature and ocean heat content during the past 100 years (IPCC 2013).

보고되고 있다. 하지만 이런 이상기후 현상이 온난화 때문이라고 단순히 결론지을 수 있는 것은 아니지만, 이렇게 장기간의 관측자료를 분석한 결과들은 지난 수십 년 또는 그 이상의 기간 동안 지구의 평균기후 및 이상기후가 이례적으로 변하고 있음을 증명하고 있다. 그러면 관측된 기후변화의 원인은 무엇이고, 여기에 인간활동이 얼마나 영향을 주었을까? 이는 특히 다가올 미래의 기후변화를 보다 정확히 예측하고 그에 대한 대비책을 마련하기 위해서 필수적으로 요구되는 정보이다.

IPCC(Intergovernmental Panel on Climate Change)는 인간활동에 의한 기후변화의 위험을 평가하기 위해 설립된 기후변화정부간협의체이다. 세계기상기구(WMO)와 UN환경계획(UNEP)에 의해 1988년 설립되었으며, 주요임무는 5~6년 마다 과학평가 보고서를 발간하는 것이다. 3개의 실무그룹(Working Group)인 WGI(과학적 기초), WGII(영향, 적응, 취약성), WGIII(기후변화 완화)로 구성되어 있다.

Figure 10.4~10.7은 IPCC 2차보고서부터 5차보고서까지 주요결론의 흐름을 나타낸다. IPCC보고서의 횟수가 거듭할수록 인위적인 기후변화의 과학적 증거가 늘어나는 것을 확인할 수 있다. 그러면 기후에 미치는 인간의 영향에 대한 증거는 어떻게 찾아낼 수 있을까? Figure 10.8에 나타낸 것과 같이 관측과 인위적/자연적 강제력이 포함된 모델의 비교를 통해 이해할 수 있다. 지표와 해양표층에서 나타나는 전지구 온난화는 온실가스를 포함했을 경우에만 기후모델에 의해서 재현되며 이것은 인간이 기후에 영향을 미치고 있음을 나타낸다.

Figure 10.9는 대륙별 지표기온, 해양별 열용량, 북극과 남극의 해빙역(sea ice extent)의 변화를 관측(검은색 실선)과 모델실험(파랑: 자연강제력 실험, 빨강: 자연 및 인위적 강제력을 모두 사용한 실험 = 모든 강제력 실험) 결과를 비교하여 보여주고 있다. 지역적인 온난화 경향을 살펴보면 지역에 따라서 차이가 있지만 전지구 변화와 매우 유사한 것을 확인할 수 있다. 즉, 모든 지역에서 온난화가 나타나며 이러한 온난화는 인위적인 강제력을 포함해야만 기후모델에서 재현할 수 있다. 해빙의 경우 북극은 해빙이 녹는 반면 남극 해빙은 큰 변화를 보이지 않고 있다. 남극의 해빙변화는 자연변동성의 범위 내에 포함되는

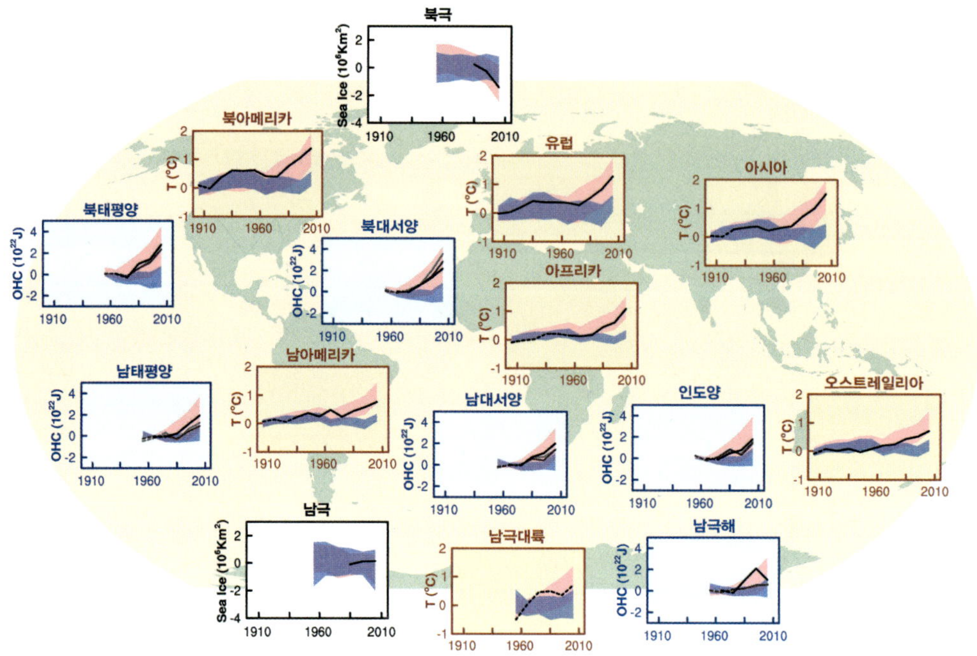

Figure 10.9 Same as Fig. 10.8 but fore regional changes including polar sea ice extents (IPCC 2013).

것으로 판단하고 있는 반면, 북극 해빙감소는 자연변동성을 벗어난 크기이며 온실가스 증가에 의한 것으로 파악되었다.

10.2 기후모델

인위적인 기후변화의 증거를 찾아내기 위한 필수적인 도구로 기후모델이 사용된다. 기후모델은 Figure 10.10과 같이 대기, 해양, 지표, 해빙 등의 지구기후시스템의 상호작용을 수치적으로 모의할 수 있는 컴퓨터 코드 즉, 가상의 지구로 운동량, 에너지, 질량보존의 물리 법칙을 수학적으로 표현한 미분방정식이다. 기후모델은 지구기후시스템의 상호작용을 고려하여 주어진 강제력에 대한 반응을 예측할 수 있는 유일한 도구이다. 기후모델을 이해하는 것은 어렵지만 지구기후시스템과 상호작용을 잘 이해하고 모의할 수 있다면 보다 정확한 예측을 할 수 있다. 하지만 현재 기후모델을 구성하는 방정식들은 많은 가정을 포함한다. 예를 들어 기후모델의 구름과 강수현상에 대한 물리과정 그리고 기후에 미치는 영향은 모델결과에 큰 불확실성을 만든다. 또한 기후시스템 자체의 내부변동성과 온실가스 및 에어로졸과 같은 인위적 기후변화 원인들의 불확실성 또한 미래 기후변화의 전망을 어렵게 만든다. 전 세계의 많은 과학자들이 정확한 모델을 구축하기 위해서 노력하고 있다.

을 구성하는 기본방정식으로는 Figure 10.11에 나타낸 것과 같이 운동량보존방정식, 에너지보존방정식, 질량보존방정식이 있으며 그 외의 경계조건이 포함된다. u, v, w인 3차원 바람장과 T(기온), Φ(지오포텐셜) 5개의 변수에 5개의 방정식이 있으므로 닫힌 계이기

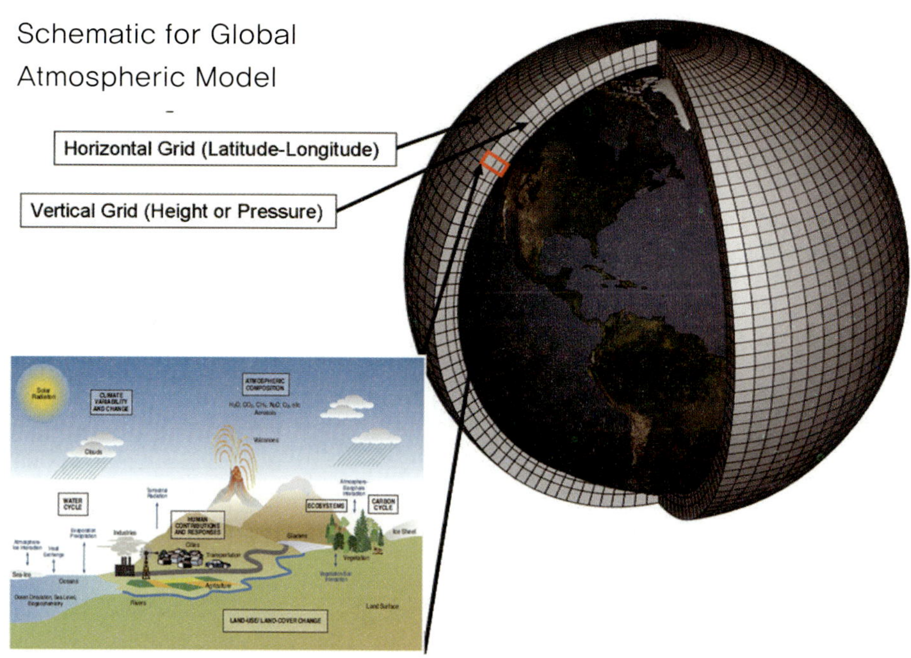

Figure 10.10 Schematic for global climate model (Wikipedia).

The primitive equations, in the simplified form that we have derived them, consist of the horizontal equation of motion

$$\frac{d\mathbf{V}}{dt} = -\nabla\Phi - f\mathbf{k} \times \mathbf{V} + \mathbf{F}$$

the hypsometric equation

$$\frac{\partial\Phi}{\partial p} = \frac{-RT}{p}$$

the thermodynamic energy equation

$$\frac{dT}{dt} = \frac{\kappa T}{p}\omega + \frac{J}{c_p}$$

and the continuity equation

$$\frac{\partial\omega}{\partial p} = -\nabla \cdot \mathbf{V}$$

together with the bottom boundary condition

$$\frac{\partial p_s}{\partial t} = -\mathbf{V}_s \cdot \nabla p - w_s \frac{\partial p}{\partial z} - \int_0^{p_s} (\nabla \cdot \mathbf{V})\, dp$$

Figure 10.11 Primitive equations used in general circulation model (Wallace and Hobbs 2006).

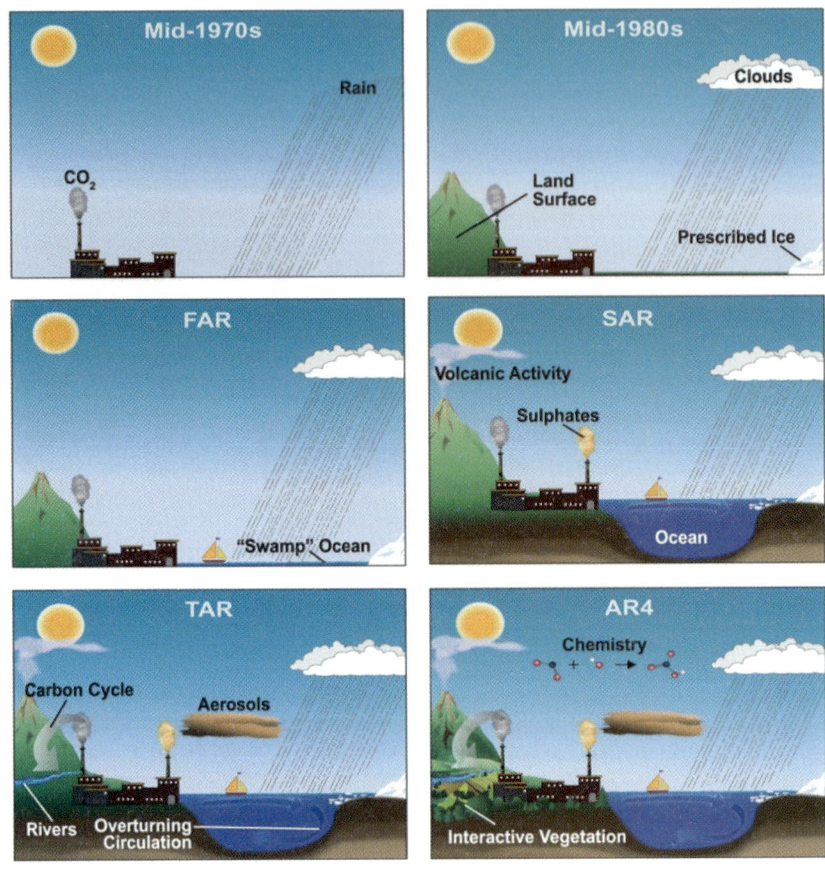

Figure 10.12 Progress of climate model development (IPCC 2007).

때문에 방정식을 이용해서 변수를 구할 수 있다. 그리고 방정식은 시간에 대한 미분식이므로 시간에 대하여 수치적으로 반복적으로 적분하는 과정을 통해 먼 미래의 기후 값을 예측할 수 있게 된다.

하지만 기후모델이 모든 지구기후시스템 요소들과 원인들을 반영할 수 있는 것은 아니다. Figure 10.12는 기후모델의 발전과정을 보여준다. 초창기의 기후모델에서는 구름과 지표면의 영향을 고려할 수 없었다. 모델이 점차 발전함에 따라서 구름과 지표면, 해빙, 오존, 식생 등의 영향이 추가되었다. IPCC 4차보고서(2007년)까지도 지표에서의 온실가스배출량을 직접 모델에 입력하지 않고 대기 중 온실가스 농도를 모델 밖에서 따로 추정하여 얻은 뒤, 그 농도 값을 모델에 넣어 기후변화를 모의하였다. IPCC 5차보고서에서는 탄소순환의 모의가 가능한 지구시스템모델(Earth System Model, ESM)이 개발되기 시작했으며 인간의 온실가스 배출에 의한 대기 중의 온실가스 농도가 지구기후시스템 내에서 계산되기 시작하였다. 모델이 점점 실제 지구와 가까워지고 있지만 그만큼 불확실성도 커져 이를 줄이기 위한 노력이 수반되어야 한다.

10.3 기후변화 탐지와 원인규명

관측된 변화와 기후모델에서 수행한 실험결과를 비교하는 과정은 매우 엄격하게 이루어지며 탐지와 원인규명의 두 가지 과정으로 나뉠 수 있다. 기후변화 탐지(detection)는 어떤 관측된 변화가 지구기후시스템이 가지는 자연적인 변동성의 범위를 벗어났는지를 보여주는 과정이다. 만약 우리가 자연변동성의 범위를 정확하게 알 수 있으면 어떤 관측된 변화가 있을 때 그 일이 지구시스템이 스스로 만들어내는 내부 변동성인지 아니면 외부강제력에 의한 반응인지 판단할 수 있다. 하지만 자연변동성의 범위를 정확히 추정하는 것은 짧은 관측자료로 인해 매우 어려운 일이다. 기후변화 원인규명(attribution)은 탐지된 변화의 원인(들)을 찾아내는 과정이다. 기후변화의 원인은 일반적으로 외부강제력을 말하며 인위적 요인과 자연적 요인으로 나눌 수 있다. 인위적 강제력으로는 온실가스와 황산에어로졸이 대표적이며, 자연적 강제력으로는 태양과 화산활동의 변화가 있다. 온실가스 증가는 온실효과로 지표를 데우며, 황산에어로졸은 보통 태양단파를 차단하여 지표를 냉각시키는 역할을 한다. 지구로 들어오는 태양에너지가 많아지면 지표가 뜨거워지고, 화산이 폭발하면 성층권으로 화산 에어로졸이 유입이 되어 태양빛이 차단되어 지표가 냉각된다. 이러한 외부강제력들의 반응은 시그널(signal)이며 지구기후시스템 내에서 스스로 발생하는 자연변동성(예, 엘니뇨 남방진동, 북극진동 등)은 노이즈(noise)가 되어 기후변화 탐지과정은 시그널-노이즈 문제가 된다. 만일 시그널의 크기에 비해 자연변동성이 매우 크면 기후변화의 원인을 찾기가 어려워진다. 반대로 노이즈에 비해 시그널이 크면 탐지가 훨씬 쉬워진다.

기후변화 탐지와 원인규명 연구는 기후변화 연구에서 매우 중요한 역할을 하는 분야이다. IPCC 보고서의 하나의 장(chapter)을 구성하며 또한 주요결론인 관측된 기후변화의 원인 특히, 인위적 강제력의 영향을 정량적으로 평가하는 작업에 기여해왔다. 관측된 변화의 원인에 대한 과학적 증거들을 제시하며 특히, 인위적, 자연적 원인의 상대적인 기여를 파악하였다. 그리고 탐지와 원인규명은 미래전망을 위한 정보를 제공한다. 즉, 기후의 과거

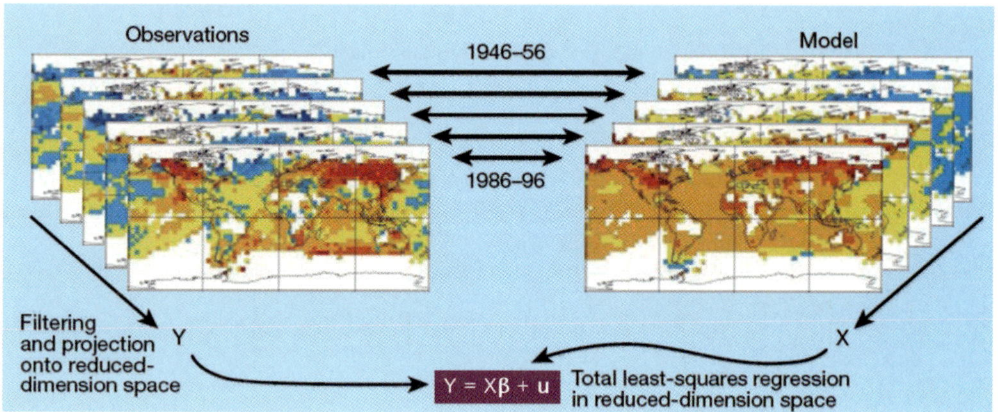

Figure 10.13 Schematic explanation of the optimal fingerprinting technique (Weaver and Zwiers 2000).

변화를 더 잘 이해할 수 있게 하며, 과거기후 모의에 대해서 기후모델의 성능을 평가하고, 이를 통해 기후모델에서 모의한 미래 기후변화 전망의 신뢰성을 높이는데 기여한다.

앞에서 관측과 모델의 비교를 통해서 기후변화 원인을 찾는다고 하였다. Figure 10.13은 대표적으로 사용되는 통계적 방법인 최적지문법(optimal fingerprinting)을 설명하고 있다. 여기서 지문(fingerprint)은 외부강제력에 대한 반응패턴을 의미하며 일반적으로 모델을 이용하여 추정한다. 최적지문법은 관측된 패턴(Y)과 모델에서 모의한 지문 패턴(X)이 일치하는지를 회귀분석으로 확인하는 방법이 된다. 이때 자연변동성의 범위를 고려해야 하므로 이를 모델을 이용하여 추정하고, 이를 이용하여 회귀계수 β의 5~95% 오차범위를 구한다. β의 오차범위가 0보다 크면 (즉 자연변동성을 고려했을 때 회귀계수가 양수이면) 관측과 모델이 관계가 있는 것으로 판단하며 이는 외부강제력에 대한 시그널이 탐지됨을 의미한다. 추가적으로 탐지된 시그널의 β 오차범위가 1을 포함하면 이는 관측과 모델지문의 크기가 일치함을 의미하고 (관측을 설명하는 다른 외부적 요인들이 없을 때) 원인규명이 가능해진다. 회귀계수 β는 모델지문의 크기를 변화시켜 관측과 맞춰주는 역할을 하기 때문에 규모인자(scaling factor)라고도 부른다.

Figure 10.13의 예는 기온의 전지구 아노말리 패턴의 원인을 분석하는 것으로 먼저 시공간적으로 필터링을 통해 차원을 줄여 관측값 Y를 만들고 같은 방법으로 인위적 강제력을 넣은 모델 결과에서 X를 구한다. Y와 X는 항상 같은 구조를 갖는다. 그림에서 관측값이 있는 격자에서만 모델 값을 사용한 것을 확인할 수 있다. 이제 Y와 X를 회귀분석을 통해서 비교한다. Y와 X가 관계가 있으려면은 β는 양수여야 한다. 중요한 것은 자연변동성이 가져올 수 있는 β의 범위를 구하는 것이다. 모델 값을 이용해서 자연적으로 지구기후가 변하는 상황에서의 β값을 어떻게 구할 수 있는지 생각해보자. 간단하게는 Y에 관측 값 대신에 외부강제력 없이 수행한 제어적분(control run) 결과를 넣을 수 있다. 이때 평균적으로 β는 0에 가깝겠지만 β의 범위를 구할 수 있다. 회귀분석을 이용한 최적지문법은 관측된 변화를 각각 외부 강제력들에 대한 반응(지문)들과 자연변동성 노이즈의 선형합으로 설명할 수 있다는 가정이 필요하다. 하지만 이 가정이 성립하지 않는 경우가 생길 수 있다. 예

Table 10-1 Key studies that detected human influence on climate (up to 2006).

연도	분석변수 또는 현상 (참고문헌)
1996	대기 연직 기온 분포 (Santer et al. *Nature*)
1999	지표 기온 (Tett et al. *Nature*)
2000	지표 기온 (Stott et al. *Science*)
2001	해양 열용량 (Barnett et al. *Science*)
2003	해면 기압 (Gillett et al. *Science*) 북미 기온변화 (Karoly et al. *Science*) 대류권계면 고도 (Santer et al. *Science*)
2004	유럽 열파 (Stott et al. *Nature*)
2006	열대 해수면 온도 (Santer et al. *PNAS*)

를 들어 태양활동과 온실가스의 반응이 서로 상호작용을 한다면 비선형인 상황이 되어 위의 선형가정이 성립되지 않으며 다른 방법으로 접근해야 한다.

Table 10-1에 나타낸 것처럼 인간이 기후에 미치는 영향에 대한 지문(fingerprinting) 연구는 1990년대에 시작이 되어 IPCC 평가보고서의 주요결론에 기여해왔다. Figure 10.14는 1996년 발표된 대기 연직 기온 분포의 추세를 탐지한 연구로 그 패턴이 지문의 모양과 비슷한 것을 볼 수 있다. 온실가스, 에어로졸, 성층권 오존감소 등의 다양한 외부강제

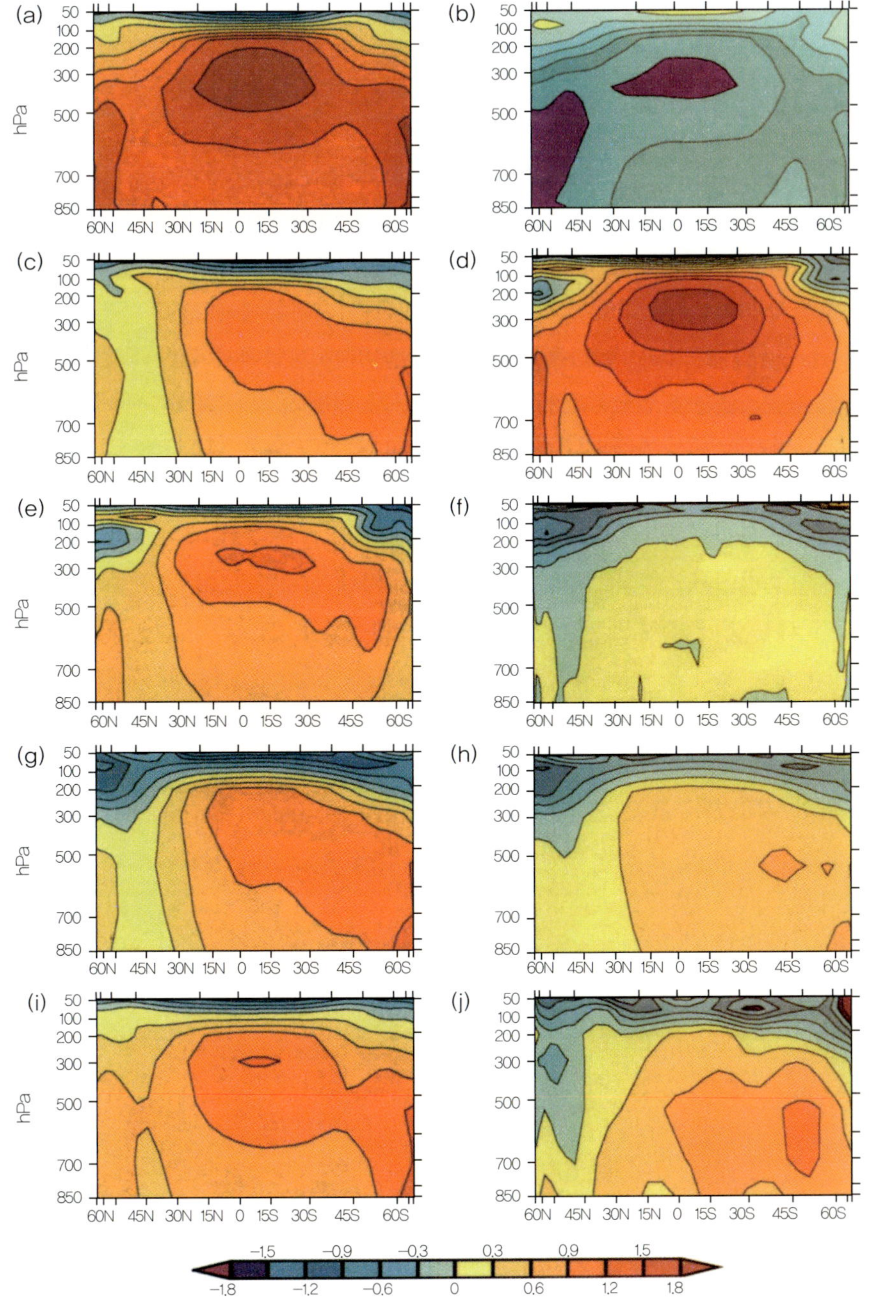

Figure 10.14 Modelled and observed zonal-mean annually averaged changes in the thermal structure of the atmosphere. (a) CO_2 only, (b) sulphate aerosols only, (c) CO_2 + sulphate aerosols, (d) greenhouse gas only, (e) greenhouse gas and aerosols, (f) possible effect of stratospheric ozone reduction over the period 1979-90 from a recent equilibrium experiment by Ramaswamy et al., (g) combined present-day CO_2 and anthropogenic Sulphur emissions + O_3, (h) half of combined present-day CO_2 and anthropogenic Sulphur emissions + O_3, (i) half of sulphate aerosols + CO_2, (j) oberserved change (Santer et al. 1996).

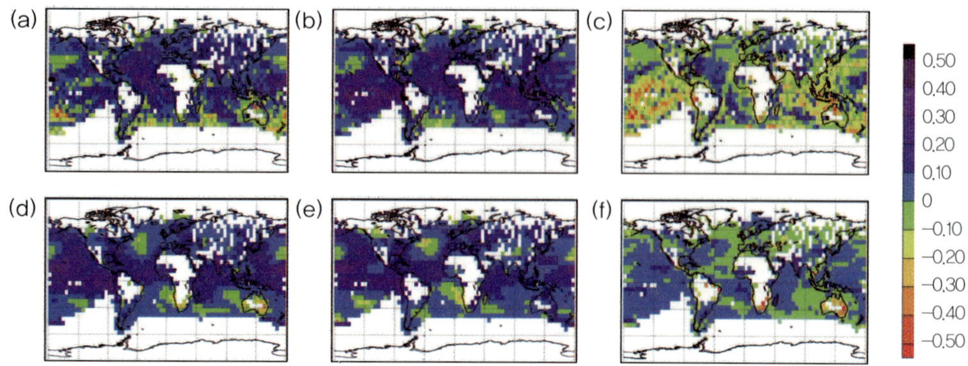

Figure 10.15 Observed (top row) and simulated (bottom row) trends in specific humidity over the period 1973-1999, in g kg^{-1} per decade (Willett et al. 2007).

력에 대한 모델지문들(a-h)을 관측(j)과 비교하였는데 관측에 나타난 대류권 온도증가와 성층권 온도감소 패턴이 모든 인위적 강제력을 포함했을 때(g) 가장 잘 표현됨을 볼 수 있다.

2000년대 중반까지는 대기와 해양의 열적 상태(thermal state)를 나타내는 변수들을 중심으로 연구가 진행되었다(Table 10-1). 즉 지구시스템이 인간활동에 의해서 따뜻해지고 있다는 증거를 제시하였다. 그 이후 기온을 벗어나 광범위한 지역에서 장기간의 관측이 존재하는 변수인 수분, 강수량 변화패턴에 대하여 연구가 진행되었다. 포화수증기압은 온도의 함수이므로 온실가스 증가에 의해서 전지구 온난화가 진행될수록 대기 중의 수증기는 증가할 것이다. 이러한 이론적인 예측결과를 관측과 모델의 비교로 확인한 연구들이 수행되었다. Figure 10.15는 지표에서의 수분 변화를 분석한 탐지 연구의 예이고, Figure 10.16은 대기중의 수분증가에서 인위적 강제력의 영향을 찾아낸 연구를 보여주고 있다.

강수량은 수증기보다 외부강제력에 대한 반응을 찾기가 어렵다. 왜냐하면 넓은 지역의 수증기의 변화는 온도에 의해서 대부분 좌우되지만 강수량은 몬순을 포함한 대기대순환의 변화와 맞물려 있고, 다시 대기순환의 변화는 에너지 수지의 변화 및 연직안정도 등과 연결되어 매우 복잡하기 때문이다. 강수량 변화에 대한 인위적인 영향의 탐지는 2007년에서야 처음으로 증거가 제시되었다. 그 이전에는 주로 강수의 전지구 (육지) 평균을 연구했으며 장기적으로 뚜렷한 증가 또는 감소가 나타나지 않아서 인위적인 시그널의 탐지는 어렵다고 여겨졌다. 하지만 Figure 10.17에서 보여주듯 위도별 강수량의 변화분포를 확인한 결과 강수량이 증가하는 지역과 감소하는 지역이 나타났고, 이는 모델에서 예측한 인위적인 온실가스에 의한 반응패턴과 통계적으로 일치하였다. 이렇게 증감하는 지역이 섞여 있기 때문에 전지구 평균을 통해서는 온실가스 강제력에 대한 반응을 찾기가 어려웠던 것이다.

실제로 필요한 기후변화의 정보는 매우 작은 공간규모의 변화에 대한 것이며 탐지연구 또한 더 작은 공간규모인 지역규모 탐지 연구의 필요성이 제기되었고, 이에 대한 연구가 활발히 진행되고 있다. 예를 들어 Figure 10.18은 미국서부를 중심으로 눈의 물당량(snow water equivalent), 최저온도, 유출량을 동시에 (다변량) 분석하여 이 지역의 수문(hydrology) 변화에 미치는 인간의 영향을 찾아낸 연구결과를 보여준다.

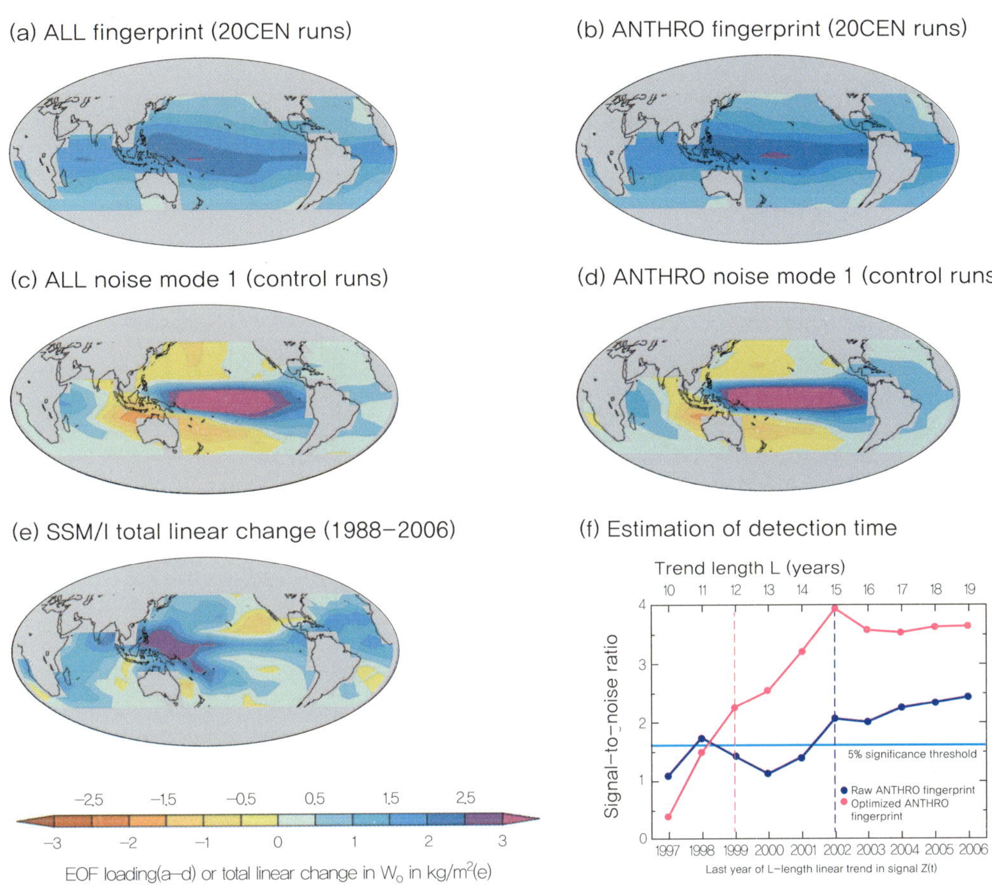

Figure 10.16 Simulated and observed spatial patterns of changes in water vapor over oceans and estimation of detection time (Santer et al. 2007).

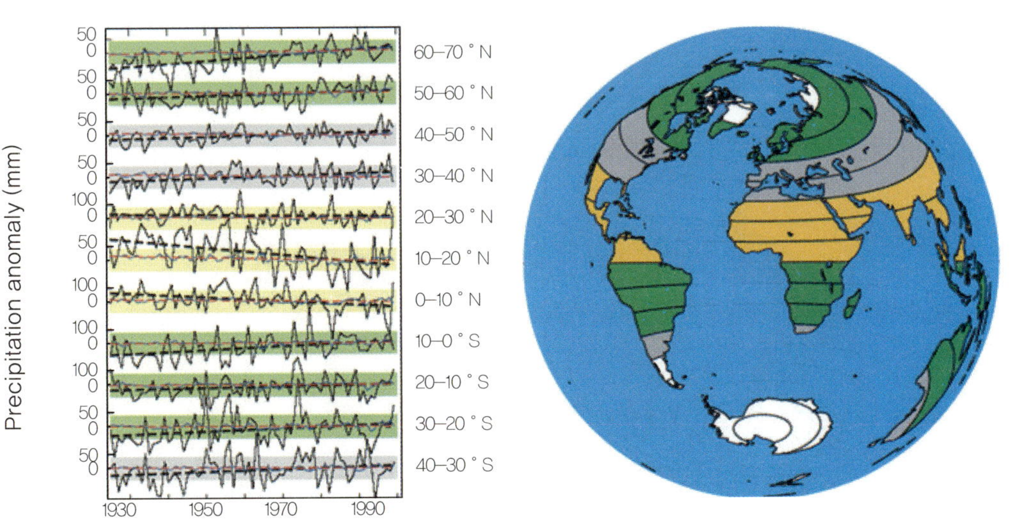

Figure 10.17 1925 – 1999 changes in observed and simulated precipitation anomalies (Zhang et al. 2007).

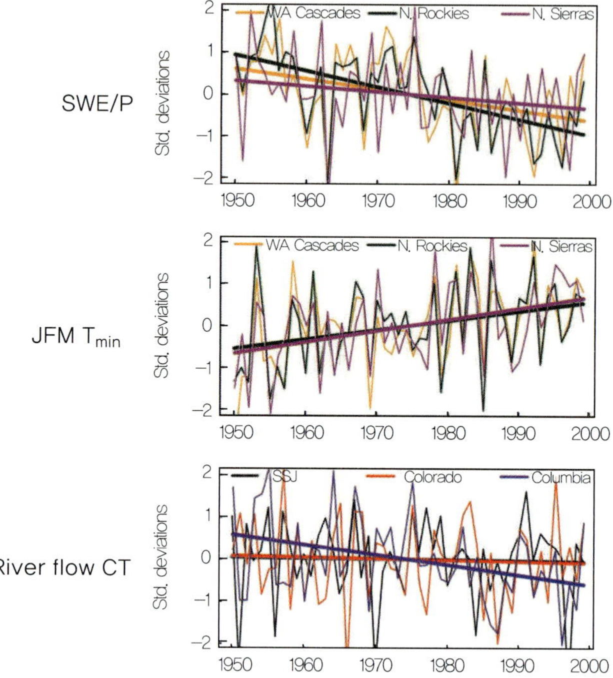

Figure 10.18 Observed time series of snow water equivalent, average January through March daily minimum temperature, and river flow over the western US (Barnett et al. 2008).

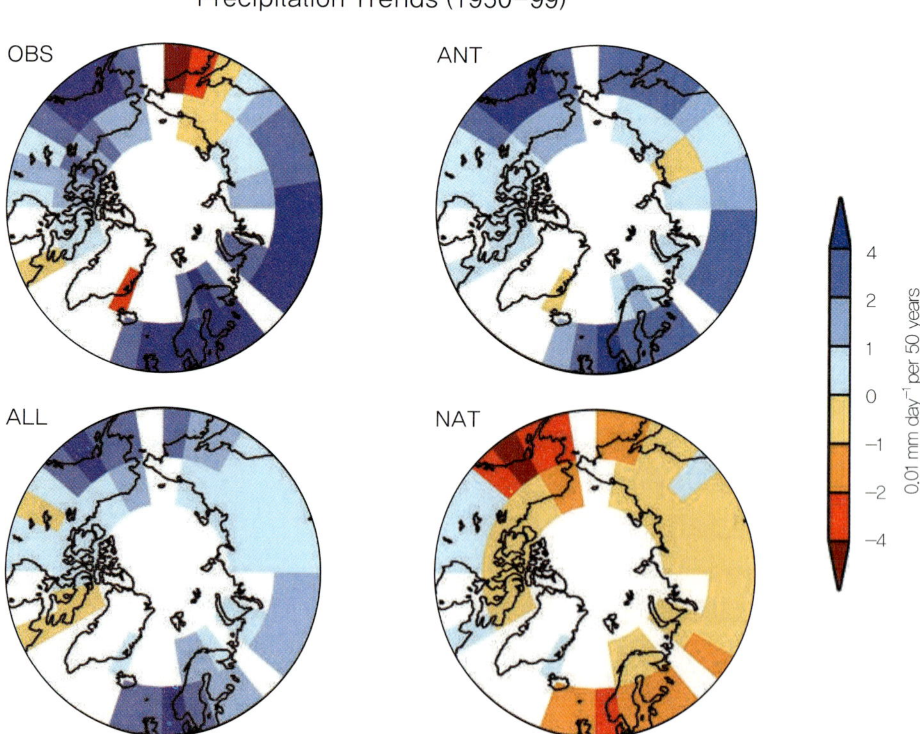

Figure 10.19 Observed and multi-model simulated large-scale precipitation trends during 1950 to 1999 (Min et al. 2008a).

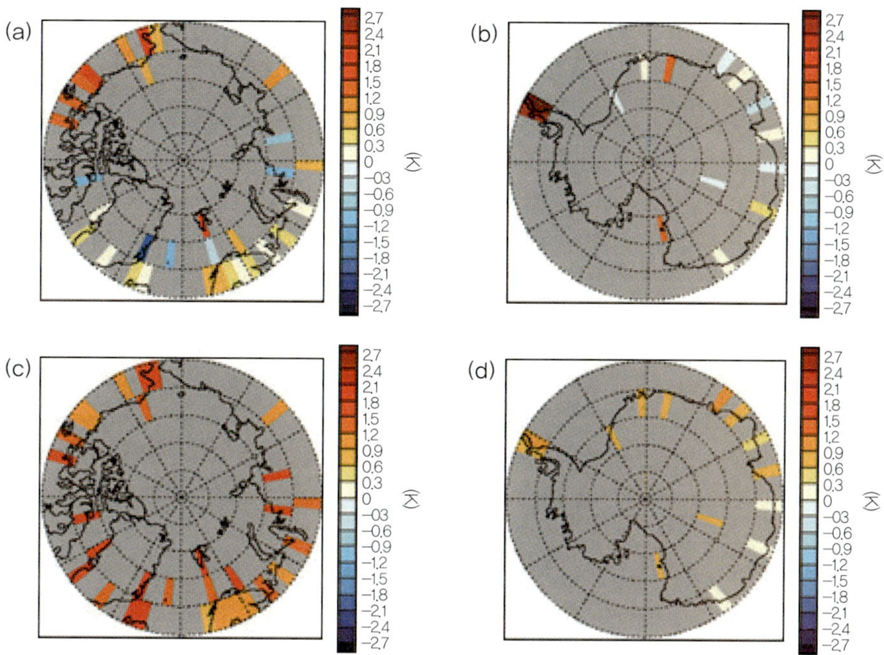

Figure 10.20 Observed (a, b) and simulated (c, d) temperature trends in the Arctic (1900-1999) and Antarctic (1950-1999) (Gillett et al. 2008).

북극과 남극은 관측자료가 매우 부족한 지역이다. 하지만 북극의 강수량 변화와 남극과 북극의 온도변화를 연구한 Figure 10.19와 Figure 10.20이 보여주듯, 극지의 연구도 매우 활발히 이루어지고 있다. 자료가 부족함에도 북극을 연구하는 이유는 그 변화가 중요하기 때문이다. 북극 기후변화가 중요한 이유는 얼음-알베도 되먹임에 의해 나타나는 극지증폭(Arctic amplification)현상 때문에 기후변화의 영향이 가장 크고 빨리 나타나기 때문이다. 그리고 심해순환을 통한 전지구적인 영향 또한 북극의 기후변화가 중요한 이유이다. Figure 10.21은 지구온난화와 열염분순환의 미래 변화를 보여준다. 지구온난화로 인해 북극의 얼음이 녹으면 북대서양에 담수유입이 증가되어 심해순환인 열염분순환이 약화되고, 이를 통해 전지구적인 기후가 달라질 수 있다. Figure 10.19를 보면 북반구 고위도의 강수

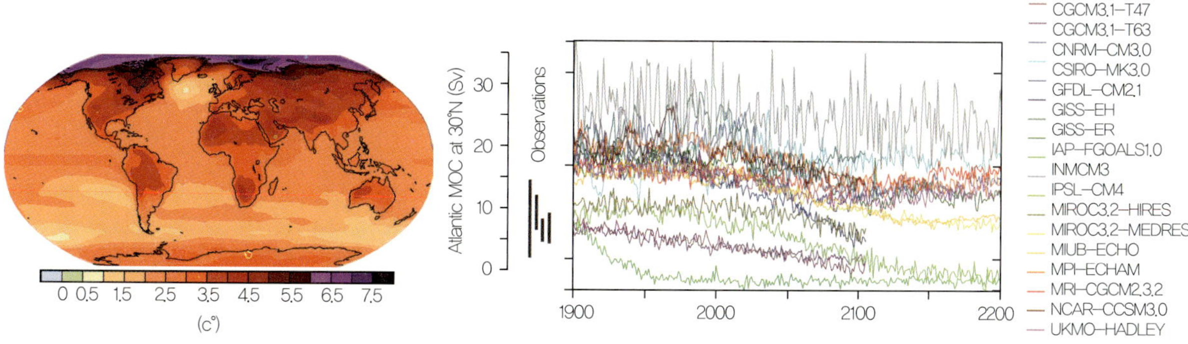

Figure 10.21 Future changes in surface temperature (2080-99 minus 1989-99, based on SRES-A1B) and changes in the Atlantic Meridional Overturning Circulation from 1900 to 2200 (20C3M and SRES A1B) (IPCC 2007).

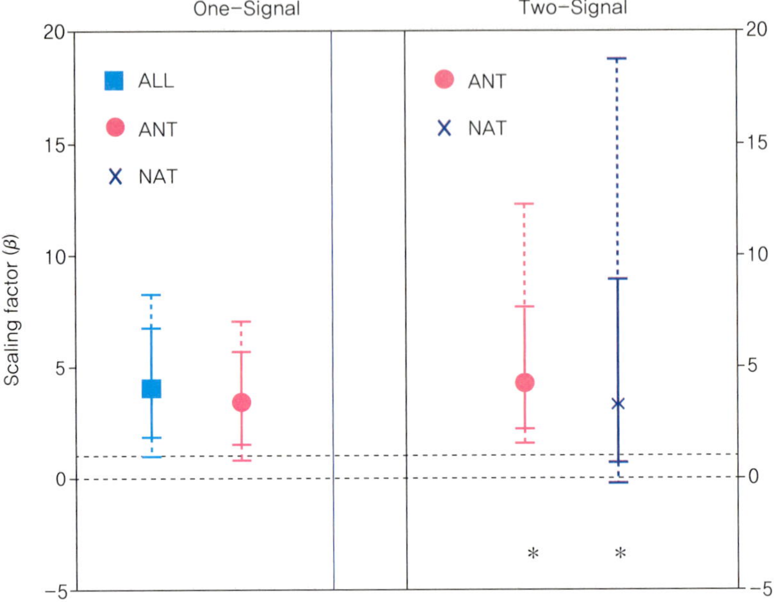

Figure 10.22 Results from one-signal and two-signal space-time detection analyses of 1950 to 1999 Arctic precipitation anomalies (Min et al. 2008a).

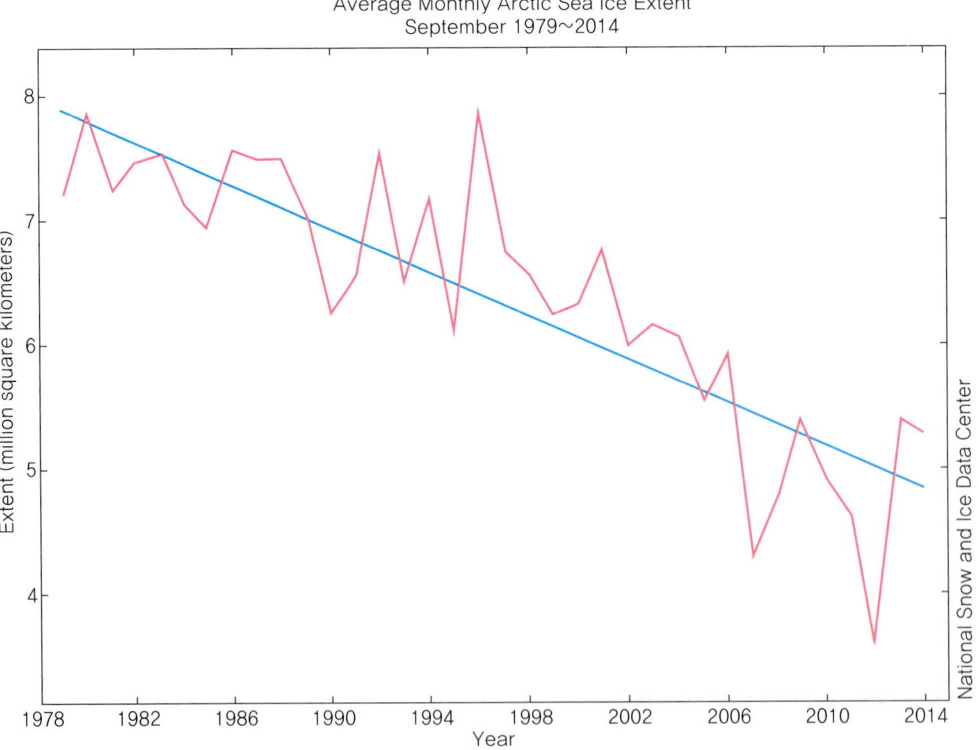

Figure 10.23 Changes in September Arctic sea-ice extent during 1979-2014 (NSIDC).

가 증가하고 있음을 볼 수 있다. 관측을 보면 대부분 지역에서 강수가 증가하는 것을 확인할 수 있는데 온실가스를 포함한 인위적 강제력이 들어간 모델 값에서도 전 지역에서 관측값보다는 작지만 강수가 증가하는 것을 확인할 수 있다.

Figure 10.22는 북극지역 강수량의 증가에서 인간의 영향을 탐지한 결과를 보여준다. 모델실험을 통해서 얻은 외부강제력에 대한 북극강수의 시공간 패턴을 구하고 이에 대하여 관측의 패턴을 위에서 설명한 최적지문법으로 회귀 분석한 결과이다. 외부강제력으로는 인위적 강제력(ANT), 자연 강제력(NAT), 모든 강제력(ALL=ANT+NAT)을 고려하였다. 먼저 단일시그널(one-signal) 결과를 보면 모든 강제력과 인위적 강제력 패턴으로 구한 회귀계수는 양의 값으로 시그널이 탐지됨을 보여준다. 그리고 인간의 활동을 포함되지 않은 자연강제력 패턴의 결과를 보면 회귀계수(β)의 값이 추정되지 않으며 (unbounded) 이는 인간의 영향을 포함하지 않으면 관측을 설명하기 어려움을 의미한다. 이중시그널(two-signal) 분석은 관측과의 회귀 분석 시 인위적인 시그널과 자연적인 시그널을 동시에 고려한 것이다. 이러한 다중회귀 방법을 사용하면 인간의 영향을 자연강제력의 영향에서 분리해 탐지할 수 있게 된다(signal separation). β가 1보다 큰 것은 모델에서 추정한 지문패턴에 그 값만큼 곱해줘야 관측과 비슷해진다는 뜻으로 모델이 북극지역의 강수증가를 과소모의함을 나타낸다.

지구온난화의 반응으로 최근 급격한 변화를 보이고 있는 것 중의 하나가 북극의 해빙 감소이다. 계절변화에 따라 북극의 해빙면적은 보통 3월에 최대에 도달하고 9월에 최소를 나타낸다. Figure 10.23은 1979년부터 2014년까지 북극해빙 면적 최소 월인 9월의 면적변화를 보여주고 있는데 전반적인 감소추세가 나타나며 특히 1990년대 이후 급격히 감소하고 있음을 볼 수 있다. 하지만 해빙에 미치는 인간의 영향에 대한 연구는 관측의 부족과 모델의 한계 등으로 최근에서야 보고되기 시작했다.

Figure 10.24는 1953년부터 2006년까지 관측과 모델에 나타난 해빙면적 아노말리의 시계열을 3월, 6월, 9월, 12월에 대하여 나타낸 것이다. 관측 결과를 보면 1980년 이후부터 급격하게 해빙의 감소가 시작되며 겨울(3월, 12월)보다 여름철(6월, 9월)에 크게 감소한 것을 확인할 수 있다. 인위적 강제력이 포함된 모델의 결과는 관측과 유사한 패턴을 나타내고 있지만, 해빙감소의 크기가 3배 정도 작게 나타나 과소모의함을 알 수 있다. 인위적인 강제력 실험 결과(ANT)와 모든 강제력 실험 결과(ALL)의 차이가 크지 않는 것을 확인할 수 있는데, 이것은 태양복사에너지의 변화나 화산활동과 같은 자연강제력이 해빙변화에 크게 영향을 주지 않음을 확인시켜준다. 그렇다면 인간이 해빙감소에 미치는 영향은 언제부터 탐지가 가능했을까? 이것을 확인하기 위해서 시작연도는 일정한 상태에서 종료연도를 변화하면서 탐지분석을 수행하였다.

Figure 10.25가 그 결과로 1990년대 초반 이후부터 회귀계수(β)의 오차범위가 0보다 커지는 것을 확인할 수 있다. 이것은 1990년대 이후부터 인간의 영향을 탐지할 수 있었다는 것을 의미한다. 또한 최근의 급격한 해빙감소는 기후변화 탐지 결과에 크게 중요하지 않다는 것을 의미한다. 해빙을 적절하게 모의할 수 있는 모델이 있었고 인위적인 실험 자

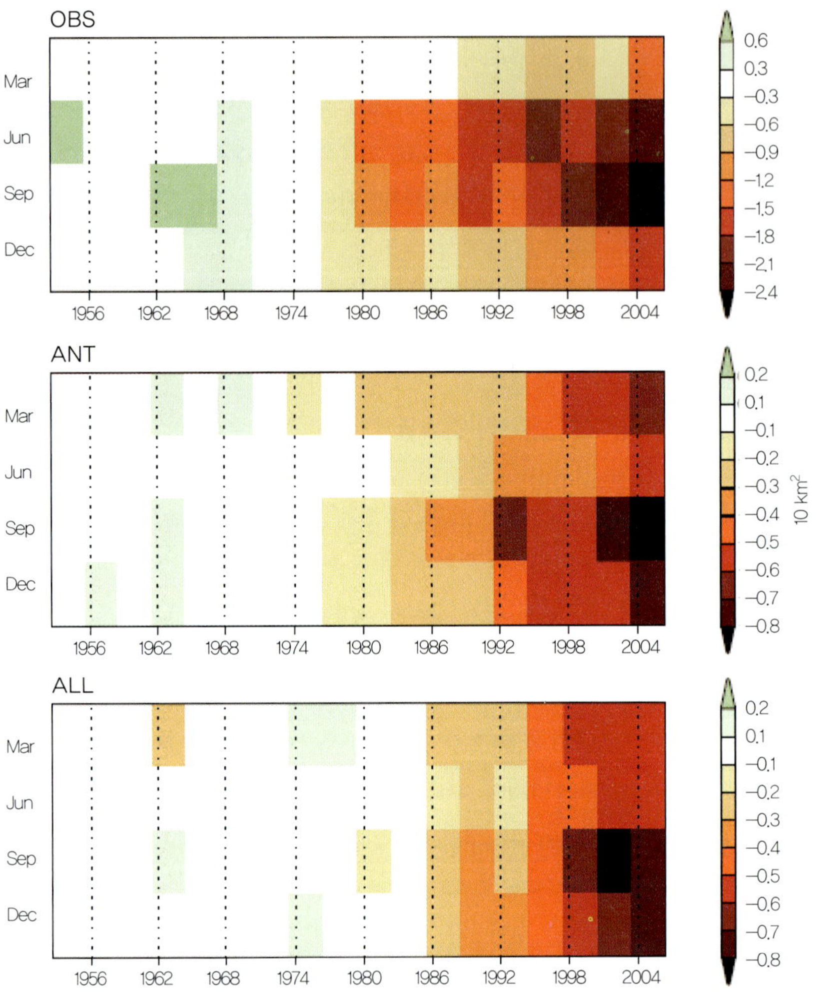

Figure 10.24 Seasonal evolution of observed and simulated Arctic sea ice extent (ASIE) over 1953 – 2006 (Min et al. 2008b).

료가 있었다면 1990년대 초부터 인위적인 시그널의 탐지가 가능했을 것이다. 이 결과에서도 마찬가지로 인위적 강제력 결과와 모든 강제력 결과의 차이가 매우 비슷한 것으로 확인할 수 있다.

최근 열파나 호우와 같은 극한현상은 전지구 기후변화로 인한 피해와 맞물려 매우 중요한 이슈로 대두되고 있다. 온난화가 진행됨에 따라 극한현상의 증가가 예상된다. Figure 10.26은 온실가스 증가에 따른 열파와 호우강도의 미래 변화 전망을 보여주고 있다. 열파는 전지구 육지에서 아열대건조대에서 더욱 크게 증가하는 패턴을 보여준다. 강수강도 또는 극한강수는 평균강수와는 달리 대기중의 수증기에 영향을 크게 받으며 온난화에 따라 거의 모든 지역에서 증가할 것으로 예상된다. 하지만 극한강수 탐지 연구는 관측자료의 부족으로 상대적으로 어렵다. 최근 극한 기온에 대한 탐지 연구는 장기간의 자료가 개발되고 모델과의 비교가 가능해지면서 많은 연구가 진행되었으며, 전지구 및 지역규모에서 인

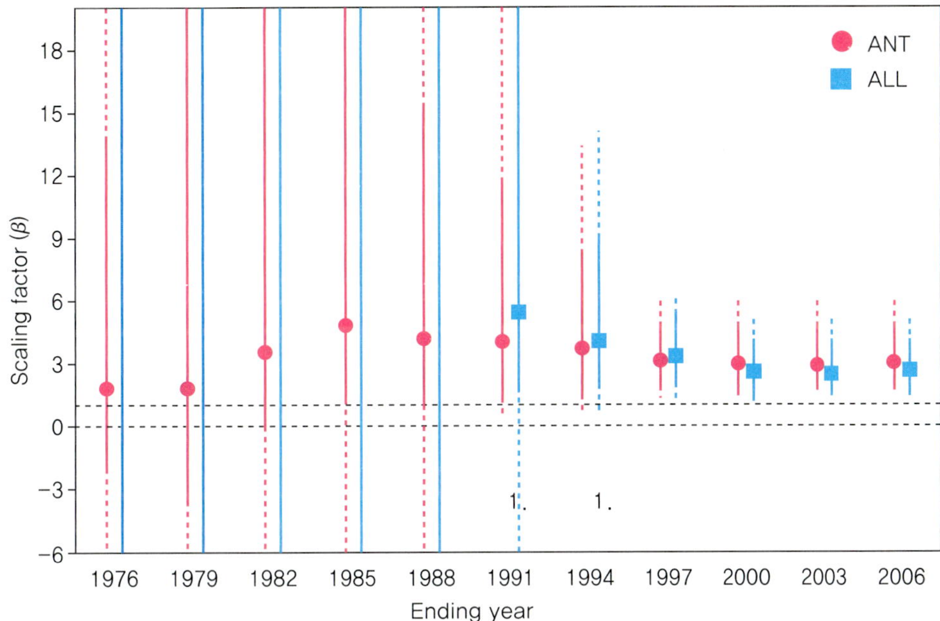

Figure 10.25 Results from detection and attribution analysis of Arctic sea ice extent for the time periods starting in 1953 and ending in at various years (Min et al. 2008b).

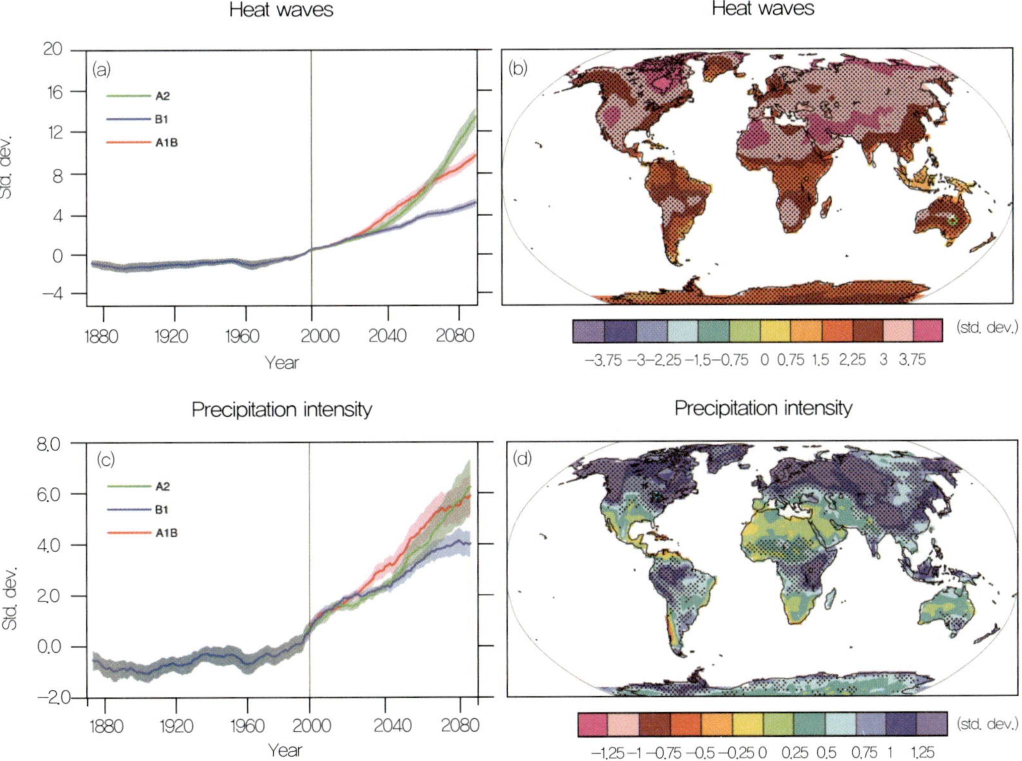

Figure 10.26 Past and future changes in heat waves and precipitation intensities as simulated by multiple climate models (IPCC 2007).

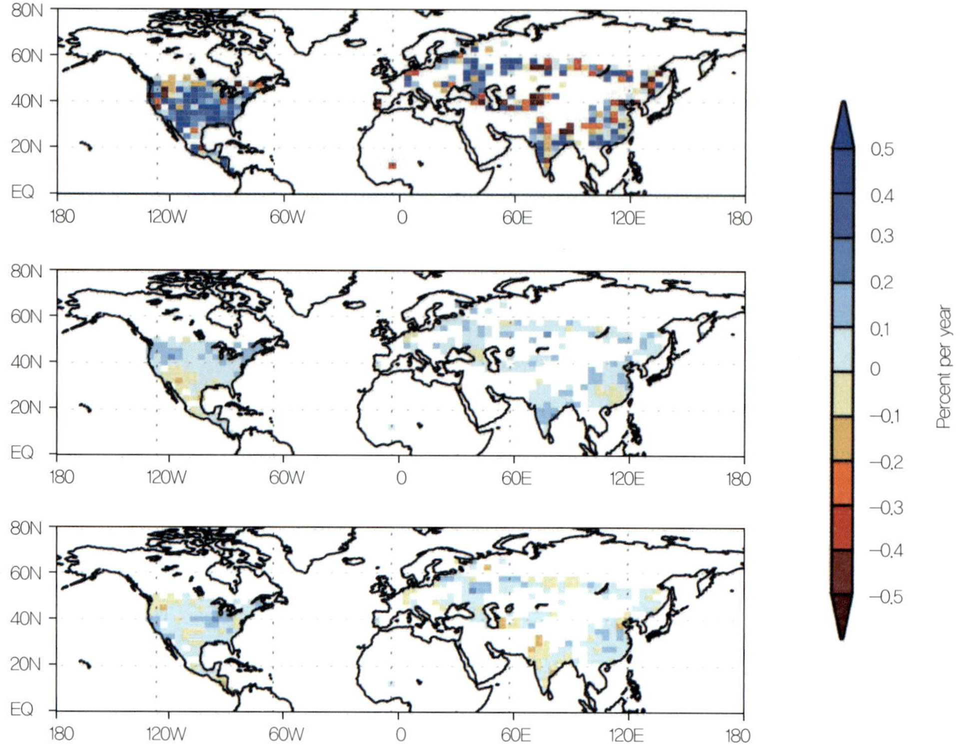

Figure 10.27 Observed (top) and simulated (ANT: middle, ALL: bottom) distribution of trends in extreme precipitation index (RX1D) during 1951-1999 (Min et al. 2011).

간의 영향이 탐지되었다 (Zwiers et al. 2011; Morak et al. 2013; Min et al. 2013; Kim et al. 2016).

극한기온에 비하여 극한강수에 대한 연구는 상대적으로 부족한 관측자료와 모델의 성능한계로 시그널 탐지연구가 매우 제한적으로 이루어졌다. 예를 들어 Figure 10.27에는 20세기 후반의 관측과 모델에 나타난 극한강수의 추세를 보여주고 있다. 여기서 극한강수 지수는 일평균강수의 연최고(RX1D)를 표준화한 지수이다 (Min et al. 2011). 먼저, 장기간의 일강수량 관측이 존재하는 분석지역을 보면, 북미와 유럽, 인도, 동아시아, 러시아 등을 중심으로한 북반구 중위도로 공간적으로 매우 제한됨을 알 수 있다. 관측패턴을 보면 북반구 중위도 지역에서 강수강도가 전반적으로 증가하는 경향이 나타난다. 모델 결과를 보면 인위적 강제력이 포함된 두 실험에서 극한 강수의 강도가 증가된 것을 확인할 수 있다. 하지만 모델에서 모의한 강수강도 추세의 크기는 관측에 비해 매우 작은 것을 알 수 있다. 이 결과는 인간활동에 의한 호우강도 증가에 대한 과학적 증거를 처음으로 제시한 것이며 후속 연구가 활발히 진행 중이다 (Zhang et al. 2013).

10.4 도전과제 및 결론

탐지연구는 대기와 해양의 온난화를 중심으로 탐지가 되어 왔지만 최근 들어 대기수분, 강수량, 지역수문, 해빙, 극한현상과 같은 다른 자료 값들이 있는 자료의 변화에서 인간의 "지문"을 찾아내는 것으로 바뀌고 있다. 최근 하나의 극한현상(extreme event)이 발생하였을 때 그 현상의 발생확률이 인간활동에 의해서 커졌는지 작아졌는지를 분석하는 사상 원인규명(event attribution) 연구가 활발히 진행되고 있다 (Stott et al. 2004; Herring et al. 2014; Min et al. 2015).

인간의 영향을 탐지하고 그 결과를 기후변화 영향과 적응에 활용하기 위해서는 시간적으로는 보다 짧고 공간적으로는 국지적인 기후현상에 대한 연구가 필요하다. 이를 위해서는 해결해야 할 몇 가지 문제들이 있다. 우선 지역/국지규모의 평가에 필요한 실제관측 자료가 부족하다. 그리고 지역기후변화를 일으키는 요인들에 대한 물리적인 이해가 필요하다. 예를 들어 몬순지역에서 강수변화를 이해하기 위해서는 몬순의 이해가 필수이지만 외부강제력에 대한 몬순의 반응과 모의 그리고 물리과정의 이해가 매우 부족한 것이 현실이다. 또한 기후모델의 지역기후 모의성능 한계가 있으며 자연변동성의 영향이 커져 외부요인의 영향을 파악하기 어렵다. 따라서 기후모델의 개선과 적합한 분석기법 개발 및 향상이 모두 중요하다.

참고문헌

Allen, M. R., and S. F. B. Tett, 1999: Checking for model consistency in optimal fingerprinting. *Climate Dyn.*, **15**, 419-434.

Allen, M. R., and P. A. Stott, 2003: Estimating signal amplitudes in optimal fingerprinting, part I: theory. *Climate Dyn.*, **21**, 477-491.

Barnett, T. P., D. W. Pierce, and R. Schnur, 2001: Detection of anthropogenic climate change in the world's oceans. *Science*, **292**, 270-274.

Barnett, T. P., D. W. Pierce, H. G. hidalgo, C. Bonfils, B. D. Santer, T. Das, G. Bala, A. W. Wood, T. Nozawa, A. A. Mirin, D. R. Cayan, and M. D. Dettinger, 2008: Human-induced changes in the hydrology of the western United States. *Science*, **319**, 1080-1083.

Gillett, N. P., F. W. Zwiers, A. J. Weaver, and P. A. Stott, 2003: Detection of human influ-ence on sea-level pressure. *Science*, **422**, 292-294.

Gillett, N. P., D. A. Stone, P. A. Stott, T. Nozawa, A. Y. Karpechko, G. C. Hegerl, M. F. Wehner, and P. D. Jones, 2008: Attribution of polar warming to human influence. *Nature Geo.*, **1**, 750-754.

Hegerl, G. C., P. A. Stott, M. R. Allen, J. F. B. Mitchell, S. F. B. Tett, and U. Cubasch, 2000: Optimal detection and attrivution of climate change sensitivity of results to climate model differences. *Climate Dyn.*, **16**, 737-754.

Hegerl, G. C., and F. W. Zwiers, 2001: Use of models in detection and attribution of climate change. *WIREs CC*, **2**, 570-591.

Herring, S. C., M. P. Hoerling, T. C. Peterson, and P. A. Stott, 2014: Explaining extreme events of 2013 from a climate perspective. *Bull. Am. Meteorol. Soc.*, **95**, S1－S96.

IPCC, 2007: Climate Change 2007: The Physical Science Basis. Contribution of Working Group I to the Fourth Assessment Report of the Intergovernmental Panel on Climate Change, Solomon, S., D. Qin, M. Manning, Z. Chen, M. Marquis, K.B. Averyt, M. Tignor and H.L. Miller, Eds., Cambridge University Press, Cambridge, United Kingdom and New York, NY, USA.

IPCC, 2013: Climate Change 2013: The Physical Science Basis. Contribution of Working Group I to the Fifth Assessment Report of the Intergovernmental Panel on Climate Change, Stocker, T. F. et al. Eds., Cambridge University Press, Cambridge, United Kingdom and New York, NY, USA.

Karoly, D. J., K. Braganza, P. A. Stott, J. M. Arblaster, G. A. Meehl, A. J. Broccoli, and K. W. Dixon, 2003: Detection of a human influence on North American climate. *Science*, **302**, 1200-1203.

Kim, Y.-H., S.-K. Min, X. Zhang, F. Zwiers, L. V. Alxander, M. G. Donat, and Y.-S. Tung, 2016: Attribution of extreme temperature changes during 1951-2010. *Climate Dyn.*, **46**, 1769-1782, *doi*: **10**.1007/s00382-015-2674-2.

Min, S.-K., X. Zhang, and F. W. Zwiers, 2008a: Human-induced Arctic moistening. *Science*, **320**, 518-520.

Min, S.-K., X. Zhang, F. W. Zwiers, and T. Agnew, 2008b: Human influence on Arctic sea ice detectable from early 1990s onwards. *Geophys. Res. Lett.*, **35**, L21701, doi:10.1029/2008GL035725.

Min, S.-K., X. Zhang, F. W. Zwiers, and G. C. Hegerl, 2011: Human contribution to more-intense precipitation. *Nature*, **470**, 378-381.

Min, S.-K., X. Zhang, F. W. Zwiers, H. Shiogama, Y.-S. Tung, and M. Wehner, 2013: Multimodel detection and attribution of extreme temperature changes. *J. Climate*, **26**, 7430-7451.

Min, S.-K., Y.-H. Kim, S.-M. Paik, M.-K. Kim, and K.-O. Boo, 2015: Anthropogenic influence on the 2014 Korean hottest spring. *Bull. Amer. Meteor. Soc.*, **96**, S95-S99.

Morak, S., G. C. Hegerl, and N. Christidis, 2013: Detectable changes in the frequency of temperature extremes. *J. Climate*, **26**, 1561－1574.

Santer, B. D., K. E. Taylor, T. M. L. Wigley, T. C. Johns, P. D. Jones, D. J. Karoly, J. F. B. Mitchell, A. H. Oort, J. E. Penner, V. Ramaswamy, M. D. Schwarzkopf, R. J. Stouffer, and S. Tett, 1996: A search for human influences on the thermal structure of the atmosphere. *Nature*,

382, 39-46.

Santer, B. D., M. F. Wehner, T. M. L. Wigley, R. Sausen, G. A. Meehl, K. E. Taylor, C. Ammann, J. Ar-blaster, W. M. Washington, J. S. Boyle, and W. Bruggemann, 2003: Contributions of anthropogenic and natural forcinfg to recent tropopause height changes. *Science*, **301**, 479-483.

Santer, B. D., T. M. L. Wigley, P. J. Gleckler, C. Bonfils, M. F. Wehner, K. AchutaRao, T. P. Barnett, J. S. Boyle, W. Bruggemann, M. Fiorino, N. Gillett, J. E. Hansen, P. D. Jones, S. A. Klein, G. A. Meehl, S. C. B. Raper, R. W. Reynolds, K. E. Taylor, and W. M. Washington, 2006: Forced and unforced ocean temperature changes in Atlantic and Pacific tropical cyclogenesis regions. *PNAS*, **103**, 13905-13910.

Santer, B. D., C. Mears, F. J. Wentz, K. E. Taylor, P. J. Gleckler, T. M. L. Wigley, T. P. Barnette, J. S. Boyle, W. Bruggemann, N. P. Gillett, S. A. Klein, G. A. Meehl, T. Nozawa, D. W. Pier,, P. A. Stott, W. M. Washington, and M. F. Wehner, 2007: Identification of human-induced changes in atmospheric moisture content. *PNAS*, **104**, 15248-15253.

Stott, P. A., M. R. Allen, and G. S. Jones, 2003: Estimating signal amplitudes in optimal finger-printing. Part II: application to general circulation models. *Climate Dyn.*, **21**, 493-500.

Stott, P. A., D. A. Stone, and M. R. Allen, 2004: Human contribution to the European heatwave of 2003, *Nature*, **432**, 610-614.

Stott, P. A., S. F. B. Tett, G. S. Jones, M. R. Allen, J. F. B. Mitchell, and G. J. Jenkins, 2000: External Control of 20th century temperature by natural and anthropogenic forcings. *Science*, **290**, 2133-2137.

Tett, S. F. B., P. A. Stott, M. R. Allen, W. J. Ingram, and J. F. B. Mitchell, 1999: Causes of twentieth-century temperature change near the Earth`s surface. *Nature*, **399**, 569-572.

Weaver, A. J., and F. W. Zwiers, 2000: Uncertainty in climate change. *Nature,* **407**, 571-572.

Willett, K. M., N. P. Gillett, P. D. Jones, and P. W. Thorne, 2007: Attribution of observed surface humidity changes to human influence. *Nature*, **449**, doi:10.1038/nature06207.

Zhang, X., F. W. Zwiers, G. C. Hegerl, F. H. Lambert, N. P. Gillett, S. Solomon, P. A. Stott, and T. Nozawa, 2007: Detection of human influence on twentieth-century precipitation trends. *Nature*, **448**, 461-465.

Zhang, X., H. Wan, F. W. Zwiers, G. C. Hegerl, and S.-K. Min, 2013: Attributing intensification of precipitation extremes to human influence. *Geophys. Res. Lett.*, **40**, 5252-5257, doi:10.1002/grl.51010.

Zwiers, F. W., X. B. Zhang, and Y. Feng, 2011: Anthropogenic influence on long return period daily temperature extremes at regional scales. *J. Climate*, **24**, 881-892.

CHAPTER 11

기후민감도와 되먹임

Climate Sensitivity and Feedback

이화여대: **최 용 상**

학습목차

프롤로그

전세계 환경문제의 핵심 이슈가 된 기후변화는 일반적으로 일정 지역의 지표면 또는 대기의 평균온도의 변화를 의미한다. 이에 따라 습도, 강수, 동식물의 변화가 수반되므로 이 모든 것의 변화를 통칭하기도 한다. 이러한 미래 기후변화의 전망치는 국가와 사회가 미래 변화에 대한 적응을 준비함에 있어서 필수적인 정보가 되었다. 지난 반세기 동안 컴퓨터의 발달과 함께 기후변화 예측에 대한 연구는 보다 복잡한 전지구 기후모델(global climate model)을 이용한 각종 온실가스 배출 시나리오에 따라 진행되어 왔다. 최근에는 대기와 해양, 지면/생태, 빙권 등의 각 권역별로 개발된 전지구 기후모델들이 결합되고 있지만, 더 복잡한 지구 기후계를 반영한 모델이 더 정확한 예측을 하는 것은 아니다. 실제로는 권역간 상호작용을 통해 미래 기후가 달라지므로 이들간의 '되먹임 작용(feedback processes)' 혹은 기후예측에 더욱 중요한 개념이 되었다.

본래 미래 기후변화를 예측하는 전지구 기후모델은 특정 자연현상을 설명하기 위해, 인과관계를 실험할 목적으로 개발되고 사용되어 왔다. 그러나 이에 더하여 미래 기후예측은 수십 년 이상의 시간에 대한 장기 적분을 통해 미분 방정식을 풀어가야 하는 문제이다. 대기의 역학 지배방정식(governing equation)'의 기반 하에 기후는 온실가스, 태양활동과 같은 지구 외부의 강제력(forcing)과 시시각각 일어나는 화산 및 지질 활동, 주기적인 엘니뇨와 같은 지구 내부의 강제력에 대해 민감하게 반응한다. 이러한 강제력에 대한 기후의 반응 정도를 '기후민감도(climate sensitivity)'라 하는데, 이 기후민감도가 바로 다름아닌 되먹임 작용에 의해 조절된다. 다음 절에서는 기후민감도와 되먹임 작용과의 관계를 개념적인 모델을 통해 설명할 것이다.

온실가스 증가에 따른 기후민감도에 대한 최초의 종합보고서는 1979년 차니 보고서

Carbon Dioxide and Climate: A Scientific Assessment

Report of an Ad Hoc Study Group on Carbon Dioxide and Climate

Woods Hole, Massachusetts

July 23-27, 1979

to the

Climate Research Board

Assembly of Mathematical and Physical Sciences

National Research Council

NATIONAL ACADEMY OF SCIENCES
Washington D.C.
1979

Figure 11.1 Jule Charney (1917-1981) and his report covers.

(Figure 11.1)로 거슬러 올라간다. 이 보고서에서 다양한 기후모델을 비교하였고, 그 결과 대기 중 이산화탄소가 두 배 증가할 경우($2 \times CO_2$) 1.3−4.2°C 상승한다고 보고하였다. 가장 복잡한 기후모델이 이 불확실성을 줄이면서 가장 현실에 가까운 기후시스템을 구현해낼 것이라는 생각은 컴퓨터의 발달과 함께 이때쯤부터 생긴 듯하다. 그러나 불행히도 30년이 지난 오늘날에도 첨단 기후모델들의 결과나 관측 추정 결과는 과거와 별반 다르지 않은데 (Figure 11.2), 유엔 기후변화에 관한 정부간협의체(IPCC)는 4차 보고서에서 지구 기후민감도가 최소 2°C 이상이라고 보고한바 있으며 (Solomon et al. 2007), 최근 발표한 5차 보고서에는 1.5°C 이상이라고 발표하였으므로 결론에는 큰 차이가 없다 (Figure 11.2).

오늘날 최악의 온실가스 배출 시나리오와 저감된 온실가스 배출 시나리오에 대한 미래 기후 차이는 온실가스 저감 정책 및 에너지 정책의 구체적인 동기를 유발하는 자료가 되고 있다. 문제는 아직도 기후모델간 기후민감도에 상당히 큰 차이가 나타나고 있는 것이다. 이것은 모델간 되먹임 작용이 다르기 때문이며 관측을 통해 되먹임 작용의 실체를 더욱 면밀히 분석하여야 할 것이다. 11.2절에서는 관측자료를 통해 기후민감도와 기후 되먹임 작용을 추정하는 방법을 소개한다. 11.3절에서는 수증기, 기온, 구름, 지면, 생물 등 지구상 각종 요소의 물리적 반응이 되먹임 작용에 참여한다는 것을 설명한다. 예를 들어 온난화가 수증기를 증가시키면 그 수증기가 다시 지구방출에너지의 온실효과를 강화시켜 온난화를 증대시키는 것이 바로 되먹임 작용이다. 그러나 되먹임 작용이 어떻게 일어나느냐에 따라 기후민감도의 수준과 미래 기후변화 시나리오가 최종 결정된다. 11.4절에서는 되먹임 작용이 매월, 매년 기후의 변화에 주는 영향을 논의한다. 11.5절에서는 되먹임 작용과 기후민감도에 대해 현대 과학이 직면한 한계에 대해 설명하겠다.

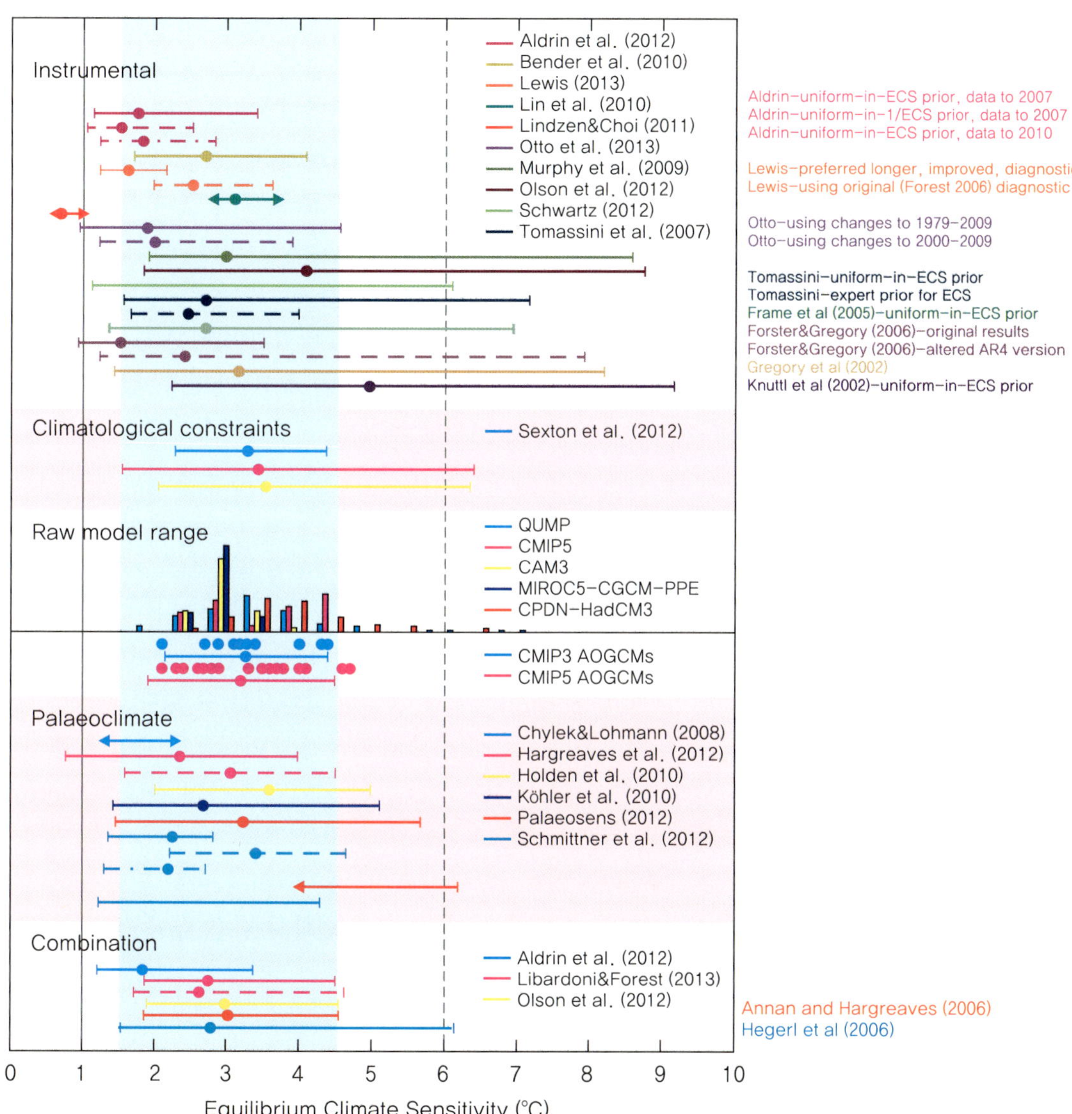

Figure 11.2 Ranges and best estimates of Equilibrium climate sensitivity(ECS) based on different lines of evidence. Unlabeled ranges refer to studies cited in AR4. Bars show 5~95% uncertainty ranges with the best estimates marked by dots. Dashed lines give alternative estimates within one study. The grey shaded range marks the likely 1.5°C to 4.5°C range as reported in AR5, and the grey solid line the extremely unlikely less than 1°C, the grey dashed line the very unlikely greater than 6°C. Figure 2 from AR5 WG1: ECS estimates(http://www.climatedialogue.org/).

11.1 기후민감도와 되먹임 개념도

Figure 11.3은 되먹임이 있는 경우와 없는 경우로 나눠진 개념 모델이다. (a) 되먹임 작용이 없는 경우 $\Delta T_0 = G_0 \Delta Q$이고, (b) 되먹임 작용이 있는 경우에는 $\Delta T = G_0(\Delta Q + F\Delta T)$로 표현되는데, 여기서 $G_0\Delta Q$는 되먹임 작용이 없는 경우의 온도 변화 값(ΔT_0)으로 치환 되어 $\Delta T_0 = \Delta T(1 - G_0 F)$의 관계식이 성립한다. 여기서 F는 feedback parameter라고 하며, 단위는 W m^{-2} K^{-1}로서, 단위 지표면 온도 변화에 따른 되먹임 작용을 Top of Atmosphere (TOA) 복사불균형량(energy imbalance)으로 나타낸 값이다. 또한 더 간단히 $G_0 F$는 무단위인 feedback factor(f)로 정의한다($f = G_0 F$). 나중에 보이겠지만 G_0는 스테판-볼츠만 법칙에서 유도된 시스템의 고유성질로서 0.26 K (W m^{-2})$^{-1}$이다. 위의 두 식을 $\Delta T = G_0\Delta Q/(1 - G_0 F) = \Delta T_0/(1 - f)$로 변환하여, 되먹임이 있는 경우의 온도 변화(ΔT)를 되먹임이 없는 경우의 온도 변화(ΔT_0)에 대한 식으로 나타낼 수 있다. f값이 0~1 사이일 경우 바로 되먹임(positive feedback)이고 음인 경우는 온도 변화를 작게 만드는 역 되먹임(negative feedback)이 된다. f값이 1이상인 경우는 ΔT를 음수로 만들어 물리적으로 정의될 수 없다.

되먹임 작용에는 대표적으로 온도, 수증기, 구름, 알베도의 4가지 종류가 주요한 역할을 한다고 알려져 있다 (Figure 11.4). 그리고 사실상 이들은 서로간 비선형적으로 결합되어 있다. 예를 들어, 구름 되먹임 작용의 일환으로 구름의 양이 줄면, 수증기에서 방출된 에너지가 TOA에 더 노출이 되므로 수증기 되먹임 작용을 강화시킬 수 있다. 따라서 실제로는 수증기 되먹임과 구름 되먹임을 따로 구별해서 해석하기는 어려운 문제이다. 그러나 전지구 또는 충분히 넓은 영역에 대해서는, 4가지 종류의 되먹임 작용이 가법성(additive)을 갖는 것으로 알려져 있다. 즉 전체 feedback factor인 f값은 온도, 수증기, 구름, 알베도에 대한 개별 f값의 합으로 표현될 수 있다. f값이 1에 가까운 경우(즉 바로 되먹임을 갖는 경우)는 f값이 조금만 변하더라도 기후민감도 ΔT를 크게 변화시킬 수 있어 f값의 추정에 세심한 주의가 필요하다.

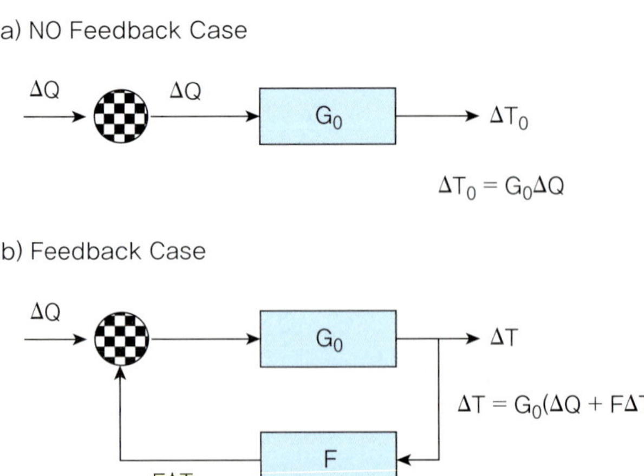

Figure 11.3 Feedback cases (Lindzen et al. 2001).

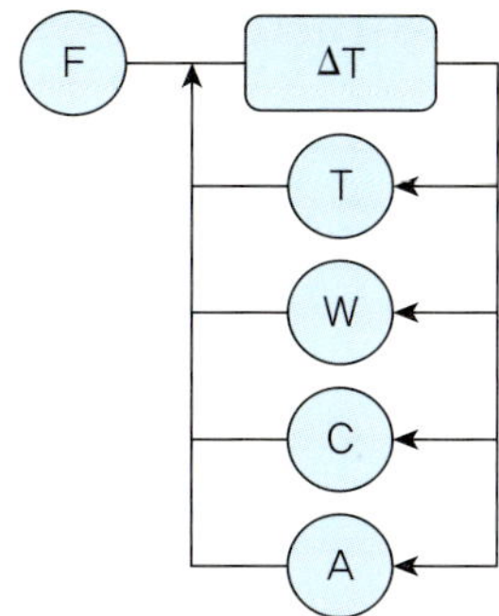

Figure 11.4 Conceptual diagram for feedback parameter in association with temperature(T), moisture(W), cloud(c), and albedo(A) (Thorsten et al. 2013).

이제 기후민감도와 되먹임 작용이 수학적으로 정의되었으므로, 서로 어떤 관계를 갖는지를 살펴볼 수 있다. Figure 11.5는 기후민감도와 되먹임 관계를 보여준다. x축의 feedback factor는 많은 선행연구에서 제시한 feedback factor들의 값들이 정규분포를 가진다는 가정하에 그려진 것이며, 이것을 $\Delta T = \Delta T_0/(1 - f)$로 투영시켰을 때 y축에서는 비대칭적인 기후민감도가 나타났다. 여기서 주목할 점은 feedback factor가 작은 경우 기후민감도는 feedback factor의 증가에 따라 조금 증가하지만, feedback factor가 큰 경우 기후민감도는 feedback factor의 증가에 따라 매우 크게 증가한다는 것이다. 따라서 feedback factor가 0.65 주변의 값을 갖는 기후모델들이 서로 매우 다른 기후민감도를 갖는 것은 기후민감도와 되먹임의 수학적 관계로 유도되는 당연한 결과라고 할 수 있다.

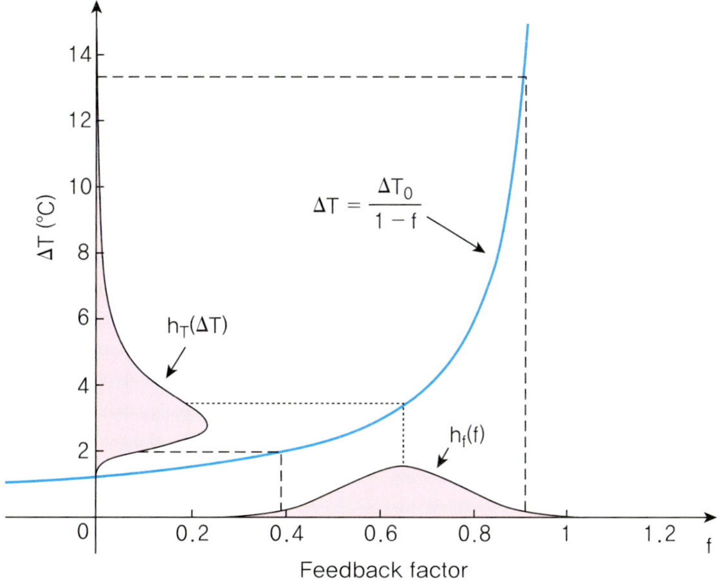

Figure 11.5 Relationship between climate sensitivity(ΔT) and feedback factors(f) (Roe and Baker 2007).

11.2 기후민감도와 되먹임의 측정

기후민감도의 개념은 어떤 기후 물리 과정이 기후변화에 중요한 영향을 미치는지 판단하는데 사용될 수 있다. 민감도는 기후모델 성능의 객관적인 측정 지수로써도 사용된다. 정량적으로 민감도는 기후를 지배하는 여러 독립변수들 중 하나가 변화할 때, 기후의 객관적인 측정값이 변화하는 양을 의미한다. 예를 들어 전지구 평균 표면온도 T_s가 얼마나 변화하는지에 대해 생각해보자. 태양에너지는 기후의 기본 상태를 결정하는 근간이다. 만약 태양상수 S_0가 변화한다면 T_s가 변화하지만, T_s는 태양상수 외에도 다양한 변수 y_j의 영향을 받는 함수이기도 하다. 이 변수들이 S_0와도 의존한다고 가정하자. $y_j = y_j\ (S_0)$. 이 때 변수를 수증기, 다양한 온실 가스, 운량, 해빙, 육지 초목 등 다양한 값들이라고 생각한다면, 연쇄법칙을 이용해 아래처럼 표현할 수 있다.

$$\frac{dT_s}{dS_0} = \frac{\partial T_s}{\partial S_0} + \Sigma_{j=1}^{N} \frac{\partial T_s}{\partial y_j}\frac{dy_j}{dS_0} \tag{11.1}$$

여기서 N은 변수의 수이다. 태양상수와 관련된 지표 온도의 전체 변화는 태양상수의 직접적인 영향으로 변하는 양(우측 첫째 항)과 태양상수가 종속변수를 변화시키고 그 종속변수가 지표 온도를 조절하는 간접 영향(우측 둘째 항)으로 이루어진다. 만약 태양상수가 증가한다면, 대기의 비습은 온도에 따른 포화수증기압의 변화에 의존하기 때문에 증가할 것이다. 대기 중 수증기의 증가는 온실효과를 통해 지표 온도를 증가시킨다.

기후 시스템에 적용되는 W m^{-2}의 단위인 기후 강제력 dQ를 가정함으로써 기후 민감도의 개념을 다소 간단히 만들고, dT_s와 같은 지구 평균 지표 온도의 변화가 기후 변화의 척도와 어떻게 관련되어 있는지 알아보려고 한다. 기후민감도의 척도로써 강제력에 대한 기후 반응의 비율(λ_R)을 아래와 같이 정의한다.

$$\frac{dT_s}{dQ} \equiv \lambda_R \tag{11.2}$$

예를 들어, TOA에서 전지구 평균 에너지 균형을 고려해보면, 다음과 같은 식으로 정리할 수 있다.

$$R_{TOA} = \frac{S_0}{4}(1 - \alpha_p) - F^{\uparrow}(\infty) = 0 \tag{11.3}$$

여기서 α_p는 행성의 반사도이다. 만약 어떤 강제력 dQ가 주어진다면, 기후는 새로운 전지구 평균 지표온도를 갖는 평형 상태로 변환될 것이다. 그렇다면 에너지 균형 상태방정식(11.3)은 연쇄법칙으로 아래와 같이 쓰여진다.

$$\frac{dR_{TOA}}{dQ} = \frac{\partial R_{TOA}}{\partial Q} + \frac{\partial R_{TOA}}{\partial T_s}\frac{dT_s}{dQ} = 0 \tag{11.4}$$

여기서 $\partial R_{TOA}/\partial T_s$는 지표 온도 변화에 따라 변하는 TOA에서의 에너지 불균형(imbalance)으로, Figure 11.3의 되먹임 매개변수인 F에 해당한다. 또한 $\partial R_{TOA}/\partial Q$는 강제력에 의해 직접적으로 변화하는 R_{TOA}가 항상 그 강제력과 같기 때문에 값은 항상 1이다. 식

(11.2)에서 $dT_s/dQ = \lambda_R$로 정의하였으므로, 식 (11.4)는 결국 $1 + F \cdot \lambda_R = 0$이 되어 $F = -1/\lambda_R$으로 간단히 표현된다. 이를 다시 식 (11.3)을 이용하여 미분방정식의 형태로 정리하면,

$$\frac{dT_s}{dQ} = -\left(\frac{\partial R_{TOA}}{\partial T_s}\right)^{-1} = \left(\frac{S_0}{4}\frac{\partial \alpha_p}{\partial T_s} + \frac{\partial F^{\uparrow}(\infty)}{\partial T_s}\right)^{-1} = \lambda_R \qquad \textbf{(11.5)}$$

즉 간단한 모델에서 기후민감도는 두 개의 기본적인 되먹임 과정에 의해 좌우된다. 하나는 지표 온도에 대한 지표에서 방출된 지구 복사플럭스의 변화율이고, 다른 하나는 지표 온도에 대한 지표 반사도의 변화율이다. 만약 기후민감도 λ_R를 안다면, 전지구 평균 지표 온도의 변화(ΔT_s)를 기후 강제력(ΔQ)으로부터 얻을 수 있다.

$$\Delta T_s = \lambda_R \, \Delta Q \qquad \textbf{(11.6)}$$

Figure 11.6은 지표온도의 변화와 방출되는 에너지 플럭스 간의 관계를 나타낸다. 기준이 되는 기울기는 ZFB(zero feedback)로서 되먹임 작용이 없는 기후시스템 값을 의미한다. 이 값은 약 4 W m^{-2} K^{-1}인데 이것은 스테판-볼츠만 법칙에 의해서 알 수 있다 (0.26 K (W $m^{-2})^{-1}$의 역수) (11.3절).

지표온도의 변화에 따라 방출되는 에너지가 ZFB 기울기 보다 큰 경우 방출에너지가 더 많아져서 기온이 낮아진다는 것을 보여준다(역 되먹임). 이것은 이후 언급할 기온감률 되먹임에 의해 설명이 가능하다 (11.3절). 반대로 기준이 되는 ZFB 기울기보다 작으면 바로 되먹임이다. 바로 되먹임은 수증기 되먹임으로 설명이 가능하다 (11.3절). 온도가 크게 증가하면 대기 중의 수증기 양이 증가하여 온실효과를 일으키기 때문이다.

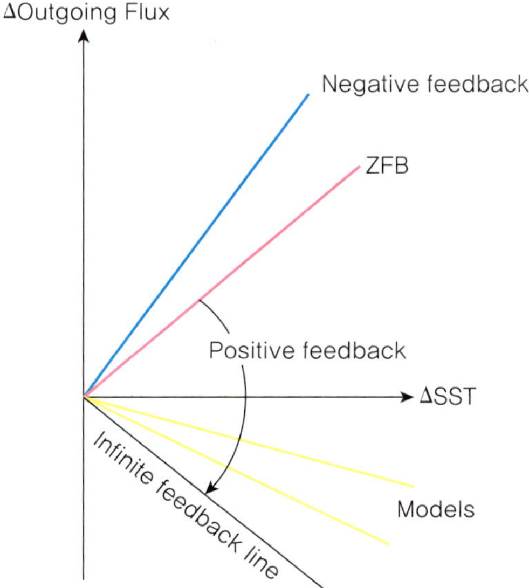

Figure 11.6 Schematic relations between sea surface temperature change and outgoing total radiative flux change at the top of the atmosphere. The slope represents the sign and magnitude of total climate feedback. ZFB stands for zero-feedback system. Negative slope corresponds to positive climate feedback of current climate models. The slope over that of ZFB corresponds to negative climate feedback (Choi 2011).

11.3 기초적인 되먹임 과정들

스테판-볼츠만 되먹임

스테판-볼츠만 되먹임은 지구의 표면 온도를 지배하는 가장 중요한 역 되먹임이다 (Figure 11.7). 지구는 흑체(BB; black body)에 가까운 행성이다. 지구의 방출 온도(T_e)는 스테판-볼츠만 법칙 $F^{\uparrow}(\infty) = \sigma T_e^4$ 에 의해 결정된 지구의 장파 복사에너지 방출과 식 (11.3)에 의한 에너지 균형으로 정의된다. 만약 순간 온도변화에 대해 반사도가 변하지 않고 지표 온도와 방출 온도가 선형적으로 관계가 있다고 가정한다면, 흑체 모델에 대한 민감도는 아래 식 (11.7)과 같이 쓰여진다.

$$\lambda_R)_{BB} = \left[\frac{\partial(\sigma T_e^4)}{\partial T_s}\right]^{-1} = (4\sigma T_e^3)^{-1} = 0.26\ \mathrm{K\ (W\ m^{-2})^{-1}} \tag{11.7}$$

즉, *TOA* 에너지 균형에 대한 복사강제력 1 W m^{-2}에 대해 1/4 정도의 온도 변화가 일어난다. 이 λ_R은 앞 절 개념도의 시스템 고유 성질, 즉 G_0이기도 하다.[1]

만약 지구 반사도가 0.3이라면, 약 5.7 W m^{-2}의 태양상수 변화에 의해 1 W m^{-2}의 복사강제력이 생성된다. 만약 스테판-볼츠만 되먹임만 존재한다면, 지구의 지표 온도에 1도 변화를 일으키기 위해 22 W m^{-2}나 되는 1.6% 정도의 태양상수 변화가 필요한 셈이다.

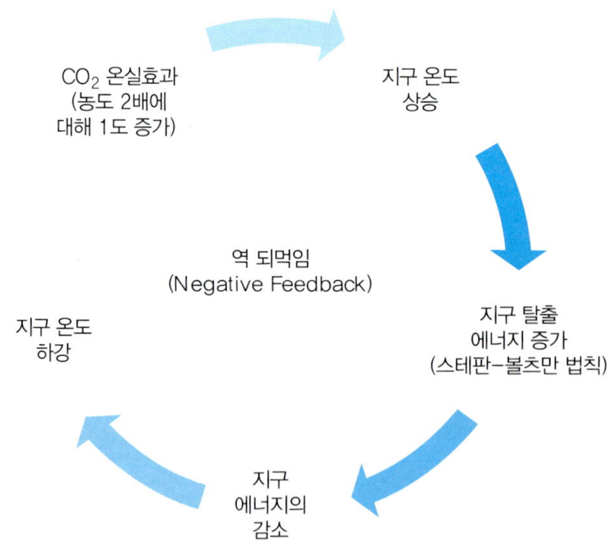

Figure 11.7 Stefan-Boltzmann's feedback.

[1] 다른 되먹임과 달리 스테판-볼츠만 되먹임을 불변의 시스템 고유 성질로 보며 통상 문헌에서 되먹임 과정이 없는 시스템이란 이 스테판-볼츠만 되먹임을 제외한 나머지 되먹임 과정이 없는 시스템을 의미한다. 다른 되먹임과 구별을 위해 스테판-볼츠만 반응, 플랑크 반응, 흑체 반응으로 표현하기도 한다.

이렇게 안정적인 기후로는 과거에 관측된 여러 기후변화를 설명하기 어렵다. 따라서 강한 바로 되먹임 과정이 작용해야 한다.

복사 전달 모형의 계산으로부터, 만약 CO_2가 300에서 600 ppmv로 2배 증가하고, 온도와 습도 분포가 일정하게 유지된다면, CO_2흡수로 인해 약 4 W m^{-2} 만큼의 지구 방출 장파 복사(outgoing longwave radiation)가 줄어들 것이다. 결과적으로 같은 양 만큼의 *TOA* 순복사(net radiation)는 증가한다. 이것은 반사도를 0.3으로 고정한다고 가정했을 때, 1.67%의 태양상수 증가와 같은 결과이다. 이러한 기후 강제력으로 지구평균온도가 1°C 증가한다는 것은 식 (11.7)을 식 (11.6)에 대입하여 알 수 있다.

기온감률 되먹임

Figure 11.8은 CO_2를 2배로 증가시켰을 때, 기온감률 되먹임이 없는 경우, 바로 되먹임과 역 되먹임이 있는 경우에 대해 각각 나타낸 개념도이다. 기온감률 되먹임이 없는 경우, 지표 온도 1도의 증가에 대해 반응하는 *TOA*의 에너지 변화는 스테판-볼츠만 법칙만 따른다.

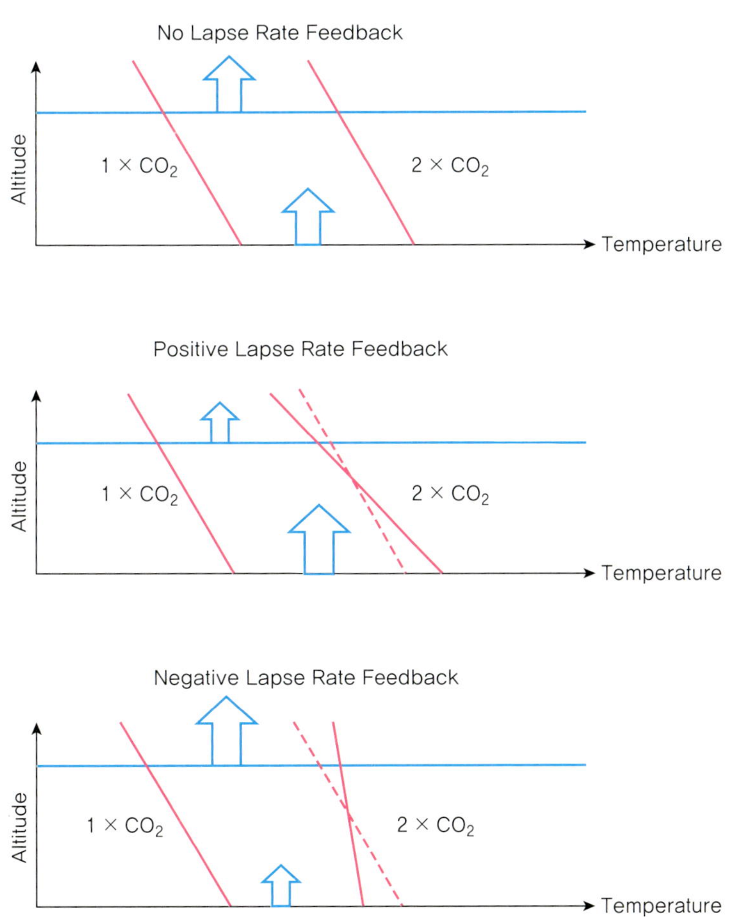

Figure 11.8 기온감률 되먹임의 세 가지 형태 (Schlesinger 1988).

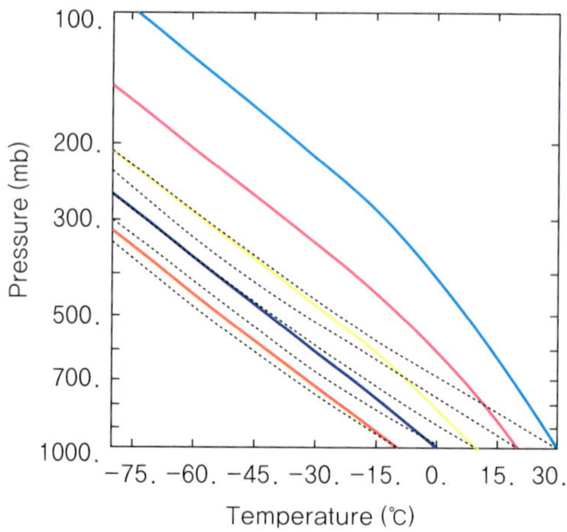

Figure 11.9 Dry (dashed) and moist (solid) adiabats for surface temperatures of -10, 0, 10, 20, and 30°C (Hartmann 1994).

바로 되먹임이 되는 경우는 기온감률의 기울기가 커질 때이다. 예를 들어 지표 온도 1도의 증가에 따라 *TOA* 온도가 0.5도 증가할 경우, 지구 복사 에너지의 방출이 덜 효율적인 경우이다. 그러나 사실 지구 기온감률 되먹임은 역 되먹임 과정으로 나타나는데, 그 이유는 극지방을 제외하면 기온감률이 습윤단열감률에 가깝기 때문이다. 지구의 온도가 상승한다면 연직적으로 습윤단열감률은 상층의 온도가 지면보다 더 상승한다 (Figure 11.9). 이렇게 되면 지구 복사 에너지의 방출이 더 효과적이기 때문에 기울기가 감소하여 역 되먹임 현상이 유도된다. 습윤한 적도는 이러한 역 되먹임 작용이 강하고, 건조한 고위도는 약하다. 기후모델에서 이산화탄소 증가에 대해 적도부근 기온 증가가 크게 나타나지 않는 이유는 기온감률의 역 되먹임이 크게 작용하기 때문이다. 반대로 고위도는 이산화탄소에 대한 기후민감도가 크게 나타나는데, 이는 기온감률의 역 되먹임 현상이 약하여 얼음 반사도와 같은 다른 바로 되먹임이 상대적으로 크게 작용하기 때문이다 (Thorsten et al. 2013). 스테판-볼츠만 되먹임과 기온감률 되먹임을 합해 온도 되먹임이라 한다 (Figure 11.4).

수증기 되먹임

가장 강력한 바로 되먹임 중 하나는 포화수증기압의 온도의존성과 관련되어 있다 (Figure 11.10). 온도가 증가하면, 대기 중의 수증기가 증가하게 된다. 수증기는 주요한 온실기체이므로 증가된 수증기 양은 대기의 온실효과를 강화시키고 나아가 지표온도를 증가시킨다. 즉 바로 되먹임 작용이다.

지구의 표면이 대부분 바다이고 습윤하기 때문에, 지표 근처의 습도는 액체 물의 포화수증기압과 유사하게 유지되는 경향이 있다. 포화수증기압의 온도의존성은 클라우지우스-클라페이론 관계(Clausius-Clapeyron relation)로부터 구할 수 있다.

$$\frac{de_s}{dT} = \frac{L}{T(\alpha_v - \alpha_l)} \tag{11.8}$$

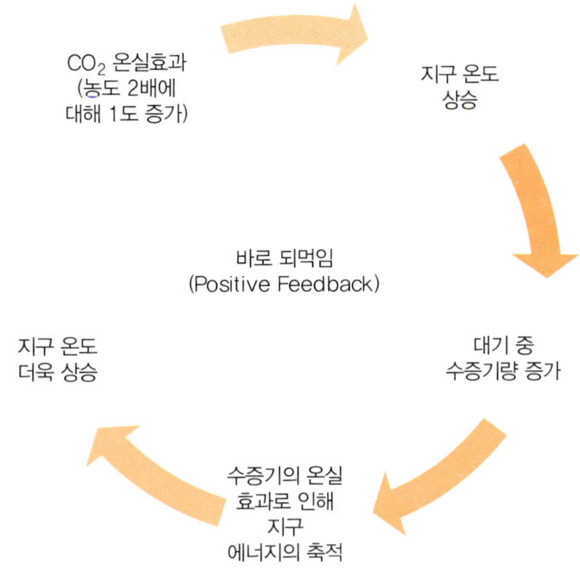

Figure 11.10 수증기 되먹임.

여기서 e_s는 액체에 대한 포화수증기압이며, L은 수증기의 증발잠열, T는 온도, α_v는 수증기의 비체적(specific volume), α_l은 액체 상의 비체적이다. 식 (11.8)로부터 절대습도의 실제 값으로 나눈 포화 절대습도의 변화는 실제 온도로 나눈 온도변화와 관계가 있는 것을 알 수 있다.

$$\frac{dq^*}{q^*} = \frac{de_s}{e_s} = \left(\frac{L}{R_v T}\right) \frac{dT}{T} \tag{11.9}$$

지구의 조건에서 L은 2.5×10^6 J kg^{-1}, R_v는 수증기에 대한 기체상수로서 461 J kg^{-1} K^{-1}이다. 따라서 $L/R_vT \approx 20$에 대해, 약 1%의 온도 변화인 3도 변화는 약 20%의 포화 절대습도 변화와 관계가 있다. 즉 온도에 대한 수증기압 변화는 약 7%/K이다.

중고위도에서는 계절 변동으로 온도가 크게 변화하여도 대기의 상대습도 (실제절대습도/포화절대습도)가 일정하게 유지되는 경향이 있다. 상대습도가 100%를 넘지 못한다는 것과 대기의 상대습도가 낮을 때 해양에서부터 효과적으로 수증기가 증발한다는 것을 생각하면 당연한 일이다. 이제 수증기 되먹임의 영향을 이해하기 위해, 온도가 변하는 동안 상대습도는 관측된 값에 고정된(fixed relative humidity, FRH) 1차원 복사-대류 평형 모델을 사용한다. 행성으로부터 방출된 지표 복사는 스테판-볼츠만 관계에 의해 나타난 것보다 온도가 덜 빠르게 증가하는 것을 알 수 있다. 또한 지표 방출 에너지는 온도의 네 제곱보다 오히려 선형적으로 증가한다 (Figure 11.11). 상대습도가 고정된 복사-대류 평형에서는 스테판-볼츠만 되먹임과 상대습도의 되먹임이 기후 민감도를 결정함을 알 수 있다.

$$\lambda_R)_{\text{FRH}} = \left[\left(\frac{dF^{\uparrow}(\infty)}{dT_s}\right)_{\text{FRH}}\right]^{-1} \approx 0.5 \text{ K (W m}^{-2})^{-1} \tag{11.10}$$

식 (11.10)을 식 (11.7)와 비교해보면, 추가된 상대습도 되먹임은 추정된 기후 민감도

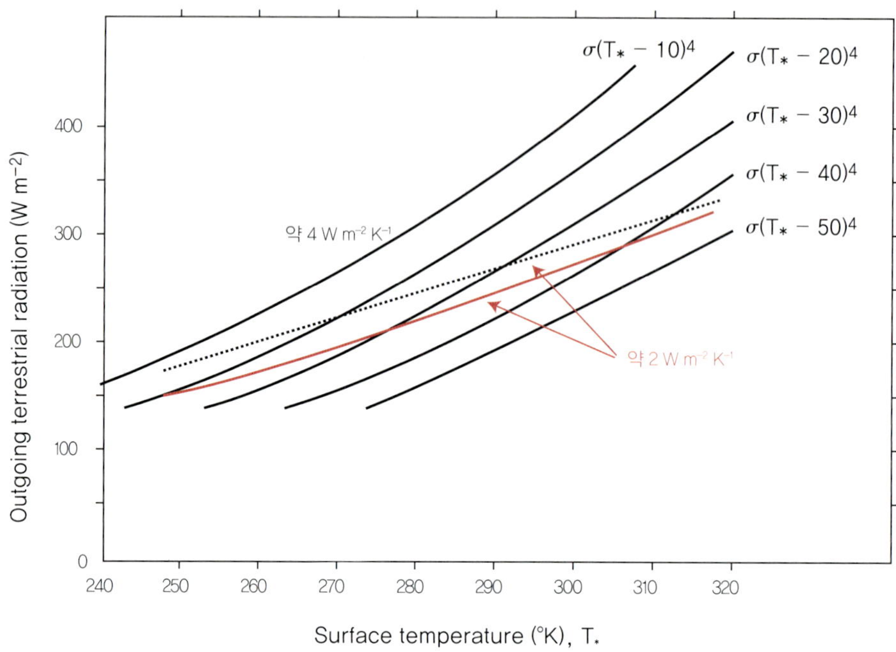

Figure 11.11 Graph of outgoing terrestrial emission at the top of the atmosphere as a function of surface temperature calculated from a radiative-convective equilibrium model in which the relative humidity is kept fixed so that the specific humidity increases with temperature. For comparison, Stefan-Boltzmann emission curves are shown for temperatures equal to the surface temperature T_*, minus fixed amounts from 10 to 50 ℃. The dashed line is for clear skies and the solid line is for average cloudiness. [Adapted from Manabe and Wetherald (1967). Reprinted with permission from the American Meteorological Society.]

를 거의 두 배로 만드는 것을 알 수 있다. 이 두 가지 되먹임을 포함하면, CO_2가 두 배로 증가했을 때 약 4 W m^{-2} 강제력이 작용하므로, 지표 온도는 약 2도 정도 증가한다.

얼음 반사도 되먹임

확장된 지표 빙설면적(icecover)의 물리적 효과는 빙하기의 다양한 조건들이 어떻게 유지되어 왔는지를 설명한다. 지표 빙설면적의 주요한 물리적 효과 중 하나는 높은 반사도(albedo)이다. 초목과 고위도에서의 태양 천정각이 지표 반사도의 계절 변동에 중요한 영향을 주더라도, 지표 반사도 연변동성의 가장 큰 영향은 눈에 덮인 땅의 면적에 의해 좌우된다 (Figure 11.12). 고위도에서의 해양의 반사도는 10%인 반면, 같은 위도에서 해빙(sea ice)의 반사도는 60% 정도이며, 침엽수의 숲과 빙상(ice sheet) 사이의 지표 반사도를 비교해도 역시 동등하게 큰 결과를 보인다. 빙하기에 의해 지구의 냉각이 진행되면, 일사량이 큰 위도의 여름은 물이나 숲 지역까지 얼음이 덮여 확장된다 (Figure 11.13).

증가된 지표 빙설면은 지표 반사도를 증가시키고, 태양 에너지의 흡수를 감소시킨다. 감소된 태양 에너지는 지구를 냉각시키고 얼음을 확장시키는 역할을 하여 빙하기를 야기한다. 이처럼, 차가워진 온도와 빙하의 관계는 태양으로부터 직접적인 에너지를 조절하기

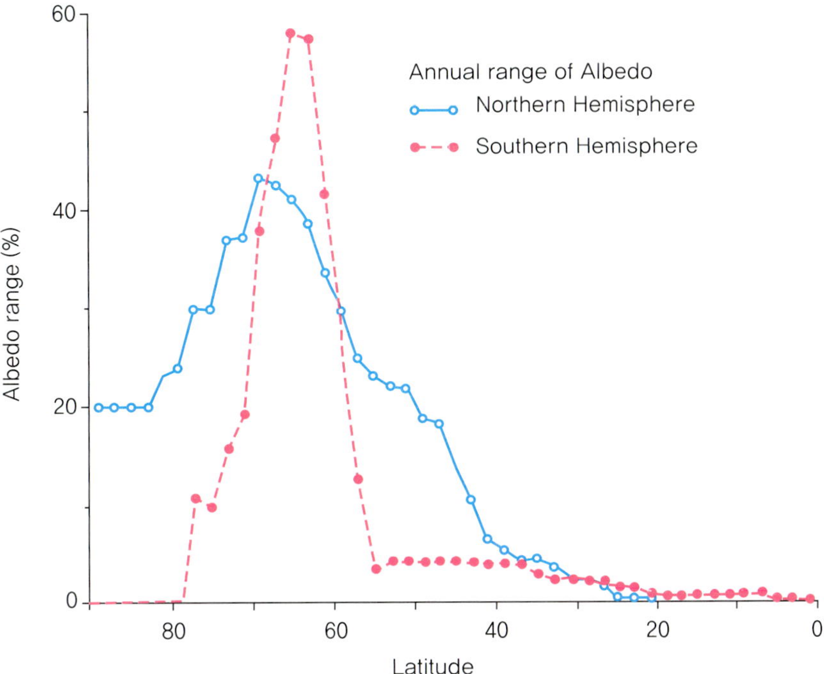

Figure 11.12 Graph of the annual range of surface albedo in the Northern and Southern Hemispheres. The largest annual ranges occur in the latitude range of Antarctic sea ice in the Southern Hemisphere and sea ice and snowcover in the Northern Hemisphere. [From Kukla and Robinson (1980). Reprinted with permission from the American Meteorological Society.]

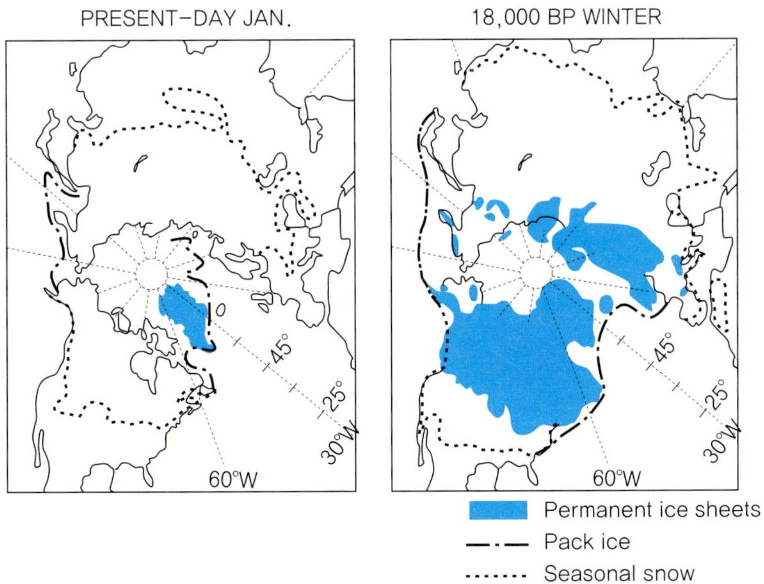

Figure 11.13 Extent of permanent ice sheets (shaded), seasonal snowcover (dotted line), and pack ice (perennial sea ice, dash-dot line) at present and estimated for the last glacial maximum. [From Robinson, unpublished, as published in Kukla (1979).]

때문에 매우 강력한 바로 되먹임(positive feedback)을 구성할 수 있다.

이 반사도 되먹임 효과는 Budyko(1969)와 Sellers(1969)에 의해 간단한 기후 모델로 확인되었다. 이들의 모델은 상대적으로 약한 기후 강제력(climate forcing)으로도 빙하시대의 기후를 쉽게 모의할 수 있도록 설계되었다. 이들 모델은 얼음캡(Ice cap)을 모의하기 위한 모델로써, 기후의 모든 요소들은 지표 온도로 묘사되었으며, 독립변수는 위도 하나로 설정되었다. 지표 온도의 결정은 에너지-균형 모델(energy-balance climate models)이기 때문에 에너지 보존에 의해 결정된다. 균형을 맞추는 항은 다음과 같이 세 개로 구성되었다: 흡수된 태양 에너지, 방출하는 지구 에너지, 그리고 대기와 해양에 의해 수송되는 수평 이류의 발산으로, 모든 항은 위도에 의존한다. 이 모델 설계의 핵심은 북극 빙하의 성장과 전지구 기후에 미치는 영향을 말한다.

위도에 관한 함수로써 에너지 균형을 세 항으로 간단하게 표현하면,

$$Q_{ABS}\,(x,T_s) - F_\infty^{\uparrow}\,(x,T_s) = \Delta F_{ao}\,(x,\,T_s) \qquad \textbf{(11.11)}$$

Q_{ABS}는 흡수된 태양 복사, $F_\infty^{\uparrow}$는 상향 장파 복사, ΔF_{ao}는 대기와 해양으로부터 발생된 남북 에너지 수송의 발산에 의한 에너지의 제거를 나타낸다. Figure 11.14에서는 이 항들에 의해 관측된 기후 동서 평균 값을 보여준다. 흡수된 태양 복사는 태양상수(S_0)로 쓰여지고, 위도에 따른 일사량의 분포는 $s(x)$로 쓰인다. 태양 복사에 대한 흡수는 지구 반사도 α_p를 사용하여 $a_p(x,\,T_s) = 1-\alpha_p(x,\,T_s)$으로 표현한다.

$$Q_{ABS}\,(x,\,T_s) = \frac{S_0}{4}\,s(x)\,a_p(x,\,T_s) \qquad \textbf{(11.12)}$$

$s(x)$는 전지구 평균 일사량을 각 위도에서의 연평균 일사량으로 나눈 값이다. 따라서 이 값의 지구 평균은 1이다.

$$\frac{1}{2}\int_{-1}^{1} s(x)dx = 1 \qquad \textbf{(11.13)}$$

현재 연평균 일사량 분포는 대략적으로 다음과 같이 쓰인다.

$$s(x) = 1.0 - 0.477\,P_2\,(x) \qquad \textbf{(11.14)}$$

여기서

$$P_2\,(x) = \frac{1}{2}\,(3x^2 - 1) \qquad \textbf{(11.15)}$$

르장드르 다항식의 x에 대한 이차 항이다.

방출된 지구 에너지는 지표온도의 선형 함수로서 아래와 같이 쓰여진다.

$$F_\infty^{\uparrow}(x,\,T_s) = A + BT_s \qquad \textbf{(11.16)}$$

A와 B는 Figure 11.11로부터 얻어진 값이거나 다른 이론, 또는 경험적으로 추정할 수 있다. 만약 Figure 11.11로부터 얻어졌다면 A와 B는 수증기 되먹임이 고려된 모델이 된다.

수송 항은 두 가지 다른 방법으로 구체화 할 수 있으며, Budyko는 수송 항에 대해 모든 위도에서 지구 평균 값 쪽으로 온도를 완화하는 선형적 방법을 가성했다.

$$\Delta F_{ao})_{\text{Budyko}} = \gamma(T_s - \overline{T}_s) \quad \textbf{(11.17)}$$

여기서

$$\overline{T}_s = \frac{1}{2}\int_{-1}^{1} T_s \, dx \quad \textbf{(11.18)}$$

위의 식은 전지구 평균 온도이다.

Sellers(1969)와 North(1975)는 남북 수송에 대해 확산 근사를 사용했다.

$$\Delta F_{ao})_{\text{Sellers}} = \nabla \cdot K_H \nabla T_s = \frac{\partial}{\partial x}(1 - x^2)\, K_H \frac{\partial T_s}{\partial x} \quad \textbf{(11.19)}$$

γ는 온도편차를 완화시키는 선형완화계수이고 K_H는 확산계수이다. 이 값들은 남북 온도 경도가 대략적인 관측값을 가질 때, 모델 모의가 관측된 남북 에너지와 가능한 유사한 값이 되도록 결정한다.

반사도 되먹임은 반사도가 증가하는 것과 관계가 있고, 특정 값보다 기온이 떨어질 때 얼음이 만들어진다는 것을 가정한다. 관측에 의하면 지표 빙설면의 연평균 온도가 −10도로 유지될 때 얼음이 보존된다. 따라서 이 온도를 기준으로 얼음 반사도를 아래와 같이 나눌 수 있다.

$$\alpha_p = \begin{cases} \alpha_{\text{ice-free}}, \ T_s > -10°\text{C} \\ \alpha_{\text{ice}}, \ T_s < -10°\text{C} \end{cases} \quad \textbf{(11.20)}$$

지표 빙설면이 덮인 경우와 그렇지 않은 경우의 행성 반사도 값은 일반적으로 각각 약 0.62와 0.3이다.

만약 식 (11.12), (11.16), (11.17)을 식 (11.11)에 대입하면, Budyko에 의해 아래의 식을 얻을 수 있다.

$$A + BT_s + \gamma(T_s - \overline{T}_s) = \frac{S_0}{4} s(x) a_p(x, x_i) \quad \textbf{(11.21)}$$

식 (11.20)으로 인해 흡수성(absorptivity)은 같은 빙설면의 경계(ice line; 온도 −10도선)와 위도 x의 사인 함수(x_i)이다. 새로운 변수 I를 전지구 평균 일사량에 대한 지구의 방출의 비로 정의하여 나타내면,

$$I = \frac{(A + BT_s)}{(1/4)S_0} \quad \textbf{(11.22)}$$

이 정의를 식 (11.21)에 대입하여 I를 간단하게 표현하면 아래와 같다.

$$I + \delta(I - \tilde{I}) = s(x)\, a_p(x, x_i) \quad \textbf{(11.23)}$$

남북 에너지 수송의 효율과 장파 복사 냉각은 $\delta = (\gamma/B)$로 표현된다. 만약 δ가 크다면,

남북 수송은 장파 냉각에 비해 상대적으로 유효하게 나타나며, I의 적도와 극 사이 경도는 매우 작게 나타날 것이다.

식 (11.23)의 전지구 영역평균은 아래와 같다.

$$\tilde{I} = \frac{1}{2}\int_{-1}^{1} s(x)\ a_p(x, x_i)dx \tag{11.24}$$

즉, $I(=\frac{\text{지구방출에너지}}{\text{일사량}})$의 전지구 평균은 흡수율과 일사량 분포함수의 곱이다. 그러므로 일사량과 흡수율이 크다면, 전지구 평균 값인 $\tilde{I}$ 또한 클 것이다. I가 T_s에 대해 선형적으로 관계가 있기 때문에, 전지구 평균온도는 일사량과 흡수율의 평균 곱에 비례하여 증가할 것이다. 연평균 일사량이 극에서 최소이고 적도에서 최대이기 때문에, 빙설면에서 반사도가 증가하면 적도 쪽으로 빙설면이 확장되어 전지구 평균온도에 크게 영향을 줄 것이다.

특정 반사도와 δ의 값에 대하여, 태양상수의 함수로써 빙설면 경계의 위도를 계산하는 것은 매우 흥미로운 일이며 식 (11.23)을 이용하여 구할 수 있다. 반사도가 얼음 경계에서 불연속이고 확산수송은 존재하지 않기 때문에, I와 T_s는 불연속이고 S_0의 함수인 x_i에 대한 해는 유일하지 않다. 유일해는 작은 확산수송을 추가하고 확산계수 부재의 한계를 취함으로써 얻어질 수 있다. 이 과정은 빙설면 경계 양쪽의 반사도의 평균을 사용함으로써 해결된다.[2] 이와 같은 해결책은 Figure 11.14를 통해 알 수 있다. Figure 11.14는 빙설이 어느 위도까지 존재하는지를 보여준다. 반사도를 지정하면서 생기는 강한 비선형 때문에 모델은 태양상수의 특정한 값에 대해 하나에서 세 가지 사이의 값을 가진다. 충분히 큰 태양상수에 대해 얼음이 없는 행성은 모델에서 안정하고, 충분하게 작은 태양상수에 대해서는 얼음으로 덮인 행성에서 안정하다. 태양상수가 중간 범위일 때는 두 경우 모두 안정한 상태가 가능하다.

Figure 11.14는 북극 빙설의 경계가 대략적으로 빙설 가장자리의 현재 위치인 북위 72도에서 1.0으로 정규화된 태양상수에 대해 나타냈다. 만약 태양상수가 이 값으로부터 증가하거나 감소하면, 반대로 빙설은 수축하거나 확장될 것이다. 태양상수가 변화하면서 북극 빙설이 확장되거나 수축되는 속도는 기후 민감도의 척도이다. 이 속도는 Figure 11.14의 곡선의 기울기와 일치하며, 모델은 이 곡선이 태양상수가 감소되고 빙설이 확장되는 동안 특정 위도에서 수직이 될 때까지 더 민감해진다. 기울기가 무한대가 되는 위도는 지구의 안정점(stability point)이라 불린다 (Figure 11.14). 만약 태양상수가 이 값 이하로 감소되면, 얼음은 얼음 반사도의 바로 되먹임으로 통해 전체 행성을 덮기 위해 급격하게 확장될 것이다. 이처럼 태양상수의 작은 변화가 얼음의 증감에 크게 영향을 주는 것을 알 수 있다. 이 말은 즉, 현재보다 조금만 태양상수가 증가하면 ice-free상태에 도달하게 된다는 것을 의미한다. 모델에서 지구의 안정점이 적도 쪽으로 확장되는 만년설은 행성을 덮을 만큼 확장되며, 불안정하다.

Budyko(1969)와 Sellers(1969)에 의해 선택된 매개 변수는 만년설이 태양상수의 작

---

[2] Held and Suarez (1974)

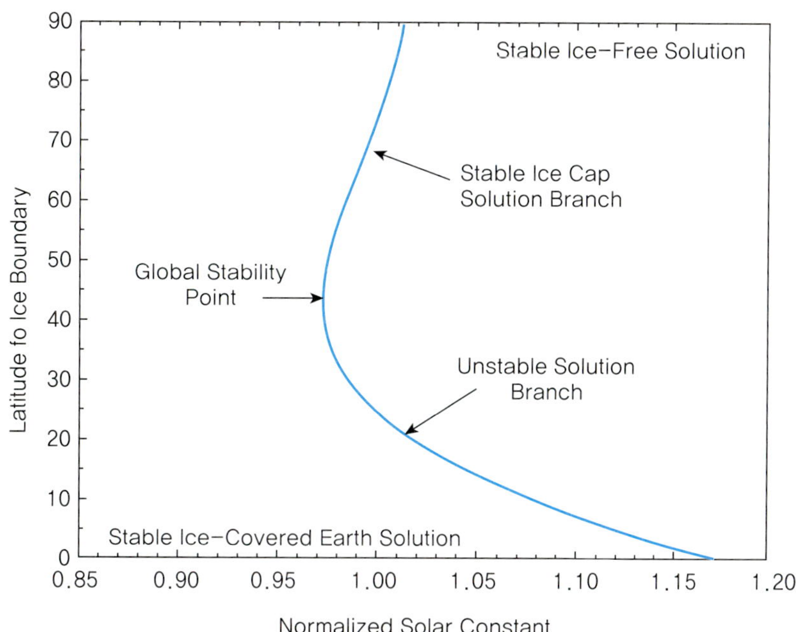

Figure 11.14 Diagram showing the latitude of the boundary of the polar ice cap as a function of solar constant in the solution of the energy-balance climate model. The solar constant has been normalized such that the boundary of the ice cap occurs at 72° for a normalized solar constant of unity. The solution shown is for $\delta = 1.9$. with an ice-free albedo of 0.3 and an ice albedo of 0.62 (Hartmann 1994).

은 변화에도 민감함을 나타낸다. 예를 들어, Budyko는 1.6%의 태양상수의 감소가 지구를 얼음으로 덮게 만든다는 것을 계산했다. 이 결과는 상대적으로 작은 기후 강제력의 변화가 지구 역사 동안 일어났던 빙하기-간빙기 변환을 만들 수 있다는 것을 보여줬으며 반면에, 약 45도 위도까지 해빙이 확장되었을 때는 지구 안정점에 도달함을 보여줬다. 이 간단한 모델에서 추론할 수 있는 것은 다년생 해빙의 평균 위도가 중위도 근처에 있을 때 빙하가 최대이면, 이는 행성을 얼음이 덮인 상태와 같이 돌이키기 어려운 변화로 만들기에 충분하다는 것이다. 만약 얼음 반사도 되먹임이 Budyko의 계산처럼 강하게 나타나고 어떤 다른 되먹임이 존재하지 않는 경우, 지구가 어떻게 이러한 극적인 변화를 피할 수 있었는지는 알기 어렵다. 사실 이러한 에너지-균형 기후 모델들은 매우 간단해서 중요한 과정들을 근사하지만, 필요한 변수 값을 조정해가면서 기후모델들이 얼마나 민감한지 가늠하는 것은 여전히 흥미로운 부분이다.

먼저 모델의 민감도가 장파 복사 냉각 계수에 대한 남북 수송 계수의 비를 나타내는 δ에 어떻게 의존하는지를 살펴보도록 하자.

Figure 11.15는 δ의 값에 대해 모델이 어떻게 변화하는지를 보여준다. δ의 값이 크면, 극지 빙설의 경계가 고위도에서 태양상수의 변화에 더 민감해진다. 이것은 큰 δ값이 약한 남북 온도경도를 만들어낸다는 사실과 관련이 있다. 그러면 작은 지구 평균온도의 변화가 빙설 경계를 크게 변화시키고, 흡수 태양 복사를 크게 변화시킨다. Budyko는 $B = 1.45$ W

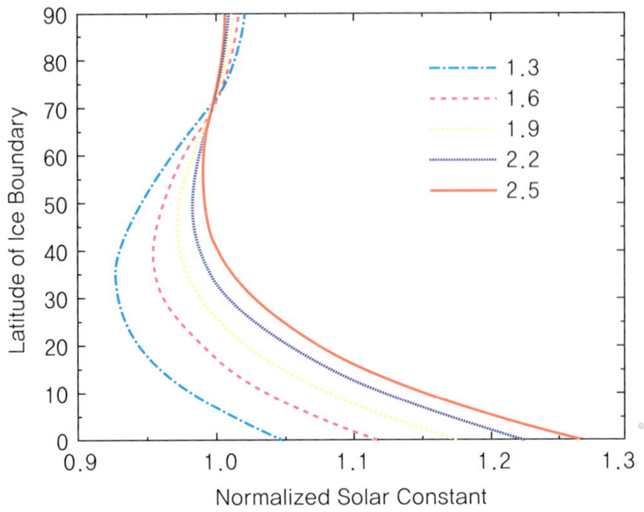

Figure 11.15 Energy-balance climate model solution curves as in Fig. 11.14 for five values of the parameter δ, the ratio of the meridional transport coefficient to the longwave cooling coefficient. For larger δ the meridional temperature gradient is weaker and small changes in global-mean temperature are associated with larger displacements of the ice edge. Larger values of δ thus result in an ice cap whose area is more sensitive to solar constant (Hartmann 1994).

m^{-2} K^{-1}를 사용한 반면, 최근에는 B를 2.2 W m^{-2} K^{-1}에 가깝게 정의하고 있다. Budyko의 계산에서 δ의 결과 값은 2.6이었으며, 이렇게 높은 δ값이 모델의 민감도를 크게 만들었다.

지표 빙설로 인한 행성 반사도 대비는 에너지 균형 기후 모델의 민감도를 지배하는 중요한 변수이다. 위도에 따른 행성 반사도의 증가는 관측적 사실이지만, 지표 빙설로 인한 행성 반사도의 남북 경도는 일부분에 불과하다. 위도에 따른 운량의 증가와 태양 천정각의 증가, 그에 따른 따른 행성 반사도의 증가 또한 민감도에 크게 기여한다. 결과적으로 위도에 따라 얼음 없이도 반사도가 증가하였기 때문에, 얼음이 형성되는 위도에서, 얼음이 없는 상태와 얼음으로 덮인 상태 사이의 지구 반사도의 대조는 예상했던 것만큼 크지 않다. 표면 반사도 증가의 대부분은 태양 복사의 반사역할을 하는 구름에 의해 가려졌다. 혹자는 위도에 따라 태양 복사에 대한 흡수율이 감소된다고 가정함으로써 에너지 균형 기후 모델을 설명한다.

$$a_p(x, x_i) = \begin{cases} a_0 + a_2 P_2(x) & T_s > -10°\text{C};\ |x| < |x_i| \\ b_0 & T_s < -10°\text{C};\ |x| > |x_i| \end{cases} \tag{11.25}$$

Figure 11.16은 $\delta = 1.9$, $b_0 = 0.38$, $a_0 = 0.7$에 대한 에너지 균형 기후 모델의 값을 보여준다. a_2값은 극에서 얼음이 없을 때의 반사도와 얼음으로 덮인 반사도를 같게 만드는 값인 0부터 -0.32까지의 범위를 갖는다. Budyko는 $a_2 = 0.0$을 사용했지만 실제 값은 -0.175이다.[3] 에너지-균형 기후 모델은 얼음이 없는 행성의 태양 복사 흡수율의 실제 남북

[3] Hartmann and Short (1979).

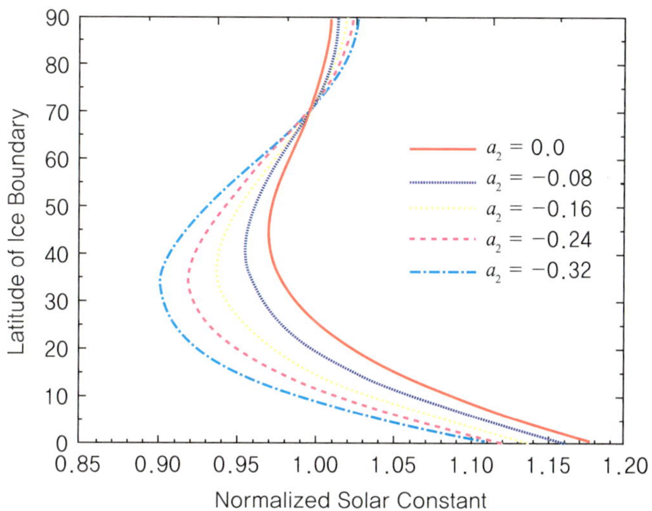

Figure 11.16 Energy balance climate model solution curves as in Fig. 11.14 for five values of the parameter a_2, which measures the amount by which the ice-free planetary absorptivity decreases toward the poles. Larger negative values of a_2 weaken ice albedo feedback in high latitudes, since the albedo is then already fairly high even in the absence of icecover ($\delta = 1.9$) (Hartmann 1994).

감소율을 적용하면 더 안정한 기후를 나타낸다. 얼음이 없는 행성의 반사도가 고위도로 갈수록 증가할 때 태양상수의 작은 변화에 대한 현재 빙설면 민감도는 감소하고, 이보다 태양상수가 훨씬 더 감소하면 얼음으로 덮인 행성으로 전환된다. 더욱 현실적으로 얼음이 없는 행성 반사도를 주면, 얼음 경계가 저위도에 도달할 때까지 얼음으로 덮인 지구로의 변화는 발생하지 않는다. 에너지-균형 기후 모델로는 관측된 빙하기-간빙기 변환을 나타내는 빙설면적 변화에 대해 상대적으로 민감한 기후를 모의가 어려운 것으로 보이며, 또한 얼음으로 완전히 덮인 지구로의 불가역적 변화에 매우 저항력이 강함을 보인다. 따라서 얼음 반사도 되먹임이 중요한 과정이긴 하나, 그 자체로 기후 시스템이 빙하기에서 간빙기 상태로 변화되는 것을 쉽게 설명하기는 어렵다.

역학적 되먹임과 남북 에너지 수송

에너지 균형 모델에서 남북에너지 수송 효율과 그에 따른 남북 온도 경도는 중요한 역할을 한다. 대기와 해양의 남북 에너지 수송이 빙상의 성장 또는 남북 온도 경도와 같은 강제력에 대해 어떻게 반응하는지를 이해하는 것은 매우 흥미로운 일이다. 중위도에 제한하여 살펴본다면, 남북 에너지 수송에 가장 큰 기여를 하는 것은 대기의 에디(eddy)이다. 평균 온도 경도에 대한 에디 열속(heat flux)의 의존성은 간단한 식으로 가늠할 수 있다. 먼저 Sellers(1969)와 North(1975)에 의해 남북 에너지 수송은 온위(potential temperature)의 남북 경도(meridional gradient)와 관계가 있다고 가정해보자.

$$[v'\theta'] = K_H \frac{\partial[\theta]}{\partial y} \tag{11.26}$$

여기서 [ ]는 동서 평균을 의미하고 y는 카테시안 좌표계에서 북향이동을 의미한다. 수송 계수 K_H는 $m^2\,s^{-1}$의 단위를 가지고 K_H는 바람 속도 V와 거리 L_e의 구성으로 생각할 수 있다.

$$K_H \propto V \cdot L_e \tag{11.27}$$

에디 열속은 대기 동서 평균상태의 경압불안정으로 일어나는 동요에 의해 만들어지기 때문에, 바람 속도와 거리 스케일을 정하기 위해 경압불안정 이론을 사용하겠다. 길이 스케일은 동서 평균 바람의 경압불안정에 대하여 가장 빠르게 반응하여 성장하는 요동의 규모인 로스비 변형 반경(Rossby radius of deformation)으로 나타낸다.[4]

$$L_e \approx L_R = \frac{N\,d_e}{f} \tag{11.28}$$

여기서 d_e는 요동에 대한 깊이 규모이며, f는 코리올리 매개변수, 그리고 N은 온위의 연직 경도와 관련된 부력 빈도수(buoyancy frequency)이다.

$$N^2 = \frac{g}{[\theta]}\frac{\partial[\theta]}{\partial z} \tag{11.29}$$

적절한 바람 속도의 규모는 연직 에디로 느껴지는 동서 평균 바람 속도 차이다(d_e).

$$V = d_e \frac{\partial[u]}{\partial z} \tag{11.30}$$

여기서 동서 평균 바람의 연직 시어(vertical shear)는 온도풍 근사(thermal wind approximation)를 통한 온위의 남북 경도와 관련되어 있다.

$$\frac{\partial[u]}{\partial z} \approx -\frac{g}{f[\theta]}\frac{\partial[\theta]}{\partial y} \tag{11.31}$$

식 (11.26)에서 식 (11.31)까지를 결합하면, 일시적 에디(transient eddy)에 의한 건조 잠재 에너지(dry static energy)의 남북 흐름을 평균 상태 변수들의 함수로써 표현할 수 있다.

$$[v'\theta'] \approx -\left(\frac{g}{[\theta]}\right)^{(3/2)} \frac{d_e^{\,2}}{f^2}\left(\frac{\partial[\theta]}{\partial z}\right)^{(1/2)} \left|\frac{\partial[\theta]}{\partial y}\right| \frac{\partial[\theta]}{\partial y} \tag{11.32}$$

수평 바람 속도와 길이 규모를 연직 바람 속도와 길이 규모로 조정하는데 온위의 보존을 이용하면 다음과 같다.

$$W = V\left|\frac{\partial[\theta]}{\partial y}\right|\left|\frac{\partial[\theta]}{\partial z}\right|^{-1} \tag{11.33}$$

위 스케일링을 사용하면, 식 (11.32)에서 연직 열속에 대한 식을 얻을 수 있다.

---

[4] See, e.g., Holton (1992).

$$[w'\theta'] \approx \left(\frac{g}{[\theta]}\right)^{(3/2)} \frac{d_e^2}{f^2} \left(\frac{\partial[\theta]}{\partial y}\right)^3 \left(\frac{\partial[\theta]}{\partial z}\right)^{-1/2} \quad \textbf{(11.34)}$$

이러한 스케일링 논점에 따르면 남북 에디 열속의 크기는 남북 온도 경도의 제곱과 정적 안정도의 제곱근에 비례한다. 깊이 규모인 d_e는 아직 구체화되지 않았다. 강하게 불안정한 요란은 전체 대류권에서 일어나기 때문에, 스케일 높이(scale height) H를 깊이 규모로써 사용하는 것이 합리적이다. 더욱 약하게 불안정한 흐름에 대해서는 높이 규모 자체가 남북 온도 경도에 비례하기 때문에, 전체 열속은 남북 온도경도에 더욱 민감하다.[5] 에디 열속은 남북 온도 경도에 대해 2차 이상의 높은 의존도를 갖기 때문에, 에디 열속은 남북 온도 경도의 편차를 크게 억제하는 역할을 한다. 따라서 에디 열속이 남북 온도 경도를 어느 정도 조절하는 한, 남북 온도 경도는 적도-극간 온도 차로 인한 열 수송이 바뀌어도 다소 둔감할 것이다. 즉 바뀐 남북 열 수송은 경압성 에디 활동과 에디 열속 수송에 큰 변화를 일으킬 것이고, 결국 바뀐 강제력에 대해 온도 경도는 오히려 잘 변하지 않을 것이다. 남북 열 수송에 대해 에디 활동과 열속이 강한 민감도를 가지는 것은 대기의 수치 모델 계산에 의해 확인되었다.

해양 순환의 열과 바람 응력 수송이 모두 온도 경도를 증가시킬 것으로 예상되기 때문에, 해양의 열속 또한 남북 온도 경도에 민감한 것이라 생각할 수 있다. 어떻게 해양열속이 남북 온도 경도에 의존하는지에 대한 위와 상응한 간단한 이론은 없다.

자유 대기의 역학 모델에서는 남북 온도 경도에서 작은 변화가 일어날 때, 경압에디(baroclinic eddy)가 다량의 남북 에너지속을 바꿈으로써 남북 온도 경도를 일정하게 유지시키는 것을 볼 수 있다. 반면, 고기후 데이터에서는 표면온도가 이러한 역학적인 고려에서 기대할 수 있는 반응과는 다른 반응을 보이는 것이 매우 흥미롭다. 빙하기 동안 적도의 표면 온도는 오늘날의 온도에 비해 고작 몇 도 바뀌었던 반면, 극에서의 온도는 10도 이상이나 더 크게 냉각되었었다. 이것을 기후변화의 "극 증폭(polar amplification)"이라 하는데, 완전히 이해해야 할 필요가 있다. 이는 지표 온도와 온도의 남북 경도에 따른 지표와 경계층 조정 과정의 중요성을 알려준다.

지표면의 에너지 수지를 통한 되먹임

해양 코어 데이터의 분석에서 한가지 흥미로운 추론은 평균한 열대 해수면온도가 빙하기와 간빙기에서 1~2°C 이상 변화하지 않았다는 것이다. 극 지역의 해수면온도가 몇 십도 변화할 때, 열대 해수면온도는 왜 이렇게 안정하게 나타났을까? 얼음 되먹임이나 극 증폭을 만들어내는 중요 과정이 관계되어 있는 것은 아닐까? 열대의 해수면온도 민감도는 지표 에너지 균형과 상당한 관계가 있다. 열대 해양의 에너지열속 발산 및 태양에너지에 의한 복사 가열이 어떻게 평균 열대 온도에 의존하는지는 명확하진 않으나, 표면에서의 순 장파 복사 가열과 증발에 의한 냉각의 온도 의존성은 정량적 추정이 가능하다. 표면의 순 장파 복사 가열은 대기로부터 하향하는 장파복사와 지표에서 방출하는 장파복사의 차이다.

---

[5] Held (1978).

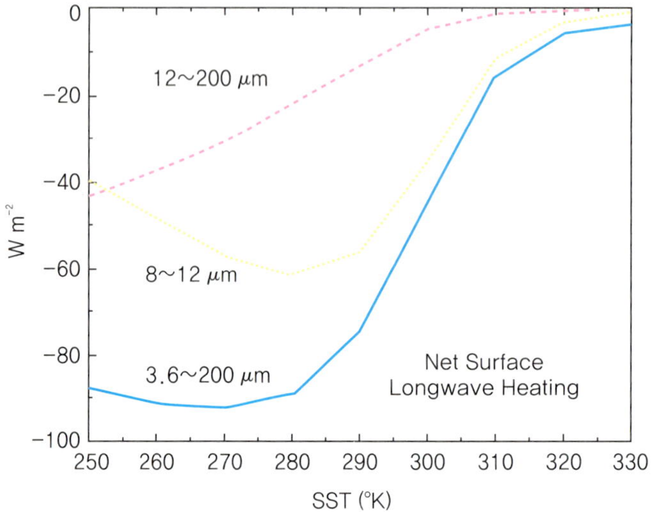

Figure 11.17 Net longwave energy flux at the surface as a function of surface temperature, calculated using a fixed lapse rate and relative humidity distribution. Curves are shown for the total terrestrial flux and the flux within the wavelength intervals indicated. [From Hartmann and Michelsen (1993). Reprinted with permission from the American Meteorological Society.]

$$F_{\text{net}}^{\downarrow} = F^{\downarrow}(0) - \sigma T_s^4 \tag{11.35}$$

여기서 우리는 표면을 흡수와 방출이 같은 흑체라고 가정한다.

우리는 몇 가지 가정을 하고 복사 전달 모델을 이용해 청천인 경우 표면의 온도에 좌우되는 순 복사량을 계산할 수 있다. 온도가 표면에서부터 높이에 따라 단열감률인 6.5 K km^{-1}로 최소 200 K에 도달하는 높이까지 선형적으로 감소하고, 200 K 고도 이상의 온도는 등온이라고 가정한다. 또한 상대습도는 관측된 전지구적 평균 상대습도의 합리적인 근사치인 $RH_o = 77\%$에 따라 기압에서 선형적으로 분포한다고 가정한다.[6]

$$RH = RH_o\left(\frac{\frac{p}{p_s} - 0.02}{1 - 0.02}\right) \tag{11.36}$$

Figure 11.17은 가정된 감률과 상대습도 그리고 현재 이산화탄소 양과 오존의 양으로 지표에서 순 장파복사속을 계산한 값이다.

이 그림은 상대습도와 온도 프로파일이 세부적으로 달라져도 크게 달라지지 않는다. 온도가 280 K 미만인 경우 흑체 방출의 증가 결과로 표면의 온도가 증가하여 순 장파복사는 감소한다. 따뜻한 온도에서는 표면에서 방출하는 양보다 대기로부터 하향하는 장파복사가 훨씬 급격하게 증가하기 때문에 온도가 증가할수록 순 장파복사의 손실이 감소한다. 이것은 대기에서 지구 복사를 효과적으로 방출하는 수증기 함량이 증가하기 때문이다. 8~12 μm의 파장대를 수증기 창 채널이라고 부르는데, 순 장파복사 손실이 약 285 K까지 증가하고, 그 점을 기준으로 온도에 따라 급격히 감소한다. 이는 높은 수증기압에서 소위

[6] Manabe and Wetherald (1967).

수증기에 의한 연속흡수(continuum absorption)라 해서, 지구 복사 흡수 효율이 급격히 증가하기 때문이다. 이 흡수 특성에 대해서는 잘 알려져 있지 않지만, 높은 수증기압에서 수증기 분자들이 서로 달라붙고, 따라서 대기창역대의 복사를 효율적으로 흡수하고 방출할 수 있는 복잡한 분자를 형성하는 것으로 여겨진다. 이것은 높은 온도에서 수증기 창을 막아 구름이 없음에도 사실상 적외선에 대해 불투명한 대기를 만든다. 이런 식의 계산에 따르면, 표면에서 하향 및 상향 장파복사는 320 K을 초과하는 표면 온도에 대해 동일하게 나타난다. 순 표면 장파 손실은 대략 열대 해양의 평균 온도인 300 K의 온도 부근에서 가장 급속하게 감소한다. 온도가 증가하면 표면의 순 장파복사의 냉각이 감소하므로, 열대지역의 온도에서 가장 효과적인 바로 되먹임을 구성한다. 만약 다른 되먹임 과정이 작동하지 않는다면, 열대지역 해수면온도는 꽤 민감하고 변하기 쉬웠을 것이다. 열대 해양 표면에서의 대략적인 에너지 균형을 보면, 태양에너지에 의한 가열이 약 200 W m^{-2}이고, 그에 대한 균형을 맞추기 위해 증발에 의한 냉각이 120 W m^{-2}, 순 장파복사 손실이 50 W m^{-2}, 현열에 의한 냉각이 10 W m^{-2}, 해류에 의한 에너지 수송이 20 W m^{-2}으로 나타난다. 열대 해양에서의 증발에 의한 냉각이 장파 냉각보다 크게 나타나고, 또한 표면의 온도에 대해 민감할 것으로 예상된다. 몇 가지 중요한 가정을 통해, 해양 표면 온도에 대한 증발 냉각의 민감도를 추정해볼 수 있다. 다음 증발 냉각을 위한 대기 역학 공식에서 출발한다.

$$\mathrm{LE} = \rho_a L C_{\mathrm{DE}} U q^*_s \left[(1 - RH) + RH \frac{L}{R_v T_s^2}(T_s - T_a)\right] \qquad \textbf{(11.37)}$$

만약 상대습도(RH) 분포와 온도 프로파일을 계속 상수로 가정하고 표면 온도(T_s)를 증가시킨다면, 증발 냉각은 주로 지표에서 포화 절대습도의 온도 의존성에 의해 좌우된다. 또한 풍속(U)과 교환계수(C_{DE})는 표면 온도에 비 의존적이라고 가정한다. 이런 가정을 하고, 지수적 온도 의존성에 비해 약한 선형이나 이차 온도 의존성을 무시하면, 표면 온도에 대한 증발 냉각의 로그 미분식은 온도 자체에 약하게 의존한다는 것을 보일 수 있다.

$$\frac{1}{\mathrm{LE}}\frac{\partial \mathrm{LE}}{\partial T_s} \approx \frac{L}{R_v T_s^2} \approx 0.06\ \mathrm{K}^{-1} \qquad \textbf{(11.38)}$$

이것은 포화 습도의 지수적 의존성에 대한 결과이다. 지수 함수의 미분은 지수 함수 자체이다. 식 (11.38)의 수치적 추정으로, 전형적인 열대 해양의 표면 온도인 T_s = 300 K으로 얻을 수 있다. 식 (11.38)에 전형적인 증발 냉각 값인 LE = 120 W m^{-2}를 곱하면, 대기 역학 식 (11.37)에서 특정 매개변수의 선택과 무관한 민감도의 추정치를 얻을 수 있다.

$$\frac{\partial \mathrm{LE}}{\partial T_s} \approx 7\ \mathrm{W\ m^{-2}\ K^{-1}} \qquad \textbf{(11.39)}$$

고정된 상대습도에 대해, 온도의 증가에 대한 증발 냉각의 속도는 표면의 장파 냉각이 저하되는 속도에 비해 크다. Figure 11.17은 청천 조건에서의 순 장파 냉각의 의존성을 계산하기 위해 사용될 수 있다. 지상의 순 장파 가열 변화의 최대 속도는 T_s = 305 K에서 나타나고, 그 값은 아래와 같이 나타난다.

$$\frac{\partial F^{\downarrow}_{\text{net}}(z=0)}{\partial T_s} \approx 3 \text{ W m}^{-2} \text{ K}^{-1} \tag{11.40}$$

증발 냉각 온도의 증가 속도 크기는 표면의 장파 냉각의 감소 속도의 두 배 이상이다. 해양 표면은 점진적으로 온도가 300 K 보다 높게 증가함에 따라 장파 복사 방출에 의해 냉각하는 능력을 상실하지만, 증발 냉각은 장파 냉각 온도 감소보다 급격히 증가한다. 열대 해양 표면 조건(tropical sea surface conditions, TSS)에 대한 2개의 되먹임작용을 포함하여 얻은 기후민감도는 오히려 작아진다.

$$\lambda_R)_{\text{TSS}} = \left\{\frac{\partial \text{LE}}{\partial T_s} - \frac{\partial F^{\downarrow}_{\text{net}}(z=0)}{\partial T_s}\right\}^{-1} \approx 0.3 \text{ K(W m}^{-2})^{-1} \tag{11.41}$$

이런 간단한 추정처럼 표면 장파 가열 및 증발은 온도에 따라 변화하는 경우, 열대 해수면온도는 상대적으로 안정될 것이다. 이 안정도는 열대 표면 온도에서 포화 수증기압이 급격하게 변화한다는 것에 기본 개념을 두고 있으며 과거에 왜 비교적 열대 해수면온도의 변화가 거의 없는지 설명할 수 있다. 또한 열대 온도변화를 감쇄시켜 기후변화의 극 증폭 현상에도 기여하였을 것으로 보인다. 열대 해양 표면의 증발 냉각은 대기 경계층의 난류와 중규모 대류 그리고 대규모 흐름 사이의 복잡한 상호작용을 통해 결정되는 대기 경계층의 열역학적 특성에 매우 민감하다. 혹자는 고정된 온도에 대한 상대습도에 대해 식 (11.37)을 미분함으로써 상대습도 변화의 잠재적 중요성을 설명하기도 한다.

$$\frac{\partial LE}{\partial RH})T_s \approx \frac{-\text{LE}}{(1 - RH)} \approx -8 \text{ W m}^{-2} \text{ \%}^{-1} \tag{11.42}$$

열대 조건에 대해, 고정 상대습도에서 온도의 1 K 증가의 증발 속도에 대한 영향은 고정된 온도에서 상대습도의 1% 증가 효과와 거의 동일하고, 부호는 반대이다. 따라서 열대 경계층에서 상대습도를 제어하는 프로세스는 기후민감도에 매우 중요하다.

구름 되먹임

구름은 지구 반사도를 두 배로 만들며 (15%에서 30%로) 장파방출을 약 30 W m^{-2} 정도 줄일 수 있다. 이 두 효과의 상쇄를 고려하면, 지구의 순 복사 에너지 속에서 구름의 영향은 −20 W m^{-2} 정도이다. 지역 에너지 균형에 대한 개별 구름의 영향은 구름의 높이나 광학적 두께, 일사량 및 지표의 특성에 민감하게 반응한다. 예를 들어, 해양 위의 낮은 구름은 대기의 꼭대기에서 장파속에 영향을 주지 않고 반사도를 증가시키기 때문에, 순 복사를 상당히 줄일 것이다. 반면에, 높고 얇은 구름은 태양 흡수에 영향을 주지 않고 장파 복사를 조절할 수 있으므로, 순 복사를 증가시켜 지표 온도를 증가시킬 것이다.

운량이 일정할 때는 구름 되먹임은 세가지 경우를 생각해 볼 수 있다 (Figure 11.18). Figure 11.18은 기온감률에 대한 되먹임을 고려하지 않고, 오로지 CO_2양의 증가에 따른 구름 되먹임만 고려한 것이다. 고정된 운정 온도(Fixed cloud temperature, FCT)와 고정된 운정 압력(Fixed cloud pressure, FCP)의 경우 T_s 증가로 운정 온도의 변화는 없거나 그

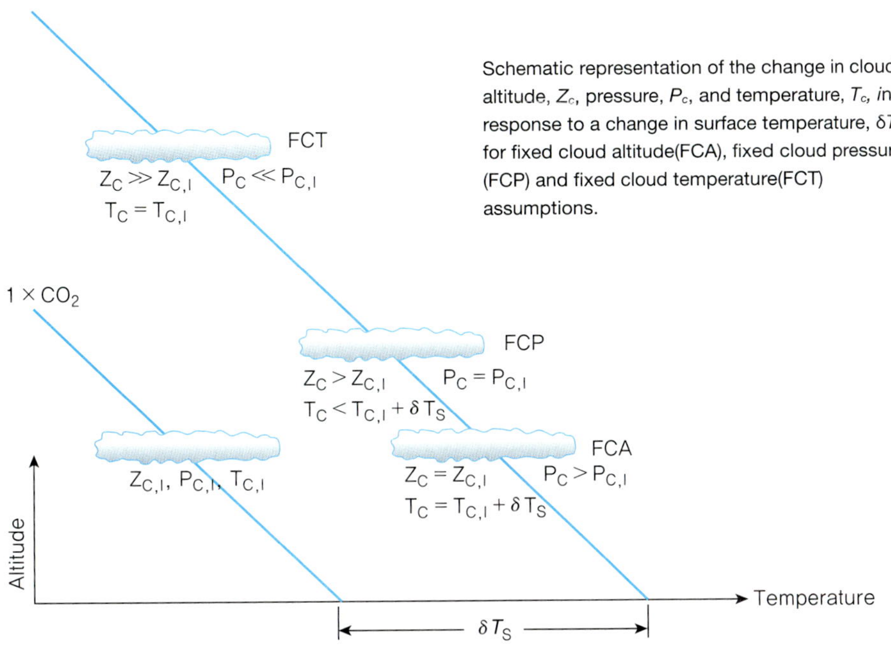

Figure 11.18 최초로 제안된 세 종류의 구름 되먹임 (Schlesinger 1988).

에 미치지 못하므로 바로 되먹임 (Hartmann and Larson 2002), 고정된 운정 고도 (Fixed cloud altitude, FCA)의 경우 T_s 증가와 운정 온도의 증가량이 같아 되먹임 효과가 없다. 구름의 두께가 충분히 두꺼우면 지표온도에 의한 영향으로 에너지가 방출되는 것이 아니라 구름 꼭대기의 온도가 우주로 나가는 에너지의 양을 결정하기 때문이다.

만약 구름의 양과 모양이 기후의 상태에 민감하다면, 구름이 기후 시스템에 매우 강한 되먹임을 제공할 가능성이 있다. 지구 운량 A_c를 약 50%라 가정할 때, 이 구름의 순 영향은 약 $-20\ \mathrm{W\ m^{-2}}$이고 단위 운량당 복사 강제력은 대략 다음과 같이 추정된다.

$$\frac{\partial R_{TOA}}{\partial A_c} \approx \frac{\Delta R_{TOA}}{A_c} = \frac{-20\ \mathrm{W\ m^{-2}}}{0.5} = -40\ \mathrm{W\ m^{-2}} \qquad \textbf{(11.43)}$$

그러므로, 구름 양의 10% 변화는 CO_2 농도가 두 배가 되는 것과 에너지 균형에 대해 동일한 크기를 가진다. 즉 10% 정도 구름 양이 증가하면 CO_2 농도가 두 배가 되는 만큼의 영향을 상쇄시킨다. 반대로 10% 정도 구름 양의 감소는 CO_2 농도가 두 배로 증가하는 만큼의 영향을 또다시 두 배로 만든다. 만약 같은 방식으로 단파 구름 강제력을 5% 감소시키고 장파 구름 강제력을 5% 증가시키는 경우에, CO_2 농도를 두 배로 하는 것과 같은 효과를 가질 것이다. 이는 구름 꼭대기의 평균고도를 증가시키고 구름에 덮인 지역을 감소시킴으로써 낼 수 있는 효과이다. 그러므로, 구름 양과 구름의 모양은 기후에 매우 중요한 역할을 한다.

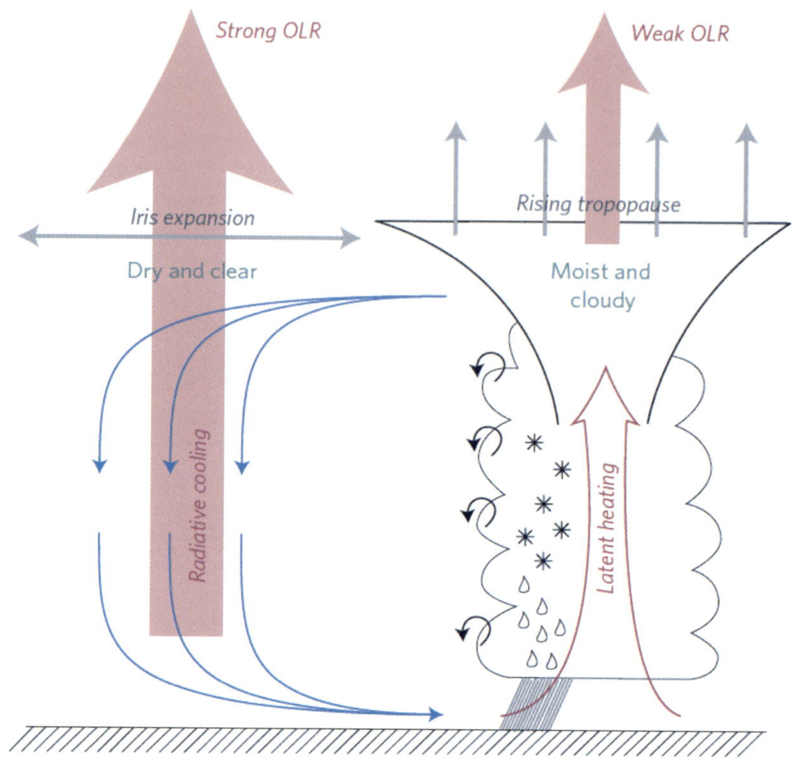

Figure 11.19 Illustration of the tropical atmospheric circulation (Mauritsen and Stevens 2015).

그러나 아직도 전지구 구름 양과 모양에 대한 이해가 상당히 부족하고, 어떻게 구름 되먹임의 크기나 방향을 평가해야 하는지에 대해서도 논란이 지속되고 있다. 무엇보다도 구름 되먹임은 다른 되먹임 작용과 비선형적으로 연관되어 있다. 또한 구름 되먹임은 기후민감도를 결정하는 주요 불확실성 중 하나이다 (IPCC 2007, 2013). 열대 동태평양의 하층 층적운이 모델간 기후 민감도의 차이를 만드는 이유로 꼽혔다 (Wood 2007).

Ramanathan and Collins (1991)는 구름의 단파복사 반사효과로 인해 해수면 온도가 일정한 온도 이상으로 올라가지 않는다고 주장하면서, 대표적으로 열대 서태평양 해수면 온도가 30도 이상을 넘지 않는 이유를 설명하였다. 이는 단파복사 조절에 의한 역 되먹임 현상이다. 한편 구름의 지구장파복사 차단 효과에 대하여는, 홍채 가설(Iris hypothesis)을 Lindzen et al. (2001)이 제안한 바 있다. 이 가설은 열대 서태평양 해수면 온도의 증가가 대류운 시스템의 대류성 강수를 증가시켜 상층 수증기를 줄이고, 결국 장파복사량을 조절하는 권운 (Choi and Ho 2006)의 양을 줄인다는 것이다. 이 가설이 사실이라면 지구에서 탈출하는 장파가 증가하면 해수면 온도의 증가를 억제시키는 역 되먹임 작용을 일으킬 수 있다 (Figure 11.19). 이 가설이 제기된 이후 많은 연구들이 인공위성 관측자료로 이 홍채 효과의 진위를 파악하고자 하였으나 확인하지 못하였다 (Hartmann and Michelsen 2002; Fu et al. 2002; Lin et al. 2002; Chambers et al. 2002; Su et al. 2008). 그러나 전체 해수면 온도 1도 상승에 대해 지구장파복사에너지가 4-6 W m^{-2} 증가하는 현상을 통해 이와 유사한 역 되먹임 작용이 존재할 가능성이 지속적으로 제기되었다 (Lindzen and Choi 2011; Cho et al. 2012; Choi et al. 2014; Mauritsen and Stephens 2015). Mauritsen and Stevens (2015)는 추가적으로 기후모델에 이 홍채 효과(중규모 시스템에서 대류운을 무리짓게 하여 구름입자가 강수로 전환되는 효율을 증가시키는 방식)를 넣으면, 해수면 온도에 대한 지구방출복사량(Outgoing Longwave Radiation, OLR) 반응과 전 지구 물 순환이 크게 향상됨을 보이기도 하였다.

생지화학 되먹임

지구의 기후에 생명체의 역할을 무시할 수 없으며, 생물이 기후 민감도에도 중요한 역할을 할지 모른다. 식물과 동물이 기후 민감도에 영향을 줄 수 있는 많은 방법이 존재하는 것으로 알려져 있는데, 아마도 생물이 기후에 영향을 주는 강력하고 직접적인 방법은 대기 구성을 조절하는 것일 것이다. 이산화탄소의 농도는 복잡한 과정들로 결정되지만, 가장 중요한 과정은 해수면과 지면에 존재하는 식물에 의한 이산화탄소 흡수이다. 마지막 최대 빙하기 동안 전지구 냉각의 절반이 대기 중의 이산화탄소 농도 감소에 의해 야기된 것으로 추정된다. 이러한 시간규모에서 대기 중 이산화탄소는 수표면 이산화탄소의 부분 압력에 의해 조절되기 때문에, 해양 생물학 및 화학의 변화가 대기 이산화탄소의 감소에 영향을 끼쳤다고 보아야 한다.

해양 위의 구름 응결핵은 해수면의 작은 생물에 의한 디메틸설파이드(dimethyl sulfide)와 같은 황 성분 기체 산출물이다. 대기에서 이와 같은 황 함유 기체는 황산 입자로 변환되고 구름 입자 응결핵이 된다.[7] 만약 이 입자가 더 많이 존재한다면, 더 많은 작은 구름 입자가 형성될 것이다. 또한 더 많은 응결핵이 존재할 때 구름 입자가 작아지는 경향이 있기 때문에, 비로 떨어지기 전에 더 오래 대기에 존재하는 경향이 있다. 또한, 수분이 만약 더 많은 구름 입자로 퍼진다면, 구름의 반사도는 더 증가할 것이다. 따라서 황산 응결핵이 더 많이 대기로 산출된다면, 구름 반사도가 증가하고 지구를 냉각시키는 효과를 예상할 수 있다. 유기체가 유황 가스를 방출하는 속도가 온도에 의존한다면, 기후 되먹임의 요소를 가진다. 그러나 이 되먹임의 크기는 정량화되지 않았으며 그 부호 역시 알려져 있지 않다.

일부는 가이아(Gaia)라고 불리는 그리스 단어로써 생물권, 기권, 수권, 암권을 포함하는 복잡한 개체로 지구를 생각하는 것이 유용하다고 주장했다.[8] 더욱이 이들 요소들이 통합적으로 생명 활동에 적합한 조건을 만들기 위해 되먹임 시스템을 구성한다고 가정한다. 비교적 일정한 상태를 유지하는 활발한 작용은 생체 항상성(homeostasis)이라는 용어로 묘사되었다.

Watson과 Lovelock (1983)에서는 데이지월드(Daisyworld)라고 하는 간단한 학습 모델을 통하여 매우 안정한 기후를 생물이 어떻게 유지하는가를 설명했다. 구름 한 점 없는

---

7 Charlson et al. (1987).

8 Lovelock (1979).

지구를 구성하였고 지구에는 오직 두 가지 식물인 검은 데이지와 흰 데이지만 존재한다고 가정하였다. 한 종류는 노지(bare ground)보다 태양 복사를 작게 반사시키고 다른 것은 더 많이 반사시키는 역할을 한다. 식 (11.44)와 (11.45)를 통해 데이지에 대한 미분 방정식을 세울 수 있다.

$$\frac{dA_w}{dt} = A_w\,(\beta x - \chi) \tag{11.44}$$

$$\frac{dA_b}{dt} = A_b\,(\beta x - \chi) \tag{11.45}$$

A_w, A_b, A_g는 흰 데이지, 검은 데이지, 노지 지역의 면적을 나타낸 것이며, β는 단위 시간과 지역에 대한 데이지의 생장률을 나타내내 것이다. χ는 단위 시간과 지역에 대한 사멸률(death ratio)이다. 또한 x는 각 종에 의해 아직 지정되지 않은 비옥한 땅이다.

생장률은 약 22.5도의 최대 값을 가지는 지역 온도(T_s)의 포물선 함수로써 가정한다.

$$\beta_i = 1.0 - 0.003265(295.5\text{ K} - T_i)^2 \tag{11.46}$$

행성은 전지구 에너지 균형을 가정하므로, 아래와 같이 나타낸다.

$$\sigma T_e^4 = \frac{S_0}{4}(1 - \alpha_p) \tag{11.47}$$

α_p인 행성 반사도는 노지의 반사도, 흰 데이지 반사도, 검은 데이지의 반사도의 지역 평균(area-weighted average)이다.

$$\alpha_p = \mathrm{A_g}\,\alpha_\mathrm{g} + A_w\,\alpha_w + \mathrm{A}_b\,\alpha_b \tag{11.48}$$

어떻게 지역 온도 T_i가 계산되어야 하는지 결정이 필요하다. 극단적으로는 지역온도들이 모두 방출 온도 T_e를 가지는 것이다. 이것은 완벽히 효과적인 열의 수평 수송에 해당한다. 다른 극단적인 경우는 각 지표 형태에 대해서 나름의 복사 평형 온도를 갖는 것이다. 이것은 다른 지표층 지역 사이에 열의 수송이 전혀 없는 것과 같으며, 태양 복사의 지역적 흡수가 균형을 이루는데 필요한 온도를 지역온도로 본다.

$$T_i^4 = \frac{S_0}{4\sigma}(1 - \alpha_i) \tag{11.49}$$

식 (11.49)를 식 (11.47)과 결합하면, 지역 그리고 전지구 에너지 균형은 아래와 같이 표현할 수 있다.

$$T_i^4 = \frac{S_0}{4\sigma}(\alpha_p - \alpha_i) + T_e^4 \tag{11.50}$$

식 (11.50)을 다양한 태양상수에 대해 일반화시키면 아래와 같다.

$$T_i^4 = \eta(\alpha_p - \alpha_i) + T_e^4 \tag{11.51}$$

여기서, $0 < \eta < (S_0/4\sigma)$는 수평 수송이 완벽하게 효율적인 $\eta = 0$, 수평 수송이 0인

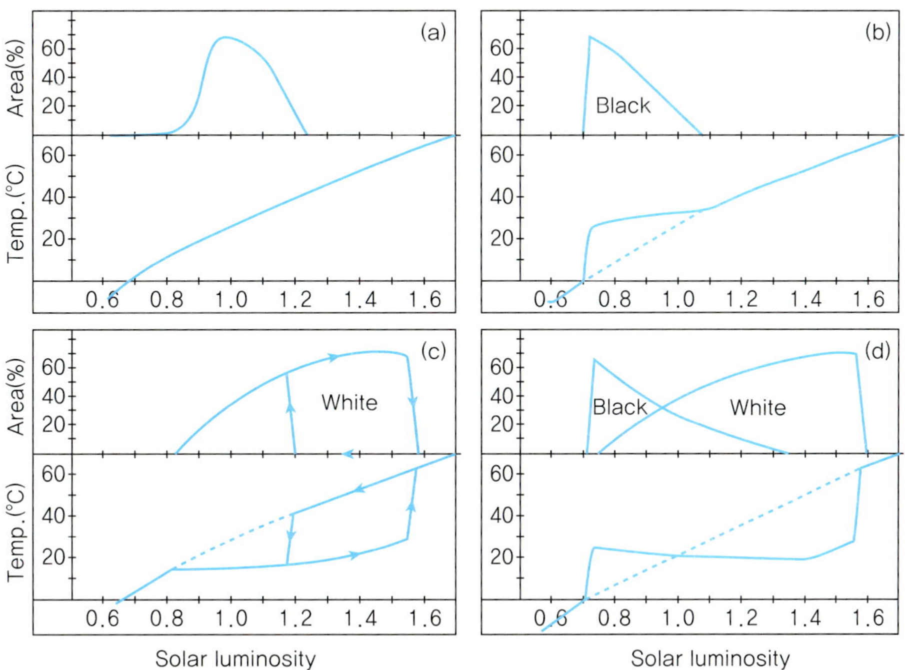

Figure 11.20 Steady-state responses of Daisyworld. Areas of daisies and emission temperature are plotted as functions of normalized solar constant. The solutions were obtained with a solar constant of $S_0 = 1368\ \text{W m}^{-2}$, a bare ground albedo of $\alpha_g = 0.5$, a daisy death rate of $\gamma = 0.3$, and a heat exchange parameter of $\eta = 2.0 \times 10^9\ \text{K}^4 = 0.12(S_0/4\sigma)$. (a) For a population of 'neutral' daisies with $\alpha_i = 0.5$; (b) for a population of black daisies with $\alpha_b = 0.25$; (c) for a population of white daisies with $\alpha_w = 0.75$ (note that this shows the evolution for both increasing and decreasing solar constant and that the system exhibits hysteresis); (d) for a population of both black and white daisies. [Adapted from Watson and Lovelock (1983). Reprinted with permission from Munksgaard International Publishers Ltd.].

$\eta = (S_0/4\sigma)$, 이 양 극단을 범위로 고려한 것이다.

데이지월드에 대한 정상 상태(steady-state)는 특정 매개변수 값에 대해 얻어질 수 있고, 이것은 Figure 11.20에서 보여준다. 시스템 내의 강한 되먹임 때문에, 전지구 방출 온도는 데이지가 존재할 수 있는 다양한 태양상수 값에 대하여 상당히 안정하다. 불연속적으로 데이지가 나타나거나 사라지고, 온도가 그에 따라 널뛰는 태양상수 값들은 이러한 안정 지역들이 갖는 범위 밖이다. 안정 지역에서는 온도의 변화가 온도의 강한 역 되먹임을 생산하는 데이지 변화를 야기한다. 예를 들어 일사량이 증가하면, 흰 데이지는 방출 온도보다 차갑기 때문에 생장에 유리하게 된다. 흰 데이지의 증가는 태양상수의 증가에 대한 온도 반응을 감소시켜 행성 반사도를 증가시킨다. Figure 11.20을 상세하게 설명해보면, (a)는 중립 데이지(즉 노지의 알베도와 같은 데이지)로서, 이 면적을 보면, 태양상수가 증가하면서 이 데이지는 면적이 급격히 증가하다가 일정 온도 이상에서는 급격하게 죽는 것을 볼 수 있으며, 온도는 데이지에 영향을 받지 않는 것을 알 수 있다. (b) 검은 데이지도 역시 태양상수가 증가하면서 생장률이 급격히 증가하지만 이 경우는 지표에 비해서 알베도가 낮아서 검은 데이지가 많아질수록 지표온도가 증가하고 급격한 지표온도 증가의 영향으로 빠르게 검은 데이지가 소멸하는 것을 볼 수 있다. 검은 데이지가 없어지면 원래의 지구 알베도로 돌아와서 온도 일정하게 증가하는 모습을 보여준다. (c)에서 흰 데이지는 이력현상(hysteresis)이라고 시간적 차이가 존재하는 것이 특징인데, 태양상수가 증가하면 흰 데이지 증가로 알베도가 증가하기 때문에 지표온도는 증가하지 않고 평형을 이루는 모습을 보인다. 온도가 크게 증가하지 않기 때문에 흰 데이지가 계속 넓은 면적을 차지하고 존재하다가 약 30도쯤 됐을 때 급격하게 데이지가 소멸하고 온도는 크게 증가한다. 여기서 태양상수가 줄면 온도가 서서히 감소하다가 흰 데이지의 생성으로 다시 온도가 떨어진다. 마지막으로 (d)의 검은색과 흰색 데이지를 모두 고려한 실험에 대해서는 온도가 증가하면서 검은 데이지가 급격하게 증가하고 이 때문에 온도 역시 급격하게 증가하며, 앞서 설명했듯 흰 데이지는 검은 데이지보다 조금 더 시간차를 두고 증가하기 시작하는데 흰 데이지가 증가하면서 검은 데이지가 차지하는 영역을 침범하여 검은 데이지는 감소하는 모습을 보여준다. 이 때문에 지표온도는 크게 증가하지 못하고 일정 온도를 꾸준히 유지하는 모습을 보여주고 있다.

데이지월드는 지구를 표현하는데 아주 적합하진 않지만, 어떻게 생물학이 전지구 기후와 안정도에 영향을 미칠 수 있는지를 설명할 수 있는 역할을 한다. 생물학적 메커니즘들은 그들의 영향이 미묘하고 작더라도 데이지월드에서의 데이지의 역할과 같이 지구상에서 작용하고 있다. 예를 들어, 광합성이 증가하면 이산화탄소가 대기로부터 제거되기 때문에, 이산화탄소를 지배하는 생물학의 역할은 흰 데이지와 같다. 모델에서는 고생대 식물의 번성이 태양상수 증가로 인한 온난화를 상쇄시키고 대기 중의 이산화탄소의 감소를 이끈다고 나타났다.[9] 이 시대의 온실기체 증가에 따른 온난화에 대하여서도 식물이 상쇄효과를 갖는 것으로 알려져 있다. 식물은 대기 중 이산화탄소의 농도가 높아지면 광합성의 효율이 증가한다. 그리고 더 많은 이산화탄소가 지면 생태계로 흡수된다. 이를 이산화탄소 비료효과(CO_2 fertilization effect)라고 부른다. 이 비료효과를 통하여 대기 중 이산화탄소 농도의 상승 폭이 줄고, 온난화가 감쇄된다. 하지만 모든 생물학적 과정들이 이러한 상쇄효과를 가지는 것은 아니다. 제4기 동안의 빙하기-간빙기 시간 규모의 이산화탄소 변화는 기후 민감도에 크게 기여하여 온도의 변화를 증폭하는 방향으로 작용하였다. 아마도 바다 생물의 구름 응결핵 생산과 같이 구름-생물의 결합을 통하여 흰 데이지와 대응관계에 있을 수 도 있다. 만약 황화디메틸이 온도에 비례한다면 황화디메틸은 구름 반사도와 강한 역 되먹임을 구성할 수 있다. 생물에서 나오는 구름 응결핵과 관련된 기후 되먹임은 그 부호와 크기가 불확실하다. 하지만 바다 위 생물이 구름 응결핵의 주요 공급원이기에, 생물의 영향을 제외한다면 지구 알베도에 대한 구름의 기여는 다소 작은 편이다.

데이지월드에서는 데이지의 색상에 따른 알베도의 영향, 그리고 이에 따른 지면 순 복사에너지 변화의 효과를 잘 나타낸다. 현실적으로 식물에 따른 지면의 에너지 변화에 대해서 다룰 때에 알베도의 변화 이외에도 증발산의 변화를 중요하게 다루어야 한다. 증발산은

---

[9] Berner (1993).

증발과 증산을 통칭하는 것이다. 증산은 식물 광합성에 수반되는 것으로, 광합성 시에 열리는 식물 기공을 통하여 식물 체내의 수분이 외부로 유출되는 것을 말한다. 따라서 증발산은 식물이 밀집되고 활동적인 곳에서 강하며 지면을 냉각시키는 역할을 한다.

데이지월드에서 나타나는 흰 데이지의 효과와는 달리 대부분은 식물들은 지면에 비하여 알베도가 낮다. 따라서 식물이 알베도를 낮추는 효과는 지면의 온도를 높이는 방향으로, 그리고 식물이 증발산을 높이는 효과는 지면의 온도를 낮추는 방향으로 작동한다. 대표적인 식물 군집인 숲에 대해서 보자면, 이러한 상반된 두 효과는 기후에 따라서 영향의 정도가 다르다. 열대림에서는 증발산이 커서 이에 따른 증발 냉각이 알베도 감소에 따른 온도 상승 효과를 상쇄한다. 열대림에서의 식물의 순 효과는 지면을 냉각시키는 것이다. 반면 고위도 한대림에서는 식물에 의한 알베도의 감소가 상당하여, 이에 따른 기온의 증가 효과가 증발 냉각 효과를 상회한다. 이는 눈과 식생의 대비가 두드러지기 때문이다.

현재 알려진 바에 따르면, 열대림의 식물들은 기온상승과 건조한 기후에 상당히 취약

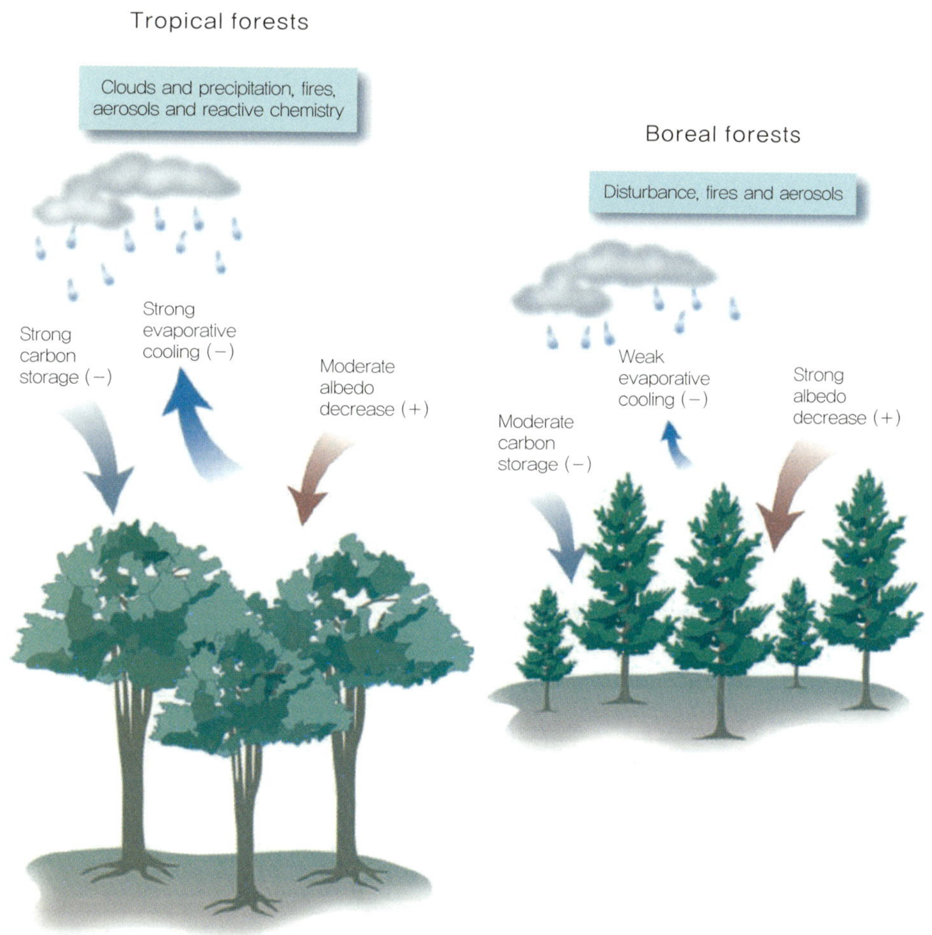

Figure 11.21 Climate influences in Tropical and boreal forest (Bonan et al. 2008).

하다. 만약 기온 상승에 의해 열대림 식물들이 생리적 활동에 큰 지장을 받거나 쇠퇴한다면 이는 기온 상승에 대한 바로 되먹임으로 작용할 수 있다 (Figure 11.21). 열대림의 쇠퇴는 증발 냉각을 약화시키고, 이는 다시 기온을 상승시킬 것이다. 더불어 열대림의 쇠퇴는 대기 중 이산화탄소의 흡수에도 큰 지장을 줄 수 있기에, 탄소와 관련된 또 다른 바로 되먹임이 나타날 수 있다. 한편 냉대림에서도 바로 되먹임이 나타날 수 있다. 기온이 하강하면 냉대림이 쇠퇴하고 알베도의 증가로 이어진다. 알베도의 증가로 인해 지면 순복사에너지가 감소하면 기온은 더욱 하강하고 냉대림은 더욱 쇠퇴한다. 알려지기로, 이 바로 되먹임은 고기후 상에서 나타나는 긴빙기-빙하기 전환의 주 원인으로 꼽힌다. 물론 기온 상승이 가속화되는 바로 되먹임도 가능하다.

11.4 시간종속 기후변화 (Time-Dependent Climate Changes)

앞서 정의한 민감도 및 각종 되먹임 작용들은 지구기후시스템이 거의 평형상태에 도달한 상태에서 매우 유효하다. 그러나 실제 기후변화는 시간적으로 변화무상하여 평형상태가 일시적인 변화들이다. 예를 들어 Figure 11.22에서 1997/1998년 엘니뇨의 시기에 수개월 안에 전지구 온도가 급격히 증가하였고 맥시코 엘치촌화산 (1982, 17.3°N), 필리핀 피나투보화산 (1991, 15.1°N) 등 때문에 수개월 안에 급격히 하강하였다 (파랑). 이것은 큰 변동 없이 안정적으로 증가하는 대기 중 이산화탄소 농도와는 사뭇 다른 변화이다 (빨강). 여기서 흥미로운 사실은 갑작스런 온도 변화에도 지구기후는 다시 빠르게 회복을 하여왔다. 10년 이상의 지구온도 추세는 정체기를 두 번 겪었다 (1960-1977, 2003-2014). 도대체 온난화는 왜 가끔씩 정체되는 걸까? 과연 이산화탄소의 온난화 능력이 의심 받을 만한 것인가?

인간 활동으로 생기는 기후의 변화는 온실 기체 증가, 에어로졸 생산, 그리고 지표면 변화에 의한 기후 강제력이 증가하면서 점진적으로 발생한다. 기후 강제력에 인위적인 변화에 대한 기후 시스템의 일시적 반응은 평형 반응과 매우 다르고, 이 기후의 인위적 강제력이 정상 상태가 될 때까지 수 세기 동안 일정하게 유지되지 않을 수 있기 때문에, 평형상태에 도달하지는 못할 것이다. 더욱이 다음 백 년 동안 일어날 기후나 또는 특정 기후강제력 시나리오에 대한 기후를 이해하는 것이 바로 필요하다. 변화하는 열적 강제력에 기후 시스템은 해양의 큰 열용량에 의해 바로 반응하지 못하고 지연될 것이다. 또한, 열적 강제력에 대한 해류의 더딘 반응은 평형 계산을 통해 얻은 온도 변화와 다른 지역별 온도 변화를 만들지도 모른다. 따라서 해양 모델은 기후 강제력에 대한 일시적 반응의 예측에 매우 중요하다.

일시적 기후 모의실험은 예상되는 해류와 열 수송이 포함된 해양 모델과 혼합층 해양 모델을 포함하는 기후모델에서 시도되었다. 혼합층 해양 모델의 반응은 간단한 개념 모델을 사용하여 이해할 수 있다. 이런 모델들에서 해양은 혼합층의 열 용량을 갖는 젖은 표면으로 간주된다. 해양의 열 수송은 명시적으로 계산되지 않고 기후에 따라 바뀌지 않는다. 기후 강제력 Q에 대한 전지구 평균 일시적 온도편차 반응인 T'은 1차 미분 방정식으로 나타낼 수 있다.

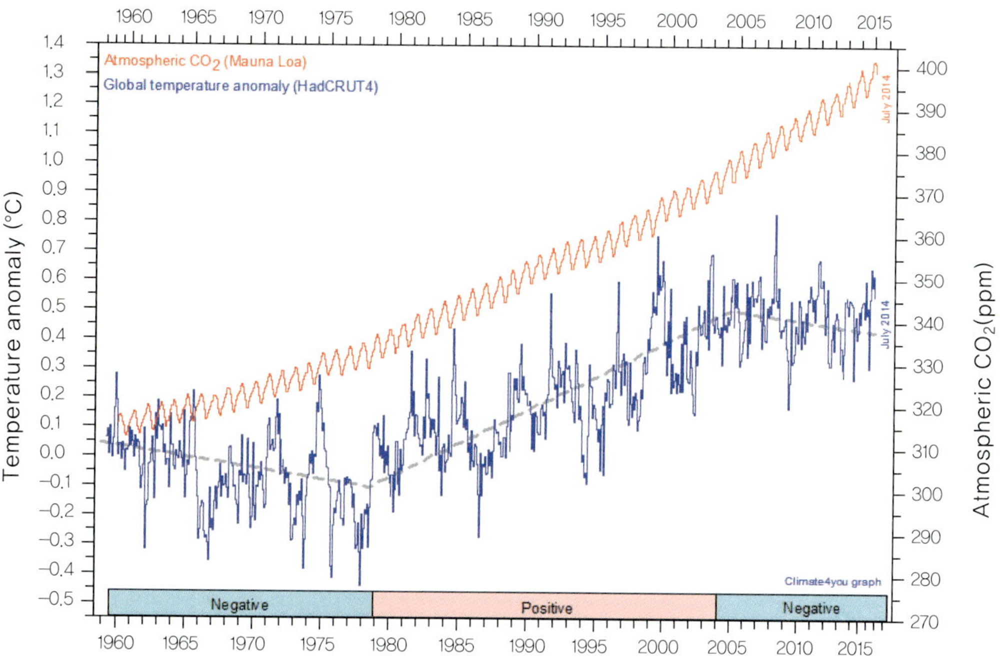

Figure 11.22 하와이 마우나로아 섬에서 관측한 대기 중 이산화탄소 농도(빨강)와 전지구 온도 편차(파랑). (www.climate4you.com)

$$c\frac{\partial T'}{\partial t} = -\lambda_R{}^{-1}T' + Q \tag{11.52}$$

왼쪽의 속도 항은 해양 에너지의 저장을 나타내고, c는 해양의 열용량, λ_R은 식 (11.2)에서 정의된 기후 민감도이다. 식 (11.52)에서 초기온도가 0인 경우에 대한 해는 쉽게 얻을 수 있다.

$$T' = e^{-t/\tau_R}\int_0^t c^{-1}\, Qe^{t/\tau_R}\,dt' \tag{11.53}$$

반응 시간 $\tau_R = c\lambda_R$는 민감도와 시스템 열용량의 곱에 비례한다. 민감도와 유효 열용량 값이 둘 다 불확실하기 때문에, 초기 온난화로 유도된 평형 기후변화를 평가하는 것은 어렵다. 분명한 점은 평형 반응의 크기와 그것에 도달하기 위해 걸리는 시간 모두 λ_R에 비례하는 것이다.

만약 일정한 강제력이 갑작스럽게 발생한다면,

$$Q = \begin{cases} 0, & t \le 0 \\ Q_0, & t > 0 \end{cases} \tag{11.54}$$

Q_0는 일정하고, 식 (11.53)는 아래와 같이 된다.

$$T' = \lambda_R\, Q_0\{1 - e^{-t/\tau_R}\} \tag{11.55}$$

평형 온도편차 T'는 τ_R의 e-folding 시간 규모를 가지고 기하급수적으로 $\lambda_R Q_0$에 도달한다.

복사 강제력이 CO_2 농도의 로그함수 형태로 변화하기 때문에, CO_2변화가 기하급수적으로 증가하면 기후강제력은 대략 선형적으로 증가한다. 만약 시간에 대해 선형적으로 증가하는 강제력을 적용한다면,

$$Q = \begin{cases} 0, \ t \leq 0 \\ Q_t \ t, \ t > 0 \end{cases} \tag{11.56}$$

이것을 식 (11.52)의 해인 식 (11.53)에 넣으면, 아래와 같은 식을 얻을 수 있다.

$$T' = \lambda_R \ Q_t \ \{t + \tau_R \ (e^{-t/\tau_R} - 1)\} \tag{11.57}$$

괄호 안의 지수 항은 $t >> \tau_R$에 대해 다른 두 항과 비교했을 때 작아, 초기 일시항을 나타낸다. 따라서 위의 식을 근사적으로 표현하면 아래와 같다.

$$T' \approx \lambda_R \ Q_t \ \{t - \tau_R\} \tag{11.58}$$

임의의 시간에서 주어진 강제력, $Q_t t$가 평형 반응에 걸리는 시간은 $\lambda_R Q_t t$이다. 수식 (11.58)로부터 우리는 선형적으로 증가하는 강제력에 대한 일시적 반응이, 반응시간인 τ_R에 의해 지연되는 평형 반응이라고 추론할 수 있다. 75 m 물의 열 용량을 c=3.15×10^8 J K^{-1} m^{-2}, 이산화탄소 두 배 증가로 4°C의 평형 반응에 이르게 하는 기후민감도를 λ_R = 1.0 K(W m^{-2})$^{-1}$로 정하여 반응 시간을 계산하면 τ_R는 10년이 된다. 선형적으로 증가하는 강제력에 대한 이런 간단한 모델의 반응은 혼합층을 포함한 GCM의 전지구 평균 반응과 매우 유사하다. 일시적인 반응은 약 10년 정도 지연되는 것을 제외하곤, 평형 반응과 매우 유사하다.[10] 해양의 열 용량이 덜 직접적으로 관여하는 대륙 온도는 더 빨리 반응한다.

역학적으로 활성화된 해양을 포함한 GCM 시뮬레이션에서는, 반응 시간 및 공간적 구조가 더 복잡하다. 해류가 시뮬레이션에 포함되면 남극 대륙 주변과 북대서양 주위의 온난화가 훨씬 감소한다. Figure 11.23에서는 이산화탄소의 연간 1% 증가에 대한 지표 대기 일시 반응 온도 중 60~80년째 해의 평균과, 이산화탄소 두 배에 대한 평형 반응 온도, 그리고 두 온도 변화에 대한 비율을 보여준다. 여기서 60~80년째 20년 평균은 매년 이산화탄소 양의 1% 증가로 70년째에 초기값의 약 두 배가 되기 때문에, 평형 계산과의 비교를 위해 선정하였다. 그 결과, 육지와 북극 지역에서 일시 반응 온도와 평형 반응 온도가 가장 큰 것이 관측되었다. 일시적 온도는 남극 대륙 근처에서 평형 반응의 20% 미만으로 증가한 반면, 열대의 경우 평형 값의 약 80% 가량 증가한 것으로 나타났다. 북대서양 지역에서 일시 반응 온도는 평형 반응 온도의 약 40% 정도이다. 식 (11.58)에서 해양의 혼합층을 이용한 간단한 모델에 따르면, 반응 시간 10년인 경우, 선형적으로 증가하는 강제력에 대한 70년째 일시 반응 온도는 평형 반응 온도의 약 86%이어야 한다. 이 반응보다 훨씬 적은 반응이 열대를 제외한 대부분의 지역에서 관측된다는 사실은 일시 반응 온도의 크기 및 구조를 결정하는 데 해류가

10 Hansen and Lebedeff (1988).

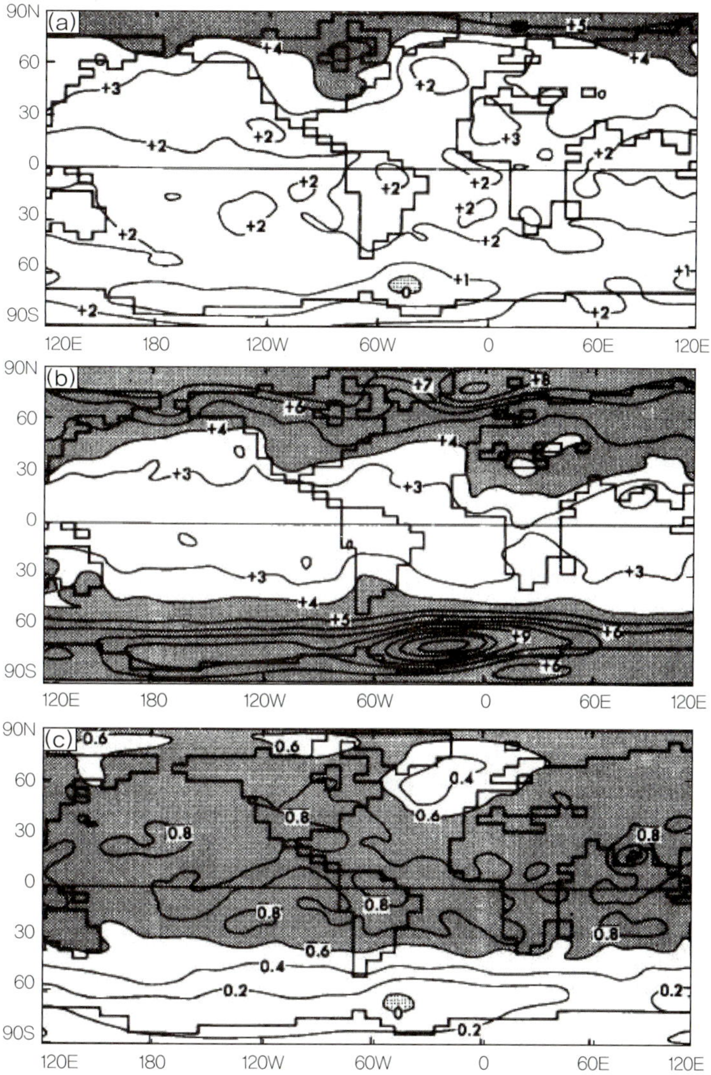

Figure 11.23 (a) The transient response of the surface air temperature in a coupled atmosphere-ocean climate model to a 1% $year^{-1}$ increase in atmospheric CO_2 concentration (℃). The response is the difference between the average for years 60-80 after the initiation of the CO_2 increase and the average of a 100-year simulation with current CO_2. (b) The equilibrium response of the surface air temperature to doubled CO_2. The response is the difference between two 10-year means from a doubled CO_2 equilibrium calculation and the simulation of the current climate. (c) The ratio of the transient response in panel (a) to the equilibrium response in panel (b). [From Manabe et al. (1991). Reprinted with permission from the American Meteorological Society.].

매우 중요한 역할을 한다는 것을 시사한다.

남극 대륙 주변의 온난화는 남위 60°부근의 지속적인 용승으로 인해 억제된다. 이 용승은 남반구 중위도에서 강한 동서방향의 바람 저항력(wind stress)에 의해 생긴 표면 발산에 의해 유도되고, 기후변화 실험에서 사용되는 성긴 해상도의 해양 모델에 의해 모의된다. 지표 플럭스가 표층수를 데우기 전에 표층수가 심해수에 의해 대체되기 때문에, 심해의 고정된 수온의 해수로 계속 보충되고 이런 현상이 복사 에너지 플럭스의 변화로 표층에서 수온 변화를 일으키는 것을 어렵게 만든다. 일부 초기 실험들에서, 남극 대륙 주위의 심해 용승이 이산화탄소가 두 배로 증가하는 기후에서 약간 향상되었다.[11] 왜냐하면 열대 온난화로 인해 중위도 표면 온도 경도가 심화되면, 동서풍과 이로 인한 표면 발산이 증가하는 경향이 있기 때문이다. 심해수를 가열하는데 적어도 수세기가 걸리기 때문에, 이런 메커니즘에 의한 남극 대륙근처 온난화의 억제는 매우 긴 시간 동안 유지될 수 있다. 남극대륙 주위에서 해수면온도 억제가 증가하기 때문에 그 부분의 해빙이 줄지 않게 되고, 얼음 되먹임 과정이 해류가 포함된 모델의 초기 온난화에 기여하지 않는다.

북대서양에서 온난화 억제에 대한 이유는 더 복잡하다. 증가된 강수 때문에 해수가 담수화되고 이 때문에 밀도가 감소해 심해수 형성이 덜 효율적이게 되어 모델 속에서 북대서양에서의 심해수 형성이 약해지는 것으로 나타난다. 그 결과로 감소된 해양의 북향 열 플럭스가 복사 가열을 상쇄시킨다. 그러나 아직 이런 해류의 효과가 기후 모델들에서 시뮬레이션 된 것처럼 자연에서도 온난화에 영향을 미칠 지는 불분명하다. 해양과 대기가 결합된 순환에서 이루어지는 수 십 년 자연 변동성은 상당할 것이므로, 적어도 기후 강제력의 변화에 대한 초기 반응 온도는 특히 한정된 지역에 대하여는 자연 변동에 의해 압도될 수 있다.

11.5 결론 및 요약

지금까지 기후민감도를 결정하는 중요한 기후되먹임들에 대하여 공부하였다. 최신 기후모델에서 이러한 기후되먹임들은 조금씩 다른 강도를 갖고 있다. 여기서 이에 대해 간략히 설명하고 본 장을 맺고자 한다. Figure 11.24는 IPCC보고서에 참여한 각 기후모델서의 되먹임계수이다. 여기서 CMIP3는 IPCC 4차평가보고서 (2007), CMIP5는 IPCC 5차평가보고서 (2013)에 참여한 모델군이며 각각 왼쪽과 오른쪽에 그려졌다. P는 스테판-볼츠만 반응, WV는 수증기 되먹임, C는 구름 되먹임, A는 반사도 되먹임, LR은 기온감률 되먹임이며 WV + LR은 수증기와 기온감률 되먹임의 합이고 ALL은 모든 되먹임을 고려한 값을 나타낸다 (P는 시스템 고유 성질이므로 제외). 여기서 기온감률 되먹임만이 역 되먹임으로 나타나는 것을 확인할 수 있고, 강력한 바로 되먹임인 수증기 되먹임과 합쳐지면 1 W m^{-2} $°C^{-1}$ 정도의 값을 갖는다. 모델간 차이는 구름 되먹임에서 주로 나타난다. 모든 되먹임을 고려했을 때 평균 1.5−2 W m^{-2} $°C^{-1}$ 정도의 바로 되먹임이 작용하는 것으로 보인다.

---

[11] Bryan et al. (1989); Washington and Meehl (1989); Manabe et al. (1991).

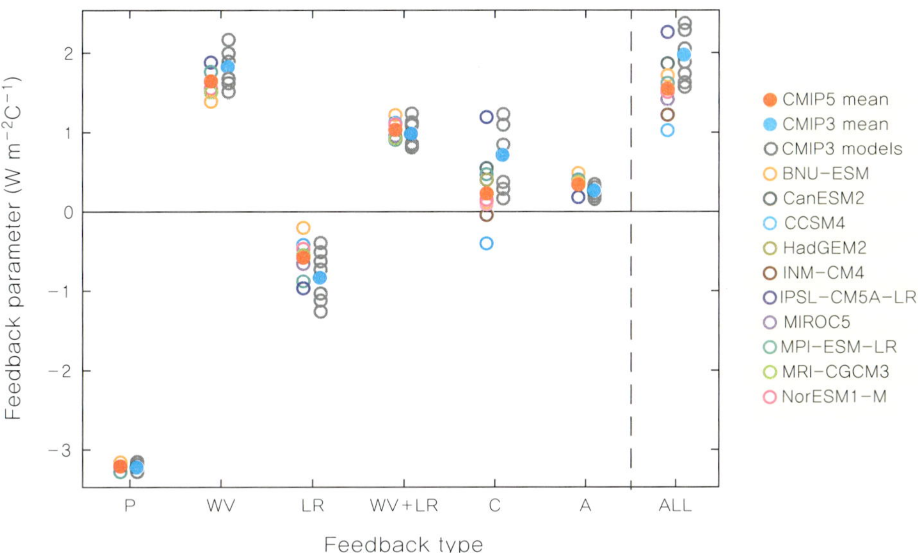

Figure 11.24 Strengths of individual feedbacks for CMIP5 and CMIP3 models (left and right columns of symbols) for Planck (P), water vapour (WV), clouds (C), albedo (A), lapse rate (LR), combination of water vapour and lapse rate (WV+LR) and sum of all feedbacks except Planck (ALL). CMIP5 feedbacks are derived from CMIP5 simulations for abrupt fourfold increases in CO_2 concentrations (4 × CO_2). Figure reproduced from the IPCC AR5 WG1 report (2013).

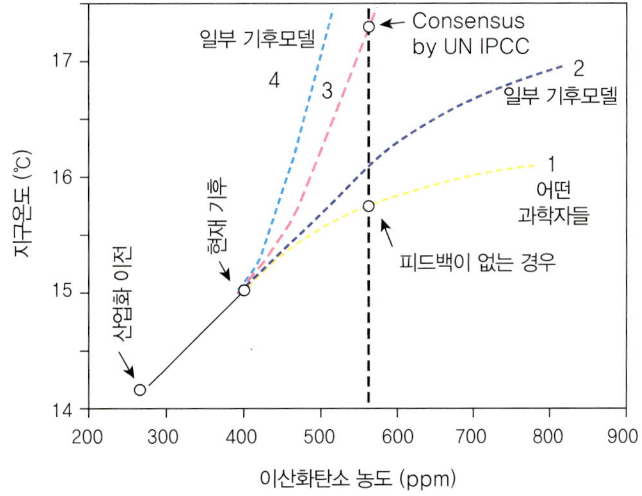

Figure 11.25 이산화탄소 농도와 온도변화 관계 (Modified from Rapp, 2014).

Figure 11.25는 전체 되먹임을 고려했을 때, 이산화탄소 농도와 온도변화의 관계를 나타낸다. 되먹임이 강한 모델은 4와 같이 예측하며, 되먹임이 없는 경우 약 15.6도의 기온을 예측하고 있다. IPCC에 참여한 기후모델들은 평균 17도 이상의 온도를 예측하고 있으며, 일부 과학자들은 모델 결과와는 별개로 관측자료 등 별도의 분석을 통해 1과 같이 크게 기온이 증가하지 않을 것이라고 예측하고 있다. 환경학적 관점에서 사전예방원칙(precautionary principle)에 의해 수립되는 기후변화 대응 정책은 강한 바로 되먹임 — 고민감도 기후를 가정한 결과물이다. 하지만 기후민감도에 대한 논쟁은 모델의 장기예측 결과와 관측자료간 차이, 모델간 차이가 좁혀지지 않는한 한동안 지속될 전망이다. 마지막으로 본 교재에서 자세히 다루지 않았으나, 지역규모의 장기예측 불확실성은 전지구규모의 예측 보다 훨씬 더 크다는 점을 밝힌다. 앞으로 지역규모의 기후민감도와 되먹임 과정에 대한 연구가 상당히 필요할 것으로 보인다.

참고문헌

Berner, R. A., 1993: Paleozoic atmospheric CO_2: Importance of solar radiation and plant evolution. *Science*, **261**, 68-70.

Bonan, G. B., 2008: Forests and Climate Change: Forcings, Feedbacks, and the Climate Benefits of Forests. *Science*, **320**, 1444-1449.

Bryan, K., S. Manabe, and M. J. Spelman, 1988: Interhemispheric asymmetry in the transient response of a coupled ocean-atmosphere model to a CO_2, forcing. *J. Phys. Ocean.*, **18**, 851-867.

Budyko, M.I., 1969: The effect of solar radiation variations on the climate of the Earth. *Tellus*, **21**, 611-619.

Chambers, L. H., B. Lin, and D. Young, 2002: Examination of New CERES Data for Evidence of Tropical Iris Feedback. *J. Climate,* **15**, 3719-3726.

Charlson, R. J., J. E. Lovelock, M. O. Andreae, and S. G. Warren, 1987: Atmospheric sulphur: Geophysiology and climate. *Nature*, **26**, 655-661.

Cho, H., C.-H. Ho, and Y.-S. Choi, 2012: The observed variation in cloud-induced longwave radiation in response to sea surface temperature over the Pacific warm pool from MTSAT-1R imagery. *Geophys. Res. Lett.*, **39**, L18802.

Choi, Y.-S., 2011: How Sensitive is the Earth Climate to a Runaway Carbon Dioxide? *J. Korean Earth Science Soc.*, **32**, 239-247.

Choi, Y.-S., H. Cho, C.-H. Ho, R. S. Lindzen, S.-K. Park, and X. Yu, 2014: Influence of non-feedback variations of radiation on the determination of climate feedback. *Theor. Appl. Climatol.*, **115**, 355-364.

Choi, Y.-S., and C.-H. Ho, 2006: Radiative effect of cirrus with different optical properties over the tropics in MODIS and CERES observations. *Geophys. Res. Lett.*, **33**, L21811.

Donald, RAPP. Assessing Climate Change: Temperatures, Solar Radiation and Heat Balance. Springer, 2014.

Fu, Q., M. Baker, and D. L. Hartmann, 2002: Tropical cirrus and water vapor: An effective earth infrared iris feedback? *Atmos. Chem. Phys.*, **2**, 1-7.

Hansen, J., and S. Lebedeff, 1988: Global surface air temperatures: Update through 1987. *Geophys. Res. Lett.*, **15**, 323-326.

Hartmann, D. L., and D. A. Short, 1979: On the role of zonal asymmetries in climate change. *J. Atmos. Sci.*, **36**, 519-528.

Hartmann, D. L., and M. L. Michelsen, 1993: Large-scale effects on the regulation of tropical sea surface temperature. *J. Climate*, **6**, 2049-2062.

Hartmann, Dennis L. Global physical climatology. **56**. Academic press, 1994.

Hartmann, D. L., and Michelsen, M. L., 2002: No evidence for iris. *Bull. Amer. Meteorol. Soc.*, **83**, 249-254.

Hartmann, D. L., and K. Larson, 2002: An important constraint on tropical cloudremperature-temper. *Geophys. Res. Lett.*, **29(20)**, 1951, doi:10.1029/2002GL015835.

Held, I. M., 1978: The vertical scale of an unstable baroclinic wave and its importance for eddy heat flux parameterizations. *J. Atmos. Sci.*, **35**, 572-576.

Held, I. M., and M. J. Suarez, 1974: Simple albedo feedback models of the icecaps. *Tellus*, **26**, 613-629.

Holton, J. R., 1992: An Introduction to Dynamic Meteorology, 3rd ed. Academic Press, San Diego, 5-11.

IPCC, 2007: Climate Change 2007: The Physical Science Basis. Contribution of Working Group I to the Fourth Assessment Report of the Intergovernmental Panel on Climate Change [Solomon, S., D. Qin, M. Manning, Z. Chen, M. Marquis, K.B. Averyt, M.Tignor and H.L. Miller (eds.)]. Cambridge University Press, Cambridge, United Kingdom and New York, NY, USA.

IPCC, 2013: Climate Change 2013: The Physical Science Basis. Contribution of Working Group I to the Fifth Assessment Report of the Intergovernmental Panel on Climate Change [Stocker, T.F., D. Qin, G.-K. Plattner, M. Tignor, S.K. Allen, J. Boschung, A. Nauels, Y. Xia, V. Bex and P.M. Midgley (eds.)]. Cambridge University Press, Cambridge, United Kingdom and New York, NY, USA, 1535 pp, doi:10.1017/CBO9781107415324.

Kukla, G., 1979: Climatic role of snow covers. In Sea Level, Ice, and Climatic Change, I. Allison, ed.,IAHS-AISH Publ. No. 13 1, International Association of Hydrological Sciences, Oxfordshire, UK, 79-107.

Kukla, G., and D. Robinson, 1980: Annual cycle of surface albedo. *Mon. Wea. Rev.*, **108**, 56-68.

Lin, B., B. Wielicki, L. Chambers, Y. Hu, and K.-M. Xu, 2002: The Iris hypothesis: A negative or positive cloud feedback? *J. Climate*, **15**, 3Cli

Lindzen, R. S., and Y.-S. Choi, 2011: On the observational determination of climate sensitivity and its implications. Asia-Pac. *J. Atmos. Sci.*, **47(4)**, 377-390.

Lindzen, R. S., M.-D. Chou, and A. Y. Hou, 2001: Does the Earth Have an Adaptive Infrared Iris? *Bull. Amer. Meteorol. Soc.*, **82(3)**, 417-432

Lovelock, J. E., 1979: Gaia: A New Look at Life on Earth. Oxford University Press, 157.

Manabe, S., and R. T. Wetherald, 1967: Thermal equilibrium of the atmosphere with a given distribution of relative humidity. *J. Atmos. Sci.*, **24**, 241-259.

Manabe, S., R. J. Stouffer, M. J. Spelman, and K. Bryan, 1991: Transient response of a coupled ocean-atmosphere model to gradual changes in atmospheric CO_2. Part I: Annual mean response. *J. Climate*, **4**, 785-818.

Mauritsen, T., and B. Stevens, 2015: Missing iris effect as a possible cause of muted hydrological change and high climate sensitivity in models. *Nature Geoscience*, doi: 10:1038/NGEO2414.

North, G. R., 1975: Analytical solution to a simple climate model with diffusive heat transport. *J. Atmos. Sci.*, **32**, 1301-1307.

Ramanathan, V., and W. Collins, 1991: Thermodynamic regulation of ocean warming by cirrus clouds deduced from observations of the 1987 El Nino. *Nature*, **351**, 27-32.

Roe, G.H. and Baker, M.B., 2007: Why is climate sensitivity so unpredictable? *Science*, **318**, 629-632.

Schlesinger, M. (1986). Physically based modeling and simulation of climate and climatic change. Eos, Transactions American *Geophysical Union*, **67(49)**, 1377-1378. Sellers, W.D., 1969. A global climatic model based on the energy balance of the Earth-atmosphere system. *J. Appl. Meteor.*, **8**, 392pl. M

Su, H., J. H. Jiang, Y. Gu, J. D. Neelin, B. H. Kahn, D. Feldman, Y. L. Yung, J. W. Waters, N. J. Livesey, M. L. Santee, and W. G. Read, 2008: Variations of tropical upper tropospheric clouds with sea surface temperature and implications for radiative effects. *J. Geophys. Res.*, **113**, D10211, doi:10.1029/2007JD009624.

Thorsten, M., R. G. Graversen, D. Klocke, P. L. Langen, B. Stevens, and L. Tomassini, 2013: Climate feedback efficiency and synergy. *Climate Dyn.*, **41**, 2539-2554.

Watson, A.J., and J. E. Lovelock, 1983: Biological homeostasis of the global environment: the parable of Daisyworld. *Tellus*, **35B**, 284-289.

Washington, W. M., and G. A. Meehl, 1989: Climate sensitivity due to increased CO_2: Experiments with a coupled atmosphere and ocean general circulation model. *Climate Dyn.*, **4**, 1n.ng

Wood, R., 2007: Cancellation of aerosol indirect effects in marine stratocumulus through cloud thinning. *J. Atmos. Sci.*, **64**, 2657-2669.

CHAPTER 12

지면-대기 상호작용과 기후 변동성

Land-atmosphere interaction and climate variability

전남대: **정 지 훈**

학습목차

프롤로그

많은 대기과학자들은 복잡한 전지구기후모델의 개발을 통하여 기후변화의 원인과 변동성을 이해하고자 하였다. 또한 이를 바탕으로 미래의 기후변화를 예측하려는 끊임없는 노력이 계속되어왔다. 전지구기후모델이 모의하는 강수 변동성에 대한 해양, 대기, 지면 과정들의 기여도를 살펴보면 (Figure 12.1), 해양-대기의 상호작용은 주로 열대 지역의 강수 변동성에 기여하는 것을 볼 수 있다 (top left). 해수면 온도의 변동을 통해 나타나는 대기 원격반응의 영향을 고려하더라도 (top right), 그 영향은 열대 및 아열대 지역에 국한되어 있다 (top right). 대기 내부의 역학적 과정으로 인해 나타나는 강수 변동성은 열대지역보다 중-고위도 지역에서 크게 나타난다 (bottom left). 육지에서의 강수 변동성은 일부 해안지역에서 주변해양의 영향이 나타나나, 상당부분 지면-대기의 상호작용에 의해 영향을 받는다 (bottom right). 따라서 육지에서 나타나는 기후 변동성을 이해하고, 예측하기 위해서는 지면-대기 상호작용에 대한 이해가 매우 중요하다.

14개 전지구기후모델의 MME(Multi Model Ensemble)인 APCC seasonal prediction의 지표면 온도 1개월 예측의 예측성을 살펴보았을 때 (Figure 12.2), 여름, 겨울 모두 MME는 대부분의 해양지역에서 높은 예측성을 나타내며, 특히, 열대 동태평양 및 열대 인도양에서의 상관계수 관측과 예측 사이의 상관계수 값은 0.7 이상으로 매우 우수한 예측성을 보인다. 하지만 해양과 비교하여 내륙에서의 예측 성능은 일부 해안지역을 제외하면 매우 낮다. 특히, 강수의 예측 스킬(skill)을 살펴보면, 유의미한 양(positive)의 예측성은 열대 해양지역에서만 나타나고 그 외에 지역, 특히 내륙에서는 유의미한 값이 거의 나타나지 않는다. 이렇게 내륙에서 모델의 예측성능이 현격히 떨어지는 것은 기후예측 분야에서 상당히 중요한 문제이다. Figure 12.1에서 보였듯이 육지에서의 지면-대기 상호작용이 지역적인 강수 변동성의 상당부분을 설명하지만 현재 대부분의 모델은 이러한 지면-대기 상호작용의 특성을 모의하는데 어려움을 겪고 있다. 이와 같은 문제를 해결하고자 많은 대기과학자들은 지면-대기 상호작용에 관한 연구를 지속적으로 진행해 오고 있다.

2주 이내의 기상예측은 초기값문제(initial value problem)로서, 초기 대기 및 해양 등의 상태에 의해 예측결과가 대부분 결정된다고 알려져 있다. 하지만 15일 이상, 길게는 2개월 이상을 예측하는 계절내(sub-seasonal) 그리고 계절(seasonal)예측은 대기의 혼돈적 성격 때문에 초기값은 최종 예측결과에 큰 영향을 주지 못하며, 대기에 비해 상대적으로 천천히 변하는 해양 조건들과 같은 경계조건에 의해 예측값이 결정되는 경계값문제(boundary value problem)의 성격을 갖는다 (Figure 12.4). 최근까지도 계절예측의 예측성은 엘니뇨와 관련된 해수면 온도변동에 의한 대기의 원격반응에 의존해왔으나, 이러한 영향은 앞서 기술한대로 중고위도 내륙지역에서의 기후 변동성에 있어서는 지배적이지 않다. 따라서 내륙의 낮은 예측성을 극복하기 위한 방안으로 토양수분, 식생, 눈 등의 지면조건의 메모리를 이용하는 방안이 다양하게 시도되고 있다. 특히, 토양수분과 눈깊이 같은 경우는 대략 2개월 정도까지 그 영향이 있는 것으로 알려져 있다 (Figure 12.4; Koster et al. 2010; Jeong et al. 2013).

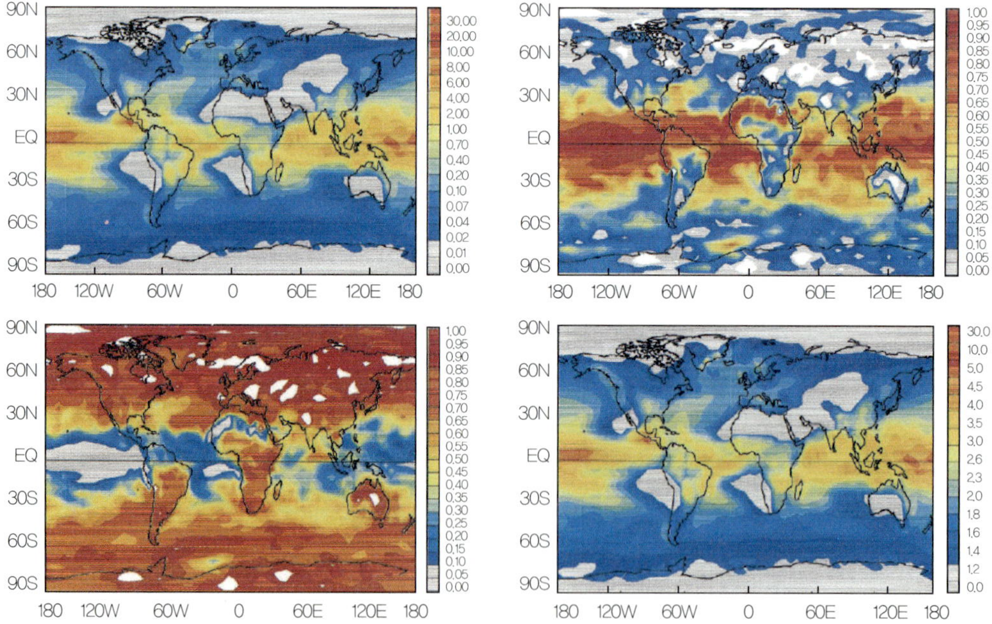

Figure 12.1 Breakdown of the contributions of oceanic, atmospheric, and land surface processes to precipitation variance, assuming a linear framework. Top left: precipitation variance in the absence of land-atmosphere feedback. Top right: The fraction of the precipitation variance induced by variable SSTs. Bottom left: The fraction of the precipitation variance induced by chaotic atmospheric dynamics. Bottom right: Amplification of variance due to land-atmosphere feedback (Koster et al. 2000).

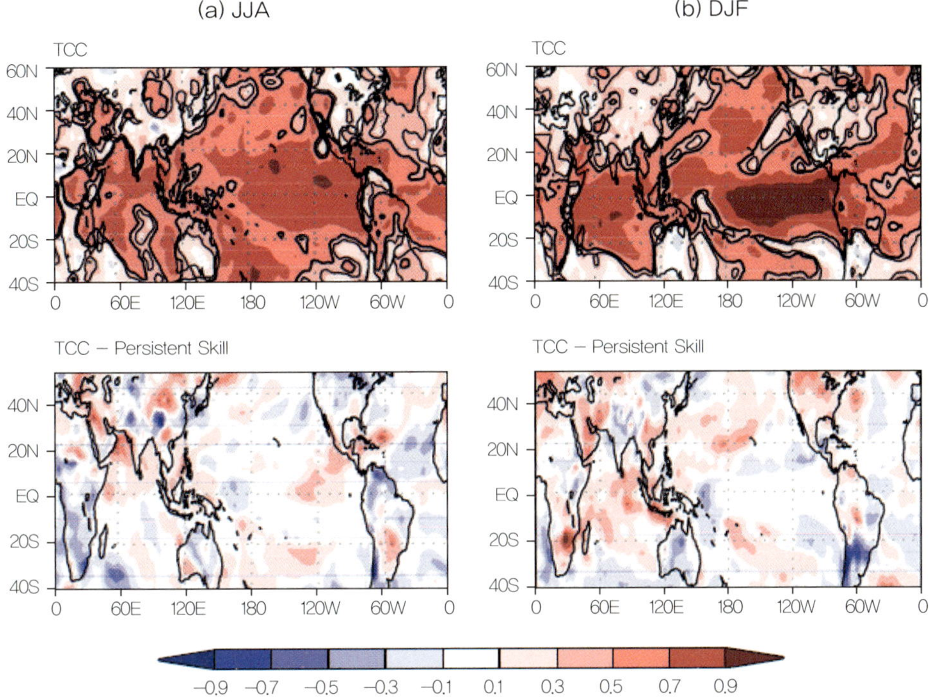

Figure 12.2 Temporal correlation coefficients for 2m air temperature between observation and 1-month lead seasonal prediction for 1981-2003 obtained from 14 CliPAS models' MME system in (a) JJA and (b) DJF, respectively. The lower panels indicate the skill difference between MME prediction and persistence for each season. The thin (thick) solid contours represent statistically significance of the correlation coefficients at 0.05(0.01) confidence level. One month lead persistence was obtained from the observed anomalies in April for JJA forecast and those in October for DJF forecast, respectively (Wang et al. 2009).

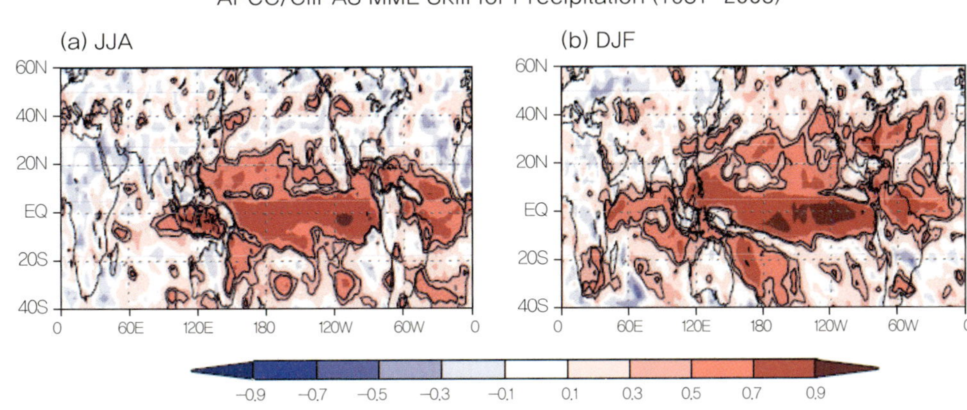

Figure 12.3 Temporal correlation coefficients for precipitation between observation and 1-month lead seasonal prediction for 1981-2003 obtained from 14 CliPAS models' MME system in (a) JJA and (b) DJF, respectively. The thin (thick) solid contours represent statistically significance of the correlation coefficients at 0.05(0.01) confidence level (Wang et al 2009).

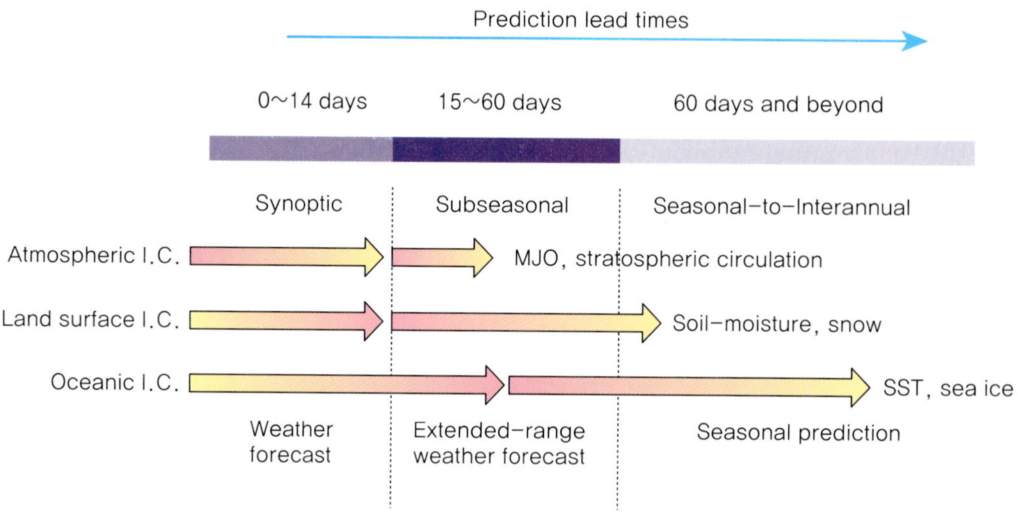

Figure 12.4 Prediction lead times of the initial conditions of the atmospheric, land surface and Ocean.

육지내에서 일어나는 물리적 과정들은 대기나 해양과 달리 유체의 흐름이 없기 때문에 지표면 및 지중에서 나타나는 에너지, 물, 그리고 화학물질들의 전달 및 균형이 가장 중요하다. 특히, 지표면과 대기 사이의 현열과 잠열 플럭스(flux)는 대기의 에너지 방정식에서도 매우 중요한 요소로서, 지면에 흡수되는 총 복사에너지와 장기간에 걸쳐 균형을 이룬다. 이때 토양수분은 소산되는 현열과 잠열의 비율에 영향을 미친다. 따라서 토양수분 및 눈, 물, 빙하 등등 육지에 저장된 물은 다양한 시간과 공간 규모의 범위에 걸쳐서 기후 변동을 조절할 수 있다. 토양수분은 대기에 비해 그 변화가 상대적으로 천천히 이루어지므로, 기후 예측에서 중요한 기억 성분(memory component)으로 작용할 수 있다. 토양수분이 지면 및 대기 하부 기후 변동성에 미치는 영향은 지면에서의 에너지 및 물수지 균형으로부터 유추할 수 있다.

육지 표면에서 에너지 수지(budget)는 다음과 같이 표현될 수 있다.

$$\frac{dH}{dt} = R_n - \lambda E - SH - G \qquad \textbf{(12.1)}$$

식 (12.1)에서 H는 지중 에너지 총량, R_n은 지표면에 흡수되는 순 복사량, λE는 증발에 의한 잠열 플럭스, SH는 현열 플럭스, G는 땅속으로 들어가는 열 플럭스를 의미한다 (E, SH, G는 양의 값이 상향플럭스). 여기서 G는 E나 SH에 비해 상대적으로 매우 작고 장시간 평균하면 0에 가깝다. 그러므로 장시간 평균에서는 육지가 순 복사로 인해 받은 에너지는 대부분 잠열과 현열로 방출된다고 볼 수 있다. 만일 지면에 높은 복사에너지가 흡수될 때 토양수분이 충분할 경우 에너지의 상당부분이 잠열, 즉 증발의 형태로 소산되면서 상대적으로 지면의 온도증가는 크지 않게 되나, 토양수분이 부족한 경우, 즉 건조한 지역에서는 에너지의 상당부분이 현열로 방출되어야 하므로 지표면온도의 상승이 커지고 직접적으로 대기 하부를 가열하게 된다. 이러한 토양수분에 의한 플럭스 조절 효과는 순 복사량이 매우 낮은 일부 고위도 지역을 제외하고 대부분의 열대-중위도 육지에서 지면 근처의 기온 변동에 직접적인 영향을 미친다.

$$\frac{dS}{dt} = P - E - R_s - R_g \tag{12.2}$$

식 (12.2)는 지면에서의 수분 수지 방정식을 의미한다. S는 지중에서의 수분 총량, P는 강수, E는 증발량, R_s와 R_g는 지표면에서의 유출과 땅속으로의 유출을 의미한다. 증발량(E)은 위의 식 (12.1)과 식 (12.2)를 연결하는 변수로서 육지의 에너지와 수분 수지에 직접적으로 영향을 미친다. 이 증발량은 순 복사, 대기의 바람의 속도 등등 다양한 변수들에 의해 영향을 받는데, 그 중에서도 토양수분은 증발량의 주요 원천이자 에너지 및 수분교환을 모두 매개하는 지면-대기 상호작용에 있어서 가장 중요한 변수이다. 지표에서의 증발산은 토양수분 이외에도 육지에서의 눈(snow) 및 식생 조건에 영향을 받는다. 다음 절에서는 토양수분, 눈, 식생에 따른 대기와의 상호작용을 조금 더 상세히 설명하고자 한다.

12.1 토양 수분 되먹임

앞절에서 기술하였듯이 육지에서의 가용 토양수분량은 지면에 흡수되는 에너지를 대기로 소산할 때 그 에너지 전달 방식을 조절한다. 지표면에서의 Bowen ratio(B)는 지면에서 대기로 전달되는 현열(Q_h)과 잠열(Q_e) 플럭스의 비(Q_h/Q_e)로 정의되는데, 특정지역에서 지면에서 대기로의 에너지 전달방식의 경향을 잘 나타낸다. 사막과 같이 건조한 지역이라면 지표면으로 흡수되는 복사에너지의 대부분을 현열 플럭스로 방출하여 B가 상대적으로 크다. 반대로 열대우림과 같이 아주 습한 지역에서는 지면에서 대기로의 수분증발이 활발하여 입사하는 복사에너지의 대부분이 잠열의 형태로 대기로 전달되므로 B값이 작다(Figure 12.5). Figure 12.6는 토양수분에 대한 증발산 효율(evaporation efficiency)의 이상적인 변화를 나타난다. 토양수분이 거의 없거나 반대로 매우 습윤한 (토양수분이 매우 높거나 낮은 그래프의 양쪽 끝단에 해당) 지역에서는 토양수분량에 대한 증발산의 변동성이 매우 낮아, 토양수분 변화는 지면에서 대기로의 에너지 및 수분 전달에 큰 영향을 미치지 못한다.

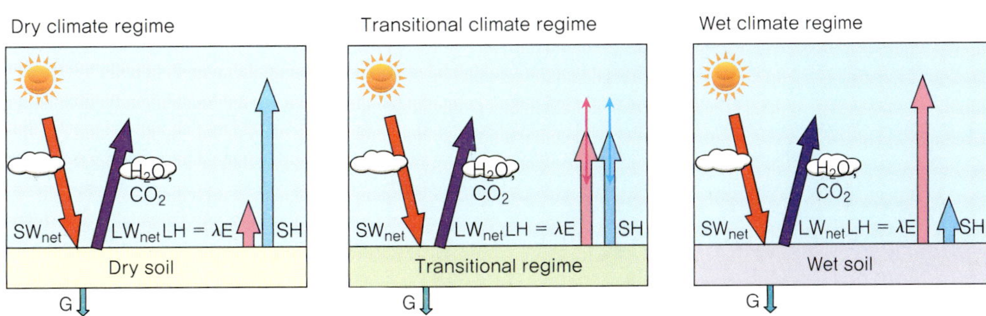

Figure 12.5 Schematic diagram of land energy budget related to soil moisture (adapted and modified from Seneviratne et al. 2010).

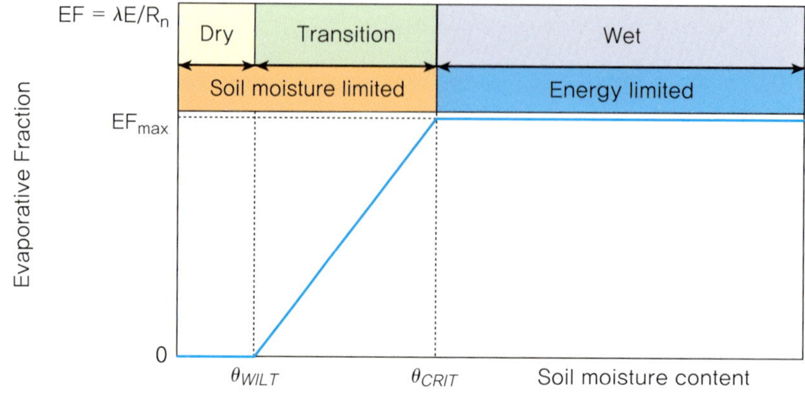

Figure 12.6 Evaporative fraction ($EF = \lambda E/R_n$) of dry, transitional and wet region (Seneviratne et al. 2010).

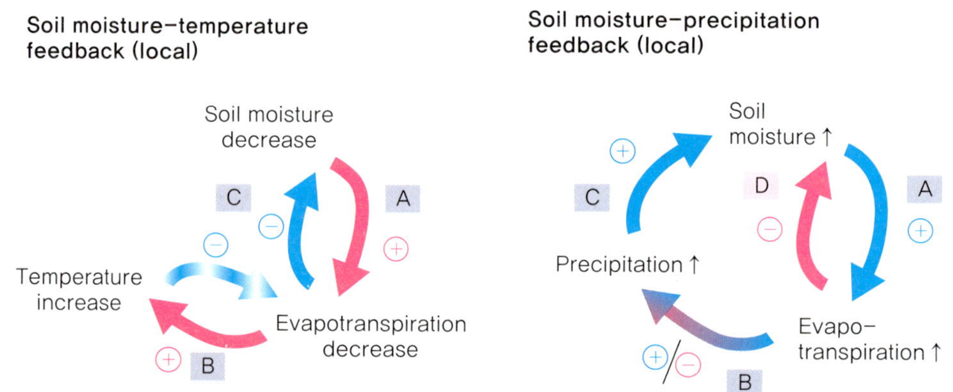

Figure 12.7 Soil moisture-temperature local feedback (left panel) and soil moisture-precipitation local feedback (right panel) (Seneviratne et al. 2010).

하지만 토양수분량이 유동적인 전이(transitional) 지역에서는 토양수분의 변화에 따른 증발산 및 현열의 변화가 상대적으로 뚜렷하게 나타나고 이에 따라 대기에 변동을 유도할 수 있다. 특히 중위도 반건조(semi-arid) 지역은 토양수분의 변동성이 증발산 및 대기에 미치는 영향력이 매우 큰 대표적인 지역이다.

토양수분의 변동은 대기에 영향을 미치고 대기는 다시 토양수분의 변화를 이끄는 상호작용, 혹은 되먹임(feedback) 효과가 존재하는데, 이 상호작용의 결과에 따라 그 지역의 기온과 강수가 크게 변동할 수 있다. 하지만 이러한 상호작용은 다양한 방향성을 갖는다. 토양수분과 기온은 많은 경우 음의 상관관계를 갖는다. 토양수분이 감소하면 (즉, 평소보다 토양이 건조할 때) 지면에서의 현열 플럭스 방출이 증가하여 지면근처 대기의 온도가 상승하게 된다. 반대로 어느 지역에서 토양수분이 증가하면 (흡수되는 복사에너지의 양이 큰 변화가 없다면), 현열 방출보다 증발산이 우세하여 토양수분은 오히려 지표온도를 낮추는 역할을 한다. 토양수분에 의한 강수의 조절은 방향성이 이보다 조금 더 복잡할 수 있다. 먼저 토양수분이 증가하였을 때, 증발산이 증가하면 대기 중 수증기가 증가하여 강수가 증가할 수 있다. 하지만 이때 증가한 증발산에 의해 지표기온이 크게 낮아지면 대기의 안정도가 증가되어 강수활동이 줄어들 수 있다. 또한 많은 경우 강수는 외부로부터의 이류된 수증기에 의해 발생하므로 이러한 지역적(local) 증발산 증가가 강수에 미치는 영향은 굉장히 미미할 수 있다. 기후모델을 통한 추정에 의하면 강수가 토양수분을 변화시키고, 다시 이 토양수분이 다시 강수를 변화시키는 영향은 중위도 육지 전체 강수 변동성의 10% 이하를 설명한다고 알려져 있다 (Dirmeyer 2006). 이렇게 토양수분은 기온, 강수와 복잡한 상호작용을 나타내는데, 이를 토양수분-기온, 토양수분-강수 되먹임(feedback) 현상이라고 하며 (Figure 12.7), 이 되먹임 현상의 방향성, 즉 양 혹은 음의 피드백 과정은 지역적으로 매우 다양하게 나타난다.

가뭄을 동반한 열파(heatwave)는 종종 토양수분과 대기간의 상호작용에 의해 발생, 혹은 강화 된다. 2003년 유럽에 매우 강한 폭염-가뭄 현상이 발생하였는데 Figure 12.8은 이

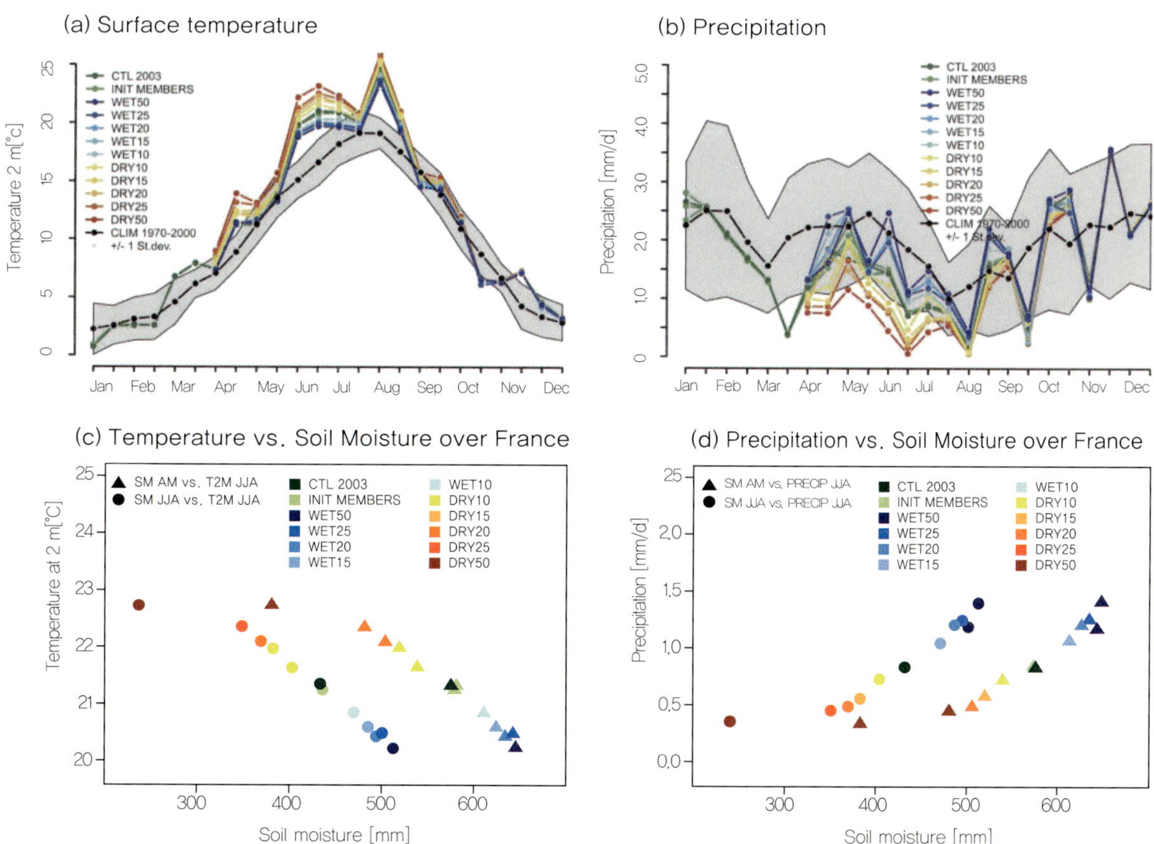

Figure 12.8 (a) Semimonthly 2003 temperature at 2m averaged over France. (b) Same as (a), but for precipitation in mm day^{-1}. (c) Scatterplot between JJA 2003 surface temperature and soil moisture in the spring (April-May, triangles) and subsequent summer (JJA, circles) for all simulations. (d) Same as (c), but for precipitation and soil moisture (Fischer et al. 2007b).

시기에 토양수분 특성, 즉 건조 조건이 열파에 미치는 영향을 나타낸다. 기후모델을 사용하여 관측 조건으로부터 2003년 봄철부터 겨울철까지 기온과 강수를 모의한 결과, 초기값으로 주어진 토양수분량이 적을수록 대기의 온도가 높게 모의되는 것을 확인할 수 있다. 이 결과는 2003년 유럽에서의 강한 폭염 현상은 토양수분의 감소로 인해 심화되었을 가능성을 제시한다. 이후 몇몇 연구들에 의하면 (Fischer et al., 2007a,b) 이 기간에는 여름 이전에 건조한 조건이 지표 근처의 기온을 상승시키고, 이러한 지표 근처의 기온의 영향으로 대기에는 수주 이상 정체하는 열적 고기압이 발달하였는데, 이는 다시 지표의 기온과 강수량을 감소시켜 여름철 열파-가뭄을 발생시켰다. 따라서 이 시기의 열파는 토양수분과 강수량간의 양의 되먹임 현상, 토양수분과 기온간의 음의 되먹임 현상에 의해 영향을 받았다고 할 수 있다.

강수를 일으킬 수 있는 수분의 근원 (W)은 외부로부터 수송되는 수분 (F^+-F^-)과 지면에서의 수분증발 (E)로 구분할 수 있다 (Figure 12.9). 이 때, 지면증발 수분의 지역적 재순환으로 인하여 발생하는 강수 (P_m)를 증발의 효과로 볼 수 있다 (Figure 12.10). 지역에 따라 지역적 수분 재순환에 의한 강수가 강한 지역이 있는데, 이러한 지역은 토양수분이 강수에 미치는 영향이 큰 지역이다. 전지구모델에서 초기 토양수분에 따른 강수의 민감도를 모의한 결과에 따르면, 북미지역에서 여름철에 토지가 건조할 때는 강수 감소가 뚜렷하고, 반대로 토양수분이 많을 때는 강수가 증가하는 결과가 나타난다 (Figure 12.11). 북미지역은 반건조 지역으로서 대표적으로 이러한 토양수분-강수 되먹임 작용이 큰 지역으로 지면-대기 상호작용의 hotspot으로 잘 알려져 있다 (Koster et al. 2004; 2011). 북미지역 이외에도, 아프리카 사헬(Sahel)지역, 인도대륙, 유럽 등이 토양수분 변화에 따른 기온, 강수 등의

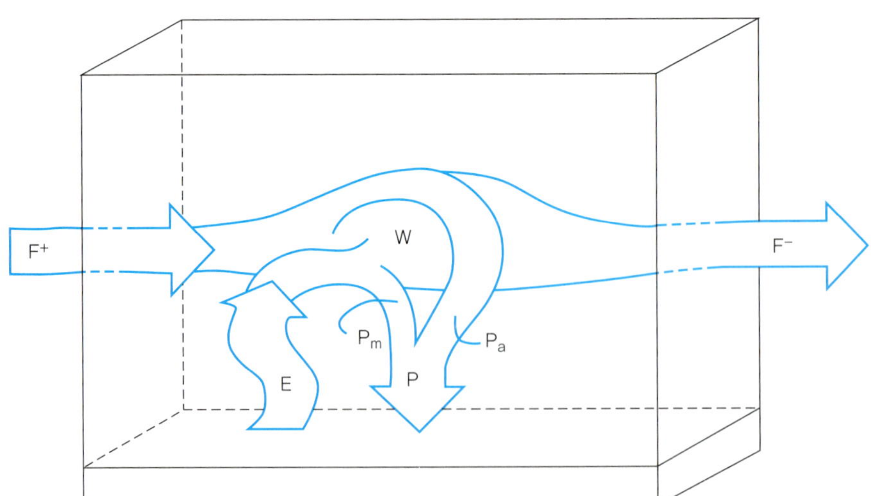

Figure 12.9 Conceptual model of the atmospheric moisture fluxes over a land region. Terms Pm and Pa are precipitation of local evaporative and advective origin, respectively (Brubaker et al. 1993).

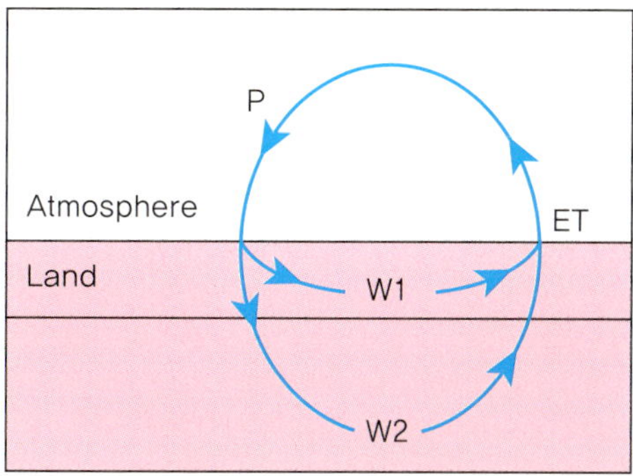

Figure 12.10 Simple schematic of the local hydrologic cycle between land and atmosphere (Dirmeyer 2006).

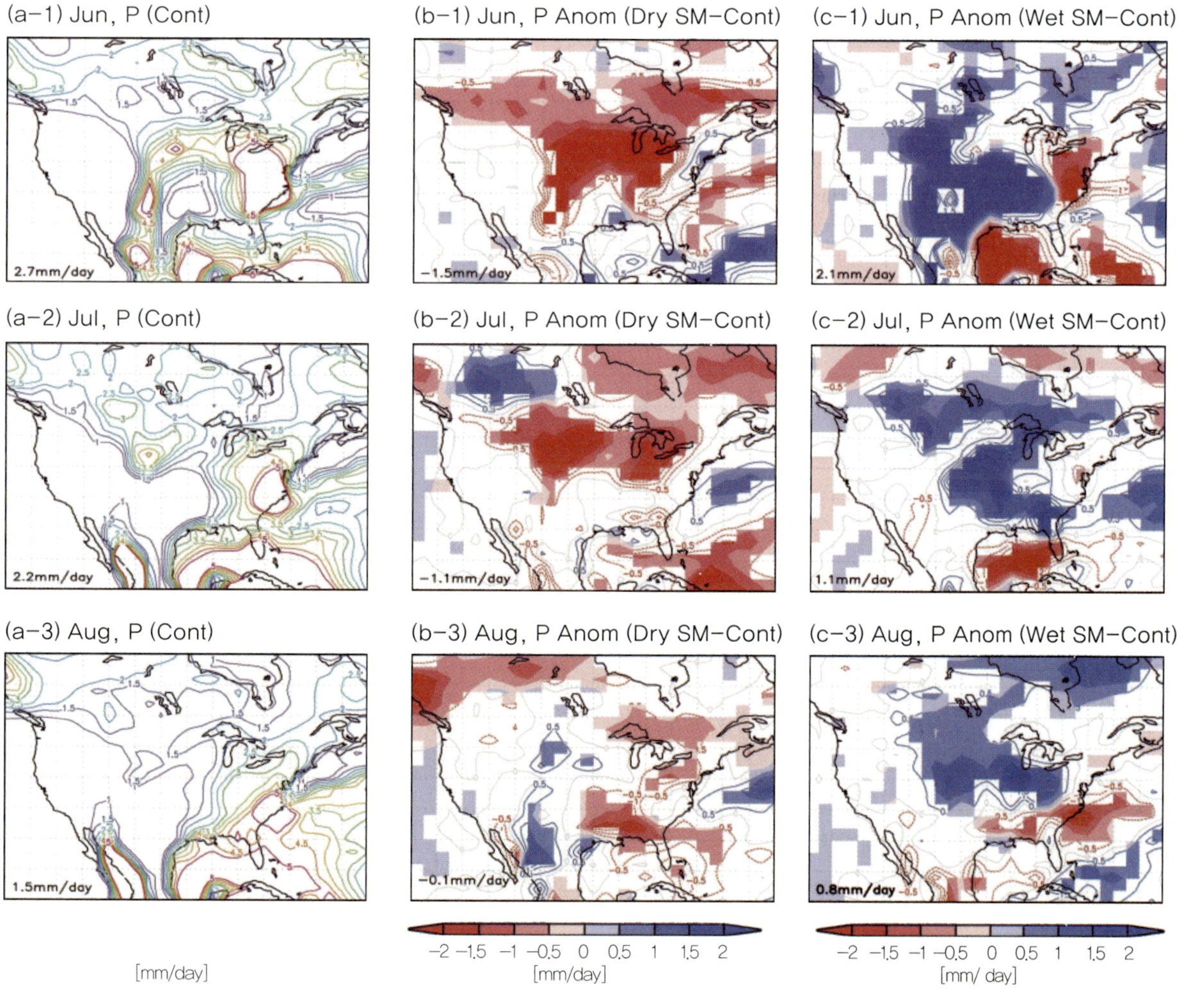

(a–1) Jun, P (Cont)
2.7mm/day

(b–1) Jun, P Anom (Dry SM–Cont)
–1.5mm/day

(c–1) Jun, P Anom (Wet SM–Cont)
2.1mm/day

(a–2) Jul, P (Cont)
2.2mm/day

(b–2) Jul, P Anom (Dry SM–Cont)
–1.1mm/day

(c–2) Jul, P Anom (Wet SM–Cont)
1.1mm/day

(a–3) Aug, P (Cont)
1.5mm/day

(b–3) Aug, P Anom (Dry SM–Cont)
–0.1mm/day

(c–3) Aug, P Anom (Wet SM–Cont)
0.8mm/day

[mm/day]

–2 –1.5 –1 –0.5 0 0.5 1 1.5 2
[mm/day]

–2 –1.5 –1 –0.5 0 0.5 1 1.5 2
[mm/ day]

Figure 12.11 Monthly precipitation in the (a) Control ensembles, and precipitation anomalies in the (b) dry and (c) wet soil moisture (SM) anomaly ensembles relative to the Control ensemble in JJA. The dry/wet SM anomaly ensembles are initialized with an 80% decrease/increase of soil moisture climatology on 1 June. Shading is applied to areas where the anomalies pass the 10% significant test. The numbers in the left bottom of each panel indicate averages over the Mississippi River basin (Kim and Wang 2007a).

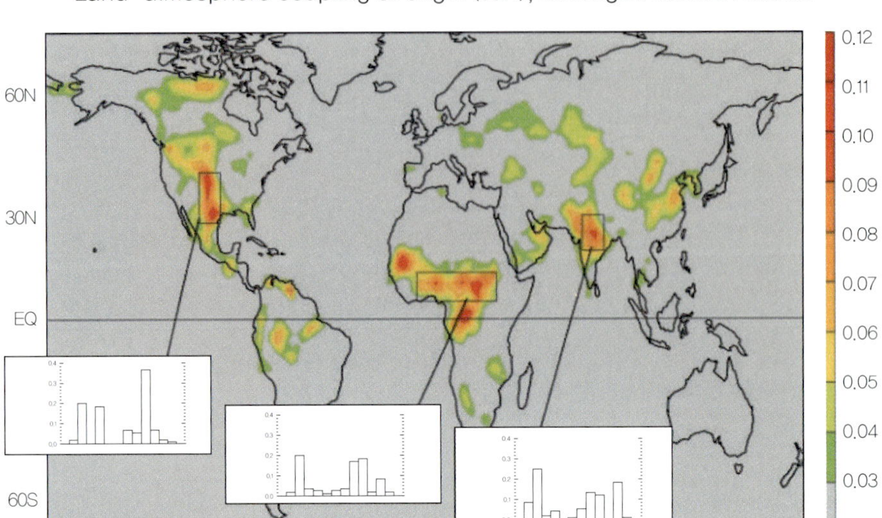

Figure 12.12 The land-atmosphere coupling strength diagnostic for boreal summer, averaged across the 12 models participating in GLACE. A really averaged coupling strengths for the 12 individual models over the outlined, representative hotspot regions. No signal appears in southern South America or at the southern tip of Africa (Koster et al. 2004).

기후 민감도가 큰 지역으로 알려져 있다 (Figure 12.12).

토양수분에 따른 기온 및 강수 변동이 기후예측에 유용할 수 있음이 제시됨에 따라 토양수분 초기화에 따른 장기 기후 예측성에 미치는 영향을 객관적으로 평가하려는 여러 연구들이 진행되었다. 특히 GLACE2(Global Land-Atmosphere Coupling Experiment, phase II; Koster et al. 2011) 실험결과에 의하면 전지구모델들에서 토양수분을 관측자료를 이용하여 초기화 하였을 때, 그렇지 않았을 때에 비해 1개월 이상 온도 및 강수 예측성이 향상되는 효과가 있는 것으로 나타났다 (Figure 12.13). 온도 예측에서 북미와 아열대 남미, 서유럽 및 아열대 아프리카 지역과 같은 특정지역 (hotspots)에서는 약 2개월 예측에까지도 유의미한 예측성 향상이 나타났다. 반면 강수의 예측성은 북미대륙 중부에서만 약간의 향상이 발견되었다. 그 이유는 토양수분에 대한 지면-대기 상호작용이 강한 hotspot 지역들 중에서도 북미의 경우 강수량 관측자료의 밀도와 정확도가 높고, 기후적으로 뚜렷한 반건조 지역으로 수분의 지역적 재순환이 강한 지역이기 때문으로 알려져 있다.

토양수분 초기화를 통한 모델 예측성의 향상이 기대되지만, 아직까지 해결해야 할 문제들이 존재한다. 먼저 전구규모의 신뢰성있고 균질(homogeneous)한 토양수분 자료가 필요하고, 기후모델이 토양수분 변동과 관련된 지면-대기 상호작용을 정확히 모의해내야 한다. 인공위성을 이용한 토양수분 관측이 시도되고 있으나, 이 방법은 표층 수 cm 이내의 표층수분만을 측정할 수 있어, 실제 계절예측 수준에서 메모리 효과를 기대할 수 있는 1m 이상 뿌리층( )에서의 토양수분은 현재 기술로는 관측이 불가능하다. 대체 방법으로 상대

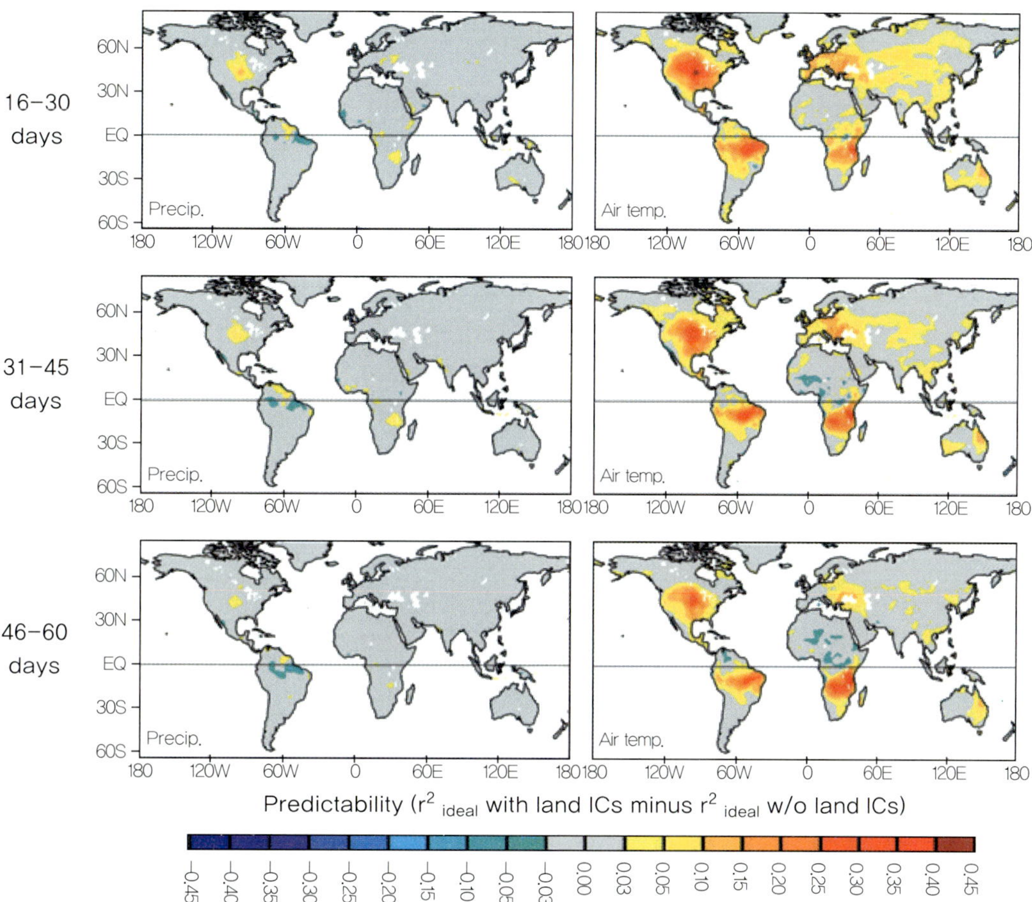

Figure 12.13 Multimodel-consensus estimate of (left) precipitation and (right) air temperature predictability associated with soil moisture initialization in essence a quantification of how one ensemble member in a given forecast reproduces the synthetic truth produced by the remaining ensemble members in that forecast: (top to bottom) all 15-day forecast periods (Koster et al. 2011).

적으로 정확하고 풍부한 대기 관측자료를 강제력으로 정교한 지면 모델을 구동하여 토양 수분 및 온도를 추정하는 방법이 널리 사용된다. 하지만 이러한 방법으로 토양수분을 완벽하게 추정한다고 해도, 아직까지 모든 전지구모델은 관측에 비해 큰 고정오차를 나타내며 정확한 지면-대기 상호작용을 모의하지 못하므로 토양수분에 의한 기후 변동성을 정확히 모의하지 못하는 한계가 있다. 예를 들어, 관측에서는 기후의 토양수분 민감도가 높은 반건조 지역 (Figure 12.6에서 transitional 지역)에 해당하지만 기후모델이 이 지역에 강수를 과다 모의하여 이 지역을 토양수분 민감도가 낮은 지역 (Figure 12.6에서 wet regime에 해당)으로 모의한다면, 토양수분 변화에 대한 증발산량 변화가 거의 나타나지 않을 수 있다. 이러한 경우 정확한 토양수분 초기화에 의한 예측성 향상을 기대할 수 없다. 따라서 관측자료의 품질 향상과 모델의 정확도 향상은 지면-대기 상호작용을 이용한 기후 예측성을 높이는데 선결되어야 할 과제이다.

12.2 눈

육지의 눈(snow)은 지면-대기 상호작용 측면에서 지면의 특성을 크게 변화시키므로 가을-겨울-봄철 기후에 큰 영향을 미친다. 특히 눈의 변동성에 의한 영향은 북반구 중-고위도 내륙내에서 매우 뚜렷하게 나타나며, 해양의 영향보다 크다고 알려져 있다 (Kumar and Yang, 2003). 이는 눈의 고유한 물리적 특성 때문으로, 눈은 입사하는 태양복사에 대한 높은 알베도(albedo), 장파복사 측면에서 높은 방출률(emissivity), 막대한 잠열, 그리고 낮은 전도율(conductivity)을 가지며, 지면의 거칠기(roughness)에도 영향을 준다 (Figure 12.14). 이중에 지면-대기 상호작용 측면에서 가장 중요한 눈의 물리적 특성은 입사하는 단파복사에 대한 높은 알베도로서 (신적설의 경우 90% 이상), 지표면으로 도달하는 태양복사를 매우 효과적으로 반사시켜 지면의 온도를 매우 효과적으로 낮춘다. 또한 눈은 높은 장파복사 방출률(emissivity)을 갖고 있어 눈덮인 지표면 온도를 매우 효과적으로 식힌다. 또한 눈이 녹거나 승화할 때 흡수하는 막대한 잠열은 지면에 눈이 쌓여 있을 경우 지면에 흡수되는 에너지를 소산하므로 지면의 온도를 낮게 유지하는데 기여한다. 반면, 눈으로 덮인 지역은 낮은 전도 현상으로 지표면에서 대기로 전달되는 열을 차단하는 효과가 크기 때문에, 눈층 아래 토양에 대해서는 보온 효과가 있다. 물수지 측면에서는 눈이 녹을 때 토양 수분을 공급하므로 특히 중-고위도 지역 봄철 기후에 중요하다.

이러한 눈의 물리적 특성은 지표 및 대기 온도에 큰 영향을 미치는데, 특히 눈-알베도 되먹임은 기온상승에 있어 대표적인 양의 되먹임 효과를 준다 (Figure 12.15). 온도가 올라가면 눈이 녹아 지표를 덮는 눈면적이 줄어들고 알베도가 낮아지게 된다. 이는 지표면의 단파복사 흡수를 높여 기온을 더욱 증가시키고 이는 다시 눈을 더 녹이게 되므로 기온상승을 크게 증가시킨다 (Figure 12.15에서 K_1-K_2-K_4 loop). 또한 기온이 높아지면서 눈이 녹으면 눈덩이(snowpack)가 형태적으로 변형이 일어나 그 자체만으로도 알베도를 감소시켜

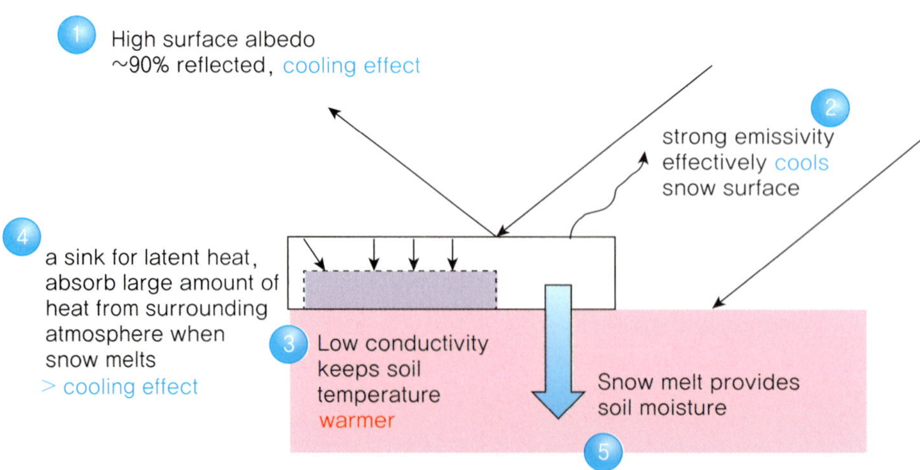

Figure 12.14 The main properties of snow cover and snowpack.

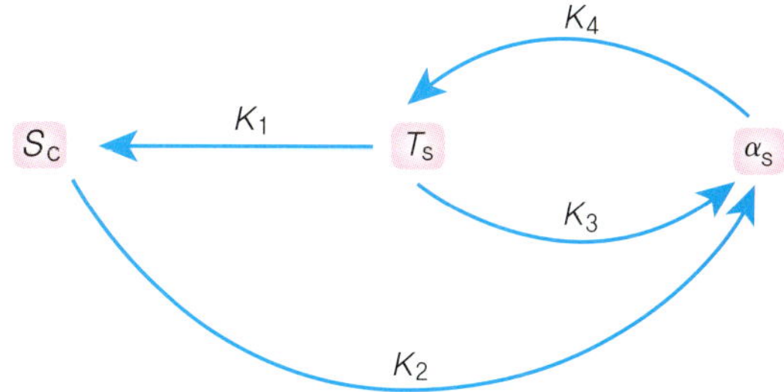

Figure 12.15 Snow-albedo feedback (Qu, X and Hall 2007).

기온상승에 대한 양의 되먹임 효과가 있다 (K_3-K_4 loop).

전지구기후모델을 사용하여 이산화탄소 증가시 나타나는 기온증가에서 눈-알베도 되먹임에 의한 효과를 추산한 결과, 북반구에서는 눈-알베도 되먹임에 의한 온도증가 효과가 해빙감소에 의한 해빙-알베도 되먹임 효과와 비슷한 정도로 강하게 나타난다 (Figure 12.16). 북반구에 비해 눈덮이가 적은 남반구의 경우 해빙-알베도 되먹임 효과가 빙권에 의한 양의 되먹임 효과를 거의 설명하는 것과는 매우 대조적이다. IPCC 보고서에 의하면 (Vaughan et al. 2013), 북반구 중위도(40~60°N) 지역에서 1922-2012년 기간동안 3-4월

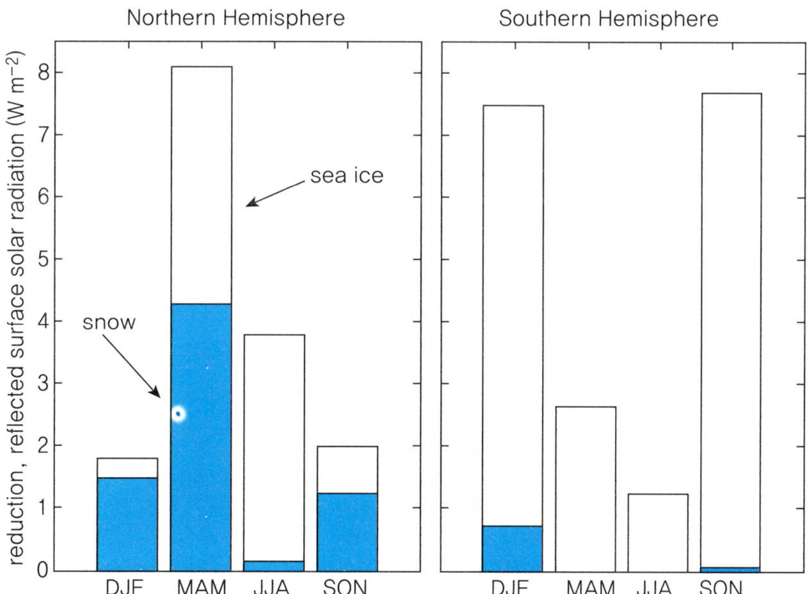

Figure 12.16 Seasonal breakdown in the VA model of the quasi-equilibrium reduction in solar radiation (Wm^{-2}) at the surface due to CO_2 doubling averaged over the polar caps bounded at 30°N and 30°S. (left) The NH polar cap, (right) its SH counterpart. The black bars denote the contribution to the total reduction from snow on land, while the shite bars denote the contribution from sea ice. The reduction in reflected solar radiation at the surface is estimated by multiplying the surface albedo change due to CO_2 doubling by the climatological downward shortwave radiation in the unperturbed VA model at each grid point. This plot therefore represents the change in net incoming radiation at the surface assuming there is no change in the overlying atmosphere, including its cloud distribution (Hall 2004).

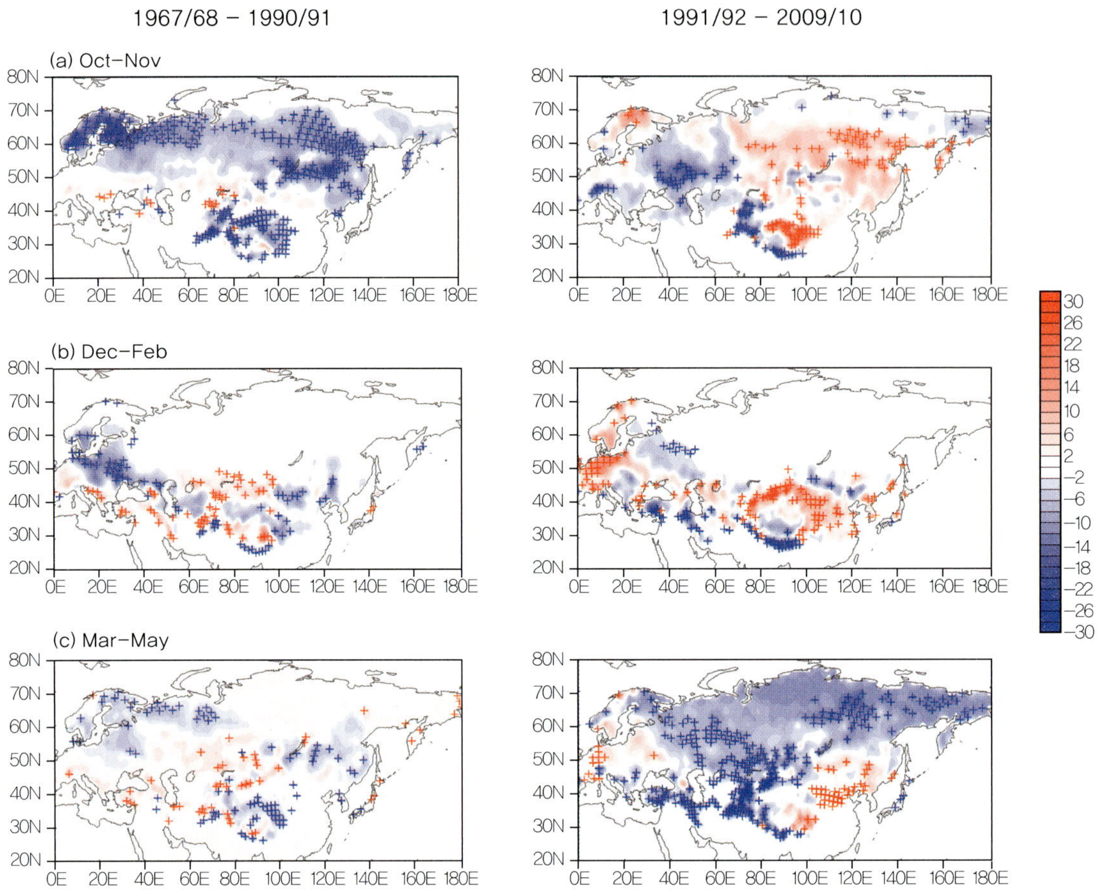

Figure 12.17 Spatial distribution of linear trend of percentage of snow cover days in (a) autumn, (b) winter and (c) spring during 1967/68-1990/91 (left) and 1991/92-2009/10 (right) (points with linear trend significant at 95% have been indicated by cross, red indicate increase trend and blue indicate decrease trend (Jeong et al. 2012).

의 눈덮이가 약 7%의 감소했고 이는 이 지역 육지의 강한 기온상승과 밀접하게 관련되어 있다.

동아시아지역 기온의 장기변화에는 이러한 눈에 의한 기후 되먹임 효과가 매우 중요하다. 지구온난화에 따라 북반구 유라시아지역의 눈덮이가 전반적으로 감소하였으나 유라시아지역 가을-겨울철에 경우 과거(1967-90)에 비해 최근(1991-2010)에 적설량이 오히려 증가하는 경향을 보인다 (Figure 12.17). 가을철 적설이 증가한 지역에서 같은 기간동안 기온의 감소 혹은 온난화 경향이 약화되었는데 (Jeong et al. 2012), 이 지역에서 가을철 눈덮이는 가을 및 겨울철 온도와 음의 상관관계가 뚜렷하므로 (Figure 12.18) 이는 눈-알베도 되먹임에 의한 결과로 볼 수 있다. 추가적으로 증가한 적설량이 지표면의 온도를 낮추고 연직적으로 대기의 안정도가 굉장히 커지면서 시베리아 고기압이 강화되어 한랭화가 강해지는 대기순환과 관련된 되먹임의 영향도 존재한다.

토양수분이 기후에 미치는 영향의 강도가 지역 기후특성에 따라 다르게 나타나는 것

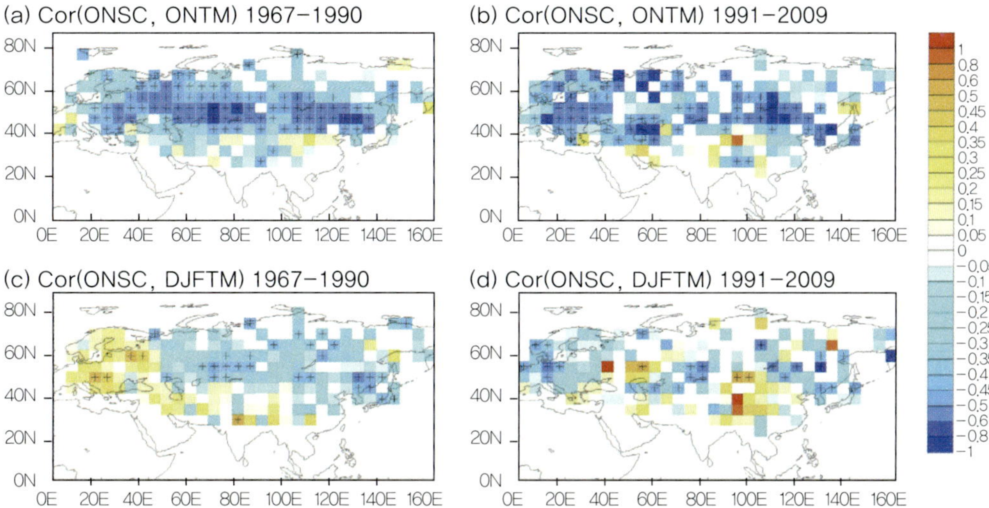

Figure 12.18 Correlation coefficients between surface air temperature (SAT) for October-November and GSL snow cover concentration for (a and c) October-November and (b and d) December-January. SAT and snow cover data sets are high-pass (< 5 years) filtered before calculating correlation coefficients. Fig 18a and 18c are calculated with data for 1967-1990 and Fig 18b and 18d are calculated with data for 1990-2009. Regions of correlation coefficient over the 95% confidence level are indicated by crosses (Jeong et al. 2013).

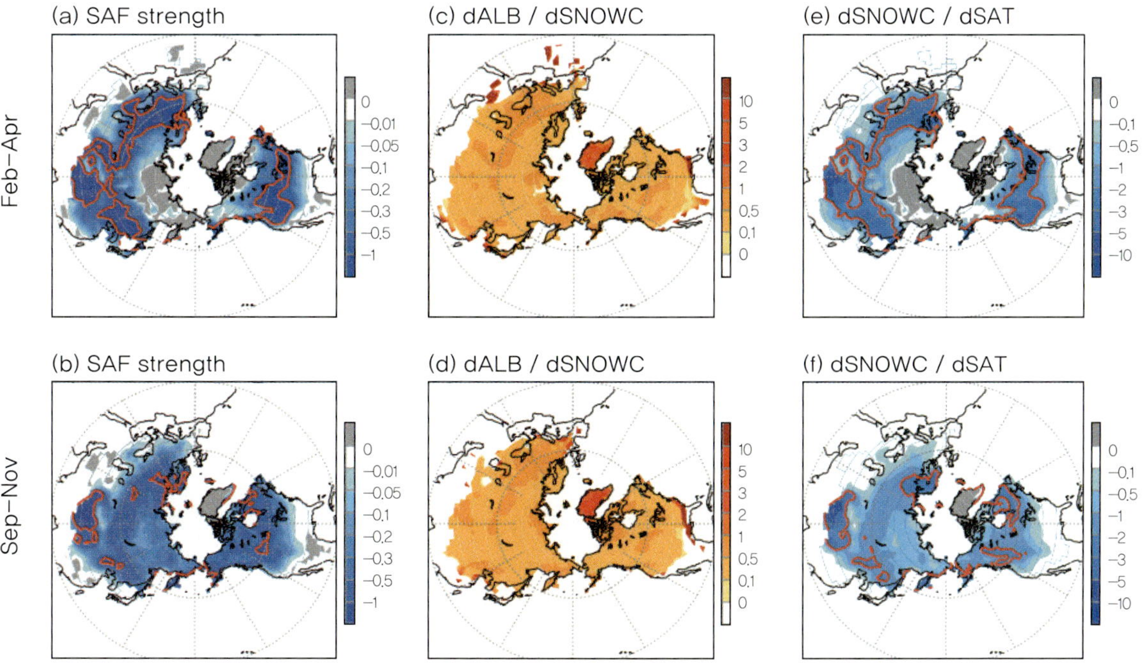

Figure 12.19 Snow albedo feedback (SAF) strength of Northern Hemisphere in spring and autumn (Jeong et al. 2013).

처럼, 눈-알베도 되먹임의 강도 또한 지역 기후의 계절적 특성에 따라 매우 다르게 나타난다. 눈-알베도 되먹임의 강도는 다음 간단한 식으로 추정할 수 있다.

$$\frac{\Delta\alpha_S}{\Delta T_S} = \frac{\Delta\alpha_S}{\Delta SC}\frac{\Delta SC}{\Delta T_S} \tag{12.3}$$

여기서 α는 알베도, T는 온도, SC는 적설량을 의미한다. 아래첨자 s는 지표면을 의미한다. 즉 온도 변화에 따른 지표알베도의 변화 민감도가 큰 지역에서는 눈-알베도 되먹임이 크다고 할 수 있다. 특히 지면 온도 변화에 따른 눈덮이(snow cover) 변화를 나타내는 우변 두 번째 항이 지역적, 계절적 눈-알베도 되먹임의 강도 차이를 대부분 설명한다. 봄과 가을철에 눈-알베도 되먹임의 강도가 강한 곳은 눈이 항상 덮여 있는 고위도 지역이 아닌, 눈이 완전히 덮여 있는 지역과 눈이 덮여 있지 않는 전이지역이다 (Figure 12.19). 종종 수m 이상의 눈으로 덮여 있는 고위도에서는 온도 변화에 따라 눈의 깊이가 변화하더라도 지면이 눈이 덮인 정도는 항상 100%에 가깝기 때문에 온도 변화에 의한 눈덮이 변화의 민감도가 크지 않다. 하지만 시베리아와 같은 고위도 주변의 지역 (snowline의 남측)은 온도가 올라가면 눈이 덮여 있다가 완전히 없어질 수도, 반대로 온도가 내려가면 눈덮이가 없다가 눈덮인 지역으로 변화 할 수 있기 때문에, 적설 변동에 따른 눈덮이 변화가 민감하고 이에 따라 눈-알베도 되먹임 효과가 크게 나타날 수 있다.

12.3 식생

지면-대기 상호작용은 지표의 식생 조건에 영향을 받는다. 예를 들어 토양수분에 의한 되먹임 과정에서 식생조건은 증발에 직접적인 영향을 줄 수 있다. 토양수분이 많을 때 지표의 식생이 많은 경우 식생에 의한 증산작용에 의해 증발이 더욱더 활발할 것이고, 그렇지 않을 경우 증발은 지면에서의 증발로만 이루어지므로 식생이 많을 경우에 비해 약하게 나타날 수 있다 (Kim and Wang, 2007b). 특히 토양수분의 증감이 식생의 증감을 조절할 수 있으므로, 식생과 관련된 되먹임 효과도 존재한다 (Figure 12.20). 예를 들어서 토양수분이 많을 때 식물의 성장이 더 활발하게 일어나게 되고 성장한 식물에 의해 증발산 현상이 더 강해지게 된다. 증발산 작용의 증가로 인해 지역적으로 증발량이 더 많아지게 되고 그 결과 강수가 더 많아지게 된다. 이때 토양수분의 증가로 인해 식물이 성장하여 오히려 식물들이 토양의 수분을 소비하는 양이 너무 많아진다면, 장기적으로는 오히려 토양수분이 줄어들고 강수가 감소하는 음의 되먹임 현상이 나타날 수 있다.

장기간 기후변화에 있어서 식생 되먹임과 관련된 연구는 오래 전부터 계속되어 왔다. 이와 관련된 되먹임을 간단히 정리하면, 기후-식생 되먹임에는 크게 3가지의 되먹임 작용이 있다. 첫 번째는 식생-알베도 되먹임이다. 이산화탄소의 증가로 인해 대기의 온도가 높아지면 식물의 성장이 촉진된다. 이 때, 식물은 지표면의 알베도를 낮추게 되고 지표면에서 단파복사를 흡수하는 양이 많아지게 된다. 이로 인해 지표면의 온도가 올라가는 양의 되먹

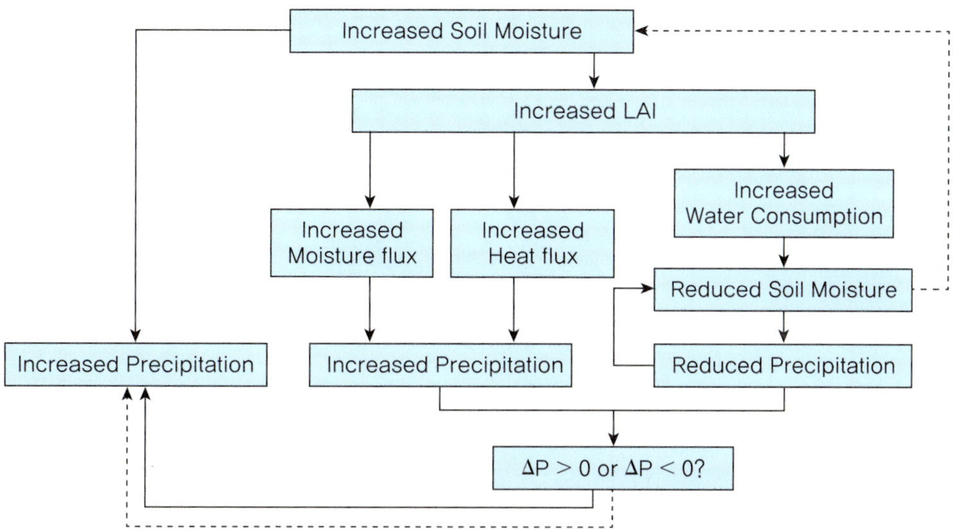

Figure 12.20 Diagram for the impact of vegetation feedback on how precipitation responds to initial soil moisture anomalies. Here ΔP indicates changes in precipitation due to vegetation feedback, and dashed lines indicate negative feedback (Kim and Wang 2007b).

임 현상이 일어나게 된다. 두 번째는 식생-증발산 되먹임이다. 온도가 올라가면 식생이 성장하게 되고 성장한 식생은 증발산 작용으로 오히려 지표면을 냉각시키는 효과를 가져오는 음의 되먹임이 가능하다. 마지막으로, 식생-탄소순환 되먹임이 있다. 이산화탄소의 증가로 온도가 올라가면 식생의 생장이 증가할 때 결과적으로 식생은 이산화탄소를 흡수하여 대기 중의 탄소를 감소시키는 음의 되먹임이 나타난다 (Figure 12.21). 이 세가지 되먹

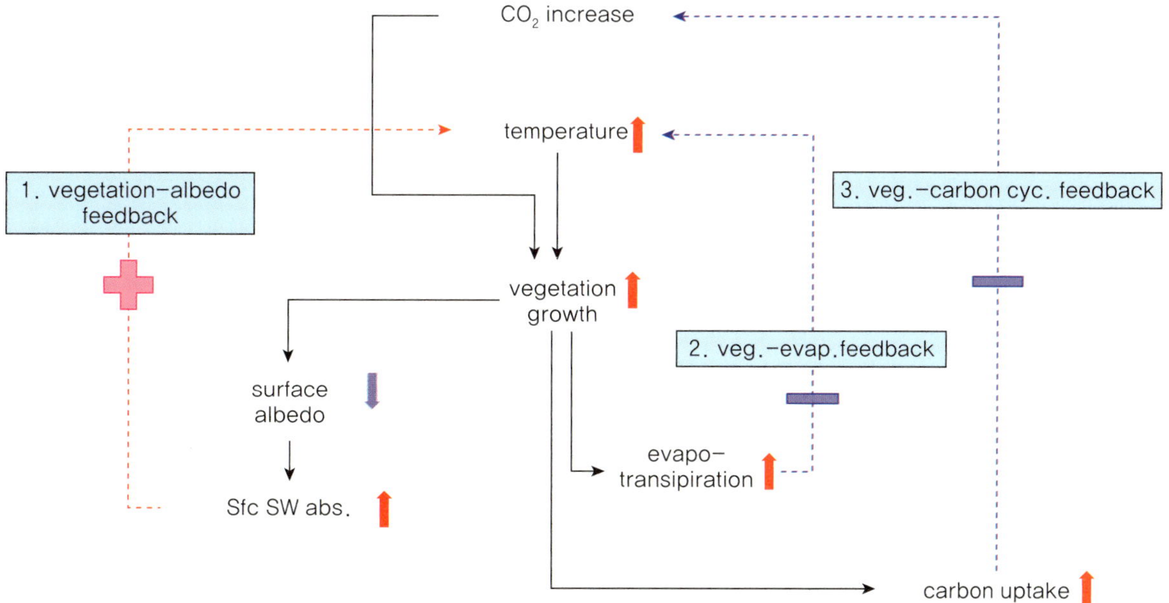

Figure 12.21 Major vegetation-related feedback processes in long-term climate change.

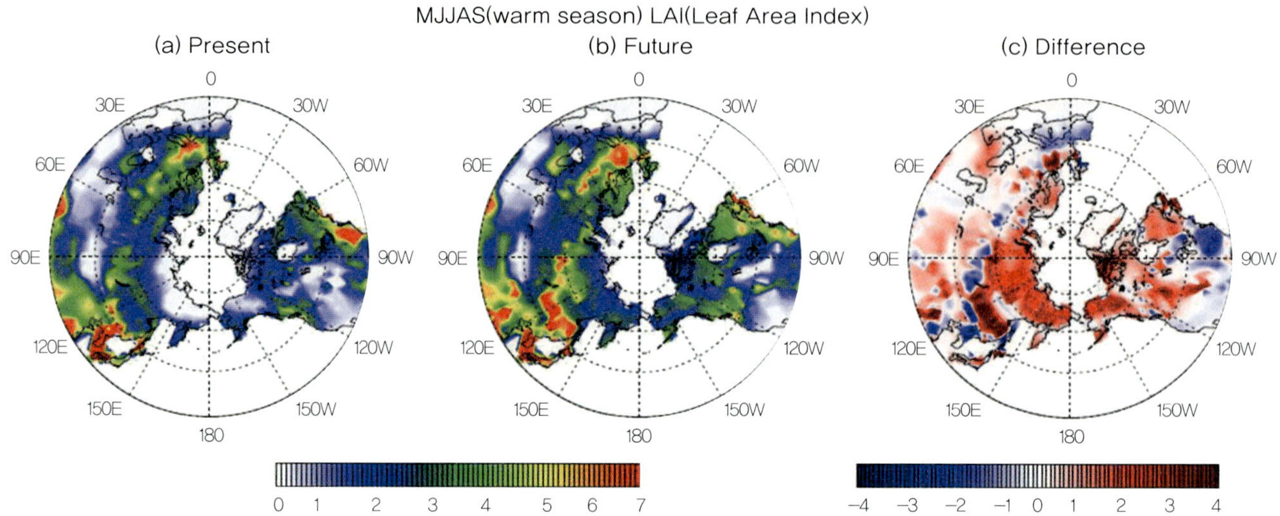

Figure 12.22 Leaf area index (LAI) under (a) present and (b) future CO_2 doubling concentration simulated by CAM-DGVM. (c) is the difference between (a) and (b) (adapted and modified from Jeong et al. 2014).

임 현상 중에서 식생-알베도 되먹임은 주로 고위도에서, 식생-증발산 되먹임은 중위도에서 강하게 나타난다고 알려져 있다. 식생-탄소순환 되먹임의 경우 식생의 종류나 지역에 따라 많은 차이가 있다고 알려져 있으며, 아직까지 그 불확실성이 크다.

식생역학모델이 접합된 전지구모델을 이용하여 지구대기의 이산화탄소의 농도를 두배로 증가시켰을 때 식생의 변화를 예측하면, 특히 여름철 중·고위도에서 식생의 증가가 매우 뚜렷하게 나타난다 (Figure 12.22). 주로 아북극(Sub-Arctic)지역에서는 목초 및 관목류가 고위도에서는 침엽수림의 증가가 두드러진다. 이는 이산화탄소의 증가로 기온이 상승하고, 생장가능 계절이 길어지며, 눈덮임 지역이 감소하는 등의 기후조건 변화와 탄소 증가로 인한 비료효과에 의한 결과이다. 이렇게 증가한 식생은 그 물리적 특성에 의해 다시 대기에 영향을 미치는데, 이를 이산화탄소를 두배 증가시킨 실험 중에서, 식생의 변화를 감안했을 때와 감안하지 않았을 때의 지표면 대기 온도 변화를 비교하여 살펴보았다. 그 결과 극과 고위도에서의 온도가 식생의 변화가 있을 때 온난화 효과가 상당히 증폭되어 나타난다 (Figure 12.23). 즉, 이산화탄소 증가시 식생 되먹임 효과는 고위도 지역의 온난화를 가중시킨다 (양의 되먹임 효과). 이는 식생-알베도 되먹임 효과에 의해 설명될 수 있다. 식생의 증가로 인해 알베도가 낮아져 지표면에 도달하는 순 복사량이 증가하게 된다. 그로 인해 증발량도 증가하지만 현열에 의한 지표면의 에너지 방출이 크게 증가하여 지표면 온도가 결과적으로 증가하게 되는 결과를 가져오게 된 것이다.

하지만 식생의 되먹임이 어느 곳에서나 양의 되먹임을 주는 것은 아니다. 동아시아지역 관측자료로부터 2~3월과 4~5월에 지표면 온도와 LAI(Leaf Area Index)의 30년 동안의 선형추세를 살펴보았을 때, 식생이 많이 증가한 곳에서 오히려 온도의 증가가 작게 나타났다. 이는 식생의 증가로 인해 증발량이 많아지면서 지역적 냉각 효과가 강해져서 동아

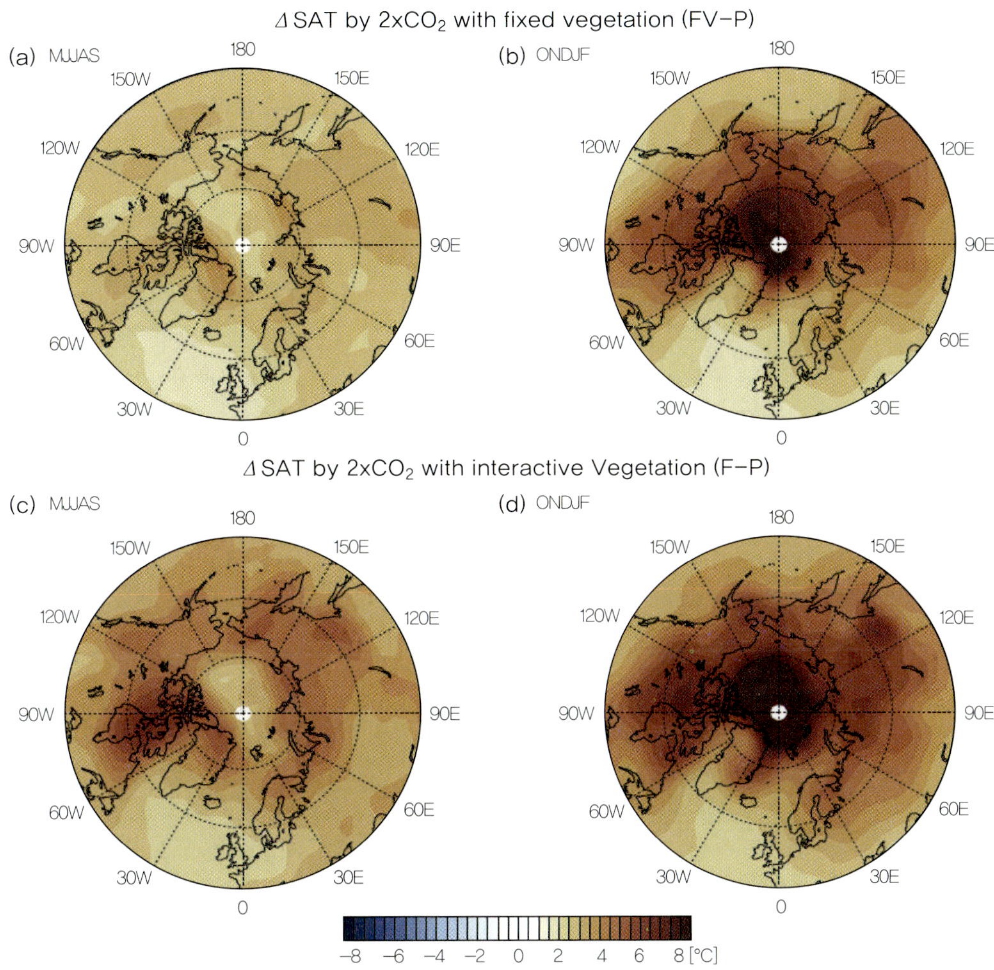

Figure 12.23 Vegetation feedback effect on surface air temperature warming in MJJAS and ONDJF (Jeong et al. 2014).

시아지역에서는 음의 되먹임 효과가 나타난 것으로 이해할 수 있다 (Figure 12.24).

최근에는 기후-식생 되먹임 작용중에서 탄소순환과 관련 있는 생지화학적 되먹임이 매우 중요하다고 알려지고 있다. 탄소순환을 간단히 살펴보면 지표면, 땅속, 해양에 저장되어 있는 탄소화합물들이 박테리아의 활동이나 화산활동, 사람들의 산업활동으로 인해 대기 중으로 방출되고 방출된 탄소의 일부는 다시 지표면 혹은 해양으로 흡수된다 (Figure 12.25). 이 탄소순환의 변화에 따라 대기 중 탄소농도가 결정되며, 기후변화에 직접적으로 영향을 미칠 수 있다. 반면 식생생장이 폭발적으로 증가하면 대기 중 이산화탄소를 흡수하여 온실효과가 완화되는 냉각효과도 존재한다. 그래서 일부 과학자들은 식생-알베도 되먹임의 온난효과와 식생-탄소 되먹임의 냉각효과의 순 효과(net effect)에 대한 연구를 진행하였다. 모델의 종류에 따라 다른 결과가 나타날 수도 있으나, 두 효과의 순 효과는 온난효과를 가중시킨다는 연구 결과가 있다 (Bala et al. 2006).

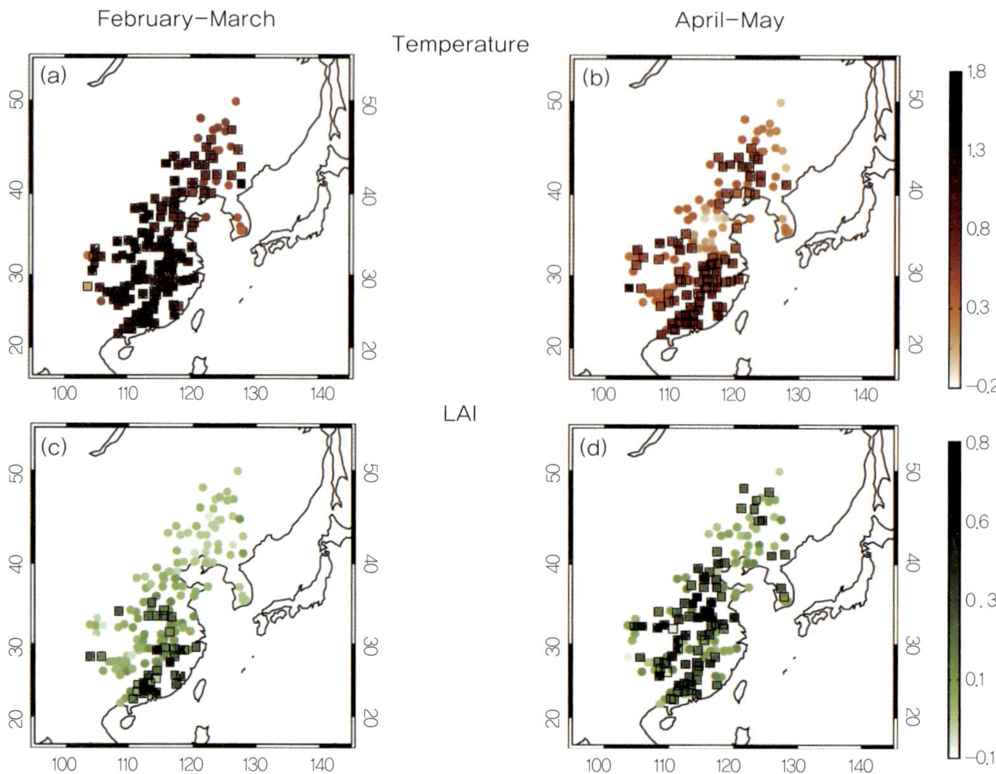

Figure 12.24 Linear trends of (a) February-March mean temperature, (b) April-May mean temperature, (c) February-March mean LAI, and (d) April-May mean LAI. The pixel values of LAI collected at each of the 154 stations are calculated. The units are °C/10-yr for temperature and per 10-yr for NDVI. The boxes outline the stations where trends are significant at the 95% confidence level based on the Student's t-tests (Jeong, S. J., C. H. Ho, K. Y. Kim, and J. H. Jeong, 2009; Reduction of spring warming over East Asia associated with vegetation feedback. Geophys Res Lett, 36, L18705, doi:10.1029/2009gl039114.).

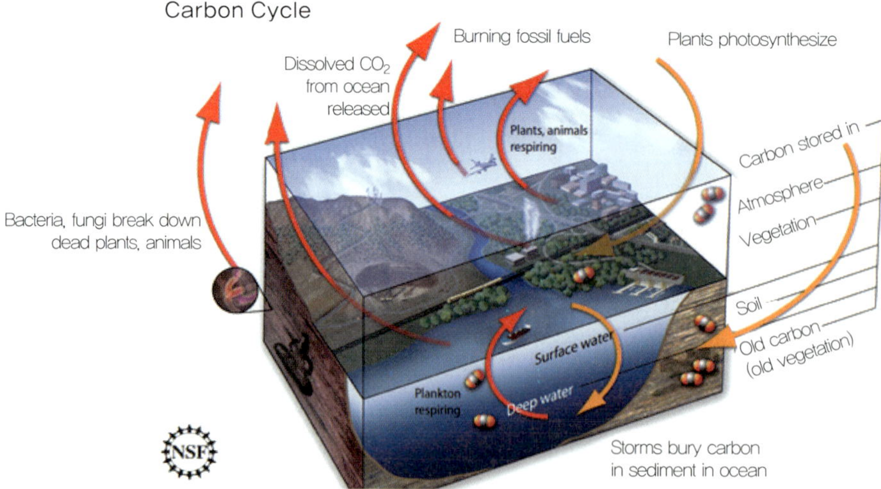

Figure 12.25 Carbon Cycle process (Credit: Zina Deretsky, National Science Foundation; available at http://nsf.gov/news/news_images.jsp?cntn_id5114865&org5NSF).

또, 식생-탄소 되먹임은 식생의 종이나 나이에 따라서 다르게 나타날 수 있다. 식생은 탄소동화작용을 통해 대기 중 탄소를 흡수하기 때문에 생장이 빠른 어린 나무는 이산화탄소의 흡수 효과가 크다. 반면 생장이 느린 상대적으로 오래된 나무는 오히려 이산화탄소의 방출이 크다는 연구 결과도 있다. 이렇듯 식생-탄소와 관련된 되먹임 작용은 아직 확실히 밝혀지지 않은 부분이 많아, 다양한 연구가 계속되고 있다.

참고문헌

최용상, 2011: 기후는 이산화탄소에 얼마나 민감한가?, 한국지구과학회지

서경환, 손준혁, 이준이, 2011: 장마의 재조명. *한국기상학회지(대기)*, **21**, 109-121.

Bala, G., K. Caldeira, A. Mirin, M. Wickett, C. Delire, and T. J. Phillips, 2006: Biogeophysical effects of CO_2 fertilization on global climate. *Tellus* **58**, 620-627.

Brubaker, K. L., D. Entekhabi, and P. S. Eagleson, 1993: Estimation of continental precipitation recycling. *J. Climate*, **6**, 1077-1089.

Dirmeyer, P. A. 2006: The hydrologic feedback pathway for land-climate coupling. *J. Hydrometeor*, **7**, 857-867.

Fischer, E. M., S. I. Seneviratne, D. Lüthi, and C. Schär, 2007a: Contribution of land-atmosphere coupling to recent European summer heat waves. *Geophys. Res. Lett.*, **34**, L06707, doi:10.1029/2006GL029068.

Fischer, E. M., S. I. Seneviratne, P. L. Vidale, D. Lüthi, and C. Schär, 2007b: Soil moisture-atmosphere interactions during the 2003 European summer heat wave. *J. Climate*, **20**, 5081-5099.

Hall, A., 2004: The role of surface albedo feedback in climate. *J. Climate*, **17**, 1550-1568.

Jeong, J.-H., J.-S. Kug, H. W. Linderholm, D. Chen, B.-M. Kim, and S.-Y. Jun, 2014: Intensified Arctic warming under greenhouse warming by vegetation–atmosphere–sea ice interaction. *Environ Res Lett*, **9**, 094007.

Jeong, J.-H., H. W. Linderholm, S.-H. Woo, C. Folland, B.-M. Kim, S.-J. Kim, and D. Chen, 2013: Impacts of Snow Initialization on Subseasonal Forecasts of Surface Air Temperature for the Cold Season. *J. Climate*, **26(6)**, 1956-1972.

Kim, Y., and G. Wang, 2007a: Impact of Initial Soil Moisture Anomalies on Subsequent Precipitation over North America in the Coupled Land–Atmosphere Model CAM3–CLM3. *J. Hydrometeorol*, **8**, 513-533.

Kim, Y., and G. Wang, 2007b: Impact of Vegetation Feedback on the Response of Precipitation to Antecedent Soil Moisture Anomalies over North America. *J. Hydrometeorol*, **8**, 534-550.

Koster, R. D., M. J. Suarez, and M. Heiser, 2000: Variance and predictability of precipitation at seasonal-to-interannual timescales. *J. Hydrometeor*, **1**, 26-46.

Koster and coauthors, 2004: Regions of strong coupling between soil moisture and precipitation. *Scinece*, **305**, 1138-1140.

Koster and coauthors, 2011: The second phase of the global land-atmosphere coupling experiment soil moisture contributions to subseasonal forecast skill. *J. Hydrometeor*, **12**, 805-822.

Qu, X., and A. Hall, 2007: What controls the strength of snow-albedo feedback?. *J. climate*, **20**, 3971-3981.

Seneviratne, S. I., T. Corti, E. L. Davin, M. Hirschi, E. B. Jaeger, I. Lehner, B. Orlowsky, and A. J. Teuling, 2010: Investigating soil moisture-climate interactions in a changing climate: a review. *ESR*, **99**, 125-161.

Vaughan, D. G., J. C. Comiso, I. Allison, J. Carrasco, G. Kaser, R. Kwok, P. Mote, T. Murray, F. Paul, J. Ren, E. Rignot, O. Solomina, K. Steffen and T. Zhang, 2013: Observations: Cryosphere. In: Climate Change 2013: The Physical Science Basis. Contribution of Working Group I to the Fifth Assessment Report of the Intergovernmental Panel on Climate Change [Stocker, T. F., D. Qin, G.-K. Plattner, M. Tignor, S. K. Allen, J. Boschung, A. Nauels, Y. Xia, V. Bex and P. M. Midgley (eds.)]. Cambridge University Press, Cambridge, United Kingdom and New York, NY, USA.

Wang, B., J.-Y. Lee, I.-S. Kang, J. Shukla, C.-K. Park, A. Kumar, J. Schemm, S. Cocke, J.-S. Kug, J.-J. Luo, T. Zhou, B. Wang, X. Fu, W.-T. Yun, O. Alves, E. K. Jin, J. Kinter, B. Kirtman, T. Krishnamurti, N. C. Lau, W. Lau, P. Liu, P. Pegion, T. Rosati, S. Schubert, W. Stern, M. Suarez, and T. Yamagata, 2009: Advance and prospectus of seasonal prediction: assessment of the APCC/CliPAS 14-model ensemble retrospective seasonal prediction (1980-2004). *Clim. Dyn.*, **33**, 93-117.

CHAPTER 13

기후연구를 위한 기본 통계분석

Fundamental Statistical Methods in the Climate Research

한국해양과학기술원: **권 민 호**

학습목차

프롤로그

통계학(statistics)은 주어진 자료에서 의미 있는 정보를 이끌어 내고, 그 정보를 분석하여 결론을 내리는 방법을 다루는 학문으로서 많은 학문분야에서 활용되고 있다. 특히, 기후연구를 위해서는 다차원의 방대한 자료에서 통계량(statistic)[1]을 구하여 유용한 정보를 이끌어내야 하는데, 이를 위해 다양한 통계분석(statistical analysis)이 이용되어 왔다. 본 장에서는 기후연구의 기본이 되는 합성분석(composite analysis), 회귀분석(regression analysis), 주성분분석(principal component analysis), 그리고 시계열분석(time series analysis)과 같은 기본적인 통계분석을 소개한다.

이 분석방법들을 살펴보기 전에 자료(data)의 종류와 모양을 나타내는 간단한 통계량부터 알아보자. 관측된 자료는 하나의 변수(variable) 혹은 변량(variate)으로 고려할 수 있다. 기온, 기압과 같이 시간과 공간에 따라 연속적으로 변하는 변수를 연속변수(continuous variable)라고 하고, 이와 반대로 일누적 강수량, 태풍의 수와 같은 연속적이지 않은 변수를 이산변수(discrete variable)라고 부른다. 자료는 변수 측정값의 모임으로서 한 개의 변수만 있는 자료를 단변량 자료(univariate data)라고 하고, 두 개 이상의 변수가 있는 자료를 다변량 자료(multivariate data)라고 한다. 앞으로 살펴볼 시계열분석은 대표적인 단변량 통계분석이고, 주성분분석은 대표적인 다변량 통계분석이다.

많은 자료가 주어져 있을 때 자료의 특징을 이해하기 위한 척도로서 자료의 모양을 정량화시킨 모멘트(moment)가 많이 이용된다. 가중치가 없는 원점에 대한 r번째 모멘트는 다음과 같이 정의된다.

---

[1] 미지의 모수(population parameter)를 추정하기 위한 관측값의 함수

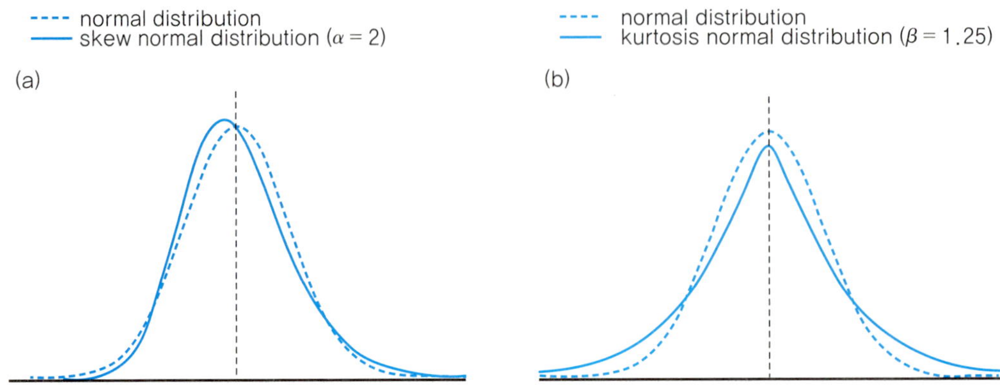

Figure 13.1 (a) 왜도가 있는 분포와 (b) 첨도가 있는 분포.

$$m'_r = \frac{1}{N} \sum_j X_j^r$$

여기서 X_j는 관측 자료이고, N은 자료의 개수를 나타낸다. 원점에 대한 첫 번째 모멘트는 산술평균(arithmetic mean)으로 자료의 중심을 의미한다. 산술평균은 널리 쓰이고 있지만, 자료의 이상값(outlier)에 민감하다는 단점이 있다. 이 단점을 보완하기 위하여 극값(extreme value)을 제거하고 평균하는 절사평균(trimmed mean)이나 순서대로 나열된 자료 중 가운데 값인 중앙값(median)이 이용되기도 한다. 중심에 대한 두 번째 모멘트는 분산(variance)을 나타내며, 분산에 루트를 취하면 표준편차(standard deviation)가 된다. 표준편차는 자료가 중심으로부터 평균적으로 얼마나 떨어져 있는지를 나타낸다. 일반적으로 가중치가 없는 중심에 대한 r번째 모멘트는 다음과 같다.

$$m_r = \frac{1}{N} \sum_j (X_j - \bar{X})^r$$

여기서 $\bar{X}$는 X_j의 산술평균이다. 한편, 서로 다른 자료에 대한 모멘트를 비교하기 위하여 표준편차(s)의 r승을 나누어준 표준화된 모멘트가 많이 이용된다. 표준화된 r번째 무차원 모멘트(a_r)는 다음과 같다.

$$a_r = \frac{m_r}{s^r} = \frac{m_r}{\sqrt{m_2^r}}$$

a_3는 평균에 대한 자료분포의 비대칭성을 나타내는 왜도(skewness)를 뜻하고, a_4는 자료 분포의 뾰족함을 나타내는 첨도(kurtosis)를 의미한다. Figure 13.1의 (a)는 양의 왜도가 있는 분포를 나타내며 분포에서 긴 꼬리가 오른쪽에 있는 경우를 의미한다. 상대적으로 큰 양의 값이 많이 분포하고, 상대적으로 작은 음의 값이 분포하게 된다. 또한 Figure 13.1의 (b)는 첨도가 큰 분포를 보여주고 있다. 이후 소개될 정규분포(normal distribution)의 경우에는 3의 첨도를 갖고 있으며, 정규분포와 비교하였을 때 첨도가 작은 분포는 그림과 같이 평균 주위의 값이 적고 꼬리가 긴 모양을 갖는다. 또한 첨도는 0이나 양의 값만을 갖

는다. 한편, 왜도와 첨도 같은 고차 모멘트를 사용할 때는 얻어진 모멘트의 오차가 자료의 오차의 3승이나 4승에 비례하여 커지기 때문에 오차가 큰 자료에 대하여 고차 모멘트를 비교할 때는 주의하여야 한다.

기후연구의 대상이 되는 관측과 측정이 가능한 모든 값의 집합을 모집단(population)이라고 한다. 모집단은 관측된 자료뿐만 아니라 관측되지 못한 자료가 모두 포함되며, 연속변수로서 모든 값이 변수의 모집단이 될 수 있다. 그리고 이 모집단의 특성을 수치로 나타낸 것을 모수(population parameter)라고 하는데, 이 모수 중 모집단의 평균을 모평균(population mean), 표준편차를 모표준편차(population standard deviation)라고 하고 관례상 기호로 각각 μ와 σ로 나타낸다. 일반적으로 모집단을 모두 관측하는 것은 매우 어렵기 때문에 보통 통계분석에서는 모집단에서 추출한 관측값이나 측정값의 집합인 표본(sample)을 이용한다. 모수와 구별하여 표본의 평균은 표본평균(sample mean), 표준편차는 표본표준편차(sample standard deviation)라 하고, 각각 $\overline{X}$와 s로 나타낸다. 또한, 관측기기로 측정된 자료인 측정형 자료(measurement data)는 연속변수가 대상이 되지만, 시간을 무한히 쪼개 측정할 수 없으므로 통계분석에서 다루는 모든 측정형 자료는 이산변수로 측정이 된다. 그러므로 기후연구에 사용되는 관측값은 모집단이 아닌 표본이며 이산형 자료(discrete data)이다. 이러한 표본만 이용하여도 통계적 방법을 통하여 충분히 모집단의 성질을 이해할 수 있다.

이제 본격적으로 기후연구를 위한 분석방법에 대해 소개하고자 한다. 이번 장의 목적은 기후연구에 있어 간단하면서 실용적인 통계분석법을 이해함은 물론 각 통계분석법의 장단점을 파악하여 활용을 극대화하는 것이다.

13.1 합성도분석

주어진 조건에 대하여 대상이 되는 변수의 추정값(estimates)을 합성(composite)이라고 하며, 이 값을 구하는 분석법을 합성도분석(composite analysis or superposed epoch analysis)이라고 부른다. 이 분석방법은 간단하면서도 효율적인 분석방법 중 하나이다. 예를 들어 엘니뇨 해에 대한 상층 바람을 합성하여 공간 분포, 즉 합성도(composite map)를 구하면, 상층 바람에 대한 엘니뇨의 영향을 살펴볼 수 있다. 하지만 엘니뇨 해에 대한 합성도는 그 역학적 인과관계를 증명하지는 않으므로 해석할 때 유의하여야 한다. 또한, 엘니뇨 해에 대하여 합성된 값이 비엘니뇨 해에 대하여 합성된 값과 비교하여 충분히 큰 차이를 갖는지를 통계적으로 검정(test)하여야 할 필요가 있다. 그렇다면, 엘니뇨 합성값과 비엘니뇨 합성값이 통계적으로 차이가 난다는 것을 어떻게 알 수 있을까? 이를 위해서는 우선 다음과 같은 가정이 필요하다.

일반적으로 기후자료의 시계열(time series)은 계통변동(systematic variation)과 우연변동(random variation)으로 분류할 수 있다. 계통변동에는 선형경향(linear trend), 계절변동(seasonal variation), 그리고 일변동(diurnal variation) 등이 있고, 우연변동에는 시간에 관계없이 무작위적으로 변동하는 자연변동성(natural variability)이 있다. 따라서 계통변동이 제거된 우연변동은 예측하기 어려우며 확률변수(random variable)로 가정할 수 있다. 확률변수는 시간에 따라 그리고 실현값(realizations)에 따라 항상성(stationarity)을 만족하는 에르고딕(ergodic)한 성질을 가정한다 (von Storch and Zwiers 1999). 이는 충분히 긴 시계열이 동일한 확률적 성질을 갖는 경우 시간 평균과 집합 평균이 같게 된다는 가정이다. 일반적으로 관측자료는 통계적 항상성을 만족하지 않는다. 즉, 과거 100년 전 기후의 통계적 성질과 현재 기후의 통계적 성질은 일반적으로 다르다. 그러나 통상적으로 합성의 대상이 되는 기후변수에 대해서 확률변수를 가정한다. 그러므로 합성도분석을 할 때 주어진 자료의 계통변동을 제거하여 확률변수로 만들어 주는 것이 좋다.

확률변수에 대한 분포를 확률분포(probability distribution)라고 부르며, 주어진 자료에 대한 도수(frequency)를 구하여 표로 만든 것을 도수분포표(frequency table)라고 한다. 상대도수(relative frequency)는 도수를 전체 자료의 수로 나눈 것으로 전체 합이 1이고, 상대도수의 분포는 확률분포와 같다. 상대도수를 h_i라고 하고 확률변수에 대한 간격 즉, 계급의 크기(class size)를 ΔX라고 할 때, 상대도수를 계급의 크기로 나눈 값($h_i/\Delta X$)은 확률질량함수(probability mass function)라고 한다. 특히, 연속확률변수에 대한 확률질량함수는 확률밀도함수(probability density function)라고 한다. 일반적으로 어떤 기후변수가 어떤 확률분포를 갖는 지는 알기 어렵다. 그러나 기후변수가 근사적으로 만족하는 몇 가지 이론적 분포가 알려져 있다. 그 중 하나로 다음과 같은 확률밀도함수를 갖는 확률분포를 가우스분포(Gaussian distribution) 혹은 정규분포(normal distribution)라고 한다.

$$f(x) = \frac{1}{\sigma\sqrt{2\pi}} e^{-\frac{(x-\mu)^2}{2\sigma^2}}$$

이 확률밀도 함수는 모평균(μ)과 모표준편차(σ)에 의해 결정되며, 어떤 확률변수, X가 정규분포를 따를 때 다음과 같이 표현할 수 있다.

$$X \sim N(\mu, \sigma^2)$$

이 정규분포가 중요한 이유 중 하나는 모집단으로부터 표본을 추출할 때 표본의 수(n)가 충분히 커지면, 모집단이 어떠한 분포를 가지더라도 표본 변수들의 평균은 정규분포에 수렴하게 된다는 사실 때문이다. 이를 중심극한정리(central limit theorem)라고 한다.

$$\overline{X} \sim N\left(\mu, \frac{\sigma^2}{n}\right)$$

이는 표본수가 커질수록 표본평균은 모평균에 가까워지고, 표본분산은 모분산에 표본수로 나눈 값에 가까워진다는 것이다. 또한, 이 정규분포를 정규화(normalization)시키면 표본평균과 모평균의 차이에 대한 평균은 0, 표준편차는 1이 되며 이 분포를 표준정규분포(standard normal distribution)이라고 한다. 정규분포는 사실상 모든 모평균과 모표준편차에 대해 무한히 존재하고 있으므로, 이러한 표준정규분포를 이용하면 확률분포의 간단한 비교, 분석에 용이하다.

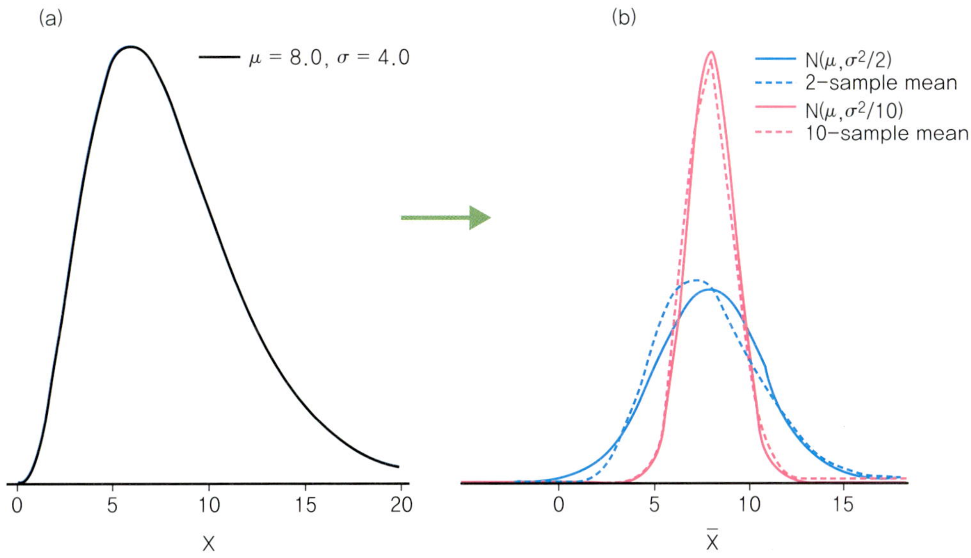

Figure 13.2 기울어진 모확률분포와 그 분포에서 추출된 표본의 크기가 2(청색점선)와 10(적색점선)일 때 표본평균의 분포.

$$Z = \frac{\overline{X} - \mu}{\sigma/\sqrt{n}} \sim N(0,1^2)$$

Figure 13.2는 평균이 8.0, 표준편차가 4.0인 기울어진 확률분포와, 그 확률변수에 대하여 표본의 크기를 2와 10으로 추출하였을 때의 표본평균들의 분포를 나타낸 것이다. 그 분포를 살펴보면, 표본의 크기가 2인 청색점선의 확률분포보다 표본의 크기가 10인 적색점선의 확률분포가 정규분포와 더 유사함을 알 수 있다. 즉, 표본의 크기가 커지면 표본평균의 분포는 정규분포에 가까워진다.

위의 가정들을 이용하면 앞서 언급한 엘니뇨 해와 비엘니뇨 해의 합성이 통계적으로 차이가 나는지의 여부를 알 수 있다. 우선 대상이 되는 상층바람을 확률변수라고 가정하면, 충분히 큰 표본 크기를 갖는 엘니뇨 해와 비엘니뇨 해의 합성값은 각각 정규분포를 따른다. 그리고 두 확률변수가 서로 독립적이라면 두 합성값의 차이의 분산은 다음과 같다.

$$\mathrm{Var}(\overline{X}_1 - \overline{X}_2) = \frac{\sigma_1^2}{n_1} + \frac{\sigma_2^2}{n_2}$$

여기서 아래첨자의 1과 2는 각각 엘니뇨와 비엘니뇨 해를 의미한다. 이에 따라 두 합성값의 선형적 대조(linear constract)는 다음과 같은 정규분포를 따른다.

$$\overline{X}_1 - \overline{X}_2 \sim N\left(\mu_1 - \mu_2,\ \frac{\sigma_1^2}{n_1} + \frac{\sigma_2^2}{n_2}\right)$$

하지만 기후자료의 경우 표본수가 충분히 크지 않은 경우가 많으므로 위 차이를 정규분포로 가정할 수 없다. 대신 자유도(degrees of freedom)가 n_1+n_2-2인 스튜던트 t-분포(Student's t-distribution)를 가정할 수 있다. 스튜던트 t-분포는 줄여서 t-분포라고도 하며,

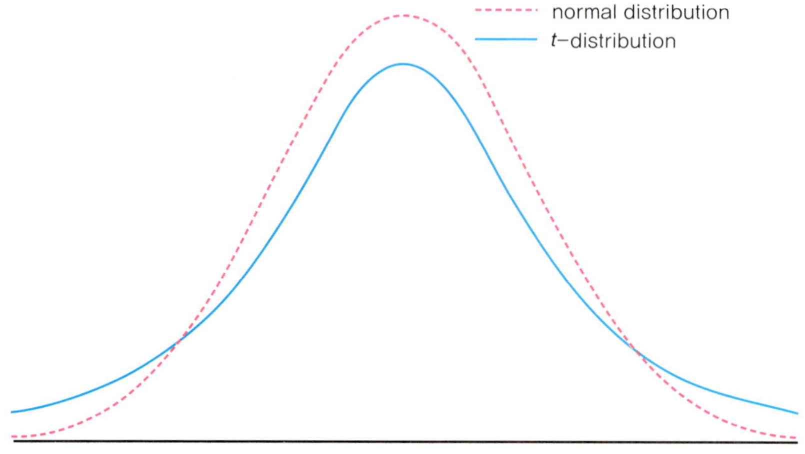

Figure 13.3 정규분포와 t-분포

어떤 확률변수가 자유도가 ν인 t-분포를 따른다면 다음과 같이 나타낼 수 있다.

$$t \sim t(\nu)$$

자유도는 통계량을 계산할 때 자유롭게 변할 수 있는 값의 수로 정의되며 t-분포의 모수이다. t-분포는 자유도에 따라 다르지만 일반적으로 Figure 13.3과 같이 정규분포보다 옆으로 퍼진 분포를 가지고 있다. 하지만, 자유도가 충분히 커지면 t-분포는 정규분포와 거의 같아진다. 만약 엘니뇨 해와 비엘니뇨 해에 대한 상층바람의 모분산이 같다고 가정하면 엘니뇨 해와 비엘니뇨 해의 합성의 차이는 다음과 같은 t-분포를 따를 것이다.

$$t = \frac{\overline{X}_1 - \overline{X}_2}{S_p\sqrt{\frac{1}{n_1} + \frac{1}{n_2}}} \sim t(n_1 + n_2 - 2)$$

$$S_p^2 = \frac{(n_1 - 1)S_1^2 + (n_2 - 1)S_2^2}{n_1 + n_2 - 2}$$

여기서 S_p^2는 S_1^2과 S_2^2의 가중평균, 즉 엘니뇨 해와 비엘니뇨 해 모두에 대한 공통분산을 의미한다. 이 통계량 t의 절대값이 특정 임계값보다 클 확률이 α라고 하면, 그 확률은 엘니뇨 해와 비엘니뇨 해의 합성의 차이가 없다고 판단했을 때 오류가 생길 확률 (좀 더 엄밀히 제1종 오류)이 되고 그 확률을 p-값(p-value)이라고 한다. 따라서 다음의 검정통계량(test statistic)을 정의할 수 있다.

$$t_{abs} = \frac{\overline{X}_1 - \overline{X}_2}{S_p\sqrt{\frac{1}{n_1} + \frac{1}{n_2}}}$$

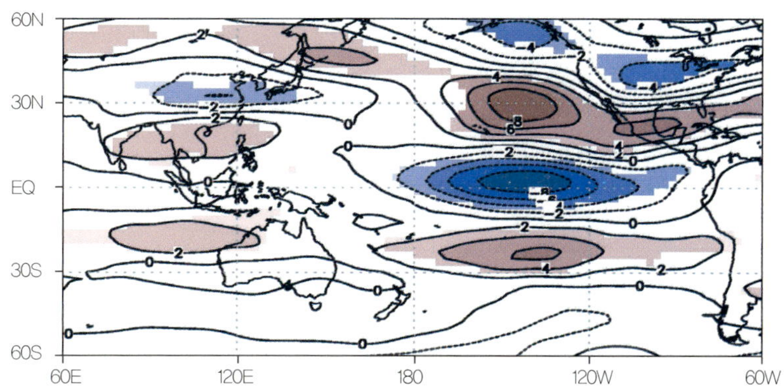

Figure 13.4 겨울철 엘니뇨 해와 비엘니뇨 해일 때의 300-hPa 동서바람의 차이를 그린 합성도. 채색 영역은 95% 신뢰수준을 넘는 영역을 나타냄.

이 검정통계량의 절대값이 특정 임계값보다 클 확률을 유의수준(significance level)[2], α라고 하며, 보통 유의수준으로 0.05나 0.01이 많이 이용된다. 또한, $1-\alpha$를 신뢰수준(confidence level)이라고 한다. 주어진 유의수준 혹은 신뢰수준에 대하여 위 검정통계량이 해당하는 임계값보다 크다면($|t_{abs}| > t_{\alpha/2}$), 그 두 표본평균은 통계적으로 유의미하게 차이가 난다고 표현한다. t-분포를 이용하기 때문에 이 검정을 t-검정(t-test)이라고 한다.

Figure 13.4는 엘니뇨 해와 비엘니뇨 해에 대한 상층바람의 차이를 나타내는 합성도와 신뢰수준 0.95 (혹은 95%)에 대하여 통계적으로 유의한 영역을 나타낸다. 그림에서 보이듯이 대체적으로 엘니뇨 해와 비엘니뇨 해의 합성값의 차이가 큰 지역에서 통계적으로 유의하게 나타나지만, 유의한 지역이 등고선과 반드시 비례하지는 않는다. 이는 지역마다 상층바람의 변동성, 좀 더 엄밀히 말하면 표준편차가 다르기 때문이다. 이를 정성적으로 해석하면 다음과 같다. 우선 위 식에서 $\overline{X}_1$을 엘니뇨 해의, $\overline{X}_2$를 비엘니뇨 해의 상층바람이라고 두었을 때, 비엘니뇨 해가 훨씬 많으므로 $\overline{X}_2 \approx 0$이라고 가정할 수 있다. 또한 비엘니뇨 해의 표본수(n_2)가 엘니뇨 해(n_1)보다 훨씬 많으므로 $n_2 \gg n_1$을 가정할 수 있다. 그러면 검정통계량은 아래와 같이 근사된다.

$$t_{abs} = \frac{\overline{X}_1}{S_p/\sqrt{n_1}} \sim t(n_1 + n_2 - 2)$$

이 검정통계량의 분모는 공통분산을 합성에 이용된 표본의 수의 근호로 나누어 준 것인데, 이 값이 크면 엘니뇨 해의 합성값이 크더라도 통계적으로 유의하지 않을 수 있다. 즉, Figure 13.4에서 같은 등고선 안에서도 통계적으로 유의하지 않은 지역은 그 지역 상층바람의 표준편차가 상대적으로 크기 때문이다.

이 t-검정은 평균의 차이에 대해서만 검정이 가능하다는 한계점이 있다. 따라서 분산이나 표준편차를 비교할 때는 F-분포가 이용되며, 3차 이상의 고차 모멘트와 같이 모수분포(parametric distribution)를 이용하기 어려운 통계량에 대해서는 일반적으로 부트스

[2] 오류 (제1종 오류)를 범할 확률의 허용한계

트랩 재표본(bootstrap resampling)을 이용하여 통계적 검정을 할 수 있다. 이 방법은 주어진 자료에서 중복을 허락하여 무작위적으로 표본자료를 선택하여 대상이 되는 통계량을 계산하는 방법이다. 표본 추출 과정을 충분히 반복하면 비모수적 분포(non-parametric distribution)를 구할 수 있는데, 이를 이용하여 주어진 유의수준에 대해 통계적 검정을 하는 것이다 (von Storch and Zwiers 1999). 또한, 르파주 검정(Lepage test)과 같이 순서통계량(order statistic)을 이용하여 평균의 차이를 검정할 수도 있다 (Lepage 1971). 이와 같이 모수분포를 이용하지 않는 검정을 비모수검정(non-parametric test)이라고 한다. 한편, 유의수준은 통계적 유의성(statistical significance)을 객관적으로 나타낸 기준이다. 연구자에 따라 유의수준을 0.1로도 둘 수도 있는데, 이 경우 통계적 판단에 오류가 생길 확률이 0.05로 둔 것에 비해 높아진다는 것이지 분석결과에 대한 역학적 의미가 없다는 것은 아니다. 반대로 유의수준이 0.01일 때 분석결과가 통계적으로 매우 유의미하다고 하더라도 그 분석결과가 역학적으로도 유의미한 것은 아닐 수 있다. 왜냐하면, 그러한 차이가 날 확률이 작을 뿐 무작위적인 확률변수로서도 충분히 오류가 일어날 수 있기 때문이다. 일반적으로 검정방법의 차이는 검정통계량의 임계값을 조금씩 바꿀 뿐이므로 기후연구에 있어 검정방법보다는 개연성 있는 결과의 해석이 더 중요하다.

한편, 합성도 분석에는 연구자가 지정한 특정 조건, 예를 들면 엘니뇨 해와 같은 합성을 하기 위한 조건이 필요하다. 그러나 연구자가 개입하는 조건이 없어도 객관적으로 기후변동성에 대한 모드를 분리할 수도 있다. 이런 경우에는 군집분석(cluster analysis)이나 자기조직화지도(self-organizing map, SOM) 같은 방법이 이용된다.

13.2 회귀분석

회귀분석(regression analysis)은 변수들간의 함수적인 관련성을 규명하기 위하여 수학적 모형을 가정하고, 이 모형을 측정된 변수들의 자료로부터 추정하는 통계적 분석방법을 말한다 (김우철 등 1998). 회귀분석의 변수 중 제어가 가능한 변수를 독립변수(independent variable)라고 하고, 독립변수에 영향을 받는 대상이 되는 변수를 종속변수(dependent variable)라고 한다. 예를 들어, 엘니뇨 지수에 따른 상층바람의 관련성을 볼 때, 엘니뇨 지수는 독립변수가 되며 상층바람은 종속변수가 된다. 회귀분석에서 독립변수는 오차 없이 완벽히 제어가 가능하다는 것을 가정한다. 그러나 실제 기후자료에서 이용되는 독립변수는 어느 정도 오차를 가지고 있다.

종속변수에 대한 독립변수의 함수를 회귀모델(regression model)이라고 하고, 회귀모델이 일차식으로 이루어졌을 때를 선형회귀모델(linear regression model)이라고 한다. 또한, 독립변수가 한 개인 경우를 단순선형회귀모델(simple linear regression model)이라고 하고, 두 개 이상의 독립변수를 갖는 경우 다중선형회귀모델(multiple linear regression model)이라고 한다. 단순선형회귀모델은 다음과 같이 나타낼 수 있다.

$$y_i = \alpha + \beta x_i + \varepsilon_i$$

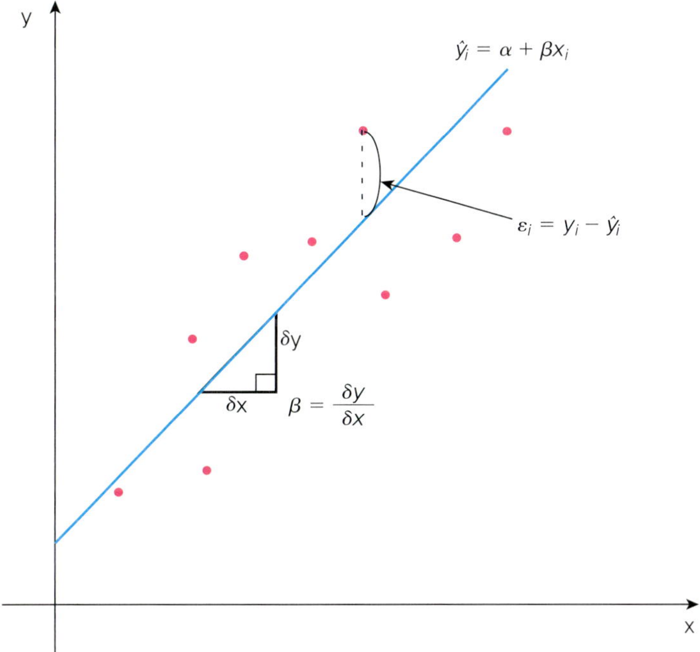

Figure 13.5 단순선형회귀모델.

여기서, x_i와 y_i는 각각 독립변수와 종속변수이고, ε_i은 종속변수와 회귀모델의 차이를 나타내는 서로 독립인 확률변수이며 평균이 0인 정규분포를 따른다는 것을 가정한다. 또한, α와 β는 미지의 모수이다. 한편, 두 변수의 자료를 좌표평면에 그린 것을 분산도(scatter diagram or scatter plot)라고 한다 (Figure 13.5). 기후연구에는 다음과 같이 독립변수와 종속변수의 평균이 0인 편차(anomaly) 자료 혹은 중앙화된 자료(centered data)가 많이 고려된다.

$$\overline{x} = 0,\ \overline{y} = 0$$

이때, 회귀모델은 다음과 같이 간단화된다.

$$y_i = \beta x_i + \varepsilon_i$$

선형회귀분석(linear regression analysis) 줄여서 회귀분석(regression analysis)은 ε_i^2의 합을 최소화하는 β를 추정하는 것이다. 우선 비용함수를 다음과 같이 정의하자.

$$J = \sum \epsilon_i^2 = \sum (y_i - \beta x_i)^2$$

극값을 구하기 위해 위 비용함수를 전개한 뒤 β로 편미분하면 다음과 같은 관계식을 얻는다.

$$\frac{\partial J}{\partial \beta} = 2\beta \sum x_i^2 - 2\sum x_i y_i$$

위 미분값이 0이 될 때의 β값을 회귀계수(regression coefficient)라고 하고, 추정값이라는 의미로 $\hat{\beta}$ 으로 나타낸다. 그리고 그 때의 방정식을 정규방정식(normal equation)이라고 부른다. 정규방정식을 풀면 회귀계수는

$$\hat{\beta} = \frac{\sum x_i y_i}{\sum x_i^2}$$

이 된다. 이 회귀계수의 공간분포를 회귀지도(map of regression coefficients)라고 하고, 위와 같이 오차제곱의 합을 최소화하여 회귀계수를 구하는 방법을 최소자승법(least square method)이라고 한다. 회귀계수는 독립변수의 분산에 대한, 독립변수와 종속변수의 공분산(covariance)의 비이다. 이 값은 Figure 13.5에서 보이듯이 자료에 적합된(fitted) 직선의 기울기를 의미하며, 그 의미는 독립변수가 1이 증가할 때 종속변수의 반응량이다. 예를 들어, 해수면온도에 대한 상층바람의 회귀계수가 2.0 (m/s)/K이라면 해수면온도 1K 증가했을 때 상층바람은 2.0 m/s 증가하는 관계가 있다는 것을 의미한다. 기후연구에서 독립변수의 변동성이 큰 경우 상대적으로 종속변수의 변화량은 작은 경우가 많다. 따라서 회귀계수를 다음과 같이 변형하여 이용할 수도 있다.

$$\hat{\beta}' = \frac{\sum x_i y_i}{\sqrt{\sum x_i^2}}$$

이 회귀계수는 독립변수가 표준편차만큼 변할 때 종속변수의 변화량을 의미한다. 한편, 독립변수와 종속변수의 평균이 모두 0이 아니라면 회귀계수를 이용한 회귀모델 혹은 회귀직선은 다음과 같이 나타낼 수 있다.

$$\hat{y}_i - \overline{y} = \hat{\beta}\,(x_i - \overline{x})$$

여기서 $\hat{y}_i$는 회귀모델에서 추정된 독립변수의 값이다.

회귀분석의 경우 이상값(outlier)이 존재할 때 결과의 신뢰도가 떨어질 수 있다. 예를 들어 Figure 13.6의 (a)는 회귀직선에 가까운 자료와 그 신뢰구간을 보인다. 회귀모형의 신뢰구간을 구하는 방법은 논의가 길어지므로 여기서는 제시하지 않기로 한다. (b)는 오른쪽 끝점이 조금 아래에 있을 때, (c)는 중앙의 점이 조금 위에 있을 때, 그리고 (d)는 오른쪽 끝점이 많이 아래에 있을 때 회귀직선과 신뢰구간을 보인다. 중앙의 점이 위에 위치했을 때는 회귀직선의 회귀계수 즉, 기울기는 변하지 않지만 신뢰구간이 넓어지는 것을 알 수 있고, 오른쪽 끝점이 같은 크기만큼 아래에 있을 때는 신뢰구간이 똑같이 넓어지고 기울기도 감소하는 것을 알 수 있다. 오른쪽 끝점이 아래로 많이 내려가 있을 때는 신뢰구간도 그만큼 더 넓어지고 기울기는 95% 신뢰수준에서 −0.2에서 2.26까지의 값을 가질 수 있다. 회귀계수의 통계적 유의성은 회귀계수가 통계적으로 0이 아닌 것을 나타낸다. 따라서 (a), (b), 그리고 (c)의 회귀계수는 95% 신뢰수준에서 유의하지만, (d)의 회귀계수는 음의 값을 가질 수 있으므로 유의하지 않다. 이렇듯, 단 1개의 자료만 큰 오차를 가지고 있어도 두 변수의 회귀계수의 유의성은 크게 달라질 수 있다. 이러한 점을 보완하기 위해 로버스트 회귀분석(robust

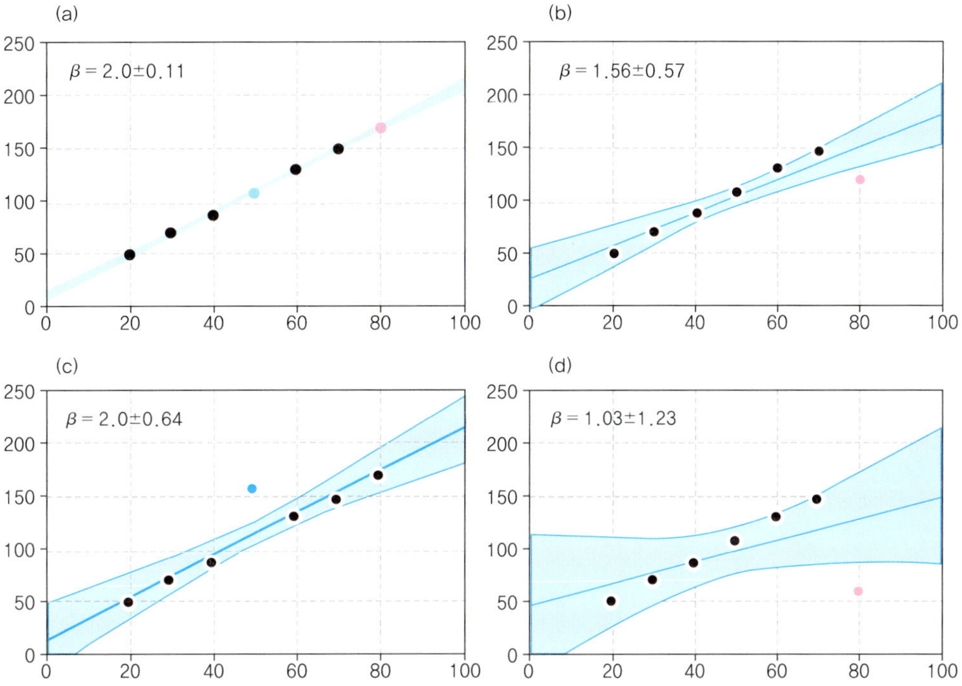

Figure 13.6 이상값에 대한 회귀직선과 95% 신뢰구간.

regression analysis)을 이용하여 극값의 민감성을 줄이는 방법이 사용되기도 한다.

최소자승법에 의해 추정된 회귀계수에 대하여 종속변수의 분산은 다음의 등식을 만족한다.

$$\sum(y_i - \bar{y})^2 = \sum(\hat{y}_i - \bar{y})^2 + \sum(y_i - \hat{y}_i)^2$$

위 식의 좌변은 전체분산(total sum of squares, SST)이며, 우변 첫 번째 항은 오차를 최소화한 최소자승해 $\hat{y}$에 대해서 회귀식이 설명하는 분산(regression sum of squares, SSR)이고, 우변 두 번째 항은 오차가 차지하는 분산(residual sum of squares, SSE)이다. 이식의 양변을 SST로 나누면 다음과 같은 식을 얻을 수 있다.

$$R^2 = \frac{\text{SSR}}{\text{SST}} = 1 - \frac{\text{SSE}}{\text{SST}}$$

전체분산과 회귀식에 대한 분산의 비율은 전체변동성에 대해 회귀직선이 설명하는 비율을 의미하는데 이를 결정계수(coefficient of determination, R^2)라고 한다. 이는 1에서 전체변동성에 대한 에러의 분산의 비율을 뺀 값과 같다. 위 식을 독립변수와 종속변수에 대한 식으로 바꾸면 다음과 같은 식을 얻을 수 있다.

$$R^2 = \frac{(\sum x_i y_i)^2}{\sum x_i^2 \sum y_i^2}$$

위 식에 근호를 취하면

$$R = r_{xy} = \sqrt{\frac{(\sum x_i y_i)^2}{\sum x_i^2 \sum y_i^2}}$$

이 된다. 여기서 r_{xy}는 변수 x와 y의 상관계수로 피어슨 상관계수(Pearson's correlation coefficient)라고 한다. 상관계수의 의미를 살펴보기 위해 다차원 초공간(hyperspace)의 n 차원에 두 벡터가 있다고 가정하자. 그 두 벡터의 사이각을 θ라고 할 때,

$$\vec{X} \cdot \vec{Y} = |\vec{X}|\,|\vec{Y}| \cos\theta$$

이므로, 두 벡터의 성분을 각각 독립변수와 종속변수로 하는 상관계수는 $\cos\theta$가 된다 (Figure 13.7).

$$-1 \le r_{xy} = \cos\theta = \frac{(x_1y_1 + x_2y_2 + \cdots + x_ny_n)}{\sqrt{x_1^2 + x_2^2 + \cdots + x_n^2}\sqrt{y_1^2 + y_2^2 + \cdots + y_n^2}} \le 1$$

그러므로 상관계수는 -1에서 1 사이의 값을 갖게 된다. 만약, 상관계수가 1이라면 두 벡터는 같은 방향, -1이라면 반대 방향이라는 것을 의미한다. 또한, 두 벡터가 이루는 각이 90°라면 두 벡터는 서로 독립(independent)이라고 표현하며, 이 때 두 벡터에 해당하는 두 변수의 상관계수는 0이고 두 변수는 서로 무관하다는 것을 의미한다.

이렇듯 상관계수는 두 변수 사이의 관계를 나타내기 위한 좋은 지표이지만 몇 가지 주의해야 할 점이 있다. 우선, 상관계수는 두 변수의 선형관계만 고려할 수 있다는 점이다. 만약 종속변수가 독립변수의 제곱에 비례하는 관계에 있다면 두 변수는 함수관계에 있지만 상관계수는 0이 된다. 이를 보완하기 위해 비선형회귀분석(nonlinear regression analysis)이 사용되기도 한다. 두 번째로 직교위상(quadrature phase)을 가진 두 변수의 관계는 고려하지 못한다. 직교위상이란 앞서 언급한 것과 같이 사인과 코사인처럼 90도 위상차이가 나는 시계열의 상태를 말하며 두 변수의 상관계수는 0이 된다. 그러나, 사인함수를 따르는 변수의 위상을 90도 이동시키면 두 변수의 상관계수는 1이 된다. 이런 경우 지연상관계수(lagged correlation coefficient)를 이용하기도 한다. 세 번째로 회귀계수와 마찬가지로 상관계수는 극값(extreme value)에 민감한 단점을 가지고 있다.

상관계수의 통계적 검정을 위해 다음과 같은 검정통계량을 도입하여 t-검정을 할 수 있다 (김우철 등 1998).

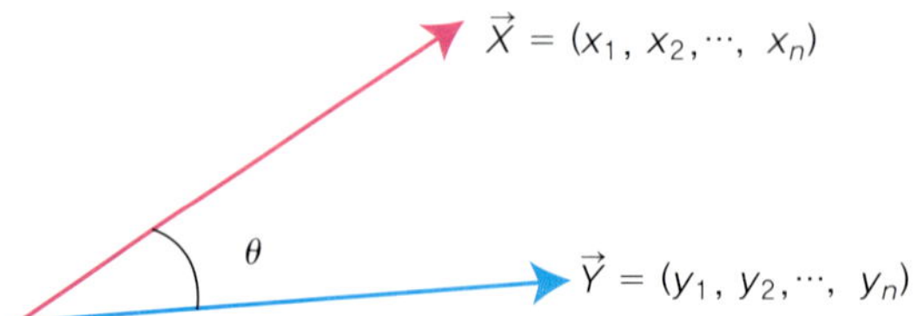

Figure 13.7 다차원 초공간에서의 두 벡터.

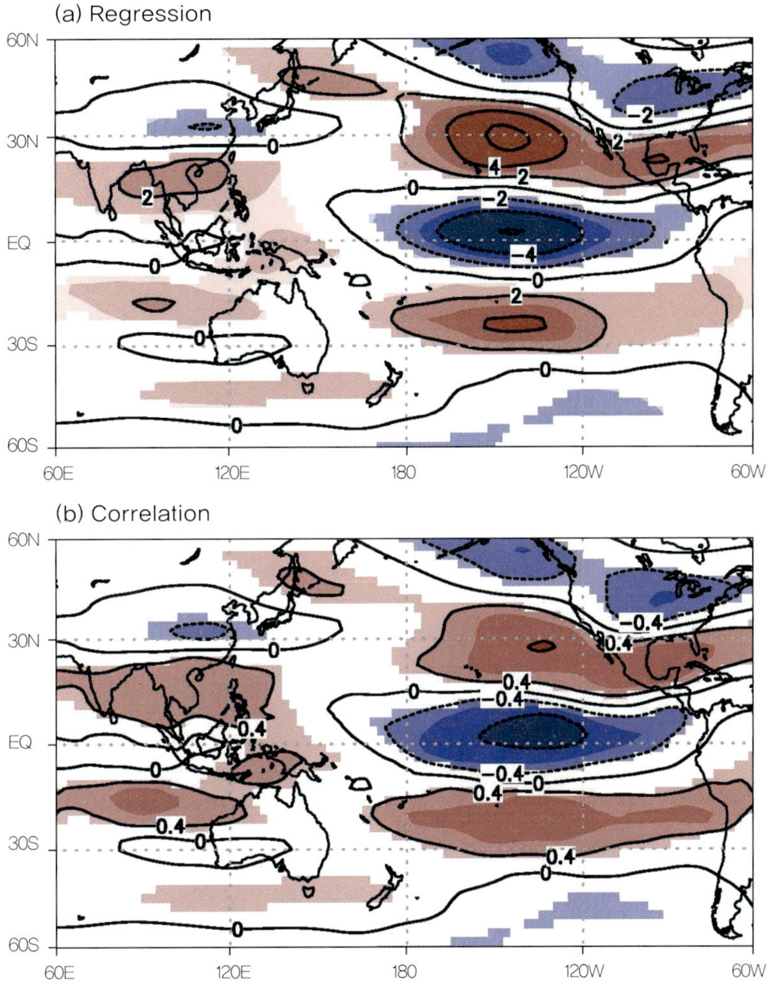

Figure 13.8 겨울철 Nino3 지수에 대한 300-hPa 동서바람의 회귀계수(a)와 상관계수(b) 분포도. 채색된 영역은 t-검정으로부터 95% 신뢰수준에서 유의함.

$$t = \frac{r_{xy}\sqrt{n-2}}{\sqrt{1-r_{xy}^2}} \sim t(n-2)$$

두 변수가 확률변수라고 가정하였을 때 위 검정통계량은 자유도가 $n-2$인 t-분포를 따르는 것으로 알려져 있다. 그러므로 상관계수의 t-검정은 이 검정통계량의 절대값이 유의수준에 해당하는 임계값보다 큰 지 여부를 고려해야 한다. 만약, 주어진 유의수준 α에 대하여

$$|t_{abs}| = \left| \frac{r_{xy}\sqrt{n-2}}{\sqrt{1-r_{xy}^2}} \right| > t_{\frac{\alpha}{2}}(n-2)$$

이라면 두 변수의 상관계수는 통계적으로 유의하다(significant)고 표현한다. 이는 회귀계

수의 유의성 검정과 같다.

Figure 13.8은 겨울철 Nino3 지수에 대한 상층바람의 회귀계수와 상관계수의 분포를 그린 것이다. 여기서 회귀계수가 의미하는 것은 독립변수 변화에 따른 종속변수 변화량으로 회귀식의 기울기를 의미하고 단위가 존재한다. 반면 상관계수는 두 벡터 사이의 코사인이므로 회귀계수와는 다르게 무차원이다. 그러므로 그림과 같이 독립변수에 대한 종속변수의 변화량이 작아도 그 상관계수는 클 수 있다. 상관계수의 검정통계량은 상관계수의 함수이므로 통계적으로 유의한 지역은 상관계수의 등고선에 비례한다. 또한, 회귀계수와 상관계수의 유의성 검정은 같으므로 두 그림에서 통계적으로 유의한 영역은 서로 같다. 한편, 두 그림을 보면 두 분석방법에서 나온 패턴이 서로 유사한 것을 알 수 있다. 이는 앞서 언급한 합성도 분석의 결과와도 유사하다 (Figure 13.4). 즉, 세 분석법은 정도의 차이가 있지만 모두 두 변수의 관계를 분석하는 통계적 분석방법이다.

독립변수가 하나가 아닌, 독립변수가 k개인 다중선형회귀모형은 다음과 같이 나타낼 수 있다.

$$y_i = \alpha + \beta_1 x_{i1} + \cdots + \beta_k x_{ik} + \varepsilon_i$$

단순선형회귀모형에서와 마찬가지로 중앙화된 자료에 대하여 다중선형회귀모형은 다음과 같이 간단화된다.

$$y_i = \beta_1 x_{i1} + \cdots + \beta_k x_{ik} + \varepsilon_i$$

문제를 더 간단히 하기 위하여 우선 독립변수가 2개인 경우만 고려해 보자. 그러면 회귀모형은 아래와 같이 표현된다.

$$y_i = \beta_1 x_{i1} + \beta_2 x_{i2} + \varepsilon_i$$

다중선형회귀분석(multiple linear regression analysis)은 단순선형회귀분석과 마찬가지로 다음과 같은 비용함수를 최소화하는 β_1과 β_2를 구하는 것이다.

$$J = \sum \epsilon_i^2 = \sum (y_i - \beta_1 x_{i1} - \beta_2 x_{i2})^2$$

이 식을 β_1과 β_2으로 편미분하여 0이 되는 정규방정식을 구하면 다음과 같다.

$$\beta_1 + \beta_2 \frac{\sum x_{i1} x_{i2}}{\sum x_{i1}^2} = \frac{\sum x_{i1} y_i}{\sum x_{i1}^2}$$

$$\beta_1 \frac{\sum x_{i1} x_{i2}}{\sum x_{i2}^2} + \beta_2 = \frac{\sum x_{i2} y_i}{\sum x_{i2}^2}$$

위 두 식의 우변은 각각 x_{i1}과 x_{i2}에 대한 y_i의 회귀계수이고, β_2의 계수는 x_{i1}에 대한 x_{i2}의 회귀계수계수이며, β_1의 계수는 x_{i2}에 대한 x_{i1}의 회귀계수이므로 편의상 다음과 같이 치환하면,

$$a_{1y} = \frac{\sum x_{i1} y_i}{\sum x_{i1}^2}, \quad a_{2y} = \frac{\sum x_{i2} y_i}{\sum x_{i2}^2}, \quad a_{12} = \frac{\sum x_{i1} x_{i2}}{\sum x_{i1}^2}, \quad a_{21} = \frac{\sum x_{i1} x_{i2}}{\sum x_{i2}^2}$$

정규방정식은 다음과 같이 간단화 된다.

$$\beta_1 + \beta_2 a_{12} = a_{1y}$$

$$\beta_1 a_{21} + \beta_2 = a_{2y}$$

위 방정식을 만족하는 β_1과 β_2을 부분회귀계수(partial regression coefficients)라고 하고, 이것을 평균이 0이 아닌 자료에 대해 적용하면 다음과 같다.

$$\hat{y}_i - \bar{y} = \beta_1(x_{i1} - \bar{x}_1) + \beta_2(x_{i2} - \bar{x}_2)$$

부분회귀계수의 의미를 살펴보기 위하여 최소자승해인 부분회귀계수에 대한 정규방정식을 회귀모형에 대입하면 다음을 얻는다.

$$\hat{y}_i - a_{1y} x_{i1} = \beta_2 (x_{i2} - a_{12} x_{i1})$$

$$\hat{y}_i - a_{2y} x_{i2} = \beta_1 (x_{i1} - a_{21} x_{i2})$$

즉, 부분회귀계수는 다른 변수를 선형적으로 제거한 다음 구한 회귀계수와 같다. 최소자승해인 부분회귀계수는 다음과 같은 기하학적 의미를 갖는다. n차원 초공간의 벡터 x_{i1}, x_{i2}를 행렬 $X = (x_{i1}\ x_{i2})$로 나타내고, 벡터 $y = (y_i)$, 벡터 $\epsilon = (\epsilon_i)$, 그리고 벡터 $\beta = \binom{\beta_1}{\beta_2}$를 정의하면 회귀모형은 다음과 같다.

$$y = X\beta + \varepsilon$$

여기서 $X\beta$는 β에 의한 초공간의 두 벡터, x_{i1}와 x_{i2}의 선형결합을 의미한다. 이 벡터는 일

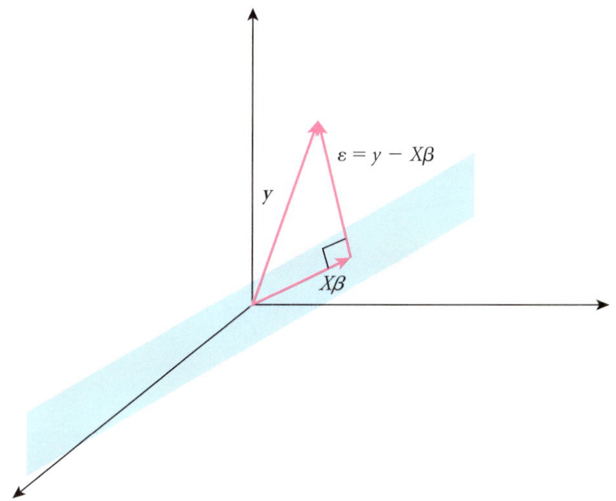

Figure 13.9 초공간에서 독립변수 벡터와 종속변수 벡터의 관계.

반적으로 초공간 벡터 y와 같지 않다. 이 두 벡터의 차이가 벡터 ε이며, 이 벡터의 크기가 최소가 되려면 Figure 13.9와 같이 벡터 ε은 벡터 x_{i1} 그리고 x_{i2}와 직교하여야 한다. 이를 행렬식으로 나타내면 다음과 같다.

$$X^T (y - X\beta) = 0$$

위첨자 T는 전치행렬 연산자이다. 이 행렬식을 β에 대하여 정리하면,

$$\beta = (X^T X)^{-1} X^T y$$

이다. 여기서 $X^T X$는 공분산행렬(covariance matrix)이라고 한다. 공분산행렬의 대각성분(diagonal components)은 각 독립변수의 분산이며 비대각성분(off-diagonal components)은 독립변수간 공분산이다. 위 행렬식은 독립변수가 2개인 경우이지만 k개로 쉽게 확장할 수 있다. 다음과 같이 독립변수의 행렬과 부분회귀계수 행렬을 정의하면,

$$X = (x_{i1}\, x_{i2} \cdots x_{ik})$$

$$\beta = \begin{pmatrix} \beta_1 \\ \vdots \\ \beta_k \end{pmatrix}$$

같은 행렬식으로 k개의 독립변수를 갖는 다중선형회귀모형의 최소자승해를 구할 수 있다. 이때 부분회귀계수 역시 단위를 가지고 있다. 두 개의 독립변수를 갖는 부분회귀계수를 정규화하면 다음과 같이 부분상관계수(partial correlation coefficient)를 얻는다.

$$r_{x_1 y,\, x_2} = \frac{r_{x_1 y} - r_{x_1 x_2}\, r_{x_2 y}}{\sqrt{1 - r_{x_1 x_2}^2}\sqrt{1 - r_{x_2 y}^2}}$$

위 부분상관계수는 첫 번째 독립변수와 종속변수에서 두 번째 독립변수를 선형적으로 제거하고 피어슨 상관계수를 구한 것이다. Figure 13.10은 Nino4 지수를 제거한 Nino3 지수와 300-hPa 동서바람의 부분상관계수를 보이는데 Figure 13.8(b)와는 다르게 인도양 지역의 패턴이 크게 약화되었음을 알 수 있다. 이는 상층 바람장에 Nino3 지수와 Nino4 지수가 독립적으로 모두 영향을 줄 수 있는데, 인도양 지역 상공의 상층 바람장은 Nino4 지

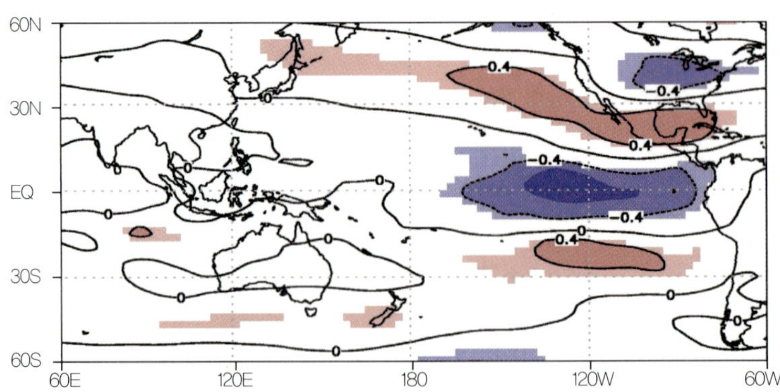

Figure 13.10 Nino4 지수를 제거한 Nino3 지수와 겨울철 300-hPa 동서바람의 부분상관계수 지도.

수의 역할이 주요하다는 것을 의미한다.

일반적으로 다중선형회귀모형은 독립변수들 간의 독립성을 가정하지만 실제로는 상관성이 있을 수 있다. 위의 예에서도 Nino3 지수와 Nino4 지수의 상관계수는 매우 높다. 만약, 두 독립변수의 상관계수가 1이라면 공분산행렬 X^TX의 역행렬은 존재하지 않고 이 경우 최소자승해를 구할 수 없다. 이와 같이 독립변수 간 종속성을 다중공선성(multicollinearity)이라고 하며 VIF(variance inflation factor)로 다음과 같이 정량화할 수 있다.

$$VIF_j = \frac{1}{1 - R_j^2}$$

이때 R_j는 x_j와 다른 독립변수와의 다중상관계수(multiple correlation coefficient)이다. 일반적으로 VIF가 10보다 크면 다중공선성문제가 있다고 판단한다.

13.3 주성분분석

기후연구에서 광범위하게 사용되는 통계분석 중 하나는 주성분분석(principal component analysis, PCA)이다 (Wilks 2006). Lorenz (1956)는 이 방법을 대기자료에 적용하면서 경험적직교함수 분석(empirical orthogonal function analysis, EOF) 혹은 EOF 분석이라는 용어를 사용하였다. 그러한 이유로 기후분야에서 주성분분석과 EOF 분석은 같은 의미로 쓰인다. 앞 절에서 논의했듯이 독립변수와 종속변수에 대한 회귀직선을 구할 때 독립변수는 제어가 가능하여 불확실성이 없는 것으로 가정한다. 따라서 최소자승해에 대하여 종속변수의 오차가 최소화된다. 그러나 일반적으로 기후연구에서 다루는 대부분의 변수는 불확실성이 있으므로 "독립변수"의 불확실성도 고려해야 한다. 우선 서울과 부산의 겨울철 기온 편차에 대한 분산도를 보인 Figure 13.11을 보자. 그림에서 보이듯이 두 변수는 동시에 유사한 편차를 갖는 경우가 많다. 즉, 대체적으로 서울이 추우면 부산도 춥고 서울이 더우면 부산도 덥다. 분산도에서 두 변수가 변하는 방향으로 직선 (푸른색실선)의 축을 그릴 수 있는데 이 직선을 주축(principal axis)이라고 한다. 주성분분석은 이 주축을 구하는 방법이다. 이를 위해 우선 다음과 같이 시공간으로 변하는 함수를 고려해 보자.

$$f(x, t) = \sum_m u_m(t)e_m(x)$$

임의의 함수 $f(x, t)$는 공간에 대한 함수 $e_m(x)$와 시간에 대한 함수 $u_m(t)$로 나눌 수 있다. 위 시공간의 함수 즉 이차원 변수 x_{ki}는 아래와 같이 나타낼 수 있다.

$$X = x_{ki} = \sum_m u_{km}e_{mi}$$

$m = 1$일 때, $\Sigma(x_{ki} - u_{k1}e_{1i})^2$을 최소화하는 e_{1i}와 u_{k1}에 대하여 e_{1i}를 첫 번째 경험적직교함수 혹은 EOF1이라고 하고 u_{k1}를 첫 번째 주성분(principal component)이라고 한다.

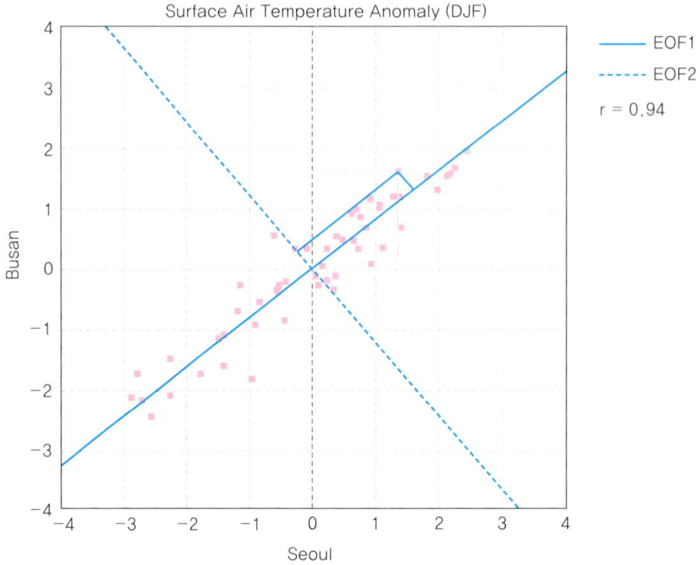

Figure 13.11 서울과 부산의 겨울철 기온 편차의 분포와 주요 두 모드의 축.

e_{1i}는 분산도에서 주축이 된다. 비슷한 방식으로 $\Sigma(x_{ki} - u_{k1}e_{1i} - u_{k2}e_{2i})^2$을 최소화하는 e_{2i}를 EOF2라 하고 u_{k2}를 두 번째 주성분이라고 한다. 이러한 경험적직교함수를 구하는 방법은 다음과 같은 공분산행렬의 고유치문제(eigenvalue problem)로 귀결된다.

우선 고유치문제는 다음 행렬식을 만족하는 영이 아닌 어떤 벡터 X와 스칼라 λ를 찾는 것이다.

$$AX = \lambda X$$

이때 스칼라 λ를 고유값(eigenvalue)이라고 하고, 위 방정식을 만족하는 벡터 X를 고유벡터(eigenvector)라고 한다. 우선 영이 아닌 고유값과 고유벡터를 구하기 위해서 $A - \lambda I$의 역행렬(inverse matrix)이 존재하면 안된다. 여기서 행렬 I는 행렬 A와 같은 크기를 갖는 항등행렬(identity matrix)이다. 이 고유치문제가 중요한 이유 중 하나는 다음과 같은 중요한 성질을 만족하기 때문이다 (Strang, 2006).

1. 실수성분을 갖는 대칭행렬(symmetric matrix)[3]의 고유값은 양수임
2. 대칭행렬의 고유벡터들은 서로 직교함
3. 대칭행렬의 대각성분의 합은 고유값의 합과 같음

대칭행렬의 고유벡터들을 각각 e_{1i}, e_{2i}, … 라고 하면 이들을 다음과 같이 하나의 행렬로 나타낼 수 있다.

$$E = (e_{1i} \quad e_{2i} \quad \cdots)$$

[3] 대칭행렬이란 정방행렬 중에서 대각원소에 대칭하는 원소의 값들이 같은 행렬을 말한다.

이 행렬을 고유벡터행렬이라고 하자. 그러면 위 고유치문제 두 번째 성질에 의해 $E^T = E^{-1}$이 된다. 이제 이 성질들을 이용해서 경험적직교함수들을 구해보자. 우선 이차원 변수 $X = x_{ki}$의 공분산행렬은 다음과 같다.

$$C = c_{ij} = \frac{1}{n-1} \sum_k x_{ik}\, x_{kj} = \frac{1}{n-1} X^T X$$

두 변수, x와 y의 공분산은 y와 x의 공분산과 같으므로 실수에 대한 공분산행렬은 대칭행렬이다. 이 공분산행렬의 고유벡터행렬을 E라고 하면 고유치문제 정의에 의하여 다음과 같은 행렬식이 성립한다.

$$CE = ED$$

$$D = \begin{pmatrix} \lambda_1 & 0 & \cdots \\ 0 & \lambda_2 & \cdots \\ \vdots & \vdots & \ddots \end{pmatrix}$$

여기서 행렬 D는 고유값으로 이루어진 대각행렬(diagonal matrix)이다. 대각행렬은 비대각성분(off-diagonal components)이 모두 0인 행렬을 말한다. 위 행렬식을 변형하면 고유치문제 두 번째 성질에 의하여 다음과 같은 행렬식이 성립한다.

$$D = E^{-1}CE = E^T\, X^T\, XE = (XE)^T\, XE = U^T U$$

$$U = XE$$

$$X = UE^T$$

따라서 U는 주성분에 해당하는 행렬이 된다. 행렬 X는 주성분을 계수로 하는 고유벡터의 선형결합(linear combination)으로 나타낼 수 있고, 고유벡터들은 서로 직교하므로 벡터공간(vector space)을 생성하는 기저가 될 수 있다. 기저(basis)란 어떤 공간을 생성하는 벡터들 중 선형독립인 벡터의 집합을 의미한다. 따라서 기저벡터의 선형결합으로 공간 혹은 벡터공간 내의 임의의 원소를 모두 표현할 수 있게 된다. 예를 들어 2차원 벡터공간에서 기저는 (1,0)과 (0,1)이 될 수 있고, Figure 13.11에서처럼 가로축과 세로축 상에 있는 정규화된 벡터(normalized vector)는 하나의 기저이다. 이런 기저를 표준기저(standard basis)라고 한다. EOF1과 EOF2, 즉 고유벡터들도 직교기저(orthogonal basis)를 이룬다. 또한, 고유벡터들은 기저를 변환하는 전이벡터(transition vector)이며, 변환된 기저로 표현된 점들의 계수는 주성분이 된다. 위 행렬식에서 보인 바와 같이 $D = U^T\, U$이므로 주성분에 의한 공분산은 대각행렬이 된다. 다시 말하면, 주성분분석은 공분산행렬이 대각행렬이 되도록 기저를 변환하는 것이고 그 기저는 고유벡터가 된다.

한편, 공분산행렬에서 대각성분은 분산을 의미하는데, 고유치문제 세 번째 성질에 의

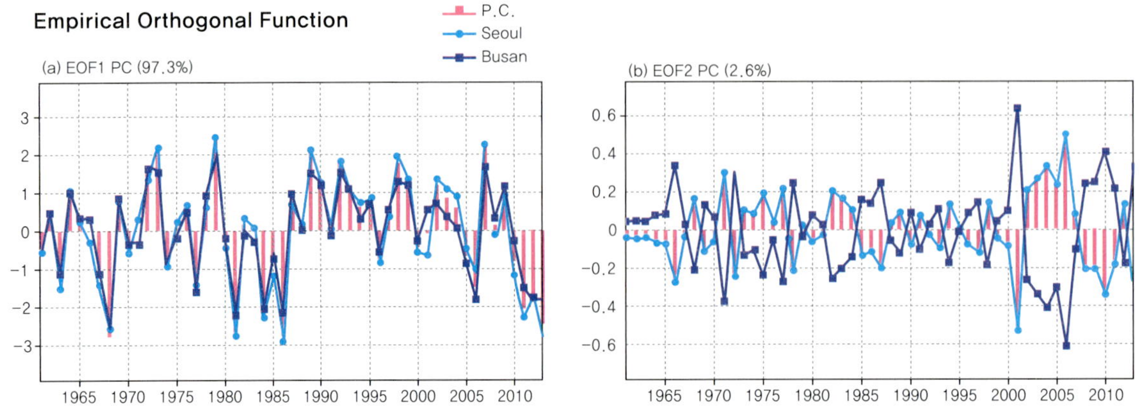

Figure 13.12 서울과 부산의 겨울철 기온 편차의 주성분.

해 이 분산의 합은 고유값의 합과 같다. 따라서 다음과 같이 전체 분산에 대한 특정한 모드의 고유값(λ_m)에 대한 분산의 비율을 알 수 있다.

$$\frac{\lambda_m}{\Sigma\lambda_m}$$

Figure 13.12는 서울과 부산의 겨울철 기온편차 및 그 기온편차의 주성분을 나타낸 것이다. 첫 번째 모드의 변동성은 전체변동성의 약 97.3%를, 두 번째 모드는 약 2.6%를 차지하며 이론적으로 이 둘을 합하면 100%가 되어야 한다. 첫 번째 주성분은 서울과 부산의 기온편차가 매우 유사하다는 것을 보여준다. 따라서 첫 번째 주성분만 있어도 두 도시의 기온변동을 대부분 파악할 수 있다. 두 번째 주성분은 서울의 기온변동과 유사하지만 부산의 기온편차와는 반대위상을 갖는다. 즉, 첫 번째 주성분은 두 시계열이 같이 변하는 성분이고 두 번째 주성분은 두 시계열이 반대로 변하는 성분이다. 두 시계열의 경우 이렇게 두 개의 모드만 존재하지만, 일반적인 기후자료는 격자에 따라 많은 시계열을 가지고 있기 때문에 EOF 분석을 통해 최대 시계열의 개수만큼의 모드를 얻을 수 있다. 하지만 실제 기후 자료의 분석에서는 상위 소수의 모드만 분석에 이용된다.

Figure 13.13은 공간 격자 자료인 여름철 평균 강수량 자료에 대하여 주성분분석을 한 결과를 보여주고 있다. 고유벡터는 공간 격자수만큼의 차원을 가지므로 EOF1과 EOF2는 일반적으로 그림과 같이 공간분포로 표현된다. 전체분산에 대한 첫 번째와 두 번째 고유값의 비율은 각각 약 24.8%, 19.5%이다. 이 두 모드만 이용하더라도 이 지역의 전체 강수량 변동성의 대략 절반 정도를 설명할 수 있다. 한편, 주성분은 그림과 같이 시계열로 표현되는 경우가 많기 때문에 주성분은 PC시계열(PC time series)이라고도 한다. 그림에서 첫 번째와 두 번째 PC시계열은 각각 엘니뇨 지수와 북서태평양 몬순지수와 매우 높은 상관성을 보이는데, 이 때문에 첫 번째 모드는 엘니뇨와 관련된 모드, 그리고 두 번째 모드는 북서태평양 여름몬순과 관련된 모드라고 해석할 수 있다 (Kwon et al. 2005).

위와 같이 주성분분석을 통해 기후자료를 성분분해(decomposition)하여 EOF 모드들을 구할 수 있다. 일반적으로 기후자료에서 주성분분석을 하면 소수의 모드만 있어도 전체 변동성의 대부분을 설명하는 경우가 많다. 그러므로 하위모드들은 잡음(noise)이 될 가능성이 높다. 따라서 소수의 상위모드만 더하여 원래 기후자료를 재구성(reconstruction)할 수 있다. 이를 EOF 필터(EOF filter)라고 한다.

$$x_{ki} = \sum_{m=1}^{M} u_{km} e_{mi}$$

한편, 보편적으로 기후자료는 위경도 좌표계로 되어 있는 경우가 많다. 지구는 구형이므로 고위도일수록 한 격자가 차지하는 실제 면적은 줄어든다. 그러므로 공분산을 계산할 때 다음과 같이 위도별로 자료의 가중치를 달리 두어야 한다 (Karl et al. 1982).

$$x'(\varphi, \theta, t) = x(\varphi, \theta, t) \times \sqrt{\cos\theta}$$

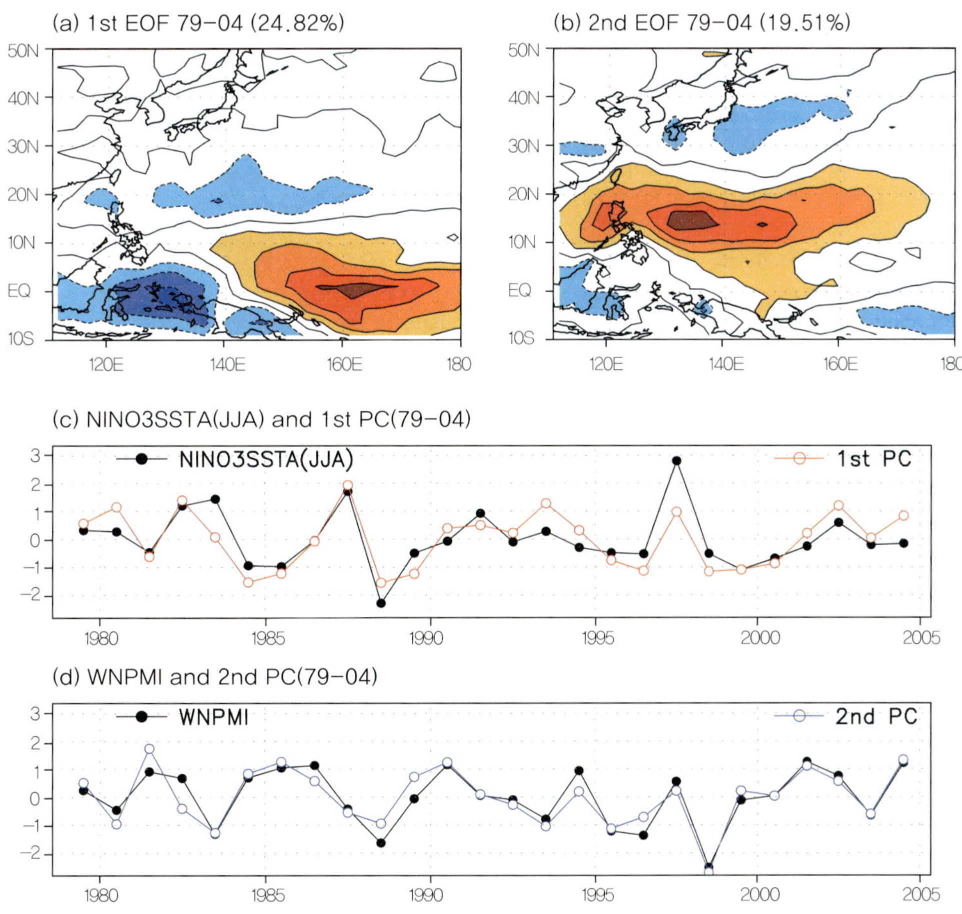

Figure 13.13 여름철 강수량의 주성분분석 결과 주요 두 모드의 EOF (a)-(b)와 주성분 시계열 (c)-(d) (Kwon et al. 2005).

여기서 φ는 경도, θ는 위도이다.

지역에 따라 분산이 크게 차이가 나는 기후변수에 대하여 주성분분석을 한다고 하자. 이 때, 분산이 작은 지역은 다른 지역과 역학적으로 관련성이 높다고 하더라도 주성분분석에서 거의 무시되게 된다. 예를 들어 저위도와 중위도를 아우르는 지역의 강수량에 대하여 주성분분석을 하면 저위도의 강수량 변동성이 중위도에 비하여 매우 크므로 중위도의 변동성은 무시되게 된다. 중위도의 변동성이 저위도 지역 변동성과 상관성을 가지고 있고 역학적으로 중요하다고 하다면, 원래 기후자료의 시계열을 모두 정규화한 뒤 주성분분석을 하여 중위도 강수량의 변동성을 강화시킬 수 있다. 이 때의 공분산행렬을 상관행렬(correlation matrix)이라고 한다.

기후자료는 보통 공간적으로 격자수가 많다. 만약 1도 간격으로 되어 있는 30년 겨울철 평균 전구 지상기온편차를 주성분분석을 한다고 할 때, 공분산행렬의 크기는 약 65000×65000로 좋은 컴퓨터를 사용한다고 하더라도 계산시간이 많이 걸릴 수 있다. 반면에 많은 기후자료는 시계열의 개수가 적은 경우가 많다. 수학적으로는 시간차원과 공간차원을 구별할 수 없으므로 공분산을 구할 때 시간과 공간을 바꾸어 공분산을 계산할 수도 있으며 그 분석결과는 수학적으로 동등하다. 공간에 대한 공분산을 공간공분산(spatial covariance), 그리고 시간에 대한 공분산을 시간공분산(temporal covariance)이라고 한다. 따라서 일반적으로 공간에 대한 자료가 많고 시간의 표본수가 적은 기후자료의 특성상 시간공분산을 구해 주성분분석을 하는 것이 유리하다.

일반적으로 주성분분석에 의해 분리된 모드들은 물리모드(physical modes)를 의미하지는 않는다. EOF1은 변동성이 가장 큰 방향의 기저벡터이고 나머지 모드들은 이 모드와 직교하여야 하므로 EOF 모드들은 일반적으로 물리모드가 아니고 계산모드(computational modes)이다. 그리고 분리된 모드들이 실제 기후 현상을 반영한다면 그 모드들은 서로 영향을 주고 받아 실제 하나의 EOF 모드에 여러 개의 물리 현상이 포함될 수도 있고, 반대로 하나의 기후 현상이 여러 개의 EOF 모드로 표현되기도 한다. 특히, 공간적으로 전파하는 모드는 단일한 EOF 모드로 나타낼 수 없다. 또한, 주성분분석에 의한 모드는 선형모드만 고려할 수 있어 비선형모드는 분리하기 어려우며, 기후자료는 통계적 항상성을 가정하기 어려운 경우가 많다. 이러한 단점들을 보완하기 위하여 분석법을 확장한 REOF(rotated EOF), EEOF(extended EOF), S-EOF(seasonal-reliant EOF), MVEOF(multivariate EOF), CEOF(complex EOF), CSEOF(cyclostationary EOF), NLPCA(nonlinear PCA) 등이 활용되기도 한다. 또한 두 정규변수(canonical variables)의 공분산을 최대로 하는 분석인 최대공분산분석(Maximum Covariance Analysis; MCA)이나, 두 정규변수의 상관계수를 최대로 하는 분석인 정준상관분석(Canonical Correlation Analysis; CCA)이 활용되기도 한다.

13.4 시계열분석

기후자료는 앞 절에서 언급한 것과 같이 연속변수에 대해서도 다음과 같이 이산 시계열(times series)로 주어진 경우가 많다.

$$f(1), f(2), \cdots, f(k), \cdots, f(n)$$

시계열에는 다양한 요인에 의한 변동성분이 포함되어 있는데 통계적 분석을 통해 그들을 분리하거나 제거할 수 있다. 잡음(noise)과 그 성분들을 통계적으로 비교할 수 있고 시계열모델링을 통해 내삽(interpolation)하거나 외삽(extrapolation)할 수도 있다. 이러한 통계적 분석을 시계열분석(time series analysis)이라고 부른다. 시계열분석에 앞서, 일반적으로 계통변동과 우연변동이 모두 포함되어 있는 기후자료의 시계열을 확률변수로 가정하기 위해 계통변동을 제거하는 것이 좋다. 임의의 시계열은 푸리에급수(Fourier series)에 따라 주기함수의 합으로 나타낼 수 있다.

$$f(k) = A_0 + \sum_{l=1}^{n/2} \{A(\omega_l)\cos(\omega_l k) + B(\omega_l)\sin(\omega_l k)\}$$

$$0 < \omega_l = 2\pi\nu_l = \frac{2\pi}{P_l} = \frac{2\pi}{n} l \leq \pi$$

여기서 ω_l은 각진동수(angular frequency), ν_l은 진동수(frequency), 그리고 P_l은 주기(period)이다. 직교 함수기저(orthogonal function basis)인 사인함수와 코사인함수의 성질을 이용하면 아래와 같이 푸리에계수(Fourier coefficients)의 최소자승해를 구할 수 있다.

$$A_0 = A(\omega_0) = \frac{1}{n}\sum_{k=1}^{n} f(k)$$

$$A(\omega_l) = \frac{2}{n}\sum_{k=1}^{n} f(k)\cos(\omega_l\, k)$$

$$B(\omega_l) = \frac{2}{n}\sum_{k=1}^{n} f(k)\sin(\omega_l\, k)$$

여기서 A_0는 시계열의 산술평균을 의미하며, $A(\omega_l)$은 코사인 푸리에계수, 그리고 $B(\omega_l)$은 사인 푸리에계수이다. 만약 푸리에급수에 대하여 진동수 인덱스를 $n/2$까지 더하면 푸리에급수와 자료의 오차는 0이 된다. 이와 같이 각 진동수에 대한 조화함수(harmonic function)의 합으로 시계열을 해석하는 것을 조화분석(harmonic analysis)이라고 한다.

Figure 13.14는 한반도 내 관측소에서 관측한 일별 강수량의 기후값으로 관측값에는 다양한 시간규모의 여러 변동들이 포함되어 있는데, 이 시계열로부터 조화분석을 통해 각 진동수에 대한 푸리에계수를 구함으로써 모든 진동수에 대한 조화함수를 구할 수 있다. 또

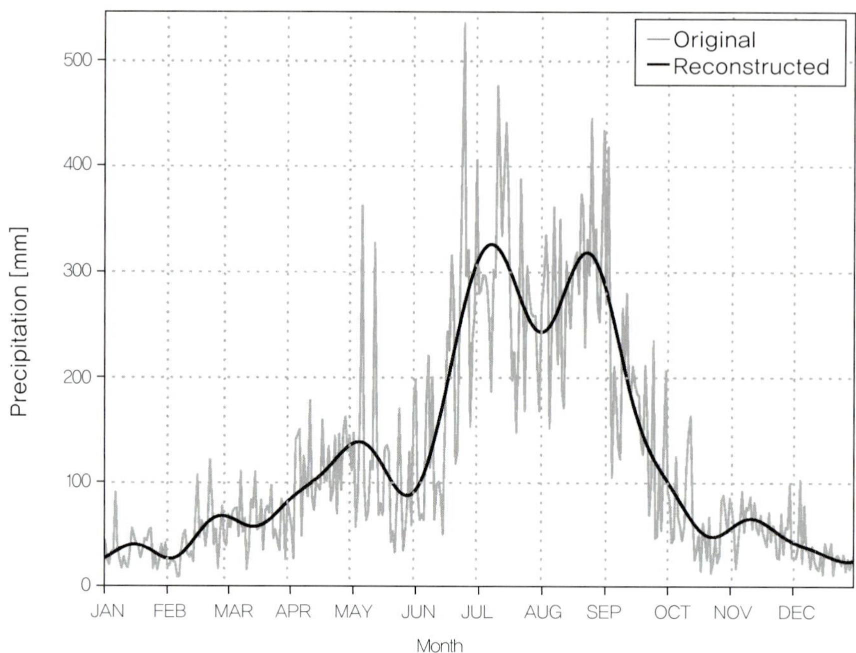

Figure 13.14 관측소 일별 강수량 기후값 (1973-2012) (얇은 실선)과 10개의 조화 함수(harmonics)에 의해 재구성된 강수량 (굵은 실선).

한 이 조화함수를 푸리에급수를 통해 모든 진동수에 대하여 더하면 그 시계열은 원래 시계열과 일치한다. 그러나 높은 진동수의 잡음을 제거하기 위해 상위 몇 개의 모드만 더하면 Figure 13.14의 굵은 실선에서 보듯이 낮은 진동수를 갖는 시계열을 분리할 수 있다. 이 경우는 조화함수를 10개까지 더한 것으로 이 저주파 시계열은 주기가 36.5일 (= 365/10)보다 큰 주기만 포함되어 있다.

위 조화분석에는 사인함수와 코사인함수가 이용되며 이 두 개의 주기함수는 시계열의 주기와 위상을 나타낸다. 오일러식(Euler's formula)을 이용하면 사인과 코사인함수는 다음과 같은 단일한 지수함수로 나타낼 수 있다.

$$\cos x = \frac{e^{ix} + e^{-ix}}{2}$$

$$\sin x = \frac{e^{ix} - e^{-ix}}{2}$$

이 함수를 푸리에급수에 대입하면 다음과 같은 복소함수(complex function)의 급수가 만들어진다.

$$f(k) = \sum_{l=-n/2}^{n/2} C(\omega_l) e^{i\omega_l k}$$

$$-\pi \le \omega_l = \frac{2\pi}{n} l \le \pi, \quad -\frac{1}{2} < \nu \le \frac{1}{2}$$

여기서 $C(\omega_l)$은 일반적으로 복소수(complex number)이다. 편의상 이 식의 모양을 조금 바꾸면 다음과 같이 나타낼 수 있다.

$$f(k) = \sum_{l=1}^{n} F(\omega_l) e^{i\omega_l k}, \quad F(\omega_l) = \frac{1}{n} \sum_{l=1}^{n} f(k) e^{-i\omega_l k}$$

이를 이산푸리에변환(discrete Fourier transform)이라고 하고, $f(k)$와 $F(\omega_l)$을 푸리에 변환짝(Fourier transform pairs)이라고 한다. 한편, 여기서 진동수는 -0.5에서 0.5까지 변한다. 이것은 시간 단계(time step) 즉, Δt의 두 배인 $2\Delta t$ 이하의 주기를 갖는 조화함수는 급수에 포함되지 않는다는 것을 의미한다. 예를 들어 월평균 자료를 조화분석한다고 하였을 때 두 달보다 적은 변동은 표현할 수 없다는 것을 뜻한다. 따라서, 조화분석에서 분해할 수 있는 최대진동수가 존재하며 이를 나이퀴스트 진동수(Nyquist frequency)라고 부른다. 실제 기후자료를 이용하여 조화분석을 할 때 나이퀴스트 진동수보다 큰 진동수의 성분은 그보다 낮은 진동수의 성분에 중첩되는 현상이 나타나는데 이를 얼라이어싱 문제(aliasing problem)라고 한다. 그러므로 고진동수의 푸리에 성분을 분석할 때는 더 높은 진동수의 성분이 포함될 가능성을 고려하여야 한다.

파동(waves)에서 진폭(amplitude)의 제곱은 그 파동의 에너지에 비례한다. 따라서 단위 주파수당 시계열의 에너지를 복수푸리에계수의 제곱으로 정의하며 이를 파워스펙트럼(power spectrum)이라고 한다.

$$\phi(\omega_l) \equiv |F(\omega_l)F^*(\omega_l)|^2 = F(\omega_l)F^*(\omega_l)$$

여기서 별표(*)는 계수의 켤레복소수를 의미한다. 그리고 다음과 같이 시계열의 분산은 파세발정리(Parseval's theorem)에 따라 모든 진동수에 대한 파워스펙트럼의 합과 같다. 이를 에너지적분(energy integral)이라고 한다.

$$\frac{1}{n} \sum_{k=1}^{n} f^2(k) = \sum_{l=1}^{n} \phi(\omega_l)$$

잡음도 파워스펙트럼을 구하면 확률적으로 큰 값을 가질 수도 있다. 그러므로 분석된 파워스펙트럼 값이 통계적으로 의미가 있는지를 알기 위해서는 잡음의 파워스펙트럼을 알아야 한다. 적색잡음(red noise)은 다음과 같은 시계열로 정의된다 (Wilks 2006).

$$x_i = a x_{i-1} + (1 - a^2)^{1/2} \epsilon_i$$
$$\overline{x} = 0, \quad \overline{x^2} = 1$$

여기서 a는 이전 시간단계와의 상관계수를 의미하며, ε_i는 정규분포를 만족하는 가우시안 잡음(gaussian noise)이다. 만약 여기서 a가 0이면 백색잡음(white noise)이 되며 백색잡음에 대한 이론적인 파워스펙트럼은 모든 진동수에 대해 변하지 않는 상수함수가 된다. 특정

진동수의 적색잡음에 대한 파워스펙트럼은 자유도가 2인 카이제곱(χ^2)분포를 따른다고 알려져 있으며 그 평균값은 아래와 같다 (Gilman et al. 1963).

$$\phi_{\mathrm{red}}(\omega) = \frac{1 - a^2}{1 - 2a\cos\omega + a^2}$$

적색잡음에 대한 파워스펙럼의 통계적 유의성을 검정하기 위해서 아래와 같은 방법이 쓰인다.

$$\phi(\omega) > \frac{\chi^2_{\alpha/2}(2)}{2} \times \phi_{\mathrm{red}}(\omega)$$

여기서 $\chi^2_{0.025}(2) = 5.992$이므로 95% 신뢰수준에서 파워스펙트럼이 $3.0\phi_{\mathrm{red}}(\omega)$보다 크면 그 파워스펙트럼은 통계적으로 유의하다고 할 수 있다. Figure 13.15는 계절진동을 제거한 Nino3.4 지역의 해수면온도의 파워스펙트럼과 적색잡음의 파워스펙트럼을 보여주고 있다. 이러한 그림을 주기도(periodogram)라고 한다. 적색실선은 신뢰수준 95%에서 적색잡음 파워스펙스럼의 신뢰구간의 상한선이고, 황색실선은 신뢰수준 99%에 대한 상한선이다. 적색잡음은 대략 4~5년에서 파워의 정점이 있으며 이 값은 통계적으로 유의하다.

한편, 주기도에서 진동수 축을 로그스케일로 바꾸기도 하는데 이 때 파워스펙트럼 축(y축)을 파워스펙트럼과 진동수의 곱으로 나타내기도 한다. 앞서 언급하였듯 에너지적분에서 파워스펙트럼이 이루는 면적은 해당 진동수 밴드(band)에 대한 분산을 의미한다. 따라서 아래와 같이 진동수 축을 로그스케일로 바꾸었을 때는 파워스펙트럼과 진동수의 곱을 파워스펙트럼 축으로 두어야 여전히 파워스펙트럼이 이루는 면적이 분산을 의미하게 된다.

$$\phi\Delta\omega = \omega\phi\frac{\Delta\omega}{\omega} = \omega\phi\Delta\log\omega$$

시계열분석에서 시계열의 수는 유한하므로 스펙트럼분석시 스펙트럼 창함수(spectral window function)가 이용된다. 파워스펙트럼의 잡음을 줄이기 위하여 실용적으로 시계열의 구간(block)을 나누어 파워스펙트럼을 구하고, 이들을 각 진동수에 대해 평균하기도 한다. 또한, 상관관계가 있는 두 시계열의 교차스펙트럼분석(cross spectrum analysis)이 이용되기도 한다. 기후연구에 사용되는 시계열은 일반적으로 통계적 항상성을 만족하지 않으므로 파워스펙트럼의 시간적 변동을 보기 위하여 파엽분석(wavelet analysis)이 활용되기도 한다. 그리고 푸리에변환을 반복적으로 적용하여 시계열 뿐만 아니라 시공간에 대한 다차원 시계열분석도 가능하다.

이처럼 푸리에변환을 이용하여 특정한 진동수 성분을 알 수 있으므로 특정한 진동수 성분을 선택적으로 추출하거나 제거할 수 있다. 이러한 시계열분석을 디지털 필터링(digital filtering)이라고 한다. 디지털 필터(digital filters)는 크게 비재귀필터(nonrecursive filters)와 재귀필터(recursive filters)로 나뉜다. 비재귀필터에는 이동평균필터(moving average filter), 1-2-1 필터, 랑조(Lanczos) 필터 등이 있고, 재귀필터에는 버터워스(Butterworth) 필터, 체비세프(Chebyshev) 필터, ARIMA 필터 등이 있다. 비재귀필터는 아래와 같이 정의된다.

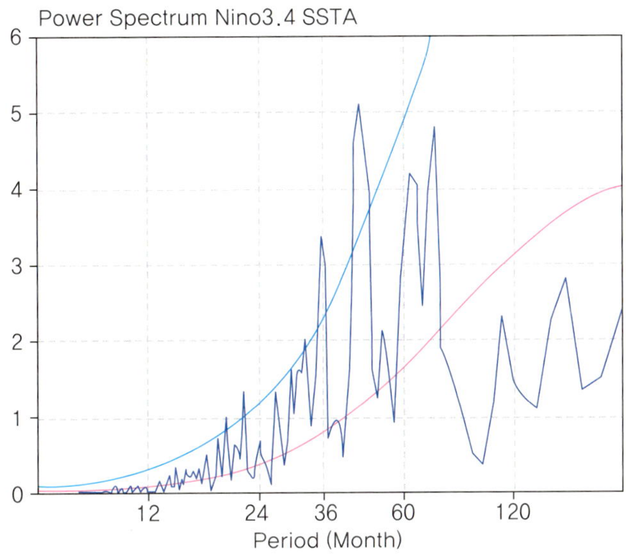

Figure 13.15 Nino3.4 지역 해수면온도의 파워스펙트럼 분석.

$$h(k) = \frac{1}{2m+1} \sum_{j=-m}^{m} g(j)\, f(k-j) = g(k) * f(k)$$

여기서 원래의 시계열 $f(k)$와 가중함수(weighting function) $g(k)$, 그리고 필터가 된 시계열 $h(k)$는 아래와 같은 범위를 갖는다.

$$f(1), f(2), \cdots, f(k), \cdots, f(n)$$

$$g(-m), \cdots, g(0), \cdots, g(k), \cdots, g(m)$$

$$h(1+m), \cdots, h(k), \cdots, h(n-m)$$

그러므로 위 식은 j가 변함에 따라 원래의 시계열에 가중계수를 곱하고 $-m$에서 m까지 이동시켜 모두 더한 뒤 $2m+1$로 나누어 평균을 취한다는 것을 의미한다. 이것을 g와 f와 컨볼루션(convolution)이라고 하며 기호로 $g * f$라고 나타낸다. 이러한 적분연산을 수행하는 이유는 다음과 같은 유용한 성질 때문이다. 우선 f의 푸리에변환과 g의 푸리에변환은 다음과 같다.

$$F(\omega_l) = \frac{1}{n} \sum_{l=1}^{n} f(k) e^{-i\omega_l k}$$

$$G(\omega_l) = \frac{1}{2m+1} \sum_{k=-m}^{m} g(k) e^{-i\omega_l k}$$

컨볼루션 정리(convolution theorem)에 의해 $h(k)$는 다음과 같이 나타낼 수 있다.

$$h(k) = \sum_{l=1}^{n} H(\omega_l)e^{i\omega_l k} = \sum_{k=1}^{n} G(\omega_l)F(\omega_l)e^{i\omega_l k}$$

여기서 $h(k)$의 푸리에변환짝, $H(\omega_l) = G(\omega_l)F(\omega_l)$이 된다. 이때 $|G(\omega_l)|$를 반응함수(response function)라고 하며 $R(\omega_l)$로 나타낸다. 이 성질을 이용하면 $R(\omega_l)$에 따라 원하는 진동수에 대하여 필터된 시계열을 얻을 수 있다. 예를 들어, 3개 성분에 대한 이동평균(moving average) 필터를 살펴보자. 가중함수 g_j를 $j = -1, 0, 1$ 성분에 대해 1로 정의하자. 이에 대하여 h_k을 구하면 다음과 같다.

$$h_k = \sum_{j=-1}^{1} g_j f_{k-j}/3 = (f_{k-1} + f_k + f_{k+1})/3$$

이것은 시간에 따른 3개의 성분의 이동평균을 의미한다. 이것의 반응함수는 다음과 같이 나타낼 수 있다.

$$\begin{aligned} G(\omega) &= \frac{1}{3}\sum_j g_j e^{-i\omega j} = \frac{1}{3}\sum_j e^{-i\omega j} \\ &= \frac{1}{3}\{e^{i\omega} + 1 + e^{-i\omega}\} \\ &= \frac{1}{3}(1 + 2\cos\omega) \end{aligned}$$

위 식을 보면 3개 성분 이동평균에 대해 진동수(ω)에 따른 반응함수의 값을 알 수 있는데 이것은 Figure 13.16에 청색점선으로 나타내 진다. 이 이동평균필터는 낮은 진동수는 그대로 두고 높은 진동수는 제거가 되지만 더 높은 진동수에 대해서는 음의 값이 곱해진다. 이를 보완하기 위해 종종 1-2-1 필터가 사용된다. 이 방법은 3개 성분 이동평균과 비슷하지만 중간값에 가중치 하나를 추가한 것이다. 그 결과 h_k와 반응함수는 다음과 같다.

$$\begin{aligned} h_k &= (f_{k-1} + 2f_k + f_{k+1})/4 \\ G(\omega) &= \frac{1}{4}\{e^{i\omega} + 2 + e^{-i\omega}\} \\ &= \frac{1}{4}(2 + 2\cos\omega) \\ &= \cos^2\frac{\omega}{2} \end{aligned}$$

이 반응함수는 모든 진동수에 대하여 음의 값을 갖지 않는다. 그러나 일부 낮은 진동수에 대해서도 필터가 되는 단점이 있다. 이동평균 디지털필터는 그 간편성 때문에 많이 활용되지만 원하는 진동수만 제거하기 위해서는 좀 더 정교한 필터방법이 필요하다. 랑조필터(Lanczos filter)는 그러한 필터 중 하나이다. 랑조필터의 가중함수는 다음과 같다(Duchon 1979).

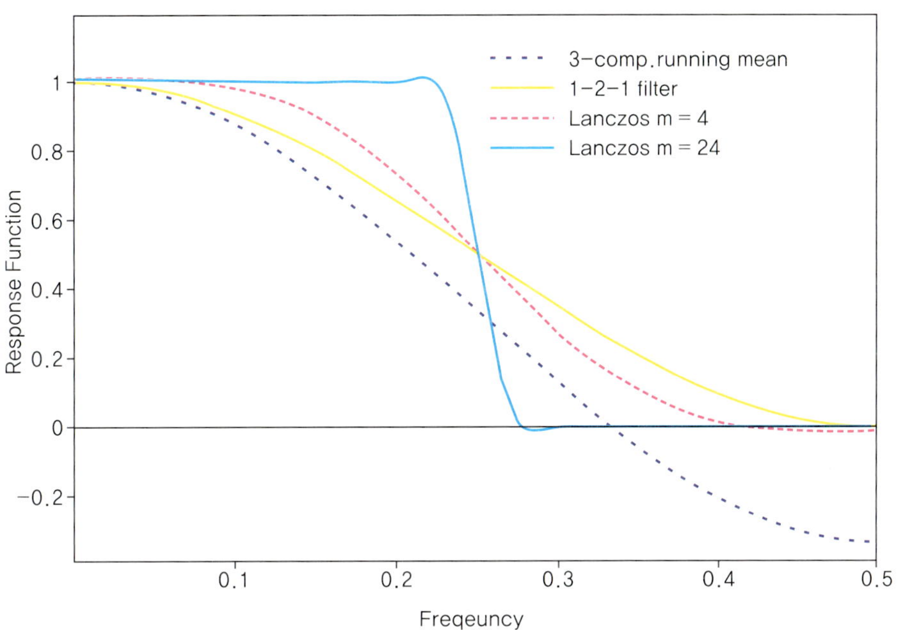

Figure 13.16 필터 방법에 따른 반응함수.

$$g_j = \frac{\sin(\pi j/m)}{\pi j/m}\frac{\sin(2\pi f_c j)}{\pi j}$$

$$j = -m, -(m-1), \cdots, 0, 1, 2, \cdots, m$$

여기서 f_c는 절단진동수(cut-off frequency)이다. 절단진동수가 0.25인 랑조필터는 저진동수는 남기고 고진동수는 거의 제거되어 유용한 디지털필터 중 하나이지만 가중계수가 많이 필요하다는 단점이 있다 (Figure 13.16). 이 단점을 보완하기 위해 재귀필터가 이용되지만 여기서는 논의하지 않기로 한다. 한편, 저진동수만 남기기 때문에 이러한 필터를 로패스필터(low-pass filter) 줄여서 LPF라고 한다. 반대로 고진동수만 남기기 위해서는 간단히 다음과 같이 1에서 가중함수를 빼면 된다.

$$1 - g_j = 1 - \frac{\sin(\pi j/m)}{\pi j/m}\frac{\sin(2\pi f_c j)}{\pi j}$$

이를 하이패스필터(high-pass filter) 역시 줄여서 HPF라고 한다. 또한, 원하는 진동수 밴드만 필터하기 위해 두 절단진동수에 대한 로패스필터의 가중함수를 빼면 다음과 같다.

$$g_j = \frac{\sin(\pi j/m)}{\pi j/m}\frac{\sin(2\pi f_2 j)}{\pi j} - \frac{\sin(\pi j/m)}{\pi j/m}\frac{\sin(2\pi f_1 j)}{\pi j}$$

이를 밴드패스필터(band-pass filter) 혹은 대역필터라고 한다. Figure 13.17(a)는 Nino3.4 지역의 해수면온도 편차 (가는 실선), 랑조필터에 의해 밴드패스필터된 해수면온

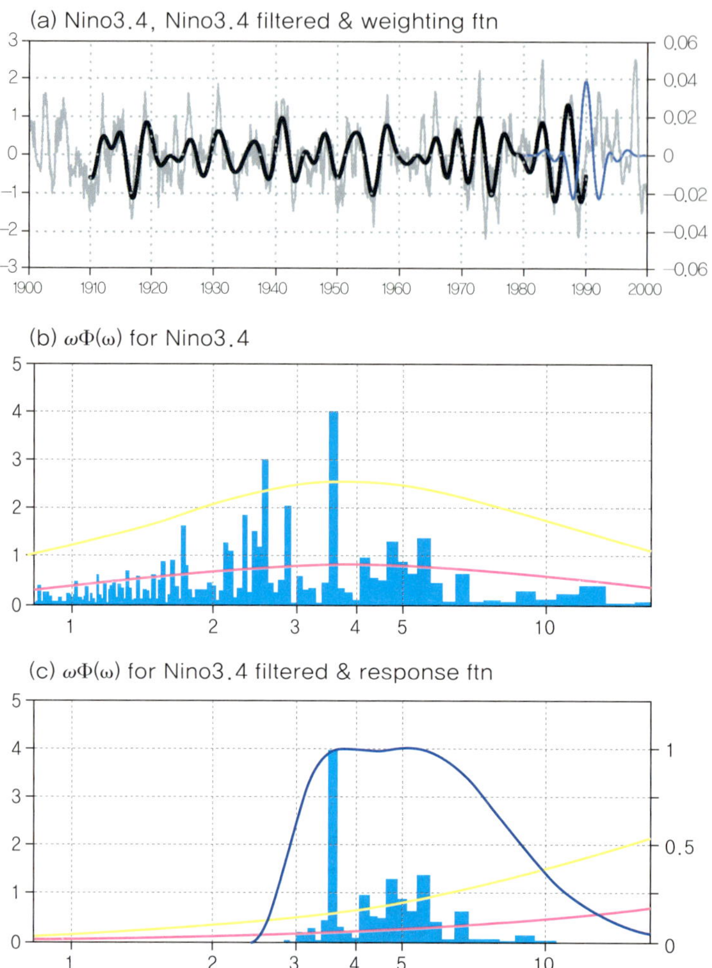

Figure 13.17 (a) Nino3.4 지역의 해수면온도 편차 시계열 (회색실선)과 이동평균필터된 시계열 (굵은 검정실선). (b) Nino3.4 해수면온도 편차의 파워스펙트럼 (c) 랑조필터에 의해 필터된 해수면온도 시계열의 파워스펙트럼과 밴드 패스 필터의 반응함수 (파란실선).

도 편차 (굵은 실선), 그리고 그 필터의 가중함수 (청색실선)를 나타낸다. Figure 13.17(b)는 원 Nino3.4 지역의 해수면온도 편차의 파워스펙트럼과 각 진동수에 해당하는 적색잡음 파워스펙트럼의 신뢰구간 상단을 보인다. 랑조필터를 이용하여 특정한 진동수 밴드 즉, 주기 3~10년에 해당하는 진동수만 추출하여 파워스펙트럼을 구하면 Figure 13.17(c)와 같다. 청색실선은 랑조 필터의 반응함수를 나타내는데, 그림에서 보이듯이 반응함수의 값이 1에 가까운 성분만 남고 나머지는 효율적으로 제거되었음을 알 수 있다.

참고문헌

김우철, 김재주, 박병욱, 박성현, 송문섭, 이상열, 이영조, 전종우, 조신섭, 1998: 현대통계학, 제 4개정판, 영지문화사, 511.

Duchon, C.E., 1979: Lanczos filtering in one and two dimensions. *J. Appl. Meteorol.*, **18**, 1016–1022.

Gilman, D.L., F.J. Fuglister, and J.M. Mitchell Jr., 1963: On the power spectrum of "red noise". *J. Atmos. Sci.*, **20**, 182–184.

Hartmann, D.L., 2007: Course notes of objective analysis, 251.

Karl, T.R., A.J. Koscielny, and H.F. Diaz, 1982: Potential errors in the application of principal component analysis to geophysical data. *J. Appl. Meteorol.*, **21**, 1183-1186.

Kwon, M., J.-G. Jhun, B. Wang, S.-I. An, and J.-S. Kug, 2005: Decadal change in relationship between east Asian and WNP summer monsoons. *Geophys. Res. Lett.*, **32**, L16709, doi:10.1029/2005GL023026.

Lepage, Y., 1971: A combination of Wilcoxson's and Ansari-Bradley's statistics. *Biometrika*, **58**, 213–217.

Lorenz, E.N., 1956: Empirical orthogonal functions and statistical weather prediction, Science Report 1, Statistical Forecasting Project. Department of Meteorology, MIT(NTIS AD 110268), 49.

Strang, G., 2006: Linear algebra and its applications, 4th ed., Thomson Learning Inc., 488

Storch, H.V., and F.W. Zwiers, 1999: Statistical analysis in climate research. Cambridge Univ. Press., 484.

Wilks, D. S., 2006: Statistical methods in the atmospheric sciences, 2nd ed., Academic Press, Inc., 627.

찾아보기

국문

ㅈ

기후과학자가 쓴 **기후역학** 교과서 정가 35,000원

발 행 2017년 1월 10일 초판 1쇄
저 자 서경환 · 안순일 · 예상욱 · 정 철 · 민승기 · 이준이 · 국종성
김백민 · 권민호 · 최용상 · 정지훈 · 함유근 · 김형석
발행인 정우용
발행처 도서출판 **동화기술**
경기도 파주시 광인사길 201(문발동, 파주출판도시)
Tel (031)955-4211~6 donghwapub@nate.com
Fax (031)955-4217 www.donghwapub.co.kr
(등록) 1977년 12월 19일/9-16호

Printed in Korea
ISBN 978-89-425-9101-5

저자소개

서경환
- 서울대학교 대기과학과(이학사)
- 미국 Texas A&M University 대기과학과(이학박사)
- 미국 Florida State University 기상학과 박사후과정
- 미국 Climate Prediction Center/RSIS/NCEP/NOAA 연구원
- (현) 부산대학교 대기환경과학과 교수
- 환경부장관 표창장(2015)
- 한국기상학회 송천학술상(2015)
- 제22회 과학기술 우수논문상(한국과총 2012)

예상욱
- 서울대학교 대기과학과(이학사)
- 서울대학교 대기과학과(이학박사)
- 미국 COLA 박사후과정
- 한국해양연구원 선임연구원
- (현) 한양대학교 해양융합과학과 교수
- 한림원 준회원(2015~현재)
- CLIVAR Pacific Panel Member(2014~2015)
- 기초기술연구회 다빈치상 수상(2009)

민승기
- 서울대학교 대기과학과(이학사)
- 독일 Bonn 대학 기상학과(이학박사)
- 캐나다 환경청 박사후과정, 선임연구원
- 호주연방과학산업연구기구(CSIRO) 책임연구원
- (현) 포항공과대학교 환경공학부 교수
- 미래창조과학부 장관표창(2015)
- 국제통계기후학술회의(IMSC) 운영위원(2013~현재)
- Journal of Climate 부편집위원(2010~현재)

국종성
- 서울대학교 대기과학과(이학사)
- 서울대학교 지구환경과학부(이학박사)
- 미국 하와이대학교 연구원
- 한국해양과학기술원 책임연구원
- (현) 포항공과대학교 환경공학부 교수
- 미래창조과학부 이달의 과학기술자상(2016)
- APEC 과학기술상(2015)
- 교육과학기술부 표창(2010)

권민호
- 서울대학교 대기과학과(이학사)
- 서울대학교 지구환경과학부(이학박사)
- 미국 하와이대학교 국제 태평양 연구센터 박사후 연구원
- 한국해양과학기술원 책임연구원
- (현) 한국해양과학기술원 해양순환기후연구센터 선임연구원
- 과학기술연합대학원대학교 해양융합과학과 부교수 (2011~현재)
- 기상청장상(2013)

정지훈
- 서울대학교 대기과학과(이학사)
- 서울대학교 지구환경과학부 대기전공(이학박사)
- 서울대학교 지구환경과학부/기초과학연구원 박사후과정
- 스웨덴 Gothenburg대학 지구과학부 조교수
- (현) 전남대학교 지구환경과학부 해양환경전공 교수
- 스웨덴 Gothenburg 대학 Docent in Geoscience (2015)
- 기초우수연구 100선 교육과학기술부 장관 표창장(2012)

안순일
- 서울대학교 대기과학과(이학사)
- 서울대학교 대기과학과(이학박사)
- 미국 University of Hawaii 박사후과정
- 미국 International Pacific Research Center 연구원
- (현) 연세대학교 대기과학과 교수
- 대한민국학술원상(2016)
- APJAS 주 편집인(2016~2020)
- 교육과학기술부 이달의 과학기술자상(2008)

정 철
- 서울대학교 대기과학과(이학사)
- 미국 메릴랜드 주립대학교 대기해양과학과(이학박사)
- 미국 스크립스 해양연구소 박사후과정
- 미국 스크립스 해양연구소 조 연구교수
- (현) 미국 사막연구소 대기과학과 부 연구교수
- 한국연구재단 기초과학 우수성과 30선에 선정(2012)
- NASA 장학금 수혜(1994~1997)

이준이
- 이화여자대학교 과학교육학과 (이학사)
- 서울대학교 대기과학과(이학박사)
- 미국 NASA 가다드 항공우주연구소 박사후 연구원
- 미국 하와이대학교 국제태평양 연구소 연구원
- (현) 부산대학교 기후과학연구소 교수
- WMO MJO 특별전문위원/S2S 실무그룹위원(2015~현재)
- 과총 브레인풀 초빙교수(2013)

김백민
- 서울대학교 대기과학과(이학사)
- 서울대학교 대기과학과(이학박사)
- 서울대 기초과학원 선임연구원
- (현) 극지연구소 책임연구원
- 환경부장관, 미래창조과학부 장관 표창장(2013, 2014)
- 제25회 과학기술 우수논문상(한국과총 2015)
- 기후변화학회 신진연구자상 수상(2015)

최용상
- 서울대학교 지구과학교육과(이학사)
- 서울대학교 대기과학과(이학박사)
- 미국 MIT 지구대기행성과학과 박사후과정
- NASA 제트추진연구소 방문교수
- (현) 이화여자대학교 환경공학과 교수
- 이화여대 연구우수교수상(2015)
- 서울대 자연과학대학 최우수박사학위논문상(2007)
- 기후변화교과서 저(2011 교과부 우수도서)

함유근
- 서울대학교 대기과학과(이학사)
- 서울대학교 지구환경과학부(이학박사)
- 서울대학교 서울대학교 기초과학연구소 연구원
- 미국 NASA/GSFC (Scientist 1 and 2)
- (현) 전남대학교 지구환경과학부 해양환경전공 교수
- 해양학회 물리분과 우수논문상(2014)
- Outstanding Scientific Achievement, GMAO(2013)
- 해양학회 삼각학위 논문상(2009)

김형석
- 서울대학교 지구환경과학부 대기과학전공(이학사)
- 서울대학교 지구환경과학부(이학박사)
- 서울대학교 기초과학연구원 연수연구원
- 미국 프린스턴대/NOAA 지구물리유체역학연구소 박사후과정
- (현) 한국해양대학교 해양과학기술융합학과 교수
- 한국기상학회 우수학위논문상(2012)